数据融合数学方法
——理论与实践

Data Fusion Mathematics
Theory and Practice

[印度] Jitendra R. Raol　著

王刚　贺正洪　王睿　王莹莹　等译
付强　审校

国防工业出版社
·北京·

著作权合同登记　图字：军 -2016 -113 号

图书在版编目(CIP)数据

数据融合数学方法：理论与实践／（印）吉德拉·R. 拉奥（Jitendra R. Raol）著；王刚等译. — 北京：国防工业出版社，2021. 3

书名原文：Data Fusion Mathematics: Theory and Practice

ISBN 978 -7 -118 -12152 -0

Ⅰ. ①数… Ⅱ. ①吉… ②王… Ⅲ. ①数据融合 -数学方法 Ⅳ. ①TP274

中国版本图书馆 CIP 数据核字(2021)第 040142 号

Data Fusion Mathematics: Theory and Practice 1st Edition/by Jitendra R. Raol/ISBN:978 -1 -4987 -2097 -7

※

国防工業出版社出版发行
（北京市海淀区紫竹院南路 23 号　邮政编码 100048）
三河市腾飞印务有限公司印刷
新华书店经售
*
开本 710 × 1000　1/16　印张 29¼　字数 500 千字
2021 年 3 月第 1 版第 1 次印刷　印数 1—1500 册　**定价 149. 00 元**

（本书如有印装错误，我社负责调换）

国防书店：(010)88540777　　书店传真：(010)88540776
发行业务：(010)88540717　　发行传真：(010)88540762

译 者 序

本书在对传感器数据融合概念、模型、配置、结构进行总结的基础上，重点针对传感器数据融合所采用的不同数学方法、技术及其应用进行了系统和深入的阐述。

本书是对数据融合领域相关数学概念、模型、方法与应用的系统论述，可以帮助读者通晓数据融合的数学原理及其应用，为开展不同领域的数据融合研究奠定坚实的基础。本书旨在为对数据融合感兴趣，或者从事数据融合领域研究工作的科技工作者、教师和工程师们提供帮助。读者对象主要包括高等院校和研究所从事数据融合领域的研究人员和学生。

在本书的翻译和校稿过程中，付强、郭相科、刘昌云、白东颖、李松、岳韶华、韦刚、姚小强、王振江、张春梅等老师给予了大量的帮助，甘林海、高晓阳、刘胜利、高天祥、张家瑞、王思远、张杰、田桂林、姜浩博等研究生也参与了部分章节的翻译和校稿工作。本书的翻译工作还得到了出版社的大力支持，在此对他们的辛勤工作表示感谢！

数据融合理论与实践本身涉及的专业领域和知识面非常宽广，因此本书涉及的内容也十分宽泛，对翻译人员领域知识的广度、深度都要求很高。尽管翻译人员尽了自己的最大努力，但译文中难免会出现不妥或错误之处，敬请读者给予批评指正。

译者

2020 年 10 月

前　言

数据融合(DF),也称为多传感器(源)信息融合、多传感器数据融合(MS-DF),简称传感器数据融合(SDF),是对来自不同数据源或传感器的数据/信息进行逻辑上综合处理的过程(随着在许多领域中人工智能(AI)理论与应用的发展,现在更多地采用智能的方法进行处理),从而实现对环境、过程或感兴趣(处于监视中)的目标提供一个可靠而完整的描述。这样,某一融合系统中经过融合后的全面而完整的信息,在某些方面的作用将大大增加。因此,数据融合研究在那些需要使用大量数据和信息并需要将其智能融合的许多应用领域,有着特殊的意义和重要性。传感器数据聚集(DAG)与数据融合不太相同,它在无线传感器网络(WSN)中有其特殊意义和应用。在无线传感器网络中,有来自不同节点、传感器和输入信道的大量数据,必须把这些数据聚集起来,然后再将其发送到其他节点、输出信道和汇聚节点,以上过程即为传感器数据聚集。经过传感器数据融合而获取的信息更加完善、恰当,信息质量更高、更完整。基于这种全面融合后的数据/信息而做出的决策才有较高的可信度,并且随着我们感兴趣的目标、过程、场景状态不确定性的降低,我们做出的决策也会更加准确。我们应该在正确理解数据处理和数据融合方法的基础上,系统性地开展数据融合研究。所以,本书给出了与 SDF 有关的基础数学理论。数据融合数学方法使数据融合过程(DFP)更加可信。DFP 是一种借助于公开的软技术/学科,比如优化、控制、评估理论以及软计算等理论方法,来增强信号处理能力的活动。图像融合是图像处理的核心,也是数字信号处理的高级层次。在图像融合中,我们进行的是像素级、特征级的图像融合与图像融合方法的研究。决策支持和决策融合根源于统计决策理论,涉及概率和模糊逻辑有关的理论。数据融合中不同层次的理论技术在以下几个方面有着特定的应用:①军事系统;②民用监视和监视活动;③过程控制;④信息系统;⑤机器人;⑥无线传感器网络;⑦安全系统;⑧医学数据(图像)融合。许多关键的数据融合方法对上述应用领域中的自动化系统发展尤为重要。因此,数据融合更确切地说称为多源/多传感器信息融合(MUSSIF),作为一门独立的学科而得到迅猛的发展,并且在上述应用领域之外,还广泛应用于:①生物医学/生物工程;②工业自动化;③航天工程;④环境工程。传感器数据融合的好处在于:①由于传感器系统的(广泛的、分布式的)地理位置,而能监视更大范围内的目标;②传感器/测量设备的冗余度增加;③由于上述两个原因,系统性能的强健性和容错性增强;④在融合过程中,推理的准确性增加(预测的准确性也会增加);⑤由于以上几点原因,传感器集成系统的整体性能和融合体系的强健性也必然会增强。

要想学好并成功运用数据融合方法,需要掌握一些相关、辅助的学科知识:①概率和统计方法;②信号/图像处理;③数值方法/算法;④传感器控制和优化方法;⑤软计算;⑥系统识别、参数估计和滤波方法。学习的过程中,最重要的是要很好地理解与数据融合过程和方法直接(或间接)有关的基本的数学方法。在传感器数据融合方面,有一些不错的参考书,但是在数据融合数值处理方面,或者说在数学方法方面,这些参考书中不是所讲有限,就是根本没有明确提及。关于数据融合的数学处理方法,本书讲述得非常全面,涵盖了数据融合的主要概念、数学表达、公式方程(需要的地方,还利用有关知识进行推导,有助于更好地理解传感器数据融合的策略和方法)。本书主要介绍的是数学方法,旨在填补多传感器数据融合学科这一方面的空白。所以,在潜在的应用领域和这些方法的使用方面,也给予了高度重视和安排,并且在合适的地方,也给出了MATLAB®编码的数值仿真的实例。读者应充分利用个人计算机中的 MATLAB 软件或者其他工具箱进行学习,比如信号处理、控制系统、系统识别、神经网络(NW)、模糊逻辑、遗传算法和图像处理等。在第 3、6、8、10 章中使用到的软件可以从出版社给出的《数据融合数学方法》一书的网站中获得。在附录 D 中给出了其他与数据融合相关的软件的目录列表。指导老师也可以从出版社那里获得书中各章节末的习题参考答案。

本书涉及的数据融合数学方法有概率论、统计方法、模糊逻辑数学方法、决策理论、可靠性理论、成分分析、图像代数、跟踪和滤波方法、无线传感器网络/数据融合以及软计算方法(神经网络 - 模糊逻辑 - 遗传算法)。以上这些数学方法对于正确理解传感器数据融合的概念和方法有着直接的影响(或者虽然间接但却密切相关的影响)。因此,本书可以作为相关专业本科生(或研究生)学习传感器数据融合课程的基础教材,也可以用作数据融合相关研究领域人员的学习资料或者参考书。同时,尽管书中给出的素材资料都是经过谨慎选取的,但在把书中所讲的各种方法、技术、算法、表达式、公式、结果等应用到具体实际问题之前,读者和用户还是要进行合理的甄别和判断。

本书作为综合性数据融合数学方法领域的专著，主要用户是面向电力系统、航空、机械、化学、公民教育机构、研究与开发（R&D）实验室，以及航空、交通、自动化和机器人工业等部门工作的工程师、科学工作者、老师或研究人员。

MATLAB®和 Simulink®是 MathWorks 公司的注册商标。想要了解更多的产品信息，请联系：

The MathWorks, Inc.
3 Apple Hill Drive
Natick, MA 01760 - 2098 USA
电话:508 647 7000
传真:508 - 647 - 7001
邮箱:info@ mathworks. com
网址:www. mathworks. com

读者也可以从 CRC 网站上获得其他资料：

http://www. crcpress. com/product/isbn/9781498720977

致　谢

首先,要感谢科学与工业研究理事会(CSIR,SA)的首席科学主任 Herman le Roux,他在2004—2005年让科学与工业研究理事会 - 印度国家宇航实验室(CSIR - NAL)和CSIR - SA就科学上合作问题达成了协议,并且访问了NAL。在Herman访问我们之前的若干年前,在印度国防研究发展组织 - 综合测试区(DRDO - ITR)(位于东部奥利萨邦的昌迪普尔)资助的项目的背景下,我在CSIR - NAL中创建了飞行力学和控制分部(FMCD),当Herman访问之际,他还表示过想要从事传感器数据融合工作。后来Herman回国了,他还邀请我到他的国家做一名访问研究科学家。我非常感激他的这一举动。然而,由于某些其他方面的原因,我被安排和他们的CSIR单位里的其他小组一起共事。但是,Herman待我仍然非常礼貌与友好,仍然继续激励着我——无论在做人还是在作为一名科学家方面,甚至到现在他仍然给我精神上的支持。我还要感激Ajith K. Gopal(CSIR - SA的前科学家),我在与他以及移动智能自主系统(MIAS)的杰出而友好的科学家团队进行交流的过程中,他给予的帮助,使得我的交流访问在保障上和管理上都很顺利,而那次交流访问也让我终生难忘。我认为,相对于他们的年龄而言,Herman和Gopal在为人处事和作为一名科学家方面更加成熟明理,我非常感激他们给我提供一个在机器人领域学习新兴的软技术的机会,我对机器人领域非常好奇,只是没有时间研究。我还想感谢Velliyiur Subbarao教授,他在我的人生中起了重要作用。当时,VNS博士一直在美国,但从1976年到1977年他暂时回到了NAL工作,就在此期间,我有机会和他接触。尽管我当时只是一名高级科学助理,但VNS教授认为,我可以成为一名科学家。他向我们老板提议,我们老板立即采纳了他的意见,并且建议我去申请当时还空闲的一个职位,因为在那时申请的截止日期实际上已经过期了!我通过申请随后当选为科学家B。2007年7月,我以科学家G和CSIR - NAL的FMCD的领导人身份退休。我真的很感激VNS博士的慧眼识珠和镇定自若,改变了我的技术和职业生涯道路。我也要感谢V. P. S. Naidu(CSIR - NAL,FMCD的资深科学家),他一直鼓励我继续从事传感器数据融合领域的研究。本书是一次从我办公室开车回家的途中,我们进行了几分钟的交谈,他提议我写此书。我也感谢印度国家宇航实验室-国际粘接科学技术会议(NAL-ICAST)的前领导人兼信息科学与技术(IST)的科学家 I. R. N. Goudar,在过去的 20 年里给我的帮助。感谢 Mrs Girija Gopalratnam、V. P. S. Naudu 和 S. K. Kashyap(CSIR-NAL,FMCD 的资深科学家),他们在软件(SW)融合领域和附录 D 的算法上给我提供了有用的信息和建议。3.9 节的一些例子是 Kashyap 提供的,6.10 节主要由 Naidu 完成。我也要感谢 Mrs Maya V. Karki 和 Mrs K. Indira(拉迈亚技术研究所(MSRIT)电子与通信工程部的教授),我和他们进行技术上的探讨,他们提供了第 7 章的实例。本书要献给我聪明可爱的女儿 Harshakumari H. Gohil 以及我那很懂事的儿子 Mayur,他们给我巨大的精神支持。要不是我那两个有才的孩子,我也许不能度过人生的低谷,尤其在本书的写作过程中。我还要感谢我的妻子 Virmati,40 年如一日勤勤恳恳照料我们的家庭!此外还要感谢 D. Amaranarayan、N. Ramakrishna、Swetha Desai、L. Prakash 和 Y. Nagarajan(NAL 健康中心的工作人员),在我撰写书稿的过程中,他们有效地监视着和维持着我的健康。我还要感谢 Sati Devi A. V 和 Chaitra Jayadev(来自 Narayana Netralaya 医院),他们对我的眼睛照料得很好,让我能够很好地阅读,来完成此书。如果没有我儿子(和我家人)的悉心照料以及以上这些医生的治疗,我也许现在已经看不到东西了!我还要感谢 Jonathan Plant 和 CRC 出版社的团队,尤其是 Amber Donley 和 Arlene Kopeloff,它们在著作本书过程中以及更早些的所有项目中给我巨大的帮助。Seyd Mohamad Shajahan 和他在 Techset Composition 的团队对本书的论证工作做出了很大的贡献。

概　　述

传感器数据融合(SDF)包含的理论、方法和工具,可以对从多源、传感器、数据库和人类直接得到的信息进行协同,SDF 比数据聚集(DAG)的范畴要大得多。在某种意义上,目标或过程以及决策或行动,经过信息融合之后,从(预测的)准确度和鲁棒性这两个方面来看,融合的结果比没有进行信息协同或者说比上述信息源单独使用时,效果要更好。

传感器数据融合作为一门独立的学科而得到迅猛的发展,并且在许多系统/学科里有着越来越重要的作用和应用:生物医学、工业自动化、航天和环境工程方法和系统。数据融合可以预期的优势包括以下几个方面:①能监视更大范围内的目标;②测量的冗余度增加;③系统性能的鲁棒性增强;④推理的准确性,确切地说是预测能力得到增强;⑤传感器数据集成和面向任务的数据融合系统的性能必然会得到提高,作用必然会得到加强。传感器数据融合的整个过程需要全面学习和掌握相关的、有帮助的学科知识有:①图像 - 信号处理;②数值方法和算法;③统计/概率方法;④传感器管理、控制和优化方法;⑤神经网络、模糊系统和遗传算法;⑥系统识别、参数估计和卡尔曼滤波(和其他先进的滤波方法);⑦数据结构和数据库管理。

要想学好信息融合,最重要的一点就是,要对与数据融合概念和方法直接相关的数学理论有很好地把握和理解。书中给出的理论和方法有概率和统计方法、模糊逻辑的数学方法、决策理论、可靠性、成分分析、图像代数、跟踪和滤波的数学理论,以及软计算实例,比如人工神经网络 - 模糊逻辑 - 遗传算法(ANN - FL - GA)。以上给出的所有的数学方法对于正确理解多传感器数据融合的概念和方法有着直接的作用影响,一定程度上填补了数据融合的数学方法与应用之间的空白。

文献[1 - 15]给出了各种各样的传感器数据融合主题,在数据融合方面是不错的参考书,但是在数学处理方面,或者在数据融合数学方法上,所讲有限,或根本没有明确提及(文献[3,13]除外)。关于数据融合的数学处理方法,本书讲述得非常全面,涵盖了数据融合主要的概念、数学表达、公式方程(需要的地方,还利用有关知识进行推导)。因此,本书可以看作是一本档案资料或者参考书,同时对应用科学家和工程师来说，本书也非常有用。数据融合数学方法的其他概念在附录 B 中也进行了简单介绍。在这里要强调的是，第 2 ~ 10 章的数学处理方法不是“定理 - 证明 - 推论”的结构，因为用到的数学方法来自于多门学科，想要对这些方法进行规整统一是一个工作量大、富有挑战性的任务。现有的工作本身可以看作是进行统一的过程的起点，在统一的道路上还有进一步工作的机会和余地，来留给未来的探索者。本书的章节简单介绍如下：

第 1 章，我们讨论数据融合概念、数据融合模型（简要介绍）和结构。同时简要地介绍一些与之相关的方面和学科。想要更详细了解分布系统中的数据融合结构，请参考第 5 章。

第 2 章，讲的是有关概率和统计的重要的领域和方法。这些概率和信息方法能够用来定义数据融合方法、指标体系，尤其是定义数据融合规则中的权重/系数。实际上数据融合也正是起源于这些指标体系。此外，这些指标对于评估已经设计和开发好的数据融合系统的性能，也十分有用。

第 3 章，主要讨论一型模糊逻辑（FLT1）、模糊蕴含函数和概率理论。模糊逻辑实际上拓展了传统集合理论和概率论的范畴。本章讨论区间二型模糊逻辑（IT2FL），IT2FL 进一步拓展了一型模糊逻辑的范围。本章还讨论模糊集、模糊算子和模糊蕴含函数、自适应神经 - 模糊推理系统（ANFIS）。本章和第 8 章、第 10 章，这 3 章都涉及模糊逻辑和 ANFIS 在数据融合中的使用。本章还给出用一型模糊逻辑和区间二型模糊逻辑方法对长波红外和电光（EOT）图像进行融合的具体实例。在该实例中，区间二型模糊逻辑在数据融合方面的应用也是非常新颖的。

第 4 章，主要内容有多种滤波算法、目标跟踪的数学方法，也包含了运动学数据融合方法。本章给出了单传感器和多传感器跟踪与融合的数学方法，描述了波门、数据关联概念和相应的滤波方法，还给出了信息滤波方法。本章给出的 H - ∞ 滤波器在数据融合领域有着很好的应用。在卡尔曼滤波器和卡尔曼相似滤波算法中出现的随机观测丢失问题，本章也进行了处理，得到一些结论，并给出了仿真结果。本章简要探讨了目标跟踪及数据融合的因子分解滤波算法，并得到了一些有用的结论。

第 5 章，学习分散化数据融合和相关的数据融合滤波/评估方法，探讨信息滤波和贝叶斯方法。分散化数据融合方法在大尺度结构（建筑物）的监控，航天系统、车辆和大型工业自动化车间的健康监测方面非常重要。在此给出了各种不同的数据融合结构和数据融合规则，给出了分散化数据融合的平方根信息滤波器和一些数值仿真结果。

第 6 章，讨论了成分分析方法，包括小波变换和相关方法，如离散余弦变换

(DCT)。这些概念和方法对数据融合十分有用,尤其在图像融合中很有用。成分分析起初用在信号处理方法中,后来其应用范围自然而然扩展到图像融合。本章讨论了图像融合中使用的 Curvelet 方法,给出图像融合的多分辨率奇异值分解方法。通过 MATLAB 软件进行编程,用仿真的图像/数据对本章给出的一些方法进行评估。图像处理和图像融合是现代复杂的航空航天系统和其他系统中使用的关键技术,如用于合成视景增强、合成视景更新、态势估计需求、野地机器人/医用机器人等方面。因此,对图像代数和融合的数学方法的理解就至关重要。这些方面在第 7 章中还要进行全面的介绍(第 7 章由 Mrs S Sethu Selvi 撰写,他是班加罗尔的 MS 拉迈亚技术研究所电子与通信工程部的教授和领导人)。本章还给出了生物系统的一些融合实例。

第 8 章,简要探讨决策理论及其在传感器数据融合中的使用——主要介绍了贝叶斯方法。决策融合可以看作融合方法的更高级层次,它在传感器应用,或在包括无线传感器网络在内的数据融合的应用中都至关重要。针对航空场景,本章使用仿真数据,给出了一种基于一型模糊逻辑进行决策制定/决策融合的方法。本章还给出了各种决策融合规则。

第 9 章,探讨无线传感器网络及其相关的传感器数据融合和传感器数据聚集(DAG)方法。这些网络应用在结构健康监测(包括大型飞机翼面、大型航天器结构)和很多监测系统中。分布式传感、检测、估计和数据融合是非常重要的技术和方法,必定会给使用无线传感器网络系统(如安全系统)的用户带来好处。不同模式/原理的传感器产生的信号需要进行抽样、滤波、压缩、传输、融合和存储。这些无线传感器网络是智能环境的重要组成部分(如建筑、公共事业、工业场所、家庭、船舶、交通运输系统和安全系统)。

第 10 章,讨论三种软计算范例,这三种范例越来越多地应用在多传感器数据融合方法上,包括学习/自适应人工神经网络,决策制定和模糊建模(数据模糊、规则模糊)的模糊逻辑方法、(人工神经网络权重等)全局优化的遗传算法。软计算方法在运动学级、图像级到决策级的传感器数据融合中都有着广泛的应用。充分利用不同软计算方法的优点(如学习、优化方面的)和能力,对人工神经网络/模糊逻辑/遗传算法进行方法融合,产生新的混合方法十分重要。

附录 A、B、C、D、E、F 分别给出了:①附录 A 部分算法及其推导;②附录 B 其他数据融合方法以及融合性能估计度量;③附录 C 自动数据融合;④附录 D 数据融合软件工具的说明和资料;⑤附录 E 参考文献中传感器数据融合的定义;⑥附录 F 数据融合的部分当前研究课题。

总结:统一的数据融合数学方法能实现吗?

根本上说,在从单独的传感器/信息源中接收到信息(并经过对源数据进行分析之后），使用某种公式或规则——比如对两类“信息”求均值，或者求这些“信息”的加权平均值这样的简单的规则——而把信息进行结合，这个过程就是数据融合。信息要么以信息因子的形式存在，要么以信息矩阵的形式存在。我们需要做的就是为融合准则确定最优权重。用两个卡尔曼滤波器处理来自两个独立传感器通道的数据，得到预测方差矩阵，卡尔曼滤波器就以预测方差矩阵的形式自动给出权重的信息。因为信息矩阵和方差矩阵互为逆矩阵，在数据融合规则里，信息量也可以用作权值。这些方差矩阵起初是在不确定现象/事件的概率概念基础上建立起来的。不确定的事件受随机噪声过程的影响。方差矩阵可以看作是来自几个传感器通道的信号的统计。这样，传感器信号的统计和概率这两个量就结合在一起了，并且用于表示数据融合规则的权值。卡尔曼滤波器基本上可以从基于概率的贝叶斯准则中推导出来，而后者本身又可独立地成为数据融合规则的基础理论。但是，由于模糊（另一种不确定性）确实可以用模糊逻辑进行建模，并且这样建模更有用，因此，数据融合规则也可以来自于模糊逻辑分析获得的权重。所以，统计、概率和模糊逻辑从根本上说是关联的，尤其是因为模糊逻辑产生了概率的概念。另外，模糊逻辑是一种基于规则的逻辑，它把人/专家的经验和直觉纳入到规则库。传感器数据融合系统的设计者可以使用基于模糊逻辑的分析和控制方法增强系统性能。区间二型模糊逻辑进一步拓展了数据融合系统的范畴，强化了其性能。成分分析（傅里叶、离散余弦变换、主成分分析、小波变换等）当前在（传感器）信号处理、系统识别中大量使用。因为图像处理和图像融合是信号处理的高级层次，成分分析自然可以拓展到图像（或数据）融合方面。图像代数也是信号代数的拓展，并且对图像-数据融合方法的理解有帮助，对融合方法的分析有益。决策融合是比运动学数据融合和图像融合更高级的融合过程。数据融合的基础级的概念同样适用于决策融合。决策融合包括确定统计数据、从传感器/图像信号中获得（状态）估计和对逻辑方法的使用，因此，从这一点上也可以看出，决策融合是融合活动的高级层次。决策融合也可以看作一种符号级的融合。贝叶斯规则和模糊逻辑在决策融合中有很重要的作用。无线传感器网络包括了所有类型基本的信号处理活动，因此，上述很多概念也可以用于无线传感器网络中的传感器数据融合和传感器数据聚集。决策融合和无线传感器网络中的很多数据融合规则以概率和信息度量为基础。神经、模糊、遗传算法范例分别来自于三个不同的方面：①人类自身；②对自然现象的观察；③自然的进化机制。人工神经网络以生物神经网络为基础进行建模，并且有学习和适应环境的能力。模糊逻辑对我们观察到的自然界中的模糊进行建模。遗传算法的基础是自然的进化体系。这三种计算范例共同构成了人工智能（AI）的三个要素。这样，通过使用人工智能这三个基本的要素，我们能够有效地建立智能数据融合系统。人工神经网络使用的训练算法根植于最优化理论和技术。遗传算法使用了直接搜索方法进行优化。自适应神经－模糊推理系统（ANFIS）使用人工神经网络从给定数据中对模糊成员函数进行参数学习。学习算法可以基于经典的优化方法或者遗传算法。关于人工神经网络（训练算法）、模糊推理系统和遗传算法的许多基础的数学方法不是非常复杂，它们源于基本的函数理论（FT）、向量空间范数（VSN）、（前向或后向的）经典逻辑链（CLC）和优化标准（OC）。FT、VSN、CLC、OC 这四个方面共同组成了数据融合数学方法的基本的数学要素。讲到这里，我们可以看出，从与统计/概率的信号处理/图像处理、滤波、成分分析、图像代数、决策和神经网络－模糊逻辑－遗传算法范例等相关的数学方法的各种概念中，传感器数据融合实现了统一。

参考文献

1. Raol, J. R. Multi – Sensor Data Fusion with MATLAB. CRC Press, FL, USA, 2010.
2. Edward, W. and James, L. Multi – sensor Data Fusion. Artech House Publishers, Boston, 1990.
3. Hall, D. L. Mathematical Techniques in Multi – sensor Data Fusion. Artech House, Norwood, MA, 1992.
4. Abidi, M. A. and Gonzalez, R. C. (Eds.). Data Fusion in Robotics and Machine Intelligence. Academic Press, USA, 1992.
5. Gregory, D. H. Task – Directed Sensor Fusion and Planning – A Computational Approach. Kluwer Academic Publishers, Norwell, MA, USA and The Netherlands, 1990.
6. Lawrence, A. K. Sensor and Data Fusion: A tool for Information Assessment and Decision Making. SPIE Press, Washington, USA, 2004.
7. Chirs, H., Xia, H. and Qiang, G. Adaptive Modeling, Estimation and Fusion from Data: A Neuro – fuzzy Approach. Springer, London, UK, 2002.
8. James, M. and Hugh, D – W. Data Fusion and Sensor Management – A Decentralized Information – Theoretic Approach. Ellis Horwood Series, 1994.
9. Dasarathy, B. V. Decision Fusion. Computer Society Press, USA, 1994.
10. Mitchell, H. B. Multi – sensor Data Fusion. Springer – Verlag, Berlin, Heidelberg, 2007.
11. Varshney, P. K. Distributed Detection and Data Fusion. Springer, New York, USA, 1997.
12. Clark, J. J. and Yuille, A. L. Data Fusion for Sensory Information Processing Systems. Kluwer, Norwell, MA, USA, 1990.
13. Goodman, I. R., Mahler, R. P. S. and Nguyen, N. T. Mathematics of Data Fusion. Kluwer, Norwell, MA, USA, 1997.
14. Yaakov B – S. and Li, X – R. Multi – target Multi – sensor Tracking (Principles and Techniques). YBS, Storrs, CT, USA, 1995.
15. Mutambra, A. G. O. Decentralized Estimation and Control for Multisensor Systems. CRC Press, FL, USA, 1998.

关 于 作 者

Jitendra R. Raol 分别于 1971 年和 1973 年在印度的瓦尔道拉的巴罗达 MS 大学取得了电子工程专业的工学学士学位(BE)和工程硕士学位(ME),1986 年又取得了加拿大汉密尔顿的麦克马斯特大学的博士学位(专业:电子与计算机工程),在麦克马斯特大学攻读博士期间,他还在那里从事研究和教学助理的工作。他在巴罗达 MS 大学执教两年,然后于 1975 年进入了印度国家宇航实验室。在科学与工业研究理事会 - 印度国家宇航实验室(CSIR - NAL)工作期间,他在固定式和移动式飞行模拟器研究中,参与了飞行员建模。Jitendra R. Raol 在 1986 年又回到印度国家宇航实验室工作,然后在 2007 年 7 月 31 日以科学家 G 和 CSIR - NAL 的飞行力学和控制分部的领导人的身份退休。他曾率代表团访问过叙利亚、德国、英国、加拿大、中国、美国和南非,致力于系统识别、神经网络、参数估计、多传感器数据融合和机器人等领域的研究,在一些国际会议中发表了技术论文,他也在一些到访的国家或地区进行了客座演讲。他也是英国伦敦电气工程师学会/国际工程技术学会(IEE/IET)的会士,美国芝加哥电子电器工程师学会(IEEE)的高级会员。他是印度航空协会的终身院士和印度系统协会的终身会员。由于他在非线性滤波领域的研究文章,而获得 1976 年印度工程师学会的 K. F. Antia 纪念奖。由于在不稳定系统的参数估计上撰写的文章,他获得印度工程师学会颁发的荣誉证书。(在新德里举行的)传感器技术会议上,他撰写的传感器数据融合的文章获得最佳张贴论文奖。由于在目标跟踪方面发表的论文,他还获得金质奖章和证书(由印度电子与电信工程师学会授予)。在印度空天飞行器领域,由于 Jitendra R. Raol 在飞行力学与控制技术方面的领导和贡献,2003 年他被科学与工业研究理事会(CSIR)颁发著名的技术盾牌,是 5 个获奖者之一,获得了荣誉证书和 67000 美元奖励。他撰写并发表了 100 多篇论文和不计其数的技术报告。他是 *Sadhana*(印度科学院出版的一种工程杂志,班加罗尔)杂志两个特刊的客座编辑,特刊内容为:①建模、系统识别和参数估计方面的进展;②多源、多传感器信息融合。他还是《防御科学学报》的特邀编辑,专题内容为:①移动智能自治系统;②航天电子学和相关科技。他指导了 6 名博士和 8 名硕士研究学者,近期又技术指导全体 10 名成员(来自班加罗尔的 MS Ramaiah 技术学会)开展博士学位论文工作。他与英国伦敦 IEE/IET 共同出版了一本关于控制系列的合著《动态系统的建模和参数估计》(2004 年),与

CRC 出版社(美国佛罗里达)合著了《飞行机制建模与分析》(2009 年),以及《基于 MATLAB 的多传感器数据融合》(2010 年)。他和 Ajith K. Gopal 共同编辑并且在 CRC 出版社出版了《移动智能自治系统》(2012 年)。他在很多场合担任顾问、技术项目评审和博士考试委员会的成员或主席。他还是十几个印度国家或国际杂志的评审专家。他主要研究兴趣在机器人领域,包括数据融合、系统识别、态势/参数估计、飞行机制 - 飞行数据分析、H - ∞ 滤波、人工神经网络、模糊系统、遗传算法和软计算。在探索人生真谛的过程中,他还尝试围绕科学、哲学、进化和生命等各式各样的题材,创作了 300 多首诗歌/自由诗。

目 录

第1章 数据融合过程导论

多源多传感器信息(传感器/数据)融合这一主题和学科,汇集并包含了对来源于多个传感器/源、数据集、知识库的信息以及其他人工情报(HUMINT)进行开发利用和协同处理的理论概念、方法和数值算法。就预测的正确性及鲁棒性而言,通过数据融合(Data Fusion, DF)获得的对目标(如果是机动目标,还包括其预测航迹)、过程或是场景的最终认识和决策,在某些定性或定量预测的精度方面,其性能要优于单传感器(当然优先利用定量测量),由多传感器数据融合获得的最终决策/报告比其中任一单传感器得到的决策更加可信[1-2]。从整个多传感器数据融合(MSDF)意义上讲,数据融合的数学方法是它的一个子课题,它也是广义多源多传感器信息融合学科中的一个基本课题。传感器数据融合(SDF)的主要步骤包括:①收集多个相同或不同传感器的观测值(测量值/可观测的数据/系统的状态)和采样值;②通过数据分析、滤波和估计提取所需要的信息;③基于比较和评价过程进行逻辑推理;④给出合适且正确的决策。

1.1 数据融合概述

通过合适的融合规则和准则,数据融合可将来自于不同传感器的信息进行组合处理,从而得到被观测目标或现象的融合估计及身份信息。融合规则通常是各传感器定量推理或估计的加权平均值,在一些时候可能是基于概率的贝叶斯(Bayesian)理论和信任度证据理论(DS)。如果采用模糊逻辑(FL)进行决策融合(或是特征级融合、像素级融合),即使设计并使用了明确的融合规则,其融合规则或过程也是隐含在模糊推理系统的“If…Then”规则中。甚至为了达到后续利用信息之目的,可利用模糊逻辑分析数据样本,从而得到融合规则或公式的权重。MSDF 主要包括:①观测参数和实体位置之间的坐标转换,由观测参数得到关于实体的位置(运动学,甚至是动力学)、特点(特征/结构)和身份信息的决策;②在目标场景中,通过对观测情景或实体详尽的分析,然后进行推理和解释(决策判定和融合)。

除了军事防御应用外，数据融合（DF）在生物医药、工业自动化、航空航天及环境工程方面的应用不断增多。正如以往所见，数据融合过程已经实现了：①更高的空间覆盖率；②提供来自于相同或不同传感器的冗余测量；③增强了系统性能的鲁棒性——有更多可利用的测量类型，并保证可获得至少一个始终可用的数据集；④由于使用更多的融合信息，DF 系统可提供更好的推理预测，进一步减小了预测的不确定性；⑤可给出基于多传感器协同的 MSDF 系统的总体性能。DF 的完整过程涉及若干相关学科[1-2]：①信号和图像处理；②数值计算技术和算法；③信息论、统计和概率的方法/测度/度量；④传感器数学模型，传感器控制-管理，传感器最优配置；⑤软计算技术；⑥系统识别、状态和参数估计。这些来源于不同领域的技术增强了 DF 系统的分析处理能力、理解能力及性能评估能力。

数据融合的典型过程包括：①低级融合或数据级融合——组合若干传感器/源的数据（本质上同一类型）产生一个新的数据集。相比单一数据集，新数据集信息量更大且更有用。通过融合若干来自不同传感器的数据，可得到一个系统或目标的融合状态估计（即状态向量融合）。这一低级融合被称为运动融合。②中级融合（或在图像融合背景条件下的特征级融合）——将各种特征信息，如边缘点、直线、交点、纹理结构等，组合为一幅特征图，并利用其进行图像分割和目标检测等。③高级决策融合——对来自于多个专家的决策信息进行组合，采用的决策融合方法有投票法、模糊逻辑法和统计方法等[1]。

在接下来的 9 章中，将给出与上述 3 种不同级别数据融合过程（DFP）相关的数学处理方法。

1.2 数据融合模型

数据融合过程是一个系统的理论方法，是一个对传感器、信号、数据及图像的协同处理的过程。包括状态估计与航迹跟踪、控制与决策等环节和方面。而对以上各处理过程的描述，可以通过一些具有一定功能的任务驱动模型或简化的 DF 模型给出明确表示。然而，由于科学家和工程师在实现数据融合的任务时，主要依赖自己的认识和数据融合的任务需求，而不是依据数据融合的功能模型来定义自己的方法，所以目前大部分的数据融合模型仍然或多或少地停留在理论上，而缺乏实践性。当然这并不是说数据融合模型在多传感器数据融合软/硬件技术上没有用武之地。有一些研究试图去探索为什么对一个确定的 DFP 模型，会产生几种不同的定义和叙述，结果发现主要是为了追求 DFP 处理方法的完美导致的，关于这些将在下一部分进行简短的介绍。

1.2.1 联合指导实验室模型

目前为止,普遍流行的融合模型是起源于美国国防部(DoD)(1985 年/1992 年)的联合指导实验室(Joint Directors of Laboratories,JDL)数据融合(DF)模型。该模型主要分为三个级别,其中包括几个分层次和辅助的数据处理功能,同时包含对数据融合系统的性能评估功能。如图 1.1 所示[1],该数据融合过程模型是一个功能模型,可被用于很多应用领域:从传感器网络(SNW)到人机交互(HCI)。该模型在信号和信息融合处理及性能评估方面包括四个层次的子总线。对于一个确定的应用来说,DF 模型可给出更加清晰的解释。DFP 可以由信息源、人机交互(HCI)源信息预处理、数据融合层级和最终的数据库管理(DBM)等刻画给出。这种数据融合模型是以数据/信息为中心的,是一种对具体细节特征的抽象模型。这种人机交互系统为用户提供了一种可供输入和通信的交互界面,并可将融合后的结果直观地显示。

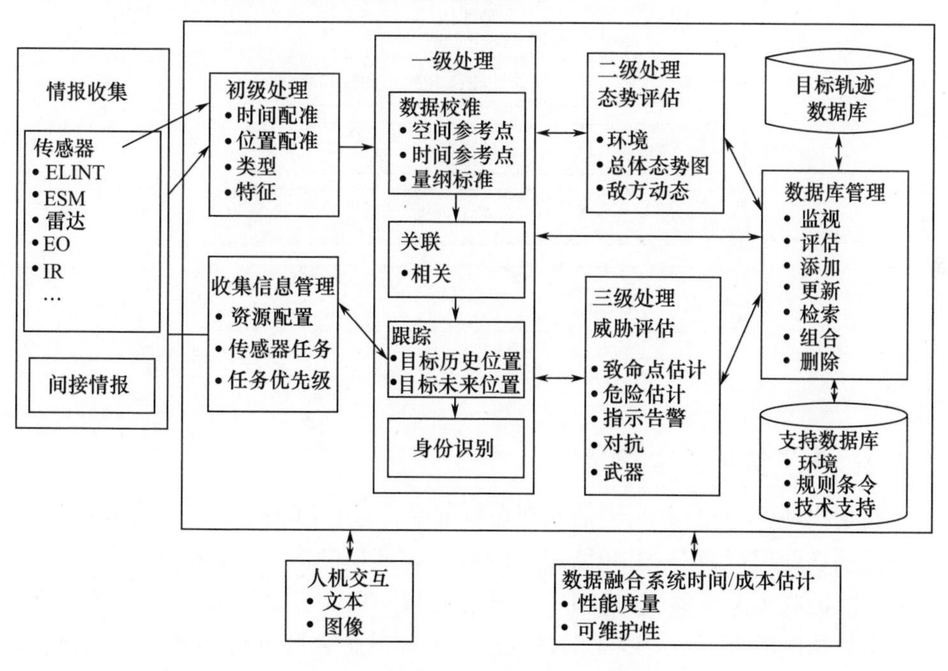

图 1.1 基本和早期的 JDL DF 模型

ELINT—电子情报;ESM—电子支援措施;EO—电光;IR—红外。

1.2.2 改进的瀑布融合模型

瀑布数据融合处理(WFDF)模型,是一种总体上按级分层形式构成[5],注重更低层次处理模块的模型。该模型与联合指导实验室模型在以下功能上有一些相似之处:①与信息源的预处理相关的感知和信号处理;②与目标识别(OR)相关的特征提取/模式识别;③根据态势提炼(SR)的态势评估(SA);④根据威胁分析(TR)的辅助决策。

在文献[1]中,给出了改进的 WFDF 模型,见图 1.2[1]。图中深色部分表示下级任务复杂性增加。在改进的瀑布数据融合模型(MWFDF)中,由于其局部反馈回路的增强作用,因此该模型是一个面向行为的模型。除了从决策层到传感器层有一个控制回路外,原始的 WFDF 模型没有中间的控制回路。在用于机器人设计方面的传感器预校准和预先配置时,建议采用整体回路设计的思想。同时,无线传感器网络(WSN)可使得整个 MSDF 处理能量更具高效性,这将有助于缩短整个数据融合过程(DFP)中传感器管理的周期。

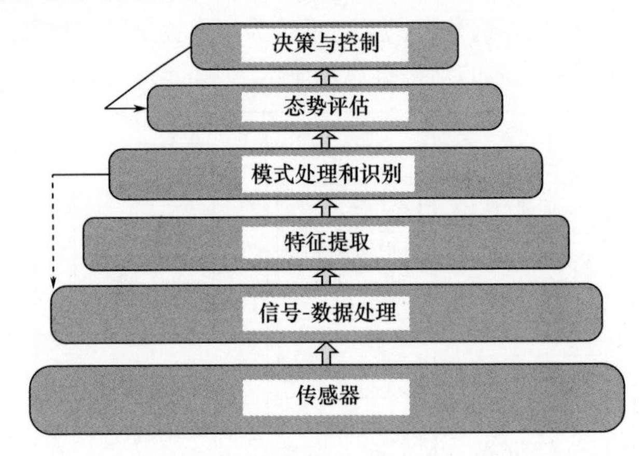

图 1.2 具有反馈循环的改进的瀑布融合模型

1.2.3 基于情报环的模型

在情报环(IC)模型中,人们发现在数据融合过程(DFP)中有一些固定的周期性的循环处理行为[1]:①初始规划阶段确定情报的内容;②情报收集阶段完成对信息的收集和聚集;③情报排序整理阶段对收集到的信息进行校核简化;④情报评估阶段进一步对收集的信息进行实际的融合和分析;⑤情报分发阶段将综合情报或推理结论,分配给用户或者指挥员。这种情报环模型被认为是一种高级的集合模型。

1.2.4 博伊德模型

图 1.3 所示为博伊德(Boyd)模型[1]。该模型采用反馈闭环回路描述了经

典的信息处理和决策支持原理。由于博伊德控制环(BCL)模型的一个循环包括观察－判断－决策－行动(OODA)四个阶段,所以将一个情报环模型和 BCL 模型进行适当组合,就可得到更好的融合处理模型。这种组合模型降低了抽象性,具有更好的行为判断能力,由此导致了混合(OB)模型的产生。

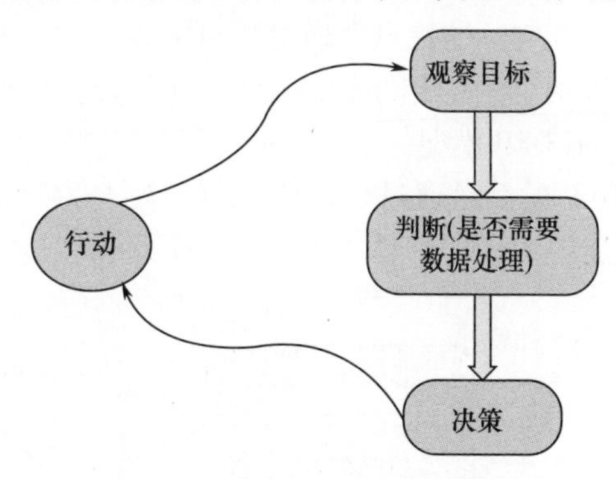

图 1.3　Boyd－OODA 循环模型

1.2.5　混合模型

混合 OB 模型综合了其他几种方法的优点(图 1.4)。因此,这种模型更像是三种模型的混合体:①BCL 模型;②Dasarathy 模型;③瀑布模型。其特点是描述了处理顺序,使模型的周期性更加明确,采用的是通用的术语。在混合模型中能看到 WFDF 模型的某些内容,相比而言,WFDF 比其他模型更加通用。

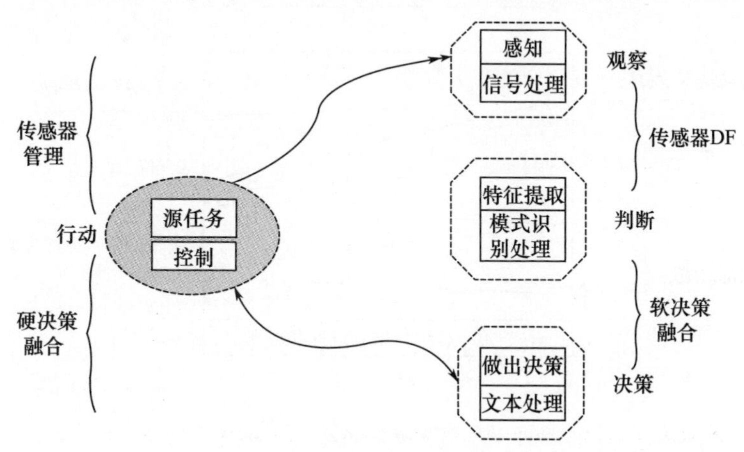

图 1.4　混合循环传感器数据融合模型的展开示意图

1.2.6 Dasarathy 模型

Dasarathy 模型,即面向功能的数据融合(FODF)是一类基于融合功能而非融合任务的模型,如图 1.5(a)所示。在 DFP 过程中,主要有三级结构——数据级、特征级和决策级[3]。实际的信息处理过程可能发生这三种级别的各个处理级内,或者是这三种级别之间的相互转换处理[4]。这是一种非常简单、有趣且直观的输入/输出(I/O)DFP 模型。

另一种改进的 DFP 模型是通过任务驱动进行融合处理的,由图 1.5(a)演变而来,作为一种可能的 MSDF 模型,如图 1.5(b)所示。

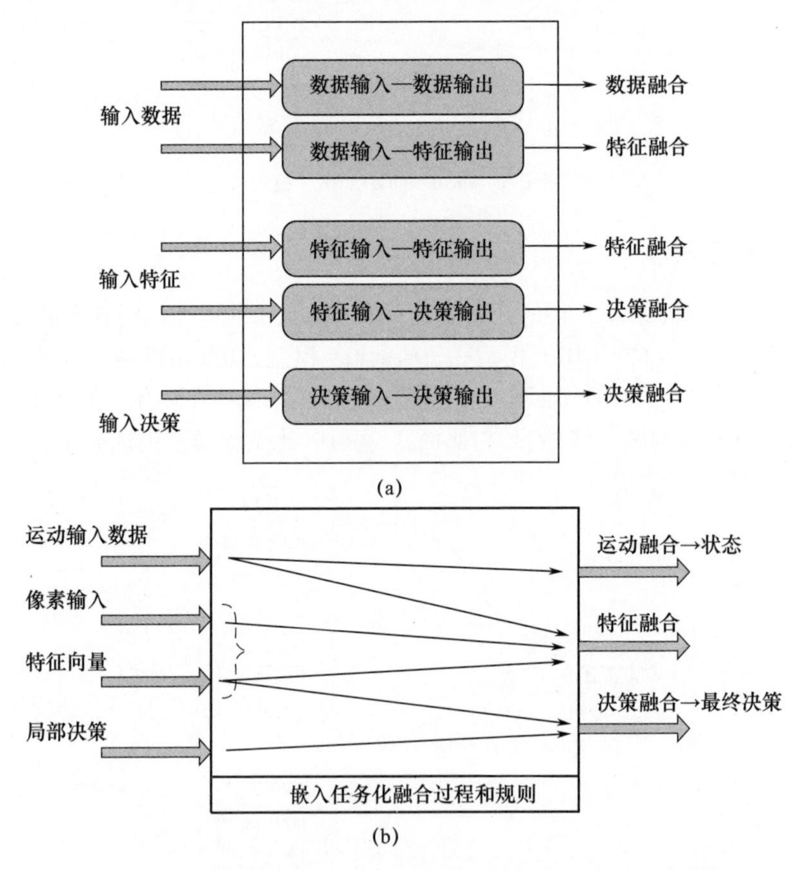

图 1.5 (a)Dasarathy 功能数据融合模型;(b)混合多传感器 DF 模型

还有一些其他的 DFP 模型[5]:①Thomopoulos 结构(TA)模型;②多传感器集成融合(MSIF)模型;③基于行为认知的数据融合(BKDF)模型。TA 模型包括信号级融合、证据级融合、运动级融合。融合处理可在这些融合级别之间交互进行。而

MSIF 模型首先是对传感器的集成过程,在 MSIF 模型中,在信息系统的辅助下,在对 n 个传感器的输出进行处理后可以得到对其测量的描述,而信息系统所包含的有关数据和资料有助于数据的融合处理。在 BKDF 模型中,其处理流程包括[5]相关特征提取、关联融合、传感器属性融合、分析和综合、融合结果表示。也有学者提出,为了强调在信息融合中人工智能(AI)以及传感器故障检测和识别(FDI)软件技术中,OF 的应用日益增加,可尝试将 AI 和 FDI 技术集成到 DFP 模型中。

1.3 传感器数据融合形态

传感器 - 数据融合网络的拓扑结构与传感器的特定配置/部署(主要是物理方面)有关。在许多情况下,可以使用一种以上的配置,如图 1.6 所示。

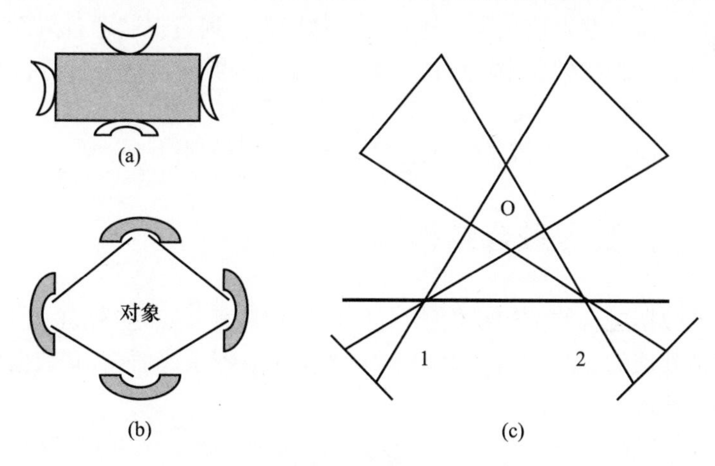

图 1.6 传感器网络的配置形态

(a)互补型——从不同的区域向外查看;(b)竞争型——查看同一指定区域;
(c)合作型——两部摄影机可以产生一幅目标的三维图像。

1.3.1 互补型

传感器的配置是为了给出一幅关于被观测对象的更加完整的图片或图像。从多个不同的地区或位置观察同一个目标时,例如,在某一个特定地区周围部署四个雷达,就可以提供一幅目标所在区域的完整图像,同时这种配置也提供了一定的测量冗余。

1.3.2 竞争型

对同一目标的特性和特征,每个传感器可提供独立的测量值,这样的布局结构具有很好的鲁棒性和容错能力,传感器可以相同也可以不同。比如,就像用三个不同的温度计来测量人的体温一样。在此,每个传感器可给出一个测量中心值以及围绕这个中心值的一个很小的误差范围。基于这三个测量的融合处理或解算,即可得出融合的数值以及相关的误差。上述传感器的布局结构在许多航空航天及一些工厂的重点安全区域应用非常普遍,通常被称为冗余设计和管理,关于这方面的内容在容错系统中已有深入的研究。这种冗余设计适用于硬件、软件、信息编码和传感器网络,信息融合的概念甚至可被用于提升容错系统的稳定性。

1.3.3 合作型

在一个立体视觉系统中,它是由两个独立传感器提供数据得到融合信息,若仅从单一传感器上获得信息则无法获得立体图像。通过安装两台入射角差异很小的摄像机获得二维(2D)图像,在对图像中蕴含的深层信息进行分析和适当的融合处理之后,就可提供关于被观测场景的三维(3D)图像。然而,在得到准确的深层信息之前,需要传感器各自进行一定的数据处理。

1.4 传感器数据融合结构

传感器数据融合的结构和传感器的部署有关,其重点是顶层(或上层)的数据是如何被处理的,如图 1.7 所示[1]。对于多传感器系统而言,其数据融合的结构将在第 5 章进一步讨论。

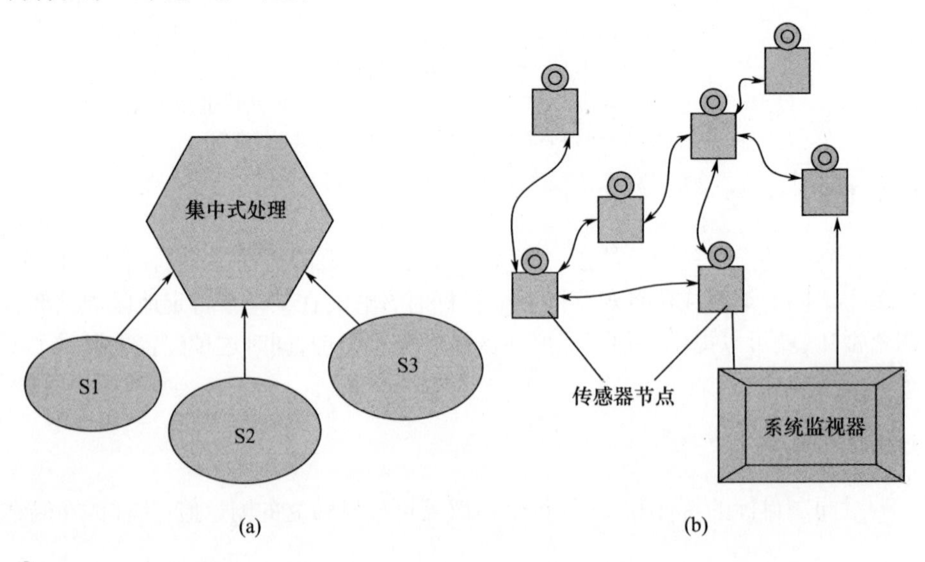

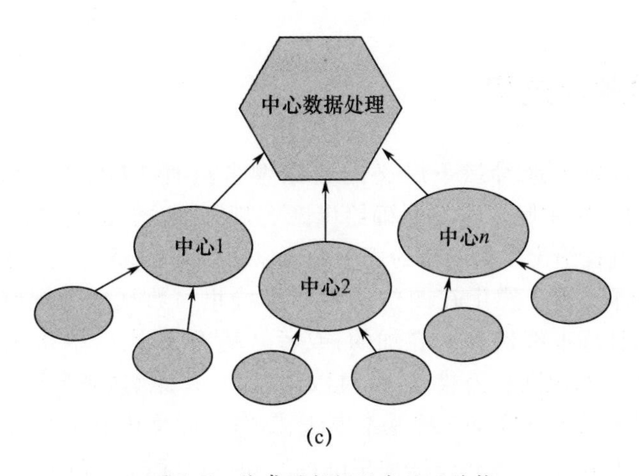

图 1.7 传感器数据融合处理结构
(a) 集中式融合；(b) 分布式融合；(c)分层式融合。

1.4.1 集中式融合

集中式数据融合结构包括时间同步和传感器的数据偏差修正。在这种结构中,要把以传感器为原点的坐标数据转换为方便和所需的系统坐标数据。对于多目标和多传感器的测量,需要进行波门选择和数据关联。而决策就是基于这些从传感器获得的最大可用信息得到的。通常,集中式数据融合也被称作测量级(或数据级)融合。

1.4.2 分布式融合

在分布式融合结构中,每个传感器节点对其获得的观测数据进行独立的信号处理和状态估计,这些节点通常都是灵活的节点或设备。每个滤波器的本地航迹(局部航迹)由其状态估计向量和对应的协方差矩阵组成(将在第 4 章和第 5 章中讨论)。将本地航迹输入状态向量融合处理公式(SVF 公式)中,就可得到融合状态向量和融合协方差矩阵。这不需要任何集中式融合。这种结构对大型灵活/灵巧结构、航空器/航天器状态监控、大型自动化工厂、大型传感器网络(SNW)和化工应用是非常有用的。

1.4.3 混合式融合

混合式融合结构兼具集中式结构和分布式结构的特点,是一种基于传感器需求配置而部局的数据融合体系结构。混合式融合结构应用在那些传感器预先布置好并在使用中的场合,并且在这种场合中使用了大量相似或不相似的传感器/测量系统(例如雷达)。

1.5 数据融合过程

现在,我们简单地看一下广义的数据融合过程 DFP。特别是通过研究图 1.5可以看出,图中除了没有明确给出融合规则/公式和数据/图像处理技术之外,对 DFP 过程给出了最简单的表示。所以,正如图 1.5(a)、(b)对数据融合功能级别的阐释,融合发生在图中的中心模块里。数据融合规则和公式(或 DFP)可能是线性(非线性)的、叠加的,或者是基于统计、概率和/或 FL 的一些概念。数据融合的规则和公式,以及对数据、信号和样本(来自于各类传感器)进行某些处理和分析所需的一些基本方法、图像分析及其相应融合方法,将在第 2 ~ 10 章进行介绍,其中包括一些简单的推导和可行的例子说明。

由于对多源信息融合的研究已有 50 年发展历史,并且近来已快速成为很多工业系统中十分重要和不可或缺的部分,所以要想很完整地把握该领域的发展动态是几乎不可能的。因此,本书主要介绍了一些关于数据融合的数学方法(理论和实践)的重要概念,可用于大学生第七学期或研究生第二学期的课程教材。传感器数据融合课程需要传感器和测试设备、信号/图像处理和计算机算法等课程的支持(如能有基于 MATLAB 或相关的 SW 的工具的支持,将更加有利)。作为一本数据融合数学方法方面的简明手册和参考书,本书所呈现的内容对读者有一定的借鉴作用,并可作为本书概述部分中所列举的参考文献中很多书籍的补充(文献[1 -15])。

练习

1.1 在数据融合过程中,数据同步的目的是什么?

1.2 为何在数据融合过程中需要对数据/测量进行转换?

1.3 在数据融合中关联或相关的意义和目的是什么?

1.4 在 JDL 模型中跟踪的目的是什么?

1.5 在 MWFDF 模型中从制定决策到态势评估的反馈回路的目的是什么?

1.6 在 MWFDF 模型中,从模式处理到信号处理的反馈回路如何使用?

1.7 图 1.7 中给出的传感器网络组织的优缺点是什么?

1.8 为什么数据融合过程分为低级、中级和高级的过程?

1.9 数据融合架构的核心环节是什么?

1.10 你能想象出一个使用混合数据融合架构的现实系统吗?

参考文献

1. Raol, J. R. Multi – Sensor Data Fusion with MATLAB. CRC Press, FL, 2010.
2. Raol, J. R. and Gopal, A. K. (Eds.). Mobile Intelligent Autonomous Systems. CRC Press, FL, 2012.
3. Dasarathy, B. V. Sensor fusion potential exploitation – Innovative archi – tectures and illustrative applications. IEEE Proceedings, 85(1), 24 – 38, 1997. www.ohli.de/download/papers/Dasarathy1997.pdf.
4. Farooq, M. and Gad, A. Data fusion architectures for maritime surveillance. ISIF, 2002. www.ohli.de/download/papers/Gad2002.pdf, accessed January 2013.
5. Esteban, J., Starr, A., Willetts, R., Hannah, P., and Bryanston – Cross, P. A review of data fusion models and architectures: Towards engineering guidelines. In Neural Computing and Applications, 14(4), 273 – 281, 2005. www.researchprofles.herts.ac.uk/portal/en/publications, accessed April 2013.

第2章 统计、概率模型和可靠性：概率数据融合

2.1 引言

在自然界中有一个很有趣的事实，不确定性以一种或者其他方式广泛存在于信息感知、数据通信和数据融合过程的各个方面。对于这种不确定性，我们能够提供一种精确的测量方法对测量到的信息进行融合，这就使得数据融合过程变得更加有效，且对设备/动态系统的状态或者任何被研究的对象都能给出更精确的预测（为了融合的目的）。至今为止，大多数描述不确定性的方法都是基于概率模型的应用，因为在很多情况下概率模型都能够提供一种有力的、一致的方法来描述不确定性（概率论模型早在对人类大脑的进化发展框架进行研究之前就已经出现了）。因此，概率模型的概念就自然而然地被应用于信息融合和决策中了[1]。当然，对于某些确定的实际问题，通常会采用一些不确定性建模的替代方法（和/或对不同类型的不确定因素的建模，如模糊性）进行研究，例如将模糊逻辑（Fuzzy Logic，FL）概念用于解决滤波、控制和决策融合等问题。虽然人类很久以前就有对一些模糊事件的认知和经验（比赌博和其他一些概率性事件早好几个世纪），但是直到50年前才正式开始对其数学分析方法展开研究！尽管概率模型能适用于许多情况，但是这类模型无法得到用于描述和定义信息感知和数据融合处理所需要的全部信息。例如，对一个专家关于某领域的启发式知识来讲，FL理论和相关的可能性理论就十分合适。尽管如此，概率建模技术已经并且将继续在DFP及其方法的发展中发挥重要和实际的作用。当不确定因素为非随机因素，是确定的和未知的（具有界限）时，数据融合时可采用一些基于H－infinity范数的方法，尤其是利用传感器观测得到的测量确定基本状态时可用这类方法。

本章首先介绍一些关于统计的数学概念，这些概念在第6章讲到的独立组分分析（ICA）和主成分分析（PCA）[2]中会用到。依据信号的统计特性（即信号的某些重要的特征和数值）和统计分析方法，我们可以从测量点的分布得到分析结果，包括：①数据是如何分布的；②数据在时间和空间中如何变化；③数据中

某些取值在时空中有什么重复规律;④某些数据在时间和空间上是如何相关的,为什么会相关。这些统计的概念和知识将有助于理解在后续章节中学到的 DF 过程中延伸的许多概念。

2.2 统计

就其本身而论,统计是一门关于“数据”的数学学科,它主要研究数据。概率则主要是试图找到一种数学模型来描述不确定性数据,其在分析数据中具有重要作用。通常,我们可通过对某些我们感兴趣、欲对其进行建模和预测的事件和现象进行观察,从而得到大量数据。这些数据表面上无法理解,但是通过一定的前期整理分析,就能从中得到有效信息,然后得到这些数据的统计特性(均值、中值、众数、方差、协方差、自相关性、标准偏差(STD))[2]。若通过对这些数据的分析和管理,能从其中获得数据中隐藏和蕴含的关系(如数据的相关性),并且如果数据是不完整的,还可以确定数据中可以容忍的不完整性有多大,这样我们就能从这些数据获得有用的信息。数据间的相关性也可表明已发生的各种事件的相互关联关系。如果数据是不完整的或者在一连串的测量中有部分数据丢失,则可用一些预测估计方法去填补。在目标跟踪和无线传感器网络领域,数据缺失是经常要研究的问题。插值是一种最简单的方法,但是如果有很长一串数据丢失,该方法就不能使用,需要使用一些流行的、更加正规和更加复杂的方法,即先进的估计方法。在连续范围内对这些数据进行分类或者分配,通过对多种范畴内的数据进行简单的统计,就能够得到其经验评价或者相对频率,这就给出了对概率论的解释。而对于概率的测定,需采用简单但是费时的实验方法进行。事实上,对数据归类后,统计数据的数量和取值范围为确定概率密度函数提供了一种经验测定方法,概率密度函数从频率角度解释了概率,然而对基础数据的处理属于统计学的一部分。有趣的是,作为统计数据采集部分的统计和相关方面,也正是概率论里最初(对其)的定义和解释。并且,统计学里给出的正式定义包含并依赖于概率方面的定义,也用到了概率论模型!因此,数据统计应在给出其概率定义之前进行讨论。但是,对于随机变量/数据的统计学的正规定义需要体现数据本身的概率分布函数 PDF 和概率密度函数 pdf。实际上,pdf 是随机变量的统计特性估算前的一种先验假设。对于确定性数据,不需要进行概率性的描述,但也可给出这类数据会用到一些统计特性的定义。总而言之,在按照个体数据点之间的关系对其进行分析时,以及对数据融合规则和过程进行定义时,统计特性是十分有用的。

2.2.1 数学期望

对于离散的随机变量,均值是一个重要和基本的量,其定义如下:

$$E(x) = \sum_{i=1}^{n} x_i P(x = x_i) \tag{2.1}$$

对于连续随机变量,有

$$E(x) = \int_{-\infty}^{\infty} x p(x) \mathrm{d}x \tag{2.2}$$

其中,P 是随机变量 x 的概率(散布),p 是随机变量 x 的概率分布函数,数学期望 $E(\cdot)$ 是加权均值(权重来自 PDF/pdf)。通常,计算一个信号或数据的平均值时,其概率密度函数 pdf 被认为是均匀分布的,也就是说,对于每个数据来说权重是一样的。两个变量和的期望值等于各自期望值之和,$E(X+Y)=E(X)+E(Y)$。同样的,$E(a\times X)=a\times E(X)$。如前所述,如果概率密度函数是均匀分布的,那么就会给每个独立的部分分配相同的权重。在数据融合中,当使用简单的数据融合规则时,可以采用加权平均的概念。在第 4 章中,权重可从卡尔曼滤波器的协方差矩阵得到;在第 3 章和第 10 章中,权重也可在使用 FL 概念[3]时得到。在第 4 章和第 5 章中,当信息滤波用于目标跟踪时,信息增强和信息平均的概念对 DF 是十分有用的。在融合时信息是直接增加的过程,因此可以将来自两个信息滤波器的信息矩阵直接相加得到总的融合信息。

参考数学期望和某个变量的结果平均值,有一些其他的相关定义:①中值是一个中间值(它是大于一半的数的最小值),当数值项个数是奇数时,中值就是数值按增序排列时中间的那个值;②模是最常见、最频繁出现的值,并且模不止一个;在基于概率模型的估值理论和方法中,模的定义是所观测的随机变量 x(状态和参数估计)的概率、概率密度函数的最大值。

2.2.2 方差、协方差和标准偏差

方差描述的是数据的分布情况,实际上它以能量的形式描述了相同数据在平均值周围的平均分布(一个标准差或一个矩阵),通过一个信号的均方根来表征。因此,两个变量的协方差可以定义如下:

$$\mathrm{cov}(\boldsymbol{x}_i,\boldsymbol{x}_j) = E\{[\boldsymbol{x}_i - E(\boldsymbol{x}_i)][\boldsymbol{x}_j - E(\boldsymbol{x}_j)]^{\mathrm{T}}\} \tag{2.3}$$

对于某个变量来讲,方差可通过变量在其均值周围的取值分布情况得到。可以看到,在式(2.1)和式(2.2)中,在定义数学期望 E 时用到了概率。而如果 $\boldsymbol{x}$ 是一个参数向量,那么还可以得到其参数(估计)误差的协方差矩阵。

当忽略互协方差元素的影响时，协方差矩阵对角元素的平方根即为状态估计或者参数估计误差的均方根值。特别需要注意的是，协方差矩阵的倒数（逆）描述了信号参量或状态的信息量：较大的协方差意味着估值结果的不确定性较大，其包含的信息或者置信度较小；较小的协方差意味着估值结果的不确定性更小，具有较多的信息或较高的置信度。因此，协方差矩阵和信息矩阵互为倒数。协方差/信息矩阵由卡尔曼滤波器/信息滤波器（KF/IF）自动产生（第4章和第5章）。实际上，由卡尔曼滤波器或信息滤波器获得的状态估计就是基于协方差矩阵而得到的。协方差矩阵/信息矩阵或者协方差值也可以作为 DF 规则的权重，将会在第 4 章和第 5 章中看到。因此，不难看出，对于平均值、协方差（矩阵）和均方差的基础定义在多传感器数据融合中是十分有用的。

2.2.3 相关性与自相关函数

相关性定义了两个时间数列或数据序列之间的关系。相关系数（CC）定义如下[3]：

$$\rho_{ij} = \frac{\mathrm{cov}(x_i, x_j)}{\sigma_{x_i}\sigma_{x_j}} \quad -1 \leqslant \rho_{ij} \leqslant 1 \tag{2.4}$$

对于相互独立变量 x_i 和 x_j 来说，其相关系数为0，对于完全相关的时间序列或者变量，其相关系数为 1。如果变量 y 依赖于多个变量 x，那么对于每一个变量 x_i 来讲，相关系数表征的是每一个变量 x_i 与 y 的相关程度。

$$\rho(y, x_i) = \frac{\sum_{k=1}^{N} (y(k) - \underline{y})(x_i(k) - \underline{x}_i)}{\sqrt{\sum_{k=1}^{N} (y(k) - \underline{y})^2} \sqrt{\sum_{k=1}^{N} (x_i(k) - \underline{x}_i)^2}} \tag{2.5}$$

如果 $|\rho(y, x_i)|$ 趋近于 1，那么 y 很可能与特定的 x_i 高度线性相关。对于（随机）信号 $x(t)$，我们可以定义自相关函数为

$$R_{xx}(\tau) = E[x(t)x(t+\tau)] \tag{2.6}$$

这里，τ 表示时间延时。如果 R_{xx} 变小，就意味着在信号 x 取值周围的数值的相关性不大。白噪声过程的自相关函数是一个脉冲函数 R，此时对于离散时间信号的自相关函数定义如下：

$$R_{rr}(\tau) = \frac{1}{N-\tau}\sum_{k=1}^{N-\tau} r(k)r(k+\tau) \quad \tau = 0,1,\cdots,\tau_{\max}(\tau\text{ 为离散时延}) \tag{2.7}$$

自相关函数是一个非常重要的统计量，常用来检查在卡尔曼滤波中的残差或新息是否为白噪声过程。如果新息过程是白噪声过程，那就表明滤波器工作在理想状态（第 4 章）。

2.3 概率模型

概率的概念和模型对于理解 KF/IF 方法和融合过程非常有用,尤其是对性能结果的解释。因此,可以根据概率模型明确地解释滤波和融合的结果,并信任数据融合的结论、融合算法(以及软件)和 DF 系统。

一个事件的概率是指在所有事件中该事件发生的那部分,因此一个事件的概率是该事件发生的次数除以所有可能发生事件的总数,这是概率论中对频率的解释。关于概率的概念或模型的定义,有四个基本方面[1]:①需要设想并进行一些实验,以产生一系列的观察/测量;②获得一些实验结论,称为结果;③列举所有允许的可能结果;④每个事件是样本空间的子集,且该子集的所有特性都可以通过概率来描述。为了满足以上目的,pdf $p(\cdot)$被定义在一个随机变量 x 上(通常写为 $p(x)$),这个随机变量可以是标量或向量,可以是离散的或连续的测量。pdf $p(\cdot)$被认为是变量 x 的概率模型,x 可以是观测(测量)或是状态变量(甚至可被认为是随机变量参数——因为这个参数受随机噪声影响,可通过测量来确定)。当 $p(x)$具有如下性质时,认为它是合理的。

(1) 对所有的 x,有 $p(x)>0$;

(2) 总和或综合的总概率为 1。

$$\int p(x)\,\mathrm{d}x = 1 \tag{2.8}$$

下面给出概率度量的定义,其在集合 E(事件集合)(超集 S 的)上服从以下公理[1]:

(1) 对于所有的 $E\subset S$,有 $0\leqslant P(E)\leqslant 1$。

(2) $P(\varphi)=0$ 且 $P(S)=1$。

(3) 如果 $E,F\subset S$ 并且 $E\cap F\neq\phi$,那么,$P(E\cup F)=P(E)+P(F)$。此公理表明事件 E 和事件 F 是相互独立的。

(4) 如果 $E_1,E_2,\cdots$是互斥事件的无限序列,则有 $P(E_1\cup E_2\cup\cdots)=P(E_1)+P(E_2)+\cdots$。

(5) 如果事件 E 满足 $P(E)+P(\bar{E})=1$,等价地,有 $P(\bar{E})=1-P(E)$。

(6) 如果事件 E 是事件 F 的子集,则显然有 $P(E)\leqslant P(F)$。

(7) 成对的互斥事件的联合概率等于它们各自的概率的总和。

(8) 对于事件 E 和 F,有 $P(E\cup F)=P(E)+P(F)-P(E\cap F)$。

在上述性质(8)中,事件 E 和 F 不必互斥。一个有用和常见的概率测量是

一个统一的模型，在这种情况下，集合 S 中的每个结果都等概率发生。在这里也给出联合概率密度函数 $p(x,y)$ 的定义，并且在变量 x 上对 pdf $p(x,y)$ 积分，可得出边缘 PDF $P_y(y)$，在 y 上对联合 pdf 积分可得到边缘 PDF $P_x(x)$。进一步，给出条件概率密度 $p(x|y)$ 的定义如下：

$$p(x|y) \triangleq \frac{p(x,y)}{p(y)} \tag{2.9}$$

在式(2.9)中，条件概率密度函数具有概率密度函数的属性，其中 x 是从属变量，y 取特定的固定值。这意味着如果变量 x 取决于 y，那么我们要寻求的是如果事件 y 发生的概率已确定时，x 发生的概率是多少。由式(2.9)给出的条件 pdf 是基于 x 和 y 的联合 pdf 的。现在，如果事件 y 已经发生(即通过一些实验，并且经验数据已经被收集和使用)，则 $p(x|y)$ 就与似然函数有关系。条件 pdf $p(y|x)$ 具有类似的定义。依据条件和边缘分布，条件分布的链规则用于对联合 pdf 进行阐述。从式(2.9)还可以得到

$$p(x,y)=p(x|y)p(y) \tag{2.10}$$

链规则扩展到多变量，有

$$p(x_1,x_2,\cdots,x_n)=p(x_1|x_2,x_3,\cdots,x_n)\cdots p(x_{n-1}|x_n)p(x_n) \tag{2.11}$$

对于连续随机变量 x，存在概率密度函数 $p(x)$，使得对于每一对的数字 $a \leqslant b$，则在 $a \leqslant X \leqslant b$ 内的概率 $P(a \leqslant X \leqslant b)$ 为 a 和 b 之间概率密度 $p(x)$ 下所围的面积。高斯概率密度函数由下式给出：

$$p(x)=\frac{1}{\sqrt{2\pi\sigma}}\exp\left(-\frac{(x-m)^2}{2\sigma^2}\right)$$

式中：m、σ^2 分别为高斯分布的均值和方差。对于给定状态 x(或多个参数)，测量/记录的随机变量 z 的高斯 pdf 为

$$p(z|x)=\frac{1}{(2\pi)^{n/2}|\boldsymbol{R}|^{1/2}}\exp\left(-\frac{1}{2}(z-\boldsymbol{H}x)^{\mathrm{T}}\boldsymbol{R}^{-1}(z-\boldsymbol{H}x)\right) \tag{2.12}$$

在式(2.12)中，$\boldsymbol{R}$ 是测量噪声的协方差矩阵。表达式$(z-\boldsymbol{H}x)$是由测量方程推算的测量噪声(即 $z=\boldsymbol{H}x+$测量噪声)。式(2.12)是卡尔曼(跟踪)滤波器的推导基础，将在第4章中讨论。式(2.12)也可以用于数据融合和另一种将 KF 本身作为一个数据融合器[3]的简单融合方式，如第4章所解释的。当然，并不是必须要使用式(2.12)来导出 KF 公式，尤其是，如果假设噪声过程的概率密度函数是高斯 pdf 模型时。原因是高斯分布的 pdf 完全由其均值和方差或协方差来表征，所以在 KF 中仅仅是传播和更新了均值和协方差矩阵。

2.4 概率方法

在本节中,简要讨论用于 DF 的概率方法各种方面的内容。

2.4.1 贝叶斯公式

假定有一个假设空间 S 和数据集合 X,可以定义三个概率:①$P(s)$是在已知和使用任何数据之前“s”为正确假设的概率,即 $P(s)$是“s”的先验概率(例如,在尚未获得数据的情况下,如果在某个纬度靠近大海,那么遇到风暴的机会是 90%);②$P(X)$是数据 X 的概率;③$P(X|s)$是在给定 s 时,数据 X 发生的概率,并且它是 s 相对于 X 的似然[4]。贝叶斯定理(Bayesian Theorem,BT)将给定数据 X 的假设后验概率与前面提到的三个概率相联系,即 $P(X|s)$是似然函数,$P(s)$是先验概率,$P(X)$是已知数据集合的概率。根据下面公式就可得到后验概率:

$$p(s|X)=\frac{p(X|s)\cdot p(s)}{p(X)} \tag{2.13}$$

寻找具有最大 $P(s|X)$ 的方法称为最大后验方法(MAP),即 $H_{\text{map}}=\arg\{\max_s(P(s|X))\}$。如果假设先验概率相同(例如均匀分布),那么可得到最大似然估计(MLE)方法,即 $H_{\text{ml}}=\arg\{\max_s(P(X|s))\}$。贝叶斯公式可以使用主观概率,体现在:①它给定了假设为真的概率;②它包含了一个假设为真时似然函数的全部先验知识;③它不需要关于概率分布函数(PDF)的知识[4]。由此可见,贝叶斯定理(BT)是对概率模型及其在估计和 DF 中的应用研究而得到最重要的成果。考虑两个随机变量 x(可能是状态变量)和 z(可能是测量变量),由其可定义一个联合概率密度函数 $p(x,z)$,然后使用条件概率规则,联合密度函数表述为[1]

$$p(x,z)=p(x|z)p(z)=p(z|x)p(x) \tag{2.14}$$

按照条件密度的公式(2.14),BT 也可重新表示为

$$p(x|z)=p(z|x)p(x)/p(z) \tag{2.15}$$

上面这个结果的重要性在于对概率密度函数 $p(x|z)$、$p(z|x)$和 $p(x)$的解释。假如有必要确定有不同取值的未知状态 x(属于 X)的多种似然性,我们期望能预先知道 x 的取值,并能获得其先验概率密度函数 $p(x)$。如果想要知道状态 x 的更多信息,则需要进行一定的测量 z(属于 Z),根据 z 以某种方式与 x 相关的具体假设(即 $z=Hx+$噪声,称为测量/数据方程),在这种情况下,将这些测量建模成为条件概率密度函数 $p(z|x)$。这表示对于每个固定状态 x(属于 X),其似然函数可由测量 z 得到,即 z 的概率由 x 给出。然后,与状态 x 相关的新似

然函数可通过原来的先验信息概率密度函数 $p(x)$ 和测量提供的信息计算出来，其特性由后验概率密度函数 $p(x|z)$ 确定。该后验特性描述了在获得观测值 z 之后，真实值 x 的可能性，也就是说，由于在利用式(2.12)和式(2.13)估算 x 的过程中利用了测量信息，从而使得到的状态信息更加确切。式(2.15)中的 pdf $p(z)$ 用于归一化的后验贝叶斯表达式。BT 提供了一种将观测信息和状态相结合的直接方式。在许多 DF 算法中，条件分布函数 $p(z|x)$ 可视为传感器模型的角色，并且可被解释为：①在构建传感器模型中，构造概率密度函数时通过固定 $\boldsymbol{x}=x$ 的值，然后询问变量 $\boldsymbol{z}$ 会导致什么 pdf 结果？因此，$p(z|x)$ 被认为是 z 上的分布。因此，如果我们知道到目标的真实范围(x - 距离/位置)，则 $p(z|x)$ 是该范围的实际测量上的分布；②一旦传感器模型存在或确定，则实际获得的测量 $\boldsymbol{z}=z$ 是固定的。由此，推断出状态 $\boldsymbol{x}$，此时可认为 $p(z|x)$ 是 x 中的分布[1]。在情形②中，该分布被称为似然函数且依赖于由 $L(x)=p(z|x)$ 确定的 x。

2.4.2 基于贝叶斯规则的数据融合

我们的主要兴趣是通过对移动对象、目标或移动机器人所做的测量，实现对这些实体的跟踪。然后，针对跟踪问题中的目标状态 x 而得到的测量 z，给出其高斯 pdf 测量模型[1,3]如下：

$$p(z|x)=\frac{1}{\sqrt{2\pi\sigma_z^2}}\exp\left(-\frac{(z-x)^2}{2\sigma_z^2}\right) \tag{2.16}$$

式中：σ_z 表示随机测量噪声过程的标准差。在构建此模型时，认为状态是固定的，概率分布被认为是 z 的函数，这是一种模型假设或设定的做法。现在，当获得了测量并用于分布中，它变成一个 x 的函数，其高斯先验概率密度如下[1,3]：

$$p(x)=\frac{1}{\sqrt{2\pi\sigma_x^2}}\exp\left(-\frac{(x-x_p)^2}{2\sigma_x^2}\right) \tag{2.17}$$

然后使用贝叶斯规则，给定测量后，式(2.15)后验概率变为

$$\begin{aligned}p(x/z)&=C_{\text{常数}}\cdot\frac{1}{\sqrt{2\pi\sigma_z^2}}\exp\left[-\frac{(z-x)^2}{2\sigma_z^2}\right]\frac{1}{\sqrt{2\pi\sigma_x^2}}\exp\left[-\frac{(x-x_p)^2}{2\sigma_x^2}\right]\\&=\frac{1}{\sqrt{2\pi\sigma_f^2}}\exp\left[-\frac{(x-x_f)^2}{2\sigma_f^2}\right]\end{aligned} \tag{2.18}$$

在式(2.18)中，融合信息的加权和或加权平均值为

$$x_f=\frac{\sigma_x^2}{\sigma_x^2+\sigma_z^2}z+\frac{\sigma_z^2}{\sigma_x^2+\sigma_z^2}x_p \tag{2.19}$$

$$\sigma_f^2=\frac{\sigma_z^2\sigma_x^2}{\sigma_x^2+\sigma_z^2}=\left(\frac{1}{\sigma_z^2}+\frac{1}{\sigma_x^2}\right)^{-1} \tag{2.20}$$

式(2.19)和式(2.20)表明,当得到测量并用于贝叶斯原理中,如何获得改进的状态估计。显而易见,如果 z 是来自一个传感器的状态估计,而 x_p 是来自另一个传感器的状态估计,则式(2.19)可以看作"融合"状态的表达式。所以,我们认为式(2.19)给出的是"融合"状态,并且是有效的融合规则/公式,因为它是解析导出的,并且基于概率定义,而不是一个启发式或特定的规则。类似地,式(2.20)为状态 x 和数据 z 的"融合"方差[1,3]。根据之前的讨论,如果用于 DF 的估计是来自两个单独的传感器,那么式(2.20)也可以被视为"融合"协方差,该规则是利用传感器测量进行 DF 的起点。因此,对于两个测量 z_1 和 z_2,其融合规则是类似的。在式(2.19)中,变量 x 和 z 的权重分别为 z 和 x 的方差。因此,贝叶斯规则本身提供了数据融合基本的正规方法。

因此,从上述贝叶斯规则延伸,对独立的多维似然函数或称似然函数池(Independent Likelihood Pool,ILP),可获得其一般应用规则为

$$p(x \mid Z_n) = [p(Z_n)]^{-1} p(x) \prod_{i=1}^{n} p(z_i \mid x) \tag{2.21}$$

式中,条件概率 $p(z|x)$ 是 z 和 x 的函数。假设融合时从不同源/传感器获得的信息是独立的,对于各传感器而言,因为使用同一个状态空间模型,而观测对象的状态被认为是共同的,考虑在跟踪位置有一个目标和多个测量通道的情况下,对于一组测量,可得如下的标准方程:

$$p(x|Z_n) = [p(Z_n)]^{-1} p(Z_n|x) p(x)$$

$$p(x|Z_n) = \frac{p(z_1, z_2, \cdots, z_n|x) p(x)}{p(z_1, z_2, \cdots, z_n)} \tag{2.22}$$

在式(2.22)中,需要完全知道 Z 的联合分布概率密度函数。从上述可以再次看到,贝叶斯规则可用于传感器数据融合。观察式(2.21)和式(2.22),可容易地获得传感器数据融合(DF)[1]的递归贝叶斯更新如下:

$$p(x, Z_k) = p(x|Z_k) p(Z_k) \tag{2.23}$$

$$= p(z_k, Z_{k-1}|x) p(x)$$

$$= p(z_k|x) p(Z_{k-1}|x) p(x) \tag{2.24}$$

此外,通过式(2.23)的第一个表达式和式(2.24)的表达式可以得到如下等式:

$$p(x|Z_k) p(Z_k) = p(z_k|x) p(Z_{k-1}|x) p(x) \tag{2.25}$$

$$= p(z_k|x) p(x|Z_{k-1}) p(Z_{k-1}) \tag{2.26}$$

结合 $p(Z_k)/p(Z_{k-1}) = p(z_k|Z_{k-1})$,重新整理可以得到

$$p(x|Z_k) = p(z_k|x) p(x|Z_{k-1}) / p(z_k|Z_{k-1}) \tag{2.27}$$

式(2.27)是贝叶斯规则的递归公式,其中后验似然函数 $p(x|Z_{k-1})$ 包含了

所需的以往全部信息。

2.4.3 基于贝叶斯规则的分布式 DF

在分布式数据融合(将在第 5 章进一步讨论)的情况下,传感器数学模型(Sensor Mathematical Model,SMM)在每个传感器位置处保持它们各自似然函数的形式。当获得一个测量时,则测量的可能性被用于求解似然函数 $L_i(x)$。$L_i(x)$描述了在位置(/情景/目标/移动机器人)真实状态上的概率分布[1],然后这种可能性被传输到融合中心(Fusion Centre,FC)。因此,典型的传感器与融合中心的通信是在底层状态(更准确地说是状态估计)进行,而不是在原始状态(以工程单位)的测量/数据(REUD)层面,这样就减少了传输信道上的通信开销。

另外一种使用贝叶斯规则的分布式 DF 方法是,每个传感器各自计算似然度,计算时根据各自先前的时间步长,得到关于状态 x 的局部后验分布,然后将其组合。组合后的信息被传送到 FC,FC 根据传送的(全局)先验概率,通过除以每一个后验概率,就可将所传输的新测量/信息恢复。在使用归一化的融合结果之后,FC 产生一个新的全局后验。这个后验概率被传送回传感器,以递归方式重复该过程。在贝叶斯网络的 DF 问题中,为了计算方便可以使用"对数似然函数"(Log - Likelihoods,LL),其中只用到加法和减法(而不是乘法和除法)。此外,LL 与信息的正规定义密切相关。

2.4.4 基于对数似然函数的 DF

在许多情形的数据融合和所有的贝叶斯网络中,使用概率密度函数(PDF)的对数比使用 PDF 本身更加简单。对数似然函数在计算上比概率更加便利,是因为在融合的概率相关信息中采用了加法和减法。对数似然函数和条件对数似然函数(Conditional Log - Likelihood, CLL)被定义为[1] $l(x) \equiv \log\{p(x)\}$ 和 $l(x|y) \equiv \log\{p(x|y)\}$。我们知道 LL 总是小于零,只有当所有的概率质量被分配给 x 的一个单值时它等于零;$l(x) \leqslant 0$。LL 方法对进行概率计算是有用且有效的。例如,对式(2.15)的两边取对数,可得到 BT 的 LL 的表达式为 $l(x|z) = l(z|x) + l(x) - l(z)$。

2.5 DF 的可靠性

信息融合(Information Fusion,IF)/传感器 DF(SDF)/DF 的至关重要的测试取决于在 DF 过程中产生的知识如何更好地表达。信息融合的性能当然取决于三方面的因素[1,3,5-6]:①数据的充分程度;②用于分析的不确定性模型是否合适和充分;③先验知识是否精确合适。因此,考虑使用的基础数学模型(即传感器本身)的可靠性以及 DFP 本身的可靠性是很重要的。有必要对这个事实进行解释:因为不同的模型在接收的数据中可能有不同可靠性的数值/置信度,而选择不当的度量或者似然函数的不良估计会给出不充分的信任/概念模型,从而导致不可靠的信任值被组合用于传感器数据融合。所以,当对多源传感器提供的信息进行组合时,我们应该考虑其范围以及对用于每个源/传感器的(先验的)可信模型的限制,而自然的方式是在模式选择的框架内建立可靠性计算,这可以通过使用某些可靠性系数来实现,可靠性系数反映了不确定性的第二级(不确定性评估的不确定性),并代表所使用模型的不确定性度量的充分性和所考虑环境的状态。此外,在 DF 规则中使用可靠性系数作为权重是可行的。

可靠性的其他定义是:①"一个装置、机器或系统按要求一致地执行其预期或所需的功能或任务,而不会退化或失败的能力";②在制造业——"在指定的环境和任务循环条件下,某个项目的使用寿命或指定的时间框架的无故障性能的概率",通常表示为 MTBF,即在故障之间的平均时间或可靠性系数,也称为时间质量;③"测试结果的一致性和有效性通过重复的统计试验方法确定"。

对更高阶的不确定性,可靠性可由以下概念来定义:①可靠性可理解为一阶不确定性的相对稳定性,也就是说,这种可靠性常常可通过测量每个源的性能(如通过识别或错误警报率)而得到:②证据的预测精度(可靠性系数表示每个证据/概念模型的充分性);③如果源/传感器不是(高度)可靠的,融合算子(Fusion Operators,FO)必须考虑其可靠性值,FO 是信任度函数、可靠性系数等指标的函数。因此,传感器的可靠性系数对融合结果有一定的影响。在数值上,如果源不可靠,可靠性系数非常接近 0,如果源更可靠,则可靠性系数非常接近于 1。可靠性系数可为每个源分配可靠性数值,其取值可以是"相对的"或"绝对的",并且它们可以(或不)与某个等式相联系,例如可靠性系数之和等于 1,在某些时候,如果只知道源的可靠性顺序但却没有其精确取值,这时可通过模糊变量以及恰当的模糊隶属函数(Membership Function,MF)来表示其可靠性。

2.5.1 贝叶斯方法

早期研究的贝叶斯方法在数据融合时用于合并可靠性。在这种方法中,通过先验信任度、条件 pdf 和后验概率[3,5]来表示信任/信念的程度,然后基于计算出的后验概率，依据贝叶斯规则进行融合，从而推测出源的总可靠性。

2.5.1.1 加权平均法

在这种方法中，采用线性意见池（Linear Opinion Pool，LOP）[3,5]：

$$P(x \mid Z_k; R_i) = \sum_i R_i P(x \mid z_{kj}) \tag{2.28}$$

与源相关联的可靠性系数 R_i 被用作权重。这里，x 是假设，z 是测量/特征向量。另一种方法是对数意见池，如这里给出[3,5]

$$P(x \mid Z_k; R_i) = \sum_i R_i \log[P(x \mid z_{kj})] \tag{2.29}$$

$$P(x \mid Z_k; R_i) = P(x) \prod_i [P(x \mid z_{ki}) / P(x)]^{R_i} \tag{2.30}$$

上述公式可以和 2.6.3 节中给出的用于 SDF 的信息池方法公式相比较。

2.5.2 证据方法

在这种方法（通常称为 DS 理论或 DS 方法）中，决策是基于下列公式[3,5]：

$$m^{1,2}(c) \propto \sum_{a \cap b = c} m^1(a) m^2(b) \tag{2.31}$$

用式（2.31）中的概率分配"质量"m 替代贝叶斯方法，这个质量看似一个概率，但它不是一个真实的概率。我们以下列带有 R 的公式作为可靠性系数：

$$m(a) = \sum_i R_i m_i(a) \tag{2.32}$$

2.5.3 基于模糊逻辑（FL）的方法

从传感器获得的信息可由可能性分布来表示[3,5]，另见 3.8 节：

$$\prod : A \to [0,1] : \max_{a \in A} \prod(a) = 1 \tag{2.33}$$

一般来说，FL 中的组合规则是基于 t 范数和 s 范数（t 范数，见第 3 章）。当至少有一个数据源是可靠的但不知道哪一个数据源时，可使用分离规则。在这种情况下，得到了模糊算子理论的"OR"或"max"规则（见第 3 章或第 10 章）。如果有同等可靠的源，那么可以使用连接操作"AND"。这也是"min"或"inf"（下确界，交集）运算符。然后可给出基于 FL 理论的决策融合规则，包括可靠性 R_i 为

$$\prod_p (a) = \sum_i R_i \prod_i (a) \tag{2.34}$$

这些公式中所需的可靠性系数可通过如下途径获得/确定[5]：①利用相关

领域知识;②可用的训练信号/数据/图像数据;③使用各种不同来源之间一致性度量;④主观概率/判断的专家知识。可以预料,将可靠信息合并到融合过程中,融合系统的性能将更加切合实际。或者至少融合结果可以表征与信息相关的(可靠/不可靠)真实情况,而不是过于乐观或悲观的情况。

2.5.4 可靠性评估的马尔可夫模型

马尔可夫模型(Markov Models,MM)可用于评估和传播沿着传感器网络的时间跨越方面的可靠性。隐型马尔可夫模型(Hidden Markov Models,HMM)的概念适用于具有潜在的、隐藏随机状态转换过程/模型的随机过程[4]。这个潜在的过程只能通过一系列的由随机过程序贯指示和输出的符号推断出来。其关键是,这一系列符号,隐藏或潜在的状态或状态序列可被序贯地确定,已有一种基于有效证据的算法方案。关于 HMM 概念的几种应用是:①信号处理/语音识别,移动通信中的符号识别,图像中的特征识别;②传感器数据融合和目标跟踪;③生物信息学/基因发现;④制造/故障检测(故障检测和识别(FDI));⑤环境/天气预报。

HMM 问题可以用来表示[4]状态数、每个状态输出的符号数量、状态转换概率矩阵、输出符号概率矩阵和初始状态分布。对于任何给定的系统,MM 包括该系统的可能状态,状态之间的可能转换路径状态和转换的速率参数。转换可靠性分析通常包括故障和修理,以及图形化表示 MM 时每个状态通常被描绘为“气泡”,其中箭头表示状态之间的过渡路径。λ 表示从状态 0 到状态 1 的转换速率(参数)。我们也可以通过 $P_j(t)$ 表示系统在时间 t 处于状态 j 时的概率。如果设备在某个初始时间 $t=0$ 时正常,两种状态的初始概率为 $P_0(0)=1$ 和 $P_1(0)=0$。此后,状态 0 的概率以常数 λ 的速率减小,这意味着如果系统在任何给定时间处于状态 0,则在下一个增量时间 $\mathrm{d}t$ 期间转换到状态 1 的概率为 $\lambda\mathrm{d}t$。因此,通过相乘,可得到在特定时间间隔 $\mathrm{d}t$ 内从状态 0 到状态 1 的总概率。①在开始处于状态 0 的概率,②开始状态为 0,在一个 $\mathrm{d}t$ 的时间增量中转换的概率。这表明在状态 0 在任何给定时间概率的增量变化为 $\mathrm{d}P_0$,所以有以下基本关系:

$$\mathrm{d}P_0 = -P_0(\lambda\mathrm{d}t) \tag{2.35}$$

$$\frac{\mathrm{d}P_0}{\mathrm{d}t} = -\lambda P_0 \tag{2.36}$$

这意味着从给定状态到任何其他状态的转换路径都会以一定比率降低源状态的概率,其比率等于转移速率参数乘以当前状态概率。由于两个状态的总概率必须等于 1,因此状态 1 概率增加的速率必须与状态 0 减少的速率相同,其简单模型的方程如下：

$$\frac{\mathrm{d}P_0}{\mathrm{d}t} = -\lambda P_0, \quad \frac{\mathrm{d}P_1}{\mathrm{d}t} = \lambda P_0, \quad P_0 + P_1 = 1 \tag{2.37}$$

对初始条件 $P_0(0)=1$ 和 $P_1(0)=1$，方程的解为

$$P_0(t) = \mathrm{e}^{-\lambda t}, \quad P_1(t) = 1 - \mathrm{e}^{-\lambda t} \tag{2.38}$$

显然，因为转换时间是指数分布的，故解的形式称为指数转换。很明显所有状态的总概率是恒定的，并且概率作用表示为从一种状态简单地"流动"到另一种状态。此外，一个给定状态的发生概率等于汇入该状态的概率除以系统尚未处于该状态的概率。在上述所示的简单例子中，状态 1 的发生率由下式给出：

$$(\lambda P_0)/(1-P_1) = \lambda \tag{2.39}$$

2.5.5 最小二乘估计的可靠性

在最小二乘法和 KF 中，已经采用了可靠性的概念[6]。在研究设备和系统的质量控制时，可靠性测量通常是所使用的设备/传感器正确和连续工作时间的函数，这种情况下的常用测量是平均故障间隔时间（MTBF）。然而有趣的是，对于估计而言，其可靠性测量与工业产品的可靠性是完全不同的。在估计过程的情况时，可靠性的概念与测量的可控性有关。这意味着我们有能力检测异常值，并估计这些异常值对参数估计或动态系统状态的影响。因此，在状态估计的内容中，估计的可靠性概念指的是内部可靠性和外部可靠性。已经有一个非常直接和基本的 3σ 统计规则被用来识别测量异常值，实际的方法是研究测量误差及其残差之间的关系。我们应该研究在估计可靠性的背景下，从测量误差的影响的观点来估计在各种组合中的测量残差，以及与这些个体误差相配对的测量残差直接影响和交叉影响。内部可靠性给定一个期望的模型（及其属性）便于系统误差的检测，它也应该有助于确定异常值的位置而不需要更多的信息，即该模型应该具有自检能力，因此内部可靠性的定义给出了对系统能力的度量，能以给定的概率检测异常测量值。所以，对内部可靠性的研究是基于指定的模型且不需要测量及其残差就可进行。而外部可靠性则是测量指定模型对未检测到的模型错误（如异常值）的响应情况，可对估计中不可检测的错误造成的影响进行研究。在卡尔曼滤波器和其他滤波器中，应尽可能地开发和使用其可靠性，因此，在 2.5 节中对传感器 DF、目标跟踪和滤波问题进行讨论是非常重要的。

2.6 信息方法

概率（等效于对数似然）是定义在状态或测量上的。有趣的一面是，包含于

给定 PDF 中的信息量既能用于估计也可以用于 DF[1-3]。事实上,信息是对概率分布紧密性的度量。如果概率分布均匀地分布于多种状态,那么它的信息量相当低,如果概率分布在某些状态具有(有限的)高峰值,那么它的信息量相对较高。正如之前所见,这也意味着如果数据的方差大,则其不确定性也大,信息量较低。如果方差低,则不确定性也低,因此信息量高。事实上,根据费舍信息(FI)定义,不确定性度量(由方差/协方差和相关的 pdf 表示)与信息(矩阵)成反比。因此,信息是概率分布的函数,而不是底层状态的函数,而信息可以通过计算协方差矩阵(状态误差)近似地从状态中获得,然后反转这个矩阵可得到信息矩阵。这些信息度量或矩阵在许多方面,或许对所有的 DF 系统都起着非常重要的作用。两个关于信息的定义在 DF 系统中非常有价值:①香农信息(通过熵);②费舍信息。

2.6.1 熵和信息

对任何一个传感器网络或者数据融合系统来说,能够在某些或者特定的不确定环境中有效地运行都是很重要的。SNW/DF 系统应该有效地处理可用信息并且共享信息以提高决策精度。一种方法是对从各种传感器中获得的信息值(VOI)进行度量,如果这个值(即重要性标记/获得增值)对提高决策精度有用,那么就对信息进行融合。如果没有增益或没有任何值增加,则完全不需要融合这些数据。这一方法是基于信息理论度量,并且是熵测量。这里,SDF 的情况取决于 VOI 已经改善决策精度的事实。熵将信息视为变化的频率,例如对图像的研究。其实,当新增加一系列数据并被用于分析或推理时,相比于之前的熵,总熵是减小的,并且认为差值是信息中的增益。所以,在这种场景中可以看到熵的作用,即减少的熵等于信息中的增益——这是信息的定量表达。

给定消息数量的有限集,当一个消息是从集合中选取时,这个数字的任何单调函数被用作消息的度量。实际上,可以和概率过程一样对信息进行建模。随机事件 x 发生的信息概率是 $p(x)$。$I(x)$ 是 x 的自信息(信息量),并且它和概率的倒数相关。因为如果事件 x 总是发生,则 $p(x)=1$,没有新信息可被传输。$I(x)$ 和 $p(x)$ 的关系如下:

$$I(x) = \log\frac{1}{p(x)} = -\log\{p(x)\} \tag{2.40}$$

这种信息定义从工程观点上非常有用,具有 N 个输出的消息集合的平均(自)信息量如下[3]:

$$I(x) = -Np(x_1)\log\{p(x_1)\} - Np(x_2)\log\{p(x_2)\},\cdots,Np(x_n)\log\{p(x_n)\} \tag{2.41}$$

每一个源输出的平均信息定义由 H 给出：

$$H = -N\sum_{i=1}^{n} p(x_i)\log\{p(x_i)\} \tag{2.42}$$

在香农熵/公式中也有 H 的定义，通常 N 的值设置为 1。采用自然对数定义，有

$$H = -\sum_{i=1}^{n} p(x_i)\ln\{p(x_i)\} \tag{2.43}$$

从上述过程可以看出，熵（和概率密度函数为 $p(x)$ 的随机变量 X 的协方差或不确定性直接相关）被定义为

$$H(x) = -E_x\log\{p(x)\} \tag{2.44}$$

可以看出，当对式(2.44)中的 ME 扩展时，可得到式(2.43)。因此，它是随机变量 X 的 pdf 的对数期望值，熵近似被认为是一种无序或信息缺乏的测度。现在，令 $H(\beta) = -E_\beta[\log p(\beta)]$，有

$$H(\beta|z) = -E_{\beta/z}\log\{p(\beta|z)\} \tag{2.45}$$

然后通过对参数 β 上的实验数据"z"给出平均信息量的度量

$$I(x) = H(\beta) - E_z\{H(\beta,z)\} \tag{2.46}$$

式(2.46)给出了关于 β 的 z 的"平均信息"。在此我们注意到，熵隐含着 pdf 函数的散布情况，即不确定性。因此，信息被视为先验不确定性的差异，预期的后验不确定性，它由于以下事实而减少：新数据带来了一些关于我们感兴趣的参数或变量的新的或更多的信息。这意味着由于实验收集和使用数据 z，后验和不确定性（预期减少）减少，并且在整体意义上获得信息，这种信息是一种非负的测量。如果 $p(z,\beta) = p(z)p(\beta)$，则信息为零，这意味着如果数据独立于参数，则数据不包含有关该参数的任何信息。由于有更多的数据、新的传感器或额外的传感器带来新的信息，降低了不确定性，因此熵也随之下降。熵的减少和不确定性的减少，信息中出现增益。因此，应该从这个角度来看待熵，而不是将其当作"直接的"信息。

2.6.2 费舍信息

通常，另一种用于概率建模和（状态/参数）估计的信息度量方法是费舍信息（FI），其仅被定义在连续分布上，作为对数似然函数（LL）的二阶导数：

$$I(x) = \frac{\mathrm{d}^2}{\mathrm{d}x^2}\log\{p(x)\} \tag{2.47}$$

这里，若 x 为向量，$I(x)$ 被称为 Fisher 信息矩阵（FIM），且关于 x 的信息内容描述包含在 $p(x)$ 的分布中。FI/FIM 测量边界区域表面的包含概率。因此，

它像熵一样测量密度函数的紧致性,熵测量的是容量,是个单一的数字,而 FIM 则是对边界表面的轴进行测量,得到的是一系列的数字,因此可以是矩阵。故 FI/FIM 方法对连续取值 x 的估计是有用的,FI 也在均方误差(MS)估计问题中起到重要作用,因为它提供了一种直接的方法来解释不同估计之间的依赖关系,这是由于 FI/FIM 在 LL 中能给出明确的信息值。

2.6.3 信息池化方法

假设有 M 个信息源(或传感器等),与之相关联向量为 x_m。现在需要计算全局后验概率密度 $p(y|x_1,x_2,\cdots,x_M)$,后面介绍三种可能性[7]。在 MSDF 的大多数情况下,ILP 是非常合适的组合信息的方式,这是因为先验信息往往同源。但是,如果这些信息来源于具有相关性的信息源,那么可以使用 LOP,这些方法可适用于决策融合(第 8 章)。

2.6.3.1 线性意见池

LOP 通过求解输入加权和的形式来对后验概率密度进行度量,输入被分配给每个信息源。对后验概率进行线性组合得到

$$p(y|x_1,x_2,\cdots,x_M)=\sum_{m=1}^{M}\omega_m p(y|x_m) \tag{2.48}$$

这里,ω_m 是权重,有 $0\leqslant\omega_m\leqslant 1$,所有权重之和等于 1,权重考虑每个独立的信息源的重要性。有趣的是,同样的公式可以用来对来自每个源的信息可靠性进行建模,权重也可以用于衡量故障或少部分可靠的信息源/传感器。

2.6.3.2 独立意见池

在独立意见池(IOP)中,信息以测量集是相互独立的为条件。

$$p(y|x_1,x_2,\cdots,x_M)\propto\prod_{m=1}^{M}p(y|x_m) \tag{2.49}$$

当基于主观先验获得的先验信息是独立(或接近独立)时,这个意见池是有效的。

2.6.3.3 独立似然函数池

在该 ILP 情况下,每个信息源具有共同的先验信息。信息来自于同一个源,则有

$$p(y|x_1,x_2,\cdots,x_M)\propto\frac{p(x_1,x_2,\cdots,x_M|y)p(y)}{p(x_1,x_2,\cdots,x_M)} \tag{2.50}$$

我们可以假设来自每个信息源的似然函数($m=1,2,\cdots,M$)是独立的,这是因为只有系统状态是唯一共有的参数。则有

$$p(y|x_1,x_2,\cdots,x_M|y)=p(x_1|y)p(x_2|y)\cdots p(x_M|y) \tag{2.51}$$

于是可以得到下面的 ILP 方程：

$$p(y \mid x_1,x_2,\cdots,x_M) \propto p(y)\prod_{m=1}^{M}p(x_m \mid y) \tag{2.52}$$

2.7 专家系统和 DF 的概率概念

基于知识的专家系统(KBS)具有某些重要特征[8]：①对决策者的决策有帮助；②使用可用的事实和经验法则；③基于不完全或不确定的信息进行推理。这种 KBS/软件的优点是：①可以提供更多的假设；②可以从用户处得到更多的信息；③可以基于专家的规则添加和/或删除知识。在顶层，基于 FL 的分析、控制和 DF 系统可被认为是 KBS。在本节中，我们讨论在概率框架/设置下的专家系统中的 DF 问题。

在经典的 DF 方法中，信号或数据的质量由均方根误差/标准偏差(RMSE/STD)和相关性来表征。在正常情况下，从不同传感器或者信息源来的传感器数据可以通过权重进行组合，权重是基于 STD 和测量误差中的相关性得到(大多数的状态或参数误差由其协方差矩阵来度量，在第 4 章和第 5 章讨论)。在其他情况下，由专家根据其直觉和经验来决定估计及其质量标记。因此，为了融合的目的，以类似的形式表达信号信息(SI)和人为估计(HE 即由专家做出的估计)是一个不错的主意。关键是，如果一个基于规则的专家系统被用于帮助进行数据融合时，通过规则解释的形式确定 SI 和 HE 的权重时，其取值需要谨慎。这意味着规则应该包括[8]：①加权冲突或时变报告；②与权重相关的数据；③通过规则层次结构的传播置信限制。

2.7.1 概率规则和证据

典型的规则用法是：如果证据 E 为真，则假设 H 为真。如果使用概率信息(作为似然性)，则规则为：如果证据 E 为真，则假设 H 为真的概率是 P_1。另一个情况是：如果证据 E 不为真，则假设 H 为真的概率 P_0。如果使用概率信息(作为证据)情况时，其规则是：证据 E 为真的概率为 P_e。从上述信息可以得到假设为真的概率 P_h，由下式计算得到[8]

$$P_h=P_1P_e+P_0(1-P_e)=(P_1-P_0)P_e+P_0 \tag{2.53}$$

从式(2.53)可容易地确定两个 STD 之间的线性关系：

$$\sigma_h=(P_1-P_0)\sigma_e \tag{2.54}$$

将证据的两个事件表示为“a”(A)和“b”(B),其基本规则是:如果 A 为真,并且如果 B 为真,则 H(“h”)为真。(参见第 8.8.2.1 节和第 8.8.2.2 节中决策融合的具体规则,使用 FL 进行态势评估。)在表 2.1 ~ 表 2.4 中给出了各种可能的(联合)事件 A 和 B[8],它们给出了如何计算(联合)概率,即事件/证据 A 和 B 独立发生时(表 2.2)、最大隶属度(表 2.3)或最小隶属度(表 2.4)。

表 2.1 计算联合概率:逻辑和操作以及或操作

统计学相关性	和操作概率(a 和 b)	或操作概率(a 和 b)
独立	P_aP_b	$P_a+P_b-P_aP_b$
最大相关	$\min(P_a,P_b)$	$\max(P_a,P_b)$
最小相关	$\max(P_a+P_b-1,0)$	$\min(P_a+P_b,1)$

注:P_a、P_b 分别是事件 a 和事件 b 为真的概率。逻辑和操作以及逻辑或操作的结果取决于两个事件的独立性、最大隶属度和最小隶属度

表 2.2 计算联合概率:独立事件

	$P_b=0.5$	$1-P_b=0.5$
	为真	非真
$P_a=0.5$ 为真	P_aP_b(例如等于 0.25)	$P_a(1-P_b)$
$1-P_a=0.5$ 非真	$(1-P_a)P_b$	$(1-P_a)(1-P_b)$

注:四个联合概率之和为 1。每列概率之和等于顶部概率,每行概率之和等于最左边概率。因为事件 a 和 b 是独立的,因此这个过程包含的是两个事件的乘积

表 2.3 计算联合概率:最大隶属度

	$P_b=0.5$	$1-P_b=0.5$
	为真	非真
$P_a=0.5$ 为真	$\max(P_a,P_b)$	$P_a-\max(P_a,P_b)$
$1-P_a=0.5$ 非真	$P_b-\max(P_a,P_b)$	$\max(1-P_a,1-P_b)$

注:该过程包含当事件具有最大隶属度时的最大和最小运算

表 2.4 计算联合概率:最小隶属度

	$P_b=0.5$	$1-P_b=0.5$
	为真	非真
$P_a=0.5$ 为真	$P_a-\max(P_a,1-P_b)$	$\max(P_a,1-P_b)$
$1-P_a=0.5$ 非真	$\max(1-P_a,P_b)$	$1-P_a-\max(1-P_a,P_b)$

注:当事件 a 和 b 最小相关性的情况,与 a 与非 b 具有最大相关性的情况一样

2.7.2 信任限制的传播

在所有的标准和常规的估计性能评估中，RMSE/STD（以及方差）被用于估计时获得置信度限制。这更多用于基于动态系统或者噪声过程的概率模型进行估计/滤波/融合和决策过程的情况时。

无论是动力学系统还是噪声过程我们给出以下规定：P_a、P_b、P_e 为个体的概率，δ_a、δ_b、δ_e 为其相应的概率估计误差。σ_a、σ_b、σ_c 分别作为其对应的 STD。则可以得到带有误差的概率表达式（用于逻辑 AND 运算）[8]：

$$P_e + \delta P_e = (P_a + \delta P_a)(P_b + \delta P_b) \tag{2.55}$$

概率误差为

$$\delta P_e = (\delta P_a) P_b + (\delta P_b) P_a + (\delta P_a)(\delta P_b) \tag{2.56}$$

然后，得到均方误差（MSE）的表达式如下：

$$\delta_e^2 = (\delta_a^2) P_b^2 + (\delta_b^2) P_a^2 + (\delta_a^2)(\delta_b^2) \tag{2.57}$$

类似地，可以确定使用逻辑 OR 运算时的 MSE 的表达式，见表 2.5。此外，由于最大/最小运算可能是非线性的，需要开发专用程序。

定义如下归一化的变量：

$$\delta V = \frac{P_b - P_a}{(\sigma_a^2 + \sigma_b^2)^{1/2}}; \quad \delta U = \frac{P_b + P_a - 1}{(\sigma_a^2 + \sigma_b^2)^{1/2}} \tag{2.58}$$

分别为最小和最大相关性。这里，假设式（2.58）中的概率恰好处在最大、最小值的边界上。如果这些归一化变量与边界的差大于 $L\sigma$，则边界的非线性可被忽略。参数 Q 专门用于调整非线性。

表 2.5 计算多种相关情况下的置信约束

统计学相关性	和运算概率（a 和 b）	或运算概率（a 或 b）
独立	$P_a^2\sigma_b^2 + P_b^2\sigma_a^2 + \sigma_a^2\sigma_b^2$	$(1-P_a)^2\sigma_b^2 + (1-P_b)^2\sigma_a^2 + \sigma_a^2\sigma_b^2$
最大或最小相关性	$0.5(\sigma_a^2 + \sigma_b^2) + Q$	$0.5(\sigma_a^2 + \sigma_b^2) - Q$
最大相关性	最小相关性	
$Q = 0.5(\sigma_a^2 - \sigma_b^2)$	$Q = 0.5(\sigma_a^2 + \sigma_b^2)\min[\frac{\delta U}{L}, 1]$	如果 $\delta U \geqslant 0$
$\min[\frac{\delta V}{L}, 1]$	$Q = 0.5(\sigma_a^2 + \sigma_b^2)\max[\frac{\delta U}{L}, 1]$	如果 $\delta U < 0$
$\delta V = \frac{P_b - P_a}{(\sigma_a^2 + \sigma_b^2)^{1/2}}$	$\delta U = \frac{P_b + P_a - 1}{(\sigma_a^2 + \sigma_b^2)^{1/2}}$	
注：$P_b > P_a$ 的一致性差异（标准偏差）为 σ_a^2；σ_b^2。L 是任意常数，等于 2		

2.7.3 多个报告的组合融合

当收到的多个报告/测量数据/信息（RMI）都和同一个对象相关时，我们需要组合这些报告，同时要知道与该多重信息的每个集合相关联的一些不确定性。在这种情况下，有以下概率：

$$P = \frac{\sum_i \omega_i P_i}{\omega} \tag{2.59}$$

和

$$\omega = \sum_i \omega_i \tag{2.60}$$

这里，ω 是作为 STD 或不确定性函数的权重在接收的 RMI 中给出：

$$\omega_i = \frac{1}{\sigma_i^2} \tag{2.61}$$

通常所有这些 RMI 或其中一些可能与协方差有关的误差为 R_{ij}。同样，有信息矩阵 $\boldsymbol{Y}$，为矩阵 $\boldsymbol{R}$ 的逆阵，则有以下可用于式(2.59)的权重表达式：

$$\omega = \sum \omega_i = \frac{1}{\sigma^2} \tag{2.62}$$

$$\omega_i = \sum_j Y_{ij} \tag{2.63}$$

当 RMI 中的误差不相关时，$\boldsymbol{R}$ 矩阵为对角阵。组合 RMI 的递归公式如下：

$$P = \frac{\omega_1 P_1 + \omega_2 P_2}{\omega} \tag{2.64}$$

$$\omega = \omega_1 + \omega_2 = \frac{1}{\sigma^2} \tag{2.65}$$

$$\omega_i = \frac{(1 - (\rho\sigma_i/\sigma_j))(1 - \rho^2)^{-1}}{\sigma_i^2} \tag{2.66}$$

在式(2.66)中，ρ 为当有新的 RMI 并入先前组合的 RMI 中时引入的相关性。式(2.64)本身看起来非常像一个加权的 DF 规则。

我们再次注意到，MSDF 的组合规则由此开始，这在 KF 中是明显的，因为其本身是测量级数据融合器，文献[3]和第 4 章中给出了清晰的解释。此外，还以类似的方法提出了状态向量融合概念（第 4 章）[3]。还有，在此必须注意，通过适当地组合正向传递的 KF 估计和反向传递的 KF 估计[9,10]得出了基本的平滑器等式。这里还强调了基本 KF 测量部分的推导从以下表达式开始：

$$\hat{x} = K_1 \tilde{x} + K_2 z \tag{2.67}$$

式(2.67)深刻表明,新的估计被认为是为先前的(状态)估计和新获得的观测的加权组合(融合)[9,10]。然后,用已经确定的最优增益值 K_1、K_2 以获得状态的无偏估计并使测量中的 MSE 最小化(即新测量——基于先前估计的预测测量),从而最终诞生了著名的卡尔曼滤波器(KF)。因此,DF 概念是 KF、BT 和许多估计技术的核心。

2.8 概率法用于 DF:理论范例

在本节中,考虑概率方法的若干理论,这些理论与估计理论以及有关的 SDF 直接相关联[11]。基于本节介绍的基本方法,可以开发研究更加复杂的估计算法和 DF 跟踪系统。直接从传感器获得的可用数据称为微观数据(微数据),推导出的数据/信息(如信号的期望)是宏观数据(宏数据)。

2.8.1 最大熵法

最大熵法(MEM)用于指定一个概率到具有宏数据的未知数据量。若用 X 表示要研究的数据/数量(DQ),假设有 M 个传感器,这些传感器给出 M 个值:其均值为 $\mu_m(m=1,2,\cdots,M)$。已知函数 $\phi_m(X)(m=1,2,\cdots,M)$,这些测量值是与未知的 DQ 相关的量。则有以下期望[11]:

$$E\{\phi_m(X)\} = \int \phi_m p(x)\mathrm{d}x = \mu_m \quad m = 1,2,\cdots,M \tag{2.68}$$

现在,欲用概率表示 X 的部分知识。有一类可能的解决方案,我们可使用 MEM 从其中选择一种。因此,有以下熵[11]:

$$H(p) = -\int p(x)\ln(p(x))\mathrm{d}x \tag{2.69}$$

其思想是最大化 H,受制于以下约束:

$$\int \phi_m(x)p(x)\mathrm{d}x = \mu_m \quad m = 1,2,\cdots,M \tag{2.70}$$

式(2.70)的解由下面的表达式[11]给出:

$$p(x) = \frac{1}{Z(\Theta)}\exp\left[-\sum_{m=1}^{M}\theta_m\phi_m(x)\right] = \frac{1}{Z(\Theta)}\exp[-\Theta^{\mathrm{T}}\Phi(x)] \tag{2.71}$$

$$Z(\Theta) = \int \exp\left[-\sum_{m=1}^{M}\theta_m\phi_m(x)\right]\mathrm{d}x$$

根据以下梯度来确定参数:

$$\frac{\partial \ln Z(\Theta)}{\partial \theta_m} = \mu_m \quad m = 1,2,\cdots,M \tag{2.72}$$

2.8.2 最大似然法

对于最大似然法(MLM),若有 $x=[x_1,x_2,\cdots,x_N]$,X 的值和概率的参数形式由 $p(x,\Theta)$ 给出。然后要确定参数 Θ,可通过计算矩的方法得到解决方案,矩可通过一组与理论和经验矩有关的方程求解之,从而获得以下解[11]:

$$\int G_m(\Theta) = E(X^m) = \int x^m p(x;\Theta)\,\mathrm{d}x = \frac{1}{N}\sum_{j=1}^{N} x_j^m \quad m = 1,2,\cdots,M \tag{2.73}$$

在最大似然法中,将概率视为参数的函数,可获得如下用于参数估计的表达式:

$$\hat{\Theta} = \arg\max_{\Theta}\{L(\Theta \mid x)\} \text{ 并且 } L(\Theta \mid x) = p(x;\Theta) = \prod_{j=1}^{N} p(x_j;\Theta) \tag{2.74}$$

在式(2.74)中,L 是似然函数。在广义指数族的情况下,有以下两个重要的表达式[11]:

$$p(x;\Theta) = \frac{1}{Z(\Theta)}\exp\left[-\sum_{m=1}^{M}\theta_m\phi_m(x)\right] = \frac{1}{Z(\Theta)}\exp[-\Theta^{\mathrm{T}}\phi(x)] \tag{2.75}$$

$$L(\Theta) = \prod_{j=1}^{N} p(x_j;\Theta) = \frac{1}{Z^N(\Theta)}\exp\left[-\sum_{j=1}^{N}\sum_{m=1}^{M}\theta_m\phi_m(x_j)\right] \tag{2.76}$$

然后,从以下方程的解中获得 ML 估计:

$$\frac{\partial \ln Z(\Theta)}{\partial \theta_m} = \frac{1}{N}\sum_{j=1}^{N}\phi_m(x_j) \quad m = 1,2,\cdots,M \tag{2.77}$$

Z 是按照式(2.71)的定义,如果对式(2.72)和式(2.77)进行比较,就会发现 MEM 和 ML 之间有一些有趣的联系。

2.8.3 ML 和不完全数据

假设传感器给出 M 个数据或者信号值 y,并且通过代数方程 $y=Ax$ 与样本值 x 相关,并且 $M<N$。然后,欲确定参数 Θ。现给出联合 pdf 如下:

$$p(x;\Theta) = p(x|y;\Theta)p(y;\Theta) \quad \forall Ax = y \tag{2.78}$$

取式(2.78)的期望以获得如下表达式:

$$\ln p(y;\Theta) = E_{x|y;\Theta'}\{\ln p(x;\Theta)\} - E_{x|y;\Theta'}\{\ln p(x|y;\Theta)\} \tag{2.79}$$

或者以似然函数形式,有以下表达式:

$$L(\Theta) = Q(\Theta;\Theta') - V(\Theta;\Theta') \tag{2.80}$$

因此,从式(2.80)可得到似然函数的差分表达式[11]:

$$L(\Theta) - L(\Theta') = [Q(\Theta;\Theta') - Q(\Theta';\Theta')] + \{V(\Theta;\Theta') - V(\Theta';\Theta')] \tag{2.81}$$

由不等式:

$$[V(\Theta;\Theta') \leqslant V(\Theta';\Theta')] \tag{2.82}$$

则有如下的EM(期望最大化,EMM)过程[11]:

$$\begin{bmatrix} E(\text{expectation}):Q(\Theta;\hat{\Theta}(k)) = E_{x|y;\Theta(k)}\{\ln p(x;\Theta)\} \\ M(\text{maximisation}):\hat{\Theta}(k+1) = \arg\max_{\Theta}\{Q(\Theta;\hat{\Theta}(k))\} \end{bmatrix} \tag{2.83}$$

式(2.84)的算法将收敛到一个局部ML。如果是广义指数族,则有以下两个重要的EMM的表达式[11]:

$$\begin{bmatrix} E:Q(\Theta;\Theta') = E_{x|y;\Theta'}\{\ln p(x;\Theta)\} = -N\ln Z(\Theta) - \sum_{j=1}^{N}\Theta^{\mathrm{T}}E_{x|y;\Theta'}\{\phi(x_j)\} \\ M:-\dfrac{\partial \ln Z(\Theta)}{\partial \theta_m} = \dfrac{1}{N}\sum_{j=1}^{N}E_{x_j|y;\Theta(k)}\{\phi_m(x_j)\};m = 1,2,\cdots,m \end{bmatrix} \tag{2.84}$$

我们再次看到,如果比较式(2.72)、式(2.77)和式(2.84),会发现MEM和MLM、EMM之间有一些有趣的关系。接下来,如果要估计参数和x,则有以下表达式[11]:

$$\begin{bmatrix} E:Q(\Theta;\hat{\Theta}(k)) = E\{\ln p(x;\Theta)|y;\hat{\Theta}(k)\} \\ \hat{x}(k) = E\{x|y:\hat{\Theta}(k)\} \\ M:\hat{\Theta}(k+1) = \arg\max_{\Theta}\{Q(\Theta;\hat{\Theta}(k))\} \end{bmatrix} \tag{2.85}$$

2.8.4 贝叶斯方法

现在假设是前面的例子中提到的情况。但测量受到噪声的干扰,$y = Ax + v$。使用贝叶斯方法与噪声的概率分布定义:

$$p(y|x;\Theta_1) = p_v(y - Ax;\Theta_1)$$

通过贝叶斯公式将其与先前的pdf $p(x;\Theta_2)$组合,获得以下后验pdf:

$$p(x|y;\Theta_1,\Theta_2) = \frac{p(y|x;\Theta_1)p(x;\Theta_2)}{\int p(y|x;\Theta_1)p(x;\Theta_2)\mathrm{d}x} \tag{2.86}$$

式(2.86)的等号右边包含关于x所有信息,可使用这个表达式对x进行推断。因此,定义如下的估计[11]:

最大后验概率(MAP):

$$\hat{x} = \arg\max_{x}\{p_{x|y}(x|y;\Theta_1,\Theta_2)\} \tag{2.87}$$

后验均值(PM):

$$\hat{x} = E_{x|y}\{x\} = \int x p_{x|y}(x|y;\Theta_1,\Theta_2)\} \tag{2.88}$$

边际后验模型(MPM):

$$\hat{x} = \arg\max_{x_i} \{p(x_i | y; \Theta_1, \Theta_2)\} \tag{2.89}$$

在式(2.89)中,有以下扩展:

$$\{p(x_i \mid y; \Theta_1, \Theta_2)\} = \int p_{x|y}(x \mid y; \Theta) \mathrm{d}x_1 \cdots \mathrm{d}x_{i-1} \cdots \mathrm{d}x_{i+1} \cdots \mathrm{d}x_n\} \tag{2.90}$$

在实际情况下,有两个难题要处理:①分配概率 $p(y|x;\Theta_1)$ 和 $p(x;\Theta_2)$;②确定参数 $\Theta=(\Theta_1,\Theta_2)$。可以通过使用 MEM 或者工程判断对先验 pdf 进行分配。对于参数 Θ 的估计,有以下基于联合后验 pdf 的方案[11]

$$\begin{aligned} p(x,\Theta|y) &\propto p(y|x;\Theta)p(x|\Theta)p(\Theta) \\ &\propto p(x,y|\Theta)p(\Theta) \\ &\propto p(x|y,\Theta)p(\Theta) \end{aligned} \tag{2.91}$$

1. 联合最大后验概率(JMAP)

$$(\hat{\Theta}, \hat{x}) = \arg\max_{(\Theta,x)} \{p(x,\Theta|y)\} \tag{2.92}$$

给定测量 y,通过求解方程(2.92)就可获得 x 的估计和参数 Θ。

2. 广义 ML

$$\begin{aligned} \hat{x}(k) &= \arg\max_{x} \{p(x \mid y; \Theta(K-1))\} \\ \hat{\Theta}(k) &= \arg\max_{\Theta} \{\int p(\hat{x}(k) \mid y, \Theta) p(\Theta)\} \end{aligned} \tag{2.93}$$

给定噪声测量值 y 和参数的初始条件,通过求解方程(2.93),可获得 x 的估计值和参数 Θ。

3. 边际 MLM(MML)

$$\begin{aligned} \hat{\Theta} &= \arg\max_{\Theta} \{\int p(y \mid x) p(x;\Theta) \mathrm{d}x\} \\ \hat{x} &= \arg\max_{x} \{p(x \mid y; \hat{\Theta})\} \end{aligned} \tag{2.94}$$

使用式(2.94)的第一部分,可以通过给出的测量值 y 获得的参数 Θ 的估计值,然后在式(2.94)的第二部分再次使用“Θ”的估计值和测量值 y,就可获得 x 的估计值。

4. MML - EM 方法

通常,因为不太可能获得解析表达式,可以将数据集 (y,x) 视为完整集,并将 y 视为不完整数据集。然后我们可以使用 EMM 来获得如下估计器[11]:

$$\begin{bmatrix} E:Q(\Theta;\hat{\Theta}(k)) = E_{x,y;\Theta(k)}\{\ln p(x,y;\Theta)\} \\ M:\hat{\Theta}(k+1) = \arg\max_{\Theta}\{Q(\Theta;\hat{\Theta}(k))\} \\ MAP:\hat{x} = \arg\max_{x}\{p(x|y:\hat{\Theta})\} \end{bmatrix} \tag{2.95}$$

所以,由式(2.95),首先通过使用测量 y 和 Θ 的初始值(即通过 MLM - EM 过程),我们可得到参数估计值 Θ 的 EM 解,然后通过 MAP 过程并再次使用参数 Θ 的估计值和测量值从而获得 x 的估计值。

2.8.5 DF 示例

在此考虑一些数据融合的应用,来看一下在第 2.8.1 节~第 2.8.4 节讨论的方法如何应用。

2.8.5.1 无噪声传感器

假设传感器 S_1 给出 N 个样本数据,传感器 S_2 给出 M 个样本数据,否则在数据中存在间隙,二者通过 $y = Ax + b$ 相关联。

$$\begin{aligned} &\text{传感器 } S_1: x_a = (x_1, x_2, \cdots, x_N) \quad x_b = ?? \\ &\text{传感器 } S_2: y_a = ?? \quad\quad\quad\quad\quad\; y_b = (y_1, y_2, \cdots, y_M) \end{aligned} \tag{2.96}$$

在此,给定如式(2.96)中的情况,关键是如何融合或者使用这些数据,并获得 x_b 的估计值和参数 Θ。事实上,必须要对数据样本进行预测。

$$x_b = (x_{N+1}, x_{N+2}, \cdots, x_{N+M}) \tag{2.97}$$

有以下方案可用于求解[11]:

(1) 方法 1:MLM→MAP。使用 x_a 来估计 Θ,通过 MLM 获得参数 $p(x,\Theta)$。然后使用这些信息从 y_b 估计 x_b:

$$\hat{\Theta} = \arg\max_{i\Theta}\{L_a(\Theta) = \ln p(x_a;\Theta)\} \tag{2.98}$$

$$\hat{x}_b = \arg\max_{x_b}\{p(x_b|y_b;\hat{\Theta})\} \tag{2.99}$$

式(2.98)为最大似然法(MLM),式(2.99)为最大后验概率(MAP)。

(2) 方法 2:ML→JMAP,GML 或 ML - EM。在这种方法中,使用两个可用的数据样本去估计 x_b 如下:

$$\hat{\Theta} = \arg\max_{i\Theta}\{L_a(p(x_a;\Theta))\} \tag{2.100}$$

$$(\hat{x}_b, \hat{\Theta}) = \arg\max_{(x_b,\hat{\Theta})}\{p(x_b, \Theta|x_a, y_b)\} \tag{2.101}$$

在式(2.100)中,使用了最大似然方法,而式(2.101)为 JMAP 方法、GML 方法或 ML－EM 的方法。可以看出，在式(2.101)中由于附加的数据样本，使得 Θ 的估计被精确化。

2.8.5.2 均匀传感器数据的融合

假设数据样本可以通过线性模型利用，对相同的未知值 x 有两类数据样本。

$$y = H_1 x + b_1 \text{ 和 } z = H_2 x + b_2 \tag{2.102}$$

一个示例是 x－射线断层摄影，其中 x 是实体对象的质量密度，y 和 z 是高/低分辨率投影。我们可使用贝叶斯方法来处理这一问题：

$$p(x|y,z) = \frac{p(y,z|x)p(x)}{p(y,z)} \tag{2.103}$$

式(2.103)中的主要问题是需要指定 $p(y,z|x)$。如果我们假设这两个数据集的误差是独立的，情况就变得简单。有以下假设[11]：

$$\begin{aligned}
p(y|x;\sigma_1^2) &\propto \exp\left[-\frac{1}{2\sigma_1^2}(y - H_1 x)^2\right] \\
p(z|x;\sigma_2^2) &\propto \exp\left[-\frac{1}{2\sigma_2^2}(z - H_2 x)^2\right] \\
p(x;m,\boldsymbol{P}) &\propto \exp\left[-\frac{1}{2}(x - m)^{\mathrm{T}}\boldsymbol{P}^{-1}(x - m)\right]
\end{aligned} \tag{2.104}$$

在式(2.104)中，假设参数 σ_1^2、σ_2^2、m、$\boldsymbol{P}$ 是已知的，$\boldsymbol{P}$ 是估计误差的协方差矩阵。那么 MAP 估计可以通过下式获得：

$$\hat{x} = \arg\max_x \{p(x|y,z)\} = \arg\min_x \{J(x) = J_1(x) + J_2(x) + J_3(x)\} \tag{2.105}$$

式(2.105)中的代价函数定义如下[11]：

$$J_1(x) = \frac{1}{2\sigma_1^2}(y - H_1 x)^2 \tag{2.106}$$

$$J_2(x) = \frac{1}{2\sigma_2^2}(z - H_2 x)^2 \tag{2.107}$$

$$J_3(x) = \frac{1}{2}(x - m)^{\mathrm{T}}\boldsymbol{P}^{-1}(x - m) \tag{2.108}$$

2.8.6 一些现实的 DF 问题

现在考虑更现实的 DF 问题。这里，数据是两种不同类型：与质量密度 x 相关的 X 射线数据以及与声音反射率 r 有关的超声探测系统数据。数据方程如下：

$$y = H_1 x + b_1 \text{ 且 } z = H_2 r + b_2 \tag{2.109}$$

再次假设这两个数据集是独立的，再次使用如下的贝叶斯方程[11]：

$$p(x,r|y,z)=\frac{p(y,z|x,r)p(x,r)}{p(y,z)}=\frac{p(y|x)p(z,r)p(x,r)}{p(y,z)} \tag{2.110}$$

对 $p(y,z)$ 有以下关系：

$$p(y,z) = \iint p(y\mid x)p(z\mid r)p(x,r)\,\mathrm{d}r\mathrm{d}x \tag{2.111}$$

同样，式(2.111)中的主要问题仍是需确定 $p(y|x)$、$p(z|r)$ 和 $p(x,r)$。如果在 x 和 r 之间有某种数学关系，则和前面情况类似。

现在假设 $r_j=g(x_{i+1}-x_i)$。如果 g 是一个线性函数，则有以下关系：

$$y=H_1x+b_1;z=H_2r+b_2;r=Gx\rightarrow y=H_1x+b_1;z=GH_2x+b_2 \tag{2.112}$$

假定身体部位由相关量组成：

$$b=(r,x)=(\boldsymbol{q},a,x) \tag{2.113}$$

变量 $\boldsymbol{q}$ 是在身体中不连续部位或者边缘位置的二进制向量。"a"为反射率[11]。

$$\begin{matrix} q_j=0\rightarrow r_j=0 \\ q_j=1\rightarrow r_j=a_j \end{matrix} \text{ 并且 } r_j\begin{cases} g(x_{j+1}-x_j), & |x_{j+1}-x_j|>\alpha \\ 0, & |x_{j+1}-x_j|\leqslant\alpha \end{cases} \tag{2.114}$$

使用上面的模型，可以给出下面的表达式：

$$p(b,r)=p(x,a,q)=p(x|a,q)p(a|q)p(q) \tag{2.115}$$

然后使用贝叶斯公式，有以下关系[11]：

$$p\{x,a,q|y,z\}\propto p(y,z|x,a,q)p(x,a,q)=p(y,z|x,a,q)p(x|a,q)p(a|q)p(q) \tag{2.116}$$

考虑如下几个假设[11]：

(1) y 和 z 是条件独立的：

$$p(y,z|x,a,q)=p(y|x)p(z|a) \tag{2.117}$$

(2) 测量噪声过程的高斯概率密度函数（见式(2.109)）：

$$p(y|x;\sigma_1^2)\propto\exp\left[-\frac{1}{2\sigma_1^2}(y-H_1x)^2\right]$$

$$p(z|a;\sigma_2^2)\propto\exp\left[-\frac{1}{2\sigma_2^2}(z-H_2a)^2\right] \tag{2.118}$$

(3) q 的伯努利定律为：

$$p(q) \propto \sum_{i=1}^{n} q_i^{\lambda}(1-q_i)^{1-\lambda} \tag{2.119}$$

(4) $a|q$ 的高斯概率密度函数为：

$$p(a|q)\propto\exp\left[-\frac{1}{2\sigma_n^2}a^{\mathrm{T}}Qa\right],Q=\mathrm{diag}[q_1,q_2,\cdots,q_n] \tag{2.120}$$

（5）数据 x 的马尔可夫模型为：

$$p(x|a,q) \propto \exp[-U(x|a,q)] \tag{2.121}$$

使用上面定义的表达式，有以下关系：

$$p(x,a,q|y,z) \propto p(y|x)p(z|a)p(x|a,q)p(a|q)p(q) \tag{2.122}$$

然后，可以给出以下 8 种估计方案[11]：

（1）使用 JMAP 同时估计所有未知数：

$$(\hat{x},\hat{a},\hat{q}) = \arg\max_{(x,a,q)} \{p(x,a,q|y,z)\} \tag{2.123}$$

给定数据 y 和 z，JMAP 将给出 x、a 和 q 的估计值。

（2）首先估计不连续 q 的位置，然后获得 x 和 a 的估计值：

$$\begin{aligned} \hat{q} &= \arg\max_{q} \{p(q|y,z)\} \\ (\hat{x},\hat{a}) &= \arg\max_{(x,a)} \{p(x,a|y,z,\hat{q})\} \end{aligned} \tag{2.124}$$

给定数据 y、z 先得出 q 的估计，然后使用 q 的估计和相同的数据 (y,z) 再次得到 x 和 a 的估计。

（3）在只有数据 z 时，首先对不连续 q 的位置进行估计，然后获得 x 和 a 的估计值。

$$\begin{aligned} \hat{q} &= \arg\max_{q} \{p(q|z)\} \\ (\hat{x},\hat{a}) &= \arg\max_{(x,a)} \{p(x,a|y,z,\hat{q})\} \end{aligned} \tag{2.125}$$

给定数据 z，先得出 q 的估计，然后使用 q 的估计和相同的数据 (y,z) 以获得 x 和 a 的估计值。

（4）在只有数据 z 时首先估计 a 和 q，然后获得 x 的估计值：

$$\begin{cases} (\hat{q},\hat{a}) = \arg\max_{q,a} \{p(q,a|z)\} \\ \hat{x} = \arg\max_{x} \{p(x|y,\hat{a},\hat{q})\} \end{cases} \tag{2.126}$$

给定数据 z，估计 a 和 q，然后使用 a 和 q 的估计和相同的数据 y 以获得 x 的估计。

（5）首先根据 z 估计出 q，然后再次利用 z 和 q 的估计值对 a 进行估计。最后再使用 a、q 的估计值和测量值 y 来估计 x：

$$\begin{cases} \hat{q} = \arg\max_{q} \{p(q|z)\} \\ \hat{a} = \arg\max_{a} \{p(a|z,\hat{q})\} \\ \hat{x} = \arg\max_{x} \{p(x|y,\hat{a},\hat{q})\} \end{cases} \tag{2.127}$$

（6）首先使用 z 估计出 q，然后使用 q 的估计值和数据 y 得出 x 的估计值：

$$\begin{cases}\hat{q}=\arg\max\limits_{q}\{p(q|z)\}\\ \hat{x}=\arg\max\limits_{x}\{p(x|y,\hat{q})\}\end{cases} \tag{2.128}$$

(7) 使用 z 估计出 r,然后使用 r 的估计值和测量值 y 估计 q 和 x 的值:

$$p(r|z)\propto p(z|r)p(r) \tag{2.129}$$

$$p(x,q|\hat{r},y)\propto p(y|x)p(x,q|\hat{r}) \tag{2.130}$$

对于式(2.129),可得到 r 的估计量如下:

$$\hat{r}=\arg\max_{r}\{p(r|z)\}=\arg\min_{r}\{J_1(r|z)\} \tag{2.131}$$

其中,代价函数 J 为

$$J_1(r\mid z)=z(-H_2r)^2+\lambda\sum_{j}(r_{j+1}-r_j)^2 \tag{2.132}$$

对于式(2.130),可获得 q 和 x 的估计量如下:

$$(\hat{x},\hat{q})=\arg\max_{(x,q)}\{p(x,q|y,\hat{r})\}=\arg\min_{(x,q)}\{J_2(x,q|y,\hat{r})\} \tag{2.133}$$

代价函数如下:

$$J_2(x,q\mid y,\hat{r})=(y-H_1x)^2+\lambda\sum_{j}(1-q_j)(x_{j+1}-x_j)^2+\alpha_1\sum_{j}q_j(1-\hat{r}_j)+\alpha_2\sum_{j}q_j\hat{r}_j \tag{2.134}$$

(8) 利用数据 z 检测一些边界的位置。我们还使用 x 射线数据来得到强度图像,同时保持其不连续的位置。

$$z\to\hat{r}\to\hat{q}\to\text{以及 } y\to\hat{x} \tag{2.135}$$

然后给出 r 的估计量为

$$\hat{r}=\arg\max_{r}\{p(r|z)\}=\arg\min_{r}\{J_1(r|z)\} \tag{2.136}$$

其代价函数为

$$J_1(r|z)=\|z-H_2r\|^2+\lambda_1\|r\|^p,\quad 1<p<2 \tag{2.137}$$

另一种方法如下:

$$\hat{x}=\arg\max_{x}\{p(x\mid y,\hat{q})\}=\arg\min_{x}\{J_2(x\mid y;\hat{q})\} \tag{2.138}$$

$$J_2(x\mid y,\hat{q})=\|y-H_1x\|^2+\lambda_2\sum_{j}(1-q_j)\mid x_{j+1}-x_j\mid^p,\quad 1<p<2 \tag{2.139}$$

总之,从上述 2.8 节推演得到的推论可以得出 SDF 的概率方法[11]:①为某些期望值确定概率密度函数时需要采用最大熵方法(MEM);②MLM 方法和概率密度函数 $p(x,\Theta)$ 的参数形式一起使用,直接使用测量数据,并且对估计参数向量 Θ 感兴趣;③当测量是不完整时,采用 MLM - EMM 方法;④当测量数据含有噪声时,贝叶斯方法对于解决实际的 DF 问题是非常可取和十分有用的;⑤在 DF 的贝叶斯方法中,复合 MM 方法很容易用来表示数据信号和图像。

2.9 贝叶斯公式和传感器 DF:示例分析

现在,考虑一个基于测量和一些先验信息,应用贝叶斯公式来估计离散参数的例子[1]。该情况由单一状态 x 而建模,x 可以呈现以下 3 个值之一:

(1) x_1→是类型 1 的目标;

(2) x_2→是类型 2 的目标;

(3) x_3→目标不可观测。

一个单传感器对 x 进行观察,然后得到三个可能的测量值:

(1) z_1→类型 1 的测量值;

(2) z_2→类型 2 的测量值;

(3) z_3→没有观察到目标。

传感器模型由表 2.6 中的概率矩阵 $\boldsymbol{P}_1(z|x)$ 描述。该模型矩阵是 x 和 z 的函数,对于一个固定的真实状态值,它描述了特定测量的概率(如矩阵的行),对获得的特定测量,它描述了真实状态的概率分布(如矩阵的列),因此它是似然函数 $L(x)$。当获得测量 $z=z_i$ 之后,真实状态 x 后验分布如下:

$$\boldsymbol{P}(x|z_i)=\alpha\boldsymbol{P}_1(z_i|x)\boldsymbol{P}(x) \tag{2.140}$$

由于总概率之和为 1,因此必须调整归一化常数。假设没有关于类型 1 和类型 2 目标的任何似然函数的先验信息。在此,我们将先验概率向量设置为 $\boldsymbol{P}(x)=(0.333,0.333,0.333)$。现在,得到观察为 $z=z_1$,则后验分布将由 $\boldsymbol{P}(x|z_i)=(0.45,0.45,0.1)$ 给出;在表 2.6 中,矩阵的第一列,似然函数已由观察到的 z_1 给定。然后将这种后验分布用作第二次观察 $\boldsymbol{P}(x)=(0.45,0.45,0.1)$ 的先验信息,测量 $z=z_1$,可得到新的后验分布如下[1]:

$$\begin{aligned}\boldsymbol{P}(x|z_1)&=\alpha\boldsymbol{P}_1(z_1|x)\boldsymbol{P}(x)\\&=\alpha(0.45,0.45,0.1)\cdot(0.45,0.45,0.1)\\&=\alpha(0.2025,0.2025,0.01)\\&=2.4096(0.2025,0.2025,0.01)\\&=(0.488,0.488,0.024)\end{aligned} \tag{2.141}$$

表 2.6 概率似然函数矩阵:$\boldsymbol{P}_1(z|x)$

	z_1	z_2	z_3
x_1	0.45	0.45	0.1
x_2	0.45	0.45	0.1
x_3	0.1	0.1	0.8

在式(2.141)的第2行中,"·"是逐元素乘积运算符,第三行中的α是括号内的各个概率数之和的倒数。这是一个归一化因子,以便看出个体概率的总和是1(式(2.141)中的最后一行)。在没有目标的假设下,类型1和类型2目标的概率都有增加,该传感器能够很好地检测到目标,但不能很好地区分目标类型的不同。

现在,假设第2个传感器与第1个传感器进行相同的测量,获得了3个测量值,其似然矩阵$\boldsymbol{P}_2(\boldsymbol{z}_2|\boldsymbol{x})$[1]如表2.7所示。和我们前面已经看到的一样,第一个传感器善于检测目标,但不能区分不同类型的目标。现在,第2传感器的总体检测概率较差,但却具有良好的目标辨别能力($p=0.45,0.1$)。在具有均匀先验分布的情况下,如果我们用第二个传感器观察$\boldsymbol{z}=z_1$,可能的真实状态的后验分布概率由$\boldsymbol{P}(\boldsymbol{x}|\boldsymbol{z}_1)=(0.45,0.1,0.45)$(表2.7第一个3×3矩阵的第一列)给出。因此,合并来自这两个传感器的信息是有意义的,从而可获得具有良好检测能力以及良好分辨力的系统。通过两个似然函数的乘积,我们可获得联合似然函数为$\boldsymbol{P}_{12}(z_1,z_2|\boldsymbol{x})=\boldsymbol{P}_1(z_1|\boldsymbol{x})\boldsymbol{P}_2(z_2|\boldsymbol{x})$。当用使用第一个和第二个传感器分别观察到$\boldsymbol{z}_1=z_1$和$\boldsymbol{z}_2=z_1$(具有均匀先验概率分布)时,$\boldsymbol{x}$的后验似然函数表示为[1]

$$
\begin{aligned}
\boldsymbol{P}(x|z_1,z_2)&=\alpha\boldsymbol{P}_{12}(z_1,z_1|x)\\
&=\alpha\boldsymbol{P}_1(z_1|x)\boldsymbol{P}_2(z_1|x)\\
&=\alpha\times(0.45,0.45,0.1)\cdot(0.45,0.1,0.45)\\
&=(0.6924,0.1538,0.1538)
\end{aligned}
\tag{2.142}
$$

可以看出,与传感器1进行的两次观察z_1相比,(式(2.141)得到的后验概率为0.488,0.488,0.0240),现在传感器2对于相同测量,在检测性能略有损失的情况下,增加了良好的目标辨别力(0.6924,0.1538)。如果对每个z_1、z_2测量对进行重复计算,可得到CLM——联合似然函数矩阵见表2.7;组合传感器将大幅提高整体系统性能。如果先用传感器1观察目标1(阵列块$z_1=z$),再用传感器2观察目标1(同一块的第一列)。在三个假设下可以得到后验概率分布是,$\boldsymbol{P}(\boldsymbol{x}|z_1,z_2)=(0.6924,0.1538,0.1538)$,这表明目标1是最可能被检测到的一个。但是,如果我们先用传感器1观察类型1的目标,再用传感器2观察类型2的目标,获得后验概率为(0.1538,0.6924,0.1538),从而表明类型2的目标具有更高的概率。这是因为虽然传感器1观察到类型1的目标,但其似然函数表明传感器1不能很好地区分目标类型的不同,因此需要使用来自传感器2的信息。

现在的情形是,如果在用第一个传感器检测到类型1目标之后,传感器2没有观察到目标,依据两个测量的获得后验概率为(0.488,0.488,0.024)。我们仍然认为有一个目标(传感器 1 的检测能力好于传感器 2),但不知道是目标 1 还是目标 2,因为传感器 2 不能进行有效的检测。传感器 1 对目标 2 的检测分析与目标 1 的分析相同。如果传感器 1 没有检测到目标,但传感器 2 检测为类型 1 的目标,则检测可能性为(0.108,0.024,0.868)。这时我们仍然认为没有目标,因为我们知道传感器 1 能提供更好的信息(即使传感器 2 也证实已经检测到目标类型 1)。如此的话,联合似然矩阵从未构建,因为对 $n=3$ 个传感器、$m=3$ 个可能的测量和 $k=3$ 个结果,联合似然矩阵具有 $k\times mn=27$ 项。实际上,对每个传感器都要构造似然矩阵,且在获得测量值时进行组合。然后,通过 k 维向量乘以所例示的似然函数,其存储减小到 $k\times m$ 维的 n 列。

表 2.7 概率——似然函数矩阵(联合似然函数矩阵:CLM)

	$\boldsymbol{P}_2(z_2\mid\boldsymbol{x})$			CLM($z_1=z_1$)			CLM($z_1=z_2$)			CLM($z_1=z_3$)		
	z_1	z_2	z_3	z_1	z_2	z_3	z_1	z_2	z_3	z_1	z_2	z_3
x_1	0.45	0.10	0.45	0.6924	0.1538	0.4880	0.6924	0.1538	0.4880	0.1084	0.0241	0.2647
x_2	0.10	0.45	0.45	0.1538	0.6924	0.4880	0.1538	0.6924	0.4880	0.0241	0.1084	0.2647
x_3	0.45	0.45	0.10	0.1538	0.1538	0.0240	0.1538	0.1538	0.0241	0.8675	0.8675	0.4706

练习

2.1 离散随机序列为白色的条件是什么?

2.2 在 MAP 和 MLM 之间,哪一种是特殊情况?

2.3 如果两个事件 E 和 F 是独立的,这个公式如何修改:

$$P(E\cup F)=P(E)+P(F)-P(E\cap F)?$$

2.4 为什么 z 的权重与 x 的方差成比例,为什么在式(2.19)给定的 DF 规则中 x 的权重为 z 的方差?试解释其意义。

2.5 如果考虑信息因素作为式(2.20)的方差的倒数,那么确定信息领域中的融合规则是简单的。试证明:

$$\sigma^2=\frac{\sigma_z^2\sigma_x^2}{\sigma_x^2+\sigma_z^2}=\left[\frac{1}{\sigma_z^2}+\frac{1}{\sigma_x^2}\right]^{-1}$$

2.6 什么是两个独立事件交集的概率公式?

2.7 对于两个独立的事件(E 和 F),为什么 $P(E\mid F)=P(E)$、$P(F\mid E)=P(F)$?

2.8 在贝叶斯公式中无信息先验的概率分布是什么?

2.9 对于先验贝叶斯规则而言,指数概率密度似然函数是一个不错的选择吗?

2.10 利用式(2.118)给出最小均方误差公式(MMSE－估计器),

$$p(y|x;\sigma_1^2) \propto \exp\left[-\frac{1}{2\sigma_1^2}(y-H_1x)^2\right]$$

参考文献

1. Durrant－Whyte,H. Multi sensor data fusion－Lecture Notes. Australian Centre for Field Robotics,University of Sydney NSW 2006,Australia,January 2001.
2. Lindsay,I. S. A tutorial on principal components analysis. 26 February 2002. www. ce. yildiz. edu. tr/personal/songul/file/1097/principa. ,accessed November 2012.
3. Raol,J. R. Multisensor Data Fusion with MATLAB. CRC Press,FL,2010.
4. Wickramarachchi,N. and Halgamuge,S. Selected areas in data fusion. Ppts. Saman @ unimelb. edu. au,accessed November 2012.
5. Rogova,G. L. and Nimier,V. Reliability in information fusion:Literature survey. In Proceedings of the 7th International Conference on Information Fusion(Eds. Svensson,P. and Schubert,J.),International Society of Information Fusion,CA,USA,pp. 1158－1165,28 June－1 July,Stockholm,Sweden,2004.
6. Wang,J. G. Reliability analysis in Kalman filtering. Journal of Global Positioning Systems,8(1),101－111,2009.
7. Punska,O. Bayesian approaches to multi－sensor data fusion. Signal Processingand Communications Laboratory,Department of Engineering,University of Cambridge,August 1999.
8. Rauch,H. E. Probability concepts for an expert system used for data fusion. AI Magazine,5(3),55－60,1984.
9. Gelb,A.(Ed.)Applied Optimal Estimation. MIT Press,MA,1974.
10. Raol,J. R.,Girija,G. and Singh,J. Modelling and Parameter Estimation of Dynamic Systems. IET/IEE Control Series Books,Vol. 65,IEE/IET Professional Society,London,UK,2004.
11. Mohammad－Djafari,A. Probabilistic methods for data fusion. Maximum Entropy and Bayesian Methods; Fundamental Theories of Physics. Springer,Netherlands,Vol. 98,57－69,1998.
    http://link. springer. com/chapter/10. 1007%2F978－94－011－5028－6_5; http://djafari. free. fr/pdf/me97_2. pdf,accessed April 2013.

第3章　模糊逻辑与可能性理论的数据融合

3.1　引言

近年来,模糊逻辑(Fuzzy Logic,FL)在目标跟踪状态估计、传感器数据融合和决策融合等领域的运用日益增加,模糊逻辑对现有的数据融合方法(包括基于模糊逻辑的数学规则、区间二型模糊逻辑(Interval Type 2 Fuzzy Logic,IT2FL)和与其相关的可能性理论等)的研究有强大的推动作用,很大程度上提高了数据融合可实现性。

传统的清晰逻辑通常在决策和相关性分析领域的运用中存在着逻辑量化的固有限制。概率论与概率模型(第2章)是基于经典集合论的清晰逻辑。在清晰逻辑中仅存在两个离散状态或可能值—— 0 或 1(是或否; -1 或 +1;开或关),但在模糊逻辑中 0 和 1 之间有无限的可能性。在清晰逻辑中,一个事件只有两个不同的状态——发生或不发生。在事件发生之前,可设法获取事件发生范围的概率。一旦特定的事件发生,概率消失。然而,一旦该事件发生,仍可能存在某些不确定性(与该事件本身有关),模糊逻辑可以用来描述此类不确定性。因此,模糊理论和可能性理论拓展了清晰逻辑和概率论范围。与清晰逻辑相比,模糊逻辑是一种多值逻辑,并且可将其定义为图形/图像,比如三角形,模糊逻辑会产生三角形式的隶属度函数(Membership Function,MF)。图3.1有几种其他类型的隶属度函数,这里并不是说隶属度函数本身是不确定的,事实上隶属度函数都是完全确定的。隶属度函数实际上是为 X 轴上的变量赋予一个在[0,1]之间的值(不是清晰逻辑中 0 或 1 这样的确定值,当然这些值也可通过 MF 给出)。这个值是分等级的,或 MF 等级值,也称为隶属度函数等级值(MFG)。比如温度为 x 轴的变量,现在进行模糊化,它归属于某一给定的隶属度(低、中或高温),而它的值不能是各选定的隶属度中的任意值。因此,温度变量被给定一个“范围”,并且引入模糊变量的概念。人的体温有多大概率超越了范围,超越范围的概率有可能很高,温度的模糊性设置为极低、低、中、高、很高等;将每一个与温度有关的语言概念赋予 MFG 值,这是模糊化过程。可能性理论(通过模糊集(FS))基于模糊逻辑,其方式类似于概率论基于清晰逻辑(通过经典集合理论)。清晰逻辑是模糊逻辑的特殊情况,如0和1都是模糊逻辑隶属度函数的极值(MF的y轴)。这意味着,清晰逻辑视为模糊逻辑的特殊情况并且属于模糊逻辑的范畴。

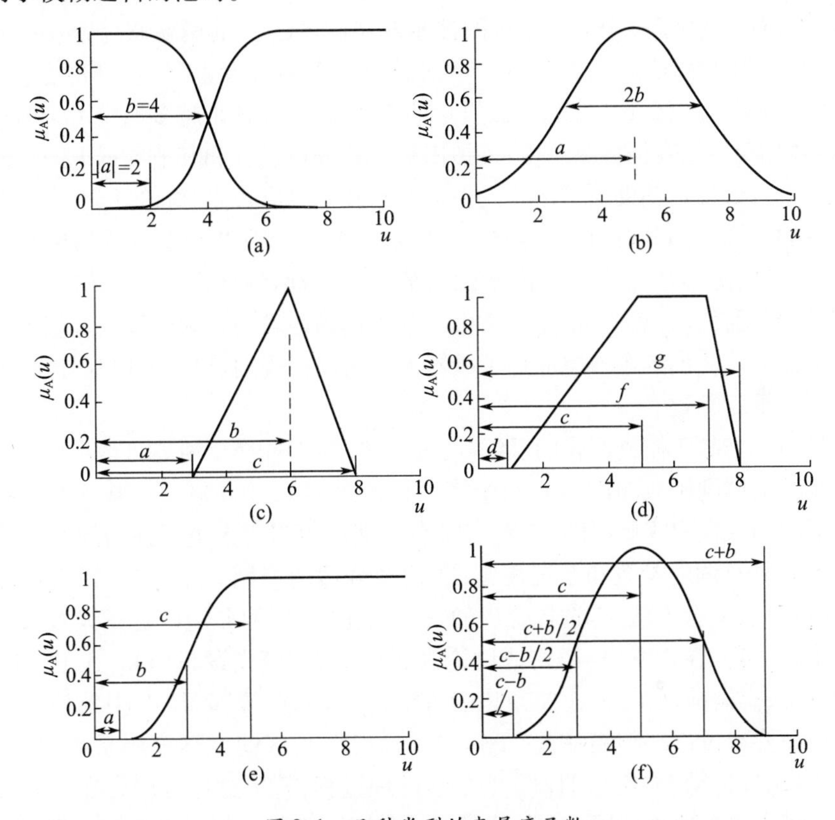

图 3.1 几种类型的隶属度函数

(a)Sigmoid 隶属度函数;(b)高斯隶属度函数;(c)三角隶属度函数;(d)梯形隶属度函数;(e)S 形隶属度函数;(f)Π 形隶属度函数。

模糊逻辑系统(FL - based methods/Systems,FLS),包括以模糊逻辑为基础的控制系统已在工业控制系统、机器人学习、航空航天工程领域有了较好的应用。FLS 被认为是软计算的重要领域之一(第10章)。基于 FL 的控制器用于维持合理界限之间的输出变量以及界限之间控制驱动(即动态系统的控制输入或相关变量)[2]。FL 也应用于设计和操作智能控制系统和基于知识的智能机器人。用模糊逻辑处理问题不以不确定的形式而是以模糊的方式。例如,某人有严重头痛,那么有很大可能,她有偏头痛,而不是其他病症。模糊推理系统(Fuzzy Inference System,FIS)借助模糊蕴含函数 Fuzzy 来处理/访问隶属度函数和规则库。然后,通过去模糊化过程,FLS 给出用于预期目的的清晰输出。例如

"If…Then"规则,来自于专家多年来操作、分析和设计系统的实践和直觉经验。

模糊逻辑可以运用在大量的工程问题当中,例如:①卡曼滤波器,利用 FIS 进行自适应调谐;②自适应神经模糊推理系统(Adaptive Neuro - Fuzzy Inference System,ANFIS)用于一个动态系统的控制规律(如飞机)的增益调度以及控制系统的设计;③系统辨识、参数估计和状态估计中的目标跟踪问题。FL 结合 ANFIS 可处理目标图像质心跟踪算法表示的模糊性。FL 越来越多地应用于数据融合传感器上,以及表征检测图像,模拟影响成像噪声过程和其他数据上的不确定性。基于近似推理辅助决策形式的模糊逻辑技术具有很强的推理能力,可用于:①图像的边缘检测分析、特征提取、分类以及合并分析;②动态系统的未知参数估计;③辅助防御系统进行决策融合、态势评估、威胁估计也可用于 C^4I^2 系统中指挥、控制、通信、计算机、信息和情报。基于模糊逻辑的技术就是以近似推理辅助方案的形式。模糊逻辑也应用于机器人行为路径规划、机器人控制、传感器故障识别和重新配置[3]。

任何一个基于模糊逻辑的系统,其发展要求:①选择模糊集(Fuzzy Sets,FS)和对应的隶属度函数 MF(这是一个模糊化的过程);②创建一个基于专家系统帮助下的输入输出规则(用于避免有时在后期产生需要人类干预的问题),并调整 FLS 各种可调的参数和系统规则;③选择合适的模糊算子;④选择模糊蕴含函数(FIF)及聚合方法;⑤选择合理的去模糊化方法(回归清晰逻辑大多数系统需要明确值)。在本章中,简要地讨论隶属度函数、模糊逻辑(FL)算子、FIF 和规则系统、模糊推理系统、去模糊化的方法,并考虑在传感器 DF 中使用模糊逻辑。还简要地讨论二型模糊集(Type 2 FS,T2FS),区间二型模糊系统(Interval Type 2 FS,IT2FS),并给出 IT2FS 的数学推理过程,希望这些方法将在未来数据融合系统中更多地被使用。在第 8 章中,讨论 FL 在航空场景决策融合领域的应用。在第 10 章中,进一步讨论 FL 的一种软计算范例,并介绍了在 DF 的应用方式。

3.2 一型模糊逻辑

模糊逻辑是清晰逻辑的扩展,丰富了 FL 并且成为真正的多值逻辑。这种基本的模糊逻辑称为一型模糊逻辑(T1FL)。为方便起见,清晰逻辑称为零型模糊逻辑。一个模糊集合允许一个元素部分属于集合。模糊集合 A 在论域(Universe Of Discourse,UOD)U 中的元素 u 表示为[2]

$$A = \int \{\mu_A(u)/u\}, \quad \forall u \in U \tag{3.1}$$

或

$$A = \sum \{\mu_A(u)/u\}, \quad \forall u \in U \tag{3.2}$$

需要注意的是,这里符号∫和Σ是用来代表一个模糊集,与常规积分求和的概念没有关系。在上述式子中,$\mu_A(u)$是μ在模糊集A中的隶属度函数,并且在闭区间[0,1]上给出了论域U的一个映射。清晰逻辑的0或1值是模糊逻辑隶属度函数的极值,因此,清晰逻辑是模糊逻辑的特殊情况。μ_A是μ属于集合A的隶属度。表示为$\mu_A(u): U \to [0,1]$。这个值表示u对模糊集的从属程度。模糊变量换种说法就是代表不同隶属度函数:十分低、低、中等、正常、高和十分高的隶属程度。根据不同问题有不同的语言变量表达方式。

3.2.1 模糊化过程的隶属度函数

表3.1和图3.1中展示了几种类型的隶属度函数。对于T1FS,隶属度函数并不模糊,所以不能称其为模糊隶属度函数集。对于T2FS和IT2FS,尽管它们的隶属度函数集自身是模糊的,但仍然可以使用隶属度函数形式,从这层意义来说,对于T2FS和IT2FS,它们自身就是模糊隶属度函数集。在Sigmoid隶属度函数中,u是论域U中的模糊变量,并且a、b是给定S形函数形状的常量。作为一种非线性激活函数(第10章)也可用于人工神经网络(Artificial Neural Networks,ANN)。在高斯隶属度函数中,a、b表示函数的均值和标准差,参数a反映函数的分布,参数b决定函数的宽度。在三角形隶属度函数中,参数a和c是基点,b表示隶属度函数的峰值位置。在梯形隶属度函数中,参数d和g是梯形底边两点,参数e和f为顶边两点。在S形隶属度函数中,参数a和c定义函数倾斜部分的极值,参数b表示$\mu_A(u)=0.5$的点。在文献中这种看起来像S形曲线的函数用来表示线性函数和余弦函数的组合。在这种情况下,S形曲线的映射为Z形曲线。然而,S形曲线和Z形曲线好像一个Sigmoid函数。在Π形隶属度函数中,参数c定位峰值,$c-b$和$c+b$分别代表曲线左右两边的极值。在$u=c-b/2$和$u=c+b/2$处函数的隶属度函数等级值(MFG)等于0.5。这个曲线/函数也可作为Z形曲线和S形曲线的组合运用。像钟形/高斯函数的形状,通常顶部比较平坦。在Z形MF中,参数a、b定义函数斜率部分的极值(只在表3.1中给出,图3.1中没有显示)。

表3.1 T1FL模糊逻辑的隶属度函数

隶属度函数类型	函数	形状
Sigmoid形	$\mu_A(u)=1/(1+e^{-a(u-b)})$	图3.1(a)
高斯	$\mu_A(u)=e^{-(u-a)^2/2b^2}$	图3.1(b)

（续）

隶属度函数类型	函数	形状
三角形	$\mu_A(u)=\begin{cases}0, & u\leqslant a\\ \dfrac{u-a}{b-a}, & a\leqslant u\leqslant b\\ \dfrac{c-u}{c-b}, & b\leqslant u\leqslant c\\ 0, & u\geqslant c\end{cases}$	图3.1(c)
梯形	$\mu_A(u)=\begin{cases}0, & u\leqslant d\\ \dfrac{u-d}{e-d}, & d\leqslant u\leqslant e\\ 1, & e\leqslant u\leqslant f\\ \dfrac{g-u}{g-f}, & f\leqslant u\leqslant g\\ 0, & u\geqslant g\end{cases}$	图3.1(d)
S形	$\mu_A(u)=S(u;a,b,c)=\begin{cases}0, & u\leqslant a\\ \dfrac{2(u-a)^2}{(c-a)^2}, & a\leqslant u\leqslant b\\ 1-\dfrac{2(u-c)^2}{(c-a)^2}, & b\leqslant u\leqslant c\\ 1, & u\geqslant c\end{cases}$	图3.1(e)
Π形	$\mu_A(u)=\begin{cases}S(u;c-b,a-b/2,c), & u\leqslant c\\ 1-S(u;c,c+b/2,c+b), & u\leqslant c\end{cases}$	图3.1(f)
Z形	$\mu_A(u)=\begin{cases}1, & u\leqslant a\\ 1-2\dfrac{(u-a)^2}{(a-b)^2}, & u>a \text{ 和 } u\leqslant\dfrac{a+b}{2}\\ 2\dfrac{(b-u)^2}{(a-b)^2}, & u>\dfrac{a+b}{2} \text{ 和 } u\leqslant b\\ 0, & u\geqslant c\end{cases}$	Z形曲线和S形曲线相似

3.2.2 模糊集操作

正如在传统逻辑和布尔代数中研究过的，对清晰逻辑集的基本运算是交、并、补运算。如果 A 和 B 是 U 的两个子集，则这两个子集的交集 $A\cap B$ 就是两个子集的共有元素。$\mu_{A\cap B}(u)=1$，如果 $u\in A$ 并且 $u\in B$，否则交集为零。当求并 $A\cup B$ 时，结果包含 A、B 中的所有元素，表示为 $\mu_{A\cup B}(u)=1$，如果 $u\in A$ 或 $u\in B$。求补为空，即结果 $\bar{A}$ 的运算为除集合 A 中元素以外的所有元素的集合，表示为 $\mu_{\bar{A}}(u)=1$，如果 $u\notin A$，$\mu_A(u)=0$，如果 $u\in A$。在模糊逻辑中变量 u 被模糊化并且隶属度值在[0,1]区间变化。交、并、补运算现在有了更为广泛的含义而且可以定义多个交、并、补运算。对于模糊逻辑来说,对应交、并、补运算具体可以变为极小、极大和补运算,定义为

$$\mu_{A\cap B}(u)=\min[\mu_A(u),\mu_B(u)](交) \tag{3.3}$$

$$\mu_{A\cup B}(u)=\max[\mu_A(u),\mu_B(u)](并) \tag{3.4}$$

$$\mu_{\bar{A}}(u)=1-\mu_A(u)(补) \tag{3.5}$$

交和并运算的另一种定义为

$$\mu_{A\cap B}(u)=\mu_A(u)\mu_B(u) \tag{3.6}$$

$$\mu_{A\cup B}(u)=\mu_A(u)+\mu_B(u)-\mu_A(u)\mu_B(u) \tag{3.7}$$

3.2.3 模糊推理系统

对于模糊逻辑,需要重新定义规则。这些规则根据不同情形可以采用专家经验或在研究系统数据后获得。模糊规则为"如果 u 是 A,则 v 是 B"。实际上这规则自身并不模糊,特别是在 T1FL 模糊逻辑中。然而,在 T2FL 模糊逻辑系统中,有些规则自身就是模糊的,则按如下规则,"If… Then"语句中"If u is A"称为前件或前提条件,Then 部分为结论,"v is B"称为后件或结论。在使用模糊逻辑时,核心是 FIS 通过模糊蕴含出发定义了输入 FS 到输出 FS 的映射。FIS 决定了前提条件对每一条规则的满足程度。如果前提条件不是一条语句(一种运算),例如"If u_1 is A_1 AND/OR u_2 is A_2, Then v is B",模糊操作(t 范数/s 范数)会产生一个针对于那条规则在前提条件下的表示值。

FIS 能根据给定的推理规则采用不同的推理形式。也有可能一个或几个规则同时满足,在这种情形下,将所有规则的输出汇总,这就表示所有规则汇总输出的模糊集为单一模糊集。在 FIS 中,规则同时启动和启动顺序并不影响输出。图3.2所示为多输入单输出(Multi-Input/Single-Output, MISO)原理的 FIS 系统[2]。通过 MF 模糊化器将输入值映射为相应的隶属度,根据语言变量激活规则是非常必要的。模糊化 MF 需要输入值及确定这些数字属于每个模糊集的程度。

3.2.3.1 模糊推理过程的步骤

对于 MISO 系统需要考虑,多个前提条件时的第 i 个模糊规则,如下式所示:

$$R^i: \text{If } u \text{ is } T_u^i \text{ And } v \text{ is } T_v^i \text{ Then } w \text{ is } T_w^i \tag{3.8}$$

式中,u、v 和 w 为模糊或语言,而 T_u、T_v 和 T_w 是他们的语言值高、低、大等。

步骤 1:第 i 条规则下,使用隶属度函数将输入变量 u 和 v 模糊化($\mu^i(u)$ 和 $\mu^i(v)$),这意味着适当的隶属度函数被指定和使用。

步骤 2:因为每个规则的前件多于一个,所以模糊逻辑算子将前提条件转换

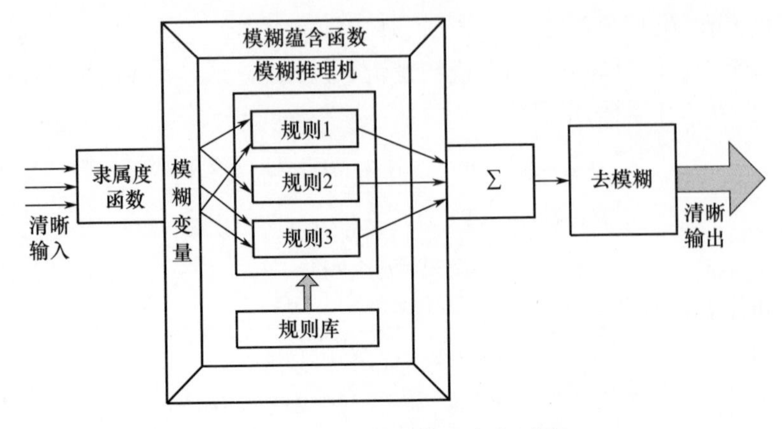

图 3.2　FIS－模糊推理系统/过程

成介于 0 与 1 之间的一个数值。这个数值代表了第 i 条规则成立的支持度。这种可能性用公式表达为

$$\alpha^i = \mu^i(u) * \mu^i(v) \tag{3.9}$$

其中，$*$ 表示三角范数。最常用的三角范数（t 范数）是标准交（min）和代数积。

$$\alpha^i = \min(\mu^i(u), \mu^i(v)) \quad or \quad \alpha^i = \mu^i(u) \cdot \mu^i(v) \tag{3.10}$$

步骤 3：使用 FIF 生成结论部分，根据前提条件输出模糊结果。输入到蕴含处理的是根据前件给出的一个数字 α，而输出为模糊集。常用规则是模糊蕴含的最小运算规则（MORFI－Mamdani）和模糊蕴含的乘积运算规则（PORFI）：

$$\mu^i(w)' = \min(\alpha^i, \mu^i(w)) \tag{3.11}$$

$$\mu^i(w)' = \alpha^i \cdot \mu^i(w) \tag{3.12}$$

步骤 4：当超过一个规则时，会输出不止一个模糊集，需要组合相关的输出得到单一的复合模糊集，这个过程称为聚类。聚类过程的输入是推理函数的输出，聚类值的输出为表示输出变量的单一模糊集。在聚类步骤中规则启动的顺序不重要。普遍的聚类规则采用最大化，标准并方法。假设规则 3 和规则 4 同时被启动，之后总输出模糊集可被表示为

$$\mu(w) = \max(\mu^3(w)', \mu^4(w)') \tag{3.13}$$

式（3.13）代表隶属度函数的最终输出结果，应记录下来。

步骤 5：为了得到输出变量 w 的清晰逻辑值，去模糊化过程继续进行。这个过程的输入是聚合过程的输出，并且输出是一个明确的数字。

步骤 5 转换输出模糊集，模糊值转换为清晰值。如果前提条件不止一个，那么这些子条件可以从 t 范数（如果运算过程中有“与”运算）或 s 范数（如果运算过程中有“或”运算）任意选择一个规则进行组合，并且模糊推理过程会给每一个规则赋予模糊输出。这些输出用聚合过程组合起来。

3.2.4 三角范数

AND 运算的对应操作是求最小值,式(3.3)和其他由式(3.6)给出的值,这些值是模糊逻辑情形下 t 范数的特定情况。模糊集 A 和 B 的交,用单位区间内的二值映射 T(t 范数)来表示,即 $T:[0,1]\times[0,1]\to[0,1]$,具体表述为

$$\mu_{A\cap B}(u)=T(\mu_A(u),\mu_B(u)) \tag{3.14}$$

t 范数运算用于:①将前提条件中的子条件运算规则组合起来"If u_1 is A_1 AND u_2 is A_2";②输入模糊集生成输出模糊集。对于模糊交集的 t 范数按如下形式:

(1) 标准交(SI):$T_{\mathrm{SI}}(x,y)=\min(x,y)$ (3.15)

(2) 数学积(AP):$T_{\mathrm{AP}}(x,y)=x\cdot y$(by Zadeh) (3.16)

(3) 有界差(BD):$T_{\mathrm{BD/BP}}(x,y)=\max(0,x+y-1)$ (3.17)

(4) 严格交(DI):

$$T_{\mathrm{DI/DP}}(x,y)=\begin{cases}x, y=1\\ y, x=1\\ 0, 其他\end{cases} \tag{3.18}$$

设 $x=\mu_A(u)$,$y=\mu_B(u)$ 且 $u\in U$。假设 A 与 B 归一化,则它们的隶属度在 0 与 1 之间。在整个 MFG 中 t 范数的定义应该满足某一公理,如 x、y 和 z 应该在 $[0,1]$之间。

3.2.5 s 范数

OR 的对应运算规则是求最大值,由式(3.4)给出,其他情况下的 OR 由式(3.7)给出,可用于 FL 条件下 s 范数。三角范数和 s 范数用于定义两个模糊集合 A、B 的并,用单位区间的二元运算表示,表达式为[2]

$$S:[0,1]X[0,1]\to[0,1] \text{或更为具体地} \mu_{A\cup B}(u)=S(\mu_A(u),\mu_B(u)) \tag{3.19}$$

s 范数运算用于:①将前提条件中运算规则组合起来"If u_1 is A_1 OR u_2 is A_2";②模糊蕴含处理。用模糊并集的 s 范数有如下形式:

(1) 标准并(SU):

$$S_{SU}(x,y)=\max(x,y) \tag{3.20}$$

(2) 代数和(AS):

$$S_{AS}(x,y)=x+y-x\cdot y\text{(Zadeh)} \tag{3.21}$$

(3) 有界和(BS):

$$S_{BS}(x,y)=\min(1,x+y) \tag{3.22}$$

(4) 严格并(DU):

$$S_{DU}(x,y)=\begin{cases}x, y=0\\ y, x=0\\ 0, 其他\end{cases} \tag{3.23}$$

(5) 不相交并(DS):

$$S_{DS}(x,y)=\max\{\min(x,1-y),\min(1-x,y)\} \tag{3.24}$$

这里,$x=\mu_A(u)$,$y=\mu_B(u)$,其中 $u\in U$。

3.2.6 去模糊化过程

在去模糊化过程后,得到来自模糊推理系统的由模糊输出获得的清晰值。最常用的办法有面积中心法(COA)、质心法或重心法。去模糊化运算决定模糊系统 B 的重心 v',并且使用这个值作为模糊逻辑的输出。对于连续变量的聚合模糊集,重心值由下式给出:

$$v'=\frac{\int_s v\mu_B(v)\,\mathrm{d}v}{\int_s \mu_B(v)\,\mathrm{d}v} \tag{3.25}$$

这里,s 表示 $\mu_B(v)$ 的支持范围。

对于离散模糊集,对应表达式为

$$v'=\frac{\sum_{i=1}^{n}v(i)\mu_B(v(i))}{\sum_{i=1}^{n}\mu_B(v(i))} \tag{3.26}$$

去模糊化的其他方法是:①分解最大值方法(COM);②求最大值的中值或平均值(MOM);③最大值中的最小值(SOM);④最大值中的最大值(LOM);⑤顶点去模糊化。

3.2.7 模糊蕴含函数

以模糊逻辑为基础的系统核心是模糊推理系统。在模糊推理系统中用模糊蕴含函数处理"If…Then…"规则。这些模糊蕴含函数获得的输出作为模糊集。模糊蕴含函数在设计模糊逻辑系统中占有重要地位。从现存方法中选择合适的模糊蕴含函数是十分重要的。这些模糊蕴含函数应该满足一些推广的取式/推广的拒取式推理(GMP/GMT)的直观标准,以便这些蕴含函数可以运合任意模糊逻辑系统的逻辑发展。在任何模糊推理系统中,模糊蕴含函数提供输入到输出模糊集的映射,以便模糊化输入通过映射获得理想的输出模糊集。基本上"If…Then…"规则可被理解为模糊蕴含。因此,模糊蕴含函数将这些规则转换为有意义的输出集。让我们看一个简单的规则:

$$\text{If } u \text{ is } A, \text{Then } v \text{ is } B \tag{3.27}$$

"If u is A"视为前提条件,"Then v is B"视为模糊规则的结果部分。被蕴含 A 模糊化的清晰值 u,作为模糊蕴含推理系统的输入,清晰变量值 v 是模糊蕴含函数的输出,它属于集合 B。模糊推理系统的模糊化输出,使用 sup - star 合成运算,由下式给出:

$$B = RoA \tag{3.28}$$

式中:o 为合成算子,R 为产生空间 $u \times v$ 的模糊关系,根据式(3.28),隶属度函数 MF 关系由下式给出:

$$\mu_B(v) = \mu_R(u,v) o \mu_A(u) \tag{3.29}$$

由 $\mu_{A,B}(u,v)$ 表示的模糊蕴含是一种输入与输出变量之间的映射关系。式(3.29)也可写为

$$\mu_B(v) = \mu_{A \to B}(u,v) o \mu_A(u) \tag{3.30}$$

"If…Then…"规则有 7 种的标准解释用来定义 FIF 过程。并且使用 t 范数和 s 范数的不同组合可以获得理解"If…Then…"规则的方法。这意味着在有需要的情况下可以产生不同模糊蕴含规则。然而,所有现存的和新的模糊蕴含函数并不能完全满足 GMP/GMT 的直观标准[2]。

3.3 自适应神经 - 模糊推理系统(ANFIS)

在本节中,简要地讨论 ANFIS 系统,ANFIS 系统可以引入所有滤波估计算法,这使得模糊逻辑可用于增强改进组合系统[2]性能。同时,ANFIS 系统可用于控制系统中组合模糊逻辑以及用于参数预估。这个优点也可以被传感器 DF 使用。在没有精确的系统模型情况下,ANFIS 系统利用基于规则的步骤来代表系统行为。

假设,收集了 I/O 的数据集,我们想建立一个模糊推理系统,用来求这些数据的近似值以及使用规则库和输出最终结果。这种类型的系统由一些隶属度函数和由有可变参数的"If…Then…"规则组成;可以选择这些参数(表 3.1)以适应 MF 的输入数据。这将解释数据值的变化和模糊性。这意味着,隶属度函数(事实上定义隶属度函数的结构和形状参数)在适应 I/O 数据集的变化。神经自适应学习机制可以提供学习有关这些数据集的信息(模糊)建模过程。基本上,这将有利于计算适合的 MF 和定义参数/常数(表 3.1),将使相关的模糊推理系统跟踪给定的 I/O 数据。这导致了 ANFIS 是一种在功能上等同于 FIS 的自适应网络。它采用混合学习方法来确定参数。它还使用了输入输出数据决定隶属度函数的参数和组成模糊推理系统。这些参数的调整采用反向传播(BP)算法或 BP 与最小二乘的组合算法[2,3]。通过学习和迭代周期,促进梯度向量(所

选择的成本函数)的方法来更新参数。这个向量也为给出的可调参数集提供了衡量模糊推理系统建模优良程度的方法,以此来减少误差测量/成本函数。使用ANN和更新中的系统输入输出数据,使隶属度函数不断调整,不断确定。该系统如图3.2所示。利用ANFIS系统参数估计的过程如图3.3所示,系统的算法结构如图3.4所示。

考虑规则应:①如果 u_1 是 A_1 且 u_2 是 B_1,则 $y_1 = c_{11}u_1 + c_{12}u_2 + c_{10}$;②如果 u_1 是 A_2 且 u_2 是 B_2,则 $y_2 = c_{21}u_1 + c_{22}u_2 + c_{20}$;在 u_1、u_2 是非模糊输入且 y 是理想输出的情况下,模糊集 A_i、$B_i(i=1,2)$ 的隶属度函数是 μ_A、μ_B。在图3.4中,$\prod$是乘积算子,用于集合 A 和 B 的与运算组合处理,N 依归一化处理,C_s 为输出隶属度函数参数。ANFIS算法是:

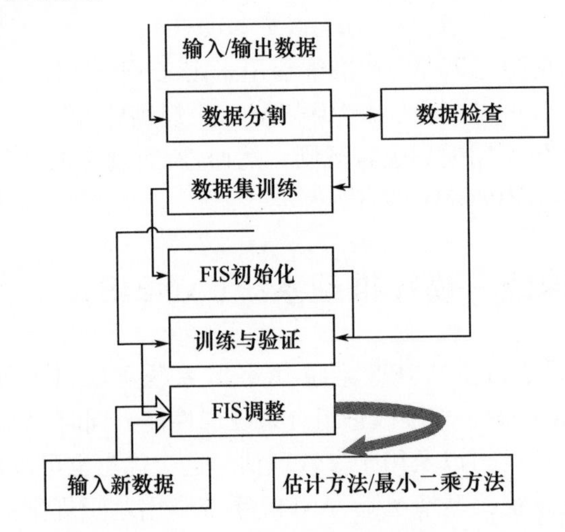

图3.3 利用ANFIS系统进行动态系统参数估计的方案

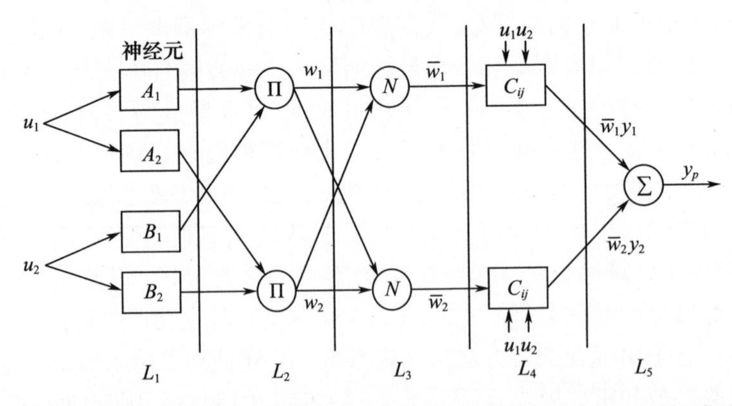

图3.4 ANFIS的阶数用于参数估计,在状态估计/滤波算法中加入FL,以及传感器数据融合

(1) 在 L_1层(第一层)的每一个神经元与参数激活函数相适应,其输出是输入满足隶属度函数的程度 MF→μ_A,μ_B以参数 a、b、c 作为前提参数,广义化隶属度函数为

$$\mu(u)=\frac{1}{1+|(u-c)/a|^{2b}} \tag{3.31}$$

(2) 在 L_2层(第二层)的每一个节点是固定节点,输出 w_1 是该层所有输入信号的乘积 $w_1=\mu_{A_i}(u_1)\mu_{B_i}(u_2)$。

(3) L_3层每个节点的输出是第 i 条规则启动强度与所有规则的启动强度之和的比值 $\bar{w}_i=w_i/w_1+w_2$。

(4) 在 L_4每个节点是与节点输出的自适应节点,在这里,"C"是结果参数。

(5) 在 L_5的每个节点是求和节点,在此所有的输入信号求和 $y_p=\bar{w}_1y_1+\bar{w}_2y_2$,其中 y_p是期望输出。当这些前提参数确定,整体输出将是结果参数的线性组合。结果参数线性组合的输出可写为

$$\begin{aligned} y_p &= \bar{w}_1y_1+\bar{w}_2y_2=\bar{w}_1(c_{11}u_1+c_{12}u_2+c_{10})+\bar{w}_2(c_{21}u_1+c_{22}u_2+c_{20}) \\ &= (\bar{w}_1u_1)c_{11}+(\bar{w}_1u_2)c_{12}+\bar{w}_1c_{10}+(\bar{w}_2u_1)c_{21}+(\bar{w}_2u_2)c_{22}+\bar{w}_2c_{20} \end{aligned} \tag{3.32}$$

在向前运算中混合训练算法不断调整结果参数,在向后运算中更新前提参数。在向前运算中 NW 输入向前传递直到 L_4层,结果参数由最小二乘法确定;在向后的运算中,错误反向传播(时间周期总是向前的现象)而前提参数由梯度下降法更新。事实上,这些误差并没有传递,只是计算了前面网络的结果和当前网络后面的运算结果。MATLAB - ANFIS 编程的步骤是:

(1) 利用 INITFIS = genfis1 生成初始 FIS(TRNDATA)。"TRNDATA"是一个矩阵的 $n+1$ 列,它的前 N 列包含每个 FIS 的数据和最后一列包含输出数据,INITFIS 是 FIS 的单个输出。

(2) FIS 的训练:[FIS, ERROR, STEPSIZE, CHKFIS, CHKERROR] = anfis (TRNDATA, INITFIS, TRNOPT, DISPOPT, CHKDATA)。其中,向量 TRNOPT 表示训练项,向量 DISPOPT 表示训练过程中的显示项,CHKDATA 防止训练数据集过度拟合,CHKFIS 是最后调整的 FIS。关于 ANFIS 的例子在本章和第 10 章给出。

3.4 二型模糊逻辑

通常,T1FL 和 T1FS 最常见。在这些情况下,清晰逻辑属于 0 型模糊逻辑,T0FL 为通用符号。类型"0"只能处理常规的不确定性,即使用传统意义上的随

机变量的概率模型来描述，而 T1FL 能处理模糊性。通过模糊规则"If… Then…"，T1FL 也可以用来将人类专家的知识具体化。T1FL 的输出（清晰输出）是确定性变量，即类似于 T0FL。在概率密度函数（pdf）（第 2 章）中，方差提供了一个衡量均值散布/不确定性的度量，进而在概率模型中获得更多信息。在这种情况下，T1FL 类似仅通过一阶矩均值表述的随机系统，T2FL 类似于一个一阶和二阶矩表述的概率系统[2]。因此，在 Mamdani 和 TSK FL 系统该 T2FL 提供了额外的自由度（DOF）。当在以模糊逻辑为基础的系统中存在大量不确定性时，这种额外自由度是有用的[4,5]。在这种情况下产生的 T2FLS 可以提供比 T1FL 更好的性能。这种额外的设计自由度将受模糊性和不精确性影响的传感器/通信信道模拟是非常有用的，可以提供有效和实用的数据融合和决策融合（Def）系统。

T2FL 可以通过建模最大限度地减少对控制系统性能的影响来处理不确定性。当这些不确定性消失，T2FL 退化为 T1FL。T2FL 由参数模糊化器（有 T2FL 隶属度函数），推理机制（模糊推理系统，"If…Then…"规则，用于模糊集操作的模糊蕴含函数），类型削减器（TR）和去模糊化运算（DFO）组成。T2FLS 的 O/P（输出处理器）由两个组成部分：T2FLS 通过 TR 方法转化为 T1FLS，然后 T1FS 通过 DFO，转化为清晰逻辑值，即变为 T0FLS。

如同使用 T1FS，T1FL 不直接处理处理规则不确定性。当难以给 FS 确定一个准确的 MF 时，T2FL 是非常有用的。因此，T2FL 可以用来处理规则本身的不确定性及测量的不确定性。在设计上 T2FL 比 T1FL 提供了更多的自由度，这是因为 T2FS 是由比 T1FS 多的参数描述的（事实上 T2FS 的 MF 有一个额外的自由度，即比 T1FS 的 MF 多一维）。这方面开辟了新的表示和建模更多或几型不确定性的测量型以及模糊规则库，扩大范围的 T2FL 可应用于 MSDF，包括态势评估和无线传感器网络（Wireless Sensor Networks，WSN）等。

在第 3.9 节中，给出了红外长波和光电图像融合中使用一型和二型模糊逻辑的详细实例。

3.4.1 二型模糊集和区间二型模糊集

我们已经看到，在 T1FLS 中每个元素的 MFG 是在区间[0,1]的一个清晰值，而 T2FL 的特点是一个三维 MF，具有不确定轨迹（FOU）[4,5]（图 3.5）；这个集合的每个元素的 MFG 本身是在[0,1]区间的模糊集。T2FS 的值域是介于低隶属度函数（LMF）与高隶属度函数（HMF）之间。LMF 和 UMF 之间的区域是不确定轨迹。因此，可以看到，T2FS 新的第三维度和不确定轨迹提供了额外的自由度，这个自由度使得直接建模和处理不确定性成为可能。这是在它们的输入或输出中都使用 T2FS 的 IT2FL,从而提供合理的处理现实世界中不确定性问题的结构。T2FS 包含大量 T1FS。我们可以很快地意识到,在 T2FLS 中隶属度(DOM)本身是模糊的(是一个范围值,而不是一个值),并通过第二个隶属度函数(Secondary Membership Function,SMF)来表示。如果是在任意点上,SMF 在其最大值 1,称为 IT2FS。在 T1FS 中 SMF 只有一个值,在其论域中初始隶属度函数/值(PMF/V)有 SMF = 1。因此,在 T1FS 中 x 的每一个值,没有与 PMV 相关的不确定性。

在 IT2FLS 中(可以仍然使用 T2FS),初始隶属度在区间[a,b]内取值,在这区间内每个点都有 1[4,5] 的相关 SMF。因此就有与 SMF 相关的最大不确定性。然而,在一般情况下,二型模糊集不在本书做进一步讨论,由 SMF 表示的不确定性可以在 T1FLS 和 IT2FS 之间的任何程度建模,例如,三角形的 SMF(图 3.5)。因为,IT2FS 的隶属度函数集是模糊的,有一个不确定轨迹,可以用于建模和处理与 FL 控制/系统的 I/O 相关的语言和数值的不确定性。与使用 T1FS 相比,使用 IT2FS 的优点在于可导致对规则库的减少。这是因为在 IT2FL 中轨迹的不确定性表征中,允许用更少的标签表示与 T1FS 相同的范围,由不确定轨迹增加的自由度能使 IT2FS 产生 T1FS 不能获得的结果。事实上,一个 IT2FS 产生等效 T1 的负数或大于 1 的隶属度函数值。每个 I/O 将通过大量嵌入在 T2FS 的 T1FS 表示,因此大量用来描述 I/O 变量的 T1FS 的使用允许分析控制进行详细描述。通过采用 T2FS 的方式添加了额外等级的分类方式,提供了更平滑的控制响应。此外,IT2FL 可以被视为一个多种嵌入式 T1FS 的集合。

T2FL 需要大量的计算,但是,这种计算通过采用 IT2FL 可以简化许多,在更短的时间内用更少的精力使我们能够设计一个 FLS。因此,FL 系统大部分都是基于 IT2FL 的。传统的 T1FL 不可视为三维集合。因此,在第三维与值 1 相关的每一点,它的概念和在三维空间内的图像是明确的[4,5]。这意味着一个完整的图像是每个与一个给定的清晰输入相关的隶属度函数相关(参见图 3.5 和图 3.6)[4,5]。在图 3.5 中,输入相同的 p 作用于三种类型的 FS(T1FS、IT2FS(区间型)和 T2FS),得出了与模糊逻辑类型相关的 DOM。在图 3.5 中的白色片区显示的是与类型相关的不确定性分布程度。在图 3.6 中清楚表示出来了。这数值显示的是 SMF,由相同输入 p 在 T1FS、IT2FS 和 T2FS 系统的第三维输出。

如图 3.7 所示 IT2FL 控制系统的模糊推理系统包括一个模糊化运算器、模糊推理机规则库、TR 和去模糊化运算器。IT2FS 规则同 T1FS 系统一样,但由 IT2FL 表示前因后果。FIS 结合了启动规则并给出了从输入 IT2FS 到输出 IT2FS 集的映射,随后需要执行 TR。这可以通过以下方式完成:

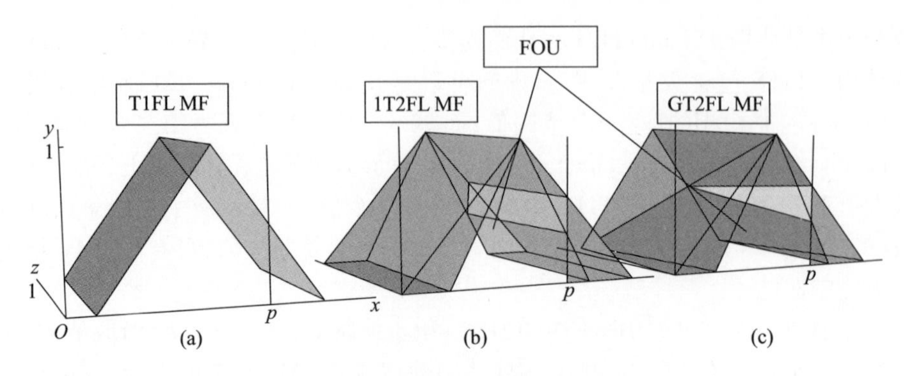

图 3.5 模糊逻辑的隶属度函数类型
(a)TIFL; (b)IT2FL 和 FOU; (c)T2FL 和 FOU。

(1) 使用迭代卡尼克-孟德尔(Karnik-Mendel,KM)程序/算法;

(2) 使用吴-孟德尔(Wu-Mendel,WM)的不确定范围方法。

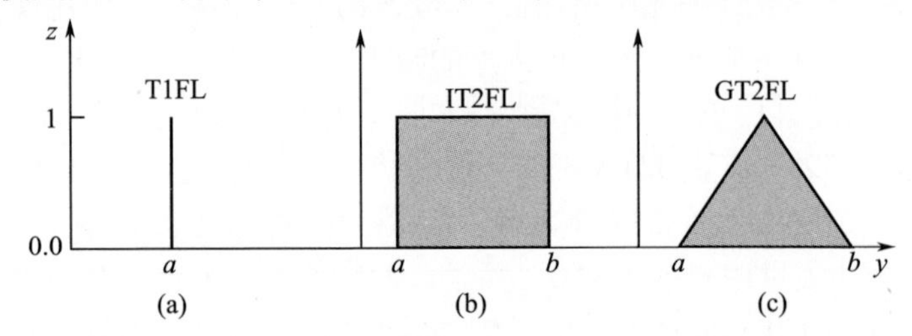

图 3.6 SMF(第二隶属函数,见这里的 z 维)描述第三维
(a)T1FL; (b)IT2FL; (c)T2FL。

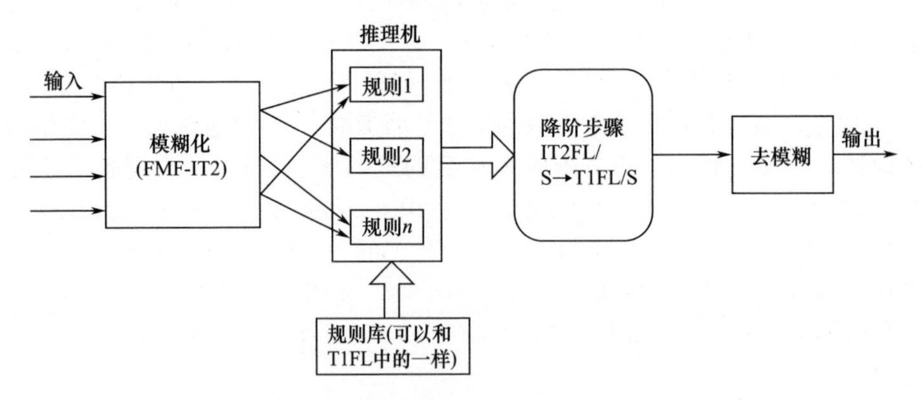

图 3.7 IT2FL 模糊推理系统(IT2FL/S-FIS)

3.4.2 区间二型模糊逻辑数学

如果将 T1FS 隶属度函数进行模糊化处理,例如,将三角形的 T1FS 隶属度

函数,通过将三角形上的点向左或向右移动,可以获得如图 3.5[6]所示的二型隶属度函数。上述模糊运算不一定是针对相同的量,模糊运算可以是规则的,不规则的或均匀的,而后者更受欢迎。对于一个特定的值 x,例如 x^j,隶属度函数没有单一值;相反,它的值为当垂线和模糊函数相交时的交点的值。这些值不必具有相同的权重,所以给所有的点规定了振幅分布规律。通过这一步,可获得一个三维隶属度函数(T2MF),用其来表征二型模糊系统的特征。强调一下,T2FS 和 IT2FS 的数学理论基于文献[6]给定。(在这一节,参考文献[6]中给出的各种类型的方程、公式和表达式,总体上维持原有的格式和类型。这样可以使得 FL 的相关文献,在表达方式上保持一致,虽然有时候其数学表达显得散乱。任何试图对公式做出的改变,都会影响参考文献[6]所使用符号的流程、规整性和标准性,因为这些公式/方程/表达式有多级下角标和上角标。)

因此,对于二型模糊系统我们遵循以下定义[6]:

$$\tilde{A} = ((x,u),\mu_{\tilde{A}}(x,u));\forall x \in X, \forall u \in J_x \subseteq [0,1] \tag{3.33}$$

式(3.33)中,我们把 $\tilde{A}$ 定义为二型模糊系统,其特征用二型隶属函数$\mu_{\tilde{A}}(x,u)$表示,这里 $x \in X$ 且 $u \in J_x \subseteq [0,1]$,并且 $\mu_{\tilde{A}}(x,u)$的值域为[0,1],所以,二型模糊系统也可表示如下:

$$\tilde{A} = \int_{x \in X} \int_{u \in J_x} \mu_{\tilde{A}}(x,u)/(x,u), J_x \subseteq [0,1] \tag{3.34}$$

式(3.34)中,对于在定义域内的 x 和 u,积分符号表示求和运算,并且在离散域内积分号替换为求和符号。在式(3.33)中,条件有两个:① $\forall u \in J_x \subseteq [0,1]$,与类型一的约束条件 $0 \leqslant \mu_{\tilde{A}}(x,u) \leqslant 1$ 一样。条件 $0 \leqslant \mu_{\tilde{A}}(x,u) \leqslant 1$,这是因为当不确定性消失后 T2FL 退化为 T1FS,二型隶属度函数会转化为类型一隶属度函数。②也同样表示隶属度函数幅度值在[0,1]范围内。IT2FS 的定义如下:

$$\tilde{A} = \int_{x \in X} \int_{u \in J_x} 1/(x,u), J_x \subseteq [0,1] \tag{3.35}$$

需要注意的是,在 FLS/FL 控制中 IT2FS/IT2FL 更加普遍适用,同时比 T2FL 操作更简单。对于 X 的每一个值,比如 X',二维平面,其轴为 u 和 $\mu_{\tilde{A}}(x',u)$,称为 $\mu_{\tilde{A}}(x,u)$的垂直平面。SMF 就是 $\mu_{\tilde{A}}(x,u)$的垂直轴,在 $x' \in X, \forall u \in J_{x'} \subseteq [0,1]$的条件下,$\mu_{\tilde{A}}(x=x',u)$定义为

$$\mu_{\tilde{A}}(x = x',u) \equiv \mu_{\tilde{A}}(x') = \int_{u \in J_{x'}} 1/u, J_{x'} \subseteq [0,1] \tag{3.36}$$

根据二型集合的概念,IT2FS 可以解释为所有二型集合的并集。因此,$\tilde{A}$ 可

以用垂直轴表示为[6]

$$\tilde{A}=(x,\mu_{\tilde{A}}(x));\forall x\in X \tag{3.37}$$

或

$$\tilde{A}=\int_{x\in X}\mu_{\tilde{A}}(x)/x=\int_{x\in X}\left[\int_{u\in J_x}1/u\right]/x;J_x\subseteq[0,1] \tag{3.38}$$

接下来,定义一个 SMF 的域。这个域称为 X 的 PMF,因此,J_x是 X 的 PM 并且 $J_x\subseteq[0,1]$;$\forall x\in X$。并且 SMF 的幅度称为 SMFG,对于 IT2FS 来说,SMFG 都等于 1。如果 X 和 J_x是离散的,式(3.38)最右边的部分可以表示为[6]

$$\begin{aligned}\tilde{A}&=\sum\nolimits_{x\in X}\left[\sum\nolimits_{u\in J_x}1/u\right]/x\\&=\sum\nolimits_{i=1}^{N}\left[\sum\nolimits_{u\in J_{x_i}}1/u\right]/x_i\\&=\left[\sum\nolimits_{k=1}^{M_1}1/u_{1k}\right]/x_1+\cdots+\left[\sum\nolimits_{k=1}^{M_N}1/u_{Nk}\right]/x_N\end{aligned} \tag{3.39}$$

式中,“+”符号表示求和运算,从这个方程中,x 离散化为 N 个值并且对于每一个 x 值,M_i是 u 的离散值。每个 u_{ik}的离散值不一定是一样的,如果是一样的,那么 $M_1=M_2=\cdots=M_N=M$。在一个区间二型模糊集 $\tilde{A}$ 的 PMF 中不确定性有定义域,称为 FOU,FOU 是所有 PMF 的和,表示如下:

$$\mathrm{FOU}(\tilde{A})=\bigcup_{x\in X}J_x \tag{3.40}$$

FOU 是由如图 3.5 所示中 FOU 的法平面表示。每个 PM 都是法平面,因为 IT2FS 的 SMFG 没有新的信息,所以 FOU 是 IT2FS 的完整表述。

UMF 和 LMF 定义为

$$\begin{cases}\bar{\mu}_{\tilde{A}}(x)\equiv\overline{\mathrm{FOU}}(\tilde{A}),\ \forall x\in X\\ \underline{\mu}_{\tilde{A}}(x)\equiv\underline{\mathrm{FOU}}(\tilde{A}),\ \forall x\in X\end{cases} \tag{3.41}$$

因此,对于 IT2FS,有 $J_x=[\underline{\mu}_{\tilde{A}}(x),\bar{\mu}_{\tilde{A}}(x)]$;$\forall x\in X$。对于 DUOD 中的 X 和 U,嵌入 IT2FS 有 N 个元素。嵌入如此函数/FS 的集合表示为

$$\tilde{A}_e=\sum_{i=1}^{N}[1/u_i]/x_i,u_i\in J_{x_i}\subseteq U=[0,1] \tag{3.42}$$

式中,有 $\prod_{i=1}^{N}M_i\tilde{A}_e$内含函数。对于 DUOD 中的 X 和 U,嵌入的 T1FS 有 N 个元素,该集合表示为

$$A_e=\sum_{i=1}^{N}u_i/x_i,u_i\in J_{x_i}\subseteq U=[0,1] \tag{3.43}$$

式中，有$\prod_{i=1}^{N} M_i \tilde{A}_e$内含函数。有表示定理[6]，对于有离散量 X 和 U 的 IT2FS，有

$$\tilde{A} = \sum_{j=1}^{n_A} \tilde{A}_e^j \tag{3.44}$$

式中，$j=1,2,\cdots,n_A$，并且

$$\tilde{A}_e^j = \sum_{i=1}^{N} [1/u_i^j]/x_i, u_i^j \in J_{x_i} \subseteq U = [0,1] \tag{3.45}$$

并且

$$n_A = \prod_{i=1}^{N} M_i \tag{3.46}$$

式中，M_i为 SMF 变量的离散等级。式(3.44)给出了集合 $\tilde{A}$ 的部分曲线。关于式(3.44)，我们观察到以下几个方面：①IT2FS 的隶属度函数是三维的曲面；②可以集合所有可能的曲面并求和来重建初始的三维 MF；③如果同一点出现在不同的曲波面，根据集合理论只进行一次求和；④选择所有的嵌入式 IT2FS 构成一连串的 T2FS；⑤同样可以选择所有的嵌入式 T1FS 构成一连串的 T1FS。对于该集合有以下关系表达式(根据式(3.44))：

$$\tilde{A} = 1/\mathrm{FOU}(\tilde{A}) \tag{3.47}$$

该集合有

$$\begin{aligned} \mathrm{FOU}(\tilde{A}) &= \sum_{j=1}^{n_A} A_e^j = \{\underline{\mu}_{\tilde{A}}(x), \cdots, \bar{\mu}_{\tilde{A}}(x)\}; \forall x \in X_d \\ & [\underline{\mu}_{\tilde{A}}(x), \bar{\mu}_{\tilde{A}}(x)]; \forall x \in X \end{aligned} \tag{3.48}$$

有

$$A_e^j = \sum_{i}^{N} u_i^j/x_i, u_i^j \in J_{x_i} \subseteq U = [0,1] \tag{3.49}$$

在式(3.48)中，X_d是离散型 UOD，X 是连续性 UOD。公式也给出了函数的区间集合，意味着包含大量满足 $\bar{\mu}_{\tilde{A}}(x) - \underline{\mu}_{\tilde{A}}(x); \forall x \in X$ 条件的函数。

3.4.3 IT2FS 的集合运算

接下来讨论 IT2FS/IT2FL 的交集、并集和补集运算。

(1) 两个 IT2FS 集的并集为

$$\tilde{A} \cup \tilde{B} = 1/[\underline{\mu}_{\tilde{A}}(x) \vee \underline{\mu}_{\tilde{B}}(x), \bar{\mu}_{\tilde{A}}(x) \vee \bar{\mu}_{\tilde{B}}(x)]; \forall x \in X \tag{3.50}$$

(2) 交集为

$$\tilde{A} \cap \tilde{B} = 1/[\underline{\mu}_{\tilde{A}}(x) \wedge \underline{\mu}_{\tilde{B}}(x), \bar{\mu}_{\tilde{A}}(x) \wedge \bar{\mu}_{\tilde{B}}(x)]; \forall x \in X \tag{3.51}$$

(3) 补集为

$$\bar{\tilde{A}} = 1/[1 - \underline{\mu}_{\tilde{A}}(x), 1 - \bar{\mu}_{\tilde{A}}(x)]; \forall x \in X \tag{3.52}$$

文献[6]对式(3.50)~式(3.52)给出了证明。

3.4.4 IT2FS 的进一步运算

IT2FS 的模糊推理系统如图 3.7 所示。添加框是类型转换器,它将 T2FS 简化成 T1FS。在 IT2FS 中前件和后件 FS 都是二型的。运算规则结构和 T1FL 一致,如下所示:

$$R^l: \text{If } x_1 \text{ is } \tilde{F}_1^l \text{ and } \cdots x_p \text{ is } \tilde{F}_p^l, \text{Then } y \text{ is } \tilde{G}^l; l = 1, 2, \cdots, M \tag{3.53}$$

起始值 $l=1$ 且规则由清晰值激活(即单个模糊化,SF)[6]。

(1) 单个模糊化与一个前件。离散域中有一条运算规则:

$$\text{If } x_1 \text{ is } \tilde{F}_1^l, \text{Then } y \text{ is } \tilde{G} \tag{3.54}$$

将 $\tilde{F}_1$分解为 n_{F1}个嵌入 IT2FS 的 $F_{1e}^{jl}(j = 1, 2, \cdots, n_{F_1})$。对 G 也有一样分解。根据式(3.44),有 F 和 G 的表达式:

$$\tilde{F} = \sum_{j1=1}^{n_{F_1}} \bar{F}_{le}^{j1} = 1/\text{FOU}(\tilde{F}_1) \tag{3.55}$$

这里有

$$\text{FOU}(\tilde{F}_1) = \sum_{j1=1}^{n_{F_1}} \bar{F}_{le}^{j1} = \sum_{j1=1}^{n_{F_1}} \sum_{i=1}^{Nx_1} \mu_{1i}^{j1}/x_{1i}; \mu_{1i}^{j1} \in J_{x_{1i}} \subseteq U = [0,1] \tag{3.56}$$

同样,对于输出(后件)部分有

$$\tilde{G} = \sum_{j=1}^{n_G} \tilde{G}_e^j = 1/\text{FOU}(\tilde{G}) \tag{3.57}$$

$$\text{FOU}(\tilde{G}) = \sum_{j=1}^{n_G} G_e^j = \sum_{j=1}^{n_G} \sum_{k=1}^{Ny} w_k^j/y_k; w_k^j \in J_{yk} \subseteq U = [0,1] \tag{3.58}$$

作为式(3.57)和式(3.58)的结果,我们有 $n_{F_1} \times n_G$个可能的嵌入一型系统组合的前件和后件组合方式。对于所有嵌入式一型系统的前件与后件 FS 的可能组合,整个激励输出集合是一组 $B(y)$ 函数,如下:

$$B(y) \triangleq \sum_{j_1=1}^{n_{F_1}} \sum_{j=1}^{n_G} \mu_B(j_1, j)(y); \forall y \in \gamma_d \tag{3.59}$$

在式(3.59)中,求和运算表示或运算。$B(y)$函数集和二型输出模糊集的不确定轨迹之间关系可以概括为:一型模糊集运算获得$B(y)$函数集与T2FS运算获得的T2FS激励输出的FOU一致。

(2) 单个模糊化与多个前件。该情形下,有$\tilde{F}_1,\tilde{F}_2,\cdots,\tilde{F}_p$,该集类似于在离散域$X_{1d},X_{2d},\cdots,X_{pd}$中的IT2FS以及$\tilde{G}$相当于在连续域下$\gamma_d$中的IT2FS,如下所示:

$$\tilde{F}_i = \sum_{ji=1}^{n_{Fi}} \tilde{F}_{ie}^{j_i} = 1/\mathrm{FOU}(\tilde{F}_i), i = 1,2,\cdots,p \tag{3.60}$$

叉乘积$\tilde{F}_1 \times \tilde{F}_2 \times \cdots \times \tilde{F}_p$有嵌入一型模糊集$F_{ie}^{ji}$的$\prod_{i=1}^{p} n_{F_i}$个组合方式,$F_e^n$为第$n$个嵌入式一型模糊集的组合形式。

$$F_e^n = F_{1e}^{j_1} \times \cdots \times F_{pe}^{j_p}, 1 \leqslant n \leqslant \prod_{i=1}^{p} n_{F_i} \text{ 和 } 1 \leqslant j_i(n) \leqslant n_{F_i} \tag{3.61}$$

式(3.61)要求从$(j_1,j_2,\cdots,j_p)\to n$中获得组合映射。如下式所示:

$$F_e^n = F_{1e}^{j_{1(n)}} \times \cdots \times F_{pe}^{j_{p(n)}}, 1 \leqslant n \leqslant \prod_{i=1}^{p} n_{F_i} \text{ 和 } 1 \leqslant j_i(n) \leqslant n_{F_i} \tag{3.62}$$

然后,下一步为

$$u_{F_e^n}(x) = T_{m=1}^{p} u_{F_{me}^{jm(n)}}(x_m), 1 \leqslant n \leqslant \prod_{i=1}^{p} n_{F_i} \text{ 和 } 1 \leqslant j_m(n) \leqslant n_{F_i} \tag{3.63}$$

$$n_F \equiv \prod_{m=1}^{p} n_{F_m} \tag{3.64}$$

在式(3.63)中,使用了常规的模糊逻辑t范数。在该模式下,有$n_F \times n_G$个前提条件和用n_G嵌入T1FS中的结果组合。这就产生了$n_{F_1} \times n_G$个T1FS结果输出函数,如下所示:

$$B(y) = \sum_{j_1=1}^{n_F} \sum_{j=1}^{n_G} \mu_B(n,j)(y); \forall y \in \gamma_d \tag{3.65}$$

一型非单个模糊量和多前提条件的结果是文献[6]的(b)部分描述的结果获得的。

(3) 非单个二型模糊量和多个前件。在此情况下,假设MF是可分的,第p维的输入规则是由IT2FS$\tilde{A}_x$给出的。$\tilde{X}_i$表示每个区间二型模糊集的p输入。特别地,$\tilde{X}_1,\tilde{X}_2,\cdots,\tilde{X}_p$是$X_d$离散域下的IT2FS。遵循以下运算规则:

$$\tilde{X}_i = \sum_{\gamma_i}^{n_{Xi}} \tilde{X}_{ie}^{\gamma_i}; i = 1,2,\cdots,p \tag{3.66}$$

式中，每一个元素 $\bar{X}_{ie}^{\gamma_i}$都嵌入一型模糊变量 $X_{ie}^{\gamma_i}$。叉乘积 $\tilde{X}_1\times\tilde{X}_2\times\cdots\times\tilde{X}_p$有嵌入一型模糊集的$\prod_{\delta=1}^{p}n_{X_\delta}$个组合方式，即 $X_{ie}^{\gamma_i}$。所以如果把 X_e^k作为这些嵌入的T1FS 的第 k 个组合方式，则如下所示：

$$X_e^k = X_{1e}^{\gamma_1}\times\cdots\times X_{pe}^{\gamma_p};1\leqslant k\leqslant\prod_{\delta=1}^{p}n_{X_\delta}\text{ 和 }1\leqslant\lambda_\delta\leqslant n_{X_\delta} \tag{3.67}$$

式(3.67)要求获得$(\gamma_1,\gamma_2,\cdots,\gamma_p)\to k$ 的组合映射。只需知道这种映射是可获得的，该映射如下所示：

$$X_e^k = X_{1e}^{\gamma_{1(k)}}\times\cdots\times X_{pe}^{\gamma_{p(k)}};1\leqslant k\leqslant\prod_{\delta=1}^{p}n_{X_\delta}\text{ 和 }1\leqslant\lambda_\delta\leqslant n_{X_\delta} \tag{3.68}$$

再有如下附加要求：

$$\mu_{X_e^k}(x) = T_{m=1}^{p}\mu_{X_{me}}^{\gamma_{m}(k)}(x_m);1\leqslant k\leqslant\prod_{\delta=1}^{p}n_{X_\delta}\text{ 和 }1\leqslant\lambda_m(k)\leqslant n_{X_m} \tag{3.69}$$

并且

$$n_X\equiv\prod_{\delta=1}^{p}n_{X_\delta} \tag{3.70}$$

有嵌入式类型一模糊集 n_G作为结果，有嵌入式一型模糊 $n_F=\prod_{m=1}^{p}n_{F_m}$ 为前提条件。对于输入也有嵌入式类型一模糊集 n_X。因此，输入就有 $n_X\times n_F\times n_G$ 种组合方式，嵌入式类型一模糊集的前提条件和结果求得大量 $B(y)$ 函数，$B(y)$ 作为类型一模糊系统的启动规则，如下所示：

$$B(y) = \sum_{k=1}^{n_X}\sum_{n=1}^{n_F}\sum_{j=1}^{n_G}\mu_{B(k,n,y)}(y) \tag{3.71}$$

(4) 多运算规则。大部分情况下，当大量内容输入到模糊逻辑系统内时，会有大量运算规则并且不止一个规则启动。在这种情况下，需要用所有 IT2FS 表达式：

$$\tilde{B}^l = 1/\mathrm{FOU}(\tilde{B}^l) \tag{3.72}$$

来合并 l 种情况。因此在这种情况下[6]：

$$\mathrm{FOU}(\tilde{B}^l) = [\underline{\mu}_{\tilde{B}^l}(y),\bar{\mu}_{\tilde{B}^l}(y)];\forall y\in\gamma \tag{3.73}$$

$$\underline{\mu}_{\tilde{B}^l}(y) = \inf_{\forall k,n,j}(\mu_{B^l_{(k,n,y)}}(y)) = [T_{m=1}^{p}(\sup_{x_m\in X_m}\underline{\mu}_{X_m}(x_m)*\underline{\mu}_{F_m^l}(x_m))]*\bar{\mu}_{G^l}(y);\forall y\in\gamma \tag{3.74}$$

$$\bar{\mu}_{\tilde{B}^l}(y) = \sup_{\forall k,n,j}(\mu_{B^l_{(k,n,y)}}(y)) = [T_{m=1}^{p}(\sup_{x_m\in X_m}\bar{\mu}_{X_m}(x_m)*\bar{\mu}_{F_m^l}(x_m))]*\bar{\mu}_{G^l}(y);\forall y\in\gamma \tag{3.75}$$

接下来，假设使用和运算将 l 规则/集组合起来，然后有如下关系：

$$\tilde{B} = 1/\mathrm{FOU}(\tilde{B}) \tag{3.76}$$

$$\mathrm{FOU}(\tilde{B}) = [\underline{\mu}_{\tilde{B}}(y), \bar{\mu}_{\tilde{B}}(y)]; \forall y \in \gamma$$

$$\underline{\mu}_{\tilde{B}}(y) = \underline{\mu}_{\tilde{B}_1}(y) \vee \underline{\mu}_{\tilde{B}_2}(y) \vee \cdots \vee \underline{\mu}_{\tilde{B}^M}(y) \tag{3.77}$$

由此，在式(3.77)中通过替换我们可以获得隶属度函数最大值的公式、通过最大值获得最小值或者梯度。

(5) 输出处理。输出处理的第一步是类型转化并且它计算的是 IT2FS 的质心。之后 IT2FS 转换为 T1FLS。类型一的去模糊步骤是建立在求 T1FLS 质心的基础上。我们将 IT2FS 的质心定义为所有嵌入式 IT2FS 质心的集合。质心计算公式如下：

$$C_s = 1/\{c_s, \cdots, c_l\} \tag{3.78}$$

其中

$$c_s = \min_{\forall \theta_i \in [\underline{\mu}_{\bar{B}}(y_i)\bar{\mu}_{\bar{B}}(y_i)]} \frac{\sum_{i=1}^{N} y_i \theta_i}{\sum_{i=1}^{N} \theta_i} \tag{3.79}$$

$$c_l = \max_{\forall \theta_i \in [\underline{\mu}_{\bar{B}}(y_i)\bar{\mu}_{\bar{B}}(y_i)]} \frac{\sum_{i=1}^{N} y_i \theta_i}{\sum_{i=1}^{N} \theta_i} \tag{3.80}$$

在式(3.78)中，下标 s 和 l 表示最小值和最大值，常用的最小和最大值计算公式如下：

$$c_s = \frac{\sum_{i=1}^{S} y_i \bar{\mu}_{\bar{B}}(y_i) + \sum_{i=S+1}^{N} y_i \underline{\mu}_{\bar{B}}(y_i)}{\sum_{i=1}^{s} \bar{\mu}_{\bar{B}}(y_i) + \sum_{i=S+1}^{N} \underline{\mu}_{\bar{B}}(y_i)} \tag{3.81}$$

$$c_l = \frac{\sum_{i=1}^{L} y_i \underline{\mu}_{\bar{B}}(y_i) + \sum_{i=L+1}^{N} y_i \bar{\mu}_{\bar{B}}(y_i)}{\sum_{i=1}^{L} \underline{\mu}_{\bar{B}}(y_i) + \sum_{i=L+1}^{N} \bar{\mu}_{\bar{B}}(y_i)} \tag{3.82}$$

在式(3.81)和式(3.82)，S 和 L 是开关点，这两点可以由 KM 算法确定[6]。有许多的类型转化方法可以作为 T1FL 去模糊技术，因为每个类型转化方法与后者相关。类型转换运算执行后，采用的去模糊过程如下：

$$y(x) = 0.5\{c_s(x) + c_l(x)\} \tag{3.83}$$

也可以使用特定的公式如下：

$$y(x) \approx 0.5\{\underline{\mu}_{\bar{B}}(y) + \bar{\mu}_{\bar{B}}(y)\} \tag{3.84}$$

3.5 模糊智能传感器融合

文献[1]中介绍了基于传感器特征信息的模糊聚类及模糊预测(FA/FD)在多传感器信息融合中的模糊智能方法。研究对象主要是相关传感器的精度和带宽,因为这些参数会对类似传感系统性能产生相当影响。通常情况下,许多应用需要有高精度和高灵敏度的传感器来响应测量变量的高频变化。一种方法是基于从某些精度和带宽特性互补的传感器的信息汇聚处理。一种方法是仅能用S_1和S_2处理,这是两种具有不同带宽(精度)的传感器进行处理。在通常情况下,S_1和S_2(测量数据)的加权平均值可为测量变量做出适当估计,公式如下:

$$f(S_1,S_2)=\frac{\omega_1 S_1+\omega_2 S_2}{\omega_1+\omega_2} \tag{3.85}$$

然后,模糊聚类通过基于规则的模糊解来决定每个传感器的权重。进行权重归一化运算时,模糊逻辑系统只计算S_1权重作为输出。S_1和S_2的数值差和S_2测量值的微分作为模糊逻辑系统的输入。拥有高频部分的帮助,S_2的微分恢复了部分窄带传感器丢失的信息。

这为判断被测变量的变化率提供了适当的值(因为它的低噪声)。低精度的传感器S_1,会给出信号变化的误导信息,但其和S_2测量值的差异,可以给出一些关于S_1可靠性的信息(在S_2值微小变化情况下)。要确定每个传感器的权重,应适当使用系统的输入。当被测变量快速变化时传感器S_1应有更大的权重。这是因为由于S_2缓慢的响应这些变化不能出现在传感器S_2的输出中。另外,当变量平缓变化时,传感器S_2的权重应增大,以降低了S_1的不确定性(从影响预测的方面)。如果测量变量变化的斜率缓慢,并且S_1和S_2的值之间的差异大,这是因为S_1的不准确性高。因此,S_1的权重应该大大地减少。在测量变量变化大并且两传感器的数值之间的差异大的情况下,可以得出结论产生差异是由于S_1的响应慢。因此,S_1的权重应该是很大的。上述推论以模糊规则的形式表示,如下所示[1]:

(1) 如果S_1与S_2的差值小并且S_2的变化率小,则w_1的值小。

(2) 如果S_1与S_2的差值小并且S_2的变化率大,则w_1的值大。

(3) 如果S_1与S_2的差值大并且S_2的变化率小,则w_1的值很小。

(4) 如果S_1与S_2的差值大并且S_2的变化率大,则w_1的值很大。

其次,预测的输入是用来提高模糊融合系统(FFS)的性能。在一个需要大精度系统中,模糊预测器是有用的。预测器也可以比较模糊逻辑预测器的输出。模糊预测器是一个具有n个输入的智能系统,这n个输入是模糊聚类器输出的n个连续样本。系统的结构表示为$f_1=(x_1,x_2,\cdots,x_{n-1})=x_n$。对每个采样时刻的系统参数进行修正以更好地估计 x_n 的函数值 f。然后使用这种在线训练算法获得 x_{n-1} 时的函数值，以此预测被测变量的下一个样本。因此，经过足够运算步骤的预测更可靠。估计中使用了梯度下降方法[1]。对于考虑数据融合传感器精度而言，模糊聚类与模糊预测方法十分有效。

3.6 基于模糊逻辑生成数据融合规则权重的步骤

假设每个传感器获得的原始数据由每个卡尔曼滤波器（KF）处理，KF 用来预测目标状态（位置、速度及加速度等）。每个信道的剩余误差信号是通过求该特定信道的目标位置测量值和估计值之间的差而产生的。计算平均估计误差公式为

$$\bar{e}_{\text{sidn}}(k) = \frac{e_{x_{\text{sidn}}}(k) + e_{y_{\text{sidn}}}(k) + e_{z_{\text{sidn}}}(k)}{3} \tag{3.86}$$

这里 sidn 是传感器编号并且这些误差信号可由下式得出：

$$\begin{cases} \bar{e}_{x_{\text{sidn}}}(k) = x_{m_{\text{sidn}}}(k) - \hat{x}_{m_{\text{sidn}}}(k) \\ \bar{e}_{y_{\text{sidn}}}(k) = y_{m_{\text{sidn}}}(k) - \hat{y}_{m_{\text{sidn}}}(k) \\ \bar{e}_{z_{\text{sidn}}}(k) = z_{m_{\text{sidn}}}(k) - \hat{z}_{m_{\text{sidn}}}(k) \end{cases} \tag{3.87}$$

式中：$x_{m_{\text{sidn}}}$、$y_{m_{\text{sidn}}}$、$z_{m_{\text{sidn}}}$ 作为 x 轴、y 轴、z 轴的目标位置测量值；$\hat{x}_{\text{sidn}}$、$\hat{y}_{\text{sidn}}$、$\hat{z}_{\text{sidn}}$ 为从 KF 中获得的相应的估计位置。然后 DF 规则中使用的权重目标通过以下步骤生成：

（1）模糊化。使用语言变量标注的隶属度函数，将归一化误差信号模糊化为[0,1]之间。每个误差信号的隶属度函数一致并且变量有如下属性：ZE—零误差；ZP—小误差；MP—中等误差；LP—大误差；VLP—超大误差。图 3.8 展示了误差信号 $\bar{e}_{\text{sidn}}$ 和权重 $\bar{w}_{\text{sidn}}$ 的隶属度函数。

（2）使用模糊推理系统生成规则。生成规则基于误差信号的大小，它反映传感器测量的不确定性。对于传感器 S_1 和 S_2 规则如下：

S_1：

$$\begin{aligned} &\text{If } \bar{e}_1 \text{ is LP and } \bar{e}_2 \text{ is VLP Then } \omega_1 \text{ is MP} \\ &\text{If } \bar{e}_1 \text{ is ZE and } \bar{e}_2 \text{ is MP Then } \omega_1 \text{ is LP} \end{aligned} \tag{3.88}$$

S_2：

$$\begin{aligned} &\text{If } \bar{e}_1 \text{ is ZE and } \bar{e}_2 \text{ is VLP Then } \omega_2 \text{ is ZE} \\ &\text{If } \bar{e}_1 \text{ is ZE and } \bar{e}_2 \text{ is ZE Then } \omega_2 \text{ is MP} \end{aligned} \tag{3.89}$$

表 3.2 绘出了 S_1 和 S_2 的权重 ω_1 和 ω_2 模糊规则库。

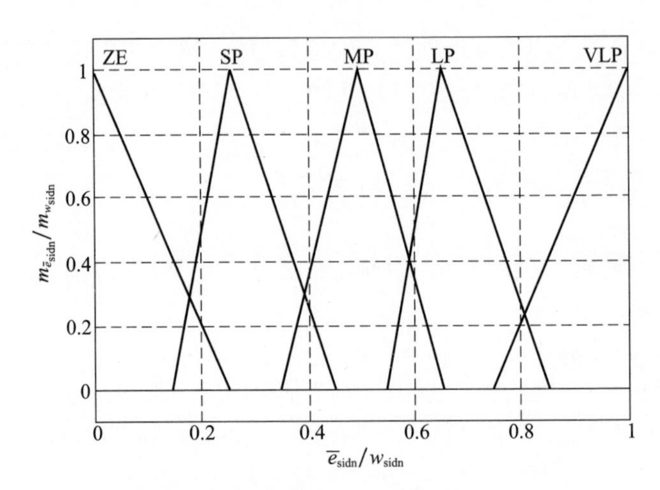

图 3.8 用于 DF 规则的误差权重 w_{sidn} 的 MF

表 3.2 数据融合公式中生成权重的模糊规则库

	$\bar{e}_2$(传感器 1)					$\bar{e}_2$(传感器 2)				
$\bar{e}_1$	ZE	ZP	MP	LP	VLP	ZE	ZP	MP	LP	VLP
ZE	MP	MP	LP	LP	VLP	MP	MP	ZP	ZP	ZE
ZP	MP	MP	MP	LP	LP	MP	MP	MP	ZP	ZP
MP	ZP	MP	MP	MP	LP	LP	MP	MP	MP	ZP
LP	ZE	ZP	ZP	MP	MP	VLP	LP	LP	MP	MP
VLP	ZE	ZE	ZP	MP	MP	VLP	VLP	LP	MP	MP

(3) 去模糊化。使用 COA 方法使聚合输出模糊集去模糊化,权重 w_1 和 w_2 的清晰值由此获得。因此,误差信号 $\bar{e}_1$ 和 $\bar{e}_2$ 的归一化值作为模糊推理系统的输入,在数据融合公式中 S_1 和 S_2 的权重由模糊推理系统生成权重。融合状态由下式给出:

$$\hat{X}_f(k) = w_1(k)\hat{X}_1(k) + w_2(k)\hat{X}_2(k) \tag{3.90}$$

在文献[2]中基于模糊逻辑规则的数据融合规则在目标跟踪中得以应用。

3.7 用于参数估计和生成数据融合权重的模糊逻辑 - 自适应模糊神经推理系统(FL - ANFIS)举例说明

本节中简单讨论模糊逻辑在数字信号动态系统参数估计中的应用,以及针对图像信号数据融合规则的权重问题。

3.7.1 基于自适应模糊神经推理系统的参数估计

本节简短讨论一下模糊逻辑用于参数估计方面的内容。步骤如下:①初始推理系统的生成;②模糊推理系统的训练。在步骤①中,使用 MATLAB 软件(3.3 节)工具中的 genfis1 生成训练数据集。函数为 INITFIZ = genfis1(TRNDATA)。TRNDATA 是 $N+1$ 列的矩阵,前 N 列为包含推理系统每个输入数据的矩阵,最后一列为输出数据。INITFIZ 是模糊推理系统的单个输出。动态系统的模拟数据被分为训练数据集和检验数据集。然后,训练数据用于调整模糊推理系统,它用检查数据帮助通过验证。在步骤②中,模糊推理系统的训练继续进行。使用语句为[FIZ,ERROR,ZTEPZIZE,CHKFIT,CHKERROR] = anfiZ(TRNDATA,INITFIZ,TRNOPT,DIZPOPT,CHKDATA).TRNOPT 为训练选项,在训练过程中,DIZPOPT 为显示选项,CHKDATA 是为了防止训练数据集过拟合。经过调整的模糊推理系统训练过系统输出。使用 DELTA 方法估计参数[7]:①在 ANFIZ 训练过后,扰动数据再次出现在 ANFIZ 中(当输入 1 扰动数据出现,输入 2 数据保持为零。反之亦然)。②上述步骤后获得扰动输出数据。③这些独立输出的差值(和非扰动值相关),其平均数与扰动大小的比率给出了参数 a 和 b(假设是在线性代数模型下),如以下例子所示。

3.7.1.1 线性代数模型下的参数估计

已知参数 $a=1$,$b=2$,$c=1$,使用公式"$y=a+bx_1+cx_2$"生成模拟数据。输出随时间的变化和输出误差如图 3.9 所示。表 3.3 给出了各种信噪比(使用自

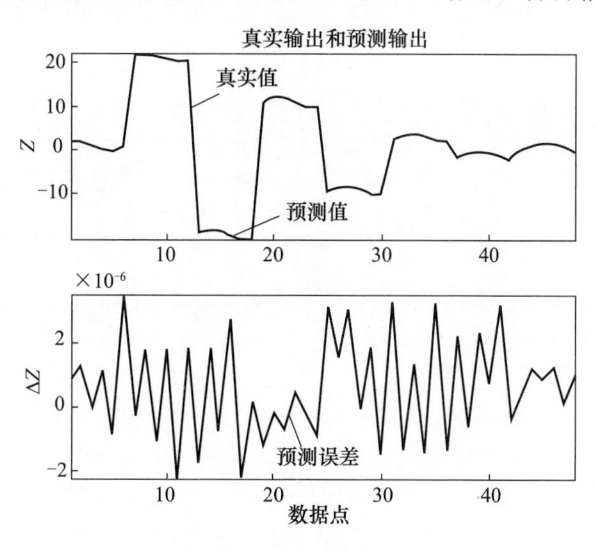

图 3.9 采用FL－ANFIZ进行参数估计的输出随时间的变化和输出(预测)误差(例 3.1)

适应神经推理系统 ANFIZ 的预设步骤)的预测参数。从图上可以看出 ANFIZ 可以很好地预估代数系统的参数。

表 3.3 使用 FL - ANFIZ 的参数估计结果

参数	真值	对不同噪声等级采用 Delta 方法得到的估计值		
		ZNR = Inf	ZNR = 100	ZNR = 10
a	1	0.9999	0.9999	0.9999
b	2	2.0000	2.0000	2.0000
c	1	0.9999	0.9999	0.9999

3.7.2 使用 ANFIS 来解码线性数据融合规则

对于图像情况,我们考虑由随机数生成的图像以及实际生活图形。预设一些线性融合规则并且将两个输入图像融合为一个输出图像。然后,在 ANIFZ 中使用这些图像,接下来估计预设规则的权重。这个步骤是第 3.7.1 节中所示情况到图像数据下的拓展。

3.7.2.1 使用 ANIFS 和随机图像数据确定数据融合规则

案例学习 3.1 已知规则和确定规则

在这个部分,举出在第 3.3 节中所述 ANIFS 系统的例子来解释两个图像内容的数据融合规则。两个输入到 ANIFS 系统中的图像是随机图像,如图 3.10 所示使用随机密度矩阵生成。ANIFS 要求训练输出用“$y = a *$ input image1 + b * input image2”处理两个输出图像的加权平均值。参数 $a = 1, b = 0.5$。输出图像如图 3.10 所示。

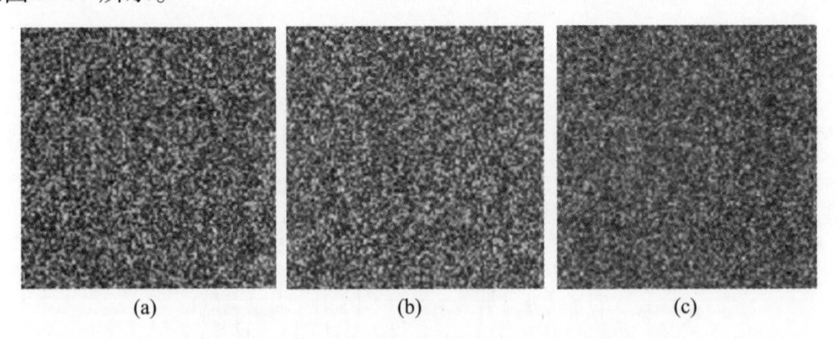

(a) (b) (c)

图 3.10 ANFIS 中用于确定 DF 规则的随机输入图像和输出图像(例 3.2,案例学习 3.1)
(a)随机图像 1;(b)随机图像 2;(c)ANFIS 输出图像。

训练过程中使用代码“ANFISJRRImfusion. m”。通过把矩阵的连续行串联起来,将图像矩阵转换到列(行)向量,由二维图像存储为一维图像。这就将(二随机图像的)一维数据输入到 ANIFS 系统中,同样地,训练输出图像也被转化为一串一维强度值。在计算过程中,我们使用3高斯或贝尔隶属度函数,共有7步。我们可以获得如下ANFIS信息:①节点数为35;②线性参数个数为27;③非线性参数个数为18;④节点数和为45;⑤训练输出数据对个数为16384;⑥检验数据对个数为0;⑦模糊规则个数为9。在ANFIS训练后,扰动数据(delta = 0.01)再次出现在ANFIS中(当输入1扰动数据出现,输入2数据保持为零,反之亦然)。上述步骤后,对于输入图像1和输入图像2,获得了扰动输出数据和这些独立输出的差值(和非扰动值相关),其平均数与扰动大小比率给出了参数 a 和 b。整个过程都是在处理一维图像串。我们可以看到预测结果十分好,我们也获得了参数 $a=1$ 和 $b=0.5$。由此可以看出,有效利用ANFIS可以得到图像融合规则。

案例学习3.2　未知规则情况下生成检验规则

本节给出一个ANIFS系统的例子,来解释两个随机图像如何使用未知数据融合规则。ANIFS系统输入了两个随机图像,生成过程使用了随机密度矩阵:*rand('Zeed',1234)*;*im1 = rand(128,128)*;*rand('Zeed',4321)*;*im2 = rand(128,128)*;对于输出图像使用 *randn('Zeed',2468)*;*im0 = randn(128,128)*。这意味着输入随机图像是由均匀分布随机数(强度)生成的,通过使用正态分布随机数(强度)生成输出图像。在这个阶段,我们不知道输出和两个输入图像之间的数据融合规则。代码"ANFISJRRImfusDFrule"用于训练过程。我们尝试几个不同设置,设置之间的不同之处在于隶属度函数的个数和步骤的数量。表3.4中给出了这项研究的结果,并且很快达到了稳定状态。这意味着ANFIS可一致地得出系数 a 和 b。选择 $a=0.7$ 和 $b=0.36$ 作为数据融合规则的参数,并且使用公式"$y=0.7x_1+0.36x_2$"得出输出图像。再次运行ANFIS来预测这些参数,之后如表3.4所列可以得到确切结果。表3.4的最后一行,我们可以获得如下ANFIS信息:①节点个数为75;②线性参数个数为75;③非线性参数个数为30;④参数和为105;⑤训练数据对个数为16384;⑥检验数据对个数为0;⑦模糊规则个数为25。输入/输出的随机密度图像如图3.11所示。因此,ANFIS系统能够有效地确定出未知DF规则的系数,通过使用ANFIS进而验证了这一点。对于需要进一步研究的复杂规则,上述流程是否有效尚未可知。

表3.4　采用FL - ANFIS确定未知DF规则的系数

隶属度函数编号	步骤编号	参数 a	参数 b	备注	
3	7	0.0311	0.1282	由ANFIS估计	—
5	5	0.6797	0.3579	继续	结果开始稳定
5	7	0.7012	0.3654	继续	—

（续）

隶属度函数编号	步骤编号	参数 a	参数 b	备注	
5	9	0.7076	0.3748	继续	—
—	—	0.7000	0.3600	真值	已知 DF 规则
5	9	0.7000	0.3600	由 ANFIS 估计	DF 规则验证

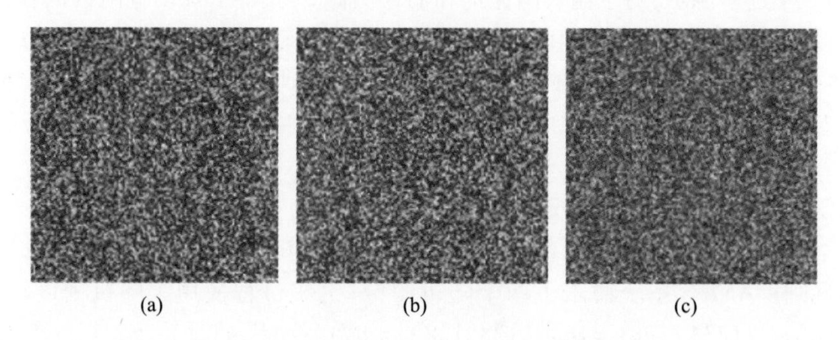

图 3.11 ANFIS 用于确定数据融合规则所用到的随机数据图像(例 3.2,案例学习 2)
(a)随机图像 1；(b)随机图像 2；(c)ANFIS 输出图像。

3.7.2.2 运用 ANFIS 和实际模糊图像的数据融合规则的确定

输入到 ANIFS 中的两个图像是由一个真实图像和用“imfilter”(MATALB 图像处理工具)处理过的部分模糊的该真实图像生成的。ANIFS 要求训练输出用“$y = a * \text{inputimage1} + b * \text{inputimage2}$”求两个输入图像的加权平均值。参数$a=0.4$,$b=0.6$。训练过程中使用代码“**ANFISJRRImfusion. m**”。通过把连续列串联起来,将输入/输出图像矩阵转换为列向量,二维图像存储为一维图像。这就将一维数据输入到 ANIFS 系统中,同样地,训练图像也被转化为一串一维强度值。在计算过程中,我们使用 3 高斯或贝尔隶属度函数,共有四步。我们获得如下 FANIFS 信息:①节点个数为 35;②线性参数个数为 27;③非线性参数个数为 18;④参数和为 45;⑤过程数据对个数为 165536;⑥检验数据对个数为 0;⑦模糊规则个数为 9。在 ANFIS 运行后,扰动数据再次出现在 ANFIS 中(当输入 1 扰动数据出现,输入 2 数据保持为零;反之亦然)。由此,我们获得扰动输出数据,也获得了这些独立输出差值的平均值与扰动太小的比率。这绘出输入图像 1 和 2 对应参数 a 和 b。就像之前讨论的,整个过程都是在处理一维图像系列。我们可以看到预测结果十分好,我们也获得了参数 $a=0.4033$ 和 $b=0.5850$。由此可以看出,有效利用 ANFIS 可以得到真实图像和部分模糊输入图像的融合规则。图 3.12 所示为 ANFIS 输入输出的不同图像。

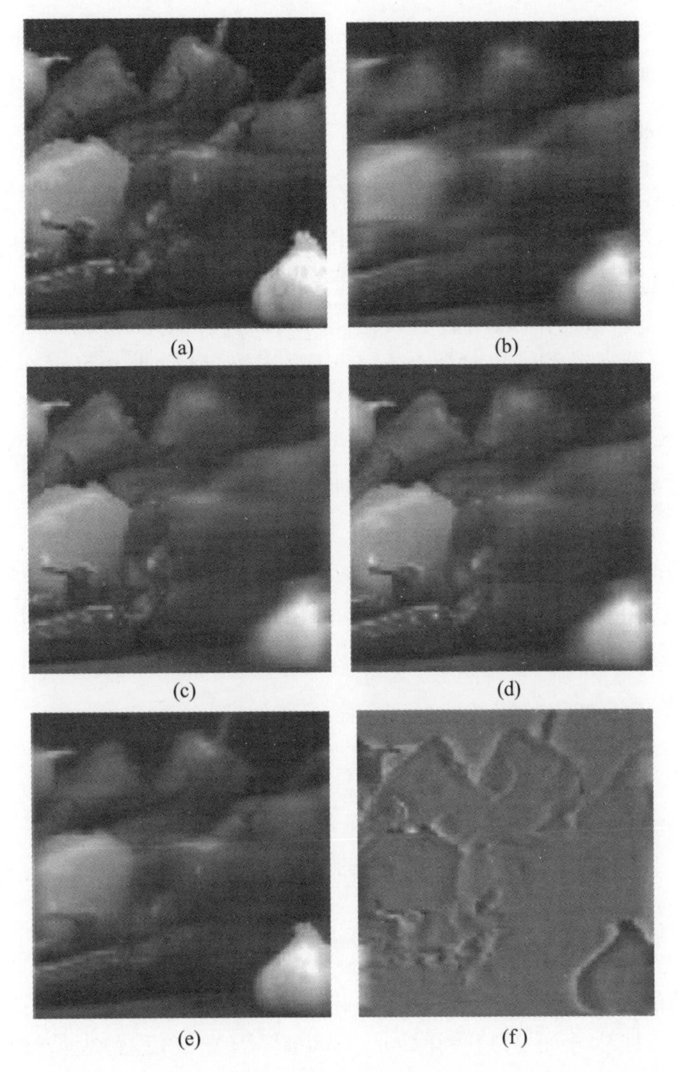

图 3.12　输入到 ANFIS 的真实/模糊图像和输出图像(例 3.3)
(a)原始图像;(b)模糊图像;(c)输入图像 1;(d)输入图像 2;(e)输出图像;(f)图像差值。

3.8　可能性理论

可能性理论是不确定性建模的理论框架[8]。可能性和必要性用于模拟有用的信息。相对于概率论,可能性理论是最大测度框架。截至目前,有一点很清楚,即不精确信息的管理与不确定性相关。信息的不精确项也会受到不确定性的影响。不完全信息的表示和我们感兴趣内容的不确定性估计之间的关系由可能性理论(Zadeh 提出的)提供沟通桥梁,不完美信息是由模糊集表示。

3.8.1 可能性分布

一个在定义域(UOD)中的可能性分布(PODI),U 是一个从 U 到单位区间[0,1]的映射Π(pi)。我们还有测量范围为类似于 $a_0=0<a_1<\cdots\leqslant 1$ 的完全有序范围。通过这个有序范围,可能性水平的有限数量界于"不可能"(0)和"完全可能"(1)。这个范围可以用数字编码,即{0,0.1,0.2,…,0.8,0.9,1}这些值是有意义的,不是绝对数值。对每个在 U 内的 u 值,Π代表 u 可以在多大程度上反映 x 的实际值。在这个前提下,这个函数代表了对 x 值的灵活限制:①$\Pi(u)=0$ 意味着 $x=u$ 是不可能的;②$\Pi(u)\neq 0$ 意味着 $x=u$ 可以成立的,或者说更有可能成立的。通过设定一些值 u 的$\Pi(u)$在[0,1]之间,可能值的灵活模拟。$\Pi(u)$的值代表 $x=u$ 的可能性有多大,这就意味着一些值比另外一些值更有可能性。越接近 1,u 越可能是变量 x 的实际值。如果域 U 是 x 的完整定义域,U 中至少有一个元素为 x 的值,同时也存在 u 使得$\Pi(u)=1$(称为$\Pi(u)$的归一化)。通过可能性分布也可模拟精确信息,当 $u\neq u_0$,$\Pi(u_0)=1$ 且$\Pi(u)=0$。

3.8.2 可能集的函数

可能性分布衡量每个 U 中的元素 u 有多大的可能是 x 的值,也有可能确定元素 u 有多大的可能是 U 的子集 A 中的 x 值,这由可能性的度量Π确定。Π由以下公式确定[8]:

$$\prod(A) = \sup_{u\in A}\pi(u), \forall A \subseteq U \tag{3.91}$$

可能性的度量是[0,1]内$\Pi(U)=2^U$映射Π,满足如下条件[8]:①$\Pi(\Phi)=0$,②$\Pi(U)=1$(由于 π 的归一化,$\sup_{u\in U}\pi(u)=1$));③取最大特性值。后者值定义如下:

$$\prod(A\cup B) = \max\{\prod(A),\prod(B)\}, \forall A, \forall B \tag{3.92}$$

式中,最大值条件是保持无限集,以恢复式(3.91)的条件。我们可以很容易地看到$\Pi(A)=1$,表明 x 的值 u 完全可能属于 A。然而,它不提供任何这方面的确定性。为了获得更多关于 u 值的信息,我们需要使用基于 PODI 的 x 互补信息。因此我们需要使用必要性测量(NM)方法,这种方法是一个映射,双重的可能性测量方法如下[8]:

$$N(A) = 1 - \prod(A^c) \tag{3.93}$$

式中,A^c是 A 在 U 中的补集。从 PODI 分布获得可能性测量方法如下:

$$N(A) = \inf_{u \notin A}\{1 - \pi(u)\}, \forall A \subseteq U \tag{3.94}$$

必要性测试表示我们能在多大程度上确定 x 的实际值 u 在 U 的子集 A 中。这也表明了 u 越可能在子集 A 中,越不可能在 A 的补集中。表达式如下:

$$N(\phi) = 0, N(U) = 1; N(A \cap B) = \min(N(A), N(B)), \forall A \text{ 和 } B \tag{3.95}$$

我们需要定义一些其他的测量方法,例如,"确保可能性"(GP)测量方法:

$$\Delta(A) = \inf_{u \in A}\pi(u) \tag{3.96}$$

确保可能性方法是衡量 A 中所有值在多大可能上是 x。这意味着,在 A 中任何值以 $\Delta(A)$ 程度上至少可能是 x。这里因为 $\Delta \leqslant \prod$,我们看到 Delta 是比 $\prod$ 更有效的测量方法。这是因为在一个利用现有至少可能知识的情况下,$\prod$ 只估计在 A 中至少一个值的存在。Delta 估计了所有在 A 中的值。我们也需要注意 N 和 Delta 不相关。有对潜在可能性(PC)的双重测量方法。

$$\Delta(A) = 1 - \Delta(A^c) = \sup_{u \notin A}(1 - \pi(u)) \tag{3.97}$$

式(3.97)表示 A 的补集至少存在一个值有多大可能性。这是一个基础确定性有 $x \in A$ 的必要条件。这不是一个充分条件,除非 A 的补集只有一个元素。我们有 $N \leqslant \Lambda$ 和一组函数 Δ,并且 Λ 单调减小,而 N 和 $\prod$ 是单调递增。

3.8.3 联合可能性分布,特性与独立性

一个可能性分布可能分配到在不同域$\{U_1, U_2, \cdots, U_n\}$中的变量$\{x_1, x_2, \cdots, x_n\}$。映射将计算由联合分布引入的限制,属于变量集$\{x_1, x_2, \cdots, x_n\}$的 $\pi(r_1, r_2, \cdots, r_n)$ 作为事件 $x_1 = u_1, \cdots, x_k = u_k$ 的可能性,由下式给出:

$$\begin{aligned} \pi_{(x_1, x_2, \cdots, x_k)}(u_1, \cdots, u_k) &= \prod(\{u_1\} \times \cdots \times \{u_k\} \times U_{k+1} \times \cdots \times U_n) \\ &= \sup_{u_{k+1}, \cdots, u_n}\{\pi_{(x_1, \cdots, x_n)}(u_1, \cdots, u_k, u_{k+1}, \cdots, u_n)\} \end{aligned} \tag{3.98}$$

另一种重要的可能性分布的情形是条件可能性分布,满足以下限制:

$$\forall u, \exists v, \pi_{yx}(v | u) = 1 \tag{3.99}$$

式(3.99)表明了无论 x 为何值,一定至少存在一个可能的 y 值。因此,$\prod$ 方法给出了一种常规的在 v 上的可能性测量方法。如果我们有 π 和 π' 假设 $\pi < \pi'$(例如 $\pi \leqslant \pi'$ 且 $\pi(u) < \pi'(u)$,就说 π 比 π' 更特别。在这种情况下,对于 x 值而言 π' 比 π 更可能得到 u 值。这种概念表明了可能性联合分布反映了与 x 相关的当前有用信息。因此,任何可能性分布,π 在本质上都是临时的,都有用更多信息改进的可能性。如果 $\pi \leqslant \pi'$,则 π' 信息是多余的并且可以被舍弃。这些功能是可能性理论特有的并且在概率论中没有对应[8]。当获得来自传感器或信息源的有用信息时,信息满足的可能性分布是最小特性的可能性分布,这个

分布满足来自不同源头的信息限制。这是最小特性原则(PMS)。如果几个不同的可能性分布,对于 x 的 $\pi^1,\pi^2,\cdots,\pi^n$ 变得很有用,利用最小特性原则做出如下假设:

$$\pi=\min_{i=1,n}(\pi^i) \tag{3.100}$$

式(3.100)是不等式 $\pi<\pi^i(i=1,\cdots,n)$ 的直接结果。完全可靠的信息来源需要 $\mathrm{Sup}_u\min_{i=1,n}\pi^i(u)=1$;否则,一旦 $\pi(u)<1,\forall u$,信息源冲突,导致对应不一致的部分出现非常态。最小特性原则使得可能性分布定义为一对变量→在两个变量 x 和 y 的可能性分布 π_x 和 π_y 分别有关。最小特性原则使得联合可能性分布 π 如下所示:

$$\pi(u,v)=\min(\pi x(u),\pi y(v)) \tag{3.101}$$

下列不等关系也是有效的:

$$\pi(u,v)\leqslant\pi x(u),\forall v \tag{3.102}$$

$$\pi(u,v)\leqslant\pi y(u),\forall u \tag{3.103}$$

这些不等关系不必考虑 x 和 y 之间的关系。π 是可分离的并且变量相互独立。我们可以使用两个变量联合可能性分布 $\pi_{(x,y)}$ 来计算边缘分布,如下所示[8]:

$$\pi_x(u)=\sup_v\pi_{(x,y)}(u,v),\forall u \tag{3.104}$$

$$\pi_y(v)=\sup_u\pi_{(x,y)}(u,v),\forall v \tag{3.105}$$

我们也可以证明下列不等关系:

$$\pi_{(x,y)}(u,v)\leqslant\min\{\pi_x(u),\pi_y(v)\},\forall u,\forall v \tag{3.106}$$

$(x=u,y=v)$ 程度的可能性可能小于 $\min(\pi_X(u),\pi_Y(v))$,尽管式(3.101)定义的 $\pi(u,v)$ 不为0,但是由于 x 和 y 之间的关系 $x=u,y=v$ 可能不发生。另外,请注意,如果 x 和 y 之间有未知关系,那么可能性联合分布 $\min(\pi_X,\pi_Y)$ 提供了可能性程度的上界,并且给出的结果总是正确的,但可能不提供更多信息。最小特性原则在可能性理论中扮演的角色类似于最大熵(ME)在概率论中的作用[8]。两者都代表一种确定一个变量值的置信度(可能性理论或概率)的方法(给定不完全信息)。同样地,在概率论中变量之间的独立性和可能性理论中变量的不相关理论扮演了同样角色。

然而,随机独立性并不能得出边界性质的非交互性,因为随机独立性假设了一个实际不存在的相关性,而非交互性表现出对变量之间联系的不了解。在大多数的以规则为基础的系统(FL/近似推理),假设变量之间是非交互的并且使用了联合可能性分布。

3.8.4 模糊事件的可能性与必要性

模糊事件(FE)由模糊集指定。我们定义一个模糊集 A 的隶属度函数为 μ_A。可能性和必要性度量可以拓展到模糊事件 A,如下所示:

$$\prod(A) = \sup_{u \in U}\{\min[\mu_A, \pi(u)]\}$$
$$N(A) = \inf_{u \in U}\{\max[\mu_A, 1 - \pi(u)]\} \tag{3.107}$$

我们需要保持二元性 $N(A) = 1 - \prod(A^c)$。很容易看出,非模糊集 A 的定义是式(3.107)的特例。除了 min 以外的连词可以用来定义模糊事件可能性。min 的使用与可能性程度常规处理方法一致。对定义在 U 和 V 的模糊集 A 和 B 分别进行归一化处理。在 $U \times V$ 范围内定义离散可能性分布 $\pi_{(x,y)} = \min(\pi_x(u), \pi_x(v))$。然后,有如下分解公式[8]:

$$\prod(A \times B) = \min(\prod{}_x(A), \prod{}_y(B)) \tag{3.108}$$

$$N(A \times B) = \min(N_x(A), N_y(B)) \tag{3.109}$$

$$\prod(A + B) = \max(\prod{}_x(A), \prod{}_y(B)) \tag{3.110}$$

$$N(A + B) = \max(N_x(A), N_y(B)) \tag{3.111}$$

在上述公式中,$\prod_x$和 N_x(以及$\prod_y$和 N_y)是可能性测度和必要性测度。这些与在定义域 U 上的$\prod_x$(以及在 V 上的$\prod_y$)相关。$(A \times B)(u,v) = \min(A(u), B(v))$定义为叉乘积 $A \times B$,由公式"$A + B = (A^c \times B^c)^c$"得到另外一个积。后者是通过改变 min 为 max 从式(3.108)和式(3.109)中获得的。这两个量用于比较模糊集 A 和让 $\pi = \mu_B(\cdot)$的参考集 B,并且通过标记$\prod_B(A)$和 $N_B(A)$代替$\prod(A)$和 $N(A)$使概念更清晰。如果我们有数值,然后它们被组合成与 A 相关的 B 的兼容性标量度量,然后,得到 $\text{COMP}(A;B) = (\prod_B(A) + N_B(A))/2$,因此$\text{COMP}(A;B) = 1$。尽管它只用一个数字总结不确定性,当 A 是模糊集,$\text{COMP}(A;B)$会丢失一部分信息。因此从 $\text{COMP}(A;B)$知识的角度说,两个数字不能被恢复(除非 A 不是模糊集时)。$\text{COMP}(A;B)$不具有良好的可分解性。因为它表示 A 与 B 交集不为空集,$\prod_B(A)$在两个论点中是对称的。而 $N_B(A)$是不对称的,因为它表示的是 A 对 B 的包含程度。在模糊事件集中,函数$\prod_B$和 N_B可以分别分解为最大值函数和最小值函数。同时,当 A 为模糊集时 $\max\{\prod_B(A), 1 - N_B(A)\}$不等于 1,因此我们也许有$\prod_B(A) < 1$ 和 $\prod_B(A^c) < 1$。然而,$\prod_A(A) \geq N_A(A)$总满足 A 和 B 归一化条件。而且对于任何属于 U 的归一化模糊集 A,使用单位区间作为可能性范围,有$\prod_A(A) = 1$,

$N_A(A) \geqslant 1/2$，$\mathrm{COMP}(A;A) \geqslant 3/4$。对于模糊集 A，$N_B(A)=1$ 当且仅当 Support $(B)=\{u,\mu_B(u)>0\} \subseteq \mathrm{core}(A)=\{u,\mu_A(u)=1\}$，不等式 $N_A(A) \geqslant 1/2$ 很常规。在这里，我们十分确定由函数 $\pi=\mu_B(\cdot)$ 限制的数值完全满足 A。$\prod_B(A)$ 和 $N_B(A)$ 是在对模糊兼容性指标积分下的最大期望值和最小期望值，如下式所示[8]：

$$\mathrm{COMP}(\mu_A,\mu_B)(t)=\{\sup_{u:\mu_A(u)=t}\{\mu_B(u)\}\}=\{0 \text{ if}(\mu_A(t))^{-1}\phi\} \quad \forall t \in [0,1] \tag{3.112}$$

COMP 是由事件 A 隶属度可能值组成的模糊集，A 为 U 的所有错误定位元素，U 是函数 $\pi=\mu_B(\cdot)$。这是不准确的隶属度函数梯度，$\prod_B(A)$ 和 $N_B(A)$ 用如下公式复原：

$$\prod_B(A) = \sup_{t\in[0,1]}\{\min(t,\mathrm{COMP}(\mu_A,\mu_B)(t))\} \tag{3.113}$$

$$N_B=\inf_{t\in[0,1]}\{\max(t,1-\mathrm{COMP}(\mu_A,\mu_B)(t))\} \tag{3.114}$$

3.8.5 条件可能性度量

条件可能性度量 $\prod(\cdot|B)$ 满足贝叶斯关系：$\prod(A\cap B)=\min(\prod(A|B),\prod(B))$[8]。与式(2.14)和式(2.15)相比，PMS 表示 $\prod(\cdot|B)$ 的定义是公式 if $B\neq\varnothing\to\prod(A|B)=1$，if $\prod(A\cap B)=\prod(B)$ and $\prod(A|B)=\prod(A\cap B)$ 的最佳表达。二重条件必要性度量仅有一个 $N(A|B)=1-\prod(A^c|B)$，在定性（常规）可能性范围下，适用于有限集。相应的条件可能性分布 $\pi(\cdot|B)$ 定义为

$$\pi(u \mid B) = 1, u \in B \text{ 和 } \pi(u) = \prod(B) \tag{3.115}$$

$$= \pi(u), u \in B \text{ 和 } \pi(u) < \prod(B) \tag{3.116}$$

$$=0, u \notin B \tag{3.117}$$

在连续数字域内，这种类型的条件引起不期望的不连续性，条件用乘法规则更好地定义为 $\prod(A\cap B)=\prod(A|B)\prod(B)$。这个公式进一步满足了概率论中的概念以及信任函数理论中的 DS 规则。相应的条件分布就是 $\pi(\cdot|B)=\pi(\cdot)/\prod(B)$ 两种条件可能性分布可表述为最小值理论，不同情况下的条件可能性分布计算公式如下所示：

$$\pi(x_1,x_2,\cdots,x_n)=\min_{i=1,2,\cdots,n}\{\pi(x_i|x_{i+1}\cdots x_n)\}\text{（常规情况）} \tag{3.118}$$

$$\pi(x_1,x_2,\cdots,x_n) = \prod_{i=1,2,\cdots,n}\{\pi(x_i \mid x_{i+1}\cdots x_n)\}\text{（数字情况）} \tag{3.119}$$

当 $i=n$ 时，$\pi(x_i|x_{i+1},\cdots,x_n)$ 可用在 x_n 内的边缘可能性分布替代。

在 IT2FS 的数学运算和本章展示的可能性理论基础上,发展明确的数据融合方法、步骤和规则十分有用。就和第 2、第 4、第 5 章一样,贝叶斯理论在发展数据融合规则十分有用并且预测技术在决策和目标跟踪上成功使用。贝叶斯网络也应用于数据融合中并且相关的态势觉察工作也发展了早期的概率专家系统。以相同的方式,可能性图形模型也许会变成一种用于建立模糊专家系统的更好的方法[8]。因此,适当的结合领域情况是主要问题,顺理成章地是运用知识库表示联合可能性分布的特征空间。然后,条件运算在不丢失信息的情况下可以将联合可能性分布划分为更小的部分进行计算。在文献[9]中,POSSINFER - SW 拓展了可能性理论网络并且运用于数据融合。

3.9 使用一型和二型模糊逻辑方法的长波红外光电图像的融合:举例说明

基于 T1F1 和 IT2FL[6,10-15]的方法用于融合的以视觉增强合成(EVS)原型系统获取图像,系统由两个视频频道组成[16]:车载动态长波红外(LWIR)传感器和光电(EOT)彩色摄像机。EVS 以 RS170 格式输出,该格式是使用 4 通道 2255 帧采集卡的数字化图像。图像配准时,是图像融合前一个先决条件,需要把被 LWIR 和 EOT 从不同角度捕抓到的图像调整到相同视角。EOT 获得的图像被调整到到 LWIR 获得的参考图像上。图像融合结合了两种不同来源的图像,两种来源是 LWIR 和 EOT 相机,给予每个相源适当的权重,如阿尔法混合和主成分分析(PCA)(第 6 章)为基础的方法,或一个像素级别的各个来源,如拉普拉斯金字塔、小波(第 6 章)、FI 等。

3.9.1 FL 系统:Takagi-Sugeno-Kang 推理方法

Takagi-Sugeno-Kang(TSK)简称 Sugeno 或 TSK 方法,在 1985 年提出,与 Mamdani - based FLS 有许多类似之处。使用模糊逻辑 t 范数算子的规则原件的模糊化与合成方法,与基于 Mamdani 和 Sugeno 的系统都是相同的。对于任意规则,当模糊输出是单一信号(如 1 或 0),清晰输出是常数或者线性函数时,在 Sugeno-based system(SBS)中没有聚类操作。MBS 模糊输出通过在启动强度和输出 FS(单一类型)之间应用模糊操作 t 范数(最小、刺激等)得到,不同于 Mamdani-based 系统(MBS),SBS 只支持“刺激”模糊推理操作。SBS 的去模糊方法是加权平均(wtaver)或者加权求和(wtsum)。假设,有 M 个触发规则和模糊输出,模糊输出通过 $\omega_1,\omega_2,\cdots,\omega_M$代表,而清晰输出由 $z_1,z_2,\cdots,z_M$表示,而最后的清晰输出加权平均由文献[16]给出:

$$z = \frac{\sum_{i=1}^{M} \omega_i z_i}{\sum_{i=1}^{M} \omega_i} \tag{3.120}$$

以及最后的清晰输出的加权和如下：

$$z = \sum_{i=1}^{M} \omega_i z_i \tag{3.121}$$

式中：$z_i = a_i u_1 + b_i u_2 + c_i$ 为第 i 个规则的清晰输出；u_1 和 u_2 为单一的清晰输入；a_i、b_i、c_i 为系数。零级 Sugeno 模型 z_i 是一个常数（$a_i = b_i = 0$），如果是 SBS IT2FL，降阶模块不出现，蕴含方法只会根据 AP 模糊操作，而且去模糊化模块只会由 wtaver 和 wtsum 组成。不确定输入可以通过模糊 T1FL 的隶属度函数来表示和处理，如图 3.13 所示。因此对于一个给定的输入有限 u，无限值代表数值成员集合的可能性。对于二维的整个 $u \in U_a$，创建一个 MF，称为 T2MF，T2MF 基本上具有 T2FLS 特性。IT2MF 可以通过设置第二个 MF，也就是说，$\mu_{\tilde{A}}(x,u)$ 正如图 3.14 所示，为简单起见可以表示为图 3.15，标出 MF 值

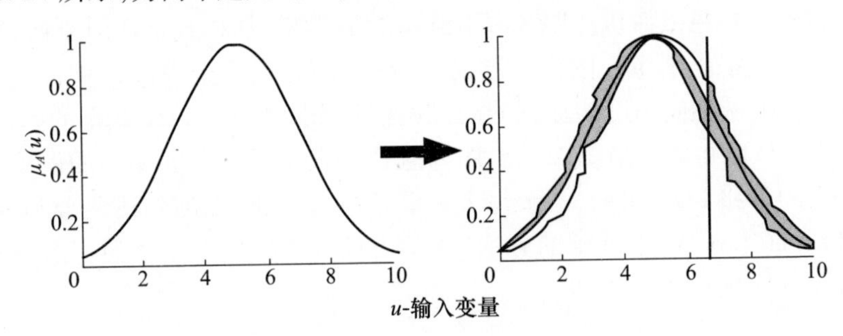

图 3.13　T1FL 的隶属度函数被模糊，T1FL MF→T2FLMF

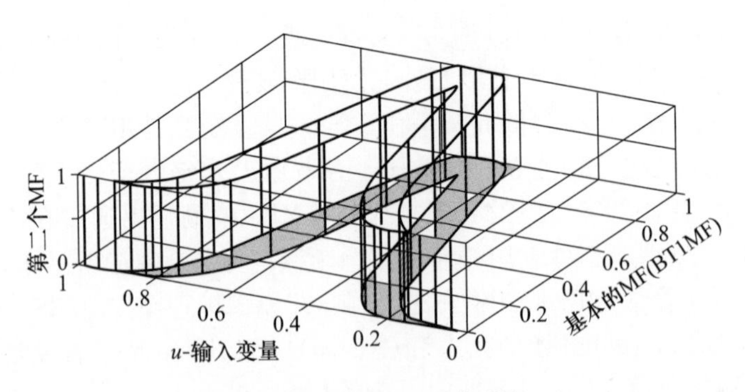

图 3.14　IT2FL－三维 MF

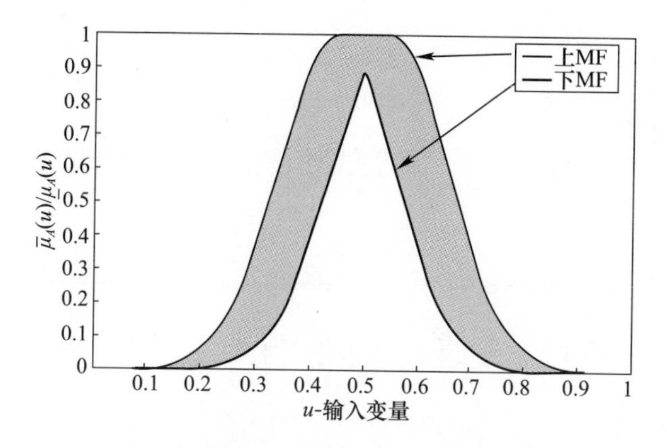

图 3.15　支持 IT2FL/S 的 GauSSian MF

在 IT2FL 中，有三种不同上界和下界的模糊类型：单值、非单值 1 型（NST1）和非单值 2 型（NTS2）[16]。

（1）单值模式：在单值模糊中，如图 3.16，模糊输入（$\bar{f}$，$\underline{f}$）可以通过寻找单个值与（LMF）和（UMF）的交点来计算得出，分别为

$$\begin{cases} \bar{f} = \bar{\mu}_A(u) \\ \underline{f} = \underline{\mu}_A(u); x = u \in U, U \subseteq [0,1] \end{cases} \tag{3.122}$$

其中，$u = x = 0.6$ 是当前的输入信号。

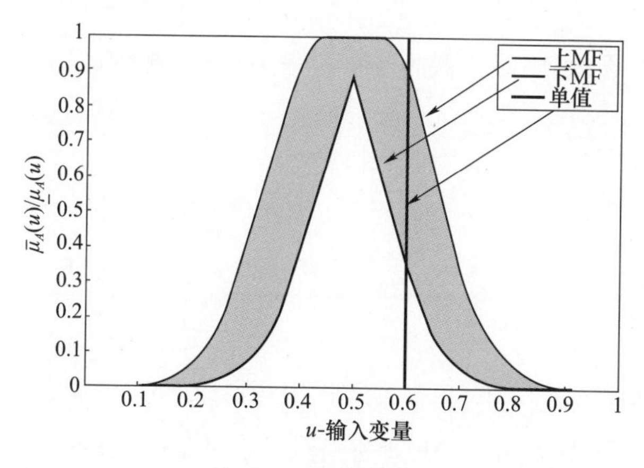

图 3.16　单值模糊化

（2）NST1：在 NST1 模糊器中（图 3.17），模糊输入点（$\bar{f}$，$\underline{f}$）可以由下式

得出：

$$
\begin{cases}
\bar{f} = \sup\left\{\int_{UXV} \bar{\mu}_A(u) * \mu'_{F(v)}/(u,v)\right\} \\
\underline{f} = \sup\left\{\int_{UXV} \underline{\mu}_A(u) * \mu'_{F(v)}/(u,v)\right\}; u \in U, v \in V, U \subseteq [0,1], V \subseteq [0,1]
\end{cases}
\tag{3.123}
$$

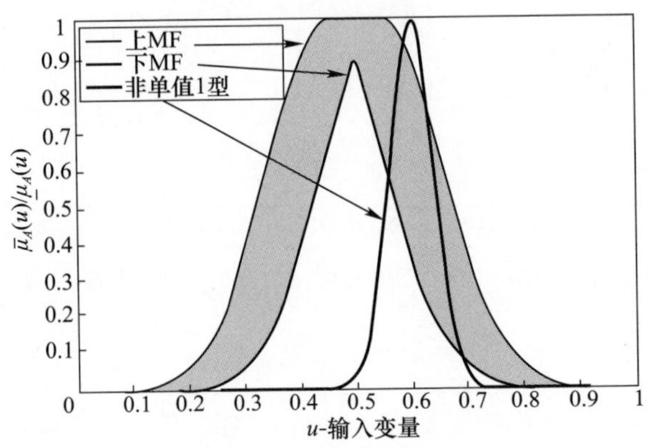

图 3.17 非单值 T1FL 模糊器

其中，$u'_F(v)$代表 NST1 模糊器，* 表示 t 范数（相交）模糊操作，sup 表示上确界，* 操作后获得最大的输出（图 3.18）。NST1 模糊器只是个高斯函数，其均值由输入信号 $u = x = 0.6$ 定义且其散布由 Sigma 定义。在这里使用标准相交（最小）t 范数操作。

（3）NST2：在 NST2 模糊器的条件下（图 3.19），模糊输入（$\bar{f}$，$\underline{f}$）可以通过下式计算得出：

$$
\begin{cases}
\bar{f} = \sup\left\{\int_{UXV} \bar{\mu}_{A(u)} * \bar{\mu}'_{F(v)}/(u,v)\right\} \\
\underline{f} = \sup\left\{\int_{UXV} \underline{\mu}_A(u) * \underline{\mu}'_F(v)/(u,v)\right\}; u \in U, v \in V, U \subseteq [0,1], V \subseteq [0,1]
\end{cases}
\tag{3.124}
$$

其中，$\bar{\mu}'_F(v)$和$\underline{\mu}'_F(v)$代表 NST2 的上下限模糊器（UNST2，LNST2），* 表示 t 范数（相交）模糊算子（图 3.20）。NST2 模糊器只不过是两个高斯函数，它们由输入 $u = x = 0.6$ 以定义相同的均值，由相应的 Sigma 的定义各自的散布，这里，再次使用标准相交（最小）t 范数操作。

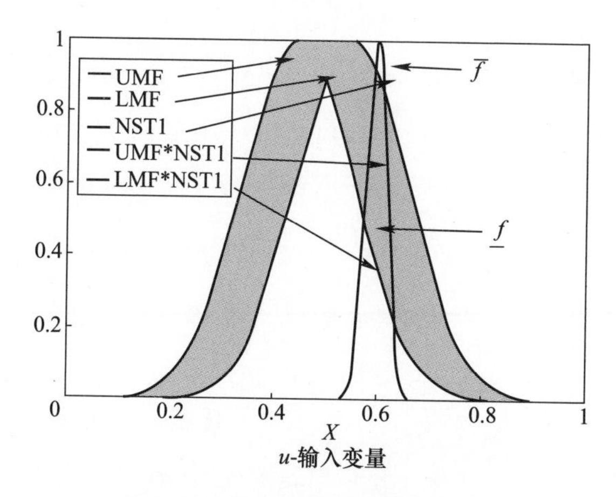

图 3.18　非单值 T1FL 模糊器操作

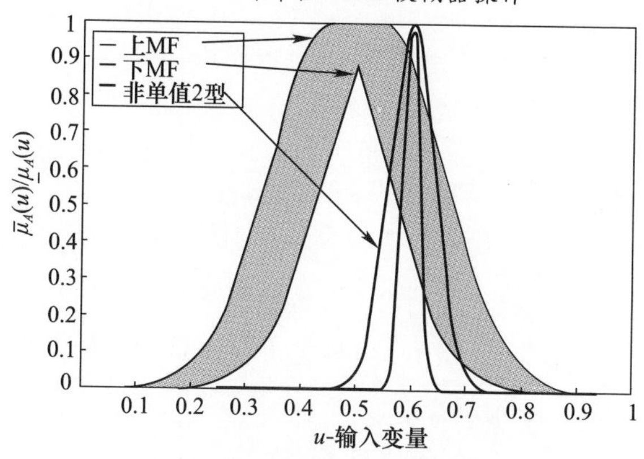

图 3.19　非单值 T2FL 模糊器

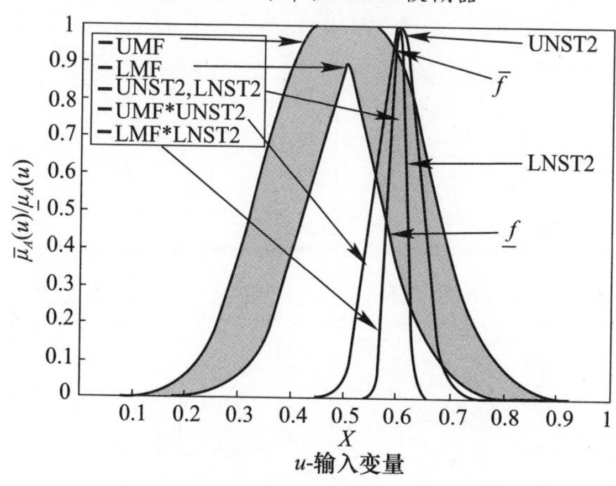

图 3.20　非单值 T2FL 模糊器操作

3.9.2 IT2FS 操作与推理

在两个输入和单输出的 IT2FLS 中有一个经典规则定义为

$$|----\text{前件}----|--\text{后件}--| \tag{3.125}$$

$$\text{If } x_1 \text{ is } \tilde{A}_1 \text{ And } x_2 \text{ is } \tilde{A}_2, \text{Then } y \text{ is } \tilde{B}$$

其中，$\tilde{A}_1$和 $\tilde{A}_2$为输入，$\tilde{B}$ 为 T2FS 的输出。这些 FLS 通过 UMF 和 LMF 定义。如果给定规则有超过一个以上的子句，(If x_1 is $\tilde{A}_1$ And x_2 is $\tilde{A}_2$, Then y is $\tilde{B}$)，模糊操作算子(t 范数/s 范数)输出一个表示该规则前件所获结果的数值。也就是说，输入 $x_1=0.7$ 和 $x_2=0.3$。在 T2FLS 情况下，有以下三种针对前件组合器的组合方法[16]：

情况 1：输入 x_1和 x_2用单值模糊器进行模糊化，而且用以下的等式对前件组合器进行描述。

$$\begin{cases} \bar{f}_1 = \bar{\mu}_{A_1}(u_1) \\ \underline{f}_1 = \underline{\mu}_{A_1}(u_1);u_1 = x_1 \in U, U \subseteq [0,1] \\ \bar{f}_2 = \bar{\mu}_{A_2}(u_2) \\ \underline{f}_2 = \underline{\mu}_{A_2}(u_2);u_2 = x_2 \in U, U \subseteq [0,1] \\ \bar{f} = \bar{f}_1 * \bar{f}_2 \\ \underline{f} = \underline{f}_1 * \underline{f}_2 \end{cases} \tag{3.126}$$

其中，* 代表 t 范数模糊算子，可以为最小值、刺激值等。图 3.21 说明了组合器操作。

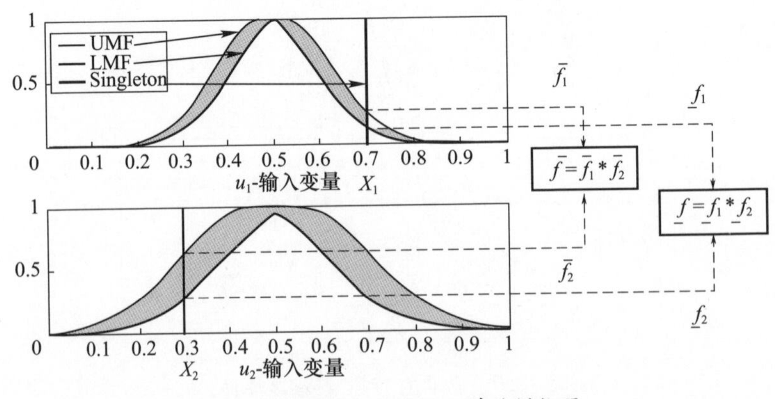

图 3.21 前件组合器——单值模糊器

情况 2:输入 u_1 和 u_2 通过非单值 T1FL 模糊器模糊化。前件组合器通过以下等式实现。

$$
\begin{cases}
\overline{f_1} = \sup\left\{\int\limits_{uxv} \overline{\mu}_{A_1} * \mu'_{F_1}(v_1)/(u_1, v_1)\right\} \\
\underline{f_1} = \sup\left\{\int\limits_{uxv} \underline{\mu}_{A_1}(u_1) * \mu'_{F_1}(v_1)/(u_1, v_1)\right\}; u_1 \in U, v_1 \in V, U \subseteq [0,1], V \subseteq [0,1] \\
\overline{f_2} = \sup\left\{\int\limits_{uxv} \overline{\mu}_{A_2} * \mu'_{F_2}(v_2)/(u_2, v_2)\right\} \\
\underline{f_2} = \sup\{\int\limits_{uxv} \underline{\mu}_{A_2}(u_1) * \mu'_{F_2}(v_1)/(u_2, v_2)\}; u_2 \in U, v_2 \in V, U \subseteq [0,1], V \subseteq [0,1] \\
\overline{f} = \overline{f_1} * \overline{f_2} \\
\underline{f} = \underline{f_1} * \underline{f_2}
\end{cases}
\tag{3.127}
$$

其中,* 代表 t 范数模糊操作,可以为最小值、激励值等。在这里,使用标准相交(最小)操作,图 3.22 说明了组合器操作。

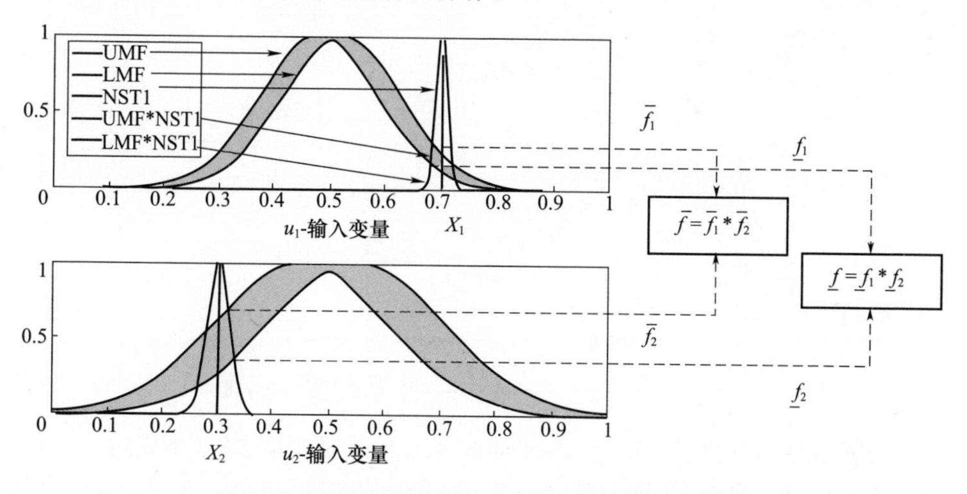

图 3.22　先验组合器的说明——非单一 T1FL 模糊器

情况 3:输入 u_1 和 u_2 通过非单值 T2FL 模糊器模糊化。前件组合器通过以下等式实现。

$$
\begin{cases}
\overline{f_1} = \sup\left\{ \int\limits_{uxv} \bar{\mu}_{A_1}(u_1) * \bar{\mu}'_{F_1}(v_1)/(u_1,v_1) \right\} \\
\underline{f_1} = \sup\left\{ \int\limits_{uxv} \underline{\mu}_{A_1}(u_1) * \underline{\mu}'_{F_1}(v_1)/(u_1,v_1) \right\}; u_1 \in U, v_1 \in V, U \subseteq [0,1], V \subseteq [0,1] \\
\overline{f_2} = \sup\left\{ \int\limits_{uxv} \bar{\mu}_{A_1}(u_2) * \bar{\mu}'_{F_2}(v_2)/(u_2,v_2) \right\} \\
\underline{f_2} = \sup\left\{ \int\limits_{uxv} \underline{\mu}_{A_2}(u_1) * \underline{\mu}'_{F_2}(v_1)/(u_2,v_2) \right\}; u_2 \in U, v_2 \in V, U \subseteq [0,1], V \subseteq [0,1] \\
\overline{f} = \overline{f_1} * \overline{f_2} \\
\underline{f} = \underline{f_1} * \underline{f_2}
\end{cases}
\tag{3.128}
$$

其中,∗代表 t 范数模糊器,可以为最小值、激励值等。标准交集(最小)使用 t 范数操作,图 3.23 列举了组合器操作。

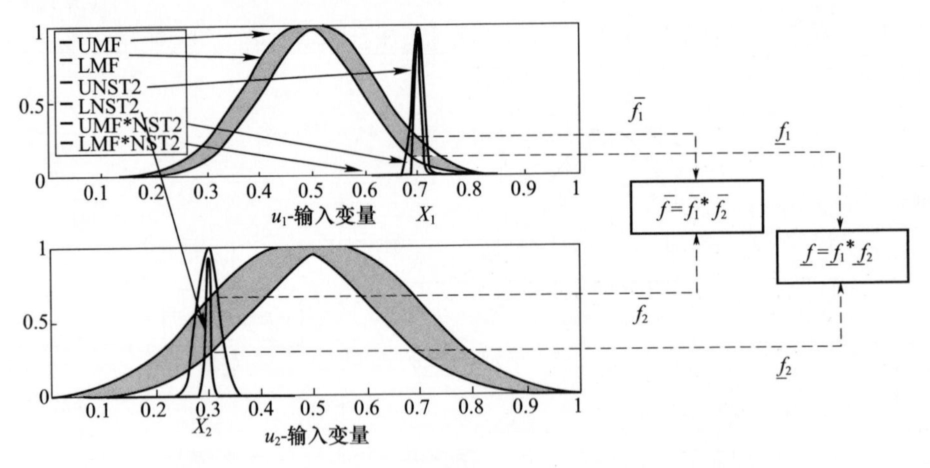

图 3.23　前件组合器的说明——非单值 T2FL 模糊器

模糊推论提供基于一些操作(如 SI 或 AP 等)的模糊输出集(生成的一个),操作在前件提供的单值(称为激励强度)和 FS 输出之间进行。在 IT2FLS 情况下,这里有两个从前件操作中得到的值($\overline{f}$, $\underline{f}$),给定原则的模糊输出集可以由以下等式得出:

$$\begin{cases}\bar{\mu}_B^s(v) = \bar{f} * \bar{\mu}_B(v) \\ \underline{\mu}_B^s(v) = \underline{f} * \underline{\mu}_B(v); v \in V \subseteq [0,1]\end{cases} \tag{3.129}$$

其中，* 代表 t 范数操作(如 SI 最小值或 AP 等)，如果 SI(最小值)被选择，可给出模糊输出集(生成的 UMF 和生成的 LMF)，见图 3.24。

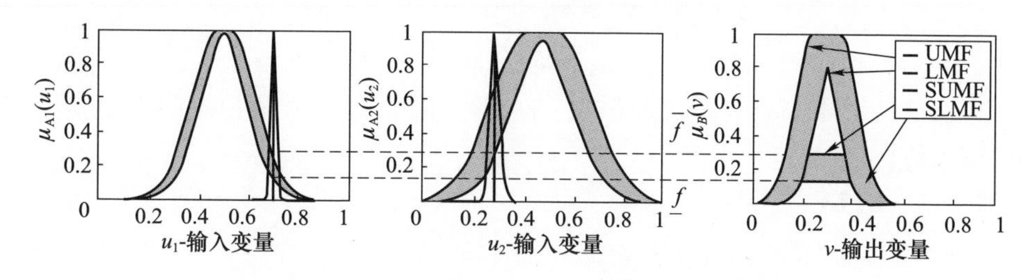

图 3.24 模糊推断的说明——非单值 T2FL 模糊器

$$\begin{cases}\bar{\mu}_B^s(v) = \min(\bar{f}, \bar{\mu}_B(v)); (\text{SUMF}) \\ \underline{\mu}_B^s(v) = \min(\underline{f}, \underline{\mu}_B(v)); (\text{SUMF})\end{cases} \tag{3.130}$$

3.9.3 FS 类型降阶

假设针对双输入单输出(DISO)系统的 IT2FLS 的第 l 条规则定义如下：

$$R^1: \text{If } x_1 \text{ is } \tilde{A}_1^l \text{ And } x_2 \text{ is } \tilde{A}_2^l, \text{Then } y \text{ is } \tilde{B}^l \tag{3.131}$$

在这里，提供给系统的总规则数是 M，即 $l = 1, 2, \cdots, M$；然后，FIS 的输出应该是被 M 模糊化的 2 型 $\tilde{B}^{sl}$ 的 FLS，而且这些 FS 通过 FS 类型降阶(TR)技术转化为单值 T1FLS。然后，通过对降阶 FS 应用去模糊化技术可以得到清晰输出。最流行的 TR 方法是 KM 的集中心(CoS)。有很多 KM 算法的版本：KMA(Karnil Mendel Algorithm)，加强版 KMA(EKMA)，带有新初始化的加强版 KMA(EKMANI)。

3.9.3.1 集中心

IT2FS 中 l 原则的激励强度由 $\bar{f}^l$ 和 $\underline{f}^l$ 给出，然后 l 输出模糊集的图心(利用 COA)如下：

$$
\begin{cases}
\bar{y}^l = \dfrac{\sum_{k=1}^{N} \bar{\mu}_B^{sl}(v(k)) * v(k)}{\sum_{k=1}^{N} \bar{\mu}_B^{sl}(v(k))} \\
\underline{y}^l = \dfrac{\sum_{k=1}^{N} \underline{\mu}_B^{sl}(v(k)) * v(k)}{\sum_{k=1}^{N} \underline{\mu}_B^{sl}(v(k))}
\end{cases}
\tag{3.132}
$$

这里,k 是 FS 输出样本(离散点)的编号,而 $v(k)$ 是在输出空间 $V \subseteq [0,1]$ 的清晰值(升序)。

3.9.3.2 KMA

KMA 分为两个部分:①左右部分是计算 $\bar{y}$;②为了计算 $\underline{y}$,基于集合 $\bar{f}^l$,$\underline{f}^l$ 和 $\bar{y}^l$,$l=1,2,\cdots,M$。让我们通过下面步骤计算 y:

步骤 1:通过升序对 $\bar{y}^l$ 进行分类,即 $\bar{y}_a^l = [\bar{y}^1 \leqslant \bar{y}^2 \leqslant \bar{y}^3, \cdots, \leqslant \bar{y}^M]$,同时依据 $\bar{f}^l$ 和 $\underline{f}^l$ 的值重排序,并相应命名为 $\bar{f}_a^l$ 和 $\underline{f}_a^l$。

步骤 2:计算向量 $\bar{f}_s^l = \bar{f}_a^l + \underline{f}_a^l/2(l=1,2,\cdots,M)$ 的初始值,同时通过以下式标量变量 $\bar{y}_s$:

$$
\bar{y}_s = \frac{\sum_{l=1}^{M} \bar{f}_s^l * \bar{y}_a^l}{\sum_{l=1}^{M} \bar{f}_s^l}
\tag{3.133}
$$

分配标量变量 $\bar{y}_s$ 的计算数值到新的标量变量 $\bar{y}_s'$,即 $\bar{y}_s' = \bar{y}_s$

步骤 3:找出指数 R,如 $\bar{y}_a^R \leqslant \bar{y}_s' \leqslant \bar{y}_a^{R+1}$。

步骤 4:利用下式计算 $\bar{y}_s$。

$$
\bar{y}_s = \frac{\sum_{l=1}^{R} \underline{f}_a^l * \bar{y}_a^l + \sum_{l=1+R}^{M} \bar{f}_a^l * \bar{y}_a^l}{\sum_{l=1}^{R} \underline{f}_a^l + \sum_{l=1+R}^{M} \bar{f}_a^l}
\tag{3.134}
$$

分配标量变量 $\bar{y}_s$ 的计算数值到新的标量变量 $\bar{y}_s''$,即 $\bar{y}_s'' = \bar{y}_s$。

步骤 5：如果 $\bar{y}_s'' \neq \bar{y}_s'$，转步骤 6，否则停止且分配 $\bar{y} = \bar{y}_s''$。

步骤 6：设置 $\bar{y}_s' = \bar{y}_s''$，然后返回步骤 3。

计算算法的第二部分（如 $\underline{y}$）的过程和计算 $\bar{y}$ 相似。在 IT2FLS 的 SBS 情况下，$\bar{y}$ 和 $\underline{y}$ 的计算利用集合 $\bar{f}^l$、$\underline{f}^l$ 和 $\bar{y}^l$、$\underline{y}^l$ 以及加权平均和加权求和的方法，在这里 w 只是 $\bar{f}^l$ 或 $\underline{f}^l$，而 z 是 $\bar{y}^l$ 或 $\underline{y}^l$。

3.9.3.3 去模糊化

IT2FLS 最终的精确输出计算是通过取 $\bar{y}$ 和 $\underline{y}$ 的平均值，如下：

$$y = \frac{\bar{y} + \underline{y}}{2} \tag{3.135}$$

3.9.4 使用 MATLAB 模糊逻辑系统工具箱实现图像融合

在这部分，应用 T1FL 和 IT2FL 获得基于从视觉增强合成原理系统的光电相机（注册的）和 LWIR 传感器的输入图像的融合图像，进行像素级别融合是使用这些传感器获得的灰度图像[16]。这些灰度图像首先归一化的清晰值在 0 和 1 之间，然后输入 FLS 融合输出。T1FL 的设计使用内置的基于 MATLAB 的名为“fuzzy”的工具箱。同样，IT2FL 使用第三方设计的 MATLAB 工具箱称作“fuzzy2”，参见附录 3A ~ 3C。图 3.25 展示了 FL 系统的 GUI。使用这些用户界面（GUI），用户可以设计 FLS 的选择：①FLS 的架构（Mamdani 或 Sugeuo）；②基于 IT2FLS 的模糊器（单值、NST1 和 NST2）。③输入的数量；④每个输入语言符号的数值；⑤MF 类型和它每个符号的参数（决定形状和分布）；⑥规则库（由一个领域专家提供）；⑦前件组合器的 FL 操作算子；⑧推断；⑨聚合；⑩TR，降阶类型；⑪去模糊化。图 3.26 显示 T1FLS 的 MF。

两个传感器（EOT 和 LWIR）输入 FS 和输出 FS 的语言符号被设计为 VL、L、M、H 和 VH：在这里，V、L、M、H 代表非常，低，中等以及高，代表输入图像的灰度水平的不同范围。F 给每一标签选择，MF 是经修剪的形状。图 3.27 显示了 IT2FLS 的 FMF。在这种情况下，MF 选择高斯类型给每一标签。然后，这里有两个输入（EOT 和 LWIR）以及每个输入有 5 个语言符号，因此，产生规则的最大数会是 $5 \times 5 = 25$。表 3.5 所列为图像融合应用设计的规则库（目前对于 T1FLS 和 IT2FLS 保持一样）。来自规则库的一个原则的解释如下：

If EOT is VL And LWIR is VL，Then fused is VL

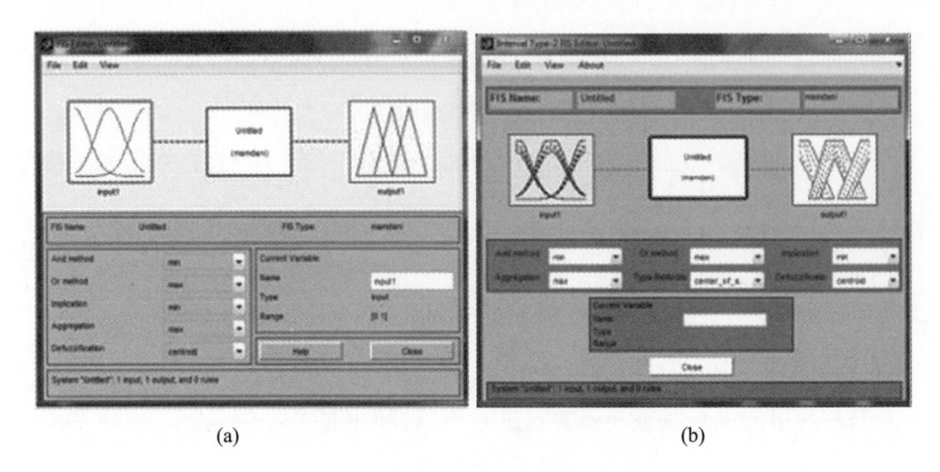

图 3.25　T1FLS 和 IT2FLS 的 GUI 界面
(a)T1FLS；(b)IT2FLS。

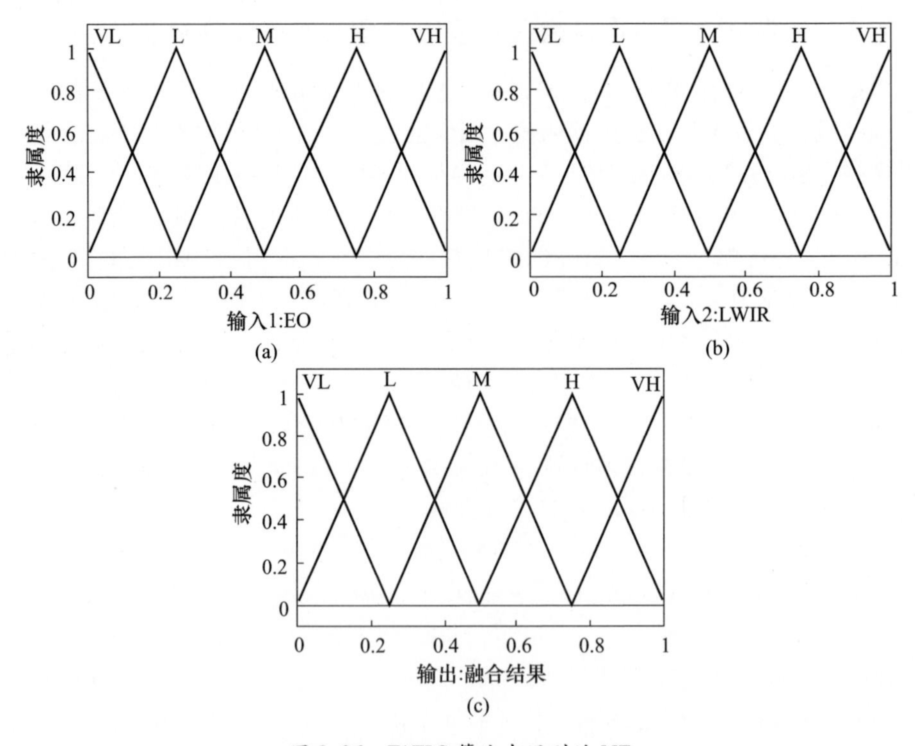

图 3.26　T1FLS 算法中用到的 MF

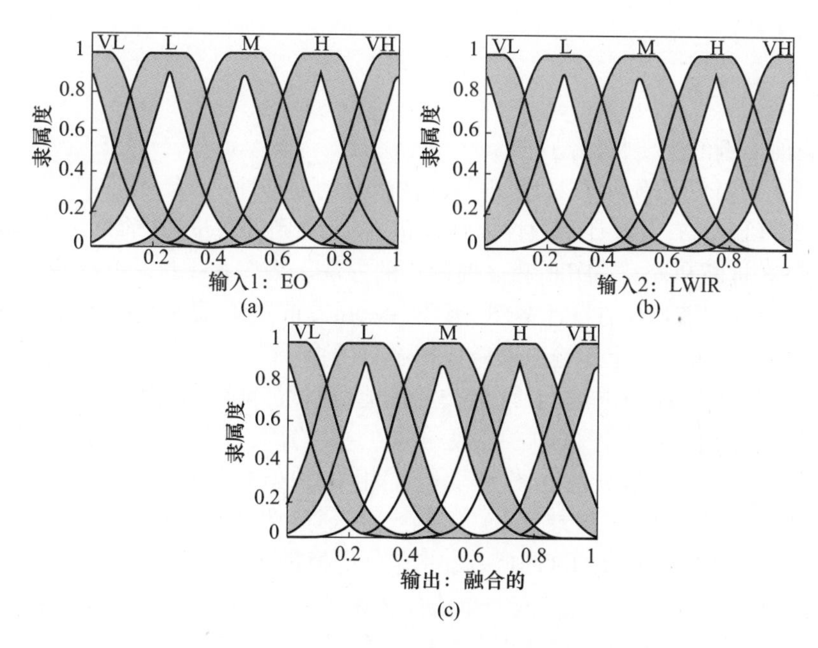

图 3.27 IT2FLS 算法中使用的 FMF

表 3.5 共有 25 条规则的规则库

		LWIR				
		VL	L	M	H	VH
EO	VL	VL	L	L	M	M
	L	VL	L	L	M	M
	M	L	L	M	H	H
	H	M	M	H	H	VH
	VH	M	M	H	H	VH

图 3.28 所示为 T1FLS 和 T2FLS 的曲面图。

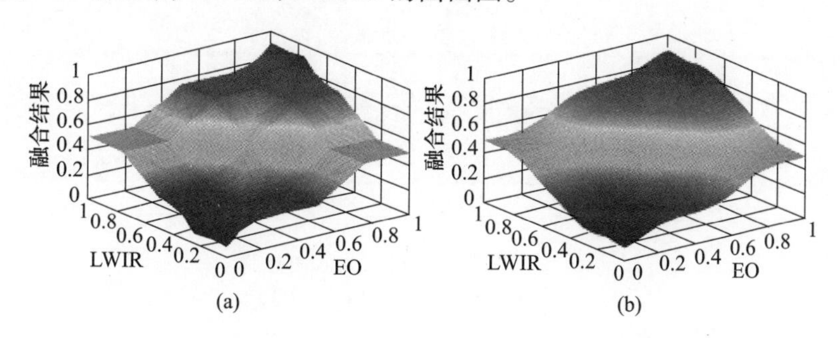

图 3.28 有 25 个规则的曲面图 T1FLS(a)和 IT2FLS(b)

3.9.5 结果分析

当前实例的主要目的是:

(1) 证明 T1FLS 和 IT2FLS 进行图像融合的可行性。

(2) FLS 的有关设计参数性能评估包括:①规则的数量;②前件组合器的操作算子;③推断和聚类;④TR 和去模糊化的方法。表 3.6 ~ 表 3.9 列举了 MBS/SBS T1FLS 和 IT2FLS 的设计案例,函数"evalfis2. m"(附录 3C)参考文献[16]。这个函数是用来从给定的输入图像获得融合图像。

这些设计案例的图像融合评估被定量地(通过性能度量)和定性地(通过视觉的检查)给出。用于评估的性能度量是:①平均熵;②平均对比度;③平均亮度;④图像得分;⑤信噪比;⑥图像对比;⑦相关性;⑧能量;⑨均匀性;⑩空间频率;⑪光谱活动度量(见附录 B.7)。定性评估通过在每个 SBS/MBS 中查找四个最好的融合图像来执行:①T1FLS;②带有单例模糊器的 IT2FLS;③带有非单值模糊器 T1FL 的 IT2FLS;④带有非单值的模糊器 T2 的 IT2FLS。在第二级上,通过度量项目①、②、③和④挑选出最好的 4 个图像。在最后一级,最佳的图像是从第二级的 4 个图像中选择出来的。图像 3.29 显示 EOT 和 LWIR 的输入图像,来自一个机场跑道的地面实验的 EVS 原型。图 3.30 ~ 图 3.37 显示融合图像:①T1FLS MBS;②T1FLS SBS;③IT2FLS MBS 单值;④IT2FLS MBS NST1;⑤IT2FLS MBS NST2;⑥单值 IT2FLS SBS;⑦IT2FLS SBS NST1;⑧ITAFLS SBS NST2 具有代表性的设计案例。图中带圆圈的数字对应表 3.6 ~ 表 3.9 中所列的案例编号。

(a) (b)

图 3.29 机场跑道的输入图像

(a)EOT 配准图像;(b)LWIR 图像。

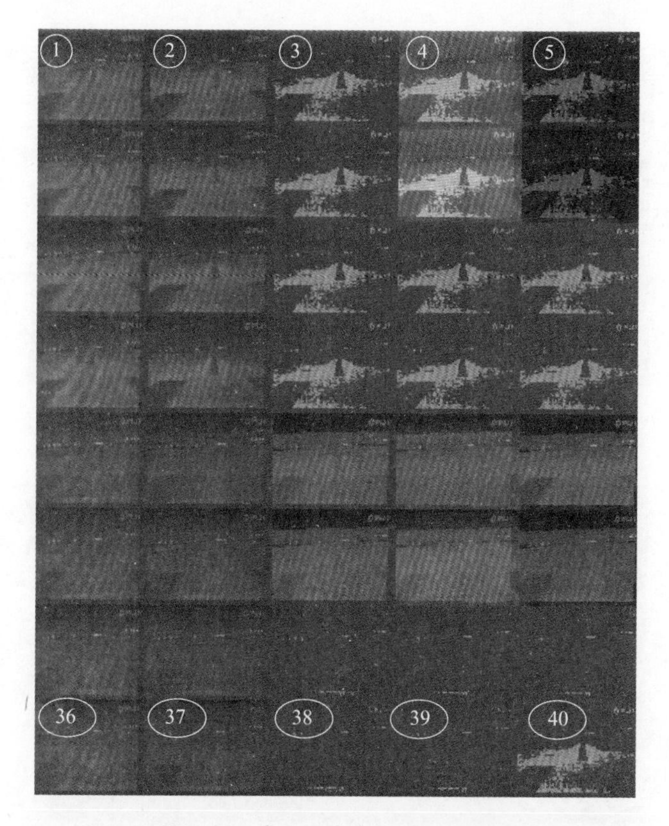

图 3.30　表 3.6 中案例的融合图像

图 3.31　表 3.7 中案例的融合图像

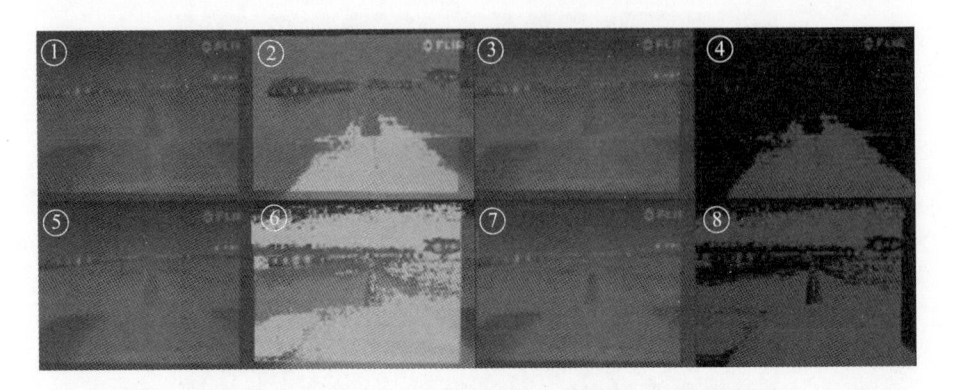

图 3.32　表 3.8 中案例的融合图像——单值模糊

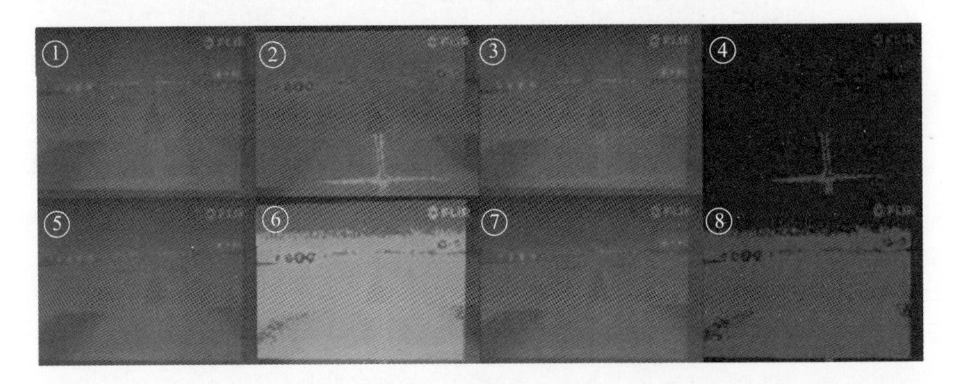

图 3.33　表 3.8 中案例的融合图像——非单值模糊 T1

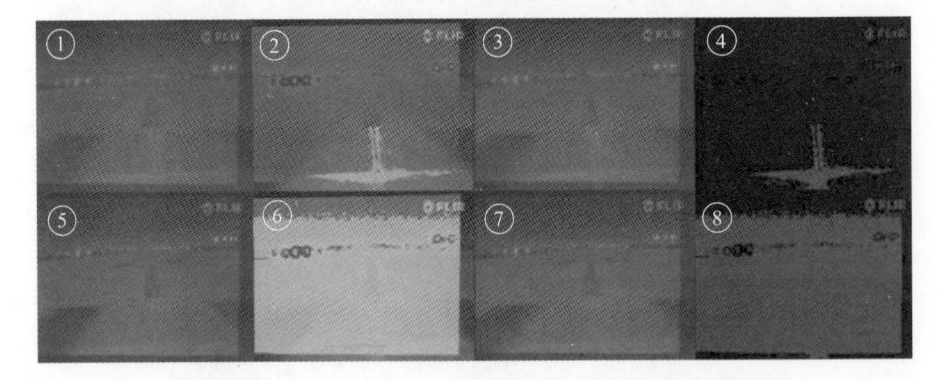

图 3.34　表 3.8 中案例的融合图像——非单值模糊 T2

图 3.35 表 3.9 提到案例的融合图像——单值模糊

图 3.36 表 3.9 提到案例的融合图像——非单值模糊 T1

图 3.37　表 3.9 提到案例的融合图像——非单值模糊 T2

表 3.6　MBS T1FLS 的设计案例

案例	前件组合器	推理	聚合	去模糊
1	最小	最小	最大	centroid
2	最小	最小	最大	bisector
3	最小	最小	最大	mom
4	最小	最小	最大	lom
5	最小	最小	最大	som
6	激励	最小	最大	centroid
7	激励	最小	最大	bisector
8	激励	最小	最大	mom
9	激励	最小	最大	lom
10	激励	最小	最大	som
11	最小	激励	最大	centroid
12	最小	激励	最大	bisector
13	最小	激励	最大	mom
14	最小	激励	最大	lom
15	最小	激励	最大	som
16	激励	激励	最大	centroid

（续）

案例	前件组合器	推理	聚合	去模糊
17	激励	激励	最大	bisector
18	激励	激励	最大	mom
19	激励	激励	最大	lom
20	激励	激励	最大	som
21	最小	最小	总和	centroid
22	最小	最小	总和	bisector
23	最小	最小	总和	mom
24	最小	最小	总和	lom
25	最小	最小	总和	som
26	激励	最小	总和	centroid
27	激励	最小	总和	bisector
28	激励	最小	总和	mom
29	激励	最小	总和	lom
30	激励	最小	总和	som
31	最小	激励	总和	centroid
32	最小	激励	总和	bisector
33	最小	激励	总和	mom
34	最小	激励	总和	lom
35	最小	激励	总和	som
36	激励	激励	总和	centroid
37	激励	激励	总和	bisector
38	激励	激励	总和	mom
39	激励	激励	总和	lom
40	激励	激励	总和	som

表 3.7 SBS T1FLS 设计案例

案例	前件组合器	推理	聚合	去模糊
1	最小	激励	最大	wtaver
2	最小	激励	最大	wtsum
3	激励	激励	最大	wtaver
4	激励	激励	最大	wtsum

表 3.8　MBS IT2FLS 案例设计

案例	前件组合器	推理	类型降阶	去模糊
1	最小	最小	CoS	(3.135)
2	最小	最小	height	(3.135)
3	最小	激励	CoS	(3.135)
4	最小	激励	height	(3.135)
5	激励	最小	CoS	(3.135)
6	激励	最小	height	(3.135)
7	激励	激励	CoS	(3.135)
8	激励	激励	height	(3.135)

表 3.9　SBS IT2FLS 案例设计

案例	前件组合器	推理	去模糊
1	最小	激励	wtaver and (3.135)
2	最小	激励	wtsum and (3.135)
3	激励	激励	wtaver and (3.135)
4	激励	激励	wtsum and (3.135)

3.9.5.1　定性分析

将图 3.30 ~ 图 3.37 中描述的融合图像展示给一组人员进行评估。评估的标准是机场跑道的识别、机场跑道标志、机场跑道的数量以及机场跑道的灯光。融合图像根据清晰识别的能力由好到差进行排序。定性分析根据如下(在一些表格中重要的结果通过灰色阴影进行强调)[16]:

(1) SBS(Sugeuo)T1FL 或者 SBS IT2FL 比起 MBS(Mamdani)T1FL 或者 MBS IT2FL 表现得更好。

(2) IT2FLS 比 T1FL 表现得更好。

(3) 在 SBS/MBS IT2FLS 内,基于 NSTI 或 NST2 的组合比基于单值模糊的组合执行得更好。

(4) 在 SBS TIFL,“最小值”原件结合,“刺激”推理和去模糊化的“wtsum”执行很好(表 3.7 的案例 2;在图 3.31 的②)。

(5) 在 SBS IT2FLS(单值、NST1 和 NST2),“最小值”原件结合,“刺激”推理和去模糊化“wtsum”执行最好(表 3.9 的案例 2,图 3.35 ~ 图 3.37 的②)。

(6) 在 SBS,带有 NST1IT2FLS 是最好的(图 3.36 的②)其次是带有 NST2 的 IT2FLS(图 3.37 的②),带有单值的 IT2FLS(图 3.35 的②)和最后的 TIFLS(图 3.31 的②)。

(7) 在 MBS T1FL 中,除了"重心"和"平分线",应用其他所有去模糊化技术导致融合图像的质量不可接受。

(8) 在 MBS IT2FLS 中单值模糊化,最小值后件结合,"刺激"推理和 TR 的"中心集"执行很好(表 3.8 的案例 3,图 3.32 的③)。

(9) 在 MBSIT2FLS 中为了 NST1 或 NST2,"刺激"后件结合,"刺激"推理和 TR 的"中心集"执行很好(表 3.8 的案例 7,图 3.33 和图 3.34 的⑦)。

(10) 在 MBS 中,带有 NST1 的 IT2FLS 很好(图 3.33 的⑦)其次是带有 NST2 的 IT2FLS(图 3.35 的⑦),带有单值的 IT2FLS(图 3.31 的③)和最后的 T1FL(图 3.30 中的白色圆片 16)。

3.9.5.2 定量分析

表 3.10 ~ 表 3.17 为表 3.6 ~ 表 3.9 案例的性能指标的数值。作为性能指标,一般来说一个好的高质量图像应该有一个更高的平均熵、平均对比度、平均亮度、信噪比、图像对比度、相关性和空间频率。定量评价总结如下(在一些表中重要的结果由灰色阴影强调标注)[16]:

表 3.10 表 3.6 案例的融合图像性能指标

案例	a	b	c	d	e	f	g	h	i	j	k
1	5.0784	0.4518	76.2119	7.0493	5.5296	0.0215	0.9543	0.5133	0.9893	1.5731	1.3853
2	5.1289	0.5914	75.0730	6.643	5.4565	0.0251	0.9363	0.5881	0.9876	1.7519	0.9301
3	2.0619	1.6410	67.3098	5.9729	3.1745	0.0926	0.8964	0.6884	0.9670	4.0070	0.0221
4	4.7535	2.0584	83.8466	6.1436	3.9438	0.1464	0.8708	0.3073	0.9362	4.2919	0.0365
5	4.7503	2.0386	46.1111	6.1680	2.1383	0.0879	0.9152	0.6436	0.9744	4.2720	0.0102
6	5.0597	0.4474	75.5893	7.1035	5.5867	0.0203	0.9538	0.5463	0.9900	1.5426	1.3521
7	4.9556	0.5857	74.5940	6.6454	5.4645	0.0249	0.9356	0.5946	0.9877	1.7559	0.8829
8	2.0620	1.6408	67.3098	5.9739	3.1746	0.0926	0.8965	0.6884	0.9670	4.0070	0.0221
9	5.6015	2.1074	84.0574	6.2719	3.8877	0.1095	0.9216	0.4450	0.9627	4.3821	0.0420
10	5.5741	2.0780	39.8452	6.2517	1.8285	0.0915	0.8279	0.6059	0.9639	4.3485	0.0077
11	5.3318	0.4906	75.3344	6.7161	5.3344	0.0222	0.9509	0.5460	0.9889	1.6051	1.2591
12	5.2236	0.6729	73.9910	6.3385	5.2412	0.0232	0.9366	0.6201	0.9885	1.9122	0.7166
13	2.0627	1.6483	67.3002	5.9727	3.1705	0.0928	0.8963	0.6884	0.9670	4.0150	0.0219
14	2.0627	1.6483	67.3002	5.9727	3.1705	0.0928	0.8963	0.6884	0.9670	4.0150	0.0219
15	2.0627	1.6483	67.3002	5.9727	3.1705	0.0928	0.8963	0.6884	0.9670	4.0150	0.0219
16	5.2580	0.4803	74.8775	6.7763	5.3874	0.0202	0.9544	0.5573	0.9901	1.5863	1.1796
17	5.0203	0.6698	73.4876	6.2946	5.2200	0.0228	0.9370	0.6240	0.9887	1.9375	0.6489

（续）

案例	a	b	c	d	e	f	g	h	i	j	k
18	2.0627	1.6483	67.3002	5.9727	3.1705	0.0928	0.8963	0.6884	0.967	4.0150	0.0219
19	2.0627	1.6483	67.3002	5.9727	3.1705	0.0928	0.8963	0.6884	0.967	4.0150	0.0219
20	2.0627	1.6483	67.3002	5.9727	3.1705	0.0928	0.8963	0.6884	0.967	4.0150	0.0219
21	4.9470	0.3776	72.8935	6.7159	7.1547	0.0099	0.9108	0.8912	0.9951	1.5214	1.3360
22	4.8858	0.4342	72.0230	7.1498	6.7501	0.0103	0.9153	0.8801	0.9949	1.5468	1.1775
23	5.3097	0.6264	73.4810	6.7522	3.8404	0.0309	0.9705	0.3441	0.985	1.9972	0.4917
24	5.1838	0.6954	76.5133	6.8791	4.3811	0.0524	0.9487	0.3493	0.9745	2.1991	0.4582
25	5.5471	0.7086	69.3523	7.1806	3.1614	0.0337	0.9722	0.3176	0.9835	2.2496	0.4077
26	5.0890	0.4283	73.1088	7.0391	6.9615	0.0104	0.9156	0.8785	0.9948	1.4918	1.4058
27	5.0085	0.4727	72.5927	7.0232	6.4685	0.0100	0.9293	0.8622	0.9951	1.5579	1.1745
28	5.1630	0.5811	73.6201	6.7206	3.8234	0.0266	0.9761	0.3414	0.9871	1.9743	0.4978
29	5.5274	0.7249	77.7687	7.1316	4.3348	0.0281	0.9672	0.4868	0.9865	2.3172	0.4902
30	5.7352	0.7171	66.2865	7.2752	3.1144	0.0193	0.9626	0.5367	0.9906	2.3035	0.3466
31	5.1029	0.4236	72.6828	6.9643	7.0242	0.0107	0.9047	0.8896	0.9947	1.512	1.2296
32	4.6523	0.4278	70.2348	7.0857	7.8664	0.0093	0.9049	0.9039	0.9955	1.5303	1.0027
33	0.4854	0.3344	64.1257	9.0533	11.2167	0.0146	0.6687	0.9742	0.9950	1.9318	0.0726
34	0.4854	0.3344	64.1257	9.0533	11.2167	0.0146	0.6687	0.9742	0.9950	1.9318	0.0726
35	0.4854	0.3344	64.1257	9.0533	11.2167	0.0146	0.6687	0.9742	0.9950	1.9318	0.0726
36	5.1580	0.4562	72.8508	7.2036	6.7845	0.0104	0.9182	0.8750	0.9949	1.5145	1.2289
37	4.6889	0.4628	70.7408	7.1616	7.5001	0.0099	0.9109	0.8905	0.9952	1.5359	1.0194
38	0.5232	0.3807	64.1571	8.5874	10.3288	0.0181	0.6554	0.9698	0.9940	2.0420	0.0607
39	0.5232	0.3807	64.1571	8.5874	10.3288	0.0181	0.6554	0.9698	0.9940	2.0420	0.0607
40	2.0627	1.6483	67.3002	5.9727	3.1705	0.0928	0.8963	0.6884	0.9670	4.0150	0.0219

表 3.11　表 3.7 案例的融合图像性能指标

案例	a	b	c	d	e	f	g	h	i	j	k
1	5.3571	0.4793	71.2951	7.0372	5.5700	0.0127	0.9513	0.7504	0.9937	1.6458	1.0746
2	6.5722	1.1215	78.9924	6.6828	3.1484	0.0324	0.9818	0.3078	0.9856	3.0982	0.3026
3	5.4402	0.5143	71.7121	7.1239	5.6216	0.0136	0.9323	0.8064	0.9933	1.6589	1.0661
4	5.4400	0.5142	71.7121	7.1258	5.6219	0.0136	0.9322	0.8065	0.9933	1.6589	1.0647

表 3.12　表 3.8 案例的融合图像性能指标:单值模糊器

案例	a	b	c	d	e	f	g	h	i	j	k
1	5.4979	0.4653	76.0728	6.7886	6.3630	0.0181	0.9229	0.7725	0.9910	1.4848	1.6561
2	5.4230	1.3022	81.9386	6.4440	3.5258	0.0401	0.9622	0.4185	0.9819	3.2826	0.1310
3	5.6035	0.4872	74.8935	6.9017	5.6914	0.0210	0.9305	0.7180	0.9895	1.5370	1.5450
4	1.5395	0.6459	22.2335	7.0160	0.8081	0.0302	0.9802	0.6046	0.9932	2.5256	0.0138
5	5.4357	0.4586	76.6359	6.7551	5.9230	0.0247	0.9522	0.5270	0.9877	1.4916	1.7356
6	6.0795	3.4409	81.1502	6.1571	3.2549	0.2511	0.8783	0.2475	0.9234	5.6478	0.0236
7	5.4357	0.4586	76.6359	6.7551	5.9230	0.0247	0.9522	0.5270	0.9877	1.4916	1.7356
8	2.8075	2.3435	50.7249	6.4493	1.7804	0.1204	0.9256	0.5418	0.9728	4.9243	0.0078

表 3.13　表 3.8 案例的融合图像性能指标:非单值模糊器 T_1

案例	a	b	c	d	e	f	g	h	i	j	k
1	5.4787	0.4696	76.8435	6.5704	6.4501	0.0197	0.9280	0.7383	0.9902	1.4996	1.7668
2	4.9812	0.8525	80.8959	7.2171	5.6331	0.0287	0.9453	0.5933	0.9861	2.5940	0.1920
3	5.5676	0.4878	75.8476	6.6943	5.8995	0.0199	0.9294	0.7326	0.9901	1.5501	1.6630
4	0.5790	0.4042	7.2564	9.4299	0.8309	0.0193	0.8728	0.9521	0.9954	2.0151	0.0020
5	5.4544	0.4740	77.0459	6.4975	6.1822	0.0264	0.9396	0.5905	0.9868	1.5039	1.7716
6	5.4389	1.4969	81.9233	6.6859	3.6852	0.0621	0.9572	0.4578	0.9767	3.5705	0.0935
7	5.5593	0.5117	75.7932	6.5888	5.5425	0.0283	0.9373	0.5833	0.9859	1.5683	1.5971
8	2.0401	1.1783	48.0712	7.0255	1.6224	0.0618	0.9649	0.5329	0.9863	3.4014	0.0147

表 3.14　表 3.8 案例的融合图像性能指标:非单值模糊器 T_2

案例	a	b	c	d	e	f	g	h	i	j	k
1	5.4851	0.4682	77.0591	6.5768	6.4560	0.0205	0.9290	0.7228	0.9898	1.4955	1.8006
2	4.9818	0.9183	81.3706	7.0658	5.0475	0.0313	0.9551	0.5193	0.9850	2.6828	0.1825
3	5.5728	0.4912	75.9478	6.7195	5.8550	0.0207	0.9299	0.7201	0.9897	1.5549	1.6399
4	0.7870	0.4855	8.7145	8.2412	0.6850	0.0212	0.9346	0.9076	0.9949	2.1946	0.0037
5	5.4556	0.4679	77.2561	6.5652	6.1497	0.0238	0.9520	0.5449	0.9881	1.5012	1.8177
6	5.3151	1.4267	82.0151	6.8533	3.9013	0.0598	0.9560	0.5377	0.9794	3.4200	0.0997
7	5.5520	0.5040	75.8643	6.6604	5.4667	0.0266	0.9468	0.5475	0.9868	1.5628	1.6047
8	1.7868	0.9674	52.7140	7.4280	1.9142	0.0508	0.9666	0.5973	0.9886	3.0990	0.0198

表 3.15　表 3.9 案例的融合图像性能指标:单值模糊器

案例	a	b	c	d	e	f	g	h	i	j	k
1	5.6252	0.5340	71.8075	7.0098	5.5421	0.0143	0.9426	0.7643	0.9929	1.6499	1.1558
2	6.5431	1.0158	83.1011	6.5620	3.7740	0.0373	0.9796	0.2871	0.9822	2.7024	0.8168
3	5.5605	0.5481	71.9402	6.7619	5.5921	0.0146	0.9259	0.8093	0.9928	1.6650	1.1141
4	5.9259	0.6682	80.9896	6.9110	4.8759	0.0155	0.9775	0.4577	0.9925	1.9902	1.3486

表 3.16　表 3.9 案例的融合图像性能指标:非单值模糊器 T_1

案例	a	b	c	d	e	f	g	h	i	j	k
1	5.6465	0.5419	72.8380	6.9327	5.3920	0.0153	0.9386	0.7660	0.9924	1.6918	1.2500
2	6.7703	1.2041	83.9468	6.5822	3.9211	0.0446	0.9823	0.2541	0.9793	2.8793	1.1378
3	5.6109	0.5572	72.5908	6.8237	5.4875	0.0153	0.9284	0.7953	0.9924	1.6812	1.2227
4	6.4223	0.9327	83.6440	6.8686	4.7287	0.0286	0.9749	0.3834	0.9862	2.3378	1.5732

表 3.17　表 3.9 案例的融合图像性能指标:非单值模糊器 T_2

案例	a	b	c	d	e	f	g	h	i	j	k
1	5.6461	0.5372	72.7189	6.8851	5.4129	0.0157	0.9376	0.7630	0.9922	1.6805	1.2587
2	6.7947	1.5529	83.8918	6.9786	3.9198	0.0522	0.9773	0.2901	0.9755	3.3440	0.7917
3	5.6038	0.5542	72.5122	6.8823	5.5037	0.0151	0.9287	0.7964	0.9925	1.6809	1.1875
4	6.4149	1.3104	83.5556	7.1239	4.7235	0.0409	0.9655	0.3613	0.9801	2.8369	0.8691

(1) SBS FL 可以从表 3.11、表 3.15 和表 3.17 中看到,每个表的案例 2 满足质量条件最好的图像在设计用例表。这个与定性观察 4 号和 5 号对应,也观察到通常 IT2FL(表 3.15 ~ 表 3.17)优于 T1FL(表 3.11),类似于定性分析的观察 2 号。

(2) 因为,在定性分析中,发现 MBST1FL 设计案例(表 3.6)中,使用平分线、lom、mom 或 som 去模糊化手段产出质量低劣的融合图像,因此这些案例在分析评价中不考虑。排除案例 1、6、11、16、21、26、31 和 36。在定量分析(表 3.10)中发现案例 1、6、11、和 16 表现突出,得到高质量图像。在这方面,案例 11(与案例 16 相反,定性观察的 7 号)似乎是当中最好的。

(3) 在 MBS IT2FLS 的案例中,从表 3.12 ~ 表 3.14 中发现,案例 6 在每个表格的设计案例中得到最优质的图像。在定性分析被发现案例 7 是最好的(见观察 10 号和 11 号)。

最后,从定性和定量评价中可得出以下结论:

(1) IT2FLS 比 T1FLS 表现得更好;

(2) SBS(Sugeon FL)比 MBS(Mamdani FL)表现得更好。

3.10 基于证据推理和可能性理论的 DF 方法:举例说明

本例中介绍了基于证据理论(D-S)及可能性理论(FLS)的多传感器数据融合(MSDF)在近距离杀伤性地雷检测问题中的应用[17]。人道主义地雷检测/行动类型/工具(HMDAT)受益于 MSDF 技术的两个方面为近距离杀伤性地雷探测和减少地雷分布面积。第一个检测表面异常可能与存在地雷相关,或检测爆炸材料。对于近距离检测,有效的模型以及提取的特征融合将会改善单一传感器处理的可靠性和质量,然而,由于在地雷区域的各种不同情况(如特定的湿度、深度、埋藏的角度等)和不同雷区(如地雷的类型、土壤、结构等),一个性能良好的 HMDAT 只能通过 MSDF 方法获得。因为传感器检测不同的特性,这些互补的组合信息会改善检测和分类的结果。为了考虑埋藏雷区和内部雷区可变性、不确定性、模糊性和部分知识,FLS 或可能性理论和 DS/信任函数可以证明对于 HMDAT 中的 MSDF 运用非常有用。这个应用程序使用了来自三个互补传感器的真实数据[17],即金属探测器、探地雷达(GPR)和红外相机。

3.10.1 近距离地雷探测的信息融合

由于地雷区类型和条件,单一传感器在 HMD(AT)中难以在多种不同情况下达到较高的检测概率。因此,最有效的传感器组网方式为红外摄像头、成像金属探测器(IMD)和 GPR 组成。

3.10.1.1 信度函数融合

D-S 证据理论/可信度函数,即D-S理论可以描述不精确和不确定性。使用的似真度和信度函数通过度量(mass)函数推导而来。命题 A 的 mass 是初始信度的一部分,这个信度意味着解完全在 A 中,而且定义为函数 m,从 2^{Θ} 到$[0,1]$区间,在这里 Θ 是决策空间。这个决策空间也称为辨识框架或者全集。依据约束,对于空集和集合 A:

$$m(0) = 0; \sum_{A\subseteq\Theta} m(A) = 1 \tag{3.136}$$

D-S 理论适用于描述未知或者部分未知,分类和部分信度之间的模糊,而且质量可以通过不同来源/分类器进行分配并且通过正交原则进行控制。

$$m_{ij}(S) = \sum_{\substack{k,l \\ A_k\cap B_l=S}} m_i(A_k)\cdot m_j(B_l) \tag{3.137}$$

这里,S 是全集的任何子集,m_i和 m_j通过度量 i 和 j 进行质量分配,它们的焦元是 $A_1,A_2,\cdots,A_p$和 $B_1,B_2,\cdots,B_q$。在未正规化的形式下结合后,质量被分配到空

集,如下[17]:

$$m_{ij}(0) = \sum_{\substack{k,l \\ A_k \cap B_l = 0}} m_i(A_k) \cdot m_j(B_l) \tag{3.138}$$

其被当作解释来源之间冲突的一个方法。所有不精确的数据应该在建模水平上进行明确说明,尤其是在焦元的选择:来自同一信息源的两类别之间的模糊必须使用分离的假设进行模拟,因此来自其他来源的冲突受到限制而且模糊有可能通过组合进行解决。可建立一个信度函数如下:

$$\text{Bel}(A) = \sum_{B \subseteq A, B \neq 0} m(B); \forall A2^{\Theta} \tag{3.139}$$

同时有似真度函数如下:

$$\text{Pls}(A) = \sum_{B \cap A \neq 0} m(B); \forall A2^{\Theta} \tag{3.140}$$

一旦完成了组合,最后的决定来自于一个简单假设的支持:最大的似真度(通常在简单的假设)、最大的信度或者 Pignistic 决策规则。在 HMDAT 情况下,某些类别可能需要给更多的重要性,例如,在决策级上的地雷;在类不应当错失时可以使用的最大似真度,在其他情况下使用最大信度。

3.10.1.2 模糊的和可能性融合

基于 FLS 和可能性理论(FLSPOS)模型代表在信息上的不精确或在类别和决定之间可能的歧义。在组合融合的步骤中,FLSPOS 依赖于可以处理异构信息的处理算子[17]:t 范数、s 范数(t 余范数)、平均算子、对称求总和以及考虑信息源和可靠信息源之间所有冲突的算子(第 2 章)。不同于基于贝叶斯或者D-S 理论的融合,FLOSPOS 提供了极大灵活的算子选择,因为每个信息在同样的决策空间转换成 FLS 的 MF 或者 PODI,并且在融合后决策信息通常来自于最大隶属度或者可能性值。

3.10.2 近距离地雷探测方法

通过以下多种措施:①用红外传感器观察对象的面积和形状(伸长和椭圆样式的);②在 IMD 数据中金属区域的大小;③传播速度(如材料的类型),用探地雷达观察对象的埋藏深度、对象的大小及其散射函数之间的比例。尽管语义是不同的,相似的信息可以通过可能性和信任函数模型进行模拟。目的是尽可能设计可能性和质量函数,同时专注于融合组合步骤中的比较。通过整个集的质量用 D-S 方法对未知进行明确模拟(保证幂集质量函数的标准化)。只有通过正常化约束的缺失,才能表达可能性模型中的隐式内容。

3.10.2.1 IR 方法

可能性程度来源于伸长和椭圆拟合给出的测度,分别通过 π_{1l} 和 π_{2l} 给出:由于与形状规律有关，它们定义为一个有规则形状的地雷（RM），一个不规则形状的地雷（IM），一个有规则没有危险性的对象（RF）以及一个无规则形状没有危险性的对象（IF）。在D-S的框架中，完全集合是：$\Theta=\{RM,IM,RF,IF\}$。伸长以及椭圆拟合的目的在于区分规则和不规则的形状，质量分配通过两个测度（m_{1I} 和 m_{2I}）被分开在 $RM\cup RF$，$IM\cup IF$ 和 Θ 之间。对于伸长，计算值 r_1 作为来自CoG（使用阈值图像）的边缘像素的最小和最大距离的比率，而 r_2 为自二次矩计算获得的短轴和长轴的比率。利用这些比率，得到的可能度如下[17]：

$$\pi_{1I}(RM)=\pi_{1I}(RF)=\min(r_1,r_2) \tag{3.141}$$

$$\pi_{1I}(IM)=\pi_{1I}(IF)=1-\pi_{1I}(RM) \tag{3.142}$$

对于 DS 有下列的质量方程：

$$m_{1I}(RM\cup RF)=\min(r_1,r_2) \tag{3.143}$$

$$m_{1I}(IM\cup IF)=|r_1-r_2| \tag{3.144}$$

对于全集合有

$$m_{1I}(\Theta)=1-\max(r_1,r_2) \tag{3.145}$$

对于椭圆拟合，A_{oe}是对象面积的一部分，该对象属于拟合的椭圆，同时 A_o也是对象面积，而 A_e是椭圆面积。然后，相应的 POPI 定义如下[17]：

$$\pi_{2I}(RM)=\pi_{2I}(RF)=\max\left[0,\min\left(\frac{A_{oe}-5}{A_o},\frac{A_{oe}-5}{A_e}\right)\right] \tag{3.146}$$

$$\pi_{2I}(IM)=\pi_{2I}(IF)=1-\pi_{2I}(RM) \tag{3.147}$$

对于 IR 方法，D-S 质量给出如下：

$$m_{2I}(RM\cup RF)=\max\left[0,\min\left(\frac{A_{oe}-5}{A_o},\frac{A_{oe}-5}{A_e}\right)\right] \tag{3.148}$$

$$m_{2I}(IM\cup IF)=\max\left[\frac{A_{oe}-5}{A_o},\frac{A_{oe}-5}{A_e}\right] \tag{3.149}$$

$$m_{2I}(\Theta)=1-m_{2I}(IM\cup IF)-m_{2I}(RM\cup RF) \tag{3.150}$$

当确认所有地雷为有一规则形状的地雷，RM 的 PODI 度可以重新分配给任何形状 $M=RM\cup IM$ 的地雷，然而 IM 的 PODI 度可以再分配给没有危险性的任何 $F=RF\cup IF$ 的对象。类似的，给予 $RM\cup RF$ 的质量可以再分配给 M，而给予 $IM\cup IF$ 的质量可以再分配给 F。现在，面积直接提供一个作为地雷的程度值 $\pi_{3I}(M)$，并且自从杀伤地雷的可能性范围大约得出后，地雷的 PODI 度被修改为一个衡量大小的函数。

$$\pi_{3I}(M)=\frac{a_1}{a_1+0.1a_{1\min}}\exp\frac{-[a_1-0.5(a_{1\min}+a_{1\max})]^2}{0.5(a_{1\max}-a_{1\min})^2} \tag{3.151}$$

这里，a_1是实际的红外图像目标区域，虽然预料中的区域大致范围是在 $a_{1\min}$

和 a_{1max} 之间(对于杀伤性地雷,合理的值对应设为 $15cm^2$ 和 $225cm^2$)。没有危险性的对象可以是任意大小,所以 PODI 度设为 $\pi_{3I}(F)=1$。然后,该面积/尺寸质量分配如下:

$$m_{3I}(\Theta)=\frac{a_I}{a_I+0.1a_{Imin}}\exp\frac{-[a_I-0.5(a_{Imin}+a_{Imax})]^2}{0.5(a_{Imax}-a_{Imin})^2}$$

$$m_{3I}(RF\cup IF)=1-m_{3I}(\Theta) \tag{3.152}$$

3.10.2.2 IMD 方法

对于金属探测器而言,图像金属探测(IMD)数据经常饱和,而且数据采集在交叉扫描方向的分辨率很差。因此,IMD 信息只包括一个度量,该度量是一个在扫描方向宽度为 w 的区域。没有危险性的对象可以包含任何尺度的金属,因此,我们有 $\pi_{MD}(F)=1$。基于在地雷(杀伤性地雷的范围通常为 5~15cm)中的有一些在金属期望尺度方面的知识,我们可以给地雷分配可能性如下[17]:

$$\pi_{MD}(M)=\frac{w}{20}[1-\exp(-0.2w)]\exp\left(1-\frac{w}{20}\right) \tag{3.153}$$

而且相应的质量函数为

$$m_{MD}(\Theta)=\frac{w}{20}[1-\exp(-0.2w)]\exp\left(1-\frac{w}{20}\right) \tag{3.154}$$

$$m_{MD}(RF\cup IF)=1-m_{MD}(\Theta) \tag{3.155}$$

3.10.2.3 GPR 方法

对于地雷埋藏深度的信息 D,在任何深度都可发现没有危险的物体,可知杀伤性地雷位于某一最大深度之上是可以被预测。这主要是由于它们的激活原理,但是由于土壤松动、侵蚀等,在时间的推移下,地雷比起初埋藏的深度变得更深或更浅;在埋藏深度大于 25cm(D_{max})的情况下它们很难被检测到。对于该 GPR 方法,地雷的 PODIπ_{1G} 以及没有危险性的对象的模拟如下[17]:

$$\pi_{1G}(M)=\frac{1}{\cosh(D/D_{max})^2};\pi_{1G}(F)=1 \tag{3.156}$$

对于该 GPR 方法的可信任质量如下:

$$m_{1G}(\Theta)=\frac{1}{\cosh(D/D_{max})^2};m_{1G}(RF\cup IF)=1-m_{1G}(\Theta) \tag{3.157}$$

另一种探地雷达的测量方法是通过其散布函数 d/k 得到对象大小的比例。在这种测量中没有危险的对象可以有任意值。对于地雷来说,有一个取值的范围。超过这个范围,该对象可以确定不是地雷:

$$\pi_{2G}(M)=\exp\left[-\frac{[(d/k)-m_d]^2}{2p^2}\right];\pi_{2G}(F)=1 \tag{3.158}$$

其中，m_d是 d/k 的值，在该值 PODI 达到它的最大值（这里的 $m_d = 700$，基于一个先验信息）以及 p 是指数函数的宽度（$p = 400$）。相似的情况下，对于该 GPR 测量的信任质量为

$$m_{2G}(\Theta) = \exp\left[-\frac{[(d/k) - m_d]^2}{2p^2} \right]; m_{2G}(RF \cup IF) = 1 - m_{2G}(\Theta) \tag{3.159}$$

传播速度 v 可以提供关于对象身份的信息，而且比起埋藏深度测量的情况，可以用不同的方式提取深度信息，保留提取深度的符号。这些信息表明在表面上是否有一个潜在的物体。在这种情况下，提取的速度 v 应该接近 $c = 3 \times 10^8$ m/s，该传播速度（电磁波/光速）是在真空中；如果迹象表明对象是在土壤表面之下，v 的值应该在相应介质值的附近（在沙子介质中从 5.5×10^7 m/s 到 1.73×10^8 m/s）[17]：

$$\pi_{3G}(M) = \exp\left[-\frac{(v - v_{\max})^2}{2h^2} \right] \tag{3.160}$$

这里，$v_{\max}$是该介质最典型的速度值（对于沙子来说，它是 $0.5 \times (5.5 \times 10^7 + 1.73 \times 10^8) = 1.14 \times 10^8$ m/s，而对于空气来说，它和 c 相等的）。指数函数的宽度 h 是 6×10^7 m/s[17]。没有危险性的对象有任何速度值 $\pi_{3G}(F) = 1$。相应的信任质量函数如下：

$$m_{3G}(\Theta) = \exp\left[-\frac{(v - v_{\max})^2}{2h^2} \right] \tag{3.161}$$

$$m_{3G}(RF \cup IF) = 1 - m_{3G}(\Theta) \tag{3.162}$$

3.10.3 融合评估

PODI 度以及质量的融合通过两个步骤执行：①运用于所有来自单传感器的测量信息；②组合从第一步骤中所有三个传感器得到的结果。对于 PODI 来说，只考虑与地雷相关的组合规则。对于 IR 来说（在这里，地雷可以是规则或者不规则的），每个形状度量水平的规律性信息的结合使用析取（max）运算如下[17]：

$$\pi_{1IM} = \max(\pi_{1I}(RM), \pi_{1I}(IM)) \tag{3.163}$$

$$\pi_{2IM} = \max(\pi_{2I}(RM), \pi_{2I}(IM)) \tag{3.164}$$

对于最大（max）算子，最小析取算子以及幂等算子的选择，t 余范数中的测量信息不能完全独立于彼此。因此，不能通过使用一个更大的 t 余范数来提高测量信息，而且这样一个幂应该在这种情况是比较好的，两个形状的约束应该都满足拥有一个确定是地雷的高 PODI 度（它们利用乘作为连接方式并行结合）。该对象很有可能是地雷，如果它的大小在预期范围或者满足形状约束，因此，给

出的红外测量组合如下：

$$\pi_I(M)=\pi_{3I}(M)+[1-\pi_{3I}(M)]\pi_{1IM}\pi_{2IM} \tag{3.165}$$

第二项确保 $\pi_I(M)$ 在[0,1]之间。对于 GPR，如果该对象深度浅以及它的尺寸像一个地雷且提取的传播速度对于媒介来说是合适的，那么它可以确定为一个地雷。对于地雷获取的可能性的融合可以利用 t 范数进行组合，意味着所有标准的结合。t 范数乘法的使用如下：

$$\pi_G(M)=\pi_{1G}(M)\pi_{2G}(M)\pi_{3G}(M) \tag{3.166}$$

金属探测器，IMD（作为一个测量手段的使用，没有第一个组合步骤），该 PODI 可以直接得到式(3.153)。对于 PODI 来说，第二个组合步骤是用 AS 进行操作，如下所示：

$$\pi(M)=\pi_1(M)+\pi_{MD}(M)+\pi_G(M)-\pi_I(M)\pi_{MD}(M)-\pi_I(M)\pi_G(M)-\pi_{MD}(M)\pi_G(M)+\pi_I(M)\pi_{MD}(M)\pi_G(M) \tag{3.167}$$

这将导致一个强析取，如果至少一个传感器提供一种高可能性，那么最后的可能性将会很高。这意味着比起错过一个地雷，分配一个没有危险性的对象给地雷类显得比较好。在 DS 框架中，对于 IR 和 GPR 传感器，通过非规格化的 DS 规则结合两个传感器各自测量分配的质量，式(3.137)的想法是为了免受冲突，即将质量分配到空集（式(3.138)）。有趣的是，传感器不指向同一对象时，这种不可靠性可以建模和通过折现系数来解决。在结合传感器质量后，传感器/数据的融合得到执行，利用式(3.137)，如果空集质量（在传感器结合后是高的），那么它们应该聚集为没有感知到相同的对象。

3.10.4 比较和决策结果

IR 可以表现为 $Pl_I(M)\leqslant\pi_I(M)$，按照用于可能性模型的最低承诺原则。然而，就 IMD 而言，没有什么区别，因为它只提供一种度量。以 GPR 为例，有以下情况[17]：

$$\pi_G(M)=m_{1G}(\Theta)m_{2G}(\Theta)m_{3G}(\Theta) \tag{3.168}$$

然后，将 D-S 理论应用于 GPR 测量的质量分配，为传感器的全集产生如下的融合质量：

$$m_G(\Theta)=m_{1G}(\Theta)m_{2G}(\Theta)m_{3G}(\Theta) \tag{3.169}$$

通过式(3.168)和式(3.169)，我们可以得出

$$\pi_G(M)=m_G(\Theta) \tag{3.170}$$

从上述可以看出，在 D-S 框架中未知被建模为 Θ 的质量，而它更偏向于那些在可能感觉上不应该被错过的类(M)，因为未知导致支持有地雷的安全决定。最终决定对象的身份，它应该留给扫雷者，不仅因为他的生命有危险，而且因为

他有经验,融合输出一个带难度的建议性决定。在 PODI 可能性理论的情况下,通过对 M 的融合结果进行阈值处理并提供相应的 PODI 度作为确定度来获得最终决策。由于在融合中心处获得的几乎所有 PODI 度都非常低或非常高,所以具有非常低的 $\pi(M)$ 值(低于 0.1)的选定区域被分类为 F。具有非常高的值(大于 0.7)被分类为 M。只有对于 M 所得的 PODI 度具有中间值的几个区域(因为不能错过地雷),在那里决定是 M。该决策称为 dec1,替代为 dec2 用于最后决策,是导出用于 F 的组合规则,以及比较 M 和 F 的最终值,并且导出适当的决策规则[17]。基于 GPR 和 IMD 的运算规则,这两个传感器的测量将仅给出可能不存在地雷的信息。在它们对于 F 对象是非信息性的时候,将它们的 PODI 度组合对 F 是无用的。因此,为了 F 导出最后的组合规则 $\pi(F)$,我们仅可以依赖于 IR,并且具有 $\pi(F)=\pi_{\mathrm{I}}(F)$。对于 IR 传感器,由于 F 对象可以是规则或不规则的,因此对于每个形状约束应用析取的 max 算子,则当确定 F 时,可以使用联合算子组合两个形状约束和面积度量得到:

$$\pi(F)=\max(\pi_{1I}(R_F),\pi_{1I}(I_F))\max(\pi_{2I}(R_F),\pi_{2I}(I_F)) \tag{3.171}$$

在 IR 给出警报的区域中,决策规则根据两者中的哪一个具有更高的可能性值来选择 M 或 F。在其他区域中,IR 不发出警报,虽然两个传感器中至少有一个发出报警,但是决定基于 M 的融合效果做出,如在 dec1 中。在 D-S 的情况下,基于信任(似真性)的通常决策规则没有给出有用的结果,因为没有单独包含地雷的焦点元素。这些通常的决策规则总是有利于 F 对象,原因是人道主义排雷传感器是异常探测器,而不是地雷探测器,在这种敏感的情况下,不允许出现错误。因此,在情况不明,给出地雷的结论更重要,猜测 $G(A)$ 被定义[17],其中 $A\in\{M,F,0\}$

$$G(M)=\sum_{M\cap B\neq 0} m(B) \tag{3.172}$$

$$G(F)=\sum_{B\subseteq F,B\neq 0} m(B) \tag{3.173}$$

$$G(0)=m(0) \tag{3.174}$$

地雷的猜测值是包含地雷所有焦点元素的质量总和,而不管它们的形状,并且 F 对象的猜测是包含只有各种 F 对象的形状,所有焦点元素的质量总和。作为 D-S 功能融合模块的输出,为每个传感器及其组合提供三个可能的输出(M、F 和冲突)以及猜测,对于 GPR,焦点元素只是 F 和 Θ。因此,该传感器的猜测变为

$$G_G(M)=m_G(\theta) \tag{3.175}$$

$$G_G(F) = m_G(F) \tag{3.176}$$

然后我们得出结论,对于 GPR,地雷的可能性等于地雷的猜测:

$$\pi_G(M) = G_G(M) \tag{3.177}$$

我们还观测到,一个地雷的猜测等于它的似真度,并且一个 F 对象的猜测等于它的可信度,因此,实际上,对于 IR,我们有以下不等式:

$$G_I(M) \leqslant \pi_I(M) \tag{3.178}$$

文献[17]考虑到了本书的方法,一组已知的物体埋在沙中,导致总共 36 个警报区域:21 个地雷(M),7 个虚假警报(PF,没有危险性对象)和 8 个假警报由杂波(FN,没有对象)引起。由于所有地雷都正确分类,可能性融合的结果似乎很有希望[17](表 3.18)。括号中的数字表示在预处理步骤中选择用于后续分析的区域数量,这是测量提取和分类。第二融合步骤是在第一步仅提供针对 IR 的 18 个地雷,针对 IMD 的 9 个地雷,针对 GPR 的 13 个地雷之后,组合异质传感器的结果来做出决策;决策规则 dec1 和 dec2 给出了有关地雷和由杂波引起的 F 物体的相同结果[17]。在放置虚假警报的情况下,2 个在 dec2 的情况下被正确分类,这相对于 dec1 略有改善,并且与D-S融合的结果相同。放置的虚假警报没有被任何方法很好地检测到,因为模型被设计为有利于地雷的检测以及扫雷者预期的结果类型。在地雷的正确分类方面,可能性融合的结果略好于使用D-S方法(检测到 19 个地雷)获得的结果,这是由于在组合级上增加的灵活性。没有对象的假警报由D-S方法(8 个中的 6 个)正确识别,并且对于两个可能的决策规则也是如此。在本节中研究方法的能力是减少由于杂波引起的假警报数量,而不减少地雷探测的结果。虽然,PODI 的一般形状是重要的,并且已经基于现有知识设计,但是它们不需要非常精确的估计,且对这些函数的小变化而言结果是鲁棒的。函数不易脆(不使用阈值方法),并且保持秩(具有在通常范围之外测量值的对象应该比具有典型测量值的对象更低的可能度)[17]。鲁棒性是由于这些 PODI 被用于模拟不精确的信息,因此它们不必是精确的,并且它们中的每一个在融合过程中与其他信息片段相结合,减少了每个对象的重要性和影响力。

表 3.18　对象的正确分类:融合的结果

总数	传感器 IR		传感器 MD		传感器 GPR		融合 Possi		融合 D-S
	Possi	D-S	Possi	D-S	Possi	D-S	dec1	dec2	—
M=21	18(18)	10(18)	9(9)	9(9)	13(13)	13(13)	21(21)	21(21)	19(21)
PF=7	0(4)	3(4)	0(4)	0(4)	2(6)	1(6)	1(7)	2(7)	2(7)
FN=8	0(1)	0(1)	0(0)	0(0)	6(7)	6(7)	6(8)	6(8)	6(8)

附录3A 一型——三角形 MF - MATLAB 代码

来源:S. K. Kashyap,融合 LWIR 和 EO 图像使用一型和二型模糊逻辑。MS-DF(内部报告/非保密报告)Rep. 1305/ESV01(FMCD, CSIRNAL,班加罗尔),2013 年 11 月 27 日。

```
[System]
Name = 'fis_25r_mamdani'
Type = 'mamdani'
Version =2.0
NumInputs =2
NumOutput =1
NumRules =25
AndMethod = 'min'
OrMethod = 'max'
ImpMethod = 'min'
AggMethod = 'max'
DefuzzMethod = 'centroid'
[Input1]
Name = 'input1'
Range =[0 1]
NumMFs =5
MF1 = 'VL':'trimf',[ -0.25 0 0.25]
MF2 = 'L':'trimf',[0 0.25 0.5]
MF3 = 'M':'trimf',[0.25 0.5 0.75]
MF4 = 'H':'trimf',[0.5 0.75 1]
MF5 = 'VH':'trimf',[0.75 1 1.25]
[Input2]
Name  = 'input2'
Range =[0 1]
NumMFs =5
MF1 = 'VL':'trimf',[ -0.25 0 0.25]
MF2 = 'L':'trimf',[0 0.25 0.5]
MF3 = 'M':'trimf',[0.25 0.5 0.75]
```

MF4 = 'H' : 'trimf' , [0. 5 0. 75 1]

MF5 = 'VH' : 'trimf' , [0. 75 1 1. 25]

Output1]

Name = 'output1'

Range = [0 1]

NumMFs = 5

MF1 = 'VL' : 'trimf' , [-0. 25 0 0. 25]

MF2 = 'L' : 'trimf' , [0 0. 25 0. 5]

MF3 = 'M' : 'trimf' , [0. 25 0. 5 0. 75]

MF4 = 'H' : 'trimf' , [0. 5 0. 75 1]

MF5 = 'VH' : 'trimf' , [0. 75 1 1. 25]

[Rules]

11,1(1):1

12,2(1):1

13,2(1):1

14,3(1):1

15,3(1):1

21,1(1):1

22,2(1):1

23,2(1):1

24,3(1):1

25,3(1):1

31,2(1):1

32,2(1):1

33,3(1):1

34,4(1):1

35,4(1):1

41,3(1):1

42,3(1):1

43,4(1):1

44,4(1):1

45,5(1):1

51,3(1):1

52,3(1):1

53,4(1):1

54,4(1):1

55,5(1):1

附录3B 二型——高斯型MF-MATLAB代码

来源:S. K. Kashyap,融合LWIR和EO图像使用一型和二型模糊逻辑。MS-DF(内部报告/非保密报告)Rep. 1305/ESV01(FMCD,CSIRNAL,班加罗尔),2013年11月27日。

```
[System]
Name = 'fis_25r_mamdani_type2'
Type = 'mamdani'
Version = 2.0
NumInputs = 2
NumOutputs = 1
NumRules = 25
AndMethod = 'min'
OrMethod = 'max'
ImpMethod = 'min'
AggMethod = 'max'
ReducMethod = 'center_of_sets'
DefuzzMethod = 'centroid'
[Input1]
Name = 'input1'
Range = [0 1]
NumMFs = 5
MF1 = 'VL':'mgausstype2',[-0.05 0.05 0.1062]
MF2 = 'L':'mgausstype2',[0.2 0.3 0.1062]
```



```
MF3 = 'M':'mgausstype2',[0.45 0.55 0.1062]
MF4 = 'H':'mgausstype2',[0.7 0.8 0.1062]
MF5 = 'VH':'mgausstype2',[0.95 1.05 0.1062]
[Input2]
```

```
Name = 'input2'
Range = [0 1]
NumMFs = 5
MF1 = 'VL':'mgausstype2',[ -0.05 0.05 0.1062]
MF2 = 'L':'mgausstype2',[0.2 0.3 0.1062]
MF3 = 'M':'mgausstype2',[0.45 0.55 0.1062]
MF4 = 'H':'mgausstype2',[0.7 0.8 0.1062]
MF5 = 'VH':'mgausstype2',[0.95 1.05 0.1062]
[Output1]
Name = 'output1'
Range = [0 1]
NumMFs = 5
MF1 = 'VL':'mgausstype2',[ -0.05 0.05 0.1062]
MF2 = 'L':'mgausstype2',[0.2 0.3 0.1062]
MF3 = 'M':'mgausstype2',[0.45 0.55 0.1062]
MF4 = 'H':'mgausstype2',[0.7 0.8 0.1062]
MF5 = 'VH':'mgausstype2',[0.95 1.05 0.1062]
[Rules]
11,1(1):1
12,2(1):1
13,2(1):1
14,3(1):1
15,3(1):1
21,1(1):1
22,2(1):1
23,2(1):1
24,3(1):1
25,3(1):1
31,2(1):1
32,2(1):1
33,3(1):1
34,4(1):1
35,4(1):1
41,3(1):1
```

42,3(1):1
43,4(1):1
44,4(1):1
45,5(1):1
51,3(1):1
52,3(1):1
53,4(1):1
54,4(1):1
55,5(1):1

附录3C 模糊推理算法-MATLAB代码

来源:S. K. Kashyap,融合LWIR和EO图像使用一型和二型模糊逻辑。MS-DF(内部报告/非保密报告)Rep. 1305/ESV01(FMCD,CSIRNAL,班加罗尔),2013年11月27日。

```
function [output,firing,ofs,ARR] = evalfis2(input, fis, numofpoints)
% EVALFIS2 Perform fuzzy inference calculations of singleton,
% non-singleton type1, non-singleton type2 mamdani/sugeno Fuzzy interval
type 2.
%
% Y = EVALFIS2(U,FIS) simulates the Fuzzy Inference System FIS for the
% input data U and returns the output data Y. For a system with N
% input variables and L = 1 output variables,
%     * U is a M = 1 by - N matrix, each row being a particular input vector
%     * Y is M = 1 by - L matrix, each row being a particular output vector.
%
% Y = EVALFIS2(U,FIS,NPts) further specifies number of sample points
% on which to evaluate the membership functions over the input or output
% range. If this argument is not used, the default value is 101 points.
%
% [Y,IRR,ORR,ARR] = EVALFIS2(U,FIS) also returns the following range
% variables when U is a row vector (only one set of inputs is applied):
%       * firing: the result of evaluating the input values through the membership
%         functions. This is a matrix of size Nr - by - 2, where Nr is the number
```

```
%          of rules.
%         * Ofs: the result of evaluating the output values through the membership
%          functions. This is a matrix of size NPts - by - Nr - by - 2. The first Nr
%          columns of this matrix correspond to the first output, the next Nr
%          columns correspond to the second output, and so forth.
%         * ARR: the NPts - by - 2 matrix of the aggregate values sampled at NPts
%
% Dependency: fuzzy and fuzzy2 toolbox
% See also fuzzy2 readfis2.
% Sudesh K Kashyap, FMCD,CSIR - NAL, India, 18 - 10 - 2013.
% Copyright 1994 - 2005 The MathWorks, Inc.
% $ Revision: 1 $ $ Date: 2013/10/18 10:17:22 $
output = [];
ofs = [];
IRR = [];
ORR = [];
ARR = [];
ni = nargin;
if ni  <  2
    disp('Need at least two inputs');
    output = [];
    IRR = [];
    ORR = [];
    ARR = [];
    return
end
if ~ isfis(fis)
    error('The second argument must be a FIS structure. ')
elseif strcmpi(fis.type,'sugeno') & ~ strcmpi(fis.impMethod,'prod')
    warning('Fuzzy:evalfis:ImplicationMethod','Implication method should be
"prod"
for Sugeno systems. ')
end
[M,N] = size(input);
```

```
Nin = length(fis. input);
if M = =1 & N = =1,
  input = input( :,ones(1,Nin));
elseif M = =Nin & N ~ =Nin,
  input = input. ';
elseif N ~ =Nin
  error(sprintf('% s \n% s',...
    'The first argument should have as many columns as input variables and',...
    'as many rows as independent sets of input values. '))
end
% Check the fis for empty values
checkfis(fis);
% Issue warning if inputs out of range
inRange = getfis(fis,'inRange');
InputMin = min(input,[ ],1);
InputMax = max(input,[ ],1);
if any(InputMin( :) < inRange( :,1)) | any(InputMax( :) > inRange( :,2))
  warning('Fuzzy:evalfis:InputOutOfRange','Some input values are outside
of the specified input range. ')
end
% Compute output
if ni = =2
  numofpoints = 101;
end
% % Fuzzification
if(strcmp(fis. mType,'singleton'))
  for i = 1:Nin
    for j = 1:length(fis. input(i). mf)
      % needs to check the membership function type
      fin(i,j,:) = mgausstype2(input(i),fis. input(i). mf(j). params);
    end
  end
end
if(strcmp(fis. mType,'non - singleton type1'))
```

```
    x = 0:1/numofpoints:1;
    for i = 1:Nin
    yst1 = gaussmf(x, [fis.mSig, input(i)]);
    for j = 1:length(fis.input(i).mf)
        y = mgausstype2(x,fis.input(i).mf(j).params);
        yu = y(1:length(x));
        yl = y(length(x)  +  1:end);
        yl_1 = min(yl,yst1');
        yu_1 = min(yu,yst1');
        fin(i,j,:) = [max(yu_1) max(yl_1)];
      end
    end
end
if(strcmp(fis.mType,'non - singleton type2'))
    x = 0:1/numofpoints:1;
    for i = 1:Nin
       yst_u = gaussmf(x, [fis.mSig(1), input(i)]);
       yst_l = gaussmf(x, [fis.mSig(2), input(i)]);
       for j = 1:length(fis.input(i).mf)
           y = mgausstype2(x,fis.input(i).mf(j).params);
    yu = y(1:length(x));
           yl = y(length(x)  +  1:end);
           yl_1 = min(yl,yst_l');
           yu_1 = min(yu,yst_u');
           fin(i,j,:) = [max(yu_1) max(yl_1)];
       end
    end
end
%% Combining antecedents
nr = length(fis.rule);
for i = 1:nr
   if(fis.rule(i).connection = =1)
       if(strcmp(fis.andMethod,'min'))
firing(i,:) = min(fin(1,fis.rule(i).antecedent(1),:),fin(2,fis.rule(i).
```

```
antecedent(2),:));
        end
        if(strcmp(fis.andMethod,'prod'))
            firing(i,:) = fin(1,fis.rule(i).antecedent(1),:).*fin(2,fis.rule(i).
            antecedent(2),:);
          end
    end
    if(fis.rule(i).connection ==2)
        if(strcmp(fis.andMethod,'max'))
firing(i,:) = max(fin(1,fis.rule(i).antecedent(1),:),fin(2,fis.rule(i).
antecedent(2),:));
        end
    end
end
if(strcmp(fis.type,'mamdani'))
    %% Implication
    Levels = fis.output.range(1):(fis.output.range(2) - fis.output.range(1))/
numofpoints:fis.output.range(2);
    Nop = length(fis.output);
    for i = 1:Nop
        for j = 1:length(fis.output(i).mf)
            tmp = mgausstype2(Levels,fis.output(i).mf(j).params);
            of(:,j,1) = tmp(1:length(Levels));
            of(:,j,2) = tmp(length(Levels) + 1:end);
          end
end
% based on rule fired
% threshold: firing_th
% rule fired if firing is greater than threshold
firing_th = 1.0e-4;
norf = 1;
for i = 1:nr
    if(strcmp(fis.impMethod,'min') && firing(i,1) > firing_th &&
firing(i,2) > firing_th)
```

```
            ofs(norf,:,1) = min(firing(i,1),of(:,fis.rule(i).consequent,1));
            ofs(norf,:,2) = min(firing(i,2),of(:,fis.rule(i).consequent,2));
            fiindx(norf) = i;
            norf = norf + 1;
        end
        if(strcmp(fis.impMethod,'prod') && firing(i,1) > firing_th &&
firing(i,2) > firing_th)
            ofs(norf,:,1) = firing(i,1).*of(:,fis.rule(i).consequent,1);
ofs(norf,:,2) = firing(i,2).*of(:,fis.rule(i).consequent,2);
            fiindx(norf) = i;
            norf = norf + 1;
        end
end
%% Aggregation
if(strcmp(fis.aggMethod,'max'))
    ARR(:,1) = max(ofs(:,:,1));
    ARR(:,2) = max(ofs(:,:,2));
end
if(strcmp(fis.aggMethod,'sum'))
    ARR1(:,1) = min(1,sum(ofs(:,:,1)));
   ARR1(:,2) = min(1,sum(ofs(:,:,2)));
end
%% Type reduction
if(strcmp(fis.reducMethod,'center_of_sets'))
    % Centre of sets
    % Step1: Centroid of each consequent set
    for i = 1:norf-1
        c_u(i) = sum(Levels.*ofs(i,:,1))/sum(ofs(i,:,1));
        c_l(i) = sum(Levels.*ofs(i,:,2))/sum(ofs(i,:,2));
    end
    % Step2: Firing degree
    f_upper = firing(fiindx,1);
    f_lower = firing(fiindx,2);
    %% from fuzzy2 toolbox
```

```
    l_out = adapt(c_l,f_lower',f_upper', -1);
    r_out = adapt(c_u,f_lower',f_upper',1);
    %% Defuzzification: average
    output = (l_out + r_out)/2;
end
if(strcmp(fis.reducMethod,'height'))
    % Centre of sets
    % Step1: max height of each consequent set
    for i = 1:norf - 1
        c_u(i) = defuzz(Levels,ofs(1,:,1),'lom');
        c_l(i) = defuzz(Levels,ofs(1,:,2),'lom');
    end
    % Step2: Firing degree
    f_upper = firing(fiindx,1);
    f_lower = firing(fiindx,2);
    %% from fuzzy2 toolbox
    l_out = adapt(c_l,f_lower',f_upper', -1);
    r_out = adapt(c_u,f_lower',f_upper',1);
    %% Defuzzification: average
    output = (l_out + r_out)/2;
end
if(strcmp(fis.reducMethod,'centroid'))
    error(strcat(fis.reducMethod,' not available'));
    return
end
if(strcmp(fis.reducMethod,'modified_height'))
    error(strcat(fis.reducMethod,' not available'));
    return
end
if(strcmp(fis.reducMethod,'center_of_sums'))
    error(strcat(fis.reducMethod,' not available'));
    return
    end
end
```

```
if( strcmp( fis. type, 'sugeno' ) )
    % based on rule fired
    % threshold: firing_th
    % rule fired if firing is greater than threshold
    firing_th = 1.0e-4;
    norf = 1;
    for i = 1:nr
        if( firing(i,1) > firing_th && firing(i,2) > firing_th)
          if( strcmp( fis. output. mf( fis. rule(i). consequent). type, 'linear' ) )
              a = fis. output. mf( fis. rule(i). consequent). params(1);
              b = fis. output. mf( fis. rule(i). consequent). params(2);
              c = fis. output. mf( fis. rule(i). consequent). params(3);
        end
        if( strcmp( fis. output. mf( fis. rule(i). consequent). type, 'constant' ) )
            a = 0;
            b = 0;
            c = fis. output. mf( fis. rule(i). consequent). params;
         end
         c_u(norf) = a * input(1) + b * input(2) + c;
         c_l(norf) = a * input(1) + b * input(2) + c;
         fiindx(norf) = i;
         norf = norf + 1;
      end
    end
    f_upper = firing(fiindx,1);
    f_lower = firing(fiindx,2);
    if( strcmp( fis. defuzzMethod, 'wtaver' ) )
      y1 = sum(c_u. * f_upper')/sum(f_upper);
      y2 = sum(c_l. * f_lower')/sum(f_lower);
    end
    if( strcmp( fis. defuzzMethod, 'wtsum' ) )
      y1 = sum(c_u. * f_upper');
      y2 = sum(c_l. * f_lower');
    end
```

```
    output = (y1 + y2)/2;
  end
  end
```

练习

3.1. 在 T1FL 中,什么是真正的模糊化?

3.2. 在 T1FL 中,什么是真正通过模糊化表示的?

3.3. T2FL 主要做什么? 在这里什么是模糊化?

3.4. 在 IT2FL 中,什么是模糊化,以及在哪些方式上不同于 T2FL?

3.5. 通过对模糊逻辑以及它用于分析和开发基于模糊逻辑的控制与智能系统的大量关注后,我们最终还继续去模糊化,为什么?

3.6. FIS 的真正意思是什么? 我们真正推断的是什么,以及是通过什么信息进行的?

3.7. 说明 s 范数 AS 和 t 范数 AP 之间的联系。

3.8. 说明 s 范数有界和(BS)包括 s 范数 AS 和 t 范数 AP。

3.9. 为什么任何数据融合(DF)规则的权系数应当归一化为统一值?

3.10. 说明 t 范数有界差/有界积包含 s 范数 AS 和 t 范数 AP。

3.11. 在 T1FL 中,隶属值/隶属度函数真的是模糊的吗?

3.12. 在 T2FL 和 IT2FL 中,隶属值/隶属度函数真的是模糊的吗?

3.13. 在 IT2FL 中,第二 MF 真的是模糊的(即 T1FL)或清晰的吗?

参考文献

1. Akhoundi, M. A. A. and Valavi, E. Multi – sensor data fusion using sensors with different characteristics. The CSI Journal on Computer Science and Engineering(JCSE), Oct 28, 2010, pp. 1 – 2(abstract, pp. 1 – 9).
2. Raol, J. R. Multisensor Data Fusion with MATLAB. CRC Press, FL, 2010.
3. Raol, J. R. and Gopal, A. K. (Eds.) Mobile Intelligent Autonomous Systems. CRC Press, FL, USA, 2013.
4. Hagras, H. and Wagner, C. Introduction to interval type – 2 fuzzy logic controllers – Towards better uncertainty handling in real world applications. eNewsletter, IEEE SMC Society, No. 27, 2009. www. http://www. my – smc. org/news/back/ – 2009_06/SMC – Hagras. html, accessed November 2012.
5. Hagras, H. CE888: Type – 2 fuzzy logic systems. Lecture ppts. courses. essex. ac. uk/ce/ce888/Lecture%20Notes/FuzzyLecture1. pdf, accessed November 2012.
6. Mendel, J. M., John, R. I. and Liu, F. Interval type – 2 fuzzy logic systems made simple. IEEE Transactions on Fuzzy Systems, 14(6), 808 – 821, 2006.
7. Raol, J. R., Girija, G. and Singh, J. Modelling and Parameter Estimation of Dynamic Systems, IEE/IET Control

Series Book,65,IIE/IET Professional Society,London,UK,2004.

8. Bouchon – Meunier,B. ,Dubois,D. and Prade,H. Chapter 1:Fuzzy sets and pos – sibility theory in approximate and plausible reasoning. Approximate Reasoning and Information Systems(Eds. Bezdek,J. C. ,Dubois,D. and Prade,H.). The handbooks of Fuzzy Sets Series Vol. 5,pp. 15 – 190,Springer,USA,ftp://www. irit. fr/pub/IRIT/ADRIA/Chapter_1. pdf;and link. springer. com/chap – ter/10. 1007/978 – 1 – 4615 – 5243 – 7_2,accessed May 2013.
9. Gebhardt,J. and Kruse,R. POSSINFER – A software tool for possibilistic infer – ence. In Fuzzy Set Methods in Information Engineering: A Guided Tour of Applications(Eds. Dubois, D. , Prade, H. and Yager, R. , R.) . Wiley,New York,407 – 418,1996.
10. Fuzzy logic tool box,MATLAB®,MathWorks. www. mathworks. com/products/fuzzylogic/
11. Castillo,O. and Melin,P. Chapter 2:Fuzzy Logic Systems,Recent Advances in Interval Type – 2 Fuzzy Systems,Springer Briefs in Computational Intelligence,Springer – Verlag,Berlin,Heidelberg,Germany,2012.
12. Qilian,L. and Jerry, M. M. Interval type – 2 fuzzy logics systems: Theory and design. IEEE Transaction on Fuzzy Systems,8(5),535 – 550,2000.
13. Dongrui,W. A brief tutorial on interval type – 2 fuzzy sets and systems. A part of IT2FLS package available on www. mathworks. com,accessed on October 2013.
14. Ozek,M. B. and Akpolat,Z. K. A software tool:Type – 2 fuzzy logic toolbox. In Computer Applications in Engineering Education,16(2),pp. 137 – 146,Wiley Periodicals,Inc. ,USA,2008.
15. Garlin,L. D. and Naidu,V. P. S. Assessment of Color and Infrared images using No – reference image quality metrics. In Proceedings of NCATC – 2011,Francis Xavier Engineering College,Tirunelveli,India,International Neural Network Society,India Regional Chapter,Paper No. IP05,pp. 29 – 35,April 6 – 7,2011.
16. Kashyap,S. K. Fusion of LWIR and EO images using fuzzy logic type 1 and type 2. MSDF(internal report/unclassifed) Rep. 1305/ESVS01(FMCD,CSIR – NAL,Bangalore),November 27,2013.
17. Multi – sensor data fusion based on belief functions and possibility theory:Close range antipersonnel mine detection and remote sensing mined area reduction. In Humanitarian Demining: Innovative Solutions and the Challenges of Technology(Ed. Habib, M. K.),ISBN:978 – 3 – 902613 – 11 – 0,pp. 392,ITech Education and Publishing,Vienna,Austria,http://www. intechopen. com/books/humanitarian_demining/mltisensor_data_fusion _ based _ on _ belief _ functions _ and _ possibility _ theory __ close _ range _ antipersonnel, accessed October 2014.
18. Raol,J. R. and Singh,J. Flight Mechanics Modeling and Analysis. CRC Press,FL,2009.

第4章 滤波、目标跟踪和运动学数据融合

4.1 引言

目标跟踪环境中的状态估计是传感器数据融合中最重要的问题,估计是从来自于间接的、错误的、模糊的和嘈杂的观察结果中获取目标价值的过程。在特殊情况下,如果噪声过程的知识不可利用,则可用非随机过程的输入干扰模型将问题处理成确定性估计。在决策制定过程中(第8章),从一群离散的(或是看起来似乎有区别的)选项中选取其中一个,这一个就是离散(状态)向量空间中的最佳选择。对运动目标进行跟踪是对目标的状态的进行估计,状态估计是利用来自一个或多个传感器(安装在固定位置或一些移动的平台上)的测量数据(观察结果)来进行的。实际上,目标跟踪包括估计和统计决策理论。滤波是对来自于嘈杂的测量数据中的动态系统的当前状态进行的估计,它会将随机噪声(主要是比信号频率高的)过滤掉。总之,从根本上来说,估计(甚至是估计的过程)本身是一个决策过程(规则),决策过程(规则)运用了一系列的测量结果(作为论据),功能是计算和选择目标的参数/状态值(在某种程度上,这是决策的一方面)。几乎所有的数据融合问题都包含这个估计过程:从一系列的传感器中获得大量测量结果,并利用这些数据(以一种估计量代码的形式),找到正在观察的环境/物体/目标的真实状态的估计[1]。

因此,状态估计包含数据融合中的关键问题有[1,2]:①状态空间中的移动目标运动学模型;②处理真实传感器信息的传感器模型;③使观察结果与估计的参数/状态相关的环境(噪声,干扰)模型;④信息价值的标准函数,成本函数或损失函数,它们用来判断状态/参数的估计/估计量的效能。因此,对估计问题进行定义并给出解决方案是数据融合系统成功的关键。本章介绍三个主要的方法/算法[1]:传感器组方式、连续传感器方式和逆协方差方式。同时,介绍航迹融合算法、多目标跟踪和数据融合算法,以及重要的数据关联算法。

4.2 卡尔曼滤波

卡尔曼滤波已经发展成为比较先进的状态估计和滤波方法,作为在运动学

系统中使用的一种传感器数据融合方法，它有许多不同的形式[1,2]。卡尔曼滤波方法在世界范围广泛应用，涉及航空工程系统和很多相关问题，包括[2-5]：①卡尔曼滤波理论推导；②计算/数值计算；③非线性系统的各种不同卡尔曼滤波方法的比较；④因式分解和平方根滤波；⑤渐进结果；⑥卫星轨道估计；⑦姿态确定；⑧目标跟踪；⑨传感器数据融合；⑩飞行器状态/参数估计。

卡尔曼滤波的特点使之非常适合解决复杂多传感器（和多目标）估计和数据融合问题。过程/设备模型和观测结果的明确描述需要大量传感器模型，它们包含在卡尔曼滤波算法基本结构中。而且，由于协方差矩阵使不确定统计测量成为可能，卡尔曼滤波可以定量评价每个传感器在整个数据融合系统性能中所发挥的作用。卡尔曼滤波使用了一个明确的统计模型：①通过运动学系统的数学模型使目标的参数/状态 $x(t)$ 不断更新；(2)使测量结果（通过测量或传感器模型得到）$z(t)$ 与这些参数相关联。通过对测量和过程模型（特别是状态噪声和测量噪声的统计）进行一些假设，卡尔曼滤波对 $x(t)$ 的估计结果可以使均方误差最小。卡尔曼滤波和均方误差（MSE）算子计算出的值是传统意义上的均值，而不是最大似然估计值。

4.2.1 状态和传感器模型

首先，考虑线性动态系统，其离散时间域中的过程/状态/对象模型和传感器模型分别为

$$\boldsymbol{x}(k+1)=\boldsymbol{\phi}\boldsymbol{x}(k)+\boldsymbol{G}\boldsymbol{w}(k) \tag{4.1}$$

$$\boldsymbol{z}(k)=\boldsymbol{H}x(k)+\boldsymbol{v}(k) \tag{4.2}$$

式中：$\boldsymbol{x}$ 为 $n\times1$ 维状态向量；$\boldsymbol{z}$ 为 $m\times1$ 维测量向量；$\boldsymbol{w}$ 为过程/状态高斯白噪声序列，均值为0，协方差矩阵为 $\boldsymbol{Q}$；$\boldsymbol{G}$ 为获得向量/矩阵；$\boldsymbol{v}$ 为测量高斯白噪声序列，均值为0，协方差矩阵为 $\boldsymbol{R}$；$\boldsymbol{\phi}$ 为 $n\times n$ 维对象/系统动态转移矩阵，它使状态从 k 时刻转移至 $k+1$ 时刻；$\boldsymbol{H}$ 为 $m\times n$ 维测量模型/传感器动态矩阵，在多传感器数据融合（MSDF）中它可能是混合矩阵。式(4.1)和式(4.2)不包含确定的输入 u 和关联矩阵 $\boldsymbol{B}$ 和 $\boldsymbol{D}$，原因在于输入 u 是确定的且不受随机因素的影响，因而在卡尔曼滤波中可被轻易合并。由于离散时间卡尔曼滤波公式易于理解并在实际运用，因而即使是使用连续时间卡尔曼滤波公式，仍需要将其离散化以便在数字计算机上运行。如果能把连续时间系统转换成离散时间模型，然后使用离散时间卡尔曼滤波算法，则该算法在计算机上很容易实现。

使用卡尔曼滤波算法进行滤波/状态估计要解决的问题是：动态系统模型、状态向量 $\boldsymbol{x}$ 的初始状态、噪声过程的统计量（$\boldsymbol{Q}$、$\boldsymbol{R}$ 分别为过程噪声和测量噪声的协方差矩阵）和测量向量 $\boldsymbol{z}$ 已知的条件下，如何确定最佳的状态估计。如果状

态/传感器模型中的少量系数未知,可将其视为附加的未知状态并添加到状态向量 $\boldsymbol{x}$ 中形成增广状态矩阵,该矩阵能被估计出来且总是非线性动态系统,而在非线性系统中可使用扩展卡尔曼滤波。由于假定状态噪声为高斯噪声,定义系统为线性系统,由于模型状态方程是一阶离散模型,状态 $\boldsymbol{x}$ 是马尔科夫链,因而式(4.1)表示的数学表达式是一个高斯-马尔科夫模型。

4.2.2 卡尔曼滤波算法

介绍一种不用希尔伯特向量空间来推导离散时间卡尔曼滤波公式的简明方法。

4.2.2.1 时间传播/时间更新算法

如果连续时间状态方程为

$$\dot{\boldsymbol{x}}(t)=\boldsymbol{A}(t)\boldsymbol{x}(t) \tag{4.3}$$

根据转移公式,状态向量 $\boldsymbol{x}$ 为

$$\boldsymbol{x}(t)=\boldsymbol{\phi}(t,t_0)\boldsymbol{x}(t_0) \tag{4.4}$$

式中:$\boldsymbol{x}(t_0)$ 为 t_0 时刻的初始状态。式(4.4)的离散形式为

$$\boldsymbol{x}(k+1)=\boldsymbol{\phi}(k,k+1)\boldsymbol{x}(k) \tag{4.5}$$

转移矩阵 $\boldsymbol{\phi}$ 使 k 时刻的状态 $\boldsymbol{x}(k)$ 转移到 $k+1$ 时刻的状态 $\boldsymbol{x}(k+1)$。由于状态和状态误差都是随机的,根据协方差矩阵的定义和式(4.5)就可推导出协方差矩阵传播方程。k 时刻 $\boldsymbol{x}(k)$ 的协方差矩阵为 $\boldsymbol{P}(k)=E\{\underline{\boldsymbol{x}}(k)\underline{\boldsymbol{x}}^{\mathrm{T}}(k)\}$,其中 $\underline{\boldsymbol{x}}(k)=\hat{\boldsymbol{x}}(k)-\boldsymbol{x}(k)$。由于过程噪声未知,式(4.5)忽略了该参量,并将 $\tilde{\boldsymbol{x}}$ 作为 $\boldsymbol{x}$ 的预测:

$$\tilde{\boldsymbol{x}}(k+1)=\boldsymbol{\phi}\hat{\boldsymbol{x}}(k) \tag{4.6}$$

然后,通过简单的计算,获得状态误差的协方差矩阵

$$\begin{aligned}\tilde{\boldsymbol{P}}(k+1)&=E\{(\tilde{\boldsymbol{x}}(k+1)-\boldsymbol{x}(k+1))(\tilde{\boldsymbol{x}}(k+1)-\boldsymbol{x}(k+1))^{\mathrm{T}}\}\\&=E\{(\boldsymbol{\phi}\hat{\boldsymbol{x}}(k)-\boldsymbol{\phi}\boldsymbol{x}(k)-\boldsymbol{G}\boldsymbol{w}(k))(\boldsymbol{\phi}\hat{\boldsymbol{x}}(k)-\boldsymbol{\phi}\boldsymbol{x}(k)-\boldsymbol{G}\boldsymbol{w}(k))^{\mathrm{T}}\}\\&=E\{(\boldsymbol{\phi}\hat{\boldsymbol{x}}(k)-\boldsymbol{\phi}\boldsymbol{x}(k))(\boldsymbol{\phi}\hat{\boldsymbol{x}}(k)-\boldsymbol{\phi}\boldsymbol{x}(k))^{\mathrm{T}}\}+E\{\boldsymbol{G}\boldsymbol{w}(k)\boldsymbol{w}(k)\boldsymbol{G}^{\mathrm{T}}\}\end{aligned}$$

假设状态误差和过程噪声是不相关的白噪声序列,因此忽略交叉项。可简化并且不进行其他的近似,得到状态误差的协方差推导公式

$$\tilde{\boldsymbol{P}}(k+1)=\boldsymbol{\phi}\hat{\boldsymbol{P}}(k)\boldsymbol{\phi}^{\mathrm{T}}+\boldsymbol{G}\boldsymbol{Q}\boldsymbol{G}^{\mathrm{T}} \tag{4.7}$$

式(4.6)和式(4.7)分别给出了卡尔曼滤波算法的状态估计时间传播和误差协方差时间传播公式。接下来推导卡尔曼滤波的数据更新部分,该部分称为卡尔曼滤波算法,其给出了当测量数据输入卡尔曼滤波器后的状态估计。本节

的目的是说明当状态信息代入到测量方程(4.2)后,式(4.6)是如何根据所得结果对状态估计进行更新的。

4.2.2.2 测量/数据更新算法

利用式(4.6)和式(4.7)可实现状态估计和状态误差协方差矩阵从 k 时刻到 $k+1$ 时刻的更新。在 $k+1$ 时刻,获得了新的测量数据,新的状态信息体现在式(4.2)中。并且 $\boldsymbol{H}$、$\boldsymbol{R}$(测量协方差矩阵)和测量向量 $\boldsymbol{z}$ 已知,假设 $\tilde{\boldsymbol{x}}(k)$ 是 k 时刻的先验状态估计(在导入测量数据前),$\hat{\boldsymbol{x}}(k)$ 是 k 时刻的更新状态估计(在引入测量数据后),$\tilde{\boldsymbol{P}}$ 是状态估计误差的先验协方差矩阵(从先前的时间更新循环中获得)。卡尔曼滤波测量更新算法为

$$\hat{\boldsymbol{x}}(k)=\tilde{\boldsymbol{x}}(k)+\boldsymbol{K}[\boldsymbol{z}(k)-\boldsymbol{H}\tilde{\boldsymbol{x}}(k)]\text{(滤波部分)} \tag{4.8}$$

$$\hat{\boldsymbol{P}}(k)=(\boldsymbol{I}-\boldsymbol{KH})\tilde{\boldsymbol{P}}(k)\text{(状态误差协方差矩阵更新)} \tag{4.9}$$

卡尔曼滤波方程(4.8)和(4.9)的推导如下。首先需要一个递归形式的无偏估计(滤波),用 $\boldsymbol{P}$ 来测量估计的最小误差,假设递归结构为

$$\hat{\boldsymbol{x}}(k)=\boldsymbol{K}_1\tilde{\boldsymbol{x}}(k)+\boldsymbol{K}_2\boldsymbol{z}(k) \tag{4.10}$$

式(4.10)的表达式是先验状态估计和新的测量信息的合理加权组合,而状态 $\boldsymbol{x}$ 的先验估计要通过式(4.6)获得,新的测量数据提供了关于状态的直接/间接信息。现在有两个关于状态的信息源,需要将两者进行合理综合从而获得最优的状态估计。有趣的是,式(4.10)更像一个融合规则,这是因为该式是先验估计和新测量估计这两个信息源的加权组合。由于融合规则/公式是推导卡尔曼滤波的核心,所以卡尔曼滤波是一种数据融合算法。权重因子($\boldsymbol{K}_1$、$\boldsymbol{K}_2$)应进行最优选择得到。假设 $\underline{\boldsymbol{x}}(k)=\hat{\boldsymbol{x}}(k)-\boldsymbol{x}(k)$ 和 $\underline{\boldsymbol{x}}^*(k)=\tilde{\boldsymbol{x}}(k)-\boldsymbol{x}(k)$ 作为状态估计的误差,然后通过简单替换得到

$$\underline{\boldsymbol{x}}(k)=[\boldsymbol{K}_1\tilde{\boldsymbol{x}}+\boldsymbol{K}_2\boldsymbol{z}(k)]-\boldsymbol{x}(k)=\boldsymbol{K}_1\tilde{\boldsymbol{x}}+\boldsymbol{K}_2\boldsymbol{H}\boldsymbol{x}(k)+\boldsymbol{K}_2\boldsymbol{v}(k)-\boldsymbol{x}(k) \tag{4.11}$$

使用测量方程(4.2)得到

$$\begin{aligned}\underline{\boldsymbol{x}}(k)&=K_1[\underline{\boldsymbol{x}}^*(k)+\boldsymbol{x}(k)]+\boldsymbol{K}_2\boldsymbol{H}\boldsymbol{x}(k)+\boldsymbol{K}_2\boldsymbol{v}(k)-\boldsymbol{x}(k)\\&=[\boldsymbol{K}_1+\boldsymbol{K}_2\boldsymbol{H}-\boldsymbol{I}]\boldsymbol{x}(k)+\boldsymbol{K}_2\boldsymbol{v}(k)+\boldsymbol{K}_1\underline{\boldsymbol{x}}^*(k)\end{aligned} \tag{4.12}$$

由于 $E\{\boldsymbol{v}(k)\}=0$,如果 $E\{\underline{\boldsymbol{x}}^*(k)\}=0$,则根据无偏估计得到

$$E\{\underline{\boldsymbol{x}}(k)\}=E\{(\boldsymbol{K}_1+\boldsymbol{K}_2\boldsymbol{H}-\boldsymbol{I})\boldsymbol{x}(k)\} \tag{4.13}$$

为了在引入测量数据之后获得无偏估计,假设 $E\{\underline{\boldsymbol{x}}(k)\}=0$,因此得到两个权重之间的关系:

$$\boldsymbol{K}_1=\boldsymbol{I}-\boldsymbol{K}_2\boldsymbol{H} \tag{4.14}$$

将式(4.14)的增益代入式(4.10),并化简得

$$\hat{\boldsymbol{x}}(k)=(\boldsymbol{I}-\boldsymbol{K}_2\boldsymbol{H})\tilde{\boldsymbol{x}}(k)+\boldsymbol{K}_2\boldsymbol{z}(k)=\tilde{\boldsymbol{x}}(k)+\boldsymbol{K}_2[\boldsymbol{z}(k)-\boldsymbol{H}\tilde{\boldsymbol{x}}(k)] \tag{4.15}$$

用增益 $\boldsymbol{K}$(向量矩阵)代替 $\boldsymbol{K}_2$,则推导出了卡尔曼滤波的测量更新算法方程(4.8)和(4.9)。然而,为了得到增益和协方差矩阵更新的最优表示,把 $[\boldsymbol{z}(k)-\boldsymbol{H}\tilde{\boldsymbol{x}}(k)]$ 称为测量预测误差或残差,也称作新息。接下来,利用 $\boldsymbol{P}$(后验协方差矩阵)的公式确定测量引入后的误差协方差:

$$\begin{aligned}\hat{\boldsymbol{P}}&=E\{\underline{\boldsymbol{x}}(k)\underline{\boldsymbol{x}}^{\mathrm{T}}(k)\}=E\{(\hat{\boldsymbol{x}}(k)-\boldsymbol{x}(k))(\hat{\boldsymbol{x}}(k)-\boldsymbol{x}(k))^{\mathrm{T}}\}\\&=E\{(\tilde{\boldsymbol{x}}(k)-\boldsymbol{x}(k)+\boldsymbol{K}[\boldsymbol{H}\boldsymbol{x}(k)+\boldsymbol{v}(k)-\boldsymbol{H}\tilde{\boldsymbol{x}}(k)])(\cdot)^{\mathrm{T}}\}\\&=E\{[(\boldsymbol{I}-\boldsymbol{K}\boldsymbol{H})\underline{\boldsymbol{x}}^{*}+\boldsymbol{K}\boldsymbol{v}(k)][\underline{\boldsymbol{x}}^{*\mathrm{T}}(\boldsymbol{I}-\boldsymbol{K}\boldsymbol{H})^{\mathrm{T}}+\boldsymbol{v}(k)\boldsymbol{K}^{\mathrm{T}}]\}\end{aligned} \tag{4.16}$$

$$\hat{P}=(\boldsymbol{I}-\boldsymbol{K}\boldsymbol{H})\tilde{\boldsymbol{P}}(\boldsymbol{I}-\boldsymbol{K}\boldsymbol{H})^{\mathrm{T}}+\boldsymbol{K}\boldsymbol{R}\boldsymbol{K}^{\mathrm{T}} \tag{4.17}$$

在 $\boldsymbol{P}$ 的具体表达式中,"·"表示第二个括号里的内容与第一个括号里的一致。为了获得最优的 $\boldsymbol{K}$,取误差协方差矩阵 $\hat{\boldsymbol{P}}$ 的最小值。近似代价函数为

$$\boldsymbol{J}=E\{\underline{\boldsymbol{x}}^{\mathrm{T}}(k)\underline{\boldsymbol{x}}(k)\} \tag{4.18}$$

式(4.18)又可写为:

$$\boldsymbol{J}=\mathrm{trace}\{\hat{\boldsymbol{P}}\}=\mathrm{trace}\{(\boldsymbol{I}-\boldsymbol{K}\boldsymbol{H})\tilde{\boldsymbol{P}}(\boldsymbol{I}-\boldsymbol{K}\boldsymbol{H})^{\mathrm{T}}+\boldsymbol{K}\boldsymbol{R}\boldsymbol{K}^{\mathrm{T}}\} \tag{4.19}$$

$$\frac{\partial \boldsymbol{J}}{\partial \boldsymbol{K}}=-2(\boldsymbol{I}-\boldsymbol{K}\boldsymbol{H})\tilde{\boldsymbol{P}}\boldsymbol{H}^{\mathrm{T}}+2\boldsymbol{K}\boldsymbol{R}=0$$

$$\boldsymbol{K}\boldsymbol{R}=\tilde{\boldsymbol{P}}\boldsymbol{H}^{\mathrm{T}}-\boldsymbol{K}\boldsymbol{H}\tilde{\boldsymbol{P}}\boldsymbol{H}^{\mathrm{T}}$$

$$\boldsymbol{K}\boldsymbol{R}+\boldsymbol{K}\boldsymbol{H}\tilde{\boldsymbol{P}}\boldsymbol{H}^{\mathrm{T}}=\tilde{\boldsymbol{P}}\boldsymbol{H}^{\mathrm{T}}$$

$$\boldsymbol{K}=\tilde{\boldsymbol{P}}\boldsymbol{H}^{\mathrm{T}}(\boldsymbol{H}\tilde{\boldsymbol{P}}\boldsymbol{H}^{\mathrm{T}}+\boldsymbol{R})^{-1} \tag{4.20}$$

通过将式(4.20)中的 $\boldsymbol{K}$ 的表达式代入式(4.17)并化简,得到协方差矩阵的最优最简形式:

$$\hat{\boldsymbol{P}}=(\boldsymbol{I}-\boldsymbol{K}\boldsymbol{H})\tilde{\boldsymbol{P}} \tag{4.21}$$

卡尔曼滤波的过程如下:

1. 状态传播

状态估计:

$$\tilde{\boldsymbol{x}}(k+1)=\boldsymbol{\phi}\hat{\boldsymbol{x}}(k) \tag{4.22}$$

协方差：

$$\tilde{\boldsymbol{P}}(k+1)=\boldsymbol{\phi}\hat{\boldsymbol{P}}(k)\boldsymbol{\phi}^{\mathrm{T}}+\boldsymbol{GQG}^{\mathrm{T}} \tag{4.23}$$

2. 测量更新

残差/新息：

$$\boldsymbol{r}(k+1)=\boldsymbol{z}(k+1)-\boldsymbol{H}\tilde{\boldsymbol{x}}(k+1) \tag{4.24}$$

滤波增益：

$$\boldsymbol{K}=\tilde{\boldsymbol{P}}\boldsymbol{H}^{\mathrm{T}}(\boldsymbol{H}\tilde{\boldsymbol{P}}\boldsymbol{H}^{\mathrm{T}}+\boldsymbol{R})^{-1} \tag{4.25}$$

滤波后状态：

$$\hat{\boldsymbol{x}}(k+1)=\tilde{\boldsymbol{x}}(k+1)+\boldsymbol{K}\boldsymbol{r}(k+1) \tag{4.26}$$

协方差：

$$\hat{\boldsymbol{P}}=(\boldsymbol{I}-\boldsymbol{KH})\tilde{\boldsymbol{P}} \tag{4.27}$$

卡尔曼滤波方程(4.22)～(4.27)可利用 Matlab 编程实现，根据预先规定的状态、测量噪声所确定的信噪比，利用式(4.1)和式(4.2)可产生仿真数据。

4.2.3 新息：卡尔曼滤波残差

根据 k 时刻的测量对 $k+1$ 时刻的测量进行预测，测量值 $\boldsymbol{z}(k+1)$ 与预测测量值 $\boldsymbol{H}\tilde{\boldsymbol{x}}(k+1)$ 之差称为新息或残差，如式(4.24)。残差是反映滤波值与真实状态之间偏差的重要变量，它是衡量卡尔曼滤波效果好坏的指标，特别是在数据关联和数据融合的过程中。理论上，新息应该是一个正交的不相关白噪声，能用于评价卡尔曼滤波的效果。在式(4.25)中：$\boldsymbol{K}=\tilde{\boldsymbol{P}}\boldsymbol{H}^{\mathrm{T}}\boldsymbol{S}^{-1}$，其中 $\boldsymbol{S}=\boldsymbol{H}\tilde{\boldsymbol{P}}\boldsymbol{H}^{\mathrm{T}}+\boldsymbol{R}$ 是残差或新息的协方差矩阵。协方差矩阵 $\boldsymbol{Q}$ 和 $\boldsymbol{R}$ 是卡尔曼滤波中两个重要因素，这些矩阵需根据大量的数据进行恰当的选择和指定，而通常这些统计量是未知、部分已知或只知道其大概值。在这种情况下，在滤波递归运行时，采用基于最优准则的自适应滤波方法来估计这些矩阵中的变量，如基于在线监测残差/新息过程的方法。利用式(4.24)计算得到实际的残差，对矩阵 $\boldsymbol{S}$ 的对角元素进行开方获得标准差，将二者进行比较。卡尔曼滤波性能的主要标准是：将调整后的滤波得到的残差在两倍标准差范围内。其他可行的检测方法有：①检查测量残差(新息)的白化，由于残差是一个白噪声随机过程，应该使用白化测试进行检查；②检查计算得到的协方差矩阵是否与通过滤波的协方差公式(式(4.23)和式(4.27))得到的理论协方差相符。测试①表明测量残差是白噪声，在滤波中未遗漏任何信息，由于白噪声过程是一个不可预测过程，因此在获得估计值时使用信息最多。测试②表明卡尔曼滤波的计算状态误差在滤波预测给定的范围内，因此实现了恰当的调整。满意的测试结果意味着卡尔曼滤波是恰当的理论预测，并且卡尔曼滤波的结果是可信的。在利用扩展卡尔曼滤波对非线性动态系统的状态进行估计时，检查实际残差的白化也是十分重要的。

4.2.4 稳态－状态滤波

在同步模式中使用卡尔曼滤波，其状态矩阵和测量矩阵是时不变的，相关的数学模型为

$$\boldsymbol{x}(k) = \boldsymbol{\phi x}(k-1) + \boldsymbol{Bu}(k) + \boldsymbol{w} \tag{4.28}$$

$$\boldsymbol{z}(k) = \boldsymbol{Hx}(k) + \boldsymbol{v} \tag{4.29}$$

从式(4.23)、式(4.25)和式(4.27)中可以看出状态估计协方差矩阵和KF增益的计算不完全依赖于测量$\boldsymbol{z}$。事实上，这些线性系统的变量可以很容易地预先计算和存储供以后使用。如果$\boldsymbol{\phi}$、$\boldsymbol{H}$、$\boldsymbol{Q}$和$\boldsymbol{R}$是时不变的，那么新息协方差矩阵$\boldsymbol{S}$实际上也是时不变的，并且协方差/卡尔曼滤波增益矩阵/向量将趋向于恒定的稳定状态值。

$$\boldsymbol{P}(k|k) \to P_{\infty}^{+}; \boldsymbol{P}(k|k-1) \to P_{\infty}^{-}; \boldsymbol{K}(k) \to K_{\infty} \tag{4.30}$$

这种收敛通常很快，因此，只经过少量的采样间隔，协方差/卡尔曼滤波增益矩阵就趋向于恒定的稳定状态值，这样可以合理地避免额外的计算，而且还可以在卡尔曼滤波起始阶段简单地插入这些恒定值。把恒定的增益向量/矩阵代入公式：$\hat{\boldsymbol{x}}(k+1) = \tilde{\boldsymbol{x}}(k+1) + \boldsymbol{Kr}(k+1)$，而且增益$\boldsymbol{K}$的稳定状态值的计算比较容易。如果使用匀速模型，增益可用两个参数α、β表示，即

$$\hat{\boldsymbol{x}}(k+1) = \tilde{\boldsymbol{x}}(k+1) + \begin{bmatrix} \alpha \\ \beta/T \end{bmatrix} \boldsymbol{r}(k+1) \tag{4.31}$$

该滤波器就是人们熟知的经典$\alpha-\beta$滤波器，在目标跟踪文献中被称为恒增益滤波器，T为采样间隔/步长。对于匀加速目标跟踪模型，在滤波中使用三个增益α、β和γ，即

$$\hat{\boldsymbol{x}}(k+1) = \tilde{\boldsymbol{x}}(k+1) + \begin{bmatrix} \alpha \\ \beta/T \\ \gamma/T^2 \end{bmatrix} \boldsymbol{r}(k+1) \tag{4.32}$$

这些参数通常通过仿真和工程计算得到。这是多目标跟踪过程中进行并行滤波的重要条件。如果假设有效，则使用恒增益滤波的误差可以忽略。在很多

航空器的飞行测试靶场中,尽管线性时不变假设和恒定噪声假设是无效的,但仍使用这些稳定状态滤波器。

4.2.5 异步、延迟、A 序列测量

在很多数据融合系统中,从传感器/信道接收数据的测量过程经常是异步的,这是因为信息/数据/信号来自于很多不同的信息源/传感器。另外,每个信息源/传感器可能有不同的采样频率和延迟,而延迟与各个测量的获得和传输有关。在网络数据获取系统中,需要处理 3 个时间选择问题,其复杂度逐渐增加[1]:①异步数据——信息/数据在随机时刻但实时的方式到达,所以这些数据仍可被处理;②延迟数据——信息/数据在随机的时刻到达但比计算出估计值要晚;③A 序列数据——信息/数据随机到达而且晚于甚至超出时间序列。异步数据可以容易地引入到现有的 KF 结构中。对于异步测试,式(4.1)的离散时间状态模型和式(4.2)的离散时间测量模型可以直接使用。需要指出,过程噪声协方差矩阵 $\boldsymbol{Q}$ 和其他模型矩阵 $\boldsymbol{\phi}$、$\boldsymbol{G}$、$\boldsymbol{H}$ 都是时间间隔(t_k-t_{k-1})的函数,因此计算变量 $\boldsymbol{P}(k|k)$、$\boldsymbol{P}(k|k-1)$、$\boldsymbol{S}(k)$ 和增益矩阵 $\boldsymbol{K}(k)$ 不能使用定值而需要具体计算。

延迟测量(延时数据)问题通过两个估计而得到处理[1]:①关联最后一次测量的正确时间;②对系统当前时刻状态的估计,当新的和延迟的测量数据到达时,抛弃最近的预测,进而计算新的预测,然后与新的测量数据结合从而作出新的预测。假设 t_c 为当前时刻,且在 t_c 时刻得到了新的可靠的延迟测量数据。令 $t_c>t_k>t_{k-1}$ 且 $t_c>t_p>t_{k-1}$,现在,假设已有估计 $\hat{\boldsymbol{x}}(t_{k-1}|t_{k-1})$ 和 $\hat{\boldsymbol{x}}(t_p|t_{k-1})$(严格意义上讲是预测),同时获得测量数据 $\boldsymbol{Z}(t_k)$。首先,不用预测变量 $\hat{\boldsymbol{x}}(t_p|t_{k-1})$,而用新预测变量 $\hat{\boldsymbol{x}}(t_k|t_{k-1})$ 和预测协方差变量 $\boldsymbol{P}(t_k|t_{k-1})$。这些估计和延迟数据用来计算延时数据产生的新估计 $\boldsymbol{x}(t_k|t_k)$,利用该预测值,根据下列公式估计 $\hat{\boldsymbol{x}}(t_c|t_k)$ 及其协方差 $\boldsymbol{P}(t_c|t_k)$。

$$\hat{\boldsymbol{x}}(t_p|t_k)=\boldsymbol{\phi}(t_p)\hat{\boldsymbol{x}}(t_k|t_k)+\boldsymbol{B}(t_p)\boldsymbol{u}(t_p) \tag{4.33}$$

$$\boldsymbol{P}(t_p|t_k)=\boldsymbol{\phi}(t_p)\boldsymbol{P}(t_k|t_k)\boldsymbol{\phi}^{\mathrm{T}}(t_p)+\boldsymbol{G}(t_p)\boldsymbol{Q}(t_p)\boldsymbol{G}^{\mathrm{T}}(t_p) \tag{4.34}$$

估计 $\hat{\boldsymbol{x}}(t_k|t_k)$ 和 $\hat{\boldsymbol{x}}(t_p|t_k)$ 及它们的协方差矩阵将被保持到下一个测量。需要指出,如果测量数据有延迟,那对当前时刻的估计将不如根据实时获取的测量数据做出的估计好。出现这种情况的原因是额外的预测将会在状态估计中引入额外的过程噪声。

A 序列数据产生于测量数据有延迟并且超出时间序列的情况下。这是多传感器系统的普遍现象,原因是不同传感器的预处理/通信延迟可能存在极大差异。

4.2.6 扩展卡尔曼滤波

在现实生活中,大多数的动态系统都是非线性的,并且经常需要对这些系统的状态进行估计,如卫星轨道的测定。对于包含非线性系统模型的目标跟踪和卡尔曼滤波,需要使用扩展卡尔曼滤波器。非线性系统可用下列方程表示[1,2]:

$$\dot{\boldsymbol{x}}(t)=\boldsymbol{f}[\boldsymbol{x}(t),\boldsymbol{u}(t),\boldsymbol{\Theta}] \tag{4.35}$$

$$\boldsymbol{y}(t)=\boldsymbol{h}[\boldsymbol{x}(t),\boldsymbol{u}(t),\boldsymbol{\Theta}] \tag{4.36}$$

$$\boldsymbol{z}(k)=\boldsymbol{y}(k)+\boldsymbol{v}(k) \tag{4.37}$$

式中:$\boldsymbol{f}$、$\boldsymbol{h}$ 为一般的非线性向量价值函数;$\boldsymbol{\Theta}$ 为未知常量/参量的向量,即

$$\boldsymbol{\Theta}=[x_0,b_u,b_y,\beta] \tag{4.38}$$

式中:x_0 为 $t=0$ 时的状态变量;b_u 为控制输入的偏差;b_y 为模型响应 b 的偏差;β 为系统模型中一些未知的参量。线性系统的卡尔曼滤波递归方程不能直接用于对非线性系统的状态进行估计。为了在非线性系统中使用卡尔曼滤波,非线性函数 $\boldsymbol{f}$、$\boldsymbol{h}$ 需要利用当前的状态估计(预测或滤波估计值)进行线性化。这样,就可以很容易地用卡尔曼滤波递归公式进行估计。扩展卡尔曼滤波的结果是非线性滤波问题的次优解。如果需要同时对状态和参数进行估计,可以把未知参数扩展到状态向量中(作为附加的状态),并且对增广非线性模型进行滤波[2-5]。因此,增广状态向量为

$$\boldsymbol{x}_a^{\mathrm{T}}=[\boldsymbol{x}^{\mathrm{T}}\boldsymbol{\Theta}^{\mathrm{T}}] \tag{4.39}$$

$$\dot{\boldsymbol{x}}=\begin{bmatrix}\boldsymbol{f}(\boldsymbol{x}_a,\boldsymbol{u},t)\\ 0\end{bmatrix}+\begin{bmatrix}\boldsymbol{G}\\ 0\end{bmatrix}\boldsymbol{w}(t) \tag{4.40}$$

增广的数学状态和测量模型为

$$\dot{\boldsymbol{x}}=\boldsymbol{f}_a(\boldsymbol{x}_a,\boldsymbol{u},t)+\boldsymbol{G}_a\boldsymbol{w}(t) \tag{4.41}$$

$$\boldsymbol{y}(t)=\boldsymbol{h}_a(\boldsymbol{x}_a,\boldsymbol{u},t) \tag{4.42}$$

$$\boldsymbol{z}_m(k)=\boldsymbol{y}(k)+\boldsymbol{u}(k),k=1,\cdots,N \tag{4.43}$$

其中

$$\boldsymbol{f}_a^{\mathrm{T}}(t)=[\boldsymbol{f}^{\mathrm{T}}\quad \boldsymbol{0}^{\mathrm{T}}];\boldsymbol{G}_a^{\mathrm{T}}=[\boldsymbol{G}^{\mathrm{T}}\quad \boldsymbol{0}^{\mathrm{T}}] \tag{4.44}$$

线性化系统矩阵定义为

$$\boldsymbol{A}(k)=\left.\frac{\partial \boldsymbol{f}_a}{\partial \boldsymbol{x}_a}\right|_{\boldsymbol{x}_a=\hat{\boldsymbol{x}}_a(k),\boldsymbol{\mu}=\boldsymbol{\mu}(k)} \tag{4.45}$$

$$\boldsymbol{H}(k)=\left.\frac{\partial \boldsymbol{h}_a}{\partial \boldsymbol{x}_a}\right|_{\boldsymbol{x}_a=\hat{\boldsymbol{x}}_a(k),\mu=\mu(k)} \tag{4.46}$$

近似状态转移矩阵为

$$\boldsymbol{\phi}(k)=\exp[-\boldsymbol{A}(k)\Delta t],\Delta t=t_{k+1}-t_k \tag{4.47}$$

4.2.6.1 状态/协方差矩阵的时间传播

状态从当前时刻传播到下个时刻,状态预测方程为

$$\tilde{\boldsymbol{x}}_a(k+1)=\hat{\boldsymbol{x}}_a(k)+\int_{t_k}^{t_{k+1}}\boldsymbol{f}_a[\hat{\boldsymbol{x}}_a(t),\boldsymbol{u}(k),t]\mathrm{d}t \tag{4.48}$$

协方差矩阵从 k 时刻传播到 $k+1$ 时刻的方程为

$$\tilde{\boldsymbol{P}}(k+1)=\boldsymbol{\phi}(k)\hat{\boldsymbol{P}}(k)\boldsymbol{\phi}^{\mathrm{T}}(k)+\boldsymbol{G}_a(k)\boldsymbol{Q}\boldsymbol{G}_a^{\mathrm{T}}(k) \tag{4.49}$$

式中:$\tilde{\boldsymbol{P}}(k+1)$为 $k+1$ 时刻的预测协方差矩阵;$\boldsymbol{G}_a$ 为过程噪声系数矩阵;$\boldsymbol{Q}$ 为过程噪声协方差矩阵。

4.2.6.2 测量更新

扩展卡尔曼滤波利用当前周期的测量值来更新上周期的预测估计值:

$$\hat{\boldsymbol{x}}_a(k+1)=\tilde{\boldsymbol{x}}_a(k+1)+\boldsymbol{K}(k+1)\{\boldsymbol{z}_m(k+1)-\boldsymbol{h}_a[\tilde{\boldsymbol{x}}_a(k+1),\boldsymbol{u}(k+1),t]\} \tag{4.50}$$

增益公式为

$$\boldsymbol{K}(k+1)=\tilde{\boldsymbol{P}}(k+1)\boldsymbol{H}^{\mathrm{T}}(k+1)[\boldsymbol{H}(k+1)\tilde{P}(k+1)\boldsymbol{H}^{\mathrm{T}}(k+1)+\boldsymbol{R}]^{-1} \tag{4.51}$$

使用预测协方差矩阵 $\tilde{\boldsymbol{P}}(k+1)$中的卡尔曼增益和线性测量矩阵,可以对协方差矩阵进行更新,更新公式为

$$\hat{\boldsymbol{P}}(k+1)=[\boldsymbol{I}-\boldsymbol{K}(k+1)\boldsymbol{H}(k+1)]\tilde{\boldsymbol{P}}(k+1) \tag{4.52}$$

扩展卡尔曼滤波非常适用于非线性状态模型和测量模型的目标跟踪。

4.2.7 卡尔曼滤波器:一种自然的数据层融合器

有趣的是,卡尔曼滤波器被视为直接的数据融合器(测量/数据更新部分),在动态数据融合中十分有用[4]。一般来说,运动学的数据融合有三种主要方式:①原始测量数据的融合(当然,这些数据应该具备工程单位的形式,即 REVD 格式,而不应该是绝对的原始数据),这称为集中式融合或数据级融合;②在使用卡尔曼滤波器对原始测量值进行处理后,对待估计状态向量进行融合,即状态向量融合;③使用原始数据和处理过的状态向量进行的混合式融合。

4.2.7.1 融合 – 测量的更新算法

为把卡尔曼滤波作为自然数据滤波器处理算法,定义以下数据序列和变量:

①$k+1$ 时刻测量值 $\boldsymbol{z}$;②测量模型 $\boldsymbol{H}$;③假定 $\boldsymbol{R}$ 值;④k 时刻的状态先验估计 $\tilde{\boldsymbol{x}}(k)$;⑤状态估计误差的先验协方差矩阵 $\tilde{\boldsymbol{P}}$。在引入测量之后,测量/数据更新算法计算出 $k+1$ 时刻的更新状态估计。

残差方程:

$$\boldsymbol{r}(k+1)=\boldsymbol{z}_c(k+1)-\boldsymbol{H}_c\tilde{\boldsymbol{x}}_f(k) \tag{4.53}$$

卡尔曼增益:

$$\boldsymbol{K}=\tilde{\boldsymbol{P}}\boldsymbol{H}_c^{\mathrm{T}}(\boldsymbol{H}_c\tilde{\boldsymbol{P}}\boldsymbol{H}_c^{\mathrm{T}}+\boldsymbol{R}_c)^{-1} \tag{4.54}$$

滤波后状态估计:

$$\hat{\boldsymbol{x}}_f(k+1)=\tilde{\boldsymbol{x}}_f(k)+\boldsymbol{K}\boldsymbol{r}(k+1) \tag{4.55}$$

协方差矩阵(新到的信息):

$$\hat{\boldsymbol{P}}=(\boldsymbol{I}-\boldsymbol{K}\boldsymbol{H}_c)\tilde{\boldsymbol{P}} \tag{4.56}$$

需要指出,在测量级数据融合时,$\boldsymbol{H}$ 和 $\boldsymbol{R}$ 是混合矩阵。通过包含诸如位置和角度等多个可观察量的向量 $\boldsymbol{z}$,上述形式的卡尔曼滤波本身就是一个测量数据级的融合算法。因而,如上所述的卡尔曼滤波既在理论上又在实际中完成了数据融合。同样,以相同方式,扩展卡尔曼滤波、任何其他形式的卡尔曼滤波和相关的滤波都能作为数据级融合器使用。数据级融合过程和滤波估计过程紧密联系,这对用于多目标跟踪和估计的传感器数据融合有好处。有趣的是,第 2 章的基本概率建模和参数讨论不仅是卡尔曼滤波发展的基础,也同样适用于传感器数据融合。

4.3 多传感器数据融合与卡尔曼滤波器

在单传感器中发展的卡尔曼滤波技术和过程可直接应用于多传感器滤波/估计和跟踪。多目标跟踪和多传感器数据融合总是包含一群传感器,这些传感器可视为一个有大量复杂测量模型的单传感器,如 $\boldsymbol{H}$ 由 $\boldsymbol{H}_1$ 和 $\boldsymbol{H}_2$ 构成等。某种方法在理论上是好的、可行的,但在实际应用中受到少量传感器或小群体的限制。在第二种方法中,将每个传感器的各个测量数据视为独立的,然后按顺序将这些数据导入滤波器。单传感器滤波技术可以用于多传感器的问题,该方法要求在每个时间步长中计算每个测量的预测和增益矩阵,因此计算量大。

更可行的方法是推导出用于集成同一时刻所获得的多源测量数据为通用状态估计的公式,若目标只有一个,则状态模型相同。通过使用多传感器的简单模型，从多传感器卡尔曼滤波公式入手，得到综合单传感器测量的递归公式。这些公式和方程从“信息”的角度表达起来更加自然，而不是像通常的卡尔曼滤波方程一样以传统状态和协方差的形式表达。系统是“集中式”的：来自传感器的测量被以 raw-REUD 的格式传输到中心处理站/单元，利用与单传感器系统相同的单滤波器对数据进行处理。也可以从大量本地传感器-滤波器的角度解决多传感器估计的问题，其中每个传感器-滤波器产生状态估计，接着这些估计以可处理的格式传回中心处理站。后者是一种分布式处理结构，其优点在于模块化和结构的灵活性，然后在融合中心用复杂的算法对估计或跟踪信息进行融合。

4.3.1 测量模型

离散状态模型为

$$\boldsymbol{x}(k)=\boldsymbol{\phi}\boldsymbol{x}(k-1)+\boldsymbol{B}\boldsymbol{u}(k)+\boldsymbol{G}\boldsymbol{w}(k) \tag{4.57}$$

式中：$\boldsymbol{u}(k)$为控制输入矩阵，与增益向量/矩阵相关；$\boldsymbol{w}(k)$为描述模型/过程中的随机向量，且假定为零均值且时间不相关。由于所有传感器测量的是相同状态和相同目标，则所有传感器的过程模型应一样。对动态系统/目标状态的测量由大量不同传感器同步完成，其线性测量模型为

$$\boldsymbol{z}_s(k)=\boldsymbol{H}_s\boldsymbol{x}(k)+\boldsymbol{v}_s(k),s=1,\cdots,S \tag{4.58}$$

式中：$\boldsymbol{z}_s(k)$为 k 时刻测量值；$\boldsymbol{v}_s(k)$为测量噪声；$\boldsymbol{H}_s$ 为测量模型；$\boldsymbol{x}(k)$为目标状态。噪声为具有协方差矩阵 $\boldsymbol{R}$ 的零均值高斯过程。如果测量数据是异步获得的，使用离散时间的测量模型 $\boldsymbol{H}_s(t_k)$来处理这些数据。这进一步假设了噪声 $\boldsymbol{v}_s(k)$是全部零均值的和不相关的，并且处理和测量噪声也是彼此不相关的。总之，可将相关的噪声过程引入公式。

4.3.2 组传感器方法

处理多传感器估计问题的简单办法是将所有的测量值和所有的测量模型融合进一个合成的“组传感器”中，然后用单传感器系统的识别算法来解决估计问题。定义合成观测向量：

$$\boldsymbol{z}_c(k)=[\boldsymbol{z}_1^{\mathrm{T}}(k),\cdots,\boldsymbol{z}_s^{\mathrm{T}}(k)]^{\mathrm{T}} \tag{4.59}$$

合成测量模型为

$$\boldsymbol{H}_c(k)=[\boldsymbol{H}_1^{\mathrm{T}}(k),\cdots,\boldsymbol{H}_s^{\mathrm{T}}(k)]^{\mathrm{T}} \tag{4.60}$$

同样，过程噪声包含于其中，因而结果测量协方差矩阵是一个块对角阵：

$$\boldsymbol{R}_c(k)=\text{block}-\text{diag}\{R_1(k),\cdots,R_s(k)\} \tag{4.61}$$

将测量方程组写成单组模型：

$$z_c(k)=H_c(k)x(k)+v(k) \tag{4.62}$$

利用标准卡尔曼滤波算法中的式(4.59)~式(4.62),估计目标状态,算法可见4.2.7.1节。随着传感器组中的传感器数量的增加,新息向量/协方差矩阵的维数也将增加,但是在每次数据更新循环中都需要对新息协方差矩阵进行转换,所以这将带来新的问题。如果传感器的数量增加,数据融合问题中“个体联合”方法的使用将受到限制。

4.3.3 序列传感器方法

此方法将每个传感器的测量视为是独立的个体,按顺序更新状态估计。其中,在每个数据更新阶段的新息/协方差矩阵的维数与单传感器时相同。这说明先使用来自于一个传感器的测量数据对状态估计进行更新,然后在下一个传感器上重复该过程,直到所有传感器都处理完为止,再启动卡尔曼滤波的预测循环。假设在每个时间步长中传感器同步传送测量数据,当收到下一个采样时刻的测量值时,重复上述过程。需要注意的是,在下一个采样时刻的数据到达前,所有的测量/数据更新阶段和预测阶段的状态估计应在一个采样间隔内计算完成,如果卡尔曼滤波处理是在线/实时的,这一点就十分重要。在给定的采样周期中,可以按任何给定的规则处理测量数据。由前一个传感器的状态估计变为后续传感器的先前状态,这种方法比组传感器方法计算更高效。

4.3.4 逆协方差

当传感器的数量非常庞大时,组传感器和序列传感器算法就不适合了。由于在同一时刻新息具有相同的预测,则各个新息会相互关联,这对在同一时间间隔集成多源测量数据造成了困难。在文献[1]中明确推导出了多传感器估计算法。在预测周期中使用式(4.22)和式(4.23),而测量更新方程为

$$\hat{x}(k)=\tilde{P}(k)\left[\tilde{P}^{-1}(k)\tilde{x}(k)+\sum_{i=1}^{S}H_i^{\mathrm{T}}(k)R_i^{-1}(k)z_i(k)\right] \tag{4.63}$$

$$\hat{P}(k)=\left[\tilde{P}^{-1}(k)+\sum_{i=1}^{S}H_i^{\mathrm{T}}(k)R_i^{-1}(k)H_i(k)\right]^{-1} \tag{4.64}$$

容易看出,在多传感器估计问题的公式中,需要的最大逆矩阵取决于状态向量的维数,而且增加新传感器也十分简单。

4.3.5 航迹-航迹融合

在航迹-航迹融合(也称为航迹融合)中,关联算法可以对来自于多个传感

器的估计进行组合，它不同于对不同传感器的测量进行组合的“扫描”融合算法。在航迹融合中，算法和本地传感器使用本地卡尔曼滤波生成本地航迹估计，然后把生成的航迹/估计送至融合中心，在融合中心生成全局航迹估计。在某些模式中，全局航迹估计又被送回本地传感器，这被称为反馈模式。航迹融合算法有以下优点：①在每个传感器上可获得本地航迹信息；②航迹信息可以以更低和更紧凑的速率传输至融合中心，相比之下原始测量数据可以有很高的维数。

根据 SVF 法可以得到全局航迹估计，事实上，这是通过个体状态的权重均值得到的，并且相应的混合协方差矩阵也容易得到。总之，在航迹融合中使用了一个共同的基本状态模型。这也表明卡尔曼滤波预测循环使用了源于一个普通过程模型的预测误差，这样使任何两个航迹相关。交叉协方差、混合状态和混合协方差矩阵方程如下：

$$\boldsymbol{x}_f = \boldsymbol{x}_i + [\boldsymbol{P}_i - \boldsymbol{P}_{ij}][\boldsymbol{P}_i + \boldsymbol{P}_j - \boldsymbol{P}_{ij} - \boldsymbol{P}_{fij}]^{-1}[\boldsymbol{x}_j - \boldsymbol{x}_i] \tag{4.65}$$

$$\boldsymbol{P}_f = \boldsymbol{P}_i - [\boldsymbol{P}_i - \boldsymbol{P}_{ij}][\boldsymbol{P}_i + \boldsymbol{P}_j - \boldsymbol{P}_{ij} - \boldsymbol{P}_{fij}]^{-1}[\boldsymbol{P}_i - \boldsymbol{P}_{ij}]_f \tag{4.66}$$

在第 5.5 节中给出一个更规范的 SVF 公式推导。

4.4 非线性数据融合方法

由于存在非高斯过程，实际中要对非线性域中的多传感器数据融合（MSDF）问题进行处理，常见的有多模型概率分布函数和非线性动态方程，而后者的过程和测量模型都是非线性的，比如空气动力学系统/模型。在这些情况下，传统的卡尔曼滤波将不再适用，因而需要使用扩展卡尔曼滤波方法或更高级的滤波方法，比如非线性滤波或能解决非高斯噪声过程的滤波方法。

4.4.1 似然估计方法

递归估计问题的解决方法完全可根据贝叶斯定理用概率进行推导，一般而言，需要计算出全时域上的概率密度函数。考虑到测量与控制输入、初始状态 $\boldsymbol{x}(0)$ 和时刻 k，这个概率密度函数描述了目标/载体在时刻 k 的状态的后验概率密度函数。使用贝叶斯公式计算先验概率密度函数，函数中包含一个控制向量 $\boldsymbol{u}(k)$ 和一个测量向量 $\boldsymbol{z}(k)$。根据状态转移的概率密度函数定义状态转移模型。假设状态转移是一个马尔科夫过程，其中 $\boldsymbol{x}_k$ 的状态仅由 $\boldsymbol{x}(k-1)$ 的状态和控制输入 $\boldsymbol{u}(k)$ 决定。它与测量是相独立的。在这个模型中，递归算法使用了贝叶斯公式。对于先验概率的递归更新，则利用条件概率密度函数的链式规则来完成更新，它依据状态以及之后的测量，对状态和测量的联合分布进行扩展。

4.4.2 无迹滤波与融合

传统的扩展卡尔曼滤波利用概率密度的均值和协方差对动态系统的非线性系统模型进行线性化处理。而在无迹卡尔曼滤波中,不需要对过程模型进行线性化。而是通过带有选定 σ 点的非线性变换来确定概率密度函数的参数,而这 σ 点的选择是确定的。用非线性函数 $y=f(x)$ 来表示随机变量 x 随时间的更新。假定已知随机变量的 σ 点均值 $\bar{x}$ 和协方差 P_x。则 σ 点计算如下[4]:

$$\begin{cases}\chi_0 = \bar{x} \\ \chi_i = \bar{x} + \left(\sqrt{(L+\lambda)\boldsymbol{P}_x}\right)_i, i=1,\cdots,L \\ \chi_i = \bar{x} - \left(\sqrt{(L+\lambda)\boldsymbol{P}_x}\right)_{i-L}, i=L+1,\cdots,2L\end{cases} \tag{4.67}$$

σ 点的关联权重计算如下[4]:

$$\begin{cases}\omega_0^{(m)} = \dfrac{\lambda}{L+\lambda} \\ \omega_0^{(c)} = \dfrac{\lambda}{L+\lambda} + (1-\alpha^2+\beta) \\ \omega_i^{(m)} = \omega_i^{(c)} = \dfrac{1}{2(L+\lambda)}, i=1,\cdots,2L\end{cases} \tag{4.68}$$

为了给出无偏变换,权重需要满足条件 $\sum_{i=1}^{2L}\omega_i^{(m/c)} = 1$ 。无导数卡尔曼滤波(DFKF)中的尺度参数有:①α 决定了在 $\bar{x}$ 附近 σ 点的散步;②β 包含了关于 $\bar{x}$ 分布的先验知识;③$\lambda=\alpha^2(L+\kappa)-L$;④$\kappa$ 是调节参数。利用系统的非线性函数 $y_i=f(x_i)$,$(i=0,\cdots,2L)$ 对 σ 点进行更新,然后获得转换后的 σ 点。这些转换点的均值和协方差计算如下[4]:

$$\bar{y} = \sum_{i=0}^{2L}\omega_i^{(m)}y_i \tag{4.69}$$

$$\boldsymbol{P}_y = \sum_{i=0}^{2L}\omega_i^{(c)}\{y_i-\bar{y}\}\{y_i-\bar{y}\}^{\mathrm{T}} \tag{4.70}$$

因此,无迹卡尔曼滤波可以作为无迹变换的直接扩展。无迹卡尔曼滤波的完整状态由实际系统状态的增广状态向量、过程噪声状态和测量噪声状态组成。增广状态向量的维数为 $n_a=n+n+m=2n+m$。在文献[4]中有更多的细节和结果。融合要么是测量级融合要么是状态向量级融合。

4.4.3 其他非线性跟踪滤波器

以下几个非线性滤波算法可以用来进行目标跟踪和传感器数据融合:①高斯和模型——在该模型中,用高斯和近似表示概率密度函数,这样,可以对任意的概率密度函数进行建模,在附录 A.3 中详细描述了高斯和近似方法;②分布近似滤波——该滤波方法提供了一种对高斯概率密度函数的非线性转换进行近似化的有效方法;③粒子滤波(在附录 A.4);④普加乔夫滤波(附录 A.5)。在附录 A 中给出了这些非线性滤波的详细算法。

4.5 多传感器系统中的数据关联

在多传感器跟踪、估计问题中,由于状态经常是通过测量数据间接得到,因而获得的测量数据必须与状态空间跟踪模型正确关联,这就导致了数据关联问题[1]——包括:①验证测量数据以确保这些数据无错或来自于杂波(其他源而不是真的源);②将正确的测量数据关联到正确的状态跟踪模型——这是多目标(和多传感器)跟踪中的特别重要的问题;③在需要时,初始化/开始新航迹/状态。在正常的目标跟踪、滤波/估计中,需考虑测量位置的不确定性。在数据关联中,需考虑测量点的不确定性。在数据关联中使用正常化更新或验证阈值。在目标跟踪问题中,通过关联来更新目标航迹,也就是说,获得的测量数据与已有航迹相关,或初始化新航迹。波门选通和数据关联方法能够在多传感器多目标场景中进行准确的目标跟踪。因此,波门选通有助于判决测量数据(可能来自于杂波、虚警和电子干扰)是否是保持航迹或更新航迹的正确候选点。当多个目标在相同区域中时,数据关联将目标与这些候选测量数据以一定的正确性(和很高的概率)进行关联。从传感器传来的测量数据可能是不正确的,因为[1,4]:①杂波的影响(原始数据有可能被淹没);②虚警;③来自其他相邻目标的干扰;④有限的分辨能力(传感器的空间覆盖限制);⑤来自重要目标/航迹周边多个相邻目标的影响。因此,可以使用选通来剔除上述假目标,而数据关联算法[1,4]用于自动航迹起始(ATI)、航迹相关性测量(MTTC)和航迹 - 航迹相关(TTC)。在航迹相关性测量中,传感器数据与已有航迹关联以决定哪个数据属于哪个目标。一旦做出了决定,对一个特定目标有超过一个的测量数据,这些测量数据在 raw - REUD 级用测量融合方法进行融合。波门选通来确定一个测量数据是属于一个已经存在的目标还是属于一个新目标。对已有航迹都将定义其相应的波门。一个测量满足波门,意味着其落在波门的范围内,在关联航迹时有效。波门所包含的这个范围称为有效/确认域。

在波门选通过程中会出现各种情况，比如[1,4]：①不止一个测量数据满足单个航迹波门；②一个测量数据满足不止一个航迹波门；③测量数据可能始终未用于更新已有航迹，尽管它落在了有效域内（可能用于初始化一条新航迹）；④测量数据可能未落在任何已有航迹的有效域中，在这种情况下，测量数据被用于起始一个新航迹。如果航迹/目标的检测概率是1或者没有外来的值，则在理想情况下波门范围应该是无限的。假如在杂波情况下目标状态的检测概率小于1而被发现，这可能产生错误的测量结果。

如果残差/新息向量的所有元素都小于波门范围与残差标准差的乘积，则测量数据满足波门。k 时刻测量 $\boldsymbol{z}(k)$ 为

$$\boldsymbol{z}(k)=\boldsymbol{H}\boldsymbol{x}(k)+\boldsymbol{v}(k) \tag{4.71}$$

如果 $\boldsymbol{y}=\boldsymbol{H}\hat{\boldsymbol{x}}(k|k-1)$ 是测量的预测值，其中 $\hat{\boldsymbol{x}}(k|k-1)$ 代表 $k-1$ 时刻的预测状态，则残差/新息为

$$\boldsymbol{v}(k)=\boldsymbol{z}(k)-\boldsymbol{y}(k) \tag{4.72}$$

根据卡尔曼滤波方程组可知，新息协方差矩阵 $\boldsymbol{S}$ 为

$$\boldsymbol{S}=\boldsymbol{H}\boldsymbol{P}\boldsymbol{H}^{\mathrm{T}}+\boldsymbol{R} \tag{4.73}$$

距离 d^2 代表归一化的残差向量为

$$\boldsymbol{d}^2=\boldsymbol{v}^{\mathrm{T}}\boldsymbol{S}^{-1}\boldsymbol{v} \tag{4.74}$$

如果距离 d^2 小于确定的阈值 G，则测量与航迹相关：

$$\boldsymbol{d}^2=\boldsymbol{v}^{\mathrm{T}}\boldsymbol{S}^{-1}\boldsymbol{v}\leqslant G \tag{4.75}$$

式(4.75)中能确定落在这样定义的波门中的测量很可能来自航迹而不是来自其他信息源。选择波门大小 G 的一种方法是基于 m 维 χ^2 分布，m 是测量向量维数。在式(4.75)中，距离 d^2 是 m 个（假设是）独立高斯变量的平方和，这些变量都具有零均值和单位标准差，则二次量 d^2 服从 χ^2 分布，并且可用 χ^2 表确定 d^2 的波门。这是因为如果新息是零均值且是白噪声过程，则归一化新息是一个 m 维 χ^2 随机变量。归一化新息过程是数据关联方法的基础，这是因为新息过程是对来自测量序列的状态估计（实际上预测测量来自于预测状态）收敛性的一种基本评估方法。

数据关联方法也可扩展到多个航迹，这些情况在分布式结构和航迹融合算法中会出现[1]。这里用一个椭球体区域定义有效波门。在这种情况下，检验统计量服从 nx 维 χ^2 分布，nx 是状态向量的维数。当有效波门被确定并建立时，使用最近邻卡尔曼滤波算法对这些航迹进行关联。当然，也可以用概率数据关联滤波或多假设测试算法进行数据关联。同样，在多目标问题中，需要有一个测量数据和航迹如何关联的记录文件。接下来简单介绍最近邻标准滤波器（NN-KF）、概率数据互联滤波器（PDAF）和多级假设（MHT）滤波器。

4.5.1 最近邻标准滤波器

最近邻卡尔曼滤波器(NNKF)选择最接近预测的测量数据作为确认值,它只选一个测量数据对目标状态进行确认/更新,剩余的测量尽管在波门内,也始终不予考虑,因此实际上会丢失一些信息(这也是 NNKF 的主要缺点)。所以,在最近邻标准滤波器中,在波门范围内的最接近航迹的测量才会被选择。通过将每个测量与每个航迹关联起来,被选择的数据可用于更新航迹。因此,不存在两个航迹共用相同测量的问题。假设检测概率非常高,“最近邻”法的原理在于基于预测测量和最新获得测量数据的归一化新息是最小的。因此,如果存在一个有效测量,就使用最近邻卡尔曼滤波器(NNKF)更新航迹。状态和协方差的时间更新方程为[1,4]

$$\tilde{\boldsymbol{X}}(k|k-1)=\boldsymbol{\Phi}\hat{\boldsymbol{X}}(k-1/k-1) \tag{4.76}$$

$$\tilde{\boldsymbol{P}}(k/k-1)=\boldsymbol{\Phi}\hat{\boldsymbol{P}}(k-1/k-1)\boldsymbol{\Phi}^{\mathrm{T}}+\boldsymbol{G}\boldsymbol{Q}\boldsymbol{G}^{\mathrm{T}} \tag{4.77}$$

状态估计更新方程为

$$\hat{\boldsymbol{X}}(k/k)=\tilde{\boldsymbol{X}}(k/k-1)+\boldsymbol{K}\boldsymbol{\nu}(k) \tag{4.78}$$

$$\hat{\boldsymbol{P}}(k/k)=(\boldsymbol{I}-\boldsymbol{K}\boldsymbol{H})\tilde{\boldsymbol{P}}(k/k-1) \tag{4.79}$$

卡尔曼滤波增益为 $\boldsymbol{K}=\tilde{\boldsymbol{P}}(k|k-1)\boldsymbol{H}^{\mathrm{T}}\boldsymbol{S}^{-1}$,新息向量为 $\boldsymbol{\nu}(k)=\boldsymbol{z}(k)-\tilde{\boldsymbol{z}}(k|k-1)$。新息协方差的计算公式为 $\boldsymbol{S}=\boldsymbol{H}\tilde{\boldsymbol{P}}(k|k-1)\boldsymbol{H}^{\mathrm{T}}+\boldsymbol{P}$。假如没有有效测量,将在不使用任何测量的情况下更新航迹:

$$\hat{\boldsymbol{X}}(k/k)=\tilde{\boldsymbol{X}}(k/k-1) \tag{4.80}$$

$$\hat{\boldsymbol{P}}(k/k)=\tilde{\boldsymbol{P}}(k/k-1) \tag{4.81}$$

如果有大量杂波或多个空间上相邻的目标,NNKF 可能给出错误结果。在这种情况下正确关联就变得十分复杂,就需要使用更多测量,如概率数据互联滤波器(PDAF)算法。

4.5.2 概率数据互联滤波器 (PDAF)

与 NNKF 只使用一个测量值不同,PDAF 使用更多的测量数据。因此,在有大量杂波或大量相邻空间传感器的情况下,PDAF 比 NNKF 更实用,并具有更好的跟踪性能。在波门内的所有有效数据(而在 NNKF 中,只使用最近的测量数据)都被使用,并且目标的当前时刻的每个有效测量都有确定的关联概率。在

PDAF 中，利用了在波门内的所有有效测量及其相关概率。从某种意义上说，PDAF 和有效波门的框架中使用了测量/数据级的融合过程。因而，在 PDAF 中，使用有效波门内带关联权重的可观察量，它相当于 MLF，也相当于使用了带有合适权重的数据融合规则。假设有 m 个测量落入了一个特定波门中，并且只有一个感兴趣的目标，且航迹已被初始化，定义[1,4]：

$$\boldsymbol{z}_i\begin{cases}\{y_i\text{ 是目标产生的测量}\},i=1,2,\cdots,m\\\{\text{非目标的测量}\},i=0\end{cases}\tag{4.82}$$

当 $m\geqslant1$ 测量是相互独立时，状态条件均值为

$$\hat{\boldsymbol{X}}(k/k)=\sum_{i=0}^{m}\hat{\boldsymbol{X}}_i(k/k)p_i\tag{4.83}$$

式中：$\hat{\boldsymbol{x}}_i(k|k)$ 表示第 i 个测量值所确定的更新状态，p_i 表示正确测量的条件概率。则测量 i 的更新方程为

$$\hat{\boldsymbol{X}}_i(k/k)=\tilde{\boldsymbol{X}}(k/k-1)+\boldsymbol{K}\boldsymbol{v}_i(k),i=1,2,\cdots,m\tag{4.84}$$

使用标准方程计算条件新息：

$$\boldsymbol{v}_i(k)=\boldsymbol{z}_i(k)-\hat{z}(k/k-1)\tag{4.85}$$

如果没有有效测量，则 $i=0$，预测为

$$\hat{\boldsymbol{X}}_0(k/k)=\tilde{\boldsymbol{X}}(k/k-1)\tag{4.86}$$

标准状态更新方程为

$$\hat{\boldsymbol{X}}(k/k)=\tilde{\boldsymbol{X}}(k/k-1)+\boldsymbol{K}\boldsymbol{v}(k)\tag{4.87}$$

合并/联合新息计算公式为

$$\boldsymbol{v}(k)=\sum_{i=1}^{m}p_i(k)\boldsymbol{v}_i(k)\tag{4.88}$$

计算状态的相应协方差矩阵：

$$\hat{\boldsymbol{P}}(k/k)=p_0(k)\tilde{\boldsymbol{P}}(k/k-1)+(1-p_0(k))\boldsymbol{P}^c(k/k)+\boldsymbol{P}^s(k)\tag{4.89}$$

利用正确且相关测量进行更新的状态协方差：

$$\boldsymbol{P}^c(k/k)=\tilde{\boldsymbol{P}}(k/k-1)-\boldsymbol{K}\boldsymbol{S}\boldsymbol{K}^{\mathrm{T}}\tag{4.90}$$

最后，使用下面方程计算新息传播：

$$\boldsymbol{P}^s(k/k)=\boldsymbol{K}\left(\sum_{i=1}^{m}p_i(k)\boldsymbol{v}_i(k)\boldsymbol{v}(k)_i^{\mathrm{T}}-\boldsymbol{v}(k)\boldsymbol{v}(k)^{\mathrm{T}}\right)\boldsymbol{K}^{\mathrm{T}}\tag{4.91}$$

服从泊松分布的杂波模型的条件概率为

$$p_i(k) = \frac{e^{-0.5v_i^T S^{-1} v_i}}{\lambda \sqrt{|2\Pi S|}((1-P_D)/P_D) + \sum_{j=1}^{m} e^{-0.5v_j^T S^{-1} v_i}}, i = 1,2,\cdots,m \tag{4.92}$$

$$= \frac{\lambda \sqrt{|2\Pi S|}((1-P_D)/P_D)}{\lambda \sqrt{|2\Pi S|}((1-P_D)/P_D) + \sum_{j=1}^{m} e^{-0.5v_j^T S^{-1} v_i}}, i = 0 \tag{4.93}$$

式中:λ 为错误告警概率;P_D 为探测概率。因此,尽管 PDAF 比 NNKF 更复杂,但前述的理论明确指出 PDAF 的性能优于 NNKF,这是因为 PDAF 是一个像卡尔曼滤波器那样的自然数据融合算法,而且它也包含了数据融合概念和概率权重,这也是 PDAF 的一个重要基本特性。如果目标之间离得很近,PDAF 的性能可能会下降并且不能正确判断是否存在目标。同样,需要建立航迹初始化和删除机制。为了避免 PDAF 缺点,可以使用联合 PDAF。

4.5.3 多假设滤波器

多假设(MHT)滤波器和基于相关航迹分离滤波器的跟踪算法将会对每个可能的相关测量值进行航迹分离[1]。在每个采样时刻/扫描周期中,使用测量预测值建立有效波门。对每个落在波门内的测量值产生一个新的假设航迹。单条航迹被分为 n 条航迹[1]:①一条航迹与每个有效测量都相关联;②没有关联假设的一条航迹。其中每条航迹独立处理并用于获得下一个时刻的新预测值。这样,航迹分支的数量以指数形式增长,因此每个分离航迹的可能性函数都将得到计算并丢弃不可能的航迹。多假设滤波跟踪算法基于完整测量序列来实现。

4.6 信息滤波

在传统卡尔曼滤波中,状态及其协方差矩阵是在卡尔曼滤波的时间更新周期中传播的,并且在数据更新周期中,利用测量数据对状态及其误差协方差矩阵进行更新。在信息滤波器中,状态与合适的信息矩阵一起传播和更新。这个信息矩阵是根据费舍尔信息矩阵定义的,是卡尔曼滤波中相关变量的协方差矩阵的逆矩阵。从新息概念上讲,状态估计和参数估计的基本问题是其规范化问题。虽然测量模型可以用非线性模型,但这儿使用线性模型:

$$z = \boldsymbol{H}\boldsymbol{x} + \boldsymbol{v} \tag{4.94}$$

式中:$\boldsymbol{x}$ 为参数向量,其具体含义由具体问题确定;$\boldsymbol{v}$ 为测量噪声的 m 维向量,其均值为 0,协方差矩阵根据需要而确定。$\boldsymbol{x}$ 的最小平方估计根据测量误差的最小平方和来确定,代价函数定义为

$$J(x) = (z - Hx)^{\mathrm{T}}(z - Hx) \tag{4.95}$$

引入上述系列方程式,可以获得 x 的先验无偏估计 $\tilde{x}$ 和先验信息矩阵($\tilde{x}$, $\tilde{\Lambda}$),该矩阵是由先验状态/参数矩阵和信息矩阵构成的增广矩阵,其中状态/参数矩阵仍然是传统的协方差形式。通过利用式(4.95)中的先验信息,可以获得修正代价函数:

$$J_1(x) = (x - \tilde{x})^{\mathrm{T}}\tilde{\Lambda}(x - \tilde{x}) + (z - Hx)^{\mathrm{T}}(z - Hx) \tag{4.96}$$

通过对式(4.96)表示的代价函数求 x 的偏微分,可以得到 x 的偏微分,当该偏微分等于0时,该式就是状态/参数 x 的最优最小平方估计公式。最优最小平方估计是通过引入状态/参数的先验信息矩阵而获得,这个方法是将信息(矩阵)用于状态/参数估计问题的基础方法。

4.6.1 平方根信息滤波

为了获得平方根信息滤波公式,把信息矩阵本身记入它的平方根中可以获得下面的代价函数:

$$J_1(x) = (x - \tilde{x})^{\mathrm{T}}\tilde{R}^{\mathrm{T}}\tilde{R}(x - \tilde{x}) + (z - Hx)^{\mathrm{T}}(z - Hx)$$

$$J_1(x) = (\bar{y} - \tilde{R}x)^{\mathrm{T}}(\bar{y} - \tilde{R}x) + (z - Hx)^{\mathrm{T}}(z - Hx) \tag{4.97}$$

把 $\tilde{y} = \tilde{R}\tilde{x}$ 代入式(4.97)的第一个方程,就可以得到式(4.97)的第二个方程(对于卡尔曼滤波和测量值 z 来说,$\tilde{y} = \tilde{R}\tilde{x}$ 表示表信息状态[**IS**]和协方差状态[**CS**]x 之间的关系),第二个方程是第一个方程的化简和重组。第一个括号里面的内容为 $\tilde{y} = \tilde{R}\tilde{x} + \tilde{v}$,它和式(4.94)中的形式类似。可以发现,代价函数 J 代表了如下的复合系统[2,4]:

$$\begin{bmatrix} \tilde{y} \\ z \end{bmatrix} = \begin{bmatrix} \tilde{R} \\ H \end{bmatrix} x + \begin{bmatrix} \tilde{v} \\ v \end{bmatrix} \tag{4.98}$$

因此,在数据方程中将先验信息作为额外的测量,就像测量方程(4.94)一样,则称式(4.98)的第一行为信息状态数据方程。然后通过对矩阵 T 进行正交变换可以得到最小平方函数的解,从而可以获得最小平方根,最小平方函数如下:

$$-\begin{bmatrix} \tilde{v} \\ v \end{bmatrix} = \begin{bmatrix} \tilde{R} \\ H \end{bmatrix} x - \begin{bmatrix} \tilde{y} \\ z \end{bmatrix}$$

$$
\boldsymbol{T}\begin{bmatrix} \tilde{\boldsymbol{R}}(k-1) & \tilde{\boldsymbol{y}}(k-1) \\ \boldsymbol{H}(k) & \boldsymbol{z}(k) \end{bmatrix} = \begin{bmatrix} \hat{\boldsymbol{R}}(K) & \tilde{\boldsymbol{y}}(k) \\ 0 & \boldsymbol{e}(k) \end{bmatrix};k=1,\cdots,N \quad (4.99)
$$

将式(4.98)翻过来,对式(4.99)的复合部分(左边的矩阵)进行变换可以使式(4.97)表示的代价函数的误差/噪声的平方和最小。e_j 是残差序列,在输入最新测量数据和正交变换之后,将产生新的信息对($\tilde{\boldsymbol{y}}(k)$,$\hat{\boldsymbol{R}}(k)$)。当下一个新的测量数据 $\boldsymbol{z}(k+1)$ 输入时,重复这个过程,产生新的信息可以得到平方根信息滤波公式的递归算法。离散的平方根信息滤波公式将在第 5 章中讨论。这里需要注意的是,没有把产生状态 $\boldsymbol{x}$ 的动态系统状态空间模型考虑进去。平方根信息滤波公式可用于数据融合,前述的公式满足现实需求。

4.6.2 基于平方根信息滤波的数据融合

使用一个带有两个传感器模型 $\boldsymbol{H}_1$ 和 $\boldsymbol{H}_2$ 的线性系统,通过式(4.99)在数据级对传感器测量数据进行融合,公式如下:

$$
\boldsymbol{T}\begin{bmatrix} \tilde{\boldsymbol{R}}(k-1) & \tilde{\boldsymbol{y}}(k-1) \\ \boldsymbol{H}_1(k) & \boldsymbol{z}_1(k) \\ \boldsymbol{H}_2(k) & \boldsymbol{z}_2(k) \end{bmatrix} = \begin{bmatrix} \hat{\boldsymbol{R}}(K) & \tilde{\boldsymbol{y}}(k) \\ 0 & \boldsymbol{e}(k) \end{bmatrix};k=1,\cdots,N \quad (4.100)
$$

对带有两个传感器的复合系统进行估计和融合,可利用式(4.100)进行。合成的状态/参数估计和信息矩阵(实际上是信息矩阵的平方根)是两传感器数据处理的全局影响因子。同样,分别处理来自每个传感器的测量数据,可以获得信息状态向量的估计,然后将这些信息状态向量的估计进行融合,可以获得联合信息融合-状态向量融合,方程

$$
\begin{cases} \tilde{\boldsymbol{y}}_f = \tilde{\boldsymbol{y}}_1 + \tilde{\boldsymbol{y}}_2 \\ \hat{\boldsymbol{R}}_f = \hat{\boldsymbol{R}}_1 + \hat{\boldsymbol{R}}_2 \end{cases} \quad (4.101)
$$

其中,$\tilde{\boldsymbol{y}}$ 是平方根信息滤波公式点迹的融合状态。需要指出的是,这个状态向量与全信息滤波算法中的不一样。融合协方差状态可通过下式有趣且十分简单地获得:

$$
\hat{\boldsymbol{x}}_f = \hat{\boldsymbol{R}}_f^{-1}\tilde{\boldsymbol{y}}_f \quad (4.102)
$$

所以,可以看出使用信息对(IS 和 SRIM)的数据方程和正交变换,可以对复杂的传感器估计数据融合问题,给出非常简单、直观而有用的解,并且通过递归运算,其数值解的可信度、效率和稳定性也得到增强。

4.7 基于 HI 滤波的数据融合

HI 的概念与频域的最优控制合成有关,HI 明确指出,它是在确定域而不是在随机域内建立误差模型。这种思想用来处理最坏的情况,即对误差的最大值进行最小化处理的情况,因此也称为最小 - 最大问题。HI 的架构简单而重要[4]:①能在确定域对系统的建模误差和未知干扰进行处理;②是对现有理论的自然扩展,即一个是另一个的超集或子集,或者可以说一个是另一个的一般形式或特殊情况;③在最小 - 最大值的传统意义上,还可以对 HI 进行修改,使得优化过程更有意义;④适用于所有的多变量控制和估计/滤波问题。HI 范数的定义为

$$\frac{\sum_{k=0}^{N}(\hat{x}^f(k)-x(k))^t(\hat{x}^f(k)-x(k))}{(\hat{x}_0^f-x_0^f)^t P_0^f(\hat{x}_0^f-x_0^f)+\sum_{k=0}^{N}\omega^t(k)\omega(k)+\sum^{m}\sum_{k=0}^{N}v^{mt}(k)v^m(k)} \tag{4.103}$$

HI 范数有几个重要项(所有的参量/状态/噪声变量的含义与常见的相同):①因为两个传感器(很容易扩展到多个传感器)在初始条件、状态干扰(确定性差,等同于卡尔曼滤波公式中的过程噪声)和测量干扰(确定性差,等同于卡尔曼滤波公式中的测量噪声)中存在误差,因而,分母上的元素组成了能量(等同于能量/方差/协方差,也称为不确定性的平方);②因为在融合状态中存在误差(认为是确定性差,等同于卡尔曼滤波中的状态误差),因而,把输出分子作为能量。直观上,由于在滤波器推导过程中将 HI 范数的最大值降到了最小,因而,任何基于这一 HI 范数导出的估计/滤波算法都意味着相应的滤波器在状态估计中将输入误差的影响降到了最小,同样输出误差也是最小值。式(4.103)可以看作是输出误差和全部输入误差之间的转移函数,这样,转移函数的最大增益通过确定滤波解的方式降到最小。把基于 HI 范数的滤波算法称为 HI 估计而不是 HI 滤波,然而,继续采用 HI 滤波这一术语只是为了方便和习惯。实际上,HI 范数即范数的 I/O 增益,应该比 γ^2 小,γ^2 是一个标量参数,它是输入到输出间能量增益的最大值上界。HI 范数用于推导稳健估计算法,该算法可用于目标跟踪和传感器数据融合中。目前基于 HI 滤波的数据融合的研究和成果较少。

4.7.1 HI 后验滤波器

使用 HI 后验滤波器可获得每个传感器($i=1,2$)的估计[6],基本的数学模

型公式与卡尔曼滤波的状态空间方程一样，因此，各噪声过程被认为是确定性的干扰而不是随机过程。定义复合矩阵 $\boldsymbol{R}$：

$$\boldsymbol{R}_i=\begin{bmatrix}\boldsymbol{I} & 0\\ 0 & -\gamma^2\boldsymbol{I}\end{bmatrix}+\begin{bmatrix}\boldsymbol{H}_i\\ \boldsymbol{L}_i\end{bmatrix}\boldsymbol{P}_i(k)[\boldsymbol{H}_i^t \quad \boldsymbol{L}_i^t] \tag{4.104}$$

变量 $\boldsymbol{L}$ 说明状态变量的线性组合是用于估计的。状态协方差矩阵时间传播公式为

$$\boldsymbol{P}_i(k+1)=\boldsymbol{\phi}P_i(k)\boldsymbol{\phi}'+\boldsymbol{GOG}'-\boldsymbol{\phi}\boldsymbol{P}_i(k)[\boldsymbol{H}_i^t \quad \boldsymbol{L}_i^t]\boldsymbol{R}_i^{-1}\begin{bmatrix}\boldsymbol{H}_i\\ \boldsymbol{L}_i\end{bmatrix}\boldsymbol{P}_i(k)\boldsymbol{\phi}' \tag{4.105}$$

$\boldsymbol{P}$ 和 $\boldsymbol{R}$ 不是通常的协方差矩阵，它们是 Gramian 矩阵，同时状态/测量变量为广义随机过程/变量而不是随机过程，这是因为处理的是确定干扰。因此，普通的随机理论不适用推导 HI 滤波器。仍使用通用的符号/术语，只是为了与传统卡尔曼滤波公式保持一定的关系。

HI 滤波增益：

$$\boldsymbol{K}_i=\boldsymbol{P}_i(k+1)\boldsymbol{H}_i^t(\boldsymbol{I}+\boldsymbol{H}_i\boldsymbol{P}_i(k+1)\boldsymbol{H}_i^t)^{-1} \tag{4.106}$$

状态的测量更新：

$$\hat{\boldsymbol{x}}_i(k+1)=\boldsymbol{\phi}\hat{\boldsymbol{x}}_i(k)+\boldsymbol{K}_i(\boldsymbol{y}_i(k+1)-\boldsymbol{H}_i\boldsymbol{\phi}\hat{\boldsymbol{x}}_i(k)) \tag{4.107}$$

如果已经使用 HI 滤波器处理来自两个传感器的测量数据，那么根据传统的 SVF 公式可获得来自两个 HI 估计器的状态估计的融合公式：

$$\begin{aligned}\hat{\boldsymbol{x}}_f(k+1)=\hat{\boldsymbol{x}}_1(k+1)+\hat{\boldsymbol{P}}_1(k+1)(\hat{\boldsymbol{P}}_1(k+1)+\hat{\boldsymbol{P}}_2(k+1))^{-1}\\ (\hat{\boldsymbol{x}}_2(k+1)-\hat{\boldsymbol{x}}_1(k+1))\end{aligned} \tag{4.108}$$

$$\hat{\boldsymbol{P}}_f(k+1)=\hat{\boldsymbol{P}}_1(k+1)-\hat{\boldsymbol{P}}_1(k+1)(\hat{\boldsymbol{P}}_1(k+1)+\hat{\boldsymbol{P}}_2(k+1))^{-1}\hat{\boldsymbol{P}}_1^t(k+1) \tag{4.109}$$

从上式可以看出，融合的状态向量和 Gramian 矩阵使用了每个传感器的状态估计向量和 Gramian 矩阵。非线性连续时间动态系统的扩展 HI 滤波器在附录 A.6 中给出。

4.7.2 风险敏感 HI 滤波器

这种滤波器的原理是求最小化的风险敏感代价函数，标量 β 称为风险敏感参数，所以，如果 $\beta=0$，则滤波器是风险中立的且与传统估计等价。风险敏感 HI 滤波器公式如下

$$\boldsymbol{R}_i=\begin{bmatrix}\boldsymbol{R}_{vi} & 0\\ 0 & -\beta^{-1}\boldsymbol{I}\end{bmatrix}+\begin{bmatrix}\boldsymbol{H}_i\\ \boldsymbol{L}_i\end{bmatrix}\boldsymbol{P}_i(k)[\boldsymbol{H}_i^t \quad \boldsymbol{L}_i^t] \tag{4.110}$$

时间传播 Gramian 计算公式：

$$\boldsymbol{P}_i(k+1)=\boldsymbol{\phi}\boldsymbol{P}_i(k)\boldsymbol{\phi}'+\boldsymbol{GOG}'-\boldsymbol{\phi}\boldsymbol{P}_i(k)[\boldsymbol{H}_i^t \quad \boldsymbol{L}_i^t]\boldsymbol{R}_i^{-1}\begin{bmatrix}\boldsymbol{H}_i\\ \boldsymbol{L}_i\end{bmatrix}\boldsymbol{P}_i(k)\boldsymbol{\phi}' \tag{4.111}$$

滤波增益：

$$\boldsymbol{K}_i=\boldsymbol{P}_i(k+1)\boldsymbol{H}_i^t(\boldsymbol{I}+\boldsymbol{H}_i\boldsymbol{P}_i(k+1)\boldsymbol{H}_i^t)^{-1} \tag{4.112}$$

状态的测量更新：

$$\hat{\boldsymbol{x}}_i(k+1)=\boldsymbol{\phi}\hat{\boldsymbol{x}}_i(k)+\boldsymbol{K}_i(\boldsymbol{z}_i(k+1)-\boldsymbol{H}_i\boldsymbol{\phi}\hat{\boldsymbol{x}}_i(k)) \tag{4.113}$$

4.7.3 数据融合的全局 HI 滤波器

在全局 HI 滤波器中，与测量级的数据融合卡尔曼滤波一样，可通过迭代算法获得融合状态与 Gramian。因此，全局 HI 滤波器被视为自然数据级融合器。对于全局滤波算法，每个传感器($i=1,2,\cdots,m$)的滤波公式如下：

状态和 Gramian 时间传播方程：

$$\tilde{\boldsymbol{x}}_i(k+1)=\boldsymbol{\phi}\hat{\boldsymbol{x}}_i(k) \tag{4.114}$$

$$\tilde{\boldsymbol{P}}_i(k+1)=\boldsymbol{\phi}\hat{\boldsymbol{P}}_i(k)\boldsymbol{\phi}'+\boldsymbol{GQG}' \tag{4.115}$$

Gramian 矩阵更新方程：

$$\hat{\boldsymbol{P}}_i^{-1}(k+1)=\tilde{\boldsymbol{P}}_i^{-1}(k+1)+[\boldsymbol{H}_i^t \quad \boldsymbol{L}_i^t]\begin{bmatrix}\boldsymbol{I} & 0\\ 0 & -\gamma^2\boldsymbol{I}\end{bmatrix}\begin{bmatrix}\boldsymbol{H}_i\\ \boldsymbol{L}_i\end{bmatrix} \tag{4.116}$$

每个滤波器增益：

$$\boldsymbol{A}_i=\boldsymbol{I}+1/\gamma^2\hat{\boldsymbol{P}}_i(k+1)\boldsymbol{L}_i^t\boldsymbol{L}_i;K_i=\boldsymbol{A}_i^{-1}\hat{\boldsymbol{P}}_i(k+1)\boldsymbol{H}_i^t \tag{4.117}$$

每个状态的测量更新：

$$\hat{\boldsymbol{x}}_i(k+1)=\tilde{\boldsymbol{x}}_i(k+1)+\boldsymbol{K}_i(\boldsymbol{y}_i(k+1)-\boldsymbol{H}_i\hat{\boldsymbol{x}}_i(k+1)) \tag{4.118}$$

融合状态/Gramian 的时间传播：

$$\tilde{\boldsymbol{x}}_f(k+1)=\boldsymbol{\phi}\hat{\boldsymbol{x}}_f(k) \tag{4.119}$$

$$\tilde{\boldsymbol{P}}_f(k+1)=\boldsymbol{\phi}\hat{\boldsymbol{P}}_f(k)\phi'+\boldsymbol{GQG}' \tag{4.120}$$

融合状态 - Gramian 矩阵的测量更新：

$$\hat{\boldsymbol{P}}_f^{-1}(k+1)=\tilde{\boldsymbol{P}}_f^{-1}(k+1)+\sum_{i=1}^{m}(\hat{\boldsymbol{P}}_i^{-1}(k+1)-\tilde{\boldsymbol{P}}_i^{-1}(k+1))+\frac{m-1}{\gamma^2}\boldsymbol{L}^t\boldsymbol{L} \tag{4.121}$$

全局增益：

$$\boldsymbol{A}_f=\boldsymbol{I}+1/\gamma^2\hat{\boldsymbol{P}}_f(k+1)\boldsymbol{L}^t\boldsymbol{L} \tag{4.122}$$

全局测量更新(即融合状态):

$$\hat{\boldsymbol{x}}_f(k+1) = [\boldsymbol{I} - \boldsymbol{A}_f^{-1}\hat{\boldsymbol{P}}_f(k+1)\boldsymbol{H}_f^t\boldsymbol{H}_f]\tilde{\boldsymbol{x}}_f(k+1) + \boldsymbol{A}_f^{-1}\hat{\boldsymbol{P}}_f(k+1)$$

$$\sum_{i=1}^{m}\{\hat{\boldsymbol{P}}_i^{-1}(k+1)\boldsymbol{A}_i\hat{\boldsymbol{x}}_i(k+1) - (\hat{\boldsymbol{P}}_i^{-1}(k+1)\boldsymbol{A}_i + \boldsymbol{H}_i^t\boldsymbol{H}_i)\boldsymbol{\phi}\hat{\boldsymbol{x}}_i(k)\} \quad (4.123)$$

使用 HI 滤波器进行数据融合的结果可参考文献[4]。在运动车辆/机器人进行实时定位和地图标定问题(SLAM)中使用 HI 后验滤波器所获得的结果可见文献[5]的第 15 章。

4.7.4 H2 和 HI 混合滤波器

卡尔曼滤波使平均估计误差最小,然而任何最小 - 最大(HI)滤波器可使最坏情况下的估计误差最小(详见 4.7 节)。需要指出,两种滤波器的特点有[9]:①卡尔曼滤波器假设动态系统噪声的特性已知(如果噪声特性已知,可以假设一个噪声模型,对其进行评估,然后使用);②最小 - 最大/HI 滤波器假设噪声的性质未知,实际上这些噪声不是完全的随机过程,而是未知的确定干扰(详见 4.7 节),这些变量被认为是广义随机变量;③卡尔曼滤波使平均估计误差最小;④最小 - 最大/HI 滤波器使最坏情况的估计误差最小。特点②维持了与传统卡尔曼滤波的联系,但是最小 - 最大/HI 滤波器没有任何随机性。卡尔曼滤波器与许多 HI 滤波器有相似的结构,但是它们的存在性和唯一性条件不同。如果特点①和②存在的条件均成立,那么可使用混合滤波器——混合 KF - HI 滤波器(HF),HF 的概念虽是探索性的但十分有用。假设设计了一个系统的卡尔曼滤波器并获得了稳定状态增益 K^2。然后对相同系统设计一个增益为 K^1 的最小 - 最大滤波器。可将混合滤波器的增益设为

$$\boldsymbol{K} = \omega\boldsymbol{K}^2 + (1-\omega)\boldsymbol{K}^1 \quad (4.124)$$

其中,由用户确定 ω 为 0 或 1,其作为一个开关参数。如果 $\omega=0$,则 HF 与最小 - 最大滤波器等效;如果 $\omega=1$,则 HF 与 KF 等效。当选择参数 ω 时,需要注意两个方面:①虽然卡尔曼滤波器和 HI 滤波器可能都是稳定的,但两个滤波器的联合可能就不稳定了,所以 ω 必须选择使 HF 稳定的值;②如果组成的 KF 给出了要求,则可基于滤波器设计者根据先验噪声统计给出的相关权重选择 ω 的值。也可以根据由各个滤波器给出的信息矩阵范数使用 ω 的值,但这个方法还未在 HF 上使用过。在 KF 中,将信息矩阵作为协方差矩阵的逆矩阵,而在 HI 估计中将 Gramian 矩阵的逆矩阵作为信息矩阵。总而言之,这些方法需要进一步的检验。文献[9]给出了 HF 的初步应用结果。

4.8 测量丢失下数据融合的最优滤波

多传感器数据融合在民用与军用目标跟踪和自动目标识别领域具有重要用途,其主要思想是:通过从多个传感器获得测量数据以确定被测量目标的状态和身份,然后,通过对来自于多个传感器的信息/数据进行融合,从而获得更完全的目标信息。但有时,在数据传输信道中可能会丢失部分或许多测量数据(从一个传感器或多个传感器),这就要求研究和评估在测量丢失情况下(也就是说,在某个确定的时间段内没有数据)数据处理算法的性能,在这种情况下,可能只有这些信道的测量/随机噪声。数据丢失在多传感器数据融合中也十分重要,并在许多科学和工程领域获得了极大的发展。在这里,讨论基于基本卡尔曼滤波器的确定算法,并对测量数据随机丢失并且不能用于传感器进一步处理情况下这些算法的性能进行评估,使用基于 MATLAB 的数值仿真技术来评估这些算法的性能。

早期对来自两个(或多个)集合的信息/数据进行融合的典型方法有两种:测量数据级和 SVF。在数据级融合中,来自两个(或多个)传感器的数据集在传统卡尔曼滤波器中被直接联合和使用,在处理之后自动获得了一个目标融合状态。在 SVF 中,来自每个传感器的数据集首先被各个卡尔曼滤波器处理,然后通过一个 SVF 公式(式(4.65)和式(4.66))对这些单独的状态估计进行融合。这个公式获得了单独状态估计的加权平均,权重是通过用于处理原始数据集的卡尔曼滤波器的协方差矩阵得到的。由此可见数据融合的主要要求是可以从多个传感器获得测量数据并采用合适的信号处理算法,比如对于线性系统,卡尔曼滤波是最合适的算法。如果在卡尔曼滤波数据处理中一些测量数据丢失,那么滤波器的性能将会下降,这是由于在长时间的数据丢失情况下,卡尔曼滤波器并不具有固有的稳健性。接下来会发生如下问题,滤波器继续基于时间传播方程预测状态估计,但该方程并没有代入任何测量数据,而且由于数据丢失,测量数据更新将不会很有效。因此,研究在滤波器处理周期中的测量丢失问题是十分重要,而且该问题还没有在多传感器数据融合与目标跟踪领域获得足够的重视。造成数据丢失的原因有以下几点[11]:①传感器故障;②通信信道存在问题;③接收的数据可能只是噪声和信号丢失。因此,在某些情况下,在卡尔曼滤波算法中处理数据丢失是非常重要的。该方向的最新成果是在最优滤波器数据融合中提出了处理数据丢失的两个方法[11]。

首先介绍最优滤波器及其发展历程。需要指出,传统的离散时间卡尔曼滤波器分两部分给出，即时间传播和测量数据更新。介绍如下滤波器：①考虑所有传感器中的随机数据丢失，然后可使用SVF，将其命名为OFSVF1；②考虑随机数据丢失，然后使用MLF，将其命名为OFMLF1。

接下来，给出最优滤波器的变形：①状态向量融合的两部分最优滤波器(OFSVF2)，使用两部分卡尔曼滤波器和SVF；②OFMLF22，只在第二传感器对数据随机丢失使用卡尔曼滤波器，而第一传感器提供全部且无丢失的数据。这么做的原因在于传统卡尔曼滤波器分为两部分：①时间传播；②测量/数据更新。因此，任何控制数据丢失的变形算法只能用于测量部分，而预测部分仍然不变。

4.8.1 测量丢失的基础滤波器

这一节，给出控制随机测量丢失的滤波方程。线性系统表示为

$$\begin{aligned} \boldsymbol{x}(k) &= \boldsymbol{\phi x}(k-1) + \boldsymbol{G w}(k) \\ \boldsymbol{z}^i(k) &= \boldsymbol{\gamma}^i(k)\boldsymbol{H}^i(k)\boldsymbol{x}(k) + \boldsymbol{v}^i(k) \end{aligned} \tag{4.125}$$

其中，z 表示测量向量，其数据来自于两个传感器($i=1,2$)。$\boldsymbol{Q}$ 和 $\boldsymbol{R}$ 分别是过程和测量噪声的协方差矩阵，都是均值为0且不相关的高斯白噪声。标量 γ^i 是一个伯努利序列，随机取0和1，因此有 $E\{\gamma^i(k)=1\}=b^i(k)$ 和 $E\{\gamma^i(k)=0\}=1-b^i(k)$，其中 b 是测量数据正确到达传感器融合节点的百分比。这也意味着会有随机的测量数据丢失，假设常数 b 已知并提前给出。在复合滤波器循环中控制和引入丢失测量的最优卡尔曼滤波算法的方程组如式(4.126)~式(4.130)。

状态估计：

$$\hat{\boldsymbol{x}}(k) = \boldsymbol{\phi}\tilde{\boldsymbol{x}}(k) + \boldsymbol{K}(z(k) - b(k)\boldsymbol{H}\tilde{\boldsymbol{x}}) \tag{4.126}$$

状态误差协方差矩阵：

$$\begin{aligned} \hat{\boldsymbol{P}} = {} & [\boldsymbol{\phi} - b\boldsymbol{KH\phi}]\tilde{\boldsymbol{P}}[\boldsymbol{\phi} - b\boldsymbol{KH\phi}]^t + [\boldsymbol{I} - b\boldsymbol{KH}]\boldsymbol{GOG}'[\boldsymbol{I} - b\boldsymbol{KH}]^t + \\ & b(1-b)\boldsymbol{KHXH}^t\boldsymbol{K}^t + \boldsymbol{KRK}^t \end{aligned} \tag{4.127}$$

为了简便，从确定变量中去掉了时间索引 k，表达式就变得清晰明了，需要时可以再定义。通过以下两个表达式获得最优增益 $\boldsymbol{K}=\boldsymbol{C}^*\boldsymbol{D}^{\mathrm{T}}$。

$$\boldsymbol{C} = b\boldsymbol{\phi}\tilde{\boldsymbol{P}}\boldsymbol{\phi}^t\boldsymbol{H}^t + b\boldsymbol{GQG}'\boldsymbol{H}^t \tag{4.128}$$

$$\boldsymbol{D} = b(1-b)\boldsymbol{H\phi X\phi}^t\boldsymbol{H}^t + b^2\boldsymbol{H\phi}\tilde{\boldsymbol{P}}\boldsymbol{\phi}^t\boldsymbol{H}^t + b\boldsymbol{HGQG}^t\boldsymbol{H}^t + \boldsymbol{R} \tag{4.129}$$

根据式(4.127)和式(4.129)，可以得到

$$\boldsymbol{X}_k = \boldsymbol{\phi}(k)\boldsymbol{X}_{k-1}\boldsymbol{\phi}'(k) + \boldsymbol{Q} \tag{4.130}$$

需要强调的是，上述最优滤波方程形式简单，所以 MATLAB 实现起来也简单。状态估计和协方差矩阵用“^”标示，先验/先前的状态/协方差矩阵估计用“～”标示，将这种滤波器称为 OFSVF1。

4.8.2 测量丢失下的最优滤波器：测量级融合

跟踪系统的动态复合模型如下：

$$\begin{cases}\boldsymbol{x}(k)=\boldsymbol{\phi x}(k-1)+\boldsymbol{Gw}(k)\\ \boldsymbol{z}_{12}(k)=\boldsymbol{\gamma}(k)\boldsymbol{H}_{12}(k)\boldsymbol{x}(k)+\boldsymbol{v}_{12}(k)\end{cases}\tag{4.131}$$

其中，两个传感器的详细信息为

$$\boldsymbol{z}_{12}\begin{bmatrix}z_1\\ z_2\end{bmatrix};\boldsymbol{H}_{12}\begin{bmatrix}H_1\\ H_2\end{bmatrix};\boldsymbol{v}_{12}\begin{bmatrix}v_1\\ v_2\end{bmatrix}\tag{4.132}$$

复合状态估计为

$$\hat{\boldsymbol{x}}(k)=\boldsymbol{\phi}\tilde{\boldsymbol{x}}(k)+\boldsymbol{K}(\boldsymbol{z}_{12}(k)-b\boldsymbol{H}_{12}\tilde{\boldsymbol{x}})\tag{4.133}$$

式(4.133)中，新状态估计和先验状态估计由最优滤波器自动获得，属于状态估计融合，这是因为式(4.132)所表示的融合发生在测量数据级。增益矩阵/向量也复合的。从确定变量中去掉了时间索引 k，表达式变得清晰。MLF 滤波器的复合状态误差协方差矩阵如下：

$$\hat{\boldsymbol{P}}=[\boldsymbol{\phi}-b\boldsymbol{KH}_{12}\boldsymbol{\phi}]\tilde{\boldsymbol{P}}[\boldsymbol{\phi}-b\boldsymbol{KH}_{12}\boldsymbol{\phi}]^t+[1-b\boldsymbol{KH}_{12}]\boldsymbol{GOG}'[1-b\boldsymbol{KH}_{12}]^t+ b(1-b)\boldsymbol{KH}_{12}\boldsymbol{XH}_{12}^tK^t+\boldsymbol{KR}_{12}\boldsymbol{K}^t\tag{4.134}$$

需要指出，最优增益、协方差矩阵 $\boldsymbol{P}$ 和协方差矩阵 $\boldsymbol{R}$ 都是复合的。因此，有

$$\boldsymbol{R}_{12}=\begin{bmatrix}\boldsymbol{R}_1 & 0\\ 0 & \boldsymbol{R}_2\end{bmatrix}\tag{4.135}$$

融合滤波器的最优增益 $\boldsymbol{K}=\boldsymbol{C}^*\boldsymbol{D}^{\mathrm{T}}$ 通过以下两个表达式获得：

$$\boldsymbol{C}=[\boldsymbol{C}_1\quad \boldsymbol{C}_2]\tag{4.136}$$

$$\boldsymbol{D}=\begin{bmatrix}\boldsymbol{D}_{11} & \boldsymbol{D}_{12}\\ \boldsymbol{D}_{21} & \boldsymbol{D}_{22}\end{bmatrix}\tag{4.137}$$

$\boldsymbol{C}$ 和 $\boldsymbol{D}$ 的组成如下：

$$\boldsymbol{C}_1=b\boldsymbol{\phi}\tilde{\boldsymbol{P}}\boldsymbol{\phi}^t\boldsymbol{H}_1^t+b\boldsymbol{GQG}'\boldsymbol{H}_1^t\tag{4.138}$$

$$\boldsymbol{C}_2=b\boldsymbol{\phi}\tilde{\boldsymbol{P}}\boldsymbol{\phi}^t\boldsymbol{H}_2^t+b\boldsymbol{GQG}'\boldsymbol{H}_2^t\tag{4.139}$$

$$\boldsymbol{D}_{11}=b(1-b)\boldsymbol{H}_1\boldsymbol{\phi X\phi}^t\boldsymbol{H}_1^t+b^2\boldsymbol{H}_1\boldsymbol{\phi}\tilde{\boldsymbol{P}}\boldsymbol{\phi}^t\boldsymbol{H}_1^t+b\boldsymbol{H}_1\boldsymbol{GQG}'\boldsymbol{H}_1^t+\boldsymbol{R}_1\tag{4.140}$$

$$\boldsymbol{D}_{12}=b(1-b)\boldsymbol{H}_1\boldsymbol{\phi X\phi}^t\boldsymbol{H}_2^t+b^2\boldsymbol{H}_1\boldsymbol{\phi}\tilde{\boldsymbol{P}}\boldsymbol{\phi}^t\boldsymbol{H}_2^t+b\boldsymbol{H}_1\boldsymbol{GQG}'\boldsymbol{H}_2^t\tag{4.141}$$

$$\boldsymbol{D}_{21}=b(1-b)\boldsymbol{H}_2\boldsymbol{\phi}\boldsymbol{X}\boldsymbol{\phi}^t\boldsymbol{H}_1^t+b^2\boldsymbol{H}_2\boldsymbol{\phi}\tilde{\boldsymbol{P}}\boldsymbol{\phi}^t\boldsymbol{H}_1^t+b\boldsymbol{H}_2\boldsymbol{G}\boldsymbol{Q}\boldsymbol{G}'\boldsymbol{H}_1^t \tag{4.142}$$

$$\boldsymbol{D}_{22}=b(1-b)\boldsymbol{H}_2\boldsymbol{\phi}\boldsymbol{X}\boldsymbol{\phi}^t\boldsymbol{H}_2^t+b^2\boldsymbol{H}_2\boldsymbol{\phi}\tilde{\boldsymbol{P}}\boldsymbol{\phi}^t\boldsymbol{H}_2^t+b\boldsymbol{H}_2\boldsymbol{G}\boldsymbol{Q}\boldsymbol{G}'\boldsymbol{H}_2^t+\boldsymbol{R}_2 \tag{4.143}$$

这种滤波器称为 OFMLF1。

4.8.3 预测和修正部分的 SVF 最优滤波器

现在,介绍一种基于基本卡尔曼滤波的简单的最优滤波器。假设在任何一个传感器中都存在数据的随机丢失,并假设测量数据随机丢失的情况如 4.8.1 节所述。所以数据在测量级丢失,滤波器的时间传播部分仍与传统卡尔曼滤波器一样。同样,由于这个最优滤波器是一个可用于任何传感器的离散滤波器,所以在融合时需要两个这样的滤波器,然后通过 SVF 融合公式对各自的状态估计进行融合。时间传播部分用于进行状态估计的每个传感器,协方差更新公式如下:

$$\tilde{\boldsymbol{x}}=\boldsymbol{\phi}\hat{\boldsymbol{x}} \tag{4.144}$$

$$\tilde{\boldsymbol{P}}=\boldsymbol{\phi}\hat{\boldsymbol{P}}\boldsymbol{\phi}^{\mathrm{T}}+\boldsymbol{G}\boldsymbol{Q}\boldsymbol{G}^{\mathrm{T}} \tag{4.145}$$

测量/数据更新部分如下。

状态估计:

$$\hat{\boldsymbol{x}}=\tilde{\boldsymbol{x}}+\boldsymbol{K}(\boldsymbol{z}-b\boldsymbol{H}\tilde{\boldsymbol{x}}) \tag{4.146}$$

随机数据丢失滤波器的最优滤波增益:

$$\boldsymbol{K}=b\tilde{\boldsymbol{P}}\boldsymbol{H}^{\mathrm{T}}(b^2\boldsymbol{H}\tilde{\boldsymbol{P}}\boldsymbol{H}^{\mathrm{T}}+\boldsymbol{R})^{-1} \tag{4.147}$$

数据更新状态误差协方差矩阵:

$$\hat{\boldsymbol{P}}=[\boldsymbol{I}-b\boldsymbol{K}\boldsymbol{H}]\tilde{\boldsymbol{P}}[\boldsymbol{I}-b\boldsymbol{K}\boldsymbol{H}]^t+\boldsymbol{K}\boldsymbol{R}\boldsymbol{K}^t \tag{4.148}$$

需要指出,$\boldsymbol{z}$ 是可能存在数据随机丢失的测量数据向量。该滤波器的推导过程详见附录 A。这种滤波器称为 OFSVF2。

4.8.4 预测和修正部分的 MLF 最优滤波器

这里,介绍另一种基于卡尔曼滤波的简单的最优滤波器,假设只在一个传感器中有数据的随机丢失,而另一个传感器的数据没有丢失。并且,假设测量数据随机丢失的情况如 4.8.1 节所述。数据在测量级丢失,滤波器的时间传播部分仍与传统卡尔曼滤波器一样,并且滤波方程与式(4.144)和式(4.145)相同。

时间传播部分如下:

$$\tilde{\boldsymbol{x}}_f=\boldsymbol{\phi}\hat{\boldsymbol{x}}_f \tag{4.149}$$

$$\tilde{\boldsymbol{P}}_f = \boldsymbol{\phi}\hat{\boldsymbol{P}}_f\boldsymbol{\phi}^{\mathrm{T}} + \boldsymbol{GQG}^{\mathrm{T}} \tag{4.150}$$

在式(4.149)和式(4.150)中,“f”表示融合状态向量和状态误差协方差矩阵,并且,假设 MLF 的数据来自于一号传感器,而来自二号传感器的数据会有随机丢失。假设只在二号传感器中存在数据的随机丢失,因此因素 b 出现在方程的实时部分。这个滤波器的推导过程详见附录 A.2。

测量数据更新为:

$$\hat{\boldsymbol{x}}_f = \tilde{\boldsymbol{x}}_f + \boldsymbol{K}_2(z_1 - \boldsymbol{H}_1\tilde{\boldsymbol{x}}_f) + \boldsymbol{K}_3(z_2 - b\boldsymbol{H}_2\tilde{\boldsymbol{x}}_f) \tag{4.151}$$

通过下列方程组获得式(4.151)的最优增益:

$$\boldsymbol{K}_2(\boldsymbol{H}_1\tilde{\boldsymbol{P}}\boldsymbol{H}_1^{\mathrm{T}} + \boldsymbol{R}_1) + \boldsymbol{K}_3(b\boldsymbol{H}_2\tilde{\boldsymbol{P}}\boldsymbol{H}_1^{\mathrm{T}}) = \tilde{\boldsymbol{P}}\boldsymbol{H}_1^t \tag{4.152}$$

$$\boldsymbol{K}_2(b\boldsymbol{H}_1\tilde{\boldsymbol{P}}\boldsymbol{H}_2^{\mathrm{T}}) + \boldsymbol{K}_3(b^2\boldsymbol{H}_2\tilde{\boldsymbol{P}}\boldsymbol{H}_2^{\mathrm{T}} + \boldsymbol{R}_2) = b\tilde{\boldsymbol{P}}\boldsymbol{H}_2^t \tag{4.153}$$

融合状态误差协方差矩阵:

$$\hat{\boldsymbol{P}}_f = [\boldsymbol{I} - \boldsymbol{K}_2\boldsymbol{H}_1 - b\boldsymbol{K}_3\boldsymbol{K}_2]\tilde{\boldsymbol{P}}[\boldsymbol{I} - \boldsymbol{K}_2\boldsymbol{H}_1 - b\boldsymbol{K}_3\boldsymbol{H}_2]^t + \boldsymbol{K}_2\boldsymbol{R}_2\boldsymbol{K}_2^t + \boldsymbol{K}_3\boldsymbol{R}_2\boldsymbol{K}_3^t \tag{4.154}$$

把这种滤波器命名为 OFMLF22。通过解式(4.152)和式(4.153)可以获得滤波增益。需要指出,4.8 节中提到的所有滤波器都是对线性系统的最优和无偏估计,这是因为这种滤波器结构是基于无偏条件获得的,滤波增益是通过求每个滤波器的最小 MSE 得到的。

4.8.5 处理丢失数据过程中对滤波器性能进行评估:举例说明

本节,对前几节提出的四种滤波器的性能进行评价。用 MATLAB 产生仿真数据,动态模型由式(4.125)给出。目标模型中将位置和速度作为状态,传感器模型的测量只包含位置:$\boldsymbol{F}=[1\quad T;0\quad 1]$;$\boldsymbol{G}=[T\wedge 2/2;T]$;$\boldsymbol{H}_1=\boldsymbol{H}_2=[1\quad 0]$;有两个传感器,采样周期为0.5s,总共仿真500个数据点。一号传感器测量噪声的方差为1个单位,二号传感器的方差为1.44个单位。过程噪声协方差 $\boldsymbol{Q}_1=0.002$,$\boldsymbol{Q}_2=0.001$。根据4.8.1节对随机测量丢失进行模拟,并探索参数 b 的值。在所有情况下的百分健康误差(PFE)和百分状态误差已在表4.1和表4.2中列出。接下来讨论5种滤波器的基本性能。

情况1:数据非随机丢失情况下的基本卡尔曼滤波。传统卡尔曼滤波器基于数据非随机丢失的情况,也就是说一个传感器存在100点数据丢失的情况,而在另一个传感器中没有丢失。融合规则为使用式(4.65)和式(4.66)的 SVF,在融合方程中忽略了互协方差矩阵。有数据丢失的卡尔曼滤波器的性能与没丢失的性能相似。

情况2:SVF - OFSVF1 最优滤波器。4.8.1 节中提到的最优滤波器通过两个传感器独立实施。两个传感器以 0.9 或 0.75 的水平随机丢失数据。而且,如果不考虑丢失的数据,滤波器也会输出结果。在粗斜体表示的矩阵数值解中可以看出,后一种情况会更糟。

情况 3:测量丢失的最优融合滤波器——OFMLF1。4.8.2 节中的最优滤波器通过两个传感器在测量级融合实现。两个传感器的数据以 0.9 或 0.75 的水平随机丢失。而且,不考虑丢失的数据时,滤波器也会输出结果。在粗斜体表示的矩阵数值解中可以看出,后一种情况会更糟。同时,OFMLE1 滤波器的性能比 OFSVF1 的性能好。

情况 4:两个状态向量融合最优滤波器——OFSVF2。4.8.2 节中的最优滤波器通过两个 SVF 传感器实现。两个传感器以 0.9 或 0.75 的水平随机丢失数据。而且,不考虑丢失的数据时,滤波器也会输出结果。在粗斜体表示的矩阵数值解中可以看出,后一种情况会更糟。

情况 5:两个 MLF - OFMLF22 最优滤波器。4.8.2 节中的最优滤波器通过两个 MLF 传感器实现。只有二号传感器存在水平为 0.9 或 0.75 的随机丢失,而一号传感器没有丢失数据。而且,不考虑丢失数据时,滤波器也会输出结果。在粗斜体表示的矩阵数值解中可以看出,后一种情况会更糟。同时,OPMLE22 滤波器的性能比 OFSVF2 的性能好。从表 4.1 和表 4.2 的结果中可得出:

(1) 所有传感器在数据没有丢失情况下的结果几乎是相似的,因此,在通常情况下,最优滤波器性能较好,可以接受。

(2) 与考虑到丢失数据的情况相比不考虑丢失的数据时,滤波器输出的结果往往更差,但有时两者之间也相差无几。

(3) MLF 滤波器的结果往往比 SVF 滤波器好,但有时也相差无几。

(4) 有意思的是,含有两个步骤的滤波器 OFSVF2 的结果与仅含一个步骤的滤波器 OFSVF1 的结果几乎一致[11]。

从图 4.1 ~ 图 4.4 的 OFSVF1 仿真图可以看出,这些滤波器的性能可接受。图 4.5 和图 4.6 表示的新滤波器 OFMLF22 的仿真图反映出新滤波器的性能也可接受。对于表 4.1 和表 4.2 列出的所有数据,时域上的状态误差、残差和协方差项的对比图像也令人满意。

这部分的实验结果只是阐述了在测量数据丢失和传感器数据融合中,最优滤波器的应用情况。为了应用具有更多自由度的动态系统,为了在滤波算法中获得对随机丢失数据进行处理的更多不同的方法,还需要进一步的分析,还有很多实践工作要做。

表 4.1　数据丢失情况下最优滤波器的匹配误差率和状态误差率

滤波器		无数据丢失				数据丢失				备注
	HI 范数	传感器	PFE－位置	PSE－位置	PSE－速度	HI 范数	PFE－位置	PSE－位置	PSE－速度	数据随机丢失
情况 1 KF	0.0296	S1	0.3993	0.1154	4.5188	0.0299	0.4016	0.1125	4.5069	S_1 的数据无随机丢失
		S2	0.4793	0.1156	4.7524		0.4793	0.1156	4.7524	
		SF		0.1015	3.9769			0.1020	3.9788	
情况 2 OFSVF1	0.0296	S1	0.3993	0.1154	4.5188					
		S2	0.4793	0.1156	4.7524					
		SF		0.1015	3.9769					
		数据丢失水平＝0.9，0.9；Bk1＝Bk2＝0.9					数据丢失水平＝0.9，0.9；Bk1＝Bk2＝1（丢失数据没有进入滤波器）			S_1 和 S_2 的数据有随机丢失（状态向量融合）
	0.0318	S1	0.4030	0.1218	4.5808	0.0328	0.4027	0.1206	4.8043	
		S2	0.4820	0.1457	5.4583		0.4830	0.1472	6.091	
		SF		0.1053	4.7220			0.1069	5.145	
		数据丢失水平＝0.75，0.75；Bk1＝Bk2＝0.75					数据丢失水平＝0.75，0.75；Bk1＝Bk2＝1（丢失数据没有进入滤波器）			
	0.0352	S1	0.4094	0.1481	4.5860	0.0435	0.4073	0.1369	5.2845	
		S2	0.4886	0.2041	8.0580		0.4973	0.2226	10.9911	
		SF		0.1107	5.3217			0.1230	7.1716	

（续）

滤波器		无数据丢失				数据丢失				备注
情况 3 OFMLE1	无丢失数据									
	0.0050	S1	0.3948							
		S2	0.4772							
		SF		0.1034	4.1972					
		数据丢失水平 =0.9,0.9;Bk =0.9					数据丢失水平 =0.9,0.9;Bk =1(丢失数据没有进入滤波器)			S_1 和 S_2 的数据有随机丢失(数据级融合)
	0.0059	S1	0.3971			0.0328	0.3975			
		S2	0.4727				0.4736			
		SF		0.1062	5.0087			0.1076	5.6211	
		数据丢失水平 =0.75,0.75;Bk =0.75					数据丢失水平 =0.75,0.75;Bk =1(丢失数据没有进入滤波器)			
	0.0076	S1	3.3406			0.0067	3.3407			
		S2	0.4720				0.4755			
		SF		0.1108	5.1012			0.1193	7.7153	

表 4.2　数据丢失情况下最优滤波器的匹配误差率和状态误差率(在 OFSVF2 和 OFMLF22[a]情况下)

滤波器		无数据丢失				数据丢失				备注
	HI 范数	传感器	PFE - 位置	PSE - 位置	PSE - 速度	HI 范数	PFE - 位置	PSE - 位置	PSE - 速度	数据随机丢失
情况 4 OFSVF2	0.0296	S1	0.3993	0.1154	4.5188					
		S2	0.4793	0.1156	4.7524					
		SF		0.1015	3.9769					
		数据丢失水平 =0.9,0.9;Bk1 = Bk2 =0.9					数据丢失水平 =0.9,0.9;Bk1 = Bk2 =1(丢失数据没有进入滤波器)			S_1 和 S_2 的数据有随机丢失
	0.0381	S1	0.5571	0.1218	4.5808	0.0328	0.4027	0.1206	4.8043	
		S2	0.4732	0.1457	5.4808		0.4734	0.1472	6.0909	
		SF		0.1053	4.7221			0.1069	5.1449	
		数据丢失水平 =0.75,0.75;Bk1 = Bk2 =0.75					数据丢失水平 =0.75,0.75;Bk1 = Bk2 =1(丢失数据没有进入滤波器)			
	0.0352	S1	2.5267	0.1481	4.5859	0.0435	3.3416	0.1369	5.2845	
		S2	0.4791	0.2041	8.0583		0.4879	0.2226	10.9911	
		SF		0.1107	5.3217			0.1230	7.1716	
		数据丢失水平 =0.9(仅传感器 2);Bk =0.9					数据丢失水平 =0.9(仅传感器 2);Bk =1(丢失数据没有进入滤波器)			
情况 5 OFMLF22①	0.0053	S1	0.4094	0.1481	4.5860	0.0435	0.4073	0.1369	5.2845	
		S2	0.4886	0.2041	8.0580		0.4973	0.2226	10.9911	
		SF		0.1107	5.3217			0.1230	7.1716	
		数据丢失水平 =0.75(仅传感器 2);Bk =0.75					数据丢失水平 =0.75(仅传感器 2);Bk =1(丢失数据没有进入滤波器)			S_2 数据随机丢失(数据级)
	0.0056	S1	0.3957			0.0054	0.3966			
		S2	0.4701				0.4712			
		SF		0.1062	5.0735			0.1094	6.1395	

①仅在传感器 2 中存在数据随机丢失

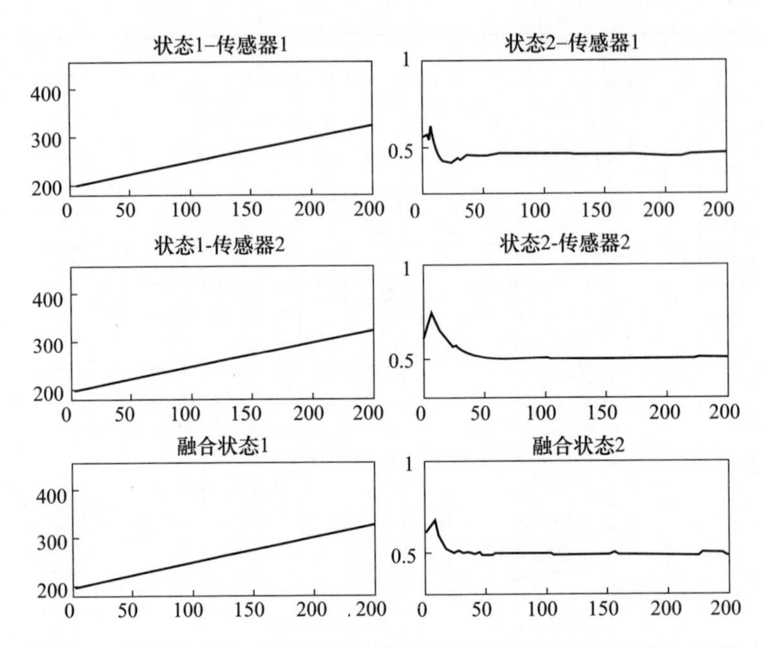

图 4.1　OFSVF1 情况 1(DRM 丢失水平为 0.9,0.9 且 Bk1 = Bk2 = 0.9)下个体状态和融合状态的时间序列

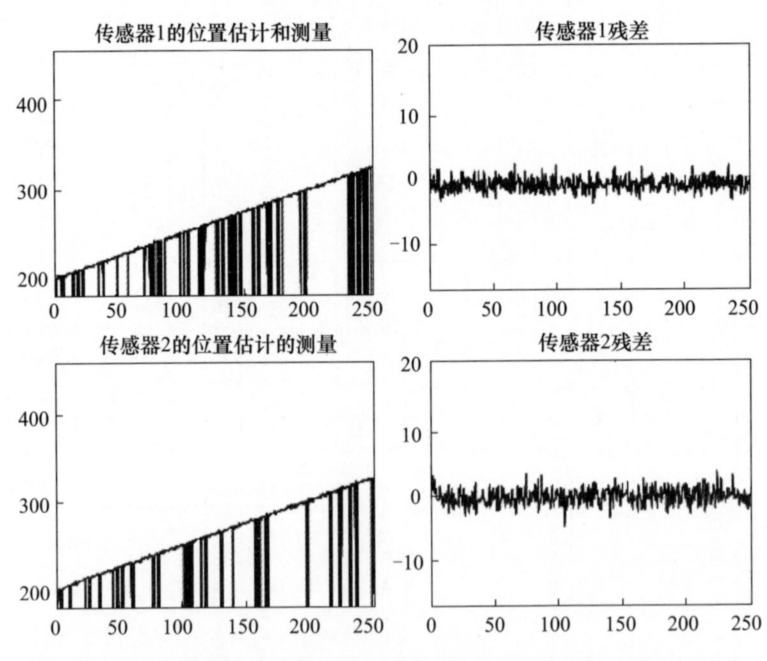

图 4.2　OFSVF1 情况 1(DRM 丢失水平为 0.9,0.9 且 Bk1 = Bk2 = 0.9)下测量时间序列和各传感器残差

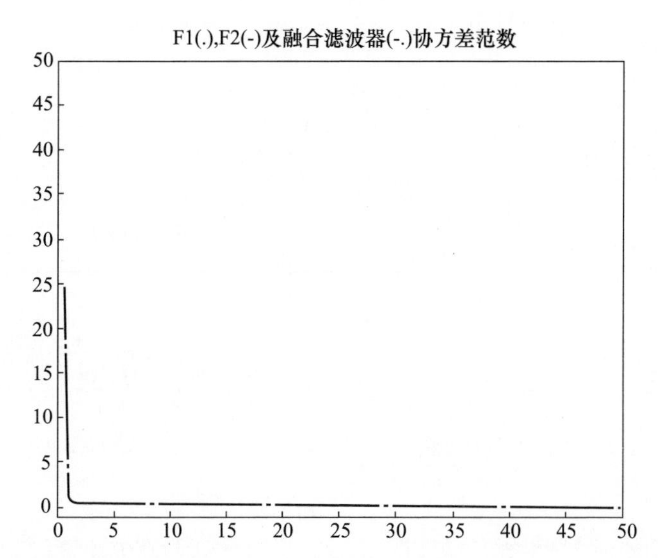

图 4.3 OFSVF1 情况 1(DRM 丢失水平为 0.9,0.9 且 Bk1 = Bk2 = 0.9)下协方差对比图

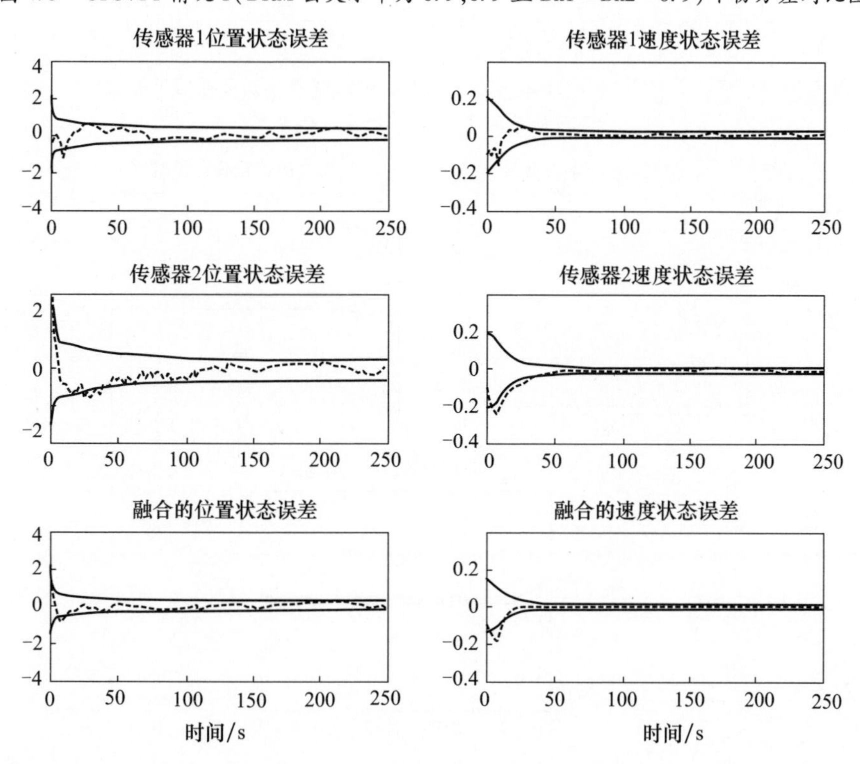

图 4.4 OFSVF1 情况 1(DRM 丢失水平为 0.9,0.9 且 Bk1 = Bk2 = 0.9)下状态误差时间序列

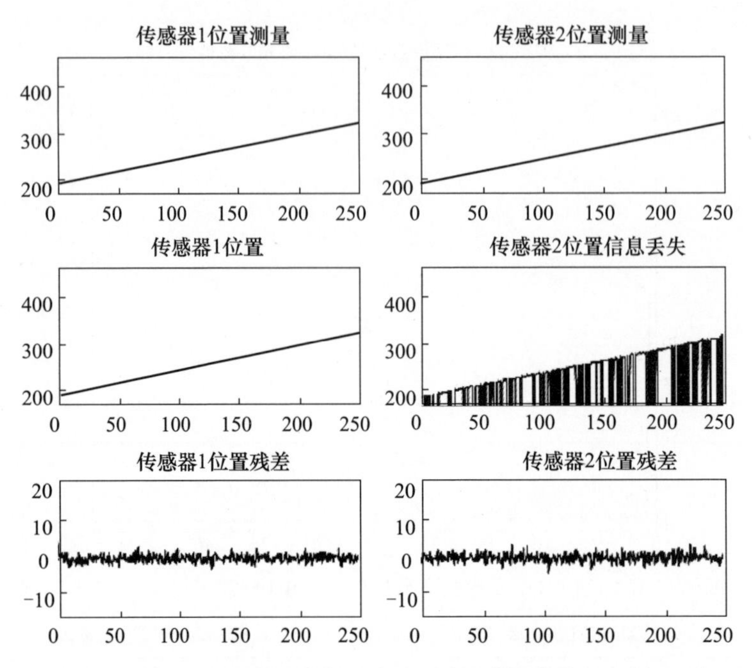

图 4.5　OFSVF22 情况 5(DRM 丢失水平为 0.75(仅对传感器 2 而言)且 Bk = 0.75)下测量时间序列和各传感器残差

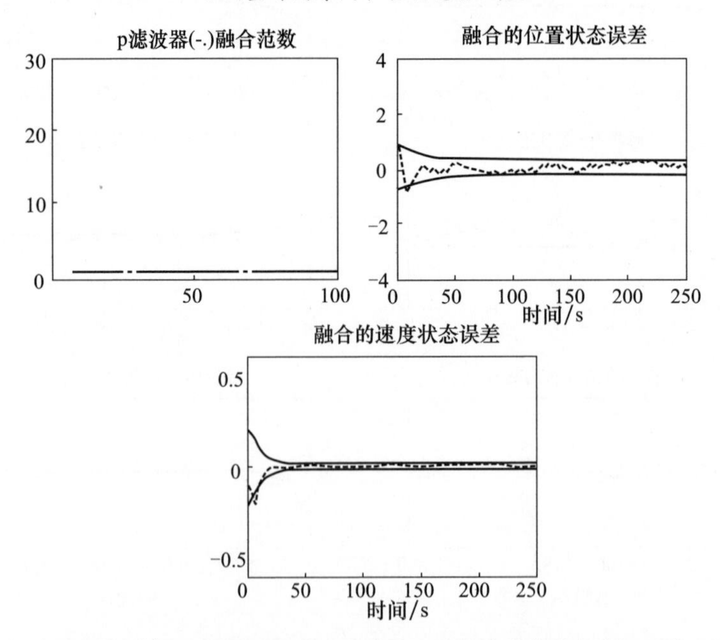

图 4.6　OFSVF22 情况 5(DRM 丢失水平为 0.75(仅对传感器而言)且 Bk = 0.75)下融合协方差范数和状态误差时间序列

4.9 分解滤波和传感器数据融合:举例说明

目标跟踪是一个获得参数值的过程,这些基于测量的参数能全面地反映目标的运动情况。测量数据可通过雷达、传感器或电子光学设备获得。精准的航迹确定算法也需要考虑测量噪声,甚至是相关过程/测量噪声。后者经常在卡尔曼滤波中使用,其代数方程就是著名的 UD 分解滤波器[12]。飞行测试靶场中,飞行器的跟踪和传感器数据融合是十分重要的。这里,讨论 UD 滤波器及其控制偏差参数和相关过程噪声的各种变体。算法可以在电脑上进行 MATLAB 或 C 语言编程实现,并且可以使用仿真或真实数据进行验证,并利用套接字编程可以建立了两个 Alpha DEC 设备之间的数据通信的 UDP 协议。

尽管卡尔曼滤波的最优和递归特性使其在跟踪中得到了广泛和大量的应用,但是传统的卡尔曼滤波算法没有数值上的鲁棒性,这是因为舍入误差和数字精度使一些结果不可用。卡尔曼滤波中出现的典型问题是由于数字误差导致协方差矩阵失去正定性,这些数字误差包括有限的字长计算误差和由协方差更新中减法运算所导致的删除误差。

4.9.1 卡尔曼 UD 分解滤波器

平方根滤波公式(如分解滤波器)提供了解决数字精度和滤波器稳定性问题的方法。平方根算法的数字性能改进是通过减少变量的取值范围实现的。在 UD 滤波器中,协方差更新公式和估计递归公式被重新规范,这样将不需要确切的协方差矩阵,如此就避免了数字问题;因此,将 U 和 D 作为协方差矩阵的构成因子,$\boldsymbol{P}=\boldsymbol{UDC}^{\mathrm{T}}$。所以,在部分计算步骤中用三角矩阵和对角矩阵进行计算和更新,这种计算和更新涉及的算术运算少,算法一次处理一个测量。UD 公式的主要优点在于:平方根算法处理协方差矩阵的平方根,这些在传统卡尔曼滤波器中只需要一半的字长。这对于多传感器数据融合的应用十分有利,因为要花费几个小时来处理来自多个传感器的多个数据集,而这些算法可能需要在实时计算机或跟踪移动设备上实现。这些计算机可能使用 8 位或 16 位寄存器、存储单元。在这些情况中,分解滤波算法保证了轨迹在数值上的稳定、高效和精确性。

1. 时间传播

协方差更新:

$$\boldsymbol{P}(k+1|k)=\boldsymbol{\phi}\hat{\boldsymbol{P}}(k)\phi^{\mathrm{T}}+\boldsymbol{GQG}^{\mathrm{T}} \tag{4.155}$$

$\hat{\boldsymbol{P}}=\hat{\boldsymbol{U}}\hat{\boldsymbol{D}}\hat{\boldsymbol{U}}^{\mathrm{T}}$ 和 $\boldsymbol{Q}$ 是噪声协方差矩阵,时间更新项 $\tilde{\boldsymbol{U}}$ 和 $\tilde{\boldsymbol{D}}$ 通过修正的格拉姆

正交化过程得到，该过程为：定义 $\boldsymbol{V}=[\boldsymbol{\phi}\hat{\boldsymbol{U}}\mid\boldsymbol{G}]$、$\bar{\boldsymbol{D}}=\mathrm{diag}[\hat{\boldsymbol{D}},\boldsymbol{Q}]$ 和 $\boldsymbol{V}^{\mathrm{T}}=[v_1, v_2,\cdots,v_n]$，其中，$\boldsymbol{P}$ 通过 $\tilde{\boldsymbol{P}}=\tilde{\boldsymbol{V}}\tilde{\boldsymbol{D}}\tilde{\boldsymbol{V}}^{\mathrm{T}}$ 得到，$\tilde{\boldsymbol{V}}\tilde{\boldsymbol{D}}\tilde{\boldsymbol{V}}^{\mathrm{T}}$ 中的项 $\boldsymbol{U}$ 和 $\boldsymbol{D}$ 的计算方法如下：

对下列方程进行递归处理[2,12]，$j=1,2,\cdots,n$：

$$\tilde{\boldsymbol{D}}_j=\langle v_i,v_j\rangle_{\bar{D}} \tag{4.156}$$

$$\tilde{\boldsymbol{U}}_{ij}(1/\tilde{\boldsymbol{D}}_j)\langle v_i,v_j\rangle_{\bar{D}},i=1,\cdots,j-1 \tag{4.157}$$

$$v_i=v_i-\tilde{\boldsymbol{U}}_{ij}v_j \tag{4.158}$$

这里，$\langle \boldsymbol{v}_i,\boldsymbol{v}_j\rangle_{\bar{D}}=\boldsymbol{v}_i^{\mathrm{T}}\bar{\boldsymbol{D}}\boldsymbol{v}_j$ 表示 $\boldsymbol{v}_i$ 和 $\boldsymbol{v}_j$ 的加权内积。因此，时间传播算法考虑到之前的 $\boldsymbol{U}$、$\boldsymbol{D}$ 与过程噪声的影响便引入了 $\boldsymbol{U}$ 和 $\boldsymbol{D}$ 因子，并保持了矩阵 $\boldsymbol{P}$ 的对称性。

2. 测量更新

卡尔曼滤波中把先验估计 $\tilde{\boldsymbol{x}}$ 和误差协方差 $\tilde{\boldsymbol{P}}$ 与标量观察值 $\boldsymbol{z}=\boldsymbol{cx}+\boldsymbol{v}$ 相结合，使用如下算法对估计和协方差进行更新

$$\begin{cases}\boldsymbol{K}=\tilde{\boldsymbol{P}}\boldsymbol{c}^{\mathrm{T}}/s\\ \hat{\boldsymbol{x}}=\tilde{\boldsymbol{x}}+\boldsymbol{K}(z-\boldsymbol{c}\tilde{\boldsymbol{x}})\\ \boldsymbol{s}=\boldsymbol{c}\hat{\boldsymbol{P}}\boldsymbol{c}^{\mathrm{T}}+\boldsymbol{R}\\ \hat{\boldsymbol{P}}=\hat{\boldsymbol{P}}-\boldsymbol{Kc}\hat{\boldsymbol{P}}\end{cases} \tag{4.159}$$

这里，使用 $\tilde{\boldsymbol{P}}=\tilde{\boldsymbol{U}}\tilde{\boldsymbol{D}}\tilde{\boldsymbol{U}}^{\mathrm{T}}$，$\boldsymbol{c}$ 是测量矩阵，$\boldsymbol{R}$ 是测量噪声协方差，$\boldsymbol{z}$ 是带噪声的测量向量。基于式(4.159)和分解过程，可以得到卡尔曼增益 $\boldsymbol{K}$ 和更新协方差 $\hat{\boldsymbol{U}}$ 和 $\hat{\boldsymbol{D}}$[2,12]：

$$\boldsymbol{g}=\tilde{\boldsymbol{U}}^{\mathrm{T}}\boldsymbol{c}^{\mathrm{T}};\boldsymbol{g}^{\mathrm{T}}=(g_i,\cdots,g_n),\boldsymbol{w}=\tilde{\boldsymbol{D}}\boldsymbol{g};$$

$$\hat{d}_1=\tilde{d}_1R/s_1,s_1=R+w_1g_1 \tag{4.160}$$

然后计算下列方程，$j=2,\cdots,n$：

$$s_j=s_{j-1}+w_jg_j$$

$$\hat{d}_j=\tilde{d}_js_{j-1}/s_j$$

$$\hat{u}_j=\tilde{u}_j+\lambda_j\boldsymbol{K}_j,\lambda_j=-g_j/s_{j-1}$$

$$\boldsymbol{K}_{j+1}=\boldsymbol{K}_j+w_j\tilde{u}_j;\tilde{\boldsymbol{U}}=[\tilde{u}_1,\cdots,\tilde{u}_n]$$

最终卡尔曼增益为

$$\boldsymbol{K}=\boldsymbol{K}_{n+1}/s_n \tag{4.161}$$

其中，$\tilde{d}$ 是预测的对角元素，$\hat{d}$ 是矩阵 $\boldsymbol{D}$ 的更新对角元素。状态向量的时间传播和测量更新与卡尔曼滤波相似，因此这里不做重复。测量更新/数据处理是循序进行的，这意味着每个测量结果被依次处理并对状态估计进行更新，这就避免了卡尔曼增益公式中的矩阵求逆。

4.9.2 相关过程噪声和偏差参数的 UD 分解滤波器

由于表示目标轨迹的数学模型通常不是很准确，而且过程噪声也可能不是严格的白噪声。对于这种情况，状态模型为

$$\begin{bmatrix}\boldsymbol{x}\\\boldsymbol{p}\\\boldsymbol{y}\end{bmatrix}_{k+1}=\begin{bmatrix}\boldsymbol{V}_x&\boldsymbol{V}_p&\boldsymbol{V}_y\\0&\boldsymbol{M}&0\\0&0&\boldsymbol{I}\end{bmatrix}\begin{bmatrix}\boldsymbol{x}\\\boldsymbol{p}\\\boldsymbol{y}\end{bmatrix}+\begin{bmatrix}0\\\boldsymbol{w}_k\\0\end{bmatrix} \tag{4.162}$$

式中：$\boldsymbol{x}$ 是状态向量；$\boldsymbol{p}$ 是表示相关噪声的状态变量；$\boldsymbol{y}$ 是偏差向量，并且转移矩阵是三角阵。UD 的时间传播/更新通过下列等式获得：

$$\begin{bmatrix}\hat{\boldsymbol{U}}_x&\hat{\boldsymbol{U}}_{xp}&\hat{\boldsymbol{U}}_{xy}\\0&\hat{\boldsymbol{U}}_p&\hat{\boldsymbol{U}}_{py}\\0&0&\hat{\boldsymbol{U}}_y\end{bmatrix};\hat{\boldsymbol{D}}=\text{对角}(\hat{\boldsymbol{D}}_x,\hat{\boldsymbol{D}}_p,\hat{\boldsymbol{D}}_y)\text{，在 } k \text{ 时刻} \tag{4.163}$$

$$[\bar{\boldsymbol{U}}_p\bar{\boldsymbol{U}}_{py}\bar{\boldsymbol{U}}_y\bar{\boldsymbol{D}}_p\bar{\boldsymbol{D}}_y]=[\hat{\boldsymbol{U}}_p\hat{\boldsymbol{U}}_{py}\hat{\boldsymbol{U}}_y\hat{\boldsymbol{D}}_p\hat{\boldsymbol{D}}_y] \tag{4.164}$$

$$\bar{\boldsymbol{U}}_{xp}=\boldsymbol{V}_x\hat{\boldsymbol{U}}_{xp}+\boldsymbol{V}_p\hat{\boldsymbol{U}}_p;\bar{\boldsymbol{U}}_{xy}=\boldsymbol{V}_x\hat{\boldsymbol{U}}_{xy}+\boldsymbol{V}_p\hat{\boldsymbol{U}}_{py}+\boldsymbol{V}_y\hat{\boldsymbol{U}}_y \tag{4.165}$$

$$\bar{\boldsymbol{U}}_x\bar{\boldsymbol{D}}_x\bar{\boldsymbol{U}}_x^{\mathrm{T}}=(\boldsymbol{V}_x\hat{\boldsymbol{U}}_x)\hat{\boldsymbol{D}}_x(\boldsymbol{V}_x\hat{\boldsymbol{U}}_x)^{\mathrm{T}} \tag{4.166}$$

$$\tilde{\boldsymbol{U}}_y=\bar{\boldsymbol{U}}_y=\hat{\boldsymbol{U}}_y;\tilde{\boldsymbol{D}}_y=\bar{\boldsymbol{D}}_y=\hat{\boldsymbol{D}}_y \tag{4.167}$$

$$\tilde{\boldsymbol{U}}_{py}=\boldsymbol{M}\bar{\boldsymbol{U}}_{py}=\boldsymbol{M}\tilde{\boldsymbol{U}}_{py};\tilde{\boldsymbol{U}}_{xy}=\bar{\boldsymbol{U}}_{xy} \tag{4.168}$$

$$\begin{bmatrix}\tilde{\boldsymbol{U}}_x&\tilde{\boldsymbol{U}}_{xp}\\0&\tilde{\boldsymbol{U}}_p\end{bmatrix}\begin{bmatrix}\tilde{\boldsymbol{D}}_x&0\\0&\tilde{\boldsymbol{D}}_p\end{bmatrix}\begin{bmatrix}\boldsymbol{U}_x^{\mathrm{T}}&0\\\tilde{\boldsymbol{U}}_{xp}&\tilde{\boldsymbol{U}}_p^{\mathrm{T}}\end{bmatrix}=\begin{bmatrix}\tilde{\boldsymbol{U}}_x&\tilde{\boldsymbol{U}}_{xp}\\0&\boldsymbol{M}\tilde{\boldsymbol{U}}_p\end{bmatrix}\begin{bmatrix}\tilde{\boldsymbol{D}}_x&0\\0&\tilde{\boldsymbol{D}}_p\end{bmatrix}\begin{bmatrix}\boldsymbol{U}_x^{\mathrm{T}}&0\\\tilde{\boldsymbol{U}}_{xp}&\tilde{\boldsymbol{U}}_p^{\mathrm{T}}\boldsymbol{M}^{\mathrm{T}}\end{bmatrix}+\begin{bmatrix}0&0\\0&\boldsymbol{Q}\end{bmatrix} \tag{4.169}$$

式(4.169)的更新通过使用修正的格拉姆－施密特正交化算法得到。与相关过程噪声和偏差有关的因素是终端因素，可以通过格拉姆－施密特算法获得：

$$\tilde{\boldsymbol{U}}\tilde{\boldsymbol{D}}\tilde{\boldsymbol{U}}^{\mathrm{T}} = \boldsymbol{W}\mathrm{Diagonal}(\boldsymbol{D},\boldsymbol{Q})\boldsymbol{W}^{\mathrm{T}} \tag{4.170}$$

$$\boldsymbol{W} = \begin{bmatrix} \bar{\boldsymbol{U}}_x \bar{\boldsymbol{U}}_{xp} & 0 \\ 0 & \boldsymbol{M}\bar{\boldsymbol{U}}_p \boldsymbol{I} \end{bmatrix} \tag{4.171}$$

式(4.163)~式(4.171)表示的UD滤波器的优点是其具有基本UD滤波器的所有性能,另外在状态空间模型中还可以对过程噪声相关和偏差参数进行处理。

4.9.3 传感器融合方案

对传感器比如EOT、PCMC、S-Band雷达、TM、RADAR 1、RADAR 2、INS和GPS进行融合,有必要建立一个融合逻辑,这样就可以顺畅的使用来自这些传感器的信息,如图4.7所示。根据传感器精度确定优先逻辑,在此给出在RL千米范围内的传感器序列:

EOT
PCMC
TM和S-Band融合
S-Band
TM
航迹丢失

PCMC雷达跟踪目标的范围超过了RL千米,对于包含RADARS的第二模块,序列如下:

RADAR1和RADAR2融合
RADAR1
RADAR2
航迹丢失

对于包含INS和GPS的第三模块,序列如下:
INS和GPS融合(GPS数据被INS代替)
INS
GPS(GPS数据被INS代替)
航迹丢失

在第三模块中,如果得不到GPS数据,根据方案用INS数据进行替换。根据情况决定是否采用状态级融合的测量级。同时,所有信道数据被有序处理:在一个采样周期内处理来自于各个传感器的位置数据,在接下来的周期内重复处理过程。从图 4.7 中可以看出对一个运动目标给出了三条轨迹。PC1 可将轨迹 1 与获得或推导得到的信息进行关联,PC2 和 PC3 也是一样。这三个轨迹被确定增益跟踪滤波器进行实时处理,然后使用 UD/UDCB 滤波器进行进一步处理,最终三条轨迹和/或最终融合轨迹被传输至 DSS。

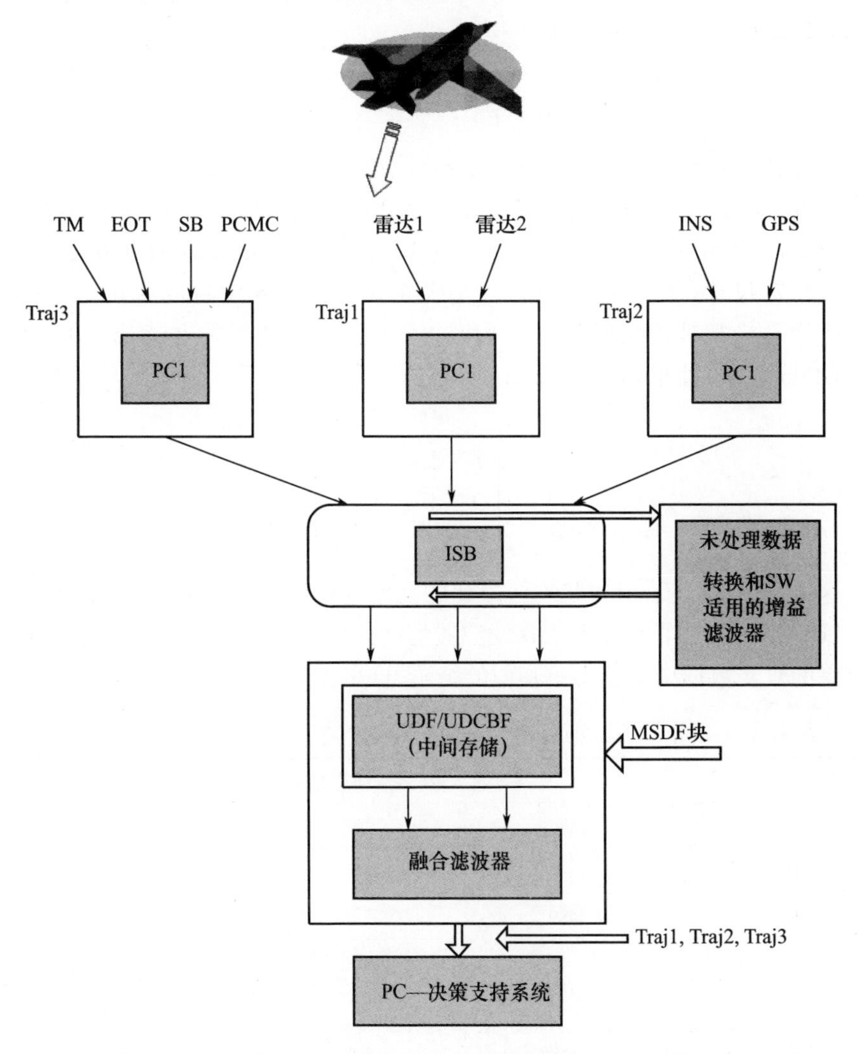

图 4.7　典型目标跟踪多频道数据获取与融合结构(PC—个人计算机,TM—遥测,SB—S 波段雷达,ISB—智能转换面板,Traj—跟踪轨迹)

4.9.4 跟踪和融合中的 UD 和 UDCB 滤波器性能评估

目标状态数学模型将位置、速度,有时也将加速度作为状态变量,测量模型将可获得的测量变量与状态变量联系起来,如式(4.1)和式(4.2)所表示的那样。为了简便,在球坐标系中定义目标运动的状态,因此状态方程可分离为三个独立地部分,跟踪滤波器可在每个部分独立地工作。生成带有相关过程噪声的仿真数据。使用的模型转移矩阵为[13]

$$\boldsymbol{V}=\begin{bmatrix}1 & \Delta t\\0 & 1\end{bmatrix};M=\exp(-\Delta t/\tau) \tag{4.172}$$

目标状态是位置和速度,给位置数据增加一个偏差常数,所以 $V_y=1$。采样周期为 Δt 为 0.5s,M 为 0.9 表示相关性高。使用没有考虑相关噪声和偏差的 UDF 与考虑相关过程噪声和偏差的 UDCBF 两种方法对仿真数据进行处理。飞行器位置是唯一的观察量。从表 4.3 和图 4.8 中可以看出,当数据被相关噪声污染和被持续的偏差影响时[13],UDCB 滤波器的性能比 UD 滤波器的性能好。飞行器的真实数据用 UD 滤波器进行处理,使用的状态转移矩阵为[13]

$$\boldsymbol{V}_x=\begin{bmatrix}1 & \Delta t & \Delta t^2/2\\0 & 1 & \Delta t\\0 & 0 & 1\end{bmatrix} \tag{4.173}$$

这里,$\boldsymbol{H}=[1\quad 0\quad 0]$,状态向量 $\boldsymbol{x}$ 的元素为位置、速度和加速度。从表 4.3 看出,UDCB 滤波器的性能比 UD 滤波器的性能好[13]。从来自轨迹匹配/偏差估计结果的真实数据中也获得了相似的结论,这里没有给出仿真结果图。

表 4.3 使用 UD 滤波器进行跟踪和融合的仿真与真实数据的结果

使用滤波器	仿真数据状态误差均值		
	位置	速度	—
UDF	-8.4	-17.211	—
UDCBF	0.8489	1.68	—
	真实数据残差均值		
	X	*Y*	*Z*
UDF	0.88	1.51	1.75
UDCBF	0.03	0.18	0.2

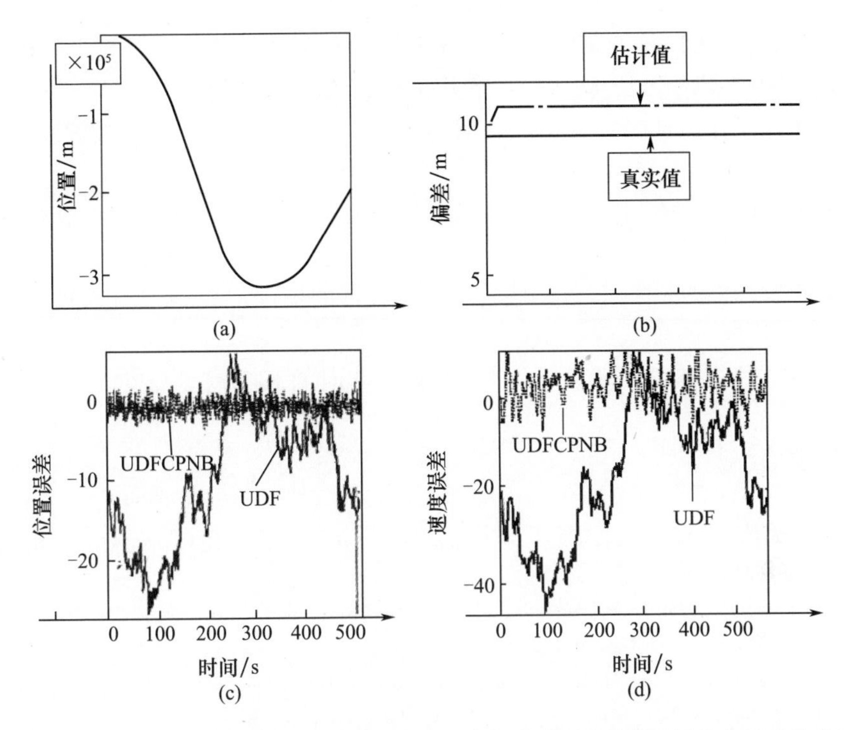

图 4.8　使用 UD 和 UDFCPNB -（UDCB）滤波器进行跟踪和传感器数据融合时的状态估计
（a）位置估计；（b）偏差估计；（c）位置误差（m）；（d）速度误差（m/s）。

感谢

十分感激 Mrs. M. Spoorthy 在丢失数据方面所做的研究工作（在 Dr. J. R. Raol 的指导下）。

练习

4.1 假设 I_{m1} 与 I_{m2} 作为信息矩阵（一个跟踪目标来自两个传感器的测量信息），不考虑互协方差矩阵时请推导融合协方差矩阵 P_f 表达式。

4.2 在一个传感器 NW 中，一个传感器数学模型是不完全的，并且使用 KF 对该传感器的测量数据进行处理。你如何通过动态系统的状态确定传感器数学模型的参数？

4.3 为什么新息是白色随机过程？

4.4 比较本章中讨论的滤波算法的显著特点。

4.5 在 EKF 中，使用式（4.48）的函数 f 与式（4.50）的函数 h 的优点是什么？

4.6 式(4.103)中的 HI 范数、推导 KF 时使用的式(4.18)中的代价函数 J 和推导 SRIF 时使用的式(4.96)中的代价函数的区别是什么?

4.7 除了作为测量级数据融合器之外,KF 和 SRIF 本身是基本的数据融合准则。对这一观点进行评论。

4.8 尝试在后验 HI 滤波器中引入多个测量模型并对滤波方程进行适当修正。

4.9 发挥你的想象,设计一些自适应滤波器的架构,就像 4.2.3 节中给出的那样。

4.10 根据 4.8.2 节和附录 A.2,推导 $b \to 0$ 时的 KF 方程。

参考文献

1. Durrant – Whyte, H. Multi sensor data fusion – Lecture Notes. Australian Centre for Field Robotics, University of Sydney, NSW 2006, Australia, January 2001.
2. Raol, J. R., Girija, G. and Singh, J. Modelling and Parameter Estimation of Dynamic Systems, IET/IEE Control Series Book, Vol. 65. IET/IEE, London, 2004.
3. Raol, J. R. and Singh, J. Flight Mechanics Modeling and Analysis. CRC Press, FL, USA, 2010.
4. Raol, J. R. Multisensor Data Fusion with MATLAB. CRC Press, FL, USA, 2010.
5. Raol, J. R. and Gopal, A. K. Mobile Intelligent Automation Systems. CRC Press, FL, USA, 2012.
6. Hassibi, B., Sayad, A. H. and Kailath, T. Linear estimation in Krein spaces – Part II: Applications. IEEE Transactions on Automatic Control, 41(1), 34 – 49, January 1996.
7. Jin, S. H. Park, J. B., Kim, K. K. and Yoon, T. S. Krein space approach to decentral – ized H∞ state estimation. IEE Proceedings on the Control Theory and Applications, 148(6), 502 – 508, November 2001.
8. Lee, T. H., Ra, W. S., Yoon, T. S. and Park, J. B. Robust Kalman fltering via Krein space estimation. IEE Proceedings Control Theory and Applications, 151(1), 59 – 63, January 2004.
9. Simon, D. and El – Sherief, H. Hybrid Kalman/minimax fltering in phase – locked loops. In Control Engineering Practice Jl. Editor, Kugi, A. International Federation of Automatic Control, Elsevier, 4(5), pp. 615 – 623, May 1996.
10. Shanthakumar, N., Girija, G. and Raol, J. R. Performance of Kalman flter and gain fusion algorithms for sensor data fusion with measurements loss. International Radar Symposium India(IRSI), Bangalore, December 2001.
11. Mohamed, S. M. and Nahavandi, S. Optimal multisensor data fusion for linear systems with missing measurements. SOSE 2008, IEEE International Conference on System of Systems Engineering, IEEE, Monterey Bay, CA, 2 – 5 June, 1 – 4, 2008.
12. Bierman, G. J. Factorisation Methods for Discrete Sequential Estimation. Academic Press, NY, 1977.
13. Shanthakumar, N., Girija, G. and Raol, J. R. Factorisation fltering algorithm with colored noise for tacking. Presented at the International Radar Symposium India(IRSI/Organized by Institution of Electronics and Telecommunications Engi – neers, India, Bangalore Chapter), Bangalore, December 1999. (http://nal – ir. nal. res. in/4574/1/Factorisation_fltering_Algorithm. PDF).

第5章　无中心数据融合系统

5.1　引言

在多感知(MS)传感器数据融合(DF)系统中,有许多传感器在物理上分布在一个地区或环境内。在集中式的系统 (CDF)中,原始的工程单位数据(RE-UD)-传感器信息/数据传递到中心处理器(CP)。在中心处理器中,信息/数据进行融合,生成了一幅包含环境、实体、对象、场景或情景的图像。在分布式数据融合(DDF)系统中,每个传感器都有其自己的本地处理单元,需要时,该单元可以在传感器和其他节点或任何全局节点进行通信之前,从传感器中提取有用的信息。这个分布式数据融合系统:①需要更少的信息;②中心处理器计算负载大大减少;③传感器可以合理进行模块化[1]处理。在传感器/节点中,本地处理/计算的程度的变化范围可以是从简单的验证和数据压缩一直到完整的跟踪测定。这甚至可以用在本地节点中对信息的解释上。在很多系统中只用集中式数据融合就够了,然而,许多情况下,还需要分布式处理(DDF),这是因为[1]:①系统/传感器的配置/算法的处理复杂度增加;②随着任务的增加,有更多的功能需求;③数据融合系统本身的复杂性和规模。但同时,它会降低计算成本。分布式数据融合系统的设计需要合适的算法,这些算法可以在大量分布式站点以恰当运行,可靠性和一致性高。基于第4章中已经给出的信息滤波器(IF)和平方根信息滤波器(SRIF),很容易看出信息滤波器和贝叶斯定理中的对数似然(LL)函数非常适合分布式数据融合系统。本章讲的是这些方法是怎样映射到分布式(DDF)和无中心数据融合 DCF,或分散数据融合)系统[1]DCF 中的。分布式数据融合系统通信的主要问题是有限的通信带宽(BW)、传输时间延迟(TD)和通信(声道)故障。这些问题发生在传感和融合过程/节点之间。分布式数据无中心融合(DDCF)(DDF/DCF)系统中的其他问题是[1]:①分布式模型的问题,每个本地传感器/节点的环境模型都不同;②传感器管理问题,其中一组有限的传感器和它们的资源应该协同使用;③系统组织问题,它需要对传感器网进行最优设计。文献[1-3]中讨论了无中心数据融合的几种情形。

5.2 数据融合结构

在分布式数据融合最简单的层面上，传感器可以将信息和数据直接传递到中心处理器，并在那里将数据进行整合[1]。信息/数据的本地处理不是必需的。当然，由于数据是集中式地处理/解释的，所以会导致一些有价值的信息/数据来源丢失。当更多的处理发生在本地节点，融合中心的计算和通信负担将得到减轻。但这也会削弱融合中心对底层传感器信息/数据的直接控制。本地传感器节点情报的增加导致融合体系出现层次结构。融合处理要遵守一些重要的准则。更多的分布式结构，传感器节点有能力生成航迹并完成融合任务，即黑板系统或自主体系统。完全的无中心数据融合没有中心处理器，没有常规的通信系统，在这里，这些节点可以完全自主运行。他们只通过匿名通信信息进行协调。

5.2.1 分层数据融合结构

层次结构（分层数据融合结构，HDFA），最底层的处理单元/节点以逐级/渐进的方式向上传输信息（沿着信息流方向向前传输）[1]。信息从多个传感器/设备流向（并行）各自的跟踪系统，在此可以进行状态估计。对于状态估计可以使用第4章中任何合适的滤波算法。

状态估计输入到跟踪融合算法中，最后将输出一条融合航迹。因此，在中间层，信息/数据进行组合和精炼，在顶层可以得到系统状态的全局视图。也可能有个多层级多跟踪系统，该系统是分层数据融合架构，获得一组图片航迹之后（以前称为跟踪融合），对这些图片航迹进行组合，得到最终的融合结果。在许多组织和数据融合系统中，分层数据融合架构是很常见的，与完全集中式数据融合系统（CDF）相比有很多优势。分层数据融合架构降低中心处理器上的负载，同时保持着对子处理器操作的严格控制。这种结构用于许多数据融合系统中，它为分层数据融合架构的不同层级的信息/数据组合产生了多种有用的算法。一般分层贝叶斯算法基于独立似然池架构或对数似然池。重点是分层估计和跟踪算法。假设所有的传感器观察到的共同状态/航迹为 $x(k)$。测量在本地节点进行收集，本地的地测量方程为

$$\boldsymbol{z}_i = \boldsymbol{H}_i(k)\boldsymbol{x}(k) + \boldsymbol{v}_i(k), \quad i = 1,2,\cdots,S \tag{5.1}$$

然后基于本地观测，每个站点使用卡尔曼滤波器（KF）获得本地状态估计：

$$\hat{\boldsymbol{x}}_i = \tilde{\boldsymbol{x}}_i + \boldsymbol{K}_i\boldsymbol{r}_i, \quad i = 1,2,\cdots,S \tag{5.2}$$

本地估计向上传递，在正向周期中，到达一个中间或中心处理器。中心处理器基于所有测量，对航迹进行融合，形成全局估计：

$$\hat{\boldsymbol{x}} = \sum_{i}^{S} \boldsymbol{w}_i(k)\hat{\boldsymbol{x}}_i(k) \tag{5.3}$$

式中,$\boldsymbol{w}_i(k)$为本地节点的权重因子/矩阵。每个传感器/节点应该观察同一个真实的状态。本地的处理模型通过同一个全局模型关联起来。因此,本地站点/节点做出的预测是相关的,所以式(5.2)中更新的本地估计也是相关的,尽管每个节点的测量值是不同的。所以,在真正意义上,每个节点的本地估计不能按照式(5.2)中表述的独立的方式进行组合。在节点权重矩阵的计算中,应该明确说明这种相关性。这可以通过式(4.65)和式(4.66)中描述的航迹 - 航迹融合(TTF)算法来完成。

分层数据融合架构有几个缺点[1]:①它依赖于中心处理器,层次结构内的控制水平会降低可靠性/灵活性;②中心处理器一旦出故障将使整个系统瘫痪;③系统一旦有变化,中心处理器和所有的子单元也会随之改变;④中心处理器融合数据的负担仍然非常高的,这种设计方法无法扩展到包含大量数据源的系统;⑤在这种结构中,数据源没有沟通能力(除非通过更高层次的组织),这样排除了协同的可能性,而协同可以在两个或两个以上信息源之间开展,这就让系统设计师只能使用一些固定/预定的数据组合。

5.2.2 分布式数据融合结构

由于集中式数据融合/分层数据融合结构(CDF/HDFA)在中心节点的数据通信和计算开销巨大的事实,为了使系统更模块化和灵活,需要分布式数据融合[1]。一个著名的分布式数据融合是黑板数据融合结构,其组成包括[1]:①几个独立的跟踪系统(在传感器数据获取并处理之后);②跟踪融合算法;③航迹身份知识库;④态势知识库;⑤遥感知识库。事实上这 5 个部分与黑板介质(BBM)相互配合。BBM 由许多独立的自治智能体组成,其中每个智能体包含专家知识库或有特殊信息处理能力。这些智能体可以通过称为黑板的共享内存交换信息。系统中的每个智能体能够将信息或本地知识写进资源库,每个智能体也能够从资源库读取信息。每个智能体是模块化的,在需要时,系统可添加新的智能体。这样做不改变底层架构。黑板结构在基于知识的数据融合系统中应用最多,特别是在数据理解和态势评估中。然而,黑板结构使用一个共同的通信/内存资源,而且它几乎成为单层结构,缺乏灵活性。

5.2.3 无中心数据融合结构

无中心数据融合系统由传感器节点网络组成,在该网络中,每个节点都有自己的处理安排。它主要包括三部分:①传感器与自身数据融合处理器;②传感器节点接收的数据，比如从雷达；③连接①和②中所有组成部分的通信介质（媒介）。这样无中心数据融合系统以一个点对点的通信架构[1]得到实现。在结构上，无中心数据融合结构几乎与图1.6(b)是相似或相同的。因此，这样的节点不需要任何中心融合/中心通信设备。每个节点的本地数据融合，以本地测量和邻近节点/设备/传感器送来信息为基础。融合或全局决策没有共同之处。然而，无中心数据融合系统有一些限制[1]：①单一的中心数据融合（CDF）不存在；②没有公共通信；③传感器节点不知道网络拓扑。无中心数据融合系统最主要的是系统没有中央融合中心。很多在数据融合文献中描述的系统常常不是真正的“无中心”系统——实际上那些数据融合系统通常是分布式或分层的，而不是真正无中心。无中心数据融合系统有几个有用的特性[1]：①去掉了中心融合/中心通信，因此系统具有可扩展性；②因为没有节点作为中枢，不需要传感器网络拓扑全局知识，因此系统在应对在线损失、添加传感节点以及任何网络动态变化时，具有良好的容错性；③因为所有的传感器融合过程发生在本地站点，节点以模块化的方式构造和编程完成。因此，无中心数据融合不同于分布式数据融合系统，因为它没有中心融合/中心通信设施，因此每个传感器节点是完全自给自足。每个节点操作完全独立于系统中其他任何组成部分。节点之间的通信是真正和严格的一对一。它不需要拥有获取节点能力的远程知识。在这一章，我们特别区分无中心数据融合系统和分布式数据融合系统，无中心数据融合系统没有共同资源，分布式数据融合系统包含一些小型的集中结构。无中心数据融合系统也可以通过广播、完全连接的通信架构来实现，虽然这种公共通信设施不满足对分布式融合系统的约束条件，然而广播媒介是一个好的通信网络[1]。你也可以使用混合、广播和点对点的通信结构来构建一个无中心融合系统。

5.3 分散估计和融合

无中心数据融合结构/系统/概念理念是，使用信息量度对传感器数据进行量化、传递和理解。很自然地使用分散估计概念，它是实现信息滤波器的最好形式[1]。

5.3.1 信息滤波器

相比传统的卡尔曼滤波器（第4章）[4-7]，信息滤波器处理的是信息状态和信息矩阵[2]。传统的卡尔曼滤波器通常被称为协方差滤波器，因为它在时间传播/数据更新周期使用了协方差矩阵。动态跟踪系统的线性模型如下：

$$\begin{cases}\boldsymbol{x}(k+1)=\phi\boldsymbol{x}(k)+\boldsymbol{w}(k)\\ z(k)=\boldsymbol{H}\boldsymbol{x}(k)+\boldsymbol{v}(k)\end{cases}\tag{5.4}$$

信息矩阵的定义和表述为状态误差协方差矩阵 $\boldsymbol{P}$ 的逆，那么，信息状态和信息矩阵定义为

$$\begin{cases}\hat{\boldsymbol{y}}=\boldsymbol{P}^{-1}\hat{\boldsymbol{x}}\\ \hat{\boldsymbol{Y}}=\boldsymbol{P}^{-1}\\ \hat{\boldsymbol{y}}=\hat{\boldsymbol{Y}}\hat{\boldsymbol{x}}\end{cases}\tag{5.5}$$

在卡尔曼滤波器中，状态 x 被称为协方差状态，它与协方差矩阵 $\boldsymbol{P}$ 相关，很明显，信息滤波器中的信息状态可以通过将协方差与信息矩阵相乘得到，见式(5.5)。这个过程直观地展示了因协方差矩阵表示的变量/状态估计的不确定性，如果协方差大，信息少，反之亦然。而时间外推/预测方程由下列等式给出[1]。

首先计算中间量如下：

$$\boldsymbol{M}=\phi^{-t}\boldsymbol{Y}(k-1/k-1)\phi^{-1}\tag{5.6}$$

$$\boldsymbol{S}=\boldsymbol{G}^{t}\boldsymbol{M}\boldsymbol{G}+\boldsymbol{Q}^{-1}\tag{5.7}$$

$$\boldsymbol{L}=\boldsymbol{M}\boldsymbol{G}\boldsymbol{S}^{-1}\tag{5.8}$$

然后给出信息状态和信息矩阵的预测方程：

$$\boldsymbol{Y}(k-1/k-1)=\boldsymbol{M}-\boldsymbol{L}\boldsymbol{S}\boldsymbol{L}^{t}\tag{5.9}$$

$$\tilde{\boldsymbol{y}}(k/k-1)=[\boldsymbol{I}-\boldsymbol{L}\boldsymbol{G}^{t}]\phi^{-t}\tilde{\boldsymbol{y}}(k-1/k-1)+\boldsymbol{Y}(k/k-1)\boldsymbol{Q}^{t}\boldsymbol{G}^{t}\boldsymbol{u}\tag{5.10}$$

测量数据更新或估计方程如下：

$$\hat{\boldsymbol{y}}(k/k)=\tilde{\boldsymbol{y}}(k/k-1)+\boldsymbol{i}(k)\tag{5.11}$$

$$\hat{\boldsymbol{Y}}(k/k)=\tilde{\boldsymbol{Y}}(k/k-1)+\boldsymbol{I}(k)\tag{5.12}$$

给出上述方程的第二项，分别为

$$\boldsymbol{i}(k)=\boldsymbol{H}^{\mathrm{T}}(k)\boldsymbol{R}^{-1}\boldsymbol{z}(k)\tag{5.13}$$

$$\boldsymbol{I}(k)=\boldsymbol{H}^{\mathrm{T}}(k)\boldsymbol{R}^{-1}\boldsymbol{H}(k)\tag{5.14}$$

上述方程中变量 $\boldsymbol{G}$ 和 $\boldsymbol{Q}$ 在卡尔曼滤波器的预测周期中具有普遍意义。式(5.13)中 $\boldsymbol{i}(k)$ 根据当前可用的测量提供信息状态的增量更新。同样，式(5.14)利用信息滤波器中当前测量的效果，通过测量向量/矩阵 $\boldsymbol{H}(k)$ 和测量噪声协方差矩阵 $\boldsymbol{R}(k)$ 计算得到信息矩阵自身的增量更新。应该记住，在信息滤波器中所有量都没有信息状态和信息矩阵解释，可以看到一些协方差矩阵也在使用。从信息滤波器的测量数据更新可以看到，这部分的特性直观，在信息领域进行状态估计，这两个方程非常直接。信息状态的新信息和新信息矩阵被添加到从预测周期来的先前有用量。因此，对无中心数据融合系统，这是非常有利的。若是

没有预测部分,式(5.10)更复杂。线性及非线性动态系统的信息滤波器的完整推导可以参考文献[1-3]。从式(5.11)和式(5.12)中发现,无中心数据融合中信息滤波器应该是最自然的选择。

5.3.2 信息滤波器和贝叶斯定理

贝叶斯定理的概率分布函数与似然函数为高斯的信息状态之间有很强的联系[1]。LL 的一阶导数称为得分函数,LL 的二阶导数称为费舍信息方程。因此,信息滤波器是贝叶斯定理的应用。一阶导数是质量中心,二阶导数是转动惯量,因此,这些导数是真正的生成函数。因此,信息滤波器在本质上是一种充分统计量的递归计算,此时基础分布是高斯的。

5.3.3 多传感器估计中的信息滤波器

考虑卡尔曼滤波器应用于对单目标使用两个传感器的数据进行数据融合,虽然新息向量在不同的时间是不相关的,但是不同传感器在同一时间产生的新息不是这样,即意味着这些新息是相关的[1]。这是因为他们使用一个共同的预测方程(因为状态模型是用于一个目标和两个传感器数据融合的情况)。结果造成这个新息协方差矩阵不能被对角化。因此,它不能被拆分并且求逆,来获得各独立测量的增益矩阵。在信息滤波器中不需要面对这个问题。正如我们所看到的,增加信息,来获得融合结果比较容易。正如我们从信息滤波器测量更新周期看到的,由测量贡献出来的信息与状态的似然函数直接相关,而不是直接关联到状态估计本身。因为信息滤波器是贝叶斯理论在似然函数上的一种实现(而不是状态上的实现)。通常,信息滤波器被称为似然滤波器。与传统的卡尔曼滤波器相比,信息滤波器提供了一个更自然的合成信息的方式,因此,信息滤波器用更简单的方法去处理复杂的多传感器数据融合。信息的线性增加的部分在信息滤波器中直接通过代数处理。在每一步骤中提供给滤波器的总信息只是独立传感器信息贡献之和,即信息状态以及信息矩阵的贡献之和。单一传感器信息更新以简单的方式被扩展到多个传感器更新,表达式如下(式中“i”为传感器的编号)[1]:

$$\hat{\boldsymbol{y}}(k/k) = \tilde{\boldsymbol{y}}(k/k-1) + \sum_{i-1}^{m} \boldsymbol{i}_i(k) \tag{5.15}$$

$$\boldsymbol{Y}(k/k) = \boldsymbol{Y}(k/k-1) + \sum_{i-1}^{m} \boldsymbol{I}_i(k) \tag{5.16}$$

5.3.4 分层信息滤波器

信息滤波器可以分解得到一个简单的分层估计方案,基于以下两点[1]:

①从传感器节点到中心处理器传输的增量$\boldsymbol{i}(.)$和$\boldsymbol{I}(.)$;②从节点到中心融合节点传递的部分信息状态估计。因此,信息滤波器还可以用于分层数据融合系统。在第2.4.4节中提到过,由于简单的信息求和,贝叶斯LL定理可以很容易变成不同结构形式使用。此外,式(5.15)和式(5.16)中添加的信息可以以简单地区分。

在分层数据融合结构(HDFA)中,每个传感器包含一个完整的状态模型,并根据数量为"m"的传感器系统产生测量。在HDFA中,信息状态在每个传感器节点计算,然后被传输到一个中心处理器。在这里,常见的估计通过简单的求和获得,因此,所有的状态估计在中心处理器进行预测。他们通过增量$\boldsymbol{i}_i(k)$和$\boldsymbol{I}_i(k)$计算测量中信息状态的贡献。这些变量再传到中心处理器,并通过式(5.15)和式(5.16)加入全局估计。然后用式(5.9)和式(5.10)集中计算信息状态预测。使用式(5.5),可以获得真实状态估计(即卡尔曼滤波器的协方差的)。验证/数据关联可以在中心处理器进行,以避免把预测-估计传到节点。

另一个层次系统允许本地航迹保存在本地传感器站点,每个传感节点基于自己的测量产生本地信息状态($\boldsymbol{y}$)估计。然后系统将这些状态送回集中式融合中心。在中心处理器,对它们进行融合以提供全局信息状态估计。设$\boldsymbol{y}_i(\cdot/\cdot)$为每个传感器节点送来的信息状态估计,它仅基于自己的测量。设本地的信息状态预测为$\boldsymbol{y}_i(k/k-1)$,本地估计可以用以下方程组确定[1]:

$$\begin{cases}\hat{\boldsymbol{y}}_i(k/k)=\tilde{\boldsymbol{y}}(k/k-1)+\boldsymbol{i}_i(k)\\ \boldsymbol{Y}_i(k/k)=\boldsymbol{Y}(k/k-1)+\boldsymbol{I}_i(k)\end{cases}\tag{5.17}$$

随后,信息状态/信息矩阵估计值$\boldsymbol{y}$和$\boldsymbol{Y}$传到中心处理器。在这里,估计值使用以下方程组进行同化[1]:

$$\begin{cases}\boldsymbol{Y}(k/k)=\boldsymbol{Y}(k/k-1)+\sum\limits_{i-1}^{m}[\hat{\boldsymbol{Y}}_i(k/k)-\boldsymbol{y}(k/k-1)]\\ \hat{\boldsymbol{y}}(k/k)=\tilde{\boldsymbol{y}}(k/k-1)+\sum\limits_{i-1}^{m}[\tilde{\boldsymbol{y}}_i(k/k)-\tilde{\boldsymbol{y}}(k/k-1)]\end{cases}\tag{5.18}$$

假如每个节点的局部预测与中心处理器生成的预测的一样,很容易发现,合成方程与式(5.15)和式(5.16)完全相同。

而在另一个层次融合系统中,在本地传感器节点/站点保留着全局航迹[1]。在这种情况下,一旦全局估计在中心处理器生成,它再送回本地站点。在这里,估计通过合成形成全局估计。在此结构中每个站点以自治方式行动,并能利用全局航迹信息。

5.3.5 无中心信息滤波器

在一个有完全链接的传感节点网络系统中,很容易把同化方程(5.18)分散化[1]。在这里,每个节点生成一个预测、获得一个测量并计算本地估计。此估计要传达到所有相邻节点。然后每个节点接收本地所有的估计并执行局部合成,产生信息状态的全局估计。该全局估计相当于从中心处理器获得的全局估计。这个过程相当于在每个局部传感器节点复制/重复中心同化方程(5.18)。然后得到简化方程。在这种情况下,假设每个局部传感器节点维护一个与等效中心模型相同的状态模型。此外,每个节点的启动,始于依据本地预测和本地测量信息进行的本地估计计算。如果每个节点从相同的初始信息状态估计开始,网络是全链接的,那么每个节点所产生的估计都是相同的。在无中心状态时,给出了由 9 个信息滤波器方程组成的方程组[1]。

(1) 预测方程:

$$\boldsymbol{M}_i = \boldsymbol{\phi}^{-t}\boldsymbol{Y}_i(k-1/k-1)\boldsymbol{\phi}^{-1} \tag{5.19}$$

$$\boldsymbol{S}_i = \boldsymbol{G}^t\boldsymbol{M}_i\boldsymbol{G} + \boldsymbol{Q}^{-1} \tag{5.20}$$

$$\boldsymbol{L} = \boldsymbol{M}_i\boldsymbol{G}\boldsymbol{S}_i^{-1} \tag{5.21}$$

$$\boldsymbol{Y}_i(k/k-1) = \boldsymbol{M}_i - \boldsymbol{L}_i\boldsymbol{S}_i\boldsymbol{L}_i^t \tag{5.22}$$

$$\tilde{\boldsymbol{y}}_i(k/k-1) = [\boldsymbol{I} - \boldsymbol{L}_i\boldsymbol{G}^t]\boldsymbol{\phi}^{-t}\hat{\boldsymbol{y}}_i(k-1/k-1) + \boldsymbol{Y}_i(k/k-1)\boldsymbol{Q}^t\boldsymbol{G}^t\boldsymbol{u} \tag{5.23}$$

(2) 估计:对测量数据/信息进行合并:

$$\hat{\boldsymbol{y}}_i(k/k) = \tilde{\boldsymbol{y}}_i(k/k-1) + \boldsymbol{i}_i(k) \tag{5.24}$$

$$\hat{\boldsymbol{Y}}_i(k/k) = \tilde{\boldsymbol{Y}}_i(k/k-1) + \boldsymbol{I}_i(k) \tag{5.25}$$

这些估计传送到邻近的节点,然后使用以下方程同化[1]:

(3) 同化方程

$$\boldsymbol{Y}_i(k/k) = \boldsymbol{Y}_i(k/k-1) + m\sum_{j=1}^{m}[\hat{\boldsymbol{Y}}_j(k/k) - \boldsymbol{Y}_j(k/k-1)] \tag{5.26}$$

$$\hat{\boldsymbol{y}}_i(k/k) = \tilde{\boldsymbol{y}}_i(k/k-1) + m\sum_{j=1}^{m}[\hat{\boldsymbol{y}}_j(k/k) - \tilde{\boldsymbol{y}}_j(k/k-1)] \tag{5.27}$$

从上面的推导可以看出,各种传感器节点之间传输的量,基于 k 时刻的局部信息和 $k-1$ 时刻的估计信息之间的差异,即当前时刻获得的新信息部分。实际上传递变量相当于 $\boldsymbol{i}_i(k)$ 和 $\boldsymbol{I}_i(k)$。逻辑上,在时刻 k 的有效新信息就是该时刻通过测量获得的信息。传感器网络(SNW)的操作可以视为一组局部估计器。这些估计彼此之间传递新的、独立的信息。他们合成本地信息和传来的信息,以获得全局最优估计。

这些离散方程的特点有趣[1]：①每个节点所需的额外计算很小，这归因于滤波器使用信息的格式（信息滤波器计算的负担被放到预测的阶段）；②这种情况下，传输量比分层数据融合结构时要少，这是因为每个节点分别计算全局估计，因此在估计周期之前将不传输估计/预测值，通信带宽减半；③同化方程与拥有分布式传感节点的系统、广播通信的系统完全相同。

5.3.5.1 平方根信息滤波器和融合

无中心平方根信息系统（DCSRIF）由一个拥有自己平方根信息滤波器（SRIF）处理设施的节点网络组成。在这里，基于局部测量和从邻近节点传递的信息，在节点进行局部融合。此时处理节点是融合节点，使用局部测量，与其他融合节点分享信息。它对传递的信息进行同化并计算估计值[4]。下面给出这些方程的细节。设一个线性系统为

$$\boldsymbol{x}(k+1)=\boldsymbol{\phi x}(k)+\boldsymbol{Gw}(k) \tag{5.28}$$

这里，假设给定的先验信息 $\boldsymbol{x}_0$ 和 $\boldsymbol{w}_0$ 可以放在数据方程

$$\boldsymbol{z}_w=\boldsymbol{R}_w\boldsymbol{w}_0+\boldsymbol{v}_w \tag{5.29}$$

$$\tilde{\boldsymbol{y}}=\tilde{\boldsymbol{R}}_w\boldsymbol{x}_0+\tilde{\boldsymbol{v}}_0 \tag{5.30}$$

在这里，噪声过程/初始条件 $\boldsymbol{v}_0$，$\tilde{\boldsymbol{v}}_0$ 和 $\boldsymbol{v}_w$ 假定为零均值、独立单位协方差矩阵（为了方便起见）。$\hat{\boldsymbol{y}}$，$\tilde{\boldsymbol{y}}$ 代表信息状态（第 4.6.1 节）。然后，通过融合先验信息，无中心平方根信息系统的时间预测部分具有下面形式。本地映射/时间预测如下[4]：

$$\boldsymbol{T}(j+1)\begin{bmatrix}\tilde{\boldsymbol{R}}_w(k) & 0 & \tilde{\boldsymbol{y}}_w(k)\\ -\boldsymbol{R}^d(k+1)\boldsymbol{G} & \boldsymbol{R}^d(k+1) & \tilde{\boldsymbol{y}}(k)\end{bmatrix}$$
$$=\begin{bmatrix}\hat{\boldsymbol{R}}_w(k+1) & \hat{\boldsymbol{R}}_{wx}(k+1) & \tilde{\boldsymbol{y}}_w(k)\\ 0 & \hat{\boldsymbol{R}}(k+1) & \hat{\boldsymbol{y}}(k)\end{bmatrix} \tag{5.31}$$

这里，$\boldsymbol{T}$ 是 Householder 变换矩阵，将其代入式（5.31），自然得到式（5.31）等号右边的矩阵。即给定一个先验的（平方根）信息矩阵（信息矩阵的平方根 SRIM）和信息状态向量，通过矩阵 $\boldsymbol{T}$ 变换可以得到新的信息状态/信息矩阵的平方根。下标 w 表示这些变量与过程噪声有关。关系转移矩阵为

$$\boldsymbol{R}^d(k+1)=\hat{\boldsymbol{R}}(k)\boldsymbol{\phi}^{-1}(k+1) \tag{5.32}$$

然后使用无中心平方根信息滤波器（DCSRIF）的测量更新生成局部估计[4]：

$$\boldsymbol{T}(k+1/k+1)\begin{bmatrix}\hat{\boldsymbol{R}}(k+1/k) & \hat{\boldsymbol{y}}(k+1/k)\\ \boldsymbol{H}(k+1) & \boldsymbol{z}(k+1)\end{bmatrix}$$

$$=\begin{bmatrix} \boldsymbol{R}^*(k+1/k) & \boldsymbol{y}^*(k+1/k) \\ 0 & \boldsymbol{e}(k+1) \end{bmatrix} \tag{5.33}$$

局部更新估计标有“ * ”。这里,简单变量 z 代表了测量,而变量 $\boldsymbol{y}$ 是信息状态,我们注意到信息状态可能是(可能不是)与信息滤波器的信息状态完全相同。这些局部估计在全链接网络中所有节点之间进行传递。然后在每个节点,将这些估计进行同化产生全局 DCSRIF 估计。在第 i 个节点($i=1,2,\cdots,N-1$ 代表其余的节点)产生全局 DSRI 估计的同化过程,由下面的方程完成[4]:

$$\hat{\boldsymbol{y}}_i(k+1/k+1)=\boldsymbol{y}^*(k+1/k+1)+\sum_{i=1}^{N-1}\boldsymbol{y}_i^*(k+1/k+1) \tag{5.34}$$

$$\hat{\boldsymbol{R}}_i(k+1/k+1)=\boldsymbol{R}^*(k+1/k+1)+\sum_{i=1}^{N-1}\boldsymbol{R}_i^*(k+1/k+1) \tag{5.35}$$

正如在第 4 章所看到的,信息对公式(信息状态 - 信息矩阵)和正交变换矩阵 $\boldsymbol{T}$ 的使用,可以导出简洁、有用和直观的无中心数据融合(DCDF)方程。该无中心数据融合估计算法,由于使用平方根滤波公式,比正常基于信息滤波器的方案具有更好的数据可靠性与稳定性,尤其适用于多维问题或在有限字长计算机来进行估计时使用。如果使用数字信号处理(DSP)硬件/现场可编程门阵列(FPGA)在线/实时的数据融合时,或者在大的无线传感器网络/数据融合(WSN/DF)系统中,这一方面就特别重要。在平方根信息滤波器结构中,根据数据方程很容易直接导出算法修正式或近似式。利用无中心信息滤波器进行融合,需要本地信息状态和信息矩阵传送到所有相邻节点,以此计算全局估计。而对于 DCSRIF 的融合,信息状态和信息矩阵平方根(SRIM)利用主正交变换矩阵,用紧凑形式和以递归方式一起进行估计。在 DCSRIF 公式中处理减少的和更小规模的数据,其结果会获得更少的比特位,从而节省了通信开销。这对大型无线传感器网络(WSN)(第 9 章)和大型航空航天结构的健康管理,是非常有利的。

5.4 无中心多目标跟踪

在这一节,主要描述多目标跟踪(MTT)的数据关联。在分布式系统中,数据关联是一个复杂问题。这是因为在局部进行的严格和固定的关联决策(根据本地测量的最佳方式),全局水平上可能不是最佳的[1]。特别是所有传感器信息都被提供时,确实是这样。一旦数据被融合进航迹,再取消错误的关联决策几乎是不可能的。

5.4.1 无中心数据关联

通常,解决这个问题的方法是保留局部和全局航迹文件,并定期对二者进行同步。其他方法包括使用概率数据关联滤波器(PDAF)或多重假设检验(MHT)。这样做是为了避免进行艰难的局部关联决策。大多数数据关联方法要求标准新息在做出决策的每个局部处理器节点是快速可得的。在无中心数据融合(DCF)中,信息以信息增量形式 $\boldsymbol{i}(k)$ 和 $\boldsymbol{I}(k)$ 从一个节点传送到另节点。为了实现局部验证过程,需要从预测和传递项中获得一个表达式,以允许每一个节点计算标准新息,计算时基于局部信息状态 - 信息矩阵估计 $\boldsymbol{y}(k/k-1)$ 和 $\boldsymbol{Y}(k/k-1)$。这个标准化信息更新将产生信息门(相当于新息门)。不难发现标准化信息更新等同于传统(测量)残差[1]。利用信息滤波器的无中心传感器网络(DCSNW)的数据关联或控制策略,可以使用标准门或者改进的 LL 和以下方程实现[1]:

$$\boldsymbol{v}(k)=\boldsymbol{i}(k)-\boldsymbol{I}(k)\boldsymbol{Y}^{-1}(k/k-1)\hat{\boldsymbol{y}}(k/k-1) \tag{5.36}$$

$$\boldsymbol{\Gamma}(k)=\boldsymbol{E}\{\boldsymbol{v}(k)\boldsymbol{v}(k)^{t}\mid \boldsymbol{Z}^{k-1}(k)\} \tag{5.37}$$

式(5.36)是信息残余向量,实际上是映射到信息空间中的新息(基于传统卡尔曼滤波器)。式(5.37)是信息更新协方差。从式(5.36)和式(5.37)获得的门类似于在传统 MTT 中使用的门。根据式(5.36)和式(5.37)建立的门,第 4 章描述的数据聚合(DAG)方法就可以使用了。

5.4.2 无中心识别和贝叶斯定理

无中心数据融合概念很容易扩展到数据融合系统和下面的情形:基础的概率分布函数不一定是高斯的以及概率分布函数是离散形式[1]。这有助于无中心/离散系统识别/状态估计算法的实现。该方法基于 LL,是第 2.4.4 节描述的分层 LL 结构的扩展。贝叶斯公式的递归形式如下[1]:

$$p(\boldsymbol{x}\mid\boldsymbol{Z}(\boldsymbol{k}))=p(z(k)\mid\boldsymbol{x})p(\boldsymbol{x}\mid\boldsymbol{Z}(k-1))/p(z(k)\mid\boldsymbol{Z}(k-1)) \tag{5.38}$$

我们重写式(5.38):

$$\ln p(\boldsymbol{x}\mid\boldsymbol{Z}(\boldsymbol{k}))=\ln p(\boldsymbol{x}\mid\boldsymbol{Z}(k-1))+\ln\frac{p(z(k)\mid\boldsymbol{x})}{p(z(k)\mid\boldsymbol{Z}(k-1))} \tag{5.39}$$

这里 $\boldsymbol{x}$ 是被估计的状态,$\boldsymbol{Z}$ 是一组 k 时刻的测量值。在式(5.39)中,第一项是 $k-1$ 时刻关于状态的积累信息,第二项是在 k 时刻生成的新信息。式(5.39)代表完全链接无中心传感器网络(DCSNW)的通信需求,在每个传感器节点基于自己测量传递 LL 到所有其他节点,并接收所有相邻节点传来的 LL。然后将这些节点融合形成一个全局估计。以单个传感器节点 i 的角度重写方程(5.39)如下[1]:

$$\ln p(\boldsymbol{x}_i\mid\boldsymbol{Z}(k))=\ln p(\boldsymbol{x}_i\mid\boldsymbol{Z}(k-1))+\sum_{j}\ln\frac{p(z_j(k)\mid\boldsymbol{x}_j)}{p(z_j(k)\mid\boldsymbol{Z}(k-1))} \tag{5.40}$$

式(5.40)给出全局估计,第二项是对传递项求和。

5.5 传感器数据融合中的米尔曼公式

在第 2 章(以及第 4 章),利用统计和概率理论与技术可以很好地解决传感器数据融合问题。事实上,软计算方法(人工神经网络、模糊逻辑和遗传算法)兴起之前,主要评估工作和方法是以概率模型为基础的,HI 理论的兴起是个例外。在这个意义上,使用概率论以及贝叶斯法则对测量(和状态)中的不确定性进行建模,由此现代估计理论得以建立。包括系统辨识和滤波方法在内的估计理论已如此成熟,以至于有大量估计器可用,并非常成功地用于解决数以千计的工业、目标跟踪和卫星轨道估计等实际问题。这些技术也是发展数据融合过程和方法的主体和概念。近年来软计算方法已越来越多地用来解决数据融合任务,这在第 3 章和第 10 章介绍。本节要讲的是,许多理论带来了新的解决方法,提升(经典)和现代估计原理和实践的理论发展/完善的水平。新的估计理论将贴上进化的智能估计标签。

正如第 4 章和本章前几节所看到的,多传感器(MS)问题被分为[8]测量到测量、测量到航迹和航迹到航迹等融合情形。这些方面都与融合结构有关:集中式、分层式、无中心式和混合式。在这个意义上,局部估计间的交互、中心估计器的存在、通信的数据类型(测量或估计)和通信速度决定了数据融合的结构。在第 4 章和本章前几节中讨论过的米尔曼公式(MF),它在各种数据融合中都有应用[8]。

5.5.1 广义米尔曼公式

假设在欧几里得向量空间中有 N 个状态 $\boldsymbol{x}$ 的局部估计,其协方差矩阵为 $\boldsymbol{P}_{ij}=\mathrm{cov}(\tilde{\boldsymbol{x}}_i,\tilde{\boldsymbol{x}}_j)(i,j=1,2,\cdots,N-1)$。根据下式可以确定 $\boldsymbol{x}$ 的最优线性估计:

$$\hat{\boldsymbol{x}}=\sum_{i=1}^{N}\boldsymbol{w}_i\hat{\boldsymbol{x}}_i \tag{5.41}$$

权重之和为 1。状态误差的协方差矩阵由下式给出:

$$\boldsymbol{P}=\sum_{i=1}^{N}\sum_{j=1}^{N}\boldsymbol{w}_i\boldsymbol{p}_{i,j}\boldsymbol{w}_j^{\mathrm{T}} \tag{5.42}$$

加权因子 / 矩阵由以下最小均方误差(MSE) 标准决定:

$$J(\boldsymbol{w}_1,\boldsymbol{w}_2,\cdots,\boldsymbol{w}_N)=E\left(\left\|\boldsymbol{x}-\sum_{i=1}^{N}\boldsymbol{w}_i\hat{\boldsymbol{x}}_i\right\|\right) \tag{5.43}$$

进行最小化操作可得[8]

$$\sum_{i=1}^{N-1}\boldsymbol{w}_i(\boldsymbol{P}_{ij}-\boldsymbol{P}_{iN})+\boldsymbol{w}_N(\boldsymbol{P}_{Nj}-\boldsymbol{P}_{NN})=0 \tag{5.44}$$

$$\sum_{i=1}^{N} \boldsymbol{w}_i = \boldsymbol{I} \tag{5.45}$$

在式(5.44)中,$j=1,2,\cdots,N-1$。当 $N>2$ 时,式(5.41)、式(5.42)、式(5.44)和式(5.45)在广义上表示米尔曼数据/估计融合。当 $N=2$ 时,当两个估计相关,对于融合状态/协方差有以下公式(也称为 Bar - Shalom - Campo 公式)[8]:

$$\begin{aligned}\hat{\boldsymbol{x}} &= \hat{\boldsymbol{x}}_1 + (\boldsymbol{P}_{11} - \boldsymbol{P}_{12})(\boldsymbol{P}_{11} + \boldsymbol{P}_{22} - \boldsymbol{P}_{12} - \boldsymbol{P}_{31})^{-1}(\hat{\boldsymbol{x}}_2 - \hat{\boldsymbol{x}}_1) \\ &= (\boldsymbol{P}_{22} - \boldsymbol{P}_{21})(\boldsymbol{P}_{11} + \boldsymbol{P}_{22} - \boldsymbol{P}_{12} - \boldsymbol{P}_{31})^{-1}\hat{\boldsymbol{x}}_1 + \\ &\quad (\boldsymbol{P}_{11} - \boldsymbol{P}_{12})(\boldsymbol{P}_{11} + \boldsymbol{P}_{22} - \boldsymbol{P}_{12} - \boldsymbol{P}_{31})^{-1}\hat{\boldsymbol{x}}_2 \\ &= \boldsymbol{w}_1\hat{\boldsymbol{x}}_1 + \boldsymbol{w}_2\hat{\boldsymbol{x}}_2\end{aligned} \tag{5.46}$$

$$\begin{aligned}\boldsymbol{P} &= \boldsymbol{w}_1\boldsymbol{P}_{11}\boldsymbol{w}_1^{\mathrm{T}} + \boldsymbol{w}_1\boldsymbol{P}_{12}\boldsymbol{w}_2^{\mathrm{T}} + \boldsymbol{w}_2\boldsymbol{P}_{21}\boldsymbol{w}_1^{\mathrm{T}} + \boldsymbol{w}_2\boldsymbol{P}_{22}\boldsymbol{w}_2^{\mathrm{T}} \\ &= \boldsymbol{P}_{11} - (\boldsymbol{P}_{11} - \boldsymbol{P}_{12})(\boldsymbol{P}_{11} + \boldsymbol{P}_{22} - \boldsymbol{P}_{12} - \boldsymbol{P}_{21})^{-1}(\boldsymbol{P}_{11} - \boldsymbol{P}_{21})\end{aligned} \tag{5.47}$$

从式(5.46)可以看到权重公式。对于两个不相关的估计,米尔曼公式由下式给出[8]:

$$\begin{aligned}\hat{\boldsymbol{x}} &= \boldsymbol{P}_{22}(\boldsymbol{P}_{11} + \boldsymbol{P}_{22})^{-1}\hat{\boldsymbol{x}}_1 + \boldsymbol{P}_{11}(\boldsymbol{P}_{11} + \boldsymbol{P}_{22})^{-1}\hat{\boldsymbol{x}}_2 \\ &= \boldsymbol{w}_1\hat{\boldsymbol{x}}_1 + \boldsymbol{w}_2\hat{\boldsymbol{x}}_2\end{aligned} \tag{5.48}$$

$$\begin{aligned}\boldsymbol{P} &= \boldsymbol{w}_1\boldsymbol{P}_{11}\boldsymbol{w}_1^{\mathrm{T}} + \boldsymbol{w}_2\boldsymbol{P}_{22}\boldsymbol{w}_2^{\mathrm{T}} \\ &= \boldsymbol{P}_{11}(\boldsymbol{P}_{11} + \boldsymbol{P}_{22})^{-1}\boldsymbol{P}_{22}\end{aligned} \tag{5.49}$$

在式(5.48)中也可明确地看出权重公式。

5.5.2 滤波算法中的米尔曼融合公式

在第4.2.7节中我们看到,卡尔曼滤波器是一种天然的测量数据级融合算法。对于卡尔曼滤波,给出以下最大似然估计[8]:

$$\hat{\boldsymbol{x}}^{ml}(k) = (\boldsymbol{H}^{\mathrm{T}}\boldsymbol{R}^{-1}\boldsymbol{H})^{-1}\boldsymbol{H}^{\mathrm{T}}\boldsymbol{R}^{-1}z_k; \quad \boldsymbol{P}_{ml} = (\boldsymbol{H}^{\mathrm{T}}\boldsymbol{R}^{-1}\boldsymbol{H})^{-1} \tag{5.50}$$

使用式(5.50)和第4.2.2节的标准卡尔曼滤波器方程,可以写出以下状态估计器方程:

$$\hat{\boldsymbol{x}}(k) = \boldsymbol{P}(k)\boldsymbol{P}^{-1}(k-1)\hat{\boldsymbol{x}}(k-1) + \boldsymbol{P}(k)\boldsymbol{P}_{ml}^{-1}\hat{\boldsymbol{x}}^{ml}(k) \tag{5.51}$$

从式(5.51)看到,这两个估计是独立的,因此可以由米尔曼公式来表达:

$$\hat{\boldsymbol{x}}(k) = \boldsymbol{w}_1\hat{\boldsymbol{x}}_1 + \boldsymbol{w}_2\hat{\boldsymbol{x}}_2 = \boldsymbol{w}_1\hat{\boldsymbol{x}}(k-1) + \boldsymbol{w}_2\hat{\boldsymbol{x}}^{ml}(k) \tag{5.52}$$

权重由以下表达式给出:

$$\begin{aligned}\boldsymbol{w}_1 &= \boldsymbol{P}_{22}(\boldsymbol{P}_{11} + \boldsymbol{P}_{22})^{-1} = (\boldsymbol{P}_{11}^{-1} + \boldsymbol{P}_{22}^{-1})^{-1}\boldsymbol{P}_{11}^{-1} \\ &= (\boldsymbol{P}^{-1}(k-1) + \boldsymbol{H}^{\mathrm{T}}\boldsymbol{R}^{-1}\boldsymbol{H})^{-1}\boldsymbol{P}^{-1}(k-1) \\ &= \boldsymbol{P}(k)\boldsymbol{P}^{-1}(k-1)\end{aligned} \tag{5.53}$$

$$
\begin{aligned}
\boldsymbol{w}_2 &= \boldsymbol{P}_{11}(\boldsymbol{P}_{11}+\boldsymbol{P}_{22})^{-1} = (\boldsymbol{P}_{11}^{-1}+\boldsymbol{P}_{22}^{-1})^{-1}\boldsymbol{P}_{22}^{-1} \\
&= (\boldsymbol{P}^{-1}(k-1)+\boldsymbol{H}^{\mathrm{T}}\boldsymbol{R}^{-1}\boldsymbol{H})^{-1}\boldsymbol{P}_{ml}^{-1} \\
&= \boldsymbol{P}(k)\boldsymbol{P}_{ml}^{-1}
\end{aligned}
\tag{5.54}
$$

在式(5.53)和式(5.54)中,有 $\boldsymbol{P}_{11}=\boldsymbol{P}(k-1)$ 和 $\boldsymbol{P}_{22}=\boldsymbol{P}_{ml}$。

此外,式(5.45)约束的权重满足方程:

$$
\boldsymbol{w}_1+\boldsymbol{w}_2=\boldsymbol{P}(k)(\boldsymbol{P}^{-1}(k-1)+\boldsymbol{P}_{ml}^{-1})=\boldsymbol{P}(k)\boldsymbol{P}^{-1}(k)=\boldsymbol{I} \tag{5.55}
$$

相应后验协方差矩阵写成米尔曼公式的形式:

$$
\begin{aligned}
\boldsymbol{P}(k) &= \boldsymbol{w}_1\boldsymbol{P}_{11}\boldsymbol{w}_1^{\mathrm{T}}+\boldsymbol{w}_2\boldsymbol{P}_{22}\boldsymbol{w}_2^{\mathrm{T}} \\
&= (\boldsymbol{P}_{11}^{-1}+\boldsymbol{P}_{22}^{-1})^{-1}(\boldsymbol{P}_{11}^{-1}+\boldsymbol{P}_{22}^{-1})(\boldsymbol{P}_{11}^{-1}+\boldsymbol{P}_{22}^{-1})^{-1} \\
&= (\boldsymbol{P}^{-1}(k)+\boldsymbol{P}_{ml}^{-1})^{-1} = (\boldsymbol{P}^{-1}(k)+\boldsymbol{H}^{\mathrm{T}}\boldsymbol{R}^{-1}\boldsymbol{H})^{-1}
\end{aligned}
\tag{5.56}
$$

5.5.3 平滑算法中的米尔曼融合公式

平滑估计不仅是状态估计而且优于滤波估计,同时平滑器的数据使用更多,这也是平滑器能给出更好结果的原因。假设卡尔曼滤波器前向运行,同时已得到滤波状态估计以及相关的协方差矩阵。然后使用更多的测量数据,这些数据是逆向处理的。给出逆向估计表达式:

$$
\hat{\boldsymbol{x}}(k/l)=\boldsymbol{Y}^{-1}(k/l)\hat{\boldsymbol{y}}(k/l) \tag{5.57}
$$

在式(5.57)中,通常 $\boldsymbol{Y}$ 是信息矩阵,是卡尔曼滤波器的传统协方差矩阵 $\boldsymbol{P}$ 的逆。在这个意义上 $\boldsymbol{y}$ 是信息状态(估计)向量,是使用信息滤波逆向数据处理周期的结果。基于米尔曼融合概念和式(5.48)、式(5.49)能得到以下融合方程[8]:

$$
\begin{cases}
\boldsymbol{K}(k)=\boldsymbol{P}(k)\boldsymbol{S}(k/l)(\boldsymbol{I}+\boldsymbol{P}(k)\boldsymbol{S}(k/l))^{-1} \\
\boldsymbol{P}(k)=(\boldsymbol{I}-\boldsymbol{K}(k))\boldsymbol{P}(k) \\
\hat{\boldsymbol{x}}(k)=(\boldsymbol{I}-\boldsymbol{K}(k))\hat{\boldsymbol{x}}(k)+\boldsymbol{P}(k)\hat{\boldsymbol{y}}(k/l)
\end{cases}
\tag{5.58}
$$

这里必须指出,在式(5.58)中,协方差矩阵 $\boldsymbol{P}$ 从第二个子方程代入第三个子方程。有趣的是,尽管平滑问题不同于滤波问题,但方程是从卡尔曼滤波概念和米尔曼公式(MF)中获得的。

5.5.4 状态估计中的广义米尔曼公式

在第5.5.2节中,我们只考虑一个传感器,现在则考虑多个传感器,使用由式(5.44)和式(5.45)表示的广义米尔曼公式,获得状态估计融合的表达式。我们考虑三种传感器数据融合结构(SDFC),分别为集中式融合、多传感器(MS)融合和分层融合。

5.5.4.1 最优集中融合

在这种传感器数据融合结构中,假定在中心处理器提供所有的测量,同时通

过卡尔曼滤波器处理数据。在这种情况下,测量方程合并如下:

$$z(k) = Hx(k) + v(k) \tag{5.59}$$

在式(5.59)中,将向量 z 作为所有测量变量的集合,即可观测量,例如目标的位置、速度和加速度,同样对于卫星轨道估计,向量 z 包含可观测量为卫星仰角、方位角和距离(即从观测站点到卫星的斜距)。同样,矩阵 H 包含所有相关测量(传感器)的数学模型,矩阵 v 是影响所有可观测量的测量噪声过程。假设测量噪声矩阵是对角线的,其元素为测量的独立协方差矩阵。

5.5.4.2 多传感器融合

在这种传感器数据融合结构(SDFC)中,来自每个传感器的测量由传感器自己的估计器处理,例如卡尔曼滤波器,称为本地卡尔曼滤波器(LKF)。然后在融合中心对所有估计进行融合。就像在第4章讨论的状态向量融合(SVF)那样。假设每个传感器提供状态估计及其相关协方差矩阵,设 $j=1,2,\cdots,S$(独立传感器的数量)。进一步假设过程噪声很小,因此可以使用广义米尔曼公式(GMF),因为我们认为本地估计是互相独立的。在这种情况下,互协方差矩阵是空的。然后,式(5.44)和式(5.45)的解具有下述形式:

$$w_i = \left[\sum_{j=1}^{N} P_{jj}^{-1}\right]^{-1} P_{jj}^{-1} \tag{5.60}$$

在式(5.41)和式(5.42)中使用式(5.60),获得以下融合状态和协方差矩阵的表达式[8]:

$$\hat{x}(k) = P(k)\sum_{j=1}^{N} P^{(j)-1}(k)\hat{x}^{(j)}(k) \tag{5.61}$$

$$P^{-1}(k) = \sum_{j=1}^{N} P^{(j)-1}(k) \tag{5.62}$$

如果过程噪声不是零,那么需要计算互协方差矩阵为

$$P^{(ij)}(k) = [I - K^{(i)}(k)H^{(i)}][\phi P^{(ij)}(k-1)\phi^{\mathrm{T}} + GQG^{\mathrm{T}}][I - K^{(j)}(k)H^{(j)}]^{\mathrm{T}} \tag{5.63}$$

在式(5.63)中,K 是第 i 个 LKF 的增益。

5.5.4.3 分层数据融合

在传感器数据融合结构(SDFC)中,有从中心处理器到所有本地估计器的反馈信息。中心处理器测量从其可利用的估计中推导测量信息。在这种情况下,通过在式(5.51)中反向使用米尔曼公式(MF),得到等效测量。然后,从每个传感器中独立到来的信息与前一时刻的状态/协方差估计进行融合。这个过程可以通过使用式(5.60)给出的广义米尔曼公式的紧凑形式的解来完成,其表达式如下[8]:

$$\boldsymbol{P}^{-1}(k)\hat{\boldsymbol{x}}(k) = \boldsymbol{P}^{-1}(k-1)\hat{\boldsymbol{x}}(k-1) + \sum_{j=1}^{S}\left\{\begin{matrix}\boldsymbol{P}^{(j)-1}(k)\hat{\boldsymbol{x}}^{(j)}(k) - \\ \boldsymbol{P}^{(j)}(k-1)\hat{\boldsymbol{x}}^{(j)}(k-1)\end{matrix}\right\} \quad (5.64)$$

$$\boldsymbol{P}^{-1}(k) = \boldsymbol{P}^{-1}(k-1) + \sum_{j=1}^{S}\{\boldsymbol{P}^{(j)-1}(k) - \boldsymbol{P}^{(j)-1}(k-1)\}$$

为了重启本地滤波器(通过使用中心处理器的反馈),一步预测被融合估计预测取代,表示如下:

$$\begin{cases}\hat{\boldsymbol{x}}^{(j)}(k+1/k) = \hat{\boldsymbol{x}}(k+1/k) \\ \boldsymbol{P}^{(j)}(k+1/k) = \boldsymbol{P}(k+1/k)\end{cases} \quad (5.65)$$

在式(5.65)中,一步中心预测方程如下:

$$\begin{cases}\hat{\boldsymbol{x}}(k+1/k) = \boldsymbol{\phi}\hat{\boldsymbol{x}}(k) \\ \boldsymbol{P}(k+1/k) = \boldsymbol{\phi}\boldsymbol{P}(k)\boldsymbol{\phi}^{\mathrm{T}} + \boldsymbol{GQG}^{\mathrm{T}}\end{cases} \quad (5.66)$$

本地滤波器是传统和标准的卡尔曼滤波器。

在式(5.64)中,使用以下差值作为等效测量:

$$\begin{matrix}\boldsymbol{P}^{(j)-1}(k)\hat{\boldsymbol{x}}^{(j)}(k) - \boldsymbol{P}^{(j)-1}(k-1)\hat{\boldsymbol{x}}^{(j)}(k-1) \\ \boldsymbol{P}^{(j)-1}(k) - \boldsymbol{P}^{(j)-1}(k-1)\end{matrix} \quad (5.67)$$

一个使用2自由度的状态空间模型的目标跟踪数字仿真例子($S=3$个传感器,只有位置测量,且测量噪声$R=1$),可用于评估第5.5.3节描述的方法,它在文献[8]中给出。这个例子给出以下比较:①集中式卡尔曼滤波器(CKF);②层次卡尔曼滤波器;③多传感器情况;④用广义米尔曼公式的多传感器(MS);⑤单一卡尔曼滤波器。计算了总均方误差(MSE)和总马氏距离(MD),即状态估计的标准方差的平方根),见表5.1。马氏距离的归一化使用了协方差矩阵$\boldsymbol{P}$。在估计/数据融合中使用米尔曼公式获得了整体满意结果。

表5.1 使用米尔曼公式的多传感器融合比较中的性能度量

估计/度量	CKF	HKF	MSC-GMF	MSC	KF
MSE	0.101	0.101	0.114	0.114	0.153
MD	1.251	1.251	1.254	1.520	1.255

5.6 使用SRIF算法进行有四个传感器节点的无中心网络数据融合举例说明

编码产生出有以恒定加速度的移动目标位置的模拟数据。平方根信息滤波器和无中心SRISFA算法使用四节点的互连传感器网络进行验证[9]。系统状态是位置、速度和加速度:$\boldsymbol{x}^{\mathrm{T}} = [x, \dot{x}, \ddot{x}]$,转移矩阵如下:

$$\boldsymbol{\phi}=\begin{bmatrix}1 & \Delta t & \Delta t^2/2\\0 & 1 & \Delta t\\0 & 0 & 1\end{bmatrix};\quad \boldsymbol{G}=\begin{bmatrix}\Delta t^3/6\\ \Delta t^2/2\\ \Delta t\end{bmatrix} \tag{5.68}$$

这里,Δt 为采样间隔。每个传感器的测量模型为

$$\boldsymbol{z}_m(k+1)=\boldsymbol{Hx}(k+1)+\boldsymbol{v}_m(k+1) \tag{5.69}$$

对每个传感器有 $\boldsymbol{H}=[1\quad 0\quad 0]$。过程噪声协方差强度是 0.0001。向量 $\boldsymbol{v}$ 是测量噪声,假定为均值为零的高斯白噪声。四个节点/测量传感器的位置数据,是通过向 2000 个数据点的真实测量值添加 STD 为 $\sigma_{v_1}=1$,$\sigma_{v_2}=3$,$\sigma_{v_3}=5$,$\sigma_{v_4}=10$ 的随机噪声得到的。采样间隔是 0.1 组/s。$\boldsymbol{H}$ 使用了适当的测量模型的白化测量值。状态的初始条件是:在 SI 单元中 $\boldsymbol{x}_0=[200\quad 0.5\quad 0.05]$。SRIF 生成状态估计。在节点融合的全局估计,使用了 SRISFA 算法,利用到节点的局部估计和从邻近节点传递的信息。此外,部分结果用信息滤波器生成,再与有相同状态空间目标模型和测量模型的 SRIF 获得的部分结果进行比较[10]。

图 5.1 显示了使用 SRIF 获得估计和状态。图 5.2 显示了使用 SRIF 的状态误差范围。图 5.3 比较了状态与使用 SRIF 和 IF 的状态估计。图 5.4 显示了两个传感器和融合的位置状态误差及与 IF 的比较(第二个子图)。图 5.5 比较了原始的状态,每个传感器估计状态(四个传感器)和融合状态 - SRIF。图 5.5 中第四个子图显示 SRIF - 信息矩阵的范数(四个传感器节点和一个融合节点)。表 5.2 给出了用 SRIF 和 IF 的四个局部传感器节点和全局融合(估计)的百分比拟合误差。误差计算用以下关系式:

$$\text{Fit error}=100*\text{norm}(\hat{\boldsymbol{x}}-\boldsymbol{x}_t)/\text{norm}(\boldsymbol{x}_t) \tag{5.70}$$

式中:$\boldsymbol{x}_t$ 为真实状态。

表 5.2 四个本地传感器节点和全局融合(估计)的匹配误差(%)——SRIF 和 IF

传感器节点	SRIF			IF		
	位置	速率	加速度	位置	速率	加速度
1	0.0176	0.3044	3.7954	0.0182	0.4510	10.2016
2	0.0401	0.6321	5.3134	0.0524	1.4794	22.3175
3	0.0723	0.8071	5.2932	0.0899	1.2204	11.9736
4	0.1675	1.0076	5.4856	0.2280	4.2994	42.9865
融合	0.0247	0.4336	4.4633	0.0163	0.4252	9.4430

从给出的结果(图示和表 5.2),我们推断出在数值精度上 SRIF 算法性能要优于无中心信息滤波(IF)算法。然而,IF 融合的结果与 SRIF 差距不大。

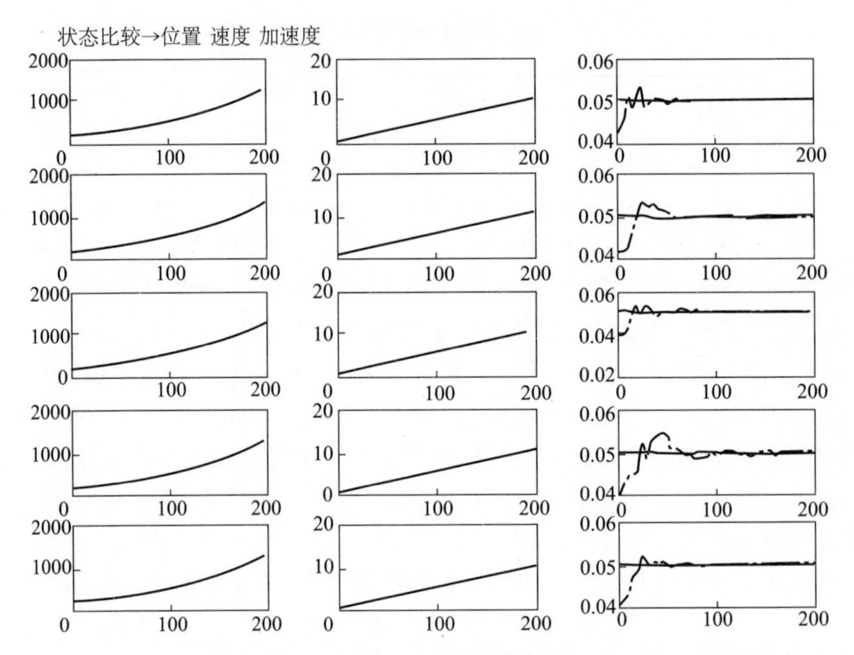

图 5.1 前 4 行图为各传感器节点的状态和状态估计,最后一行图为融合后的状态和状态估计

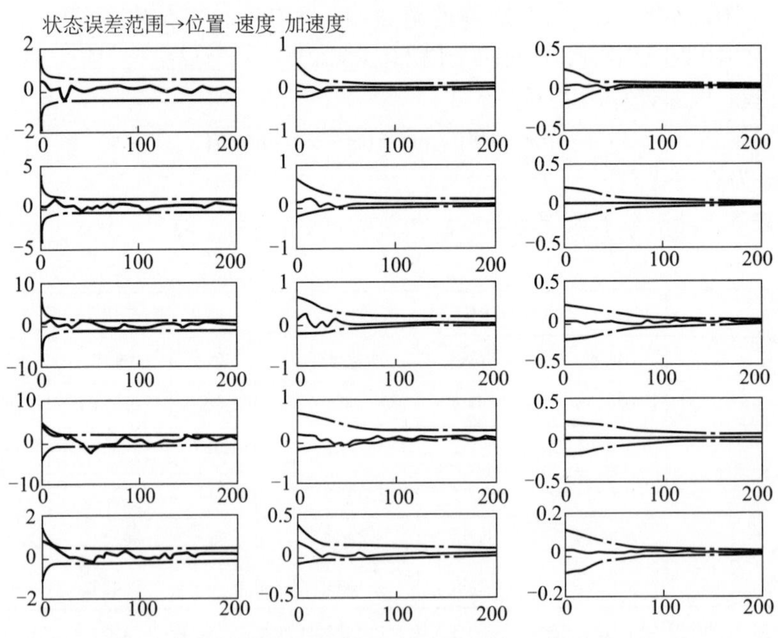

图 5.2 状态误差:各传感器节点的误差为前 4 排;融合的误差为最后一排曲线——SRIF

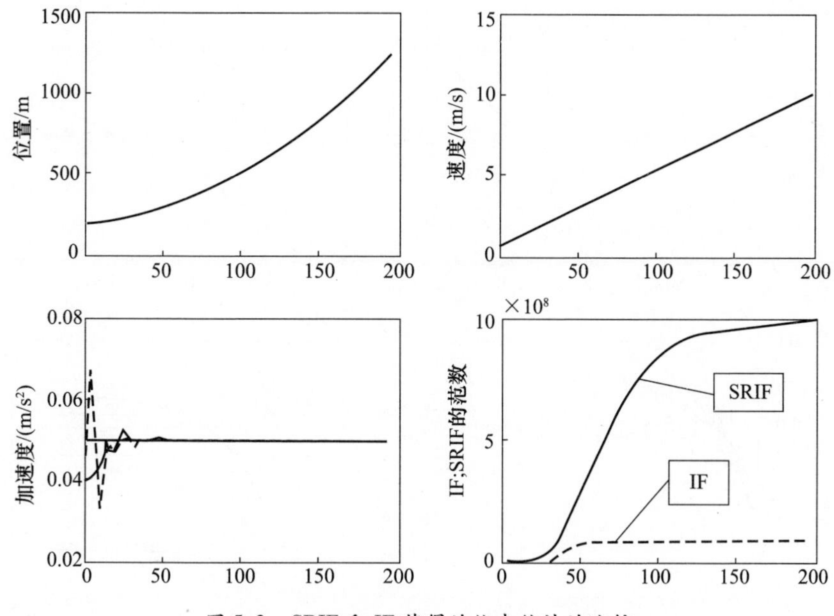

图 5.3　SRIF 和 IF 获得的状态估计的比较

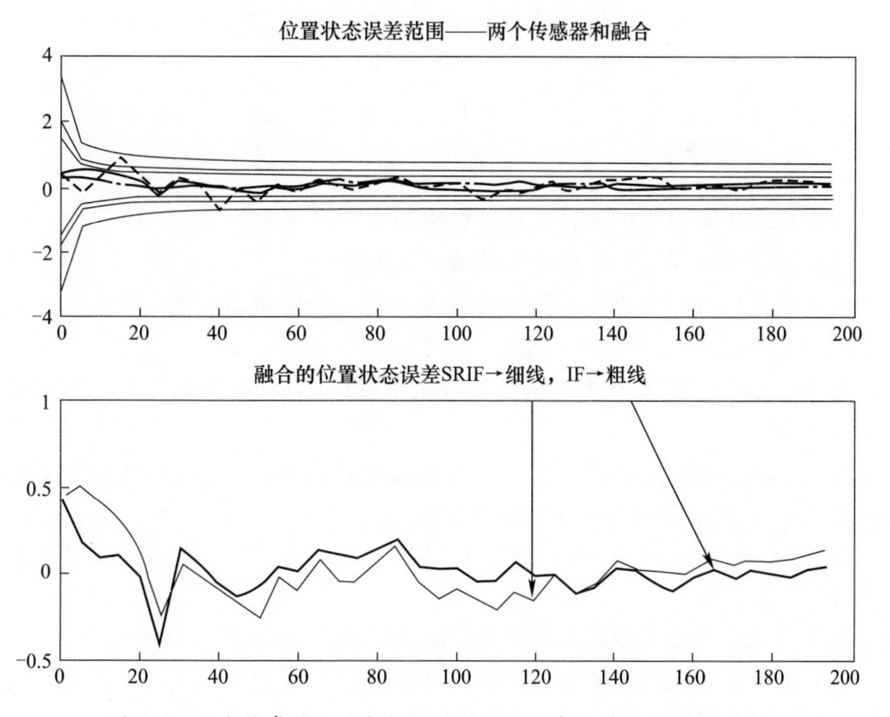

图 5.4　两个传感器和融合(SRIF)的位置状态误差及与 IF 的比较

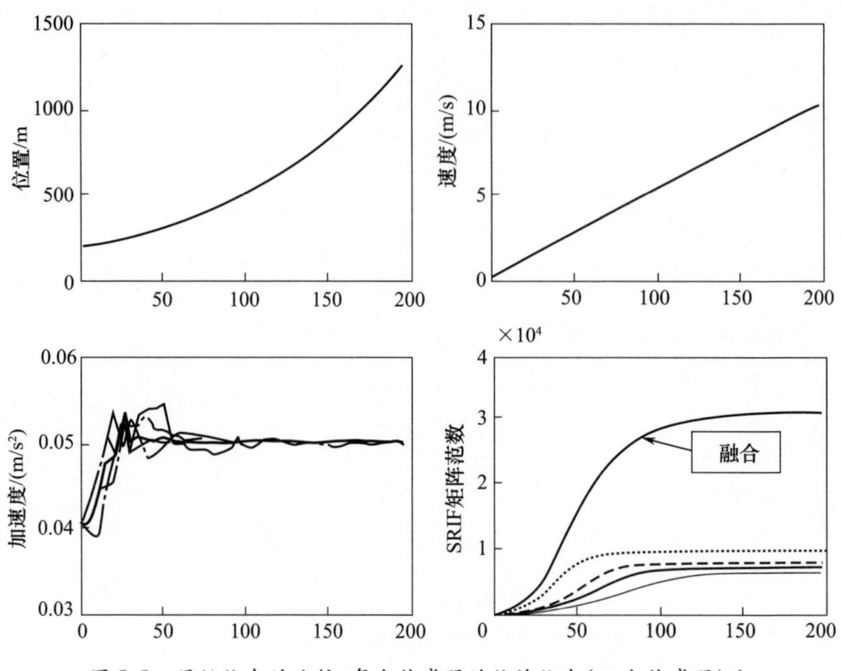

图 5.5 原始状态的比较,每个传感器的估计状态(四个传感器)和融合的状态——SRIF

练习

5.1 比较本章讨论的各种数据融合结构的突出特性。

5.2 比较本章讨论的非线性滤波器的突出特性。

5.3 基于条件概率密度函数的最优滤波器(给定测量状态)和 Pugachev 滤波器的主要区别是什么?

5.4 Pugachev 滤波器不是基于条件概率密度函数的,但为什么它叫作条件最优滤波器?

5.5 比较普加乔夫估计器与卡尔曼滤波器的结构,看看在什么条件下可以从普加乔夫估计器中获得卡尔曼滤波器。

5.6 DFKF(derivative - free KF)和 EKF 之间的本质(哲学的/概念的)区别是什么?

5.7 什么是白化测量过程?举简单的例子说明。

5.8 从网上下载通用转换代码(MATLAB 代码)并运行该代码来验证转换方程(4.99)和(5.31)。

5.9 式(5.60)由于存在三次逆变换看似很奇怪,对其进行检查并验证其unit-wise正确性,如

$$\boldsymbol{w}_i = \left(\sum_{j=1}^{N} \boldsymbol{P}_{jj}^{-1} \right)^{-1} \boldsymbol{P}_{ii}^{-1}$$

5.10 能把式(5.33)扩展到合并多个传感器(测量/数据通道)吗?

$$T(k+1/k+1)\begin{bmatrix} \hat{R}(k+1/k) & \hat{y}(k+1/k) \\ H(k+1) & z(k+1) \end{bmatrix} = \begin{bmatrix} R^*(k+1) & y^*(k+1) \\ 0 & e(k+1) \end{bmatrix}$$

5.11 画出集中式数据融合系统的框图(原理图)。

5.12 画无中心数据融合系统框图。

5.13 画分布式数据融合系统框图。

5.14 画混合数据融合系统框图。

参考文献

1. Durrant – Whyte, H. Multi sensor data fusion – Lecture Notes. Australian Centre for Field Robotics, University of Sydney, NSW 2006, Australia, January, 2001.
2. Mutambra, A. G. O. Decentralized Estimation and Control for MultisensorSystems. CRC Press, FL, 1998.
3. Manyika, J. and Durrant – White, H. Data Fusion and Sensor Management – A Decentralized Information – Theoretic Approach. Ellis Horwood Series, Prentice Hall, Upper Saddle River, NJ, 1994.
4. Raol, J. R. Multisensor Data Fusion with MATLAB. CRC Press, FL, 2010.
5. Raol, J. R., Girija, G. and Singh, J. Modelling and Parameter Estimation of Dynamic Systems. IET/IEE Control Series Book Volume 65, IET/IEE London, 2004.
6. Raol, J. R. and Singh, J. Flight Mechanics Modelling and Analysis. CRC Press, FL, 2010.
7. Raol, J. R. and Gopal A. K. Mobile Intelligent Automation Systems. CRC Press, FL, 2012.
8. Ajgl, J., Simandl, M. and Dunik, J. Millman' s formula in data fusion. 10th International PhD Workshop on Systems and Control, Institute of Information Theory and Automation AS CR, Hluboka nad Vltavou, 1 – 6, September 2009. http://www.as.utia.cz/files/121.pdf, accessed April 2013.
9. Girija, G. and Raol, J. R. Sensor data fusion algorithms using square – root information filtering. IEE Proceedings on Radar, Sonar and Navigation (UK), 149(2), 89 – 96, 2002.
10. Girija, G. and Raol, J. R. Application of information filter for sensor data fusion. 38th Aerospace Sciences Meeting and Exhibit (AIAA), Reno, NV, USA, paper No. 2000 – 0894, Jan 10 – 13, 2000.

第6章 成分分析与数据融合

6.1 引言

近年来,独立成分分析法(Independent Component Analysis,ICA)、主成分分析法(Principal Component Analysis,PCA)、小波变换(Wavelet Transforms,WT)、曲波变换(Curvelet Transform,CT)和离散余弦变换(Discrete-Cosine Transform,DCT)相关的理论和概念在数据融合(Data Fusion,DF)方面,尤其是图像融合领域得到越来越广泛地应用[1-8]。与图像代数和图像融合相关的一些理论将会在第7章中做进一步讨论,本章我们研究成分分析(Component Analysis,CA),因为这些分析与变换方法不仅在图像融合、图像分割和图像重建领域得到越来越广泛地使用,而且成分分析方法与信号处理、运动学数据融合密切相关。因此,在本章完成对成分分析方法——成分分析的一般方法以及在图像处理/融合领域特定的成分分析方法的研究之后,在第7章将正式对图像代数和图像融合方法作进一步研究。质心跟踪算法常用于对运动目标图像进行跟踪,在质心跟踪方法里,用Kalman滤波算法(第4章和第8章)对目标图像(质心)的$x-y$坐标进行跟踪,这种方法是对目标图像的几何中心进行跟踪,当然也可以对图像灰度质心进行跟踪。这也开启了使用这类跟踪评估算法以及使用模糊逻辑的改进算法来提高跟踪适应性的新领域。考虑到第10章把模糊逻辑用于软计算,因而其中的一个应用实例将在第10章讲述。

成分分析的主要思想是通过找出原始数据中最重要、最相关的信息,把原始数据信号进行降维处理。由于大量的数据中可能只包含了少量的有用信息,因而任何一种成分分析方法都是对数据中的数据模式进行识别的过程(即寻找数据模式和隐藏特征、隐马尔科夫模型等),并且用特定的方式来表示这些数据,以突显其相似性和相异性。在许多数据分析方法中,我们常常这样描述问题——对原始数据集合进行线性变换,这种变换后产生一个被称为输出的新数据集合,并且这个新的集合常常是降维的[1],这些原始数据集合也称为源输入。这样一来,输出数据的每个成分都是初始源变量的线性组合。这些分析方法包括:①独立成分分析(ICA)方法——非高斯/

非高斯性(即成分的非高斯特征在这里很重要);②主成分分析(PCA)方法——成分的高斯特征在这里很重要;③因子分析(Factor Analysis,FA)方法;④投影方法[1]。特别是对于更高维的数据以及在不能进行图表示的地方,数据中的(隐藏)模式通常很难发现。此时,PCA 是分析这种数据的一种非常有力的方法。本章给出了成分分析的某些数学层面的知识,图像数据融合的其他方面的理论将在第 7 章进一步介绍。

成分分析过程(尤其是 ICA)常常是很有用的方法,并且能够把在一些传感器状态下线性混合的独立源给区分开来。在我们看来,成分分析问题看起来像是数据融合问题的逆运算。在数据融合中,数据来自不同的传感器,要找到足够多并且合适的方法对这些传感器数据中的信息进行融合,从而获得一种联合信息。而在成分分析问题中,我们首先给定一个数据混合器(由于某种原因,来自于几个传感器的信息已经进行了融合——这些融合不是刻意为之,而是无意产生的),然后寻求某种方法来对这些(输出)混合器数据进行操作,试图对其进行区分,从而得到各自独立的成分。虽然数据融合与成分分析二者存在互逆的关系,成分分析仍然能够用于数据融合——这方面随后会进行解释。例如,给定一个脑电图(EEG)信号,ICA 方法能够把脑电图数据中隐藏的特征给区分开来,当 ICA 用于处理其他脑电图数据集合时,能够(从各种同等的脑电图数据集合中)把明显的特征区分并且选择出来。然后把这些区分的特征(忽略非重要特征)用合适的方法进行联合/融合,以便对所选的明显特征进行信息增强。因此,首先对每个单独的脑电图数据进行 ICA 操作,然后对每个单独的 ICA 分析中提取出的重要而明显特征进行数据融合操作,来增强这些特征的预测效果。所以,无论是前期的 CA(着眼于分离过程),还是后期的融合过程(着重于结合操作),要记住的是,成分分析的对象是原始信号,而数据融合的对象是提取出来的最重要特征。在数据融合中,隐含着的特征/属性被提取出来,用来进行加权运算。在我们学习过主成分分析方法、小波变换和离散余弦变换等方法后,成分分析和数据融合的过程就显而易见了。成分分析和数据融合过程的关系很有意思。从其他的成分分析方法中也可以得到相似的结论。在第 6.10 节我们还会讨论图像融合的奇异值分解(Singular Value Decomposition,SVD)方法。

对于一般的信号处理问题,为进行压缩和去噪,常需要寻找合适的图像或音频数据。数据表达方式建立在离散线性变换基础之上。在图像处理中使用的标准线性变换方法有傅里叶变换,Haar 变换和余弦变换。这个变换过程被认为是成分分析的一部分。基本的信号/图像被分解为像傅里叶系数等这样的隐含成分。然后,大多数重要而显著的成分用来进行进一步的分析、解释以及融合。

6.2 独立成分分析

独立成分分析把输出信号/数据线性映射为独立成分(IC/独立源),通常假设条件有:①线性化——数据/信号等是线性组合的;②数据无延迟;③源数据具有统计独立性——它们是不相关的[1]。ICA 方法的目标是为非高斯数据找到一种线性表示方法,使得内在的成分具有统计性(或尽量独立)。在诸如特征/属性提取和信号分割等许多应用领域,这种表示方法应该抓住数据的本质结构。假设录制的/测量的/观察到了两个信号,其中每一个都是语音信号(或者任何别的信号类型:由汽车、人说话等产生的音频信号)的加权和。其线性表达式为[1]

$$x_1(t) = a_{11}s_1 + a_{12}s_2 \tag{6.1}$$

$$x_2(t) = a_{21}s_1 + a_{22}s_2 \tag{6.2}$$

其中,a_{11}、a_{12}、a_{21}和 a_{22}(它们构成一个混合模型或者叫做混合器模型)是未知的参数/常量,其值的大小取决于说话者与话筒的距离,如果是其他类型信号,则取决于别的参数。ICA 方法旨在仅仅利用记录的信号 $x_1(t)$和 $x_2(t)$对两个原始信号 $s_1(t)$和 $s_2(t)$进行估计(它们起初进行线性混合)。这样,根据来自于两个(或多个)独立源的原始信号,可以得出一个简单的混合模型。成分分析是个复杂的问题,因为原始信号的未知性(它是来自于汽车还是人说话呢?),以及混合模型中系数的未知性。它是一个盲信号识别问题。在由几个独立图像组成的一副图像之中,要把原始的源成分(如图像)区分开来,也会存在上述的类似的问题。为了使问题易于分析、解决,应该对原始信号和(这些系数的)混合矩阵多给一些信息(假设)[1],这一点很有必要。一种简单的方法是使用信号 $s_i(t)$的一些统计特征来估计未知系数。假设在每个时刻 t 的 $s_1(t)$和 $s_2(t)$是统计独立的,这个假设就足够了,当然,给出更多的前提条件会更有用。成分分析问题看上去像是“融合问题的逆”,即看起来像是从“融合”的信号/图像中来确定/提取原始信号(源信号/图像)和混合矩阵的问题。假设有 n 个独立成分 $x_1, x_2, \cdots, x_n$,对其进行线性组合后的统计“潜变量”模型(Latent Variables Model, LVM)为[1]

$$x_j = a_{j1}s_1 + a_{j2}s_2 + \cdots + a_{jn}s_n,\text{对于所有 } j \tag{6.3}$$

式中,假设线性组合 x_j 和独立成分 s_k 都是一个随机变量信号。$x_j(t)$的观测值是这个随机变量的一个样本。假设混合变量(Mixture Variables, MV)和独立成分(IC)的均值为 0。因此,$\boldsymbol{x}$ 是以线性组合 $x_1, x_2, \cdots, x_n$ 为元素的随机向量,$\boldsymbol{s}$ 是

以 $s_1, s_2, \cdots, s_n$ 为元素的随机向量。令 $\boldsymbol{A}$ 是由元素 a_{ij} 组成的矩阵,混合模型可以写为

$$\boldsymbol{x} = \boldsymbol{A}\boldsymbol{s} \tag{6.4}$$

式(6.4)即为 ICA 模型,也是一个生成模型,它描述了观察数据如何由独立成分 s_i 产生的。由于这些成分不能直接观察得到,因此它们是潜变量。另外,严格地说,混合矩阵 $\boldsymbol{A}$ 也是未知的。事实上,我们观察到的仅仅是随机向量 $\boldsymbol{x}$,必须利用 $\boldsymbol{x}$ 来对 $\boldsymbol{A}$ 和 $\boldsymbol{s}$ 进行估计。然而,由于对这些未知量知之甚少,必须在一般假设下才能够进行估计。如果能得知任何有关混合模式和源信号/图像的信息,对于确定混合矩阵 $\boldsymbol{A}$ 的系数和独立成分都是有帮助的。

ICA 算法的第一步就是对数据进行白化,剔除数据中的相关性,即让数据的协方差矩阵呈对角线结构,所有的对角线上的元素应该等于 1。因此,白化过程是对混合数据进行某种线性变换,事实上,数据的白化过程把在概率/向量空间中表现出来的数据初始形态给恢复出来了。这样,ICA 就把输出矩阵旋转回到原始的坐标轴。通过将映射在两个坐标轴上数据的高斯特性进行最小化来完成这个旋转过程。此时,ICA 就把统计独立的初始数据源给恢复出来了。ICA 还能够处理高于两个自由度的数据。关于 ICA 的重要特点有[1]:①它只能对线性混合的源数据进行区分;②因为它处理的是一批数据(点/数据可能散布在向量空间,形成像云一样的结构),这些数据的处理顺序一般来说对算法没有影响;③信道阶数的改变不会对 ICA 算法的输出造成影响,或者影响很小;④因为 ICA 从输出结果来对初始源进行区分,是通过最大化它们的非高斯特性进行的,理想的高斯源不能够被区分出来;⑤如果源是非独立的,ICA 会为其寻找一个最大独立性的空间。

6.2.1 独立性

如前所述,ICA 方法的最基本约束条件是独立成分具备非高斯特性。假设混合矩阵是正交阵,s_i 是高斯分布,那么 x_1、x_2 也是高斯、不相关的,并具有单位方差,其联合概率密度函数为

$$p(x_1, x_2) = \frac{1}{2\pi} e^{\{-(x_1^2 + x_2^2)/2\}} \tag{6.5}$$

从式(6.5)中很容易得出此概率密度函数是对称的。由此得不到任何与矩阵 $\boldsymbol{A}$ 的列方向相关的信息,矩阵 $\boldsymbol{A}$ 不能被估计出来。同时,我们能够确定 (x_1, x_2) 的任何正交变换和 (x_1, x_2) 具有相同的分布特性,即在变量为高斯性的条件下,x_1 和 x_2 相互独立,满足正交变换的 ICA 模型就能完全确定[1]。对于高斯的独立成分,矩阵 $\boldsymbol{A}$ 不可识别,然而如果成分之一是高斯的,ICA 模型仍然能

够得到确定。因为在第2章中已经讲过,独立性是由下面的概率密度函数进行定义的:

$$p(s_1,s_2)=p(s_1)p(s_2) \tag{6.6}$$

式(6.6)表明,联合概率密度函数是其组成变量的独立概率密度函数的乘积。对式(6.6)进行推广,可以得到下面的性质:

$$E\{g(s_1)g(s_2)\}=E(g(s_1))\times E(g(s_2)) \tag{6.7}$$

式(6.7)很容易被推导出来,因为根据数学期望 E 的定义,E 与概率密度函数有关,利用式(6.6)的性质就能得到式(6.7)。比独立性弱一点的是不相关性,即如果说两个随机变量 s_1 和 s_2 的协方差为0,那么它们就是不相关的;如果这两个变量相互独立,那么它们一定是不相关的,这一点由式(6.7)能够得出,然而由不相关性并不能推出独立性。可以确定的是,由于独立性能够推出不相关性,ICA 方法把独立成分的估计过程限定为不相关的估计,这样一来就减少了自由参数的数量,从而简化了问题。

6.2.2 非高斯性

从中心极限定理的概率理论结果可知,在特定情况下,独立随机变量之和的概率密度函数趋向于高斯概率密度函数。中心极限定理指出,两个独立随机变量之和通常比这两个原始的随机变量更接近于高斯分布。如果有更多的独立成分,其和的概率密度函数就非常类似于高斯概率密度函数了。假设数据向量 $\boldsymbol{x}$ 分布规律由式(6.4) 的模型给出,可以肯定的是,$\boldsymbol{x}$ 是分布特征相同的独立成分的组合。现在,对 x_i 进行线性组合(为了估计其中一种独立成分),即 $\boldsymbol{y}=\boldsymbol{w}^{\mathrm{T}}\boldsymbol{x}=\sum_i w_i x_i$,这儿 $\boldsymbol{w}$ 是用 ICA 方法待估的一个向量。如果 $\boldsymbol{w}$ 是 $\boldsymbol{A}$ 的逆矩阵中的某一行,那么这个线性组合(如 $\sum_i w_i x_i$) 本身就会是一个独立成分。现在,如果对变量进行改变,比如令 $\boldsymbol{z}=\boldsymbol{A}^{\mathrm{T}}\boldsymbol{w}$,那么可以得到 $\boldsymbol{y}=\boldsymbol{w}^{\mathrm{T}}\boldsymbol{x}=\boldsymbol{w}^{\mathrm{T}}\boldsymbol{A}\boldsymbol{s}=\boldsymbol{z}^{\mathrm{T}}\boldsymbol{s}$,可知 $\boldsymbol{y}$ 是 s_i 的线性组合(其权值由 z_i 给出)。由中心极限定理可知,即使是两个独立随机变量之和,也要比其中任意一个原始变量更加接近于高斯分布,则 $\boldsymbol{z}^{\mathrm{T}}\boldsymbol{s}$ 比任何一个 s_i 更类似于高斯分布,当 $\boldsymbol{z}^{\mathrm{T}}\boldsymbol{s}$ 等同于其中的一个 s_i 时,其高斯性最小(更加接近于非高斯分布)。此时,在 $\boldsymbol{z}$ 的元素 z_i 中,仅仅有一个是非零的。在这里要注意,s_i 已经假设具有相同的分布特性。所以,$\boldsymbol{w}$ 应该被看作能让 $\boldsymbol{w}^{\mathrm{T}}\boldsymbol{x}$ 的非高斯特性最大化的一个向量。这个向量应该在变换域中等价于 $\boldsymbol{z}$($\boldsymbol{z}$ 仅仅有一个非零的成分),这意味着 $\boldsymbol{w}^{\mathrm{T}}\boldsymbol{x}=\boldsymbol{z}^{\mathrm{T}}\boldsymbol{s}$ 和一个独立成分相等,即最大化 $\boldsymbol{w}^{\mathrm{T}}\boldsymbol{x}$ 的非高斯性会产生一个独立成分。在向量的 n 维空间/域中对非高斯特性的最优化情况下可以得到 $2n$ 个极大值。这是对于两个 IC(s_i 和 $-s_i$) 而言的。为了估计更多的 IC,需要寻求所有的极大值。因为不同的 IC 是不相关的,这使得搜寻极大值的工作变得容易,因为我们可以把搜索范围限制到这么一个空间:在这个空间里,前一个估计与后一个估计不相关。上述过程是在合适变换域,即白化空间中进行正交化的过程。

为了方便大家理解,把上述过程总结如下:已知 IC→对 IC 求和→运用中心极限定理→高斯化。所以,我们把论点重提如下:高斯性 = IC 之和(得到的结果)→对源进行求和;而非高斯性(意味着)→没有对源求和→源有可能就是 IC。因此,ICA 估计的关键点在于非高斯,或者在于(IC 的)非高斯特性。

6.2.3 非高斯特性的确定

有几种方法决定变量的非高斯特性。在此讨论其中的几种。

6.2.3.1 峰度

非高斯特性的一种测度是峰度(Kurtosis)或者四阶积累量,定义为

$$\mathrm{kurt}(y) = E\{y^4\} - 3(E\{y^2\})^2 \tag{6.8}$$

由于 y 是一个单位变量,$\mathrm{kurt}(y) = E\{y^4\} - 3$,即 kurtosis 是四阶矩 $E\{y^4\}$ 的归一化形式。对于一个高斯型的 y,四阶矩(式(6.8)的第一项)等于 $3(E\{y^2\})^2$,因此可以推出峰度是 0。对于大多数(并非全部)非高斯随机变量,kurt 是非零的,要么为正要么为负。有负峰度的随机变量称为亚高斯变量(一个典型的例子是非均匀概率密度函数),其值为正的称为超高斯变量,超高斯随机变量的概率密度函数具有典型的尖而长的尾巴,一个例子是具有拉普拉斯分布的概率密度函数 $p(y) = (1/\sqrt{2})\mathrm{e}^{(\sqrt{2}y)}$。

6.2.3.2 负熵

另一个重要的非高斯性测量方法是负熵理论——其建立在(有差别的)熵值的基础上的。变量越"随机",即变量不可预测、非结构化,它的熵越大,其协方差矩阵也非常大(见第 2.6.1 节)。根据信息理论可知,高斯变量在方差相等的随机变量中,具有最大熵。这说明,在所有的分布中,高斯分布是随机性最强的,或者结构性最弱的一种分布形式。由此可得,对于明显集中于某些值的分布,其熵值比较小。比如,如果变量具有尖峰特性的概率密度函数,其熵值比较小。负熵定义如下:

$$J(y) = H(y_g) - H(y) \tag{6.9}$$

在式(6.9)中,y_g 是一个和 y 具有相同协方差矩阵的高斯随机变量(熵 H 的定义见式(2.43))。式(6.9)定义的负熵常常是非负的。对于可逆线性变换,负熵是不变的。负熵的优点在于它很容易用统计理论进行证明。在某些意义上讲,负熵是非高斯性的最优估计方法,但是,很难进行数值计算。负熵的一种近

似计算方法可以使用高阶矩给出[1]：

$$J(y)\approx\frac{1}{12}\{E(y^3)\}^2+\frac{1}{48}\{\mathrm{kurt}(y)\}^2 \tag{6.10}$$

式(6.10)中，变量 y 具有零均值和单位方差，这个近似值也是对峰度非稳健性求极限的结果。另一种近似值是基于最大熵理论：

$$J(y)\approx\sum_{i=1}^{n}a_i[E\{f_i(y)\}-E\{f_i(v)\}]^2 \tag{6.11}$$

式中：a_i 为正常量；v 为具有零均值和单位方差的高斯变量；y 为零均值/单位方差的变量；f_i 为非二次型函数。虽然这个近似不十分准确，但还是可以作为非高斯性的一种测量方法，因为它常常是非负的，并且当 y 是高斯变量的情况下其值为零，这一点是不变的。同样，你仅仅需要精心挑选一个函数，诸如式(6.11)，只要对负熵来说，这个式能提供比较好的近似值，而类似这样的函数还有

$$f(y)=\frac{1}{\alpha}\log\{\cosh(\alpha y)\};\quad f(y)=-\mathrm{e}^{-y^2/2} \tag{6.12}$$

其中，α 为[1,2]区间的一个合适常量。这些近似值计算方法的概念简单、计算速度快、有良好的统计特性。

6.2.4 基于信息论的IC确定方法

我们可以使用不同的熵概念（例如负熵）来定义 n 个（标量的）随机变量 $y_i(i=1,2,\cdots,n)$ 的互信息(MI) I：

$$I(y_1,y_2,\cdots,y_n)=\sum_{i=1}^{n}H(y_i)-H(\boldsymbol{y}) \tag{6.13}$$

MI给出随机变量之间依赖性的一种度量，并且互信息通常是非负的。仅仅当变量统计独立，并且考虑到变量之间的整体依赖结构——不仅仅是协方差时，MI的值为0。对于逆线性变换 $\boldsymbol{y}=\boldsymbol{W}\boldsymbol{x}$，有

$$I(y_1,y_2,\cdots,y_n)=\sum_{i=1}^{n}H(y_i)-H(\boldsymbol{x})-\log|\det(\boldsymbol{W})| \tag{6.14}$$

如果 y_i 被限定为具有单位方差的不相关变量，那么有

$$E\{\boldsymbol{y}\boldsymbol{y}^{\mathrm{T}}\}=\boldsymbol{W}E\{\boldsymbol{x}\boldsymbol{x}^{\mathrm{T}}\}\boldsymbol{W}^{\mathrm{T}}=\boldsymbol{I} \tag{6.15}$$

从式(6.15)能推出

$$\det(\boldsymbol{I})=1=\det(\boldsymbol{W}E\{\boldsymbol{x}\boldsymbol{x}^{\mathrm{T}}\}\boldsymbol{W}^{\mathrm{T}})=\det(\boldsymbol{W})\det(E\{\boldsymbol{x}\boldsymbol{x}^{\mathrm{T}}\})\det(\boldsymbol{W}^{\mathrm{T}}) \tag{6.16}$$

从式(6.16)可知，$\det(\boldsymbol{W})$ 必须为常数。同样，对于具有单位方差的 y_i，熵和负熵的区别仅在于一个常量 C，如下所示：

$$\det(\boldsymbol{I})I(y_1,y_2,\cdots,y_n) = C - \sum_{i=1}^{n} J(y_i) \tag{6.17}$$

式(6.17)给出负熵和 MI 的关系。既然 MI 是随机变量独立性的一种度量，可以把 MI 当作确定 IC 变换的一个准则。这种方法，把随机向量 $\boldsymbol{x}$ 的 IC 定义为一个可逆变换，在这个可逆变换中，要确定矩阵 $\boldsymbol{W}$，对变换分量 s_i 的 MI 信息进行最小化操作。从式(6.17)可知，确定一个可逆变换 $\boldsymbol{W}$(使 MI 最小化)近似等同于确定负熵最大化的过程，同样也近似等同于确定一维子空间——在这些子空间中的映射有最大的负熵。式(6.17)清楚地指出通过最小化 MI 对 IC 的估计等同于最大化这些估计值的非高斯性之和(当这些估计值满足非相关性的约束条件时)。

6.2.5 最大似然估计

对 IC 进行估计时，一个著名、流行的方法是最大似然估计法(见第 2 章)。最大似然(ML)估计在本质上等价于最小化互信息。由于可以直接确切描述无噪 IC 模型的对数似然(LL)，然后，利用最大似然方法用于对 IC 模型进行估计。如果令 $\boldsymbol{W}=(\boldsymbol{w}_1,\cdots,\boldsymbol{w}_n)^{\mathrm{T}}(=\boldsymbol{A}^{-1})$，LL 由下式给出：

$$L = \sum_{t=1}^{T}\sum_{i=1}^{n}\log\{p_i(w_i^{\mathrm{T}}\boldsymbol{x}(t))\} + T\log\{\det|(\boldsymbol{W})|\} \tag{6.18}$$

式(6.18)中，p_i 是 s_i 的概率密度函数，$\boldsymbol{x}(t)$，$t=1,\cdots,T$ 是 $\boldsymbol{x}$ 的实现。同样，对于任意随机向量 $\boldsymbol{x}$(其概率密度函数 $p(\boldsymbol{x})$)和任意 $\boldsymbol{W}$，$y=\boldsymbol{Wx}$ 的概率密度函数由 $p_x(\boldsymbol{Wx})|\det(\boldsymbol{W})|$ 给出。通过对 LL 求期望，可以建立 LL 和 MI 的联系：

$$\frac{1}{T}E\{L\} = \sum_{i=1}^{n}E[\log\{p_i(w_i^{\mathrm{T}}\boldsymbol{x}(t))\}] + \log\{|\det(\boldsymbol{W})|\} \tag{6.19}$$

式(6.19)中，p_i 等于 $(\boldsymbol{w}_i^{\mathrm{T}}\boldsymbol{x}(t))$ 的实际分布，等式右边第一项等于 $-\sum_{i=1}^{n}H(\boldsymbol{w}_i^{\mathrm{T}}\boldsymbol{x})$。因此，LL 等于 $-$ MI。在用 ML 方法进行独立成分分析时，一个合理的做法是去估计 $(\boldsymbol{w}_i^{\mathrm{T}}\boldsymbol{x}(t))$ 的概率密度函数(这是 ML 估计方法的一部分)——作为 s_i 概率密度函数的近似。

6.2.6 FastICA 编码：举例说明

运行 GUI/MATLAB(7.X 和 6.X)的(版本 2.5)FastICA 工具箱(由 Hugo Gäert，Jarmo Hurri，Jaakko Särelä 和 Aapo Hyvärinen 公司开发，见附录 D.20)，对信号混合器进行一次特定的 ICA 操作，操作结果在此给出。按照附录 D.20 中的说明运行 FastICA 工具。图 6.1 所示为原始数据，图 6.2 所示为白化数据，图 6.3描述了 IC。有关 FastICA 的进一步细节在文献[1]中给出。

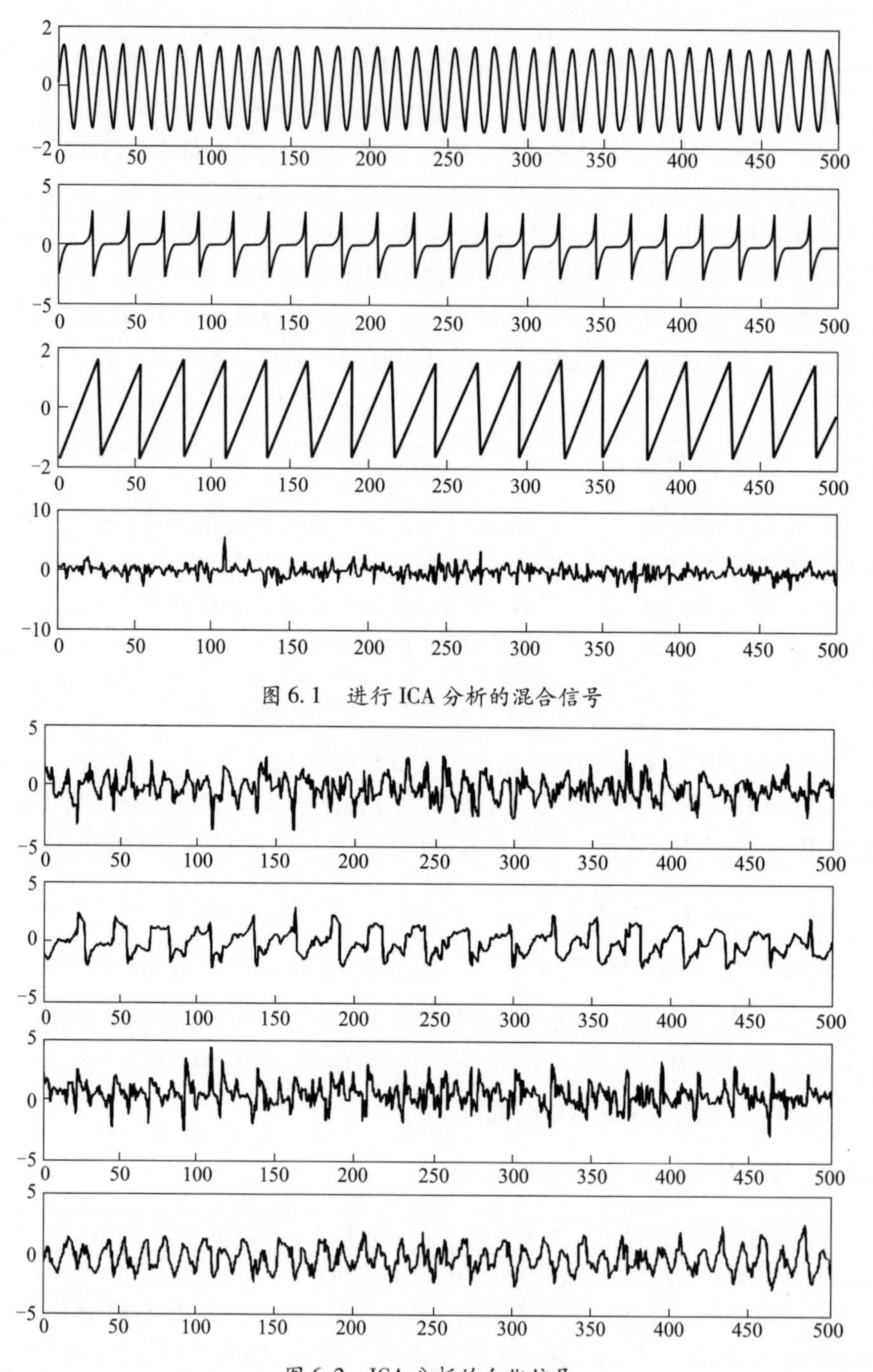

图 6.1　进行 ICA 分析的混合信号

图 6.2　ICA 分析的白化信号

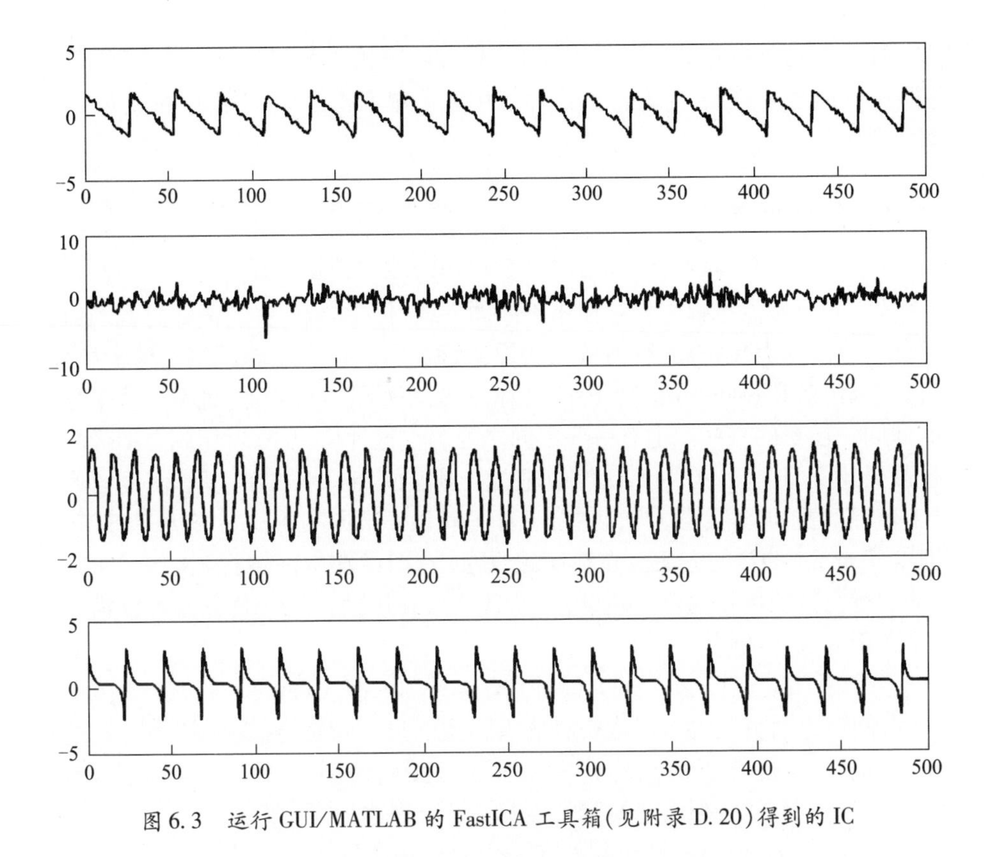

图 6.3 运行 GUI/MATLAB 的 FastICA 工具箱(见附录 D. 20)得到的 IC

6.3 一种使用 ICA 基进行图像融合的方法

图像融合(更多细节将在第 7 章介绍)是从携带更全面信息的一组输入图像中获得一幅图像的过程[2,3]。事实上,把输入图像的重要特征结合起来形成一幅效果增强的图像过程称作图像融合。图像融合可以从三个不同的级别进行操作,即像素级、特征级和决策 - 决策级。融合的图像应该对图像内容有所增强,以便用户更容易检测、识别与确认目标。图像融合应用在计算机视觉、遥感、机器人技术和医学系统等领域。因此,通过对不同的传感器获得的信息进行结合,图像融合可以达到增强对场景/对象的感知效果。通常,金字塔分解(Pyramid Decomposition, PD)和双树小波变换(Dual-Tree Wavelet Transform, DTWT)作为分析和综合工具用于图像融合[3]。可以使用不同类型的基于像素/区域的融合规则,在变换域把候选的输入图像的重要特征在变换域(Transform Domain, TD)结合起来,以获得增强的图像,即融合图像。我们讨论的图像融合过程,是建立在 ICA 基和拓扑 ICA(Topographic

ICA，TICA）基变换上的。这些基能够通过对与观测场景有相似背景的图像进行离线训练来获得。然后，可以使用基于像素/区域的规则，在变换域进行图像融合。

6.3.1 融合准备

令 $\boldsymbol{I}_1(x,y),\boldsymbol{I}_2(x,y),\cdots,\boldsymbol{I}_T(x,y)$ 是对相同地点拍摄的尺寸为 $M_1 \times M_2$ 的 T 幅图像。同时假设每幅图像是使用不同的方式/传感器获得的，因此每幅图像有不同的特征，即退化特性、热力特征和视觉特征[3]。用多个相距很近的传感器/图像获取设备观察同一地点。因此，拍摄的图像尽管十分相似，也有一些平移运动，即同一场景的一些点上有一些不同之处。在这种情况下，就用到了图像配准过程（见第7章）——在一组图像中建立点对点的相关性。在这里，假设图像得到了合理的配准。融合方法可以分为空间域（Spatial Domain，SD）和时间域（Time Domain，TD）的方法。在空间域方法中，图像在空间域得到融合，即使用局部的空间特征进行融合。假设 $f(\cdot)$ 代表融合规则，那么 SD 方法可以描述为如下通用的融合规则：

$$\boldsymbol{I}_f(x,y)=f\{\boldsymbol{I}_1(x,y),\boldsymbol{I}_2(x,y),\cdots,\boldsymbol{I}_T(x,y)\} \tag{6.20}$$

时间域方法就是先清楚地获取输入图像的显著特征，然后对这些特点进行融合。这里，变换算子的选择就至关重要。我们使用 $\Gamma(\cdot)$ 作为变换算子，$f(\cdot)$ 作为融合规则，那么变换域融合方法可以描述为[3]

$$\boldsymbol{I}_f(x,y)=\Gamma^{-1}\{f(\Gamma\{\boldsymbol{I}_1(x,y)\},\cdots,\Gamma\{\boldsymbol{I}_T(x,y)\})\} \tag{6.21}$$

6.3.2 主要融合策略

融合算子描述了对各种不同输入图像中的信息进行融合的过程，最后输出一个融合图像（见式（6.20）和式（6.21））。在公开文献中可以找到一些融合规则，这些融合策略分为基于像素的融合规则和基于区域的融合规则[3,9]。

6.3.2.1 基于像素的融合

这种融合方式是像素-像素的融合，它可以在时域也可以在空域进行融合。通过使用融合规则，对输入图像的每个像素 (x,y) 进行结合，由此得到融合图像上对应的像素 (x,y)。时域上的融合有以下几种方案：

（1）均值规则。使用平均的方法，把每幅图像对应的像素求平均：

$$\Gamma\{\boldsymbol{I}_f(x,y)\} = \frac{1}{T}\sum_{i=1}^{T}\Gamma\{\boldsymbol{I}_i(x,y)\} \tag{6.22}$$

（2）绝对值最大规则。对于每幅图像中对应的像素点，选择绝对值最大的那个：

$$\Gamma\{I_f(x,y)\} = \operatorname{sgn}(\Gamma\{I_i(x,y)\})\max_i |\Gamma\{I_i(x,y)\}| \tag{6.23}$$

(3) 同时去噪(硬/软阈值设置)融合方法。融合的同时对时域系数(像素)设置阈值进行去噪操作。

(4) 高/低融合方法。对一些图像的高频部分和另一些图像的低频部分进行结合操作。

6.3.2.2 基于区域的融合

这种方法对图像像素进行分组,形成邻接区域,对于每个图像区域采用不同的融合规则。

有关区域融合的主要融合策略的更多细节将在第 7 章中讨论。

6.3.3 ICA 和 TICA 基

假设图像 $\boldsymbol{I}(x,y)$ 的尺寸为 $M_1 \times M_2$, $\boldsymbol{W}$ 为以某像素 (x_0,y_0) 为中心的 $N \times N$ 大小的窗口。定义一个图像块为以像素 (x_0,y_0) 为中心的 $N \times N$ 的邻域和窗口 $\boldsymbol{W}$ 的乘积:

$$\boldsymbol{I}_w(x,y) = \boldsymbol{W}(k,l)\boldsymbol{I}(x_0 - \lfloor N/2 \rfloor + k, y_0 - \lfloor N/2 \rfloor + l); \quad \forall k,l \in [0,N] \tag{6.24}$$

假设窗口为

$$\boldsymbol{W}(k,l) = 1; \quad \forall k,l \in [0,N-1] \tag{6.25}$$

因此,在式(6.24)中,假设 N 为奇数,$\lfloor \cdot \rceil$表示向下取整。这样在式(6.25)中,假定窗口为矩形,则窗口长或宽的尺寸为 $N-1$。

6.3.3.1 基

在图像分析中,图像融合常常被看作是其他几个基图像的合成,这种说法就像假设一个周期信号是由其傅里叶成分构成的一样——周期信号的傅里叶的基是正交的函数。图像分析中,要根据我们想要强调和提取的图像性质和特征来选择基。这里给出几种基(余弦、复合余弦、Hadamard 和小波变换),在分析中,为了达到某些特定目的,要对这些基进行很好的定义。然而,选择任意的基也是可以的——通过训练一群内容相似的图像,并对其代价函数进行优化,来估计这些基。代价函数的选取要让基有良好的特性。大小为 $N \times N$ 的图像块 $I_w(k,l)$ 可以表述为 K 个基本图像 $b_j(k,l)$ 的线性结合:

$$\boldsymbol{I}_w(k,l) = \sum_{j=1}^{K} u_j \boldsymbol{b}_j(k,l) \tag{6.26}$$

在式(6.26)中,标量参数 u 决定了基图像的融合效果。通常的做法是,把二维表示方式简化为一维。为了便于图像分析,通常对图像进行字典式排序。先把图像块 $\boldsymbol{I}_w(k,l)$ 整理成向量 $\boldsymbol{I}_w$,即把矩阵 $\boldsymbol{I}_w$ 的行中所有元素拿出来,把这些元素排列成一个接一个的列形式,其做法是:第一行从水平方向旋转成垂直的列，第二行也变成垂直的列，并且把第二行变成的列元素放在第一行所变列的下方，依此类推。这些图像块就以字典式顺序表示出来了：

$$\bar{\boldsymbol{I}}_w(t) = \sum_{j=1}^{K} u_j(t)\bar{b}_j = [\bar{b}_1\bar{b}_2\cdots\bar{b}_K]\begin{bmatrix} u_1(t) \\ u_2(t) \\ \vdots \\ u_K(t) \end{bmatrix} \tag{6.27}$$

式(6.27)中，得到原始图像的第 t 个图像块。令 $\boldsymbol{B} = [\bar{b}_1\bar{b}_2\cdots\bar{b}_K]$，$\bar{\boldsymbol{u}}(t) = [u_1(t)u_2(t)\cdots u_K(t)]^{\mathrm{T}}$。那么式(6.27)可推出

$$\bar{\boldsymbol{I}}_w(t) = \boldsymbol{B}\bar{\boldsymbol{u}}(t);\bar{\boldsymbol{u}}(t) = \boldsymbol{B}^{-1}\bar{\boldsymbol{I}}_w(t) = \boldsymbol{A}\bar{\boldsymbol{I}}_w(t) \tag{6.28}$$

式(6.28)中，$\boldsymbol{A}$ 表示分析核，$\boldsymbol{B}$ 表示综合核。由式(6.28)的变换可知，观测的图像信号($\boldsymbol{I}_w$)被映射为一组基向量 $\boldsymbol{b}$，这样，我们的目的就是估计基向量。这些向量应该具备大部分信号的结构/能量。我们需要 N^2 个基，来完整描述图像 $\boldsymbol{I}_w(t)$ 的 N^2 维信号。在某些状态下，我们仅仅可以使用 $K < N^2$ 个基。通过训练一批图像块 $\boldsymbol{I}_w(t)$ 并且优化其代价函数，来确定这 K 个向量。

6.3.3.2 ICA 基

ICA 能够识别线性生成模型中统计独立的基向量。有几种方法可以用来对式(6.29)中生成模型进行分析。假设在时域中，系数 u_i 之间统计独立。ICA 中所讲的原理，对独立随机变量 u_i的任意线性组合 $\boldsymbol{I}_w$ 也同样适用。通过最小化被估系数 u_i 和这些系数的先验概率之间的 Kullback-Leibler(KL)散度，可以对 u_i 进行估计[3]。另外一些方法是对被估系数的 MI 进行最小化操作，或者对 $\boldsymbol{I}_w$ 的累积张量进行近似对角化操作来估计 u_i。当然还有一些方法，像前期讲过的方法，通过使用峰度或者负熵理论对大部分非高斯成分进行方向估计，来对 u_i 进行估计。在这些方法中，主成分分析法(PCA)作为一种预处理步骤，可以用来选择 K 个最重要向量，数据是正交化的。使用正交映射 $\boldsymbol{a}_i^{\mathrm{T}}\boldsymbol{z}$(其中 a 是矩阵 $\boldsymbol{A}$ 中的元素，z 是正交成分)方法即可识别出 IC。然后，通过最小化负熵的非二次近似式，可以估计出映射向量

$$J(\bar{\boldsymbol{a}}_i) = [E\{f(\bar{\boldsymbol{a}}_i^{\mathrm{T}},\bar{z})\} - E\{f(v)\}]^2 \tag{6.29}$$

把式(6.29)和式(6.11)进行对比可知，变量的含义相似，如下所示。式(6.11)、式(6.29)中的 f 就是式(6.12)中给出函数。$\boldsymbol{a}_i$ 一个估计/更新规则为[3]

$$\bar{\boldsymbol{a}}_i = E\{\bar{\boldsymbol{a}}_i\phi(\bar{\boldsymbol{a}}_i^{\mathrm{T}}\bar{z})\} - E\{\phi'(\bar{\boldsymbol{a}}_i^{\mathrm{T}}\bar{z})\}\bar{\boldsymbol{a}}_i;\quad 1\leqslant i\leqslant K \tag{6.30}$$

$$\boldsymbol{A} = \boldsymbol{A}(\boldsymbol{A}^{\mathrm{T}}\boldsymbol{A})^{-0.5} \tag{6.31}$$

式(6.30)中，$\phi(\cdot) = -\partial f(\cdot)/\partial(\cdot)$。式(6.30)的更新规则是，进行随机初始化，执行迭代运算直到收敛。

6.3.3.3 拓扑 ICA:TICA 基

很多实际情况下,独立性的假设不存在。那么,这种有信息含量的依赖性/结构能够用来对(非)IC 之间的拓扑顺序进行定义[3]。于是可以对原始的独立成分分析模型进行调整,使得 ICA 的各成分之间含有拓扑顺序。在拓扑描述中互相接近的成分,在高阶相关/互信息上具有相对强烈的依赖关系。这个新模型被称作为拓扑 ICA 模型。这里的拓扑特征使用邻域函数 $h(i,k)$ 进行表示,$h(i,k)$ 代表第 i 个和第 k 个成分之间的接近程度。邻域模型为

$$h(i,k)=\begin{cases}1, & |i-k|\leqslant L\\ 0, & \text{其他}\end{cases} \tag{6.32}$$

在式(6.32)中,L 代表邻域的宽度。因此,被估系数 u_i 不再独立,即不再是 IC,但是 u_i 可以由一些受邻域函数约束的生成随机变量 d_k、g_i 得到,并且表示为它们的非线性函数 $\phi(\cdot)$。拓扑源模型为

$$u_i=\phi\left(\left(\sum_{k=1}^{k}h(i,k)d_k\right)g_i\right) \tag{6.33}$$

假设一个固定宽度的邻域,其大小为 $L\times L$,输入数据通过 PCA 进行预处理。使用式(6.30)中给出的线性模型以及式(6.33)的拓扑源模型,可以对综合核 B 进行 ML 估计。对于生成随机变量 d_k 和 f_i,要先给出一些假设条件,然后通过对派生的对数似然函数的近似值进行优化,可以得到基于梯度的 TICA 更新规则[3]:

$$\bar{\boldsymbol{a}}_i=\bar{\boldsymbol{a}}_i+\eta E\{\bar{z}(\bar{\boldsymbol{a}}_i^{\mathrm{T}}\bar{z}_i)\bar{r}_i\};\quad 1\leqslant i\leqslant K \tag{6.34}$$

$$\boldsymbol{A}=\boldsymbol{A}(\boldsymbol{A}^{\mathrm{T}}\boldsymbol{A})^{-0.5}$$

式中:η 为学习速率参数;r_i 的表达式为

$$r_i=\sum_{k=1}^{K}h(i,k)\phi\left(\sum_{j=1}^{K}h(j,k)(\bar{\boldsymbol{a}}_i^{\mathrm{T}}z)^2\right) \tag{6.35}$$

6.3.4 ICA 基的训练和性质

在这一节,我们讨论 ICA 基的性质和训练方法。

6.3.4.1 训练

仅需要对 ICA 基进行一次训练,一旦训练成功,被估计的变换可以用来对具有相似内容的图像进行图像融合。训练步骤为[3]:①选择一组内容相似并用来进行融合的图像;②从训练图像中随机挑选 $N\times N$ 大小的图像块(通常个数约 10000 个);③按照字典顺序选择图像块;④对所选图像块执行 PCA 操作,根据与基对应的特征值,选取 $K<N^2$ 个最重要的基;⑤对式(6.31)中的 ICA 更新规则进行迭代运算,或者对式(6.35)中的 TICA 规则进行迭代运算,来选取 $L\times L$ 大小的邻域,直到收敛。

6.3.4.2 性质

由于 ICA 和 TICA 变换都是可逆的,这一点确保了图像可以完美再现。使用式(6.32)给出的对称正交化步骤,可以确保基的正交性。ICA/TICA 基向量看起来与小波变换和 Gabor 函数相关,因为 WT 和 Garbor 是在不同尺度下对相似特点的表达方式。然而这些基比 WT 有更多的自由度(DOT);离散小波变换(DWT)仅有两个方向,而 DTWT 有 6 个明显的子带,每个子带有一个方向,因此 ICA 基可以给出任意方向以适应训练块。这些变换的一个缺点是它们并非平移不变的,但如果假设所观测图像都进行了配准,那么这个缺点就变得不那么重要了。TICA 把数据按照顺序显示,与 ICA 基中不按顺序显示形成对比。在图像融合中,拓扑方法能够在图像中识别出特定目标的一组特征。因此,相对于 ICA 来说,TICA 是一种更全面的表示方式。

6.3.5 使用 ICA 基进行图像融合

这一节,我们来探讨使用 ICA/TICA 基进行图像融合。假设 ICA/TICA 变换 $\Gamma\{\cdot\}$是已知的,并且在融合中要进行配准的传感器输入图像 $I_k(\boldsymbol{x},\boldsymbol{y})$也是已知的。在每一个输入图像中,每一个可能的 $N\times N$ 大小的图像块是孤立的,并且这些图像按照字典顺序排列,得到一个向量 $\boldsymbol{I}_k(t)$。在变换估计中,图像块的尺寸 N 应该相同。把向量 $\boldsymbol{I}_k(t)$变换到 ICA/TICA 域,得到 $\boldsymbol{u}_k(t)$(我们曾经用 A 表示被估计的分析核),表达式如下:

$$\bar{\boldsymbol{u}}_k(t)=\Gamma\{\bar{\boldsymbol{I}}_k(t)\}=\boldsymbol{A}\bar{\boldsymbol{I}}_k(t) \tag{6.36}$$

那么,可以设置一个硬阈值,来作用于系数,进行选择性去噪(稀疏编码收缩)。你可以在 ICA/TICA 域进行图像融合,正如在 WT/DTWT 域进行图像融合一样,即在 ICA 域中把每一幅图像的相应系数 $\bar{u}_k(t)$进行合并来构造新的图像 $\boldsymbol{u}_f(t)$。在 ICA 域中,各幅图像系数相结合的方法 $f(\cdot)$称为融合规则:

$$\bar{\boldsymbol{u}}_f(t)=f(\bar{\boldsymbol{u}}_1(t),\cdots,\bar{\boldsymbol{u}}_k(t),\cdots,\bar{\boldsymbol{u}}_T(t)) \tag{6.37}$$

一旦 $\boldsymbol{u}_f(t)$在 ICA 域中构建起来了,再回到空间域,使用综合核 B,即按照以上分析步骤中的相同顺序对(重叠的)图像块 $\boldsymbol{I}_f(t)$进行平均,来生成合成图像$\boldsymbol{I}_f(\boldsymbol{x},\boldsymbol{y})$。

6.3.6 使用 ICA 基进行基于像素和基于区域的融合规则

在这里介绍两种规则[3]:①基于像素的最大绝对值规则的推广,即加权组合(WC)规则;②基于区域的 WC 和均值规则的组合方法。

6.3.6.1 基于像素的 WC 方法

这种规则的表达式如下：

$$\Gamma\{\bar{\boldsymbol{I}}_f(t)\} = \sum_{k=1}^{T} \omega_k(t)\Gamma\{\bar{\boldsymbol{I}}_k(t)\} \tag{6.38}$$

在图像融合中，我们可以使用所谓的活性测度对每一幅图像的权值 $\omega_k(t)$ 进行估计。在对 $N \times N$ 大小的图像块进行处理时，在时间域中，可以求出每一块（按照一个向量的顺序排列）的平均绝对值，来作为每一块的活性测度：

$$E_k(t) = \| \bar{\boldsymbol{u}}_k(t) \|_1; \quad k = 1,2,\cdots,T \tag{6.39}$$

式(6.38)中的权值应该表征了 $E_k(t)$ 式所给出的图像中的活动强度信息。时刻 t，第 k 个源图像 $\boldsymbol{u}_k(t)$ 在整体 T 个源图像中所占的比重决定了一个图像块的权值，权值选取的表达式为

$$\omega_k(t) = E_k(t) / \sum_{k=1}^{T} E_k(t) \tag{6.40}$$

在式(6.40)中，为了避免分母太小的情况，可以使用图像块的最大绝对值或者均值的融合规则。

6.3.6.2 使用 ICA 基进行基于区域的融合方法

如前所述，我们把图像分成尺寸为 $N \times N$ 的小区域/块。那么，使用基于区域的分割概念进行图像的分裂/合并，可以在每一个图像块中对应像素上找到一种合并准则，来生成新的感兴趣的图像。在对应的帧中，可以使用前面讨论过的能量活动测度来推导边缘是否存在。因为 ICA 方法经常关注于边缘信息，很显然 $E_k(t)$ 的大值与图像帧中的大活动相对应（暗示边缘存在），相反 $E_k(t)$ 的小值代表了图像帧中的几乎不变的背景信息。理解了这一点，就可以从以下两点来分割图像：①包含丰富细节的活跃区域；②包含背景信息的非活跃区域。用值为 $2\text{mean}_t\{E_k(t)\}$ 的阈值来区分区域是活跃的还是非活跃的。那么，接下来可以从输入的每幅图像中形成分割图：

$$m_k(t) = \begin{cases} 1, & E_k(t) > 2\text{mean}_t\{E_k(t)\} \\ 0, & \text{其他} \end{cases} \tag{6.41}$$

使用下面的逻辑 OR 算子，把输入图像的分割图合并成一个分割图：

$$m_k(t) = \text{OR}\{m_1(t), m_2(t), \cdots, m_T(t)\} \tag{6.42}$$

一旦图像被分割成活跃区域和非活跃区域，就可以使用不同的基于像素的融合方法对这些区域进行融合：①对于活跃区域，可以使用保留边缘的融合方法（最大绝对值方法或者加权的联合算法）；②对于非活跃区域，可以使用保留背景信息的方法（平均法或中值法）。

6.3.6.3 性能评估指标

基于 ICA 基的图像融合方法的性能评估,可以使用最大绝对值方法、均值方法、加权方法、基于区域的方法/规则等合适的融合方法。为了评估这些方法的性能,我们使用信噪比来对参考图像(原始图像)和融合后的图像进行比较

$$\mathrm{SNR} = 10\lg \frac{\sum_x \sum_y \boldsymbol{I}_t(x,y)^2}{\sum_x \sum_y [\boldsymbol{I}_t(x,y) - \boldsymbol{I}_f(x,y)]^2} \tag{6.43}$$

从式(6.43)可以看出,如果融合的质量很好,那么其 SNR 值将会很高,因为参考图像和融合后图像的误差很低,于是式(6.43)中的分母很小。SNR 实际上应该被称作图像的 IEIR(功率/能量/方差)与图像中误差的 IEIR(功率/能量/方差)的比值,因为在式(6.43)中所表达的就是这种含义。在图像融合的文献中,都把式(6.43)称作 SNR,这种根深蒂固的叫法其实是不恰当的。如果已知参考图像,那么上面这种指标是合适的。想了解更多关于图像融合与评估指标的细节可以查阅在参考文献[3]。

6.4 主成分分析法

主成分分析(PCA)是一种从数据信号中提取重要特征的简单、非参数方法。对隐藏在原始数据里的数据结构来说,它也是一种将复杂数据结构进行简化的方法[4]。PCA 的优势在于,一旦我们从原始数据中找出这些模式/隐藏结构/特征,就可以对其进行降维压缩[5]。这样做并不会损失原始数据中的信息。这种方法可以用来进行图像压缩和图像融合。它包含了对给定数据集的相关矩阵或协方差矩阵进行特征(特征值和特征向量分析)分析,这个过程称为特征系统(Eigen System,ES)分析。PCA 的主要优点在于协方差分析可以降低(原始数据的)数据维度。很显然,如果给定一组原始数据,并且已知这些信号的协方差矩阵,原始信号的维度急剧下降,原因在于:数据中的潜在信息以协方差矩阵的形式获取到了,利用特征分析对其进行进一步变换可以降低数据的维度。因此,PCA 可以用来揭示数据中(隐藏的/未知的)的趋势(如图像亮度/特征/概率密度函数等),以及显示出图像场景中的相关成分和模式。一旦这种模式被挖掘出来,可以通过剔除数据中不重要的方面(有可能存在更多不是很重要的子模式)进行压缩,这种方法用于图像压缩和图像融合[1,4,5]。对于 PCA 来说,在给定数据集中至少有一些变量之间相互关联,这意味着原始数据中由这些变量所表征的信息出现一定冗余。PCA 方法可以找出在这样的多变量数据集中的潜在冗余信息,以特征系统成分的压缩形式,把变量之间的模式/联系挑选出来,于

是数据集的维度得到降低。

PCA 分析方法的主要步骤[1,4,5]为:①找一组测试数据,去掉这些数据的均值;②使用 MATLAB 工具,计算数据集的协方差矩阵;③计算协方差矩阵的特征值和特征向量;④选取重要的成分,形成一个特征/属性向量。这样就对原始数据进行了压缩和减少。因此,PCA 是把一批相关变量变换成一批非相关变量的一种数值算法,称为主成分(Principal Components,PC)法,于是[9]:①第一主成分代表了数据中的主要变量,接下来的每个成分(不属于 PC)代表了剩余的变量,第一个 PC 具有最大的方差;②第二个成分被限制在与第一个成分垂直的子空间里,在这个子空间里,这个成分指向最大方差;③第三个成分在与前两个成分垂直的子空间里获得,具有相应子空间里的最大方差,以此类推。上述方法中产生的基于 PC 的向量依赖于给定的数据集。

令 $\boldsymbol{X}$ 是一个 n 维的随机变量/或者具有零均值的某种数据向量,$\boldsymbol{V}$ 是一个正交矩阵,令 $\boldsymbol{Y}=\boldsymbol{V}^{\mathrm{T}}\boldsymbol{X}$,通过把 $\boldsymbol{V}$ 与 $\boldsymbol{X}$ 进行上述操作,就把 $\boldsymbol{X}$ 便换成了 $\boldsymbol{Y}$。根据 $\boldsymbol{V}$ 的性质,$\boldsymbol{Y}$ 的协方差,即 $\mathrm{cov}(\boldsymbol{Y})$,是一个对角阵。因此,通过简单的矩阵/向量的线性代数运算,可以得到[9]

$$\begin{aligned}\mathrm{cov}(\boldsymbol{Y}) &= E\{\boldsymbol{Y}\boldsymbol{Y}^{\mathrm{T}}\} = E\{(\boldsymbol{V}^{\mathrm{T}}\boldsymbol{X})(\boldsymbol{V}^{\mathrm{T}}\boldsymbol{X})^{\mathrm{T}}\} \\ &= E\{(\boldsymbol{V}^{\mathrm{T}}\boldsymbol{X})(\boldsymbol{X}^{\mathrm{T}}\boldsymbol{V})\} = \boldsymbol{V}^{\mathrm{T}}E\{\boldsymbol{X}\boldsymbol{X}^{\mathrm{T}}\}\boldsymbol{V} = \boldsymbol{V}^{\mathrm{T}}\mathrm{cov}(\boldsymbol{X})\boldsymbol{V}\end{aligned} \tag{6.44}$$

由于矩阵 $\boldsymbol{V}$ 是已知的,在式(6.44)中对 $(\boldsymbol{V}^{\mathrm{T}}\boldsymbol{X})(\boldsymbol{X}^{\mathrm{T}}\boldsymbol{V})$ 求期望的运算可以移到内部,变成 $\boldsymbol{V}^{\mathrm{T}}E\{\boldsymbol{X}\boldsymbol{X}^{\mathrm{T}}\}\boldsymbol{V}$,变成了对 $\boldsymbol{X}$ 求方差。因此,式(6.44)中等号两边都前乘 $\boldsymbol{V}$,可得

$$\boldsymbol{V}\mathrm{cov}(\boldsymbol{Y}) = \boldsymbol{V}\boldsymbol{V}^{\mathrm{T}}\mathrm{cov}(\boldsymbol{X})\boldsymbol{V} = \mathrm{cov}(\boldsymbol{X})\boldsymbol{V} \tag{6.45}$$

式中,$\boldsymbol{V}\boldsymbol{V}^{\mathrm{T}}$ 是一个标识矩阵。把 $\boldsymbol{V}$ 写为 $\boldsymbol{V}=[V_1,V_2,\cdots,V_n]$,对角线形式的 $\mathrm{cov}(\boldsymbol{Y})$ 为

$$\begin{bmatrix}\lambda_1 & 0 & \cdots & 0 & 0\\ 0 & \lambda_2 & \cdots & 0 & 0\\ \vdots & \vdots & & \vdots & \vdots\\ 0 & 0 & \cdots & \lambda_{n-1} & 0\\ 0 & 0 & \cdots & 0 & \lambda_n\end{bmatrix} \tag{6.46}$$

那么,把式(6.46)代入式(6.45),并且把 $\boldsymbol{V}$ 写成展开形式,可得

$$[\boldsymbol{V}_1\lambda_1,\boldsymbol{V}_2\lambda_2,\cdots,\boldsymbol{V}_n\lambda_n] = [\mathrm{cov}(\boldsymbol{X})\boldsymbol{V}_1,\mathrm{cov}(\boldsymbol{X})\boldsymbol{V}_2,\cdots,\mathrm{cov}(\boldsymbol{X})\boldsymbol{V}_n] \tag{6.47}$$

式(6.47)可以写为

$$\lambda_i\boldsymbol{V}_i = \mathrm{cov}(\boldsymbol{X})\boldsymbol{V}_i \tag{6.48}$$

式中:$i=1,2,\cdots,n$;λ_i 为 $\mathrm{cov}(\boldsymbol{X})$ 的特征值;$\boldsymbol{V}_i$ 为 $\mathrm{cov}(\boldsymbol{X})$ 的特征向量。因此,我

们可以看出实际上可以通过 PCA 对给定初始数据集进行 ES 分析操作。关于特征值的进一步深入和重要的说明,详见文献[10,11]。这些说明可以进一步在图像分析/融合(Image Analysis/Fusion,IAF)领域用于尺度不变特征变换(Scale Invariant Feature Transform,SIFT)[12]。在 IAF 过程中,在一个视频场景流中,使用扩展卡尔曼滤波(Extended KF,EKF)算法,感兴趣对象的尺度不变特征可以被实时地提取与跟踪。

6.4.1 使用 PCA 系数进行图像融合

首先,源图像被排列为两个列向量。然后,数据被放于列向量中,得到 $n \times 2$ 维的矩阵 $\boldsymbol{Z}$。然后从数据矩阵 $\boldsymbol{Z}$ 的每一列中计算出每一列(均值向量 $\boldsymbol{M}$ 的维数是 2×1)的经验均值,并减去这个值,得到 $n \times 2$ 维的矩阵 $\boldsymbol{X}$。根据 $\boldsymbol{C} = \boldsymbol{X}^{\mathrm{T}}\boldsymbol{X}$ 计算矩阵 $\boldsymbol{C}$ 的协方差。计算特征向量 $\boldsymbol{V}$ 和特征值($\boldsymbol{D}$),把向量 $\boldsymbol{V}$ 以递减的顺序排列,$\boldsymbol{V}$ 和 $\boldsymbol{D}$ 都是 2×2 维的。然后用 $\boldsymbol{V}$ 的第一列(其对应于最大特征值)来计算 PC 中的 pc_1 和 pc_2,即

$$pc_1 = \frac{\boldsymbol{V}(1)}{\sum \boldsymbol{V}}, \quad pc_2 = \frac{\boldsymbol{V}(2)}{\sum \boldsymbol{V}} \tag{6.49}$$

可以看出 $pc_1 + pc_2 = 1$。那么,可以按照下面的融合规则/公式开进行图像融合:

$$\boldsymbol{I}_f = pc_1 \boldsymbol{I}_{\mathrm{mage1}} + pc_2 \boldsymbol{I}_{\mathrm{mage2}} \tag{6.50}$$

这说明,在图像融合中 PC 被当作权值使用,因此可以得到非常简单的平均加权融合规则。

6.4.2 使用 PCA 系数对模糊飞机图像进行图像融合:举例说明

在这一节,给出两对轻型运输飞机(Light Transport Aircraft,LAT)。使用 PCA 系数,利用它们的模糊图像(每一对中有一个)进行图像融合。使用 PCA(PCAimfuse_dem. m,见附录 D. 13)进行 MATLAB 编码的图像融合的结果见图 6.4 和图 6.5。在图 6.4 中,给出两个 LTA 中的图像对 1(saras51. jpg),上面的一个是模糊图像。图 6.4 中,还给出了相同飞机的图像对 2(saras52. jpg),其底部是模糊的图像。那么,运行 PCA 程序,在图 6.5 中给出融合的图像。可以看出,融合的图像对质量相当好,模糊几乎不见了。PCA 从原始的图像对(图像数据矩阵)中提取出最重要的信息/特征,因此融合也是相当精确的。

图 6.4　使用 PCA 进行图像融合的两组图像对的原始图像集
(a) 图像对 1—融合候选图像；(b) 图像对 2—融合候选图像。

图 6.5　使用 PCA 对原始图像对进行融合后的图像

6.5　离散余弦变换

图像分析/图像融合的另一种方法基于离散余弦变换(Discrete-Cosine Transform,DCT),也是图像融合中比较好用的一种方法。大的 DCT 系数集中在低频区域,这些区域有着良好的能量压缩特性。长度为 N 的一维信号 $x(n)$ 的 DCT 变换 $X(k)$ 为

$$X(k) = \alpha(k)\sum_{n=0}^{N-1} x(n)\cos\left(\frac{\pi(2n+1)k}{2N}\right), \quad 0 \leqslant k \leqslant N-1 \qquad (6.51)$$

其中

$$\alpha(k) = \begin{cases} \sqrt{1/N} & k = 0 \\ \sqrt{2/N} & k \neq 0 \end{cases} \qquad (6.52)$$

这里,n 为样本指数,k 为频率指数(归一化的)。式(6.51) 中,当 $k = 0$ 时,$X(0) = \sqrt{1/N}\sum_{n=0}^{N-1} x(n)$,它是图像信号 $x(n)$ 的均值,即我们常说的直流系数(Direct Coefficient,DC)。别的系数($X(k),k \neq 0$) 叫做交流系数(Alternative Coefficient,AC)。DCT 的逆变换为

$$x(n) = \sum_{k=0}^{N-1} \alpha(k)X(k)\cos\left(\frac{\pi(2n+1)k}{2N}\right), \quad 0 \leqslant n \leqslant N-1 \qquad (6.53)$$

式(6.51) 称为分析公式或者前向 DCT 变换,式(6.53) 称为合成公式或者逆 DCT 变换(IDCT)。正交基序列 $\cos((\pi(2n+1)k)/2N)$ 是实函数,代表了离散时间的(余弦) 正弦信号。尺寸为 $N_1 \times N_2$ 的图像信号 $x(n_1,n_2)$ 的二维离散余弦变换 $X(k_1,k_2)$ 为

$$X(k_1,k_2) = \alpha(k_1)\alpha(k_2)\sum_{n_1=0}^{N_1-1}\sum_{n_2=0}^{N_2-1} x(n_1,n_2)\cos\left(\frac{\pi(2n_1+1)k_1}{2N_1}\right)$$

$$\cos\left(\frac{\pi(2n_2+1)k_2}{2N_2}\right), \quad \begin{matrix} 0 \leqslant k_1 \leqslant N_1 - 1 \\ 0 \leqslant k_2 \leqslant N_2 - 1 \end{matrix} \qquad (6.54)$$

其二维的 IDCT 变换由下式给出:

$$x(n_1,n_2) = \sum_{k_1=0}^{N_1-1}\sum_{k_2=0}^{N_2-1} \alpha(k_1)\alpha(k_2)X(k_1,k_2)\cos\left(\frac{\pi(2n_1+1)k_1}{2N_1}\right)$$

$$\cos\left(\frac{\pi(2n_2+1)k_2}{2N_2}\right), \quad \begin{matrix} 0 \leqslant n_1 \leqslant N_1 - 1 \\ 0 \leqslant n_2 \leqslant N_2 - 1 \end{matrix} \qquad (6.55)$$

式中,$\alpha(k_1)$,$\alpha(k_2)$的定义见式(6.52)。

6.5.1 多分辨率 DCT

多分辨率(Multi-Resolution, MR) DCT,即多分辨率离散余弦变换(Multi-Resolution DCT,MDCT),和小波变换类似。通过对列方向进行 DCT 变换,把原始图像转换到频域[8,9]:①对前 50% 的点,即在 0 ~ 0.5π 区间上进行 IDCT 变换,获得低通图像 L;②对接下来的 50% 的点,即在 0.5π ~ π 区间进行 IDCT 变换,获得高通图像 H;③通过对行方向进行 DCT 变换,把子图像 L 变换到频域;④对前 50% 的点进行 IDCT 变换,获得低通图像 LL;⑤对于剩下的 50% 的点进行

IDCT 变换获得高通图像 LH;⑥通过进行行方向的 DCT 变换,把子图像 H 变换到频域;⑦对前 50% 的点进行 IDCT 变换,获得低通图像 HL;⑧对剩下 50% 的点进行 IDCT 变换,获得高通图像 HH。子图像 LL 包含了对应于多尺度分解的低频区域的平均图像信息,可以认为是源图像的平滑和子采样,是源图像的一种近似。根据空间定向的不同,子图像 LH、HL 和 HH 包含了源图像的方向性(水平的、垂直的和对角的)信息,是更加详细的子图像。从上一级分解中对低通(LP)系数(LL)递归地利用相同的算法,可以实现多分辨率的目的。用于图像分解(一级)的 MDCT 的 MATLAB 代码在附录 D. 16 中给出。通过对上面的描述过程进行一种逆变换,可以进行图像的重建。用于图像重建的 IMDCT 的 MATLAB 代码在附录 D. 17 中给出。

6.5.2 多传感器图像融合

基于 MDCT 的像素级图像融合可以如下进行[8,9]:①使用 MDCT 把配准的图像 Image1 和 Image2 分解成 $D(d=1,2,\cdots,D)$ 级;②分解的结果图为 $\boldsymbol{I}_{\text{mage1}}\rightarrow\{{}^1LL_D,\{{}^1LH_d,{}^1HH_d,{}^1HL_d\}_{d=1,2,\cdots,D}\}$ 和 $\boldsymbol{I}_{\text{mage2}}\rightarrow\{{}^2LL_D,\{{}^2LH_d,{}^2HH_d,{}^2HL_d\}_{d=1,2,\cdots,D}\}$;③对于每一级分解,融合规则为:选择两个 MDCT 系数中绝对值更大的那个,因为这些系数对应于亮度变化更剧烈的部分,如边缘和物体边界。在最粗糙的一级($d=D$)里,融合规则为对 MDCT 逼近系数求平均,因为在这一级里这些系数是对原始图像的平滑和子采样结果。融合规则如下[7]:

$$ {}^fLH_d=\begin{cases}{}^1LH_d & |{}^1LH_d|\geqslant|{}^2LH_d|\\ {}^2LH_d & |{}^1LH_d|<|{}^2LH_d|\end{cases} \tag{6.56} $$

$$ {}^fHH_d=\begin{cases}{}^1HH_d & |{}^1HH_d|\geqslant|{}^2HH_d|\\ {}^2HH_d & |{}^1HH_d|<|{}^2HH_d|\end{cases} \tag{6.57} $$

$$ {}^fHL_d=\begin{cases}{}^1HL_d & |{}^1HL_d|\geqslant|{}^2HL_d|\\ {}^2HL_d & |{}^1HL_d|<|{}^2HL_d|\end{cases} \tag{6.58} $$

$$ {}^fLL_d=0.5({}^1LL_d+{}^2LL_d) \tag{6.59} $$

使用 IMDCT 进行图像融合,可得融合后的图像为

$$ \boldsymbol{I}_{\text{magef}}\leftarrow\{{}^fLL_D,\{{}^fLH_d,{}^fHH_d,{}^fHL_d\}_{d=1,2,\cdots,D}\} \tag{6.60} $$

附录 D. 18 给出了图像融合的 MATLAB 编码。

6.6 小波变换:理论简介

大多数时域信号作为动态系统的响应或者独立信号出现,正如时间序列信

号含有隐藏的频谱信息。从根本上说，信号频谱是该信号的频率分量（谱分量）。对时域信号进行傅里叶变换（Fourier Transform，FT）可以说明这一点。因此，FT 变换是信号（REUD 信号）的一种数学变换方法，可以用来获得不能立即在原始信号中看出来的信息[7,9]。WT 作为 FT 的一种扩展方法或备选方法，它提供了一种时域—频域的表达形式。在 FT 中，时间信息没有给出来，然而在 WT 中，同时给出了时间域和频率域的信息。一个时域的原始信号可以是经过各种高通（High Pass，HP）和低通（Low Pass，LP）滤波器滤出的原始信号的高频或低频部分。每进行一次滤波，对应于一些频率的信号成分就被从原始信号中滤掉了，当重复进行 LP/HP 操作，我们就得到了原始信号的子集。这个过程会得到一批子信号，它们事实上表征了同一信号的不同频带。于是，我们得到一幅三维图，一个坐标轴代表时间，一个坐标轴表示频率，第三个坐标轴表示幅度。这个三维图给我们展示出在哪个时间里存在何种频率，更确切地说，在哪一时间段里出现什么频带。如果进行更精细的划分，我们可以得到这个频率变换信号更高分辨率。短时傅里叶变换（Short-Term Fourier Tranform，STFT）在所有时间里给的是固定的分辨率。

WT 旨在提供可变的分辨率：①高的频率更易在时间上分辨；②低的频率更易在频率上分辨。这意味着，对于在时间上进行定位，高频分量比低频分量的相对错误要少。然而在频率上进行定位，低频分量比高频分量要更好[9]。在小波分析中，信号和一个小波函数（与 STFT 的窗函数类似）相乘，然后在时域信号的不同段上分别进行小波变换。小波变换信号本身也是一个具有两个变量的函数，即平移参数和尺度参数。变换函数称作母小波，它表示此函数长度有限。“母”说明了在小波变换中使用的不同支撑区域的函数都来自于同一个主函数。“平移”说明了窗口的位置，窗口在信号中移动。它与时域中的时间信息相对应。尺度参数定义为 $1/f$（频率）。小波变换广泛应用在图像处理中，因为 WT 对一幅图像用双正交基进行多分辨率分解，这些正交基就是小波。通过对信号进行小波分析，该信号就在其所选的母小波或母函数 $\psi(t)$ 上进行了尺度（扩张/膨胀）变换或移动（平移）。于是，小波在有限的时间段中进行生长或产生退化，小波还应该满足以下性质：

（1）时间积分性质：

$$\int_{-\infty}^{\infty} \psi(t)\,\mathrm{d}t = 0 \tag{6.61}$$

（2）小波平方的时间积分性质：

$$\int_{-\infty}^{\infty} \psi^2(t)\,\mathrm{d}t = 1 \tag{6.62}$$

在小波函数基上进行一维信号 $f(x)$ 的小波变换为

$$W_{a,b}(f(x)) = \int_{x=-\infty}^{\infty} f(x)\psi_{a,b}(x)\mathrm{d}x \tag{6.63}$$

对母小波进行平移和膨胀运算,得到

$$\psi_{a,b}(x) = \frac{1}{\sqrt{a}}\psi\left(\frac{x-b}{a}\right) \tag{6.64}$$

对于离散小波变换,膨胀因子为 $a=2^m$,平移因子 $b=n2^m$,其中 m 和 n 都是整数。

6.6.1 在图像融合中利用小波变换进行图像分析

小波变换分别在垂直和水平方向上对二维图像进行滤波和降采样。例如,在水平方向上对输入图像 $I_{\text{mage}}(x,y)$ 用低通滤波器 L 和高通滤波器 H 进行滤波[9]。图像信号进行 2 倍降采样,来产生系数矩阵 $I_{\text{mage}L}(x,y)$ 和 $I_{\text{mage}H}(x,y)$。这些系数矩阵进一步在垂直方向上进行低通滤波和高通滤波,并进行 2 倍降采样,来产生子带(子图像):$I_{LL}(x,y)$,$I_{LH}(x,y)$,$I_{HL}(x,y)$ 和 $I_{HH}(x,y)$。子带 $I_{LL}(x,y)$ 具有与多尺度分解的低频带相关的平均图像信息,可以看作为源图像 $I_{\text{mage}}(x,y)$ 的平滑和降采样,它代表了源图像 $I_{\text{mage}}(x,y)$ 的一种近似。$I_{LH}(x,y)$、$I_{HL}(x,y)$ 和 $I_{HH}(x,y)$ 是更精细的子图像,根据空间定向的不同,它们包含了源图像 $I_{\text{mage}}(x,y)$ 的方向(水平、垂直、对角线)的信息。使用 LP/HP 滤波器对每一个子图像进行列方向采样和滤波,即进行二维小波逆变换(IWT),就可以利用子图像 $I_{LH}(x,y)$、$I_{HL}(x,y)$ 和 $I_{HH}(x,y)$ 来重建源图像 $I_{\text{mage}}(x,y)$[4]。为了重建图像 $I(x,y)$,就要使用生成图像和所有矩阵之和的 LP/HP 滤波器进行行方向采样和滤波。在进行图像分解/分析和图像重建/合成时,其正向过程和逆过程所用到的 LP/HP 滤波器的有限冲击响应(FIR)滤波系数($H(n)/L(n)$)应该满足以下条件[9]:

$$\begin{cases} \sum_{n=1}^{m} H(n) = \sum_{n=1}^{m} \tilde{H}(n) = 0 \\ \sum_{n=1}^{m} L(n) = \sum_{n=1}^{m} \tilde{L}(n) = \sqrt{2} \\ \tilde{H}(n) = (-1)^{n+1}L(n) \\ \tilde{L}(n) = (-1)^{n}H(n) \\ H(n) = (-1)^{n}L(m-n+1) \end{cases} \tag{6.65}$$

式中:m 为滤波器中系数的个数;n 为滤波系数的索引;$\boldsymbol{L}$ 和 $\boldsymbol{H}$ 分别为在图像分解中使用的 LP/HP 滤波器分子系数向量;$\tilde{\boldsymbol{L}}$ 和 $\tilde{\boldsymbol{H}}$ 分别为在图像重建中使用的

LP/HP 滤波器分子系数向量。用小波变换进行图像融合时,在需求等级上,利用 DWT 变换,源图像 $I_{mage1}(x,y)$ 和 $I_{mage2}(x,y)$ 被分解成(小波变换的)逼近和细化的系数。那么,使用合适的融合规则,把两幅图像的系数进行合并。最后,进行 IDWT 变换得到融合图像:

$$I_{magef}(x,y) = IDWT[f\{DWT(I_{mage1}(x,y)),DWT(I_{mage2}(x,y))\}] \quad (6.66)$$

式(6.66)中,f 表示融合规则。一种简单的融合规则是对逼近系数求平均,在每个子带中选择最重要的系数,然后对最终的融合系数进行 IDWT 操作,得到融合图像。

6.6.2 举例说明:使用 WT 系数对模糊的飞机图像进行图像融合

本节研究(和第 6.2.1 节中)同一对轻型运输飞机(LTA)的图像。我们使用运输飞机的模糊图像(每一对图像中有一幅模糊图像),对其进行小波变换,研究其图像融合。使用 WT 变换进行图像融合的 MATLAB 程序(vpnwtfuseL 1demo,见附录 D.14)的运行结果见图 6.6 ~ 图 6.9。在图 6.6 中,给出了两个 LTA 中的图像对 1(saras91.jpg),其中上部的飞机图像十分模糊。同样,在图 6.7 中,给出了相同飞机的图像对 2(saras92.jpg),其底部的飞机图像十分模糊。然后运行 WT 程序,图 6.8 给出了最终的融合图像。从图 6.8 可以看出,融合后的图像相当好,模糊成分几乎消失了。WT 从原始图像对(图像 - 数据矩阵)中提取最重要和最显著的信息/特征,因此融合结果十分精确。图 6.9 给出了误差 - 图像对,它代表了正确图像对 saras9t.jpg 和图 6.8 中融合后的图像对之间的差别。

图 6.6 使用 WT 变换进行融合的候选图像对 1

图 6.7　使用 WT 变换进行融合的候选图像对 2

图 6.8　小波变换分析得到的融合图像

图 6.9　WT 变换的误差图像对

6.7 使用 ICA 和 WT 进行图像融合的一种方法

使用 ICA 和 WT 进行图像融合的思想是:对 WT 变换后的图像进行 ICA 分解,并对分解结果进行合并[2]。WT 在多分辨率分析过程中使用非常普遍,它尤其适用于图像融合。首先,使用二维 DWT 进行多子带图像提取。这些子带包含了对输入图像的粗近似,以及原始图像在各种尺度上水平的、垂直的和对角线的细节。然后,从这些子带中提取出 IC 特征。在前面的章节里可以看到,对数据/图像源进行分离还有其他的方法,它就是 ICA。ICA 是一种基于高阶统计特性的分析工具:ICA 对输入图像去相关,并且降低高阶统计的依赖性。ICA 方法可用于对内含景色的自然图像进行边缘检测。严格地说,ICA 可以看作是一种统计的计算模型,它对多维数据进行线性变换来说明信号的谱特征。它还用于揭示在信号/测量/时间序列数据中的隐藏要素。从 ICA 模型中可以看出,数据变量假定为一些未知的隐藏变量的线性或非线性交织组合,这种交织系统/混合器模型也是未知的。下面给出一种简单的使用 WT 和 ICA 方法进行图像融合的过程:

(1) 对每一幅原始的输入图像(它们是用来进行图像融合的后备图像)进行分解,得到四种分辨率的子带图像:A、H、V 和 D。使用 DWT 对每一个通道的图像进行处理,将其分解成不同频率范围的子图像。它们分别代表了:原始图像的近似图像(A)以及在水平(H)、垂直(V)和对角线(D)方向上的详细信息。

(2) 在这些图像的子空间使用 ICA 方法来提取其独立成分。在每一幅子图像里分别进行 ICA 操作,提取 IC。

(3) 然后,对 IC 进行分析,剔除和噪声相关的 IC。

(4) 与原始图像相关的 IC 用于获取/重建子图像。

(5) 接着,把矩阵 $\boldsymbol{A}$ 作为 IC 图像基的加权系数。

(6) 然后,根据矩阵 $\boldsymbol{A}$ 对图像基进行融合。

(7) 最后使用逆 DWT 变换得到融合图像。

6.8 非线性 ICA 和 PCA

本节讨论非线性独立成分分析(Non-linear Independent Component Analysis,NICA)和非线性主成分分析(Non-linear Principal Component Analysis,NPCA)方法。关于非线性独立成分(Non-linear Independent Component,NIC)和非线性主成分(Non-linear Principal Components,NPC)有很多定义,它们在数据-图像-分析与融合领域开启了一些可能性。从数据/图像中获取到的信息比较复杂,在

这种情况下，某些非线性函数比线性函数/方法的使用效果更好。

6.8.1 非线性 ICA

NICA 方法更加先进也相当复杂。非线性混合器模型如下：

$$\boldsymbol{X}_j = f_j\left\{ \sum_{i=1}^{n} a_{ji}\boldsymbol{S}_i \right\} = f_j(A\boldsymbol{S}) \tag{6.67}$$

其中，f 是关于混合器模型 A 的一个非线性函数。假设系统算子的类存在，其中 F 是一个群元素。那么可分离的 ICA 模型也存在。把 F 记为函数 $f(\boldsymbol{S}) = \{f_1(\boldsymbol{S}), f_2(\boldsymbol{S}), \cdots, f_p(\boldsymbol{S})\}$。式中，每一个函数 f' 是 $\boldsymbol{S}$ 的一个群作用。从连续递增函数中可以建立这种群作用。通过几步组合与分解把这些函数联系起来。多个非线性函数可以得到多分辨率。其他的非线性的降维方法[13]有香农信息理论、奇异值分解(SVD)、多维尺度分析和自组织映射。

6.8.2 非线性 PCA

我们知道，PC 建立在变量 $\boldsymbol{X}$(数据矩阵)的特征值(EVA)和特征向量(EVE)的基础上。对于非线性情况，应该选取 $x(j=1,2,\cdots,p)$ 的实值非线性函数 f_i。对协方差矩阵 $\boldsymbol{f}(x) = \{f_1(x), f_2(x), \cdots, f_p(x)\}$ 执行 PCA 操作。$\boldsymbol{f}$ 的协方差为 $\mathrm{cov}(f,f)$，相应的特征系统(Eigen System, ES)为 $(\boldsymbol{\lambda}_1, \boldsymbol{v}_1), \cdots, (\boldsymbol{\lambda}_p, \boldsymbol{v}_p)$，其中特征值按照递减的顺序排列。然后，可以得到非线性的主元集合，为 $\boldsymbol{U} = \{u_1, u_2, \cdots, u_p\}$，其中第 j 个 NPC 为

$$\boldsymbol{u}_j = \sum_{i=1}^{p} \boldsymbol{v}_{j,i} f_i(\boldsymbol{x}) = \boldsymbol{v}_j^{\mathrm{T}} f(\boldsymbol{x}) \tag{6.68}$$

如果 $f(x)=x$，我们得到线性的 PC。同时，可获得二次非线性函数和相应的 PC。还可以获得正交变换矩阵 $\boldsymbol{T}$，其表达式为 $f(\boldsymbol{Tx}) = \boldsymbol{W}f(\boldsymbol{x})$，从而可以看出这种变换对结果的影响。在使用变换的图像进行分析和融合的时候，这种技巧就非常有用。还可以使用 L-2 范数，定义如下所示的目标函数：

$$J(\boldsymbol{W}) = E\left\| \boldsymbol{x} - \boldsymbol{W}f(\boldsymbol{W}^{\mathrm{T}}\boldsymbol{x}) \right\| \tag{6.69}$$

为了确定 W，对代价函数 J 进行最小化，我们可以到到计算 W 的递归规则。使用序贯优化方法，对第一个 PC 可以得到下面的公式：

$$w_1 = \arg\max \mathrm{Var}(f(\boldsymbol{w}^{\mathrm{T}}\boldsymbol{x})) \tag{6.70}$$

利用正交条件，可以相应确定出其他成分。

6.9 图像融合的曲波变换

在各种遥感应用中[6,7]，我们常常需要对高光谱/低空间分辨率和低光谱/

高空间分辨率图像进行融合。在图像融合中,WT 方法可以为融合图像提供高质量的谱成分,但是用一些基于 WT 的方法进行图像融合的结果,其空间分辨率低于使用 Brovey、强度 - 色调 - 饱和度(HIS)和 PCA 融合方法得到的分辨率[6]。另外,可以使用曲波变换(Curvelet Transform,CT)进行图像融合,CT 方法比 WT 方法在提取边缘的效果上更好。由于边缘在图像(特征)中扮演了重要的角色,基于 CT 的图像融合同时在空间域和频谱域提供了更加丰富的信息。在一些遥感应用中,融合图像的空间信息和谱信息都十分重要。基于脊波变换(Ridgelet Transform,RT)和 CT 的多尺度系统的方法和 WT 方法有所不同。RT 和 CT 方法采取了基要素的形式,而这些基要素展现出非常高的方向敏感度。CT 比 WT 更好地表征边缘信息,更加适合多尺度边缘增强。CT 还能提供和原始多光谱图像一样的颜色。

CT 方法建立在将整个图像划分成几个小的重叠片基础上,然后在每一片上进行 RT 变换,目的是通过使用小的直线段来近似曲线段,重叠片可以避免边缘的影响[7]。RT 变换本身是一种一维的 WT 变换,这种 WT 变换用于对每一片进行 Rdaon 变换(RnT),它可以作为形状检测的工具,其检测过程和流程如下:启动 WT→图像片→RnT 变换→一维 WT(后两种,RnT 和一维 WT 是 RT 变换的两个方面)。由于 CT 能够处理弯曲的形状,它在医疗图像融合中非常有用。在子带中,图像滤波被分解成可加的成分,每一种成分是图像的一个子带。这就在不欠采样的情况下把图像的不同频率成分分离到不同的平面上。在进行分块的过程中,图像被分成交叠的片,这些片的维度很小,可以把子带中的曲线变成小的直线,CT 使用这样的方法就增强了处理这样边缘的能力。

RT 属于使用特定基函数进行离散变换的一种方法,可以看作是在 Radon 域(RnD)(RnT 用来进行形状检测)上的小波分析方法。因此,RT 是对图像中的目标进行脊检测/形状检测的一种工具。RT 基函数为

$$\Psi_{a,b,\theta}(x_1,x_2)=a^{-0.5}\Psi\{(x_1\cos\theta+x_2\sin\theta-b)/a\};\quad a>0,b\in R,\theta\in[0,2\pi) \tag{6.71}$$

式(6.71)中永远包含一条直线$(x_1\cos\theta+x_2\sin\theta)=\text{constant}$,一幅图像的脊系数(Ridge - let - Coefficients,RC),$I(x,y)$由下面的公式给出:

$$R_I(a,b,\theta)=\int_{-\infty}^{\infty}\int_{-\infty}^{\infty}\Psi_{a,b,\theta}(x,y)I(x,y)\,\mathrm{d}x\mathrm{d}y \tag{6.72}$$

式(6.72) 中的 RT 变换是可逆的,可以使用下面的逆变换来进行图像重建[7]:

$$I(x,y)=\int_0^{2\pi}\int_{-\infty}^{\infty}\int_0^{\infty}\{R_I(a,b,\theta)\Psi_{a,b,\theta}(x,y)\,\mathrm{d}a\mathrm{d}b\mathrm{d}\theta\}/4\pi a \tag{6.73}$$

RnT 变换由下面的式子给出:

$$R_I(\theta,t) = \int_{-\infty}^{\infty}\int_{-\infty}^{\infty} I(x,y)\delta(x\cos\theta + y\sin\theta - t)\mathrm{d}x\mathrm{d}y \tag{6.74}$$

RT 变换可以用下面的式子通过 RnT 变换表示出来：

$$R_I(a,b,\theta) = \int_{-\infty}^{\infty} R_I(\theta,t)a^{-0.5}((t-b)/a)\mathrm{d}t \tag{6.75}$$

因此，RT 是一维 WT 算法在 RnT 上的应用，其中角变量为常数，t 是变化的量。通过对 RnT 和 WT 进行离散变换，可以对 RT 进行离散化处理。

把图像分解成子图像，通过 WT 变换可以改变子图像的大小。然后对每一个子图像进行局部 CT 变换。由于尺度的变化，子模块互不相同。使用 CT 对两幅图像进行融合的步骤为：①对原始图像重抽样和图像匹配，来校正任何畸变，这样它们有相似的概率密度函数，然后具有相似成分的 WT 系数保持大小不变；②使用 WT 变换把原始图像分解成合适的级别，即一个低频的近似成分和三个高频细节成分；③对这些成分进行 CT 变换，获取 CT；④选择局部区域变量对低频成分进行清晰度测量。

6.10 使用多分辨率奇异值分解进行图像融合

前面介绍过，多传感器图像融合（Multi-Sensory Image Fusion，MSIF）是对来自于同一地点拍摄的几幅图像（或使用不同图像传感器获得的图像）的信息进行融合的一种技术，以获得一幅融合的、完整的图像，它包含了来自于这些原始图像最好的信息。MSIF 的基本面是对灰度级配准的图像逐像素求均值，然而这种方法会带来不好的效果，降低了特征对比度。这一节，我们讨论基于多分辨率奇异值分解（MR Singular Value Decomposition，MRSVD）的 MSIF 方法[14]。

6.10.1 多分辨率奇异值分解

令 $\boldsymbol{X}=[x(1),x(2),\cdots,x(N)]$ 表示一些图像数据/一个一维长度为 N 的信号，N 可分解为 $2^K,K\geqslant 1$。对样本按照这样的方式进行重新排列：顶部的行包含了编号为奇数的样本，下面的行包含了编号为偶数的样本。那么，合成矩阵/数据矩阵为

$$\boldsymbol{X}_1 = \begin{bmatrix} x(1) & x(3) & \cdots & x(N-1) \\ x(2) & x(4) & \cdots & x(N) \end{bmatrix} \tag{6.76}$$

令矩阵 $\boldsymbol{T}_1$ 为

$$\boldsymbol{T}_1 = \boldsymbol{X}_1\boldsymbol{X}_1^{\mathrm{T}} \tag{6.77}$$

同样，令 $\boldsymbol{V}_1$ 是特征向量矩阵，把 $\boldsymbol{T}_1$ 放在对角线矩阵上，如下所示：

$$\boldsymbol{V}_1^{\mathrm{T}}\boldsymbol{T}_1\boldsymbol{V}_1 = \boldsymbol{S}_1^2 \tag{6.78}$$

矩阵 $\boldsymbol{S}_1^2 = \begin{bmatrix} s_1(1)^2 & 0 \\ 0 & s_2(2)^2 \end{bmatrix}$包含了奇异值的平方，其中 $s_1(1) > s_2(2)$。基本上来说，对角线元素是特征值。

令 $\hat{\boldsymbol{X}}_1 = \boldsymbol{V}_{-1}^{\mathrm{T}}\boldsymbol{X}_1$，有

$$\boldsymbol{X}_1 = \boldsymbol{V}_1\hat{\boldsymbol{X}}_1 \tag{6.79}$$

$\hat{\boldsymbol{X}}_1$ 顶部的行，记为 $\hat{\boldsymbol{X}}_1(1,:)$，包含了对应于最大特征值的近似成分；底部的行，记为 $\hat{\boldsymbol{X}}_1(2,:)$，包含了和最小特征值对应的细节成分。令 $\boldsymbol{\Phi}_1 = \hat{\boldsymbol{X}}_1(1,:)$、$\boldsymbol{\Psi}_1 = \hat{\boldsymbol{X}}_1(2,:)$分别代表上述近似成分和细节成分。通过把近似成分 $\boldsymbol{\Phi}_1$ 代替 $\boldsymbol{X}$，重复进行逐级分解过程，对这个过程递归 K 次。令 $\boldsymbol{\Phi}_0(1,:) = X$，近似过程的初始化即为原始的数据－信号。对于每一级 l，近似成分向量 $\boldsymbol{\Phi}_l$ 有 $N_l = N/2^l$ 个元素，其表达式如下：

$$\boldsymbol{\Phi}_l = [\phi_l(1), \phi_l(2), \cdots, \phi_l(N_l)] \tag{6.80}$$

对于 $l = 1, 2, \cdots, K-1$ 来说，第 K 级的 MRSVD 如下：

$$\boldsymbol{X}_l = \begin{bmatrix} \phi_{l-1}(1) & \phi_{l-1}(3) & \cdots & \phi_{l-1}(2N_l - 1) \\ \phi_{l-1}(2) & \phi_{l-1}(4) & \cdots & \phi_{l-1}(2N_l) \end{bmatrix} \tag{6.81}$$

$$\boldsymbol{T}_l = \boldsymbol{X}_l\boldsymbol{X}_l^{\mathrm{T}} = \boldsymbol{V}_l\boldsymbol{S}_l^2\boldsymbol{V}_l^{\mathrm{T}} \tag{6.82}$$

其中，奇异值排列为 $s_l(1) \geqslant s_l(2)$

$$\hat{\boldsymbol{X}}_l = \boldsymbol{V}_l^{\mathrm{T}}\boldsymbol{X}_l \tag{6.83}$$

$$\boldsymbol{\Phi}_l = \hat{\boldsymbol{X}}_l(1,:) \tag{6.84}$$

$$\boldsymbol{\Psi}_l = \hat{\boldsymbol{X}}_l(2,:) \tag{6.85}$$

一般而言，存储最低分辨率近似成分向量 $\boldsymbol{\Phi}_L$、细节成分向量 $\boldsymbol{\Psi}_l(l = 1, 2, \cdots, L)$和特征向量矩阵 $\boldsymbol{V}_l(l = 1, 2, \cdots, L)$就足够了。然后，MRSVD 可以写为

$$\boldsymbol{X} \to \{\boldsymbol{\Phi}_L, \{\boldsymbol{\Psi}_l\}_{l=1}^{L}, \{\boldsymbol{V}_l\}_{l=1}^{L}\} \tag{6.86}$$

由于这个步骤是可逆的，原始信号 X 可以通过等式右边的部分进行重建。

上面讨论的一维 MRSVD 很容易扩展到二维 MRSVD，甚至扩展到更高的维度上。首先，把大小为 $M \times N$ 的图像 X 分解成非交叠的 2×2 块，通过把每一块的各列叠起来，把每一块排列成 4×1 的向量。这些块可以转置成光栅扫描行的形式，或者从下往上、从右往左进行处理。4×4 的散射矩阵的特征分解为

$$\boldsymbol{T}_1 = \boldsymbol{X}_1\boldsymbol{X}_1^{\mathrm{T}} = \boldsymbol{V}_1\boldsymbol{S}_1^2\boldsymbol{V}_1^{\mathrm{T}} \tag{6.87}$$

其中，奇异值按照递减的顺序排列 $s_1(1) \geqslant s_2(2) \geqslant s_3(3) \geqslant s_4(4)$。

令 $\hat{\boldsymbol{X}}_1 = \boldsymbol{V}_1^{\mathrm{T}}\boldsymbol{X}_1$，$\hat{\boldsymbol{X}}_1$ 的第一行对应于最大特征值，并且作为近似成分。剩下的行包含了图像中与边缘/纹理相对应的细节分量。每一行的元素重新排列成 $M/2 \times N/2$ 的矩阵。对于下一级的分解，令把 $\hat{\boldsymbol{X}}_1(1,:)$ 的元素先取前 $N/2$ 个作为第一列，再取接下来的 $N/2$ 个作为第二列，依此类推，把 $\hat{\boldsymbol{X}}_1(1,:)$ 重新排列成 $M/2 \times N/2$ 的矩阵，记为 $\boldsymbol{\Phi}_1$。同样，把 $\hat{\boldsymbol{X}}_1(2,:)$，$\hat{\boldsymbol{X}}_1(3,:)$，$\hat{\boldsymbol{X}}_1(4,:)$ 重新排列成 $M/2 \times N/2$ 的矩阵，并分别记为 $\boldsymbol{\Psi}_1^V$，$\boldsymbol{\Psi}_1^H$，$\boldsymbol{\Psi}_1^D$。接着，按照上面的方法进行下一级分解，其中把 $\boldsymbol{X}$ 换成 $\boldsymbol{\Phi}_1$。全部 L 级分解由下式给出：

$$\boldsymbol{X} \to \{\boldsymbol{\Phi}_L, \{\boldsymbol{\Psi}_1^V, \boldsymbol{\Psi}_1^H, \boldsymbol{\Psi}_1^D\}_{l=1}^{L}, \{\boldsymbol{U}_l\}_{l=1}^{L}\} \tag{6.88}$$

上面的步骤是可逆的，所以从等式右边可以对图像 $\boldsymbol{X}$ 进行重建。图 6.10 给出了三级分解的二维的 MRSVD 结构[14]。

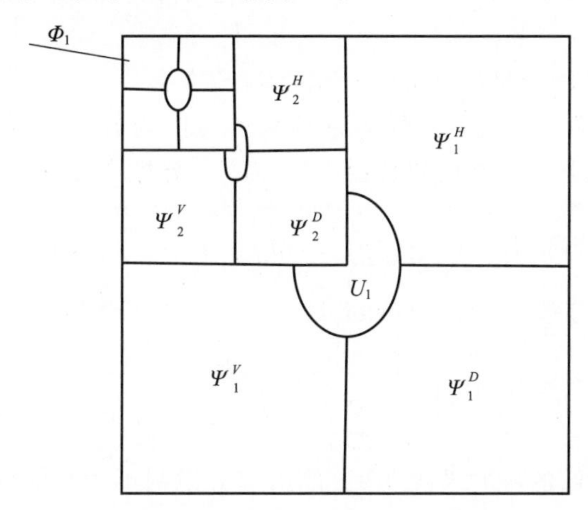

图 6.10 MRSVD 图像融合过程

6.10.2 使用 MRSVD 进行图像融合：举例说明

图 6.11 给出了 MRSVD 图像融合的过程。使用 MRSVD 对图像 I_1 和 I_2 进行 $L(l=1,2,\cdots,L)$ 级分解。对于每一级 $(l=1,2,\cdots,L)$ 分解来说，融合规则是从两个 MRSVD 细节系数中选取较大的那个绝对值[14]。因为细节系数对应于图像中强烈的亮度变化，比如边缘和目标边界，这些系数在 0 左右波动。在最粗的级别 $(l=L)$，融合规则为对 MRSVD 近似系数取平均值，因为在这一级，近似系数是原始图像的平滑和子样。与此相似，在 $(l=1,2,\cdots,L)$ 级分解中，融合规则对 MRSVD 的两个特征矩阵求平均值。融合图像 I_f 通过下面的表达式得到：

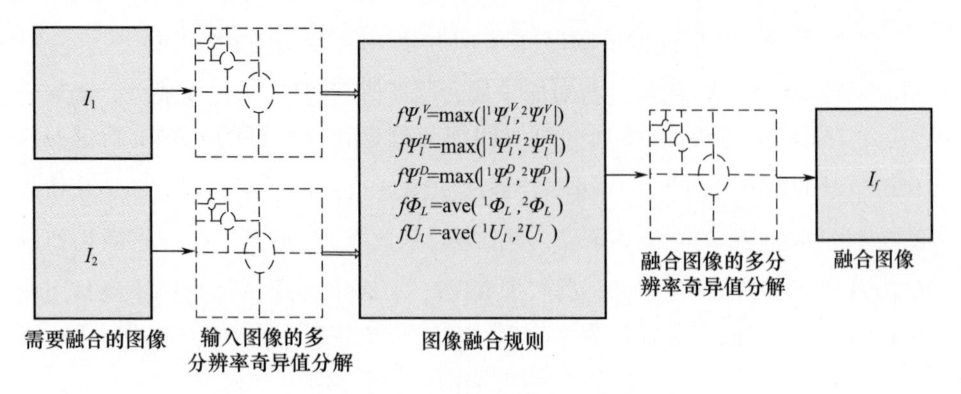

图 6.11 MRSVD 图像融合步骤

$$I_f \leftarrow \{{}^f\boldsymbol{\Phi}_L,\{{}^f\boldsymbol{\Psi}_1^V,{}^f\boldsymbol{\Psi}_1^H,{}^f\boldsymbol{\Psi}_1^D\}_{l=1}^L,\{{}^f\boldsymbol{U}_l\}_{l=1}^L\} \tag{6.89}$$

如果有参考图像,那么可以使用下面的度量方法对图像融合的效果进行评估[14]:

(1) 均方差(Root Mean Square Error,RMSE):

计算参考图像 I_r 和融合图像 I_f 对应像素点的均方差。当参考图像和融合图像非常像的时候,其计算结果接近于0,随着差异性增加,计算值也变大。

$$\mathrm{RMSE} = \sqrt{\frac{1}{MN}\sum_{x=1}^{M}\sum_{y=1}^{N}(I_r(x,y) - I_f(x,y))^2} \tag{6.90}$$

(2) 逆融合方差(Inverse Fusion Error Square,IFES):

$$\mathrm{IFES} = 20\lg\left(\frac{L^2}{\frac{1}{MN}\sum_{x=1}^{M}\sum_{y=1}^{N}(I_r(x,y) - I_f(x,y))^2}\right) \tag{6.91}$$

其中,L 为图像的灰度级数。IFES 的值越大说明了融合的越好。在图像融合的著作中,这个规则也称为 PSNR(峰值信噪比),虽然这个词用起来不太恰当。

(3) 频谱信息散度(Spectral Information Divergence,SID):

$$\mathrm{SID}(I_t,I_f) = I_t\log(I_t/I_f) + I_f\log(I_f/I_t) \tag{6.92}$$

I_t 和 I_f 的值在 0 和 1 之间。理想的值为 0,当频谱发散的时候,其值增大。

当无法获取参考图像时,使用下面的度量方法[14]:

(1) 标准差(Standard Deviation,SD):

$$\sigma = \sqrt{\sum_{i=0}^{L}(i-\bar{i})^2 h_{I_f}(i)},\quad \bar{i} = \sum_{i=0}^{L} i h_{I_f} \tag{6.93}$$

其中,$h_{I_f}(i)$ 为融合图像 $I_f(x,y)$ 归一化的灰度直方图。在无噪的图像中,这种度量规则更加有效。它对融合图像的对比度进行测量。高对比度的融合图像应该有大的 SD 值。

(2) 空间频率：

空间频率(Spatial Frequency,SF) 可以通过下式计算：

$$\mathrm{SF} = \sqrt{RF^2 + CF^2} \tag{6.94}$$

其中,行频率为

$$\mathrm{RF} = \sqrt{\frac{1}{MN}\sum_{x=1}^{M}\sum_{y=2}^{N}(I_f(x,y) - I_f(x,y-1))^2}$$

列频率为

$$\mathrm{CF} = \sqrt{\frac{1}{MN}\sum_{x=2}^{M}\sum_{y=1}^{N}(I_f(x,y) - I_f(x-1,y))^2}$$

SF 反映了融合图像总的活动水平,活动水平高的融合图像,其 SF 值也大。

给出一幅轻型运输飞机图像,把它看作参考图像 I_r,来对前面提出的融合算法性能进行评估。见图 6.4,给出互补的飞机图像(数据集 1)对,输入图像 I_1 和 I_2。表 6.1 中给出使用 MRSVD 算法行图像融合性能度量效果的数值解。从表中可以看出,使用 MRSVD 方法,得到了满意的融合效果。

表 6.1　性能度量的数值解:数据集 1

分解级别	有参考图像			没有参考图像	
	均方差	频谱信息散度	逆融合差	标准差	空间频率
$L=1$	10.134	~0.0	38.107	52.454	15.123
$L=2$	8.584	0.04	38.828	53.560	18.059

练习

6.1 为什么把 CA 称作盲源分离问题?

6.2 关于投影,ICA 做了哪些工作?

6.3 ICA 有哪些应用?

6.4 ICA 可以看作一个识别系统/参数估计和优化问题吗?

6.5 IC 是什么意思?

6.6 ICA 中,中心极限定理如何使用?

6.7 NG 性能是如何测定的?

6.8 ICA 方法中,我们实际上在寻找什么?

6.9 ICA 方法中,我们想要找到在 x 为常量的约束条件下线性变换 $y = Wx$ 的非高斯局部最大值,那么每一个局部最大值是什么?

6.10 对 ICA 来说,我们寻找相互之间独立性最大的方向,那么对于 PCA,我们寻找什么呢?

6.11 IC 给出的假设条件,对于 PCA 是必需的吗?

6.12 FT、短时 FT 和 WT 的最重要的区别是什么?

6.13 图像融合中,CT 相较其他变换有何优点?

参考文献

1. Aapo, H. and Oja, E. Independent component analysis: Algorithms and applications. Neural Networks, 13(4 – 5), 411 – 430, 2000.
2. Maokuan, Li. and Jian, G. Pixel level image fusion based on ICA and wavelet transform. http://read.pudn.com/downloads135/sourcecode/others/577277/ICA% 20and% 20Wavelet% 20Transform.pdf, accessed April 2013.
3. Mitianoudis, N. and Stathaki, T. Pixel – based and region – based image fusion schemes using ICA bases. Information Fusion, 8(2), 131 – 142, 2007.
4. Shlens, J. A tutorial on principal component analysis. http:// www.snl.salk.edu/ ~ shlens/pca.pdf, accessed April 2013.
5. Smith, L. I. A tutorial on principal components analysis. 26 February 2002, http://ww.cs.otago.ac.nz/cosc 453/student_tutorials/principal_components.pdf, accessed November 2012.
6. Choi, M., Young Kim, R., NAM, M. – R. and Kim, H. O. The curvelet transform for image fusion. http:// www.isprs.org/ proceedings/ XXXV/ congress/ yf/papers/ 931.pdf, accessed April 2013.
7. Mamatha, G. and Gayatri, L. An image fusion using wavelet and curvelet transforms. Global Journal of Advanced Engineering Technologies, 1(2), 2012(ISSN: 2277 – 6370).
8. Raol, J. R. and Gopal, A. K. (Eds.) Mobile Intelligent Autonomous Systems. CRC Press, FL, 2012.
9. Raol, J. R. Multisensor Data Fusion with MATLAB. CRC Press, FL, 2010. 278 Data Fusion Mathematics.
10. Raol, J. R., Girija, G. and Singh, J. Modelling and Parameter Estimation of Dynamic Systems. IET/IEE Control Series Book, Vol. 65. IET/IEE, London, 2004.
11. Raol, J. R. and Singh, J. Flight Mechanics Modelling and Analysis. CRC Press, FL, 2010.
12. Lowe, D. Distinctive image features from scale invariant keypoints. International Journal of Computer Vision, 60(2), 91 – 110, 2004.
13. Clarke, B. Fokoue, E. and Zhang, H. H. Principles and Theory for Data Mining and Machine Learning, Springer Series in Statistics. Springer, Heidelberg, 2009.
14. Naidu, V. P. S. Image fusion technique using multi – resolution singular value decomposition. Defense Science Journal, 61(5), 479 – 484, 2011, DESDOC.

第7章　图像代数与图像融合

7.1　引言

人类依靠视觉来感知周围的世界。人类不仅能对事物进行识别和分类,还可以在快速扫描一个场景之后,区分其差异,从而对该事物有一个整体粗略的认识。人类已经有了非常精确的视觉技能,可以在一瞬间识别一张脸,区分颜色(除非他们是色盲),并且可以快速处理大量的视觉信息。然而,我们周围事物的外观会随着一天的不同时刻、日照和各种阴影而改变。图像处理是处理单个图像或者一个视觉场景的图像。图像就是表征所观察对象的单一图片,它可能是人的图片、动物的图片、室外场景的图片、组织或者医学影像结果的显微照片。人们从环境接受的信息主要来自于视觉,接收和分析人类视觉信息的过程被称为感知,同样的过程,如果由一台数字计算机进行,那么就称为数字图像处理(Digital Image Processing,DIP)。计算机因为存储和处理一个场景的数字图像而使用图像这个术语。图像的形成包括三个基本步骤:①照明,②成像体表面的反射,③成像过程在人眼视网膜或者相机传感器中完成。一旦图像(即二维模拟信号)形成,那么接下来的处理过程就是对模拟图像的采样和数字化处理。

7.1.1　数字图像

数字图像可以由一个有限值函数表示,通过在 x 轴、y 轴方向按照规定的间隔 Δx、Δy 进行采样,它在离散域 Z^2 中表示为一个大小为 $M\times N$ 的矩阵 $\boldsymbol{D}$,其中 $\boldsymbol{D}=\{(x,y)\mid x=0,1\cdots,M-1;y=0,\cdots,N-1\}$。那么数字图像 $\{f(x,y)\}$(式(7.1))就可以表示为一个 $M\times N$ 的矩阵,其中所有的元素都是从0到 $L-1$ 的整数。矩阵的每个元素被称为像素(图像的元素)、图像的基本单元或者基本点。如果图像被数字化为一个灰度级为 L,大小为 $M\times N$ 的抽样矩阵,那么储存该图像所需要的位数即为 MNb,其中 $L=2^b$。

$$\{f(x,y)\}=\begin{bmatrix} f(0,0) & f(0,1) & \cdots & f(0,N-1) \\ f(1,0) & f(1,1) & \cdots & f(1,N-1) \\ \vdots & \vdots & & \vdots \\ f(M-1,0) & f(M-1,1) & \cdots & f(M-1,N-1) \end{bmatrix} \tag{7.1}$$

7.1.2 图像融合的要素

随着遥感技术领域的快速发展,多传感器系统的应用已经从最初的军事领域拓展到遥感技术、医学成像、机器视觉等。图像融合提供了一种在减少信息增量的前提下,从源图像中获取所有有用信息的有效方法。数据融合的多样化定义包括①感器通过数据来产生最优估计的状态向量与观测系统的过程[1];②为了更好地理解给定场景,利用各种知识资源如传感器来对信息进行协同组合。

除了减少数据外,图像融合的目的还在于创造一种具有大量信息内容的融合图像,以便更加适应于人机交互与感知,更方便地应用于遥感技术与医学成像等应用中的图像分割、目标探测、目标识别等后续处理任务。例如,可见光和红外图像的融合能帮助飞行员在可见度差的情况下降落飞机。同一观测场景的互补信息可以通过以下几种方式获得:①不同传感器记录的数据(多传感器图像融合);②同一传感器在不同时期扫描同一场景记录的数据(时域图像融合);③同一传感器在不同光谱波段下操作记录的数据(多频图像融合);④同一传感器在不同极化条件下记录的数据(多极化图像融合);⑤同一传感器在不同飞行高度平台下记录的数据(多分辨率图像融合)。多传感器图像通常有不同的几何表示,这必须转换为共同的表示法以便于图像融合。这种表示方法应该保持至少两种传感器的最佳分辨率。成功的图像融合的一个先决条件是多传感器图像的配准。

图 7.1 所示为一个多传感器图像融合系统。图中给出一个红外相机和一个数码相机,用它们各自的成像进行融合而形成融合图像。数码相机适合在光亮的情况下使用,而红外相机适合在光线不足,包括夜晚的情况下使用,因为红外相机提供了目标的热轮廓或图像。

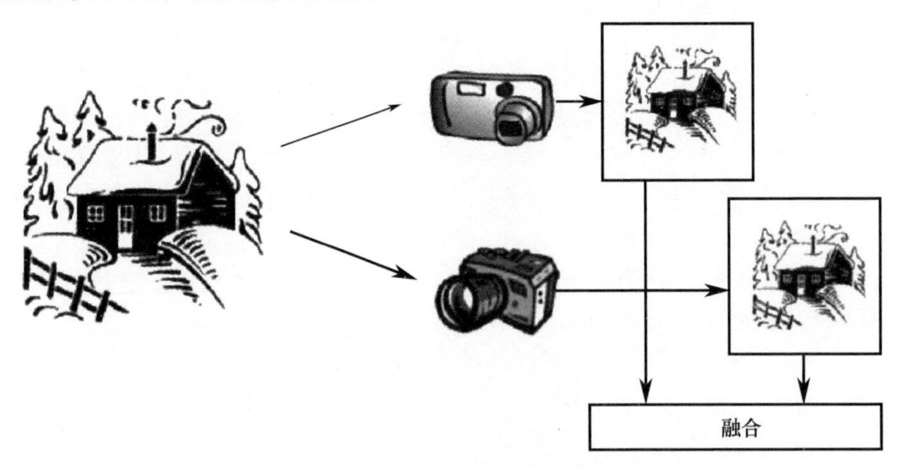

图 7.1 多传感器图像融合系统

图像融合能从一组输入图像中给出一幅图像。融合后的图像应该具有更完整的信息,这对人或机器的感知更加有用。图像融合的目的是:①提取源图像的有用信息;②防止人类观测者和计算机处理产生很大差错;③使图像更加准确并纠正一些缺陷,如错误匹配。图 7.2 形象地表示了图像融合的优点。

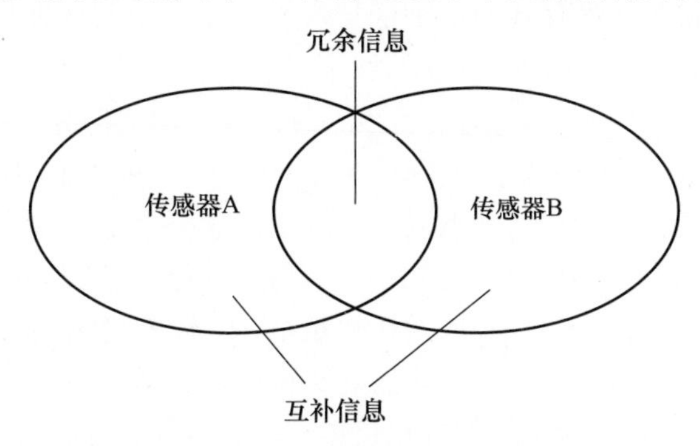

图 7.2 图像融合的优点

两个不同传感器 A 和 B 的冗余信息提高了融合图像的可靠性,互补信息提高了融合图像的容量。例如,若传感器 A 是电视设备,传感器 B 是红外照相机,那么它们产生的融合图像不管在白天还是黑夜都具有更好的穿透性和可见性。同样,若传感器 A 是红外波段设备,传感器 B 是紫外波段设备,那么它们产生的融合图像具有比单一图像更好的背景鉴别力。多传感器图像融合的优点如下:

(1) 扩大了适用范围。综合运用适用于不同条件的传感器可有效扩大适用范围。

(2) 扩大了空间和时间覆盖率。融合来自不同空间分辨率的传感器的信息可以增加空间覆盖率。

(3) 减少不确定性。来自多个传感器的信息可以减少感知或者决策过程的不确定性。

(4) 提高可靠性。融合多个测量值能减少噪声,提高测量值的可靠性。

(5) 增强系统的鲁棒性。多个测量值的冗余有助于增强系统鲁棒性。如果一个或多个传感器故障,或者某个传感器性能恶化,系统还能依赖其他传感器。

(6) 通过融合图像来压缩信息。例如,在遥感图像中存储融合后的图像比多光谱图像更有效。

7.2 图像代数

图像代数的目标是开发一个完整的、统一的代数结构,该代数结构能为图像处理算法的开发、优化、比较、编码和性能评估提供一种常用的数学环境[4,5]。图像代数从总体上来说也有助于图像融合,图像代数的理论提供了一种语言/框架,如果它被应用于标准的图像处理环境,那么就能极大地降低研究和开发的成本。由于这种语言的基础是数学运算,并且独立于未来任意的计算机结构和语言,因此这一点确保了图像代数标准的持久性。虽然语言的通用性和成本节约是考虑图像代数作为一个图像处理的标准语言的两个主要因素,但仍有多种其他因素支持图像代数作为图像处理开发系统的一个组成部分。首要问题是图像代数标准对未来图像处理技术的影响。图像代数是一种关于图像的转换与分析的数学理论,其主要目标是在离散域和连续域建立一个全面和统一的图像转换、分析和理解的理论,斯腾伯格[4]是第一个使用"图像代数"这个术语的。另外,图像代数的优点还有:①对元素的操作数量小、半透明、简洁,还提供了一种容易学习和使用的图像转换方法;②操作能够实现所有图像之间的转换;③使得计算机程序可以使用机器和非机器的优化技术;④由于代码较简短,代数符号提供了对于图像处理操作的更深层次的理解,进而提出新技术;⑤编程语言的符号适应性使得对于同等代码块来说,能够用非常简明扼要的图像代数进行表示,这也提高了编程效率;⑥提供了丰富的数学结构,可以用图像处理其他数学领域的问题;⑦没有图像代数,程序员无法体会到关联的好处,它存在于从图像代数编程语言和图像代数有关的数学结构、理论和特征之间。图像代数是一种具有操作数和算子的多样化或多值的代数。为了进行图像增强、分析和理解,图像操作不仅涉及图像上的操作,还涉及这些图像不同类型的数值和数量的操作。因此,图像代数的基本操作值指的是图像和与这些图像相关的值和数量。粗略地说,一个图像是由点的合集和与这些点相关的值组成的。所以,图像被赋予了两种类型的信息,即点的空间关系和一些类型的数或者与这些点有关的描述信息。总的来说,图像代数将点集和代数值的集合两种不同数学领域的理论联系起来,并探讨它们之间的相互关系。

7.2.1 点集和数值集

点集简单地说就是一个拓扑空间,因此,一个点集包括两种东西:一种是被称为点的一组对象;另一种是拓扑,即两点的贴近度、点集子集的关联性、边界点以及曲线与弧线。点集通常用大写字母表示,而点集的元素通常用小写字母表示。若 $z \in R^2$,那么 $z = (x, y)$,其中 x 和 y 是 z 的实坐标。图像处理中最常见的点集是离散拓扑的 n 维欧式空间 R^n 的离散子集($n = 1, 2, 3$)。点集可以假定任意形状,尤其是,可以使矩形或者圆形。一些更合适的点集是整数集 Z,n 维整数集 $Z^n \subset R^n$,其中 $n = 2$ 或 $n = 3$,Z^2 为矩形点集。最常见的点集形式为

$$X = Z^M \times Z^N = \{(x,y) \in Z^2 : 0 \leqslant x \leqslant M-1, 0 \leqslant y \leqslant N-1\} \tag{7.2}$$

这些点集代表了向量空间的基本运算,如两点的和、点差、标量的乘法和加法。除了这些标准向量的运算,图像代数还包括三种类型的点乘运算:哈达玛乘积(矩阵元素相乘)、卷积和点积。两个点的和、哈达玛乘积和卷积是二元运算,即输入两个点,产生另一个点。这些运算可以被看成是 $Z \times Z$ 到 Z 的映射,点积的二元运算是一个标量而不是向量,例如 $Z \times Z$ 到 F 的映射,其中的 F 就是一个标量域。另一种距离函数映射,$Z \times Z$ 到 R 的映射,就是求点对 x 和 y 之间的距离。图像处理中最常见的距离函数是欧氏距离、曼哈顿距离和棋盘距离,它们分别定义为

$$d(x,y) = \left[\sum_{k=1}^{n} (x_k - y_k)^2 \right]^{1/2} \tag{7.3}$$

$$(x,y) = \sum_{k=1}^{n} |x_k - y_k| \tag{7.4}$$

$$\delta(x,y) = \max\{ |x_k - y_k| : 1 \leqslant k \leqslant n \} \tag{7.5}$$

对于一对点集 X 和 Z,从 X 到 Z 的邻域函数表示为一个公式 $N: X \to 2^Z$,其中 $2^Z = \{X : X \subset Z\}$,它是 Z 的所有子集集合的幂集。对于每个点 $x \in X$,都有 $N(x) \subset Z$,集合 $N(x)$ 被称为 x 的邻域。在图像处理中,Z^2 的子集有两种邻域函数,这对图像处理尤其重要。四邻域或冯诺依曼邻域 $N: x \to 2^{Z^2}$ 被定义为

$$N(x) = \{y : y = (x_1 \pm j, x_2) \text{或} (x_1, x_2 \pm k), j,k \in (0,1)\} \tag{7.6}$$

八邻域或 Moore 邻域被定义为

$$M(x) = \{y : y = (x_1 \pm j, x_2 \pm k), j,k \in (0,1)\} \tag{7.7}$$

其中 $x = (x_1, x_2) \in X \subset Z^2$。它们是局部邻域,因为只包含了给定点的直接邻近点。距离可以用三种范数形式表示:

(1) L^p 范数:

$$\| x \|_p = \left(\sum_{i=1}^{n} |x_i|^p \right)^{1/p} \tag{7.8}$$

(2) L^∞ 范数:

$$\| x \|_\infty = \bigvee_{i=1}^{n} |x_i| = \max\{ |x_1|, |x_2|, \cdots, |x_n| \} \tag{7.9}$$

(3) 欧式范数:

$$\| x \|_2 = \sqrt{x_1^2 + x_n^2 + \cdots + x_n^2} \tag{7.10}$$

因此有

$$\begin{cases} d(x,y) = \| x - y \|_2 \\ \rho(x,y) = \| x - y \|_1 \\ \delta(x,y) = \| x - y \|_\infty \end{cases} \tag{7.11}$$

异构代数是一种不同类型元素的非空集合，定义了一种使不同元素相结合的规则，以形成一种新的元素。齐次代数是一个具有唯一一组运算的异构代数。这是一组有限运算的简单集合，这就是值集。给定值域 F 的元素的运算都是基本运算。因此，若 $F \in \{Z, R, Z^{2k}\}$，这些二元运算通常是加法运算、乘法运算、最大值运算等数学运算和逻辑运算，以及减法、除法、取最小值等数学运算。另外，这些集的一元运算也可以是绝对值、共轭、三角函数、对数和指数运算。

7.2.2 图像与模板

图像代数最主要的运算是针对图像、模型和邻域的运算。图像是最基本的实体，因为模板和区域是图像的特殊形式。令 F 为一个值集，X 为一个点集。在点集 X 上值为 F 的图像是 F^X 中的任一元素，它代表了 $X \to F$ 的所有函数，其中 $F^X = \{f : f$ 是 X 到 F 的函数$\}$。给定值为 F 图像 $g \in F^X$，F 称为 g 的可能范围值，X 为 g 的空间域。可以很方便地用 $g \in F^X$ 的曲线图来表示 g，曲线图也同样可以表示图像的数据结构。给定数据结构表达式 $g = \{(x, g(x)) : x \in X\}$，则数据结构的一个元素 $(x, g(x))$ 被称为像素。像素的第一个坐标 x 被称为像素位置或者图像点，第二个坐标 $g(x)$ 被称为 x 位置上 g 的像素值。这种图像的定义包含了一个代数系统范围内拓扑空间中的所有数学图像。值为 F 的图像之间的运算都可以在代数系统 F 内推导获得。例如，若 γ 是 F 的二元运算，则由 γ 可推导出 F^X 上的一个二元运算如下：设 $a, b \in F^X$，则 $a\gamma b = \{(x, c(x)) : c(x) = a(x)\gamma b(x), x \in X\}$。$\gamma$ 用 $+$、$\cdot$、$\wedge$ 和 $\vee$ 表示，就能得到图像的实值二元运算。这四种运算满足交换律和结合律，F 上的二元运算 γ 可推导出实值图像的标量乘法和加法。

尽管大部分图像处理使用实数的、整数的或者二进制数的图像，但是许多更高级的视觉任务需要处理向量和集合形式的图像。一个集合表示图像值的形式是：$a : X \to 2^F$。表示图像值的集合运算是布尔数集推导的运算，互补运算是一个一元运算。全局归化运算是一种由数集的一元运算推导的特别有用的图像运算。若 γ 是 F 上的一个可交换的相关二元运算，且 X 是有限的，则 γ 推导了一个一元运算 $\Gamma : F^X \to F$，被称为由 γ 推导的全局归化运算，其定义为

$$\Gamma a = \mathop{\Gamma}_{x \in X} a(x) = \mathop{\Gamma}_{i=1}^{n} a(x_i) = a(x_1)\gamma a(x_2)\gamma \cdots a(x_n) \tag{7.12}$$

它表示了全局归化运算的四种主要运算：$\sum a$、πa、$\vee a$、$\wedge a$。给定一个一元运算 $f : F \to F$，则 f 推导的一元运算 $F^X \to F^X$ 定义为

$$f(a) = \{(x, a(x)) : c(x) = f(a(x)), x \in X\} \tag{7.13}$$

结构 $f \circ a$ 被视为 F^X 上的关于 a 的一元运算，举例说明，一个特征函数如下：

$$\chi_{\geqslant k}(r)=\begin{cases}1, & r\geqslant k\\0, & 其他\end{cases} \tag{7.14}$$

则对于任意 $a\in R^x$,这是一个在集合 X 上的二值图像,当 $a(x)\geqslant k$ 时,值为 1,当 $a(x)<k$ 时,值为 0。这种运算可以用来确定一幅图像的阈值。给定一个图像 a,特征函数如下:

$$\chi_{[j,k]}(r)=\begin{cases}1, & j\leqslant r\geqslant k\\0, & 其他\end{cases} \tag{7.15}$$

图像 b 的代数表达式 $b:=a\cdot\chi_{[j,k]}(a)$ 为

$$b=\{(x,b(x)):b(x)=a(x) \quad \text{if} \quad j\leqslant a(x)\leqslant k,\text{otherwise} \quad b(x)=0\} \tag{7.16}$$

对于图像 $a\in F^X$,其一元运算有两种结果:①通过全局归化运算得到一个标量;②使用方程 $f\circ a=f(a)$ 得到一个具有 F 值的图像。给定一个函数 $f:F\rightarrow G$,则 $f\circ a$ 给出了一个将 F 变为 G 的一元运算 $f(a)$。在空间域使用函数 f 能实现图像数据的空间处理。特别地,若 $f:Y\rightarrow X,a\in F^X$,则诱导图像 $a\circ f=F^Y$,表示为

$$a\circ f=\{(y,a(f(y))):y\in Y\} \tag{7.17}$$

它能将 X 空间的 F 值转换为 Y 空间的 F 值,基于空间图像变换的例子有仿射变换和透视变换。通过空间变换或点加法,可以得到一个图像的简单平移。特别地,给定 $a\in F^X,X\subset Z^2,y\subset Z^2,a$ 通过 y 转移过程如下:

$$a+y=\{(z,b(z)):b(z)=a(z-y),z-y\in X\} \tag{7.18}$$

将 $z-y\in X$ 用 $z\in X+y$ 替换,可以得到同样的信息:

$$a+y=\{(z,b(z)):b(z)=a(z-y),z\in X+y\} \tag{7.19}$$

空间变换 $f:X+y\rightarrow X$ 定义为 $f(z)=z-y$,得到转移后的图像 $a+y=a\circ f$。模板就是其值为图像的图像。在图像代数中,模板一词指的是模板、掩码、窗函数和邻域函数的统一与概括。一个模板是像素值为图像的图像。从 Y 到 X 具有 F 值的模板是一个函数:$t:Y\rightarrow F^X$,因此 $t\in(F^X)^Y$,并且 t 是一个在 Y 上其值为 F^X 的图像。为方便起见,有定义 $t_y=t(y),\forall y\in Y$,图像 t_y 有如下表达式:

$$t_y=\{(x,t_y(x)):x\in X\} \tag{7.20}$$

这个图像的像素值 $t_y(x)$ 被称为模板的权重。如果 t 是从 Y 到 X 的实值模板,则 t_y 用 $S(t_y)$ 表示为

$$S(t_y)=\{x\in X,t_y(x)\neq 0\} \tag{7.21}$$

对于扩展的实数值模板,在无穷大范围内也有定义。若 X 是一个有"+"运算的空间,那么$(X,+)$称为一组,则当且仅当 $x,y,z\in X,t_y(x)=t_{y+z}(x+z)$ 时,模板 $t\in(F^X)^X$ 才是平移不变的。例如,设 $X=Z^2,z=(x,y)$ 为 X 的任意点,若 $x_1=(x,y-1),x_2(x+1,y),x_3=(x+1,y-1)$,且 $t\in(R^X)^X$,重心 $t_z(z)=1$,$t_z(x_1)=3,t_z(x_2)=2,t_z(x_3)=4,t_z(x)=0$,无论何时 x 都不是 $\{y,x_1,x_2,x_3\}$ 中的

元素,则有 $S(t_z)=z,x_1,x_2,x_3$。

图像模板的乘积定义给出了图像与模板或者模板与模板结合的规则。这种乘积定义包括在图像处理中使用的相关和卷积运算。若 F 是具有两个二进制运算·和 γ 操作的值集,·分布在 γ 之中,γ 可以进行关联和交换运算,$t\in(F^X)^Y$,则对于每个 $y\in Y$,有 $t_y\in F^X$。因此,如果 $a\in F^X$,其中 X 是有限的,那么 $a\cdot t_y\in F^X$;$\Gamma(a\cdot t_y)\in F$。由二进制操作·和 γ 可以推导出以下二进制运算:

$$b(y)=\Gamma(a\cdot t_y)=\mathop{\Gamma}_{x\in X}(a(x)\cdot t_y(x)) \tag{7.22}$$

如果 $X=x_1,x_2,\cdots,x_n$,就有

$$b(y)=(a(x_1)\cdot t_y(x_1))\gamma(a(x_2)\cdot t_y(x_2))\gamma\cdots(a(x_n)\cdot t_y(x_n)) \tag{7.23}$$

该表达式是 a 与 t 的卷积。若 a 是 X 上的图像,则该表达式表示的是 Y 上的图像。因此模板允许一个类型的图像变换到一个完全不同的域类型。如果 $b=a\oplus t$,即线性图像模板 a 和 t 的乘积或卷积,其中

$$b(y)=\sum_{x\in X}(a(x)\cdot t_y(x),a\in R^X,\ t\in(R^X)^Y) \tag{7.24}$$

对于模板乘积有

$$a\oplus(s\oplus t)=(a\oplus s)\oplus t \tag{7.25}$$

这个方程可以用来减少与典型卷积问题相关联的计算量。例如,若 $r\in(R^{Z^2})^{Z^2}$,$\forall y\in Z^2$,则

$$r_y=\begin{array}{|c|c|c|}\hline 4 & 6 & -4\\\hline 6 & 9 & -6\\\hline -4 & -6 & 4\\\hline\end{array} \tag{7.26}$$

$$a\oplus r=a\oplus(s\oplus t)=(a\oplus s)\oplus t \tag{7.27}$$

其中

$$s_y=\begin{array}{|c|c|c|}\hline 2 & 3 & -2\\\hline\end{array}\quad t_y=\begin{array}{|c|}\hline 2\\\hline -3\\\hline 2\\\hline\end{array} \tag{7.28}$$

要想构建新的图像 $b:=a\oplus r$,每个像素需要 9 次乘法和 8 次加法。相对而言,图像 $b:=(a\oplus s)\oplus t$ 每像素只需要 6 次乘法和 4 次加法。一般来说,大小为 $N\times N$的图像,每像素直接卷积需要 N^2 次乘法和 N^2-1 次加法,但可分离模板每像素需要 $2N$ 次乘法和 $2(N-1)$次加法。对于 1024×1024 的大图来说,这大大地减少了计算量。

7.2.3 递归模板

递归模板的定义就是一个从点集 X 变为偏序点集 Y 的常规模板，偏序集 $(P,<)$ 是一个 P 集与一个二元关系 $<$ 组成的，对于任意的 $x,y,z\in P$，满足以下三个公理：①自反性，$x<x$；②反对称性，$x<y$ 且 $y<x\Rightarrow x=y$；③传递性，$x<y$ 且 $y<z\Rightarrow x<z$。递归模板的操作是根据源图像的像素值和一些先前计算的像素值计算出一个新的像素值，其中先前计算的像素值是由参与模板支持的偏序和区域决定的。在二维递归变换中常用到的一些偏序是前向和后向的光栅扫描和蜿蜒扫描。前面的像素计算出来之后才能计算新的像素值。与非递归模板相反，递归模板不能用全局并行方式计算出来。设 X 和 Y 是 R^n 的有限子集，Y 是 $<$ 的偏序，若 $a\in R^X$；$t\in(R^X,R^X)^{(Y,<)}$，则递归线性卷积 $a\oplus_{<}t$ 定义为

$$a\oplus_{<}t=\{(y,b(y)):y\in Y,b(y)=\sum_{x\in S(t_{\neq y})}(a(x)\cdot t_{\neq y}(x))+\sum_{z\in S(t_{<y})}(b(z)\cdot t_{<y}(z))\}\tag{7.29}$$

如果递归模板 t 对于所有 $y\in Y$，有定义 $S(t_{<y})=\varnothing$，则非递归模板运算为

$$a\oplus_{<}t=\{(y,b(y)):y\in Y,b(y)=\sum_{x\in S(t_{\neq y})}(a(x)\cdot t_{\neq y}(x))\}\tag{7.30}$$

因此，递归模板运算是非递归模板运算的自然扩展。

7.2.4 邻域和 p-乘积：算例

有几种类型的模板运算更容易实现邻域运算。通常情况下，当模板值仅包括与模板相关的值集单位元素时，邻域运算能代替模板运算。如果一个模板 $t\in(F^X)^Y$，对于任意 $y\in Y$，t_y 的值只包含 F 的元素，那么模板 t 就称为单位模板。邻域简化的更一般的方程为

$$\Gamma:F^X|_N\to F\tag{7.31}$$

其中，$N\in(2^X)^Y$，$F^X|_N=\{a|_{N(y)}:a\in F^X,y\in Y\}$。

举一个例子，我们定义：

$$\Gamma:R^X|_N\to R\tag{7.32}$$

$$\Gamma(a|_{N(y)})=\frac{1}{\mathrm{card}(N(y))}\sum_{x\in N(y)}a(x)\tag{7.33}$$

那么 Γ 是均值函数。同样，对于整数值的图像，中位数简化：

$$\mathrm{median}:N^X|_N\to N\tag{7.34}$$

定义为

$$\mathrm{median}(a|_{N(y)})=\mathrm{median}\{a(x_{i1}),a(x_{i2}),\cdots a(x_{ik})\}\tag{7.35}$$

其中,$N(y)=x_{i1},x_{i2},\cdots,x_{ik}$。

对于求和归约运算,其单位值必为1,对于最大归约运算,单位值为0。因此,如果不使用图像模板来简化邻域的值,那么该模板就代表不了邻域简化的特征。但是,在单位模板中感兴趣的信息可以用邻域函数精确地表示出来。例如,Moore 邻域 M 可以用来求 3×3 的邻域,同时也能在这样的邻域中找到最大值或最小值。举一个使用局部平均来进行图像平滑的例子,设 $a\in R^X$,其中 $\boldsymbol{X}\subset\boldsymbol{Z}^2$ 是一个 $m\times n$ 的矩阵,$t\in(R^{Z^2})^{Z^2}$ 是单元值为1,大小为 3×3 的 Moore 模板。由 $b:=(a\oplus t)/9$ 得到一幅新的图像 b,则图像 b 能够表示局部平均后的图像,因为新的像素值 $b(y)$ 为

$$b(y)=\frac{1}{9}\sum_{x\in X\cap S(t_y)}a(x)\cdot t_y(x)=\frac{1}{9}\sum_{x\in X\cap S(t_y)}a(x) \tag{7.36}$$

在线性域中,模板卷积和图像模板卷积分别相当于矩阵乘积和向量矩阵乘积。广义矩阵乘积的概念为图像模板乘积和模板卷积提供了一个通用矩阵理论的方法。p-乘积可以用来表示各种图像处理在计算形式上的变换。设 $\boldsymbol{F}\in R$,并且 $\boldsymbol{F}$ 中所有的 $m\times n$ 矩阵的集合表示为 $\boldsymbol{F}_{m\times n}$,$\boldsymbol{F}^n$ 表示所有的 n 维行向量集合,$(\boldsymbol{F}^m)'$ 表示 m 维列向量集合,m,n,p 是正整数,则

当 $1\leqslant j\leqslant n/p$ 且 $1\leqslant k\leqslant p$ 时,有

$$c_p:Z_p^+\times Z_{n/p}^+\rightarrow Z_n^+,\quad c_p(k,j)=(k-1)n/p+j$$

当 $1\leqslant k\leqslant p$ 且 $1\leqslant i\leqslant m/p$ 时,有

$$r_p:Z_{m/p}^+\times Z_n^+\rightarrow Z_m^+,\quad r_p(i,k)=(i-1)p+k \tag{7.37}$$

由于 $r_p(i,k)<r_p(i',k')\Leftrightarrow i<i'$ 或 $i=i'$ 且 $k<k'$,r_p 采用行扫描规则使 $Z_{m/p}^+\times Z_p^+$ 线性化,矩阵的元用一个三重指数 $a_{s,(i,k)}$ 表示:

$$a_{s,(i,k)}=a_{s,t}\Leftrightarrow r_p(i,k)=t,\quad 1\leqslant i\leqslant m/p \text{ 且 } 1\leqslant k\leqslant p \tag{7.38}$$

例 7.1 设 $l=2,m=6,p=2$,那么 $m/p=3,1\leqslant k\leqslant p=2,1\leqslant i\leqslant m/p=3$,因此,对于 $\boldsymbol{A}=(a_{s,t})\in\boldsymbol{F}_{2\times6}$ 有

$$\begin{aligned}\boldsymbol{A}&=\begin{pmatrix}a_{11}&a_{12}&a_{13}&a_{14}&a_{15}&a_{16}\\a_{21}&a_{22}&a_{23}&a_{24}&a_{25}&a_{26}\end{pmatrix}\\&=\begin{pmatrix}a_{1,(1,1)}&a_{1,(1,2)}&a_{1,(2,1)}&a_{1,(2,2)}&a_{1,(3,1)}&a_{1,(3,2)}\\a_{2,(1,1)}&a_{2,(1,2)}&a_{2,(2,1)}&a_{2,(2,2)}&a_{2,(3,1)}&a_{2,(3,2)}\end{pmatrix}\end{aligned} \tag{7.39}$$

笛卡儿乘积 $Z_n^+\times Z_q^+$ 以同样的方式分解为因数 Z_n^+,矩阵的条目 $\boldsymbol{B}=(a_{s,t})\in M_{n\times q}(\boldsymbol{F})$ 是一个三重指数 $a_{(k,j),t}$,有

$$b_{(k,j),t}=b_{s,t}\Leftrightarrow c_p(k,j)=s,\quad 1\leqslant k\leqslant p \text{ 且 } 1\leqslant j\leqslant n/p \tag{7.40}$$

例 7.2 设 $n=4,q=3,p=2$,那么 $n/p=2,1\leqslant k\leqslant p=2,1\leqslant j\leqslant n/p=2$,因此,

对于 $\boldsymbol{B}=(b_{s,t})\in\boldsymbol{F}_{4\times3}$，有

$$\boldsymbol{B}=\begin{pmatrix} b_{11} & b_{12} & b_{13}\\ b_{21} & b_{22} & b_{23}\\ b_{31} & b_{32} & b_{33}\\ b_{41} & b_{42} & b_{43}\end{pmatrix}=\begin{pmatrix} b_{(1,1),1} & b_{(1,1),2} & b_{(1,1),3}\\ b_{(1,2),1} & b_{(1,2),2} & b_{(1,2),3}\\ b_{(2,1),1} & b_{(2,1),2} & b_{(2,1),3}\\ b_{(2,2),1} & b_{(2,2),2} & b_{(2,2),3}\end{pmatrix} \tag{7.41}$$

现令 $\boldsymbol{A}=(a_{s,j'})\in\boldsymbol{F}_{l\times m}$，$\boldsymbol{B}=(b_{i',t})\in\boldsymbol{F}_{n\times q}$。通过管理与规划系统，$r_p$ 和 c_p，$\boldsymbol{A}$ 和 $\boldsymbol{B}$ 能被写成

$$\begin{cases}\boldsymbol{A}=(a_{s,(i,k)})_{l\times m'},1\leqslant s\leqslant l,1\leqslant r_p(i,k)=j'\leqslant m\\ \boldsymbol{B}=(b_{(k,j),t})_{n\times q'},1\leqslant c_p(k,j)=i'\leqslant n,1\leqslant t\leqslant q\end{cases} \tag{7.42}$$

$\boldsymbol{A}$ 和 $\boldsymbol{B}$ 的 p - 乘积和常规矩阵乘积 $\boldsymbol{A}\oplus_p\boldsymbol{B}$，是矩阵：

$$\boldsymbol{C}=\boldsymbol{A}\oplus_p\boldsymbol{B}=\boldsymbol{F}_{l(n/p)\times(m/p)q} \tag{7.43}$$

表示为

$$c_{(s,j),(i,t)}=\sum_{k=1}^{p}(a_{s,(i,k)}\cdot b_{(k,j),t})=(a_{s,(i,1)}\cdot b_{(1,j),t})+\cdots+(a_{s,(i,p)}\cdot b_{(p,j),t}) \tag{7.44}$$

其中 $c_{(s,j),(i,t)}$ 表示 $\boldsymbol{C}$ 的第 (s,j) 行，第 (i,t) 列，字母表顺序在这里被用作 $(s,j)<(s',j')\Leftrightarrow s<s'$，或者如果 $s=s'$，则 $j<j'$。对于上述例子，矩阵 $\boldsymbol{C}=\boldsymbol{A}\oplus_2\boldsymbol{B}\in\boldsymbol{R}_{l(n/p)\times(m/p)q}=\boldsymbol{R}_{4\times9}$ 的第 $(2,1)$ 行，第 $(2,3)$ 列元素为

$$\begin{aligned}c_{(2,1),(2,3)}&=\sum_{k=1}^{2}a_{2,r2(2,k)}\cdot b_{c2(k,1),3}\\ &=a_{2,r2(2,1)}\cdot b_{c2(k,1),3}+a_{2,r2(2,2)}\cdot b_{c2(k,1),3}\\ &=a_{23}\cdot b_{13}+a_{24}\cdot b_{33}\end{aligned} \tag{7.45}$$

特别地

$$\begin{pmatrix}1 & 2 & 0 & 5 & 4 & 3\\ 2 & 3 & 4 & 1 & 0 & 6\end{pmatrix}\oplus_2\begin{pmatrix}2 & 6 & 1\\ 1 & 3 & 2\\ 2 & 2 & 5\\ 3 & 0 & 4\end{pmatrix}$$

$$=\begin{pmatrix}6 & 10 & 11 & 10 & 10 & 25 & 14 & 30 & 19\\ 7 & 3 & 10 & 15 & 0 & 20 & 13 & 12 & 20\\ 10 & 18 & 17 & 10 & 26 & 9 & 12 & 12 & 30\\ 11 & 6 & 16 & 7 & 12 & 12 & 18 & 0 & 24\end{pmatrix} \tag{7.46}$$

若

$$A = \begin{pmatrix} 1 & 0 \\ -1 & 1 \end{pmatrix}, B = \begin{pmatrix} 4 \\ 2 \\ 6 \\ 3 \end{pmatrix}$$

则

$$(A \oplus_2 B)' = (4 \quad 2 \quad 2 \quad 1) \neq (4 \quad -2 \quad 6 \quad -3) = B' \oplus_2 A' \tag{7.47}$$

这表明了转置性适用于常规矩阵乘积而不适用于 p - 乘积。p - 乘积不是转置域的双重运算。为了保持转置性,双重运算 $\oplus_P'$ 定义为

$$A \oplus_P' B = (B' \oplus_P A')' \tag{7.48}$$

这表明

$$A \oplus_P B = (B' \oplus_P' A')' \tag{7.49}$$

则转置为

$$(A \oplus_P B)' = B' \oplus_P' A' \tag{7.50}$$

7.3 图像的像素和特征

这一节我们讨论基于图像像素和特征的图像融合。文献[6]中讨论了图像融合的其他方面,如基于概率模型的图像融合。几乎所有的图像有一个共同的属性,那就是,由某个辐射源发出辐射,这些辐射和一些物质相互作用之后,由传感器感知,最终转化成电信号,然后被数字化处理。由此产生的图像可以用来提取有关的辐射源信息,以及相互作用的辐射对象的信息。根据相互作用的方式不同,可以将图像分类成多种类型,见图 7.3[7]。反射图像可以检测到从目标表面反射出来的辐射。辐射可以是环境的或人工的,它可以从一个局部源发出,也可能是从多个或扩展源发出。在日常生活中,眼睛的光学成像是反射图像。常见的非可视化图像包括雷达图像、声纳图像和一些类型的电子显微镜图像。从反射图像中提取信息的类型主要是对象表面的形状、质地、颜色和反射率等。发射图像更加简单,因为在这种情况下,成像的对象能自发光。这样的例子有用于医疗、天文和军事的热或红外成像。自发可见光的物体,如灯泡和恒星,还有磁共振成像图像,可以感知粒子的排放量。在这种类型的图像中,信息主要来自于物体的内部,图像可能会揭示出物体如何创建辐射,因此,物体的内部结构得以成像。然而,辐射也可能来自外部,例如,一个热相机可以在微光的情况下产生一个场景的有用图像,这个场景内含有热物体(比如人)。最后,从吸收图像中也能得到物体的内部结构信息。在这种情况下,辐射会穿过物体,并被物体进行

部分吸收或者衰减。吸收的程度决定了图像中感知到的辐射水平。吸收图像的例子有 X 射线图像、透射显微图像和某些类型的声图像。

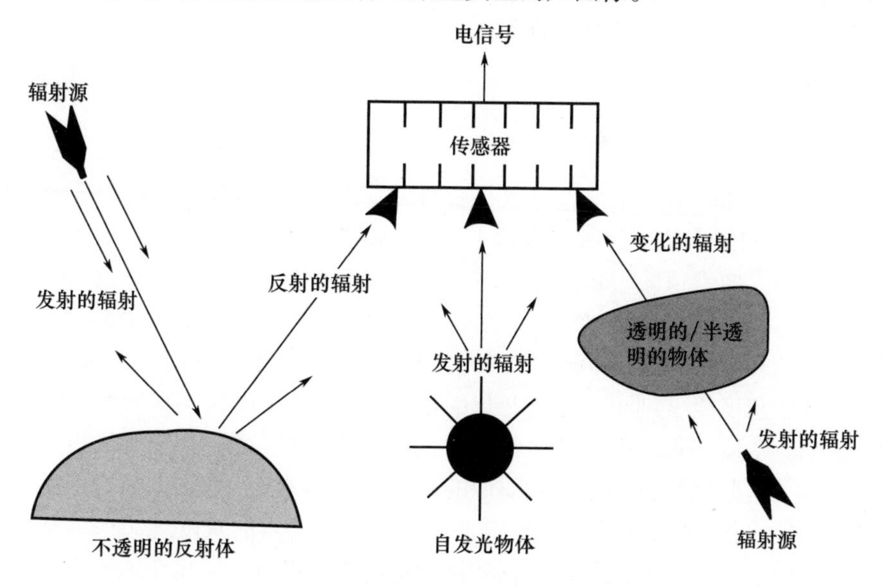

图 7.3 图像的生成及其不同类型

光是图像的主要能量源，正如人类可以直接看到的一样，它的优点有安全、廉价、易于检测，并且适于进行硬件处理。数码相机使用电荷耦合器件(Charge Coupled Device，CCD)，它是光敏元阵列，每一个光敏元能产生一个与落在光敏元上的光强度成正比的电压。CCD 由于良好的输出而得到应用，它还具有高分辨率和良好的抗噪声性能。互补金属氧化物半导体(Complementary Metal Oxide Semiconductor，CMOS)芯片就使用到了互补技术，它的优点是便宜和低能耗。然而，他们更容易受到噪声的影响，用于低端相机，如网络摄像头。CCD 或 CMOS 的输出是一个数组，每一个数值代表源图像的采样点。这个数组的元素被称为图像元素，简称像素。尽管光很普遍且容易利用，但是其他能源也同样可以用来产生数字图像。X 射线或电子束被用于显微镜。由于 X 射线的波长比可见光的短，所以它们被用来分辨较小的物体，并用于确定视线之外的物体结构，如骨头，在可见光下是不可能看到的。

比如，给定一个单色图像或一张没有色彩的照片。此图像是一个二维函数 $F(x,y)$，其中，函数值给定了空间位置 (x,y) 图像的亮度。在这样的图像中，亮度值可以用对应黑色的 0 到对应的白色的 1 之间的任意实数表示。x 和 y 的范围取决于图像的大小。数字图像与照片的不同之处在于 x、y 和 $F(x,y)$ 的值都是离散的。通常 $F(x,y)$ 的值取整数,亮度值的范围是 0(黑色)到 255(白色)。数字图像可以被视为连续图像采样点的大矩阵,每一个点对应一个特定的亮度量化值。这些点就是构成图像的像素。

7.4 逆图像

逆图像是通过对像素值进行取补获得的。对于二进制图像,用像素值 1 代替像素值 0,用像素值 0 代替像素值 1。对于强度图像而言,逆图像是通过用输入图像的最大像素值减去每一个像素值来获得的。举个例子,如果输入的像素值为 $f(x,y)$,输出的逆图像像素值为 $g(x,y)$,则灰度图像 $g(x,y)=255-f(x,y)$。灰度图像的补图则为摄影的底片。灰度图像补图运算是很有用的,它可以增强数字图像中灰度级上细小的亮度变化的可视性,而往往这些丰富的细节部分都十分模糊。灰度图像补图运算属于图像处理算法,并且这些算法往往指的是对点的运算。这些运算方程用于对图像的每个输入值进行计算,将其修正并转化为像素的输出值,并且这种运算规则只取决于输入像素的灰度等级值。把输入的亮度值映射为输出亮度值的方程就称为灰度级转换方程。由于人眼对于照度级差异的感应是符合对数规律所产生的回应,在图像区域中,灰度级上细小的亮度变化将难以察觉。对一幅灰度级数字图像进行运算,其作用是把原图像的亮度范围进行反转,它会产生等效的摄影底片,这种操作能提高在明亮区域灰度级变化的可视性。类似地,低对比度图像有时也包含这样的一些区域,即由于照明不足而使得样本细节变得模糊。对于因不恰当照明而得到的低对比度图像,对其进行补运算,能通过让其明亮来提高暗细节的可视性。过度曝光可以通过把图像的局部输入亮度范围进行反转来实现。这种类型的补图运算指的是局部补运算,可以用来提高数字图像中严重阴影区域的可视性。

7.5 红、绿、蓝、灰度图像和直方图

数字图像有以下几种类型:

(1) 二值图像:每个像素是黑色或白色。每个像素只有两种可能的值,因此每个像素只需要 1 位。这种表示方法适用于印刷或手写文本、指纹以及建筑的平面图。

(2) 灰度级图像:每一个像素代表一种灰度,取值一般是从 0(黑)到 255(白)。每个像素通过 8bit 或 1B 来表示。其他灰度级也有所使用,但通常灰度级都取 2 的幂。这样的图像被用在 X 射线上以及印刷品的图像上。识别自然

物体需要 256 个不同的灰度级就够了。

（3）真色或红绿蓝（RGB）图像：每个像素都有其特定的颜色，这些颜色都通过内含的 RGB 来描述。如果 RGB 中的每种成分的取值范围是 0 ~ 255，那该图像总共就有 $255^3 = 16777216$ 种可能的颜色。这样的图像同样被称作 24bit 色彩图像。这些图像也被认为是由三矩阵叠加而成，代表了每个像素的 RGB 值。因此，每个像素有 3 个值。

（4）索引图像：大多数彩色图像在上述一千六百多万种色彩当中，仅仅是其很小的子集（或者说，仅包含少量的色彩）。为方便储存和处理文件，把这些图像与颜色表或调色板联系起来，后者罗列了所有被用在图像中的颜色。每个像素都有一个值，其值可以索引到色板上的颜色。如果一个图像有 256 种颜色或者更少，对于每个像素而言其索引值只需要 1B 来存储，这样就很方便了。

对于一幅灰度图像，它的直方图由其灰度级分布组成。直方图是一个图表，它显示了每个灰色度级在图像中出现的次数。直方图简单地说就是图像中每个灰度级的像素总数。对于一个 8bit 的图像，直方图需要一个 256 个输入值。对于更高位的图像，直方图要有更合适的输入值。一幅图像的外观可以从直方图上导出。深色图像中，灰度级在低数值端聚集。一幅普遍明亮的图像中，灰度值在直方图的高数值端聚集，在一个对比度良好的图上，灰度级分布在整个输入范围。但对比度差的图像中，灰度级聚集在直方图的中心。要自动计算亮度和增益控制的最优值，一个办法就是查看这幅图像最暗和最亮的像素值，并将其映射为最黑和最白。另一种方法就是找出图像的平均值，将其映射为灰色，并扩大其范围以致能更接近地填补图像上的值[8]。想要同时提高深色值和加深亮色值，并且同时使用图像完整的动态范围，一种流行的算法是直方图均衡法。直方图均衡提供了一个强度映射函数，它使用分布累加函数，其结果是产生一个均匀的直方图。这样产生的图像可能缺乏对比度并看上去模糊。对于这个问题，有一种补偿方法，就是通过使用映射函数 $\alpha g(I) + (1 - \alpha) f(I)$ 对直方图非均匀性进行部分补偿，其中这个映射函数是累加分布函数 $g(I)$ 和一致变换函数 $f(I)$ 的线性混合。由此产生的图像保留了原始的灰度级分布，同时看起来更加均衡。

虽然全局性的直方图均衡很有用，但是对于一些图像来说，在不同的区域应用不同的均衡技术会更好。图像被划分成 $M \times N$ 个像素块，并能在每个块中应用各自的均衡技术，而不是计算出单一的直方图均衡曲线。由此产生的图像展现出许多图像块，这是因为在各块的边界亮度不连续造成的。一个更有效的方法就是估算出非重叠区块的均衡函数，但相邻块之间的转移函数要进行平滑。这个方法就是著名的适应性直方图均衡（Adaptive Histogram Equalisation, AHE），AHE 再加上对比度限制，就称为 CLAHE[10]。给定像素的加权函数可以计算出来,作为此像素在图像块中的水平和垂直位置。

7.6 图像分割

图像分割就是对每个像素进行检测,看其是否属于感兴趣的目标。图像分割通常会产生一个二值图像。一个像素如果属于这个目标,则其值为1,否则为0。图像分割是介于低级图像处理和图像分析之间的一种操作。分割后,就知道哪个像素属于哪一个目标,图像被分成边界不连续的区域。分割后,目标的形状用不同的操作方法进行分析。基于像素的方法使用单独像素的灰度值;基于区域的方法要分析更大范围的灰度值;最后,基于边缘的方法检测和跟踪边线。这些方法的共同局限性是它们只依赖于局部信息,即便如此,它们也只使用这些局部信息的一部分。基于像素方法甚至不考虑邻域,基于边缘的方法仅寻找图像的间断性,而基于区域的方法分析同一性质的区域。在知道物体的几何形状的情况下,就可以使用基于模型的分割方法。图像分割是图像数据处理分析最重要的步骤之一,其主要目的是将图像划分为和图像中的目标或者区域强相关的几个部分。这个过程是独立的,不使用与目标相关的模型,也没有和期望的分割结果相关的先验知识。这些方法可以根据它们有的主要特性分为三组:①关于图像或部分图像的全局知识;②基于边缘的分割方法;③基于区域的分割方法。

7.6.1 阈值法

很多对象或区域表面具有连续的反射性或光的吸收性。一个亮度常数或者阈值可以用于分割目标和背景,并且计算便捷快速。将图像 R 分割为区域 R_1,$R_2,\cdots,R_n$,其中 $R=\bigcup_{i=1}^{n} R_i; R_i \cap R_j=\phi, i\neq j$。阈值分割是将输入图像 f 转换为二维的输出图像 $g(x,y)$:

$$g(x,y)=\begin{cases}1, & f(x,y)\geqslant T\\ 0, & f(x,y)<T\end{cases}$$

其中,T 为阈值,$g(x,y)=1$ 代表目标,$g(x,y)=0$ 代表背景或反之亦然。如果目标之间没有接触,并且目标的灰度级和背景的灰度级能明显区分开来,则上式是一种合适的分割方法。对整个图像使用全局阈值或单一阈值进行分割,鲜有成功的情况,这是因为即使在一幅简单图像中,目标和背景的灰度值也会因为不均匀的光照而出现起伏。因此,使用适应性阈值或可变阈值进行分割,这种方法中,阈值是随着局部图像特征而变化的。一种方法是将图像分成若干子图像,并确定每个子图像的阈值,然后每个子图像都用它的局部阈值进行分割处

理。半阈值分割运算使得人工辅助分析更加容易,其公式为

$$g(x,y)=\begin{cases}f(x,y), & f(x,y)\geqslant T\\ 0, & f(x,y)<T\end{cases} \tag{7.51}$$

这样做是为了消除图像背景,留下目标的灰度信息。如果$f(x,y)$的值不表示灰度级,而表示其他图像分解准则的梯度,局部结构性质或者值,那么也可以应用阈值分析。阈值检测是基于直方图的。如果一幅图像中,目标的灰度级近似相同,并且明显区别于背景的灰度级,那么其直方图是双峰的,一个峰表示目标像素,另一个峰则是背景像素。在直方图的两个最大值之间的最小值决定了阈值。如果直方图是多峰的,那么根据任何两个最大值之间的最小值可以确定更多的阈值。最佳的阈值是直方图上的两个或多个正态分布的概率密度函数的加权和的一种近似。在两个或多个正态分布的最大值之间的最小概率对应的灰度值,决定了阈值的大小,这样做可以得到最小的分割误差。即使直方图不是双峰的,也能使用这种方法。这种方法的前提是,假设图像中存在两个灰度值的区域。目标和背景的灰度均值就可以用全局阈值 T 来计算。然后用灰度均值对阈值 T 进行更新,重复此过程,直到迭代运算中的阈值 T 不再变化为止。

7.6.2 基于边缘的分割

基于边缘的分割方法代表了基于图像边缘信息处理的一类方法。边缘表征了图像灰度值、颜色和结构不连续的位置。对于因噪声或微小的不规则照明引起的非显著灰度变化,可以用简单的阈值来提取强边缘,以消除小的边缘值。随之产生的问题是对于薄边缘可能会被加粗。如果使用非极大值抑制方法来对单边界邻域里的多重响应进行抑制,使得边缘携带方向信息,那么上面的问题就会得到纠正。在 Canny 边缘检测[11]中,迟滞方法用来对边缘检测的输出进行滤波。边缘幅值大于阈值 T_1 记为边缘,边缘幅值小于 T_0 则认为是噪声引起的。如果一个像素接近一个已标记的边界,那么边界大小在$[T_0,T_1]$范围内的就被记为边缘。

7.6.3 基于区域的分割

基于边缘分割的方法是寻找两个区域的边界,而基于区域分割的方法则是直接构建区域。一致性是区域的一个重要的属性,被用来作为主要的分割标准,其基本思想是将图像分割成最大一致性的区域。一致性的准则基于灰度值、颜色、纹理和形状。区域生长分割应满足以下完全分割条件:

$$R=\bigcup_{i=1}^{n}R_i \text{ 且} R_i\cap R_j=\varnothing, i\neq j \tag{7.52}$$

和最大区域一致性条件：

$$\begin{cases} H(R_i) = \text{TRUE}, i = 1,2,\cdots,n \\ H(R_i \cup R_j) = \text{FALSE}, i \neq j \end{cases} \tag{7.53}$$

R_i 邻近于 R_j。

区域合并始于一幅过度分割的图像，在这幅图像中满足一致性准则。区域分裂始于一幅分割不足的图像，它不满足一致性准则，因此要继续进行区域分裂。分裂与合并相结合可以用金字塔图像表示。在用分水岭分割方法中，算法首先要为每个像素找到通向图像表面局部最小值的下游路径。一个区域或盆地定义为：其下游路径都终止于相同最小海拔高度的像素集合。别的方法中，每个最小灰度值表示一个区域，并从最底部开始填充该区域。

7.7 观测/采集图像中的噪声处理

真正的图像往往被一些称为噪声的随机误差所破坏。噪声可能在图像捕获、传输或处理的过程中出现，并可能关联独立于图像的内容。噪声可以用其概率特性来描述。理想的噪声称为白噪声，具有恒定的功率谱，这意味着它的强度并不会随着频率的增加而降低。白噪声是最恶化的一种情况，但其优点是可以简化计算。噪声的一种特例是高斯白噪声，这种噪声很接近于许多实际情况中产生的噪声。当一个图像通过某种信道传输时，就会产生噪声，并且噪声是独立的，与图像无关。这种独立于信号的噪声称为加性噪声。在许多情况下，噪声幅度依赖于信号的强度，这是乘性噪声。当使用的量化级不足时，就会产生量化噪声，出现假轮廓。脉冲噪声意味着图像被单个的噪声像素破坏，并且这些噪声的强度与相邻像素明显不同。椒盐噪声描述饱和脉冲噪声，指图像受到黑白噪声像素的损坏。

噪声是由外部干扰引起的图像恶化，它被视为图像不需要的组成部分。由于图像传感器计算光子，特别是在低光情况下，统计的光子数是一个随机量，图像往往有光子计数噪声。摄影胶片中的颗粒噪声其模型为高斯分布，或泊松分布。许多图像被椒盐噪声毁坏，就像有人在图像上撒了黑白的点一样。在亮的情况下噪声还包括量化噪声和斑点噪声。如果图像通过卫星、无线传输或电缆从一个地方发送到另一个地方，所传送的图像中就会出现错误，根据干扰类型的不同，这些错误以不同的方式出现在图像上。

令 $f(x,y)$ 表示一幅图像，该图像被分解成期望分量 $I(x,y)$ 和噪声分量 $v(x,y)$。在常见的分解是加性的：

$$f(x,y) = I(x,y) + v(x,y) \tag{7.54}$$

例如,高斯噪声被认为是加性分量。第二个最常见的分解是乘性的:

$$f(x,y) = I(x,y)v(x,y) \tag{7.55}$$

常见的乘性噪声的例子是斑点噪声。乘法模型可以通过对数转换为加法模型,加法模型可以通过取幂转换为乘法模型。当该模型中的噪声独立于f时,加法模型是最适合的。加法模型有许多应用,热噪声、摄影噪声和量化噪声都很好地遵循加法模型。当该模型中的噪声依赖于f的时候,乘法模型是最合适的。一个常见的使用乘法模型的情况是散斑非相干图像。最后,还有一些重要的场合是加法模型和乘法模型都不适用的,如泊松计数噪声和椒盐噪声。

7.7.1 椒盐噪声

椒盐噪声也称为脉冲噪声、散粒噪声或二进制噪声。它是由图像中剧烈的突然干扰引起的。它的外观是在图像上随机分散着白色或黑色或黑白兼有的像素。椒盐噪声包含多种多样的导致图像退化的过程:虽然只有很少的像素是嘈杂的,但是却非常嘈杂。效果类似于在图像上撒上白色和黑色的点,就像胡椒和盐撒在图像上一样。椒盐噪声产生的一个例子就是通过嘈杂的数字链路传输图像。使每个像素以通常方式被量化为B比特,最重要比特中的误差大概是其他比特数的3倍。如果像素中最重要的比特出错了,那么此像素很可能会以白色和黑色点的形式表现出来。椒盐噪声是重尾噪声的一个例子。设$f(x,y)$为源图像,$v(x,y)$为被椒盐噪声改变后的图像,那么就有

$$\Pr(v=f) = 1-\alpha, \quad \Pr(v=\max) = \alpha/2, \quad \Pr(v=\min) = \alpha/2 \tag{7.56}$$

其中max和min分别是最大和最小图像值。对于8bit的图像,$\max = 255$,$\min = 0$,若像素不变的概率为$1-\alpha$,则像素改变为最大值或最小值的概率为α。改变的像素看起来像是撒在图像上的黑点和白点。

7.7.2 高斯噪声

高斯噪声是白噪声的理想形式,由图像中的随机失真引起。可以通过观看略微偏离特定频道的电视观察到高斯噪声。高斯噪声可以通过将随机量添加到图像中来建模,它被广泛用来模拟热噪声,通常在合理的条件下,高斯噪声对其他噪声构成限制,例如,光子计数噪声和胶片颗粒噪声。均值为μ,方差为σ^2的单变量高斯噪声q的密度函数表示为

$$p_q(x) = \frac{1}{\sqrt{2\pi\sigma^2}} e^{-(x-\mu)^2/2\sigma^2}, \quad -\infty < x < \infty \tag{7.57}$$

概率密度为非零的x值的范围在正方向和负方向上都是无穷大的。但是,如果图像是强度图,则x的值必须是非负值。换言之,噪声不能是严格高斯的,

如果是，则将存在具有负值的某些非零概率。然而在实践中，高斯噪声值的范围被限制在约 $\pm 3\sigma$。对于许多过程而言，高斯密度是有用的、准确的。如果需要，可以截去噪声值以保持 $f>0$。引入少量的高斯噪声将给整个图像带来模糊的感觉。过滤后的图像通常在视觉上不如原始的有噪声图像令人满意。当噪声增加时，图像退化更令人不快。各种滤波技术可以提高画面质量，但通常以牺牲清晰度为代价。

7.7.3 斑点噪声

斑点噪声可以通过随机值乘以像素值来建模，它也称为乘性噪声。斑点噪声是雷达应用中的主要问题。斑点是一种复杂的图像噪声模型。它是信号相关的、非高斯的和空间依赖的。在相干光成像中，物体由相干光源照射，比如激光或雷达发射机。当相干光撞击表面时，它会被反射回去。由于一个像素内表面粗糙度的微小变化，接收到的信号相位和幅值服从随机变化。一些相位变化同向相加，使得强度变大，而另外一些相位变化相加是消极的，使得强度降低，上述变化被称为斑点。指数密度的尾部比高斯密度更重，这意味着平均值出现的偏移更大。特殊情况下，f 的标准差等于 f 的均值，也就是说，反射强度的特征偏差等于特征强度。正是这种巨大的变化使得观察者很排斥斑点噪声。

7.7.4 量化噪声和均匀噪声

当把连续随机变量离散化或当把离散随机变量转换为具有更少级别的随机变量时，便会产生量化噪声。在图像中，量化噪声通常发生在图像采集过程中。最初的图像可能是连续的，但要处理它就必须转换为数字形式。量化噪声通常被建模为均匀的，均匀噪声的反面就是重尾噪声。均匀噪声的尾部很轻，即为零。当量化级数很小的时候，量化噪声依赖于信号。噪声具有像素相关性，并且呈现不均匀分布。量化水平太少的图像外观可以被描述为扇形。轻度的细分级丢失，有大面积的恒定颜色由清晰的边界分开，效果类似于将平滑的斜坡转化为一组离散的台阶，平滑的分级被大的恒定区域代替，该恒定区域看起来像明显不连续的假轮廓。

7.7.5 光子计数噪声

从根本上说，大多数图像采集设备都是光子计数器。令 a 表示在图像中的某个位置处计的光子数量。那么，a 的分布通常被建模为具有参数 λ 的泊松过程：

$$P(a=k)=\mathrm{e}^{-\lambda}\lambda^{k}/k!,\quad k=0,1,2,\cdots \tag{7.58}$$

这种噪声也称为泊松噪声或光子计数噪声。

7.7.6 照片颗粒噪声

照片颗粒噪声是摄影胶片的一个特征,它限制了从照片中获得的有效放大效果。慢照有大量的细小颗粒,而快照有一个较小的大颗粒。小颗粒让慢照拥有更好的、更少颗粒的图像;而快照的大颗粒会造成粗糙的图像。

7.7.7 周期性噪声

在这种情况下,图像受周期性而不是随机的扰动,效果是图像上出现条文。椒盐噪声、高斯噪声和斑点噪声都可以采用空间滤波技术滤除,周期性噪声要使用频域滤波。这是因为其他形式的噪声可以建模为图像的局部恶化,但周期性噪声是全局恶化效应。

7.8 图像特征提取方法

特征的提取和匹配是许多图像处理应用的重要组成部分。第一种特征是图像中的特定位置,如角、斑点和峰。这些种类的局部特征被称为感兴趣点或关键点特征,并且可以由围绕该点所在位置的像素斑块的外观来描述。另一类重要特征是边缘。对这些特征进行匹配可以基于它们的方向和局部外观进行,而且他们是观察对象边界的很有代表性的特征。有两种主要方法可以用来进行特征寻找:第一种是使用局部搜索技术寻找图像中可以被精确地跟踪到的特征;第二种是独立检测图像中所有特征,然后基于它们的局部外观进行特征匹配。前一种方法适用于从附近视点拍摄或快速连续拍摄的图像,而后者在物体识别应用中当物体发生大的运动或外观变化时更加适用。特征检测和匹配可以分为四个独立的阶段。在特征检测阶段,搜索每幅图像中可以和其他图中相匹配的位置。在特征描述阶段,把检测到的关键点位置周围的区域转换为更紧凑和稳定的不变形式,其可以与其他特征匹配。特征匹配阶段,搜索可以与其他图像相匹配的候选特征。特征跟踪阶段是第三阶段的另一种替代形式,它在每个检测到的特征周围的小邻域内进行搜索。David Lowe 写过一篇描述尺度不变特征变换(Scale Invariant Feature Transform,SIFT)的发展[12]的文章,其中就给出了关于上述阶段的一个例子。文章给出算法的不同阶段:①尺度空间结构;②高斯差(Difference of Gaussians,DoG)的计算;③DoG 极值的位置;④潜在特征点的亚像素定位;⑤边缘和低对比度响应滤波;⑥关键点分配方向;⑦构建关键点描述符。对比两个图像块的最简单可行的匹配准则是对其平方差进行加权求和,公式如下：

$$E_{\text{WSSD}}(u,v) = \sum_i w(x_i,y_i)[f_1(x_i+u,y_i+v)-f_0(x_i,y_i)]^2 \quad (7.59)$$

其中，f_0 和 f_1 是被比较的两个图像，(u,v) 是位移向量，$w(x,y)$ 是空间变化的加权或窗函数，并且 i 是斑块上的所有像素。对于位置$(\Delta u,\Delta v)$ 上的微小变化，为了计算这种度量的稳定性，将图像块与其自身进行比较，称为自相关函数：

$$E_{AC}(\Delta u,\Delta v) = \sum_i w(x_i,y_i)[f_0(x_i+\Delta u,y_i+\Delta v)-f_0(x_i,y_i)]^2 \quad (7.60)$$

使用泰勒级数将图像函数展开，自相关表面可近似为

$$\begin{aligned}
E_{AC}(\Delta u,\Delta v) &= \sum_i w(x_i,y_i)[f_0(x_i+\Delta u,y_i+\Delta v)-f_0(x_i,y_i)]^2 \\
&\approx \sum_i w(x_i,y_i)[f_0(x_i,y_i)+\nabla f_0(x_i,y_i)\cdot(\Delta u,\Delta v)-f_0(x_i,y_i)]^2 \\
&= \sum_i w(x_i,y_i)[\nabla f_0(x_i,y_i)\cdot(\Delta u,\Delta v)]^2 \\
&= (\Delta u,\Delta v)^{\mathrm{T}}A(\Delta u,\Delta v) \quad (7.61)
\end{aligned}$$

其中，$\nabla f_0(x_i,y_i)=((\partial f_0/\partial x),(\partial f_0/\partial y))(x_i,y_i)$是$(x_i,y_i)$处的图像梯度。经典的 Harris 检测器[13]使用$[-2\ -1\ 0\ 1\ 2]$滤波器，但是其他变体把图像和高斯函数的水平和垂直导数进行卷积。自相关矩阵为

$$\boldsymbol{A} = W * \begin{bmatrix} f_x^2 & f_x f_y \\ f_x f_y & f_y^2 \end{bmatrix}$$

其中，加权求和用加权因子为 w 的离散卷积替代。该矩阵可以理解为张量或多频图像，其中梯度 Δf 的外积与加权函数进行卷积以便给每个像素提供一个自相关函数的局部二次形估计。矩阵 $\boldsymbol{A}$ 的逆给出了匹配块位置的不确定性下限，同时指出了哪些块可以可靠地匹配。对 $\boldsymbol{A}$ 进行特征值分析，并且由于较大的不确定性取决于较小的特征值，因此需要找到较小特征值中的最大值来定位要跟踪的优良特征。哈里斯和斯蒂芬提出的近似公式为

$$\det(A)-\alpha\operatorname{trace}(A)^2=\lambda_0\lambda_1-\alpha(\lambda_0+\lambda_1)^2 \quad (7.62)$$

式中，$\alpha=0.06$。与本征分析不同，它不需要使用平方根，具有旋转不变性，并且当 $\lambda_1 \gg \lambda_0$ 时，加重了边缘特征。Triggs[14]建议使用数 $\lambda_0-\alpha\lambda_1$，其中 $\alpha=0.05$，这样可以减少一维边缘的响应。2×2 的海塞矩阵可以进行扩展，来检测在尺度和旋转中精确定位的点。另一个量是调和平均数，由文献[15]给出：

$$\frac{\det A}{\operatorname{tr} A}=\frac{\lambda_0\lambda_1}{\lambda_0+\lambda_1} \quad (7.63)$$

它在 $\lambda_1\approx\lambda_0$ 的区域中是一个平滑函数。基本特征检测算法可以概述为：

①通过把高斯导数和原始图像进行卷积来计算图像的 f_x 和 f_y 的水平和垂直导数;②计算对应于这些梯度外积计算的三种图像;③使用较大的高斯来卷积这些图像;④使用公式之一计算标量兴趣度;⑤找到高于特定阈值的局部最大值,并将其作为检测的特征点位置。然而大多数特征检测器在兴趣函数中寻找局部最大值,这将导致图像上特征点分布不均匀。在高对比度区域中,点将更密集。为了减轻这一问题,那些既是局部最大值响应又明显大于半径 r 内的所有相邻点的特征将被检测出来。以最佳尺度进行特征检测可能在许多应用中不适合。当匹配具有极少高频细节的图像时,精细尺度特征可能不存在。解决方案是通过在金字塔中的多个分辨率下执行相同的操作来提取多种尺度下的特征,然后在同一级别中进行特征匹配。许多应用中,图像中的物体大小是未知的。因此,与其提取许多不同尺度的特征并进行特征匹配,不如提取位置和尺度稳定的特征。Lindeberg[16] 提出使用 LoG 函数的极值作为兴趣点位置。Lowe[12] 提出计算一组亚八度音滤波器高斯差(DoG),使用二次拟合寻找空间和缩放三维最大值。并且三个子八度音阶被考虑在内,其对应于 1/4 个八度音阶金字塔。与哈里斯算子一样,在 DoG 的局部曲率中存在强不对称的像素被拒绝。它通过计算差图像 D 的局部海塞矩阵来评估:

$$\boldsymbol{H}=\begin{bmatrix} D_{xx} & D_{xy} \\ D_{xy} & D_{yy} \end{bmatrix}$$

然后,拒绝 $(\mathrm{tr}(\boldsymbol{H})^2/\det(\boldsymbol{H}))>10$ 的关键点。为了给 Harris 角检测器增加尺度检测机制,对每个检测点的 LoG 函数进行评估,并且仅保留拉普拉斯大于或小于其较粗的和较小水平值的那些点。

为了处理图像旋转,描述符必须是旋转不变的。但是这样的描述符具有较差的分辨力,因为他们将不同的块映射到相同的描述符上。更好的方法是通过对检测点周围的块进行比例和定向提取,并且用它来构造一个特征描述符,来估计关键点处的主导方向。最简单的是利用高斯加权函数来构造关键点周围区域内的平均梯度。然而平均符号梯度有可能太小而且不可靠。更可靠的方法是计算关键点周围方向的直方图。在 SIFT 中,可通过用梯度幅度和到中心的高斯距离进行加权,来计算边缘取向的 36bin 直方图,并且找到全局最大值 80% 内的峰值。然后使用 3bin 抛物线拟合来计算更准确的方位估计。

为了引入仿射不变性,将椭圆拟合到自相关或海赛矩阵,然后将该拟合的主轴和比率用作坐标系。另一个重要的不变区域检测器是最大稳定极值区域(Maximally Stable Extremal Region,MSER)检测器。为了检测 MSER,通过在所有可能的灰度级处对图像进行阈值处理来计算二进制区域。当阈值改变时,其面积变化率最小的区域被定义为最大稳定区域。

不同图像之间图像块的局部面貌不尽相同,因此图像描述符对于这种变化更应保持不变,同时也要保持对不同图像块的辨别能力。对于那些不需要大量使用透视缩短的任务,简单的标准强度图像块就能表现得很好而且操作简单。这些多尺度定向的图像块以相对于检测尺度每隔 5 个像素进行采样,使用较粗的图像金字塔以避免混叠。

通过使用合适的高斯金字塔对检测点周围 16×16 窗口内的每个像素处的梯度进行计算,即可得到 SIFT 特征。通过高斯衰减函数对梯度强度向下加权,以减少远离中心的梯影响。在每个 4×4 象限中,通过将加权的梯度值添加到八个方向直方图中的一个,来形成梯度方向直方图。为了减少位置和主方向误差估计的影响,使用三线性插值将每个原始 256 个加权梯度添加到 2×2×2 的直方图仓。所得到的 128 个非负值形成 SIFT 描述符向量的原始版本。为了减少对比度或增益的影响,将 128 维向量归一化到单位长度。为了进一步使描述符对其他光度变化具有鲁棒性,将值剪切为 0.2,并将所得到的向量再次重新归一化为单位长度。受 SIFT 启发,计算描述符的更简单方法是计算大小为 39×39 斑块上的 x 和 y 导数,然后使用主成分分析(PCA)将得到的 3042 维向量减少到 36。SIFT 的另一个流行的变体是 SURF[17],它使用盒滤波来近似 SIFT 中的导数和积分。梯度位置 - 方向直方图(Gradient Location-Orientation Histogram,GLOH)描述符[18]是使用对数波段合并结构的 SIFT 变体。空间仓的半径有 6、11 和 15,具有除了中心区域以外的 8 个角仓,总共 17 个空间仓和 16 个定向仓。然后使用在大型数据库上训练的 PCA 将 272 维直方图投影到 128 维描述符上。GLOH 具有最佳的整体性能,并且性能小幅度优于 SIFT。

计量 SURF(gauge SURF,G-SURF)描述符[19]是基于二阶多元度量导数上的。虽然用于构建 SURF 描述符的标准导数都是相对于单个选择的方向,但是计量导数是相对于每个像素的梯度方向进行评估的。与标准 SURF 描述符一样,G-SURF 描述符由于使用积分图像而能够快速计算,但是由于量子导数的额外不变性而导致具有额外匹配的鲁棒性。使用测量坐标,图像中每个像素被描述为相同的 2D 局部结构,即使图像旋转,描述的结构总是相同的。由于多尺度量表导数是旋转不变和平移不变的,上述情况是可能的。不同于局部一阶空间导数,G-SURF 描述符测量每个像素关于图像模糊和边缘或者细节增强的信息,这就产生了更多的辨别性描述符。G-SURF 描述符[20]在精确度方面优于或接近现有技术方法的状态,同时计算要求低,使得其适合于实时应用。该描述符包括基于二阶多尺度标准导数的不同尺度的若干描述。基于相位空间的 SURF(P-SURF)描述符使用相位空间来捕获局部图像模式的更多结构信息,并提高 SURF 的性能。这种方法比 SURF 更有效,因为它既不计算梯度,又不对特征应用任何插值,同时保持巨大的独特性。根据应用,一些描述符可能优于其他描述符。例如,对于实时应用,低维描述符应该优于高维描述符,而对于要求具备严格图像变换的图像匹配应用中,通过使用高维描述符可以得到更高的记忆。

有高度影响力的 SIFT[12]特征已经广泛用于移动机器人领域到目标识别领域,但是其计算量大,并且不适用于具有实时性需求的应用。受 SIFT 的启发,SURF 特征定义了检测器和描述符。SURF 特征在重复性、独特性和鲁棒性方面表现比以前方案更好,同时由于使用积分图像,可以更快地计算[21]。最近,Agrawletal[22]在检测和描述步骤方面对 SURF 作了一些改进。它们介绍了中心环绕极值(Centre Surround Extrema,CenSurE)特征,指出它们优于以前的检测器,并且在实时应用上具有更好的计算特性。其 SURF 描述符的变体形式为改进的 SURF(M-SURF),它有效地处理描述符边界问题,并且与使用单个高斯加权步骤的原始算法不同,它使用更智能的两级高斯加权方法。以上所有提到的方法都依赖于使用高斯尺度空间框架来提取不同尺度的特征。随着尺度不断增加,为了寻找特征,原始图像就要与标准偏差不断增大的高斯核进行卷积,而使图像变得模糊。高斯核和其偏导数集的主要缺点是,感兴趣的细节和噪声受到相同程度的模糊。在特征描述中让这种模糊局部自适应于图像数据似乎更合适,这样噪声将被模糊,同时保持细节或边缘不受影响。在这种方式下,当描述不同尺度水平的图像区域时,增加了特色。I-SURF[23]通过考虑相邻子区域的边界效应来修正 SURF 描述符,并引入索引向量以加速匹配。在 CenSurE 中使用的描述符是基于 Upright SURF 描述符,它是 SIFT 的尺度不变的唯一版本,并且被称为修正的正交 SURF(MU-SURF)。U-SURF 和 MU-SURF 之间的主要区别在于,在 MU-SURF 中,每两个相邻子区域具有两个像素的重叠。主要区别是 MU-SURF 的描述符窗口尺寸更大,它用于计算 Haar 小波响应的子区域更大。对于每个子区域,Haar 小波响应使用以子区域中心为中心的预先计算的高斯来加权。为了减少匹配处理时间,特征基于它们的标志被索引到,因为 CenSurE 特征是基于它们亮或暗的斑点而被标记的。加速环境极值(Speeded Up Surround Extrema,SUSurE)[24]对图像的滤波器响应中的检测和描述阶段,采用了稀疏采样的概念。

事实上,非线性扩散与 Berg 和 Malik[25]提出的几何模糊具有一些相似之处,其中高斯模糊的大小与到感兴趣点的距离成比例。从定义来看,计量导数是局部不变量。Schmid 和 Mohr[26]把称为局部射流的局部不变系列应用到图像匹配应用中。他们给出的描述符向量为图像中的每个感兴趣的点提供了高达三阶的 8 个不变量。

当将局部射流的性能与可操纵叶片、图像矩或 SIFT 这样的其他描述符相比时,由于局部射流的设置是固定的,比如固定图像块尺寸和固定高斯导数尺度,使得局部射流与 SIFT 相比,性能较差。此外,高阶的不变量对几何和光度失真比一阶的更敏感。Brown 等人[27]提出了一个从训练数据中学习辨别局部致密图像描述符的框架。它们描述了用于建立可区分的局部描述符的一组构建块,这些构建块可以组合在一起并联合优化,使得最近邻分类器的误差最小化。图像中的每个像素单独地固定在由局部结构本身定义的自己的局部坐标系中,并且由梯度向量 $\bar{\boldsymbol{w}}$ 和其垂直向量 $\bar{\boldsymbol{v}}$ 组成:

$$\bar{\boldsymbol{w}}=\left(\frac{\partial L}{\partial x},\frac{\partial L}{\partial y}\right)=\frac{1}{\sqrt{L_x^2+L_y^2}}\cdot(L_x,L_y) \tag{7.64}$$

$$\bar{\boldsymbol{v}}=\left(\frac{\partial L}{\partial y},\frac{-\partial L}{\partial x}\right)=\frac{1}{\sqrt{L_x^2+L_y^2}}\cdot(L_y,L_x) \tag{7.65}$$

这里,L 表示图像 $f(x,y)$ 与二维高斯内核 $g(x,y,\sigma)$ 的卷积,其中 σ 是内核的标准偏差或比例参数:

$$L(x,y,\sigma)=f(x,y)*g(x,y,\sigma) \tag{7.66}$$

要想检测不同尺寸的特征,可以采用任意阶和多尺度求导。为了获得计量导数,需要固定梯度方向(L_x,L_y)的方向导数。V 方向与恒定强度的线相切,而 w 指向梯度的方向,因此 $L_v=0;L_w=\sqrt{L_x^2+L_y^2}$。以标准坐标表示的每个导数是正交不变量。一阶导数是梯度方向上的倒数,并且梯度是不变量本身。如果切向移动到恒定强度线,则亮度没有变化。通过使用测量坐标,获得一组在任何阶和尺度上都不变的导数,它们可以有效地用于图像描述和匹配,尤其是二阶测量导数:

$$\begin{cases}L_{ww}=\dfrac{L_x^2L_{xx}+2L_xL_{xy}L_y+L_y^2L_{yy}}{L_x^2+L_y^2}\\[2ex] L_{vv}=\dfrac{L_y^2L_{xx}-2L_xL_{xy}L_y+L_x^2L_{yy}}{L_x^2+L_y^2}\end{cases} \tag{7.67}$$

这两个测量导数可以作为 w 和 v 方向上的梯度和 2×2 二阶导数或 Hessian 矩阵的乘积:

$$\begin{cases}L_{ww}=\dfrac{1}{L_x^2+L_y^2}(L_x\quad L_y)\begin{pmatrix}L_{xx}&L_{xy}\\L_{yx}&L_{yy}\end{pmatrix}\begin{pmatrix}L_x\\L_y\end{pmatrix}\\[2ex] L_{vv}=\dfrac{1}{L_x^2+L_y^2}(L_y\quad -L_x)\begin{pmatrix}L_{xx}&L_{xy}\\L_{yx}&L_{yy}\end{pmatrix}\begin{pmatrix}L_y\\-L_x\end{pmatrix}\end{cases} \tag{7.68}$$

这里,L_{vv}用作脊检测器。脊是具有近似恒定宽度和强度的伸长局域,并且在这些点处,等高线的曲率较高。L_{ww}给出梯度方向上的梯度变化信息。高斯核及其偏导数集合为在某些条件下构建线性尺度空间提供了独特的算子集。依赖于高斯尺度空间框架的算法例子有 SIFT 和 SURF 的不变特征。然而,在高斯尺度空间进化过程中细节被模糊。细节模糊可以去除噪声,但是相关的图像结构(如边缘)在进化过程中会模糊并偏离其原始位置。一般来说,一个好的解决方案应该是使这种模糊效果能对图像进行局部自适应,从而噪声得到模糊,同时保留细节或边缘。在该描述符中,一阶局部导数 L_x 和 L_y 被测量导数 L_{vv} 和 L_{ww} 代替,并且不通过非线性尺度空间进行任何图像演化。这些描述符在不同尺度上测量模糊(L_{ww})和边缘增强(L_{vv})的信息。一阶局部导数和测量导数之间的另一个差别是,测量导数和梯度 L_w 的强度进行加权。也就是说,加权本质上与图像结构本身相关,并且不需要诸如高斯加权这样的人为加权。相对于其他描述符(例如,SURF)来说,这是一个很重要的优点,在 SURF 中给出了不同的高斯加权方案来改善原始描述符的性能。

7.9 图像变换和滤波方法

低级的图像变换操作可以归纳如下:①如果某个确知像素点的输出亮度是严格取决于输入亮度,这种操作称为 0 型运算或点运算。点操作经常被用在图像分割、像素分类,图像叠加和图像差分中。②如果某个像素点的输出亮度取决于邻近像素点的输入亮度,那么这样的操作被称为 1 型运算或局部运算。边缘检测(Edge Detection,ED)、图像滤波等就是局部运算的典型例子。③如果这个像素点上的输出电平是取决于一些几何变换,那么这种运算被称为 2 型运算或几何运算。点运算是最简单的图像变换,其输出像素值只取决于相应的输入像素值。点运算的实例包括亮度调整、对比度调整、色彩校正和图像转换。在图像处理的文献中,这样的操作也被称为点处理。图像处理的过程是一个函数运算,它有一个或多个输入图像,并产生一个输出图像。在连续区间里这个函数可以表示为

$$g(x,y)=h(f(x,y)) \tag{7.69}$$

其中,函数 f 和 g 在一些领域里进行操作,对于彩色图像和视频这些领域可以是标量或向量值。对于离散采样图像,该域由一个有限数量的像素坐标(x,y)组成。因此,一个图像可以用它的颜色,网格字,或作为二维函数进行表示。两个常用的点处理过程是乘法运算,外加一个常数运算,公式如下:

$$g(x,y)=af(x,y)+b \tag{7.70}$$

参数 a(>0)和 b 被称为增益参数和偏置参数,它们分别控制图像的对比度和亮度。偏置参数和增益参数也可以进行空间变化:

$$g(x,y)=a(x,y)f(x,y)+b(x,y) \tag{7.71}$$

当摄影师选择性地将天空变暗时,对梯度密度滤波器进行模拟,或在光学系统中进行暗角建模时用到式(7.71)。乘法增益是一个线性算子,因为它服从叠加原理:

$$h(f_0(x,y))+f_1(x,y)=h(f_0(x,y))+h(f_1(x,y)) \tag{7.72}$$

像图像调整这样的算子是非线性的。另一个常用的双输入算子或二元算子是线性混合算子:

$$g(x,y)=(1-\alpha)f_0(x,y)+\alpha f_1(x,y) \tag{7.73}$$

通过 α 从 0 到 1 变化,这个算法可以用来执行两个图像之间的暂态交叉溶解,就像在幻灯片放映和电影制作中我们看到的那样。它还可以或作为图像渐变算法的一个组成部分。在图像处理中有一个经常使用的非线性变换,就是在进一步处理之前使用伽马校正来对图像进行校正,它可以消除输入信号和量化的像素值之间的非线性映射。可以使用下面的表达式对在传感器中使用的伽马映射进行反转:

$$g(x,y)=[f(x,y)]^{1/\gamma} \tag{7.74}$$

其中,$\gamma=2.2$ 适合于大多数数码相机。

7.9.1 线性滤波

线性滤波是一种空间平均运算。它对原始图像进行平滑,产生一个输出图像,此输出图像滤除了原始图像空间上可能的高频分量。特别地,这种算法在消除视觉噪声问题方面是非常有用的,这些噪声通常作为尖锐的亮点出现在图像中。峰值相伴的高频成分通过低通滤波器后得到衰减。另一方面,一个图像经过高通滤波器处理后,得到的输出图像中的低频成分受到衰减。

使较低的频率成分受到衰减的截止频率随着滤波器系数选取的不同而改变。高通滤波器用于边缘增强。因为图像的清晰度与高频成分的含量有关,所以低通滤波会导致图像模糊,而高通滤波器可以使图像锐化。从原始图像中减去一个模糊的图像会导致图像的锐化。顾名思义,反锐化掩模技术用来使边缘变得清晰。这种技术用于印刷行业。从原始图像中减去一个和非锐化的或低通滤波后的图像成正比的信号后,产生的图像就是一个清晰的、高对比度的图像。可以在原始图像中添加一个梯度信号或高通信号,这样会生成一个更高对比度的图像。从这个角度看,反锐化掩模运算可以表示为

$$g(x,y)=f(x,y)+\gamma h(x,y) \tag{7.75}$$

其中,$\gamma>0$,$h(x,y)$ 是一个在 (x,y) 处定义的梯度。式(7.75)也被称为高频增强滤波器,其中高频分量得到增强,同时图像的低频分量得到保留。低通滤波

器总会造成图像的模糊,清晰的边缘在取平均时变得模糊。为了尽量减少这种效果,可以采用一种定向均值滤波器。在几个方向上计算空间平均值为

$$g(x,y;\theta)=\frac{1}{N_0}f(x-k,y-l),(k,l)\in W_0 \tag{7.76}$$

其中,W_0 是在方向 θ 上选取的邻域。进行有效的定向滤波的关键在于确定一个特定的方向角 θ^*,使 $|f(x,y)-g(x,y;\theta^*)|$ 最小。当 θ^* 使上述目标函数达到最小值时,就得到了预期的结果。定向滤波算法能防止平滑滤波算法中图像边缘变得模糊的现象。

7.9.2 中值滤波

在进行中值滤波时,输入像素被其邻域内像素的中值所取代。中值滤波的运算法则需要将邻域内的像素按灰度值增加或减少的顺序排序,并取其灰度的中间值。为了获得一个定义良好的中间值,一般邻域的大小选择为奇数,这样从定义上来说,就存在一个中值。如果邻域的大小是偶数,那么中值就取灰度排序的中间两个值的算术平均值。

7.9.3 二维变换

图像二维变换在图像处理中极为重要[28,29]。在变换后空间中的输出图像可能会被分析、解释和进一步处理,用来进行各种图像处理任务。这些转换被广泛使用,因为通过使用这些转换,有可能将一幅图像表示为一组基本的信号,即基函数。在一个图像的傅里叶变换形式下,这些基本信号是不同周期的正弦信号,用来描述图像的空间频率。这意味着,一个图像通过傅里叶变换分解成组成它的正弦波,而不同频率的振幅构成了这个图像的频谱。傅里叶逆变换对连续频率成分进行叠加,来对图像进行合成。频率的概念,或者说空间频率,不仅仅是一个纯粹的数学抽象概念。另一方面,有趣的是,人类视觉这个生物系统,从本质上来说,也是对落在眼睛视网膜上的图像进行频率分析。因此,这种变换,如傅里叶变换,为图像揭示了可以表征其特点的频谱结构。大小为 $M\times N$,坐标值为整数,x 从 0 到 $M-1$,y 从 0 到 $N-1$,这样的二维信号 $f(x,y)$ 的二维离散傅里叶变换(Discrete Fourier Transform, DFT)为

$$F(u,v)=\sum_{x=0}^{M-1}\sum_{y=0}^{N-1}f(x,y)\exp\left[-\mathrm{j}2\pi\left(\frac{ux}{M}+\frac{vy}{N}\right)\right] \tag{7.77}$$

相应的二维傅里叶逆变换为

$$f(x,y)=\frac{1}{MN}\sum_{u=0}^{M-1}\sum_{v=0}^{N-1}F(u,v)\exp\left[\mathrm{j}2\pi\left(\frac{ux}{M}+\frac{vy}{N}\right)\right] \tag{7.78}$$

二维傅里叶变换通常使用的是快速傅里叶变换算法(Fast Fourier Transform,FFT)。DFT的乘法和加法的运算量为$O(N^2)$。FFT通过采用基于连续划分的分而治之策略,使计算复杂度降低到$O(N\log_2 N)$。

离散余弦变换(DCT)是许多图像和视频压缩的基准,如JPEG和MPEG。一幅大小为$M \times N$的二维图像$f(x,y)$的二维离散余弦变换可计算如下:

$$F(u,v) = \frac{2}{\sqrt{MN}}C(u)C(v)\sum_{x=0}^{M-1}\sum_{y=0}^{N-1}f(x,y)\cos\left[\frac{\pi(2x+1)u}{2N}\right]\cos\left[\frac{\pi(2y+1)v}{2M}\right]$$

$u = 0,1,\cdots,N-1;v = 0,1,\cdots,M-1$。其中

$$C(k) = \begin{cases}\frac{1}{\sqrt{2}},k = 0\\ 1,\text{其他}\end{cases} \tag{7.79}$$

二维离散余弦逆变换算法如下:

$$f(x,y) = \frac{2}{\sqrt{MN}}\sum_{u=0}^{M-1}\sum_{v=0}^{N-1}C(u)C(v)F(u,v)$$

$$\cos\left[\frac{\pi(2x+1)u}{2N}\right]\cos\left[\frac{\pi(2y+1)v}{2M}\right] \tag{7.80}$$

函数$f(x)$的离散Walsh Hadamard变换(WHT)为

$$\begin{cases}W(u) = \frac{1}{N}\sum_{x=0}^{N-1}f(x)g(x,u)\\ g(x,u) = \frac{1}{N}\left[(-1)^{b_i(x)b_{n-1-i}(u)}\right]\\ n = \log_2 N\end{cases} \tag{7.81}$$

其中,$b_i(z)$是z的二进制表示的第i位。WHT核的递推式如下:

$$H_N = \frac{1}{\sqrt{2}}\begin{bmatrix}H_{N/2} & H_{N/2}\\ H_{N/2} & -H_{N/2}\end{bmatrix} \tag{7.82}$$

WHT核的二进制特性使得Walsh Hadamard变换计算简单。

7.9.4 小波变换

在第6章中,我们讨论了一般信号和图像的独立成分分析和主成分分析,还讨论了小波变换。在这里,我们要进一步讨论这些变换。主成分分析是数据结构Karhunen Loeve(KL)变换的基础。图像处理的主要问题之一是降维。在实际问题中,选择的特征往往是相互关联的,如果仔细辨别,可以看出其中的许多特性都是无用的。如果可以减少特征的数量,即减少特征空间的维数,就可以实现较小的存储量和较低的计算复杂度,同时获得更高的精度。傅里叶变换对信

号进行全频率分析。在图像处理中,有一些应用需要在空域中进行分析。通过把空间频率引入到傅里叶分析,就可以解决上述问题。其经典方法是窗口傅里叶变换。窗口变换的中心思想是短时傅里叶变换(Short Time Fourier Transform, STFT)。STFT[30]在短时间窗内对信号的频率成分进行了分析。傅里叶分析用一个无限数量的正弦函数的谐波扩展一个任意信号。傅里叶在分析时不变的固定周期信号时是非常有效的。和正弦函数相比,小波是一个能量集中在一段时间内小的波。小波[31,32]可以对信号进行时域和频域分析,因为小波的能量集中在一段时间内,同时具备波动的周期性特征。因此,小波可作为一个通用的数学工具来分析短暂的、时变的非平稳信号,这种信号是不能用统计学预测的,特别是在不连续的区域,比如图像的边缘具有不连续性。小波是在时域(频域)对一个叫做母小波的信号基函数进行扩张(缩放)和转化(平移)而产生的。如果母小波记为 $\Psi(t)$,则其他的小波 $\Psi_{a,b}(t)$ 为

$$\Psi_{a,b}(t) = \frac{1}{\sqrt{a}}\Psi\left(\frac{t-b}{a}\right) \tag{7.83}$$

其中,a 和 b 是任意实数。变量 a 和 b 在时间轴上分别表示伸缩参数和平移参数。参数 a 决定着 $\Psi(t)$ 在时间轴上的伸缩,当 $a<1$ 时收缩,当 $a>1$ 时扩张。这就是为什么参数 a 被称为扩张(缩放)参数的原因。对于 $a<0$,函数在扩张性上随着时间进行反转。当 $b>0$,函数沿时间轴向右移动 b,当 $b<0$,函数沿时间轴向左移动 b。这就是为什么变量 b 代表时域(频移)中的平移。离散小波变换(Discrete Wavelet Transform, DWT)的定义是,必须用离散的(而非连续的)参数 a 和 b 来定义小波的扩张和平移。最常用来描述 a 和 b 的方法为

$$a_0 = a_0^m, b_0 = nb_0a_0^m \tag{7.84}$$

其中,m 和 n 是整数。离散小波可以表示为

$$\Psi_{a,b}(t) = a_0{}^{-\frac{m}{2}}\Psi(a_0^{-m}t - nb_0) \tag{7.85}$$

a_0 和 b_0 的值有很多种,最常见的是 $a_0=2$ 和 $b_0=1$。因此,$a=2^m$,$b=n2^m$。这类似于,对连续的离散值 a、b 进行抽样,抽样间隔按 2 的倍数进行变化。这种抽样的方式一般被称为二进制抽样,相应的信号分解被称为二进制分解。使用这些值,离散小波可表示为

$$\Psi_{m,n}(t) = 2^{-m/2}\Psi(2^{-m}t - n) \tag{7.86}$$

它构成了一个族群正交基函数。小波系数可以导出为

$$c_{m,n}(f) = 2^{-m/2}\int f(t)\Psi(2^{-m}t - n)\mathrm{d}t \tag{7.87}$$

这样我们能够从离散小波系数进行信号重建

$$f(t) = \sum_{m=-\infty}^{+\infty} \sum_{n=-\infty}^{+\infty} c_{m,n}(f) \Psi_{m,n}(t) \tag{7.88}$$

当输入函数$f(t)$和小波参数 a 和 b 是离散值,这个变换叫信号$f(t)$的离散小波变换。在 Mallat[33] 给出信号基于小波变换分解的多分辨率(Multi-Resolution,MR)表示之后,离散小波变换成了一种多用途的信号处理工具。基于傅里叶变换的小波变换优点是,它根据时间和频率定位(即时频定位)对信号进行 MR 分析。因此,离散小波变换将一个数字信号分解为不同的子带,低频子带与高频子带相比,具有更高的频率分辨率和较低的时间分辨率。离散小波变换因为它支持的特征,如图像渐进传输(在质量上,在压缩图像分辨率上),压缩操作简单,感兴趣区域编码等被越来越多地用于图像压缩。离散小波变换是新 JPEG2000 图像压缩标准的基础[34,35]。Gabor 滤波器是小波滤波器的一个例子,广泛用于图像处理中,如纹理分析、分割、分类等[36]。在所有应用中,在有限区域中分析一个图像的空间频率组成是必要的。对于局域频率分析,可取的一个宽度随着复合正弦函数频率变化的高斯包络。Gabor 小波形成一系列自相似函数,这些函数能生成更好的空间定位。二维 Gabor 滤波器在空间和频域中,能很好地进行联合分辨/定位。Gabor 初等函数是由复合正弦函数调制的高斯函数。二维的 Gabor 函数是空间域中的二维高斯函数所调制的复正弦光栅,或者是频域中高斯函数的平移,这意味着它们是复变函数。不考虑频率区域,对于复变函数来说,二维 Gabor 函数能唯一地将二维空间频率不确定性最小化。因此,Gabor 函数可以定义为调幅包络与复载波函数的乘积(其参数是调相包络),它们都可以分别计算和分析。在空间域中,Gabor 函数是由高斯函数调制的复指数。Gabor 函数形成一套完整以及非正交的基组,并且在二维平面上的脉冲响应有如下形式:

$$G_x(x,y) = \frac{1}{2\pi\sigma_x\sigma_y}\exp\left[-\frac{1}{2}\left(\frac{x^2}{\sigma_x^2}+\frac{y^2}{\sigma_y^2}\right)\right]\exp(\mathrm{j}2\pi u_0 x) \tag{7.89}$$

这里的 u_0 是 Gabor 函数的径向频率。空间常量 σ_x 和 σ_y 沿着 x 轴和 y 轴定义高斯包络。类似地,Gabor 函数通过高斯函数对 y 方向上的复指数函数进行调制而得到。复 Gabor 滤波器都有实部和虚部,它在 $M \times M$ 大小的空间模板上很容易实现。Gabor 滤波器组参数有半峰带宽频率、半峰带宽方向、中心频率和方向。可以通过调整 Gabor 滤波器的这些参数,来对其进行配置,获得不同的形状、带宽、中心频率和方向。为了用越来越少的像素表示逐级近似的图像,使用到小波系数,因为附加的细节信息需要从粗到精进行表示。因此,每一级分解的信号可以分解为两个部分,一部分是在低分辨率下对信号的粗近似,另一部分是图像的细节信息,这部分信息也是在对图像近似处理时所失去的。对图像进行近似处理,当分辨率从 2^{m-1} 到更粗糙的 2^m 时,小波系数给出了此过程中所丢失掉的信息或细节。

7.9.5 多尺度图像分解

图像尺度或分辨率的概念是非常直观的。对某个场景进行观察时,一般要在某个分辨率级别上对该场景中的目标进行感知,该分辨率取决于他与这些目标之间的距离。例如,当向远处的大楼走去的时候,他/她首先会感受到大楼的大致轮廓。在接近大楼时,才看得到大楼的主入口。最后,只有在入口区域才看得到门铃。如这个例子所示,分辨率和尺度的概念,就类似观察者感受到的细节尺寸一样。当然,可以将这些直观的概念进行正规化。而信号处理理论对此给出了更精确的含义。这些概念在图像、视频处理和计算机视觉上都特别有用。DIP 算法把所要分析的图像分解为几个组成部分,每个部分都在给定的尺度上获取到图像信息。令图像为大小 $N \times M$ 的矩形。多尺度图像分解方法有很多种类,这里给出几种:高斯金字塔图像方法中,原始图像出现在图像金字塔底部。然后对该图像进行低通滤波,并在坐标轴上进行 1/2 的子采样。这样产生了一个大小为 $N/2 \times M/2$ 的图像,它在金字塔的第二层。这个过程可以迭代几次。在这里,分辨率可以由金字塔任意给定层的图像大小来测定。这种方法最初应用于计算机视觉,所用的低通滤波器是高斯滤波器,因此这种金字塔也称高斯金字塔。其实,换种表述方式,它只不过是低通金字塔而已。金字塔的像素点总数为 $NM + NM/4 + NM/16 + \cdots \approx (4/3)NM$。由于像素数量的增加,该式是原始图像的一种超完备的表示。

(1) 对图像进行拉普拉斯金字塔表示与高斯金字塔密切相关,但对不同尺度来说,这里计算并给出两个连续尺度的近似值之间的差异性。在给定尺度上获取图像的一种有效方法是,把两个高斯滤波器之间的差异应用于原始图像。同样类似的是,使用拉普拉斯滤波器对图像进行滤波。拉普拉斯滤波器是带通滤波器,因此拉普拉斯金字塔也称为带通金字塔分解。

(2) 在小波分解中,图像被分解为一组子图像或子带,它们代表了不同尺度上的细节。与金字塔表示不同,子图像还能表示不同空间方向的细节信息,比如水平、垂直和对角线方向的边缘。在小波分解中像素的数量仅有 NM。

(3) 非采样小波变换:对于输入图像的平移,其小波变换并非不变,也就是说,一个图像和它的平移后的图像通常产生的小波系数也不一样。这对其应用上是一个缺点,例如 ED、模式匹配和图像识别。如果滤波器组的输出没有被抽样,缺乏平移不变性这一问题就能够得到避免。非采样小波变换会产生一组与原始数据集 $N \times M$ 相同大小的带通图像。

(4) 小波数据包:虽然小波转换经常给出原图像的稀疏表示形式,但有些图像的空间频率特性可能不最适合用小波进行表示。例如指纹图像中,如脊线模式算是图像相对窄的带通成分。与小波分解中对低频子带进行系统分裂不同的是,通过对合适的自带进行循环分裂,可以获得原始图像的更稀疏的表示形式,这个方法被简称为子带分解。参考文献[37]提出了一种巧妙的子带分解算法,在某种意义上,这种子带给输入图像提供了最稀疏的表示形式。

(5) 几何小波:一维小波的主要优势之一是它们应对信号急转的能力。但这种能力在更高的维度上不存在。小波的二维扩展对任意方向和图像边缘表现任意模式的能力有限。为表示一个简单的直边缘,需要很多小波才行。为了解决这个问题,引入了脊波变换[38,39],它们把图像分解为脊波的叠加。一个脊波由三个参数决定:分辨率、角度和位置。脊波也被称为几何小波,它是一个不断扩大的小波族,其中包括曲线波[40]、条带波[41]和轮廓波[42,43]。

上述分层图像表示在许多应用中非常有用。尤其是它们可以有效减少计算机中纹理分析与分割、ED、图像分析、运动分析和图像理解的算法复杂度。此外,拉普拉斯金字塔和小波图像表示是稀疏的,在这种意义上,大部分细节图像只包含几个重要像素。这个稀疏性质在图像压缩中非常有用,因为比特只分配给少数重要像素;在图像识别中很有用,由于搜索重要的图像特征十分便利,在受噪的图像重建中也很有用,因为图像和噪声在小波域中具有相当不同的特性。

7.10 图像融合的数学方法

随着新成像传感器的发展,需要对所有使用到的像源进行有意义的组合。实际融合过程可以在信息的不同级别上进行;一个通用的分类考虑不同的层级,按提取要素即信号、像素、特征和符号级的升序进行分类。融合层次及其相应的应用如图 7.4 所示。

7.10.1 像素级融合

到目前为止,像素级融合的结果被认为是呈现给人类观察者最主要的结果。像素级融合的应用有前视红外(FLIR)融合和弱光可视图像(LLTV),LLTV 是由机载传感器平台获取的,用来协助飞行员在恶劣天气条件或黑暗的情况下进行导航。大部分像素级融合方法是为空间上匹配的静止输入图像而研发的。在空间域技术中,输入图像使用局部空间特征在空域上进行融合。假设 $g(\cdot)$ 表示融合规则,即把输入图像中的特征进行结合的方法,空间域技术可以概括

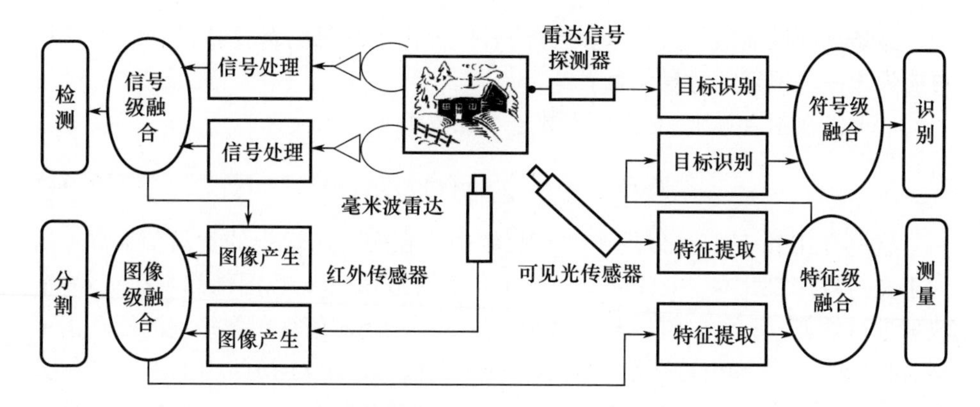

图 7.4　图像融合层次及其应用

如下：

$$f_f(x,y) = g(f_1(x,y), f_2(x,y), \cdots, f_L(x,y)) \tag{7.90}$$

转到变换域的主要原因是相对于空域，在变换域的框架下工作，图像最重要特征可以得到更清楚地描述。对于融合来说，对图像结构的深层理解比对图像像素进行融合更为重要。图像处理中的大多数转换是将图像分解为重要的局部分量，也就是说，要将基本的图像结构打开。因此，转换方式的选择是非常重要的。令 $T\{\cdot\}$ 代表变换算子，$g(\cdot)$ 表示所使用的融合规则。变换域融合方法可以概括如下：

$$f_f(x,y) = T^{-1}\{g(T\{f_1(x,y)\}, T\{f_2(x,y)\}, \cdots, T\{f_L(x,y)\})\} \tag{7.91}$$

融合算子 $g(\cdot)$ 描述了对不同输入图像中的信息进行合并的过程。文献[32－34]中提出许多融合规则。这些规则的分类如下：

基于像素的规则：不论是在变换域还是在空域，信息融合是逐个像素进行的。输入图像中的每个像素 (x,y) 按照各种规则进行结合，得到了融合图像 f_f 中对应的像素 (x,y)。这里给出几种基本的变换域方法[35]，如：

（1）平均规则 —— 均值融合：通过对每幅图像中相应的系数求平均来进行融合。

$$T\{f_f(x,y)\} = \frac{1}{L}\sum_{i=1}^{L} T\{f_i(x,y)\} \tag{7.92}$$

这个规则可以得到最好的融合性能，特别是对小波系数，因为它看起来是对高频细节和低频分信息的一种平衡。然而，融合后的图像看起来更加模糊不清了，因为这种融合规则使图像细节过分平滑。

（2）最大绝对值规则 —— 通过最大化绝对值进行融合：选择在每个图像中对应系数的绝对值最大的那一个进行融合。

$$T\{f_f(x,y)\} = \operatorname{sgn}(T\{f_i(x,y)\}) \max_i |T\{f_i(x,y)\}| \tag{7.93}$$

这条规则性能很差，因为这个方法看似突出了图像的重要特征；然而，它很可能失去一些恒定的背景信息。

(3) 加权组合规则：对变换系数进行加权组合。

$$T\{f_f(t)\} = \sum_{i=1}^{L} w_i(t) T\{f_i(t)\} \tag{7.94}$$

这里有几个参数，可以用于估算每幅图像在融合图像中的贡献值 $w_i(t)$ 的大小。在参考文献[44]中，Piella 提出了几个措施。由于每幅图像都要在 $n \times n$ 个块里进行处理，那么在变换域中，每个块里的平均绝对值被用作每块的活动指示器。权重 $w_i(t)$ 应突出特征活动更强烈的源图像，如 $E_i(t)$ 所给出的那样。因此，对于块 t 来说，其权重 $w_i(t)$ 可通过第 i 个源图像在所有 L 个源图像中的贡献率进行估算。因此

$$w_i(t) = \frac{E_i(t)}{\sum_{i=1}^{L} E_i(t)}, E_i(t) = \| u_i(t) \|_1 \tag{7.95}$$

加权组合规则似乎平衡了前两个方法的优缺点，但融合图像具有准确的恒定背景信息时，看起来更清晰。

(4) 稀疏编码收缩——通过去噪进行融合(硬/软阈值)：通过为变换系数设定阈值同时实现融合和去噪。

(5) 高/低融合：将图像的高频部分和其他图像的低频部分进行结合。

对几个输入图像进行融合的最直接的方法是，对所有输入图像进行加权叠加。关于信息内容和冗余去除，其最优权重可以通过对所有输入图像的像素值进行主成分分析(PCA)来确定。通过对输入图像的协方差矩阵进行 PCA，每个输入图像的权重由与最大特征值相对应的特征向量决定。另一个简单的图像融合方法是通过对输入图像进行简单的非线性运算(如最大值、最小值或中值运算)来构建融合图像。如果输入图像中感兴趣的是明亮物体，则对每个像素使用最大值算子就可以获得融合图像。这种方法的一种扩展是形态学运算，如开运算和闭运算。条件形态学算子是它的一个应用，它对输入图像中可靠的核心特征和单一源图像中潜在的一组特征进行定义，通过条件腐蚀和条件膨胀来完成实际的融合。

另一种图像融合方法是将融合表示为一个贝叶斯最优化问题。基于多传感器图像数据和先验融合模型，其目标是找到使后验概率最大的融合图像。因为这个问题通常很难解决，所以引入一些简化模型：将所有输入图像建模为马尔可夫随机场，定义一个能量函数来描述融合的目标。由于 Gibbs 随机域和马尔可夫随机域相同，能量函数可以表示为一个集团势函数之和，其中，在只有在预定义邻域里的像素才对实际像素造成影响。融合任务是对能量函数的最大化。由

于这个能量函数非凸型,所以使用随机优化程序,如模拟退火或迭代条件模式。

受生物系统中不同传感器信号融合的启发,研究人员在像素级融合的过程中使用了人工神经网络。在生物系统中最流行的对不同成像传感器进行融合的例子[45]是响尾蛇和蝮蛇家族拥有窝器,这种窝器通过密集的神经纤维网络对热辐射十分敏感。这些窝器的输出提供给眼睛顶部,并在这里与将眼睛获取到的神经信号进行结合。纽曼和哈特兰通过复杂的信号抑制和增强,来合并上述两种信号,从而区别出六种不同类型的双峰神经元。

图像金字塔最初用于 MR 图像分析和人类视觉中的双目信息融合。图像金字塔是指一系列的图像,这些图像都由拉普拉斯滤波和二次采样构造的。由于抽样,图像的大小在每一级分解过程中在各个空间方向上进行了减半,从而产生 MR 信号。为了根据金字塔对图像进行精确重建,输入图像和滤波图像之间存在差异是必要的。图像金字塔方法产生的信号中有两种金字塔形式:平滑金字塔包含平均像素值,差分金字塔包含像素之间的差异,即边缘。所以差分金字塔可以被视为输入图像的 MR 边缘。实际的融合过程可以通过一个通用的 MR 融合方法来描述,这个方案适用于图像金字塔和小波方法。

上述通用金字塔的构建有几种改进方法。一些作者提出非线性金字塔,例如比率和对比度金字塔,它们通过邻近分辨率逐像素区分来对多尺度边缘进行计算。进一步的改进方案是通过形态学非线性滤器代替线性滤器,产生形态学金字塔。通过使用方向导数滤波器把输入图像分解为定向边缘表示形式,就会产生梯度金字塔。

与图像金字塔类似的一种信号分析方法是离散小波变换(Discrete Wavelet Transform,DWT)。它们的主要的区别在于,图像金字塔产生一组超完备的变换系数,而小波变换得到的是非冗余的图像表示。二维 DWT 的计算方法是:在输入图像的每个方向(如行、列方向)上,对其进行低通滤波和高通滤波,然后再进行子采样,并反复循环上述过程。小波变换应用到图像融合时有个主要的缺点,就是其著名的平移依赖性,也就是说,当输入信号进行简单平移即可导致变换系数完全不同。为克服小波方法的平移依赖性,必须对输入图像进行平移不变分解,并有几种方法可以用来实现这一点。

直接的方法是对输入信号所有可能的环形移位进行小波变换。在这种情况下,不是所有的移位都是必要的,并且可以研发有效的计算方案来进行小波变换。另一个简单的方法是在分解过程中舍弃子采样,并在每个分解级上修改滤波器,这会导致信号高度冗余。实际的融合过程可以通过一种通用的 MR 融合方案来描述,这种方案适用于图像金字塔和小波方法。

通用的 MR 融合方案的基本思想来源于人类视觉系统对局部对比度变化

(即边缘)十分敏感。受到人类视觉系统的启发,并且考虑到图像金字塔和小波变换都会产生 MR 边缘,将融合图像构建为融合的多尺度边缘表示形式就很简单了。融合过程总结如下:第一步,使用任意的图像金字塔或小波变换将输入图像分解为多尺度边缘表示。实际的融合过程发生在小波域中,其中通过逐个像素选取具有最大幅度的系数来进行多尺度的融合。最后,通过采用适当的重构方法来计算融合图像。该融合过程如图 7.5 所示。

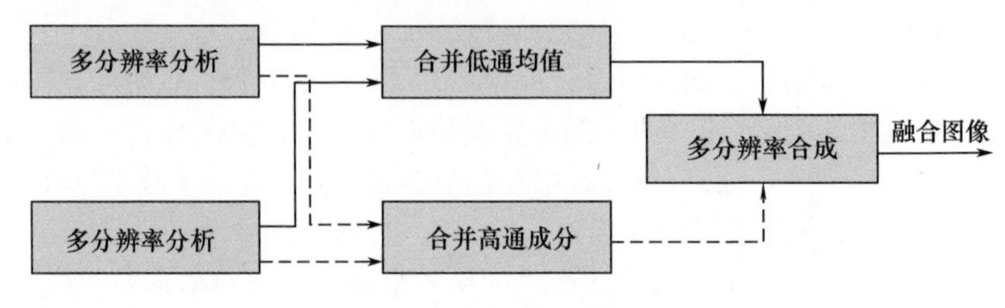

图 7.5　多分辨率图像融合

7.10.2　特征级融合

特征级融合的基本思想是对每个源图像进行 MR 变换,并按照特定的融合规则,从这些输入图像中构建一个复合 MR 表示形式。对该复合 MR 进行逆变换可以得到融合图像。该过程如图 7.6 所示,图中给出的是有两个输入源图像的情况。组合算法由四个模块组成:用活性和匹配测度从输入图像的 MR 分解中提取信息,然后由决策和组合图来对融合图像进行 MR 分解。MR 分析模块对输入源图像 $f_A(x,y)$ 和 $f_B(x,y)$ 进行 MR 分解。于是对于每个输入图像,得到了其 MR 表示 y_A 和 y_B。y_A 和 y_B 中每个系数的重要程度由活性测度表示。活性功能模块将每个板块图像与活动相关联,该活动反映了图像的本地活动。匹配测度对源图像之间的相似度进行量化。决策图模块是组合算法的核心。对于每个级别 k,定向带 p 和位置 n,决策过程分配一个值,用于计算组合表示。组合图产生复合系数。最后,通过对复合 MR 分解 $f_f(x,y)=T^{-1}\{y_F\}$ 进行逆变换来得到融合图像,其中 T^{-1} 是 MR 逆变换。

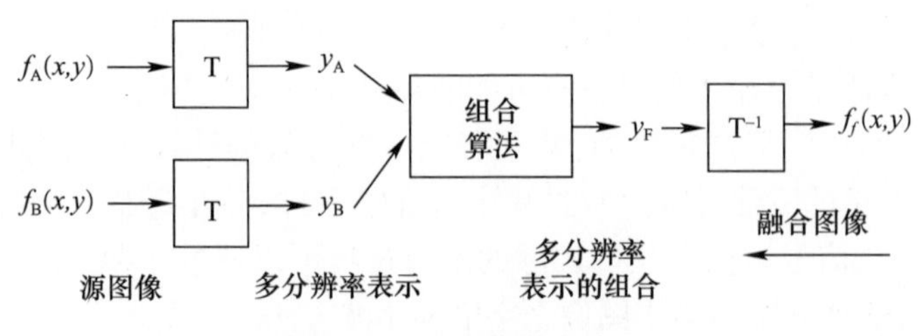

图 7.6　MR 图像融合算法

MR 由不同尺度的信息所组成。高级别包含较粗尺度的信息,低级别包含较细的细节。这种表示方式适合于图像融合,不仅是因为它使得人们能够分别在不同的尺度上对图像特征进行感知和融合,还能在边缘附近产生大的系数,这种大的系数表示了重要的信息[38]。为了在任意尺度上对目标进行一致融合,可能需要在大量的尺度上进行分解。然而,使用更多的分层不一定会产生更好的结果,它可能导致的低分辨率频带,在这些频带中相邻特征发生重叠。这将造成复合 MR 中呈现不连续性,并因此给融合图像带来失真(如阻塞效应或振荡虚影)。所需要的分析深度主要与源图像中相关目标的空间范围有关。一般来说,不可能计算最佳的分析深度,感兴趣的目标越大,所关注对象越大,分解级别的数量应该越高。

对活性进行计算要考虑到源图像的性质以及特定的融合应用场合。通常,鉴于人类视觉系统对局部对比度的变化比较敏感,大多数融合算法就基于能量来计算活性。在最简单的情况下,这个活性就是系数的绝对值。在 3×3 或 5×5 窗口中的图像对比度,或某些其他线性或非线性标准都可以提供这种测度。匹配值或相似性测度可以定义为对样本邻域进行平均,计算其归一化的相关值。假设每个复合系数是在对应的级别、频带和位置上对源系数进行组合得到的,简单的组合方式是线性映射,其中复合系数通过加法或加权组合来获得。对于仅有一个源的特定情况,这种组合称为选择性组合。决策图实际上决定了 MR 分解 y_A 和 y_B 的组合方式,这样就构建了复合 y_F 的结构。

对于加权组合方案,决策图控制着要分配给每个源系数的权重值。一种方法是将系数按活性的大小分配权重。这种方法得到加权平均值,但带来的问题是:如果不同的源图像中的对比度差异巨大,则这种组合方式会导致对比度的降低。通过使用选择性规则来避免这个问题,即选择具有最大活性的系数。这种选择性组合被称为最大选择规则。假如在图像的每个位置上,只有一个源图像提供最有用的信息,那么这种方法十分有用。如果在样本的位置上,各个源图像中相应的分量明显不同,那么组合过程选择最显著的分量,而如果源图像中对应位置上的分量相似,组合过程则对源图像的分量进行平均。按照这种方式进行平均处理,能减少噪声,并且当源图像具有相似信息时,又保持了图像的稳定性,同时通过有选择地保留图像中的显著信息,减少由相反对比度产生的伪像。

通常,对一组样本做出全局决策的方式为:对所有频带 p,在相同级别 k 和位置 n 中的所有样本会被分配相同的决策。另一种方法[46]是将多数滤波器用于初步决策图,以消除由脉冲噪声引起的可能选择决策,并由滤波决策图确定图像的组合过程。

由于物理意义不同,近似图像和细节图像采用不同的程序进行组合。细节系数具有较大的绝对值,对应于剧烈的强度变化,表示图像中的显著特征,例如边缘、线和区域边界。近似图像是原始图像的一种粗略表示,并且承载着原始图像的一些属性,例如平均强度或纹理信息。在这种情况下,基于熵、方差或纹理的活性测度比基于能量的活性测度要更好。许多方法中,在最高分解级上,代表平均强度的最高分解水平的复合近似系数应是对源图像的近似图像进行加权平均的结果。构建复合图像的一种常用方法是,把加权平均值作为近似系数,同时采用选择性组合规则,这个规则是把最重要的分量作为细节系数。

7.10.3 基于区域的图像融合

基于区域的图像融合是特征级和像素级的融合。其基本思想是:基于所有不同的源图像进行图像分割,并用这种分割来指导组合过程。该方法与其他现有的基于区域的方法[40,41]的主要区别在于,所进行的分割是:①多源的,即从所有输入图像中来获得单个图像的分割;②MR,在某种意义上说,它以 MR 方式进行分割,而不是对不同分辨率下的一系列图像进行分割。例如,在参考文献[38]中,通过对每个近似图像进行独立分割来获得区域,并将每个细节系数分配给一个区域。

在不同的尺度上对输入图像进行 MR 分解,同时引入多分辨率/多源(MR/MS)分割方法。在这些尺度上对图像域进行划分,在分解后的输入图像中,计算每一个区域的活性测度和匹配测度。这些测度与低级和中级结构相对应。此外,基于空间依赖性和尺度之间、尺度内部依赖性,MR 分割还允许数据依赖的一致性约束。采用所有这些信息,即测度和一致性约束,集成在一起,生成一个决策图,它决定了经过变换的源图像系数采用何种组合方式,而组合后的结果就是 MR 分解。

关联金字塔结构最初由 But 等人[47]提出。它由图像的 MR 分解组成,其底层是全分辨率图像,每一个相继的高层都是其下面的邻层进行滤波和子采样得到的。金字塔的各个层次都是通过它们的像素之间的亲子关系联系起来的。这样的亲子链接是在迭代过程中建立的。首先,通过低通滤波和采样产生一个近似金字塔。然后,根据像素灰度值或其他属性值最接近的原则,将子层的像素和与它最临近的父层像素点进行关联,从而建立起亲子关系,并用子层的属性值更新父层的属性值。关联和更新的过程不断重复,直至收敛。最后,把一些像素标记为根。在最简单的情况下,只有金字塔顶层的像素被当作根,每个根和与它联系的像素会在金字塔里产生一棵树。每棵树的叶子和全分辨率图像的像素相对应,这样就定义了一个分割区域。因此,关联金字塔为图像分割的迭代过程提供了一个框架。

为了对图像结构进行更有效使用，在一些方法中，对图像像素进行分组，来形成连续的区域，并在每个图像区域来使用不同的融合规则。在参考文献[46]中，Li 等人创建了一个二元决策图，用一个众数滤波器在系数之间进行选择，测量每个像素周围的小块区域内的活性。在参考文献[44]中，piella 提出了几个活性级别的测度，如绝对值、中值与邻域对比度。由此，她提出了一种基于区域的方法，利用局部相关检测来进行区域融合。在文献[48]中，Lewis 等人在输入图像中生成一个联合分割图。为了进行融合，他们用小波系数的能量、方差或熵值进行优先权测量，在融合过程中对每个区域进行加权处理。

除此之外，图像被划分为两个区域，即包含细节信息的活跃区域和包含背景的非活跃区域。需要一个阈值来界定活跃与非活跃区域，这个阈值可设置为 $2\times \text{mean}_t\{E_i(t)\}$。我们的目的是创建一个最精确的边缘检测器，而图像的实际边缘是允许有一些误差的。因此，从每个输入图像中得到的分割图 $m_i(t)$ 为

$$m_i(t)=\begin{cases}1, & E_i(t)>2\times \text{mean}_t\{E_i(t)\}\\0, & \text{其他}\end{cases} \tag{7.96}$$

使用逻辑 OR 算子，对每个输入图像的分割图进行组合，形成单幅分割图。确保分割图包含大部分强边缘信息这一点很重要。一旦图像被分割为活跃和非活跃区域，要使用不同的基于像素的融合方法来对这些区域进行融合。对于活跃区域，采用保留边缘的融合方法，即最大绝对值方法或加权组合方法，对于非活跃区域，要采用保留背景的方法，即均值法或中值法。因此，这样可以形成一个更精确的融合方法，它着眼于图像本身的实际结构，而不关注融合信息。基于区域的方案会设法捕获输入图像中大部分的重要区域。作为一种边缘检测器，它的效果很好，但是，它会产生较厚的边缘，因为我们的目标是对边缘周围的区域进行识别，而不是边缘本身。基于区域的融合方案与加权融合方案的结果类似。然而，基于区域的融合方法对恒定的背景区似乎能产生更好的视觉效果，因为平均规则更适合于非活跃区域。

7.11 图像融合算法

前面给出的 MR 图像融合使用了拉普拉斯金字塔和基于样本的最大值选择规则。Toet[49] 给出了一个类似的算法，但他使用的是定量低通滤波金字塔。其融合方法选择的是最高的局部亮度对比度，这个对比度可为人类观察者提供更好的细节。该方法的另一个不同点是用形态学滤波代替线性滤波器。Burt 和 Kolczynski[50] 提出将梯度金字塔和基于局部能量活性和加权平均匹配测度的组合算法一起使用。之前的基于小波的融合系统，将一个窗口内的最大绝对值当

作在该窗口内中心的样本相关联的活性测度。对于转换域中的每个位置,使用最大选择规则来确定哪些输入可能包含最有用的信息。由于小波变换的紧致性、方向选择性和正交性,该方法比拉普拉斯金字塔融合方法更好。Wilson 等人[51]采用 DWT 融合方法和基于 HVS 频率响应的知觉权重的方法,将活性测度计算为小波分解的傅里叶系数的加权和,其中权重由对比度决定。源之间的知觉距离与活性一起使用,以确定每个源的小波系数的权重。这一知觉距离与匹配测度直接相关——知觉距离越小,匹配度越高。用这种方法获得的融合图像比基于梯度金字塔或 LP 金字塔的融合技术获得的图像效果更好。

Koren 等人[52]使用了一个方向可控的小波变换来进行 MR 分解。这是因为方向可控小波具有移位不变性和不混叠特性。对于每一个频带,活性都是一个面向局部的能量。只有与活性最大的频带相对应的成分才能用于重建。细节系数按照最大选择规则进行组合,对粗近似系数进行均值合并。Pu 和 Ni[53]利用 DWT 提出了一种基于对比度的图像融合方法。对该活性测度用方向对比度的绝对值进行表示,并把最大选择规则作为小波系数的组合方法。他们还提出另一种方法,即在反向对比度上执行组合过程。在另一种 MR 技术中,融合过程是:在不同的频段上保留小波系数的模极大值,将其进行组合。在融合过程中,可以通过去除与噪声相关的模最大值来实现降噪。

强度加小波(AWL)方法[54]是现有基于 MR 小波的图像融合技术之一。它最初是为三波段(RGB)多光谱图像设计的。在此方法中,由于高分辨率的全色结构合并到原始低分辨率多光谱图像的亮度 L 波段上,使得频谱特性得以保留。因此,这个方法只定能义三个波段。后来逐渐扩展到 n 个波段。这种方法保持了 n 波段图像的光谱特征,就像 AWL 保持 RGB 图像一样。这种方法称为比例 AWL(AWLP)。这种方法得到的结果比标准小波算法要好,但是在空间上的改善在大多数情况下仍然是不可接受的。

乘法方法来源于文献[55]中的四种组成技术。在这四种可能的算术方法中,只有乘法不太可能在将强度图像转换成全色图像时对颜色进行扭曲。因此,该算法只是简单地将多谱段与全色图像相乘。该算法的优点是简单明了。然而,将相同的信息乘到所有的波段,会产生了具有更高相关性的光谱波段,这意味着它改变了原始图像数据的光谱特征。为避免乘法方法的弊端,提出了 Brovey 变换方法。它是算术运算的组合,并且在与全色图像相乘之前会将光谱波段标准化。但是光谱性质通常不会得到很好的保存。颜色标准化(Colour Normalisation,CN)光谱锐化是 Brovey 算法的扩展,它将输入的图像波段分成光谱波段,这种光谱波段在全色图像的光谱范围内进行定义。相应的频段按下面的方式进行处理:每一个输入波段和锐化波段相乘,然后通过将其除以段中的输入波段之和来进行标准化。这种方法对单个传感器的数据很有效，但是如果全色图像的光谱范围与多光谱图像的光谱范围不匹配，则无法进行空间上的改进。

为了将图像与强度－色相－饱和度(Intensity-Hue-Saturation，IHS)图像相融合，多光谱图像的三个波段从 RGB 域被转换到 IHS 色彩空间。全色成分被匹配到 IHS 图像的强度上，并取代强度分量。为了将融合后的多谱段更适合原始数据，发展了一种 IHS 融合改进方法。在匹配之后，全色图像代替了原来的 IHS 图像中的强度，融合后的图像重新变换到 RGB 色彩空间。这种方法也能很好地处理来自单个传感器的数据，但对于多时相或多传感器融合，该方法的结果在大多数情况下是不可接受的。

Ehlers 融合基于 IHS 变换和傅里叶域滤波。通过使用多个 IHS 变换，Ehlers 方法扩展到三个以上波段，直到波段的数量耗尽。强度分量和全色图像的傅里叶变换允许在频域中设计自适应滤波器。使用快速傅里叶变换技术，可以直接访问增强的或抑制的空间成分。强度光谱用 LP 滤波器进行滤波处理，而全色光谱则用逆 HP 滤波器进行滤波。在滤波后，图像通过逆快速傅里叶变换回空间域，同时把图像相加，得到一幅融合的强度图像，其低频信息来自于低分辨率多光谱图像，其高频信息来自于高分辨率图像。这个新的强度分量和多光谱图像的原始色相和饱和度组成了一幅新的 IHS 图像。最后一步，由 IHS 逆变换产生一幅融合的 RGB 图像。这些步骤在三波段上不断重复进行，直到所有的波段都和全色图像进行融合。Ehlers 融合使光谱得到了最好地保存，但计算时间也是最高的。

主成分(PC)变换是一种统计方法，它将相关变量的多变量数据集转换为原始变量的非相关线性组合的数据集。对于图像，它创建一个不相关的特性空间，用于进一步的分析，而不是用原始的多谱特征空间进行分析。PC 转换被应用于多光谱波段。全色图像是与第一个主成分(PC1)相匹配的直方图，有时是第二个。然后，它将替换所选的成分，而 PC 逆变换将融合的数据返回到原始多谱特征空间中。PC 融合的优势在于，频段的数量不受限制。然而，这是一种统计程序，这意味着它对区域的锐化是敏感的。融合的结果可能因选取的图像子集不同而有所不同。

Gram-Schmidt 融合对低空间分辨率光谱波段进行全色波段模拟。一般来说，这是通过对多谱段进行平均来实现的。接下来，对模拟的全色波段和将其作为第一波段使用的多谱段进行 Gram-Schmidt 变换。然后高空间分辨率的全色波段取代第一个 Gram-Schmidt 带。最后，采用 Gram-Schmidt 逆变换来创建全色多光谱图像。这种方法通常能从单个传感器中产生好的融合图像，但它和 PC 融合一样，是一个统计过程，所以融合的结果可能会随所选的数据集不同而发生变化。

对于 HPF 融合，它首先计算全色图像与多光谱图像的空间分辨率比值。创建一个高通卷积滤波器核，并根据核的大小对高分辨率的输入数据进行滤波。HPF 图像被添加到每个多谱段。在求和之前，对 HPF 图像进行加权，其权重因子根据比值进行计算。最后一步，将线性拉伸应用于新的多光谱图像，用来对原始输入的多光谱图像的均值和标准差进行匹配。对于对光谱和多时相数据，其结果还不错，但有时边缘会被过分加强。

为了应用 UNB 融合算法，需要计算输入图像的多谱段和全色波段直方图标准。选择全色图像光谱范围内的多谱段，利用最小二乘算法，对其进行回归分析。结果用作多谱段的权重。通过与相应的波段进行乘法运算，然后再进行加法运算，产生一个新的合成图像。为了得到融合图像，需要将每一个标准的多光谱图像与标准的全色图像相乘，然后再除以合成图像。该方法适用于单传感器、单数据图像，对于多传感器/多时相融合，这种方法的结果不好。它是 Quick-bird 图像融合的标准方法。

拉普拉斯金字塔使用一种模式选择方法进行图像融合，因此融合的图像不是由逐个像素构成的，而是由不同的特征组成的。其思想是，首先在每个源图像上进行金字塔分解，然后将分解过程整合在一起，形成一个复合体，最后通过金字塔逆变换来重构出融合图像。

图像金字塔最初用来描述 MR 图像分析，并作为人类视觉的双目融合模型来使用。图像金字塔可以描述为原始图像的低通或带通成分的集合，在建立金字塔过程中，带限和样本密度进行了降低和减少。MR 金字塔变换将一个图像分解为多个不同尺度的分辨率。金字塔是一系列图像，在金字塔的每一层图像都是它前一级图像的滤波和子采样结果。金字塔的最低层与原始图像具有相同的大小，它包含了最高分辨率的信息。金字塔高层在分辨率上得到降低，但增加了原始图像的规模。

拉普拉斯金字塔变换的第一步是用低通滤波器对原始图像 g_0 进行滤波，得到图像 g_1，这是 g_0 的缩小版本。以类似的方式，g_2 是 g_1 的缩小版，等等。分层平均的过程为，对于层 $0 < l < N$，节点 i、$j(0 \leqslant i < C_l, 0 \leqslant j < R_l)$ 则有以下等式：

$$g_l(i,j) = \sum_{m=-2}^{2} \sum_{n=-2}^{2} w(m,n) g_{l-1}(2i+m, 2j+n) \tag{7.97}$$

N 指的是金字塔的层数（级数），而 C_l 和 R_l 是第 l 级图像的行数和列数。平均法是和一个局部对称的加权函数进行卷积完成的。5×5 大小的窗口就可以提供足够的滤波，并且计算量小。权重核的选取遵循下面的约束：简单起见，令 $w(m,n)$ 分解为 $w(m,n) = \hat{w}(m)\hat{w}(n)$，进行归一化处理，因此系数之和为

$1\left(\sum_{m=-2}^{2}\hat{w}(m)=1\right)$，满足对称性 $\hat{w}(m)=\hat{w}(-m)(m=0,1,2)$ 且贡献大小相同，即一个给定级上的所有节点对于其相邻的更高级上的节点来说，在总数量上，贡献大小是相同的。

$$\begin{pmatrix}\hat{w}(0)=a,\hat{w}(1)=\hat{w}(-1)=b,\hat{w}(2)=\hat{w}(-2)=c,a+2c+2b)\\ \Rightarrow\hat{w}(0)=a,\hat{w}(1)=\hat{w}(-1)=1/4,\hat{w}(2)=\hat{w}(-2)=1/4-a/2\end{pmatrix}$$

通过在给定值之间插入新的节点值进行扩展，得到逆运算：

$$g_{l,n}(i,j)=4\sum_{m=-2}^{2}\sum_{n=-2}^{2}w(m,n)g_{l,n-1}\left(\frac{i-m}{2},\frac{j-n}{2}\right) \tag{7.98}$$

其中，$0<l<N,0\leqslant n,0\leqslant i<C_{l-n},0\leqslant j<R_{l-n}$。

如果高斯分布被用作窗口的核，这个金字塔就称为高斯金字塔。拉普拉斯金字塔是一系列误差图像 $L_0,L_1,\cdots,L_N$，其中每个误差图像都是高斯金字塔的两级之差，$L_l=g_l-\text{Expand}(g_{l+1})=g_l-g_{l+1,1}$。没有图像 g_{N+1} 可以用来对 g_N 进行预测，$L_N=g_N$。对拉普拉斯金字塔的所有级进行扩展，然后进行求和 $g_0=\sum_{l=0}^{N}L_l$，可以无损地重建出原始图像。有效的做法是扩展 L_N 并将它与 L_{N-1} 相加，然后将其和进行扩展并继续与 L_{N-2} 相加，直到恢复出原始图像。

在构建拉普拉斯金字塔之后，通过特征选择决策机制来进行每一级的融合。有多种组合模式，如选择模式或平均模式。选择模式中，组合过程从源图像中选择最突出的成分，并将其复制到复合金字塔，同时丢弃不那么突出的成分。在平均模式中，对源图像的成分求平均。求平均能减少噪声，当源图像包含相同的信息时，保持图像的稳定性。前者用于源图像中明显不同的位置，后者用于源图像中相似的位置。另一种方法是选择具有最大值的成分，并应用一个一致性滤波器来消除孤立点。对于第 N 级来说，它对源图像求平均。

同样，也可以在小波变换域中进行融合。小波变换在不同的尺度上将图像分解为低-高、高-低、高-高的空间频段，为在最粗的尺度上分解的频段是低-低空间频段。低-低频段包含了平均图像信息，而其他频段包含方向信息。高频段小波系数大的绝对值对应于突出特征，如边或线。在这些前提下，Li 等人[46]提出了一个基于选择的规则，在小波变换域中进行图像融合。由于更大的绝对变换系数对应于更强烈的亮度变化，一个好的合成规则是，在转换域中的每一个点上选择其绝对值更高的系数。

由 Petrovic 和 Xydeas[56]提出的计算有效像素级图像融合（CEMIF）系统建立在级别数量降低的、自适应的 MR 方法基础上。该技术的目标是降低 MR 系统（如拉普拉斯金字塔和小波变换）的计算复杂度，同时保持 MR 融合的鲁棒性和高的图像质量。实际上，这个系统中所采用的光谱分解是传统高斯-拉普拉斯金字塔方法的简化版本。多尺度结构简化为两级——背景级和前景级。前者包含直流成分、基带信息，代表了大尺度特征，后者包含高频信息，其代表了小尺度特征。信号融合是在两级上独立完成的。背景信号可由均值滤波直接得到；前景信号由原始信号和背景信号之差得到，可以使用一个简单的像素级特征选择方法进行融合。最后，把融合后的前景信号和背景信号相加，得到最终的融合图像。

利用自适应可变尺寸的二维平均滤波器，将原始信号分解为两个子带信号。这种类型的滤波器没有好的光谱特性，但由于其好的光谱特性模板所需计算工作量只要一小部分，因而它仍然得到使用。从原始图像信号中减去背景信号获取前景信号。在没有进行次采样时，前景和背景信号的分辨率和大小与原始输入信号相同，背景信号有两种不同的算术融合方法。它们都给出了对统计条件的互补集的最佳结果。在背景图像占主导地位的情况下，使用直接消除方法。如果一幅图像中包含的背景信息明显更多，那么这幅图像就是背景主导的。例如，在夜视中，相较于可见光探测器来说，红外传感器可能包含更多的信息。在本例中，主背景图像成为融合的背景图像，而其他背景图像被忽略。当输入的两个图像的能量值比较相似的情况下，将融合信号构造为非直流输入信号的和，以及输入图像均值的平均。前景融合用一个简单的特征选择融合机制来实现。重要的信息比背景信号更容易定位，同时特征选择机制可以在像素级上实现。融合后的前景里的每一个像素对应于输入前景图像中具有最大绝对值的像素。

基于空间频率的像素级图像融合算法是由 Shutao 等人[57]提出。该方法计算简便，可用于实时处理。空间频率测量图像的整体活性水平。对一个 $M \times N$ 图像，位置(x,y)处的灰度值用$f(x,y)$表示，其空间频率定义为 $\mathrm{SF}=\sqrt{\mathrm{RF}^2+\mathrm{CF}^2}$，其中 RF 和 CF 是行和列的频率，由以下公式给出：

$$\mathrm{RF}=\sqrt{\frac{1}{MN}\sum_{x=1}^{M}\sum_{y=2}^{N}(f(x,y)-f(x,y-1)^2)} \tag{7.99}$$

$$\mathrm{CF}=\sqrt{\frac{1}{MN}\sum_{x=2}^{M}\sum_{y=1}^{N}(f(x,y)-f(x-1,y))^2} \tag{7.100}$$

比较两个对应块的空间频率，保留最大频率块的像素值。如果频率相似，则使用像素值的平均值。进行显著性检查以去除孤立点。

IHS 技术是图像融合的标准流程，其主要局限是只包含三个波段。最初，它建立在 RGB 真彩空间的基础上。它的优点是：单独通道描述了颜色的某种属性，即强度(I)、色相(H)和饱和度(S)。这种色彩空间常常被使用，因为人类的视觉认知系统往往会将这三个分量粗略地当作正交的感知坐标轴。然而，在遥感技术中,通常把任意的波段分配给 RGB 通道,来产生虚假的合成色彩。IHS 技术通常包括四步:①将 RGB 通道(对应于三个多谱段)转换为 IHS 分量;②将强度分量与全色图的直方图进行匹配;③将强度分量替换为拉伸的全色图像;④对IHS 通道进行逆变换,得到 RGB 通道。合成的色彩在地形纹理信息方面具有更高的空间分辨率。IHS 变换的原始变换矩阵是正交的。

Brovey 变换基于色度变换。这是一种将不同传感器的数据组合起来的简单方法,其局限性是只包含三个波段。它的目的是对 RGB 显示时用到的三个多谱带进行标准化处理,并将处理结果与任何其他需要的数据相乘,从而将强度或亮度分量添加到图像中。

HPF 的原理是将高分辨率的全色图像(High-Resolution Panchromatic Image,HRPI)中的高频信息添加到低分辨率的多光谱图像(Low-Resolution Multispectral Image,LRMI)中,以获得高分辨率多光谱图像(High-Resolution Multispectral Image,HRMI)。高频信息的计算方法是用高通滤波器对 HRPI 进行滤波,或者用原始的 HRPI 减去 LRPI,其中 LRPI 是低通滤波的 HRPI。该方法保留了大部分光谱特征,因为空间信息与 HRMI 的高频信息相关,其中 HRMI 来自于 HRPI,而光谱信息则与 HRMI 的低频信息相关,其中 HRMI 来自于 LRMI。当使用 boxcar滤波器时,滤波长度是关键,必须和 HRPI 与 LRMI 的分辨率之比相匹配。3×3 的 boxcar 滤波器仅适用于 1:2 的融合,因为频率响应在截止频率应有 6dB 的衰减,其中频率标准化成采样频率。对于 1:4 的融合,5×5 的 boxcar 滤波器的截止频率大致在 0.125 左右。频率响应有一个平滑的过渡段,在通带之外还伴随有一个大的脉动。高通滤波器调制的原理是,根据调制系数将 HRMI 的高频信息转移到 LRMI,调制等于 LRMI 和 LRPI 的比值。LRPI 是通过对 HRPI 进行低通滤波得到的。

PCA 方法与 IHS 方法类似,其主要优点是可以使用任意数量的频段。输入 LRMI 首先被转换成相同数量的非关联 PC。PC1 图像包含了一些信息,这些信息对于 PCA 的所有频段来说,也经常用到,但是与任一频段相对应的唯一的频谱信息被映射到其他成分上。然后,与 IHS 方法类似,PC1 被 HRPI 替换,其中 HRPI 在这里与 PC1 有相同的均值和方差。最后,通过进行 PCA 逆转换来确定 HRMI。变换矩阵包含特征向量,并按照它们的特征值进行排序。变换矩阵是正交的,由输入的 LRMI 协方差矩阵或的相关矩阵来决定。使用协方差矩阵的 PCA 被称为非标准化的 PCA,而使用相关矩阵的 PCA 被称为标准化的 PCA。

“à trous”一词最初是在文献[58]中介绍的。它是基于无小数的双值小波变换,特别适合信号处理,因为它具有各向同性和平移不变性,在图像处理中不创建人工制品。将小波平面计算为两个连续的近似值之间的差值。为了构造这个序列，à trous 算法对一个从尺度函数中获得的滤波器来进行连续的卷积。B3 三次样条的使用会产生一个双值 LP 尺度函数。à trous 在图像融合的应用中，有几种可能的使用方法。基于 MR 分析的强度调制（MR Analysis-Based Intensity Modulation，MRAIM）是由 Wang[59] 提出的。它遵循 GIF 方法，在融合的应用中其主要优点是比值为任意整数，且方法简单。

7.12 性能评估

在许多应用中，融合图像的最终用户或解释者都是人。人类对融合图像的感知是极为重要的，因此，融合的结果大多以主观标准来评价[83-85]，这需要人类观察判断融合图像的质量。由于人类对质量进行度量的标准高度依赖于心理视觉因素，因此这些主观检验很难重现和验证，同时也很耗时和昂贵。尽管主观检验在评价融合性能方面是很重要的，但客观性能指标也是一种有价值的补充方法。为了对图像质量等主观印象进行量化，规定图像质量与一种差值有关，即实际的融合图像与理想的融合图像的偏差。那么又出现了一个问题，即如何定义理想的融合图像。一种不太常用的方法是设计性能指标，不需要任何先验知识，就可以用来对融合图像进行质量评估。这些性能指标把融合图像与输入的源图像之间的关联程度进行了量化。

例如，通过将融合图像与由人工剪切和粘贴过程创建的理想拼图进行比较，可以对融合图像进行评估。实际上，在文献中提出的各种融合算法，都是通过构建某种理想的融合图像，并与实际的融合图像进行比较来进行评估的。均值平方误差的度量基于均方差的度量标准被广泛用于上述对比中，尽管它们有一些众所周知的局限性，但如果小心使用的话，还是有用的。使用这种的度量标准的一个例子就是均方根（Root Mean Square Error，RMSE）。

与信息论相关的评价指标例如（互信息）也被提出用于 ronghe 评估。给定两个图像 x_F 和 x_R，它们的互信息定义为各自归一化的灰度直方图 x_R、x_F、$h_{R;F}$ 是 x_R 和 x_F 的联合灰度直方图，而 L 是灰度级的数目。令 x_R 和 x_F 分别对应于参考图像和融合图像，它指出融合图像 x_F 在参考图像 x_R 中呈现了多少信息。因此，x_F 和 x_R 之间的互信息越高，x_F 和理想的 x_R 越接近。在参考文献[56]中给出了一个客观性能指标的例子，它没有给定真实的信息。在文献[56]的方法中，重要的视觉信息与每一个像素的边缘信息相关。因此，他们通过对从输入图像转移到融合图像的边缘信息的相对数量，来评估融合性能。另一个非参考的客观性能指标是由 Qu 等人[60]提出的。他们通过在融合图像和每一个输入图像之间添加互信息来评估图像融合的性能。

从目前的文献中可以得出以下结论:客观性能评估是一个开放的问题,很少受到关注。大多数现有的性能评估方法都是低级的,也就是说,它们是在像素级上进行的。高级方法,即在区域级,甚至目标级是不存在的。需要更多的研究来为图像融合提供有价值的客观评价方法,特别是在基于区域或基于目标的方法。把基于区域的方法和基于像素的方法进行对比,来获得这种对比的印响,在没有真实信息的情况下,用某个质量指标来评估融合的图像。在所有情况下,基于区域的方法给出的 MI 质量比基于像素的方法高。因此,初步结论是基于区域的方法优于基于像素的方法。此外,利用区域信息对近似图像进行融合或对细节图像进行融合,可大大提高图像的融合性能。

如果可以得到真实图像 $f_{gt}(x,y)$,则可以对融合方案进行数值评估。假设输入图像 $f_i(x,y)$ 的融合后图像为 $f_f(x,y)$,为了对该方法的性能进行评估,可以用下面的信噪比表达式来比较真实图像和融合图像:

$$\mathrm{SNR_{dB}} = 10\lg \frac{\sum_x \sum_y f_{gt}(x,y)^2}{\sum_x \sum_y (f_{gt}(x,y) - f_f(x,y))^2} \tag{7.101}$$

与传统的融合方法一样,图像质量指数 Q_0 也可以作为一种性能指标。假设 m_f 代表图像 $f(x,y)$ 的均值,所有图像的大小为 $M \times N$, $-1 \leqslant Q_0 \leqslant 1$,$Q_0$ 的值越接近 1,表明融合的性能越好:

$$\begin{cases} Q_0 = \dfrac{4\sigma_{f_{gt}f_f} m_{f_{gt}} m_{f_f}}{(m_{f_{gt}}^2 + m_{f_f}^2)(\sigma_{f_{gt}}^2 + \sigma_{f_f}^2)}, \\ \sigma_{f_f}^2 = \dfrac{1}{MN-1} \sum\limits_{x=1}^{M} \sum\limits_{y=1}^{N} (f(x,y) - m_f^2), \\ \sigma_{fg} = \dfrac{1}{MN-1} \sum\limits_{x=1}^{M} \sum\limits_{y=1}^{N} (f(x,y) - m_f)(g(x,y) - m_g) \end{cases} \tag{7.102}$$

最近,一个通用的图像质量指数(Universal Image Quality Index,UIQI)[61]被用来度量两个图像之间的相似程度。UIQI 将图像失真建模为三个因素的组合,即相关性损失、辐射失真和对比度失真。它的定义如下:

$$Q = \frac{\sigma_{AB}}{\sigma_A \sigma_B} \cdot \frac{2\mu_A \mu_B}{\mu_A^2 + \mu_B^2} \cdot \frac{2\sigma_A \sigma_B}{\sigma_A^2 + \sigma_B^2} \tag{7.103}$$

第一个分量是 A 和 B 的相关系数,第二个分量测量了 A 和 B 的平均灰度的接近程度,对应于平均亮度失真,其动态范围为[0,1]。第三个分量是对比失真,即 A 和 B 对比度的相似性,其动态范围为[0,1]。Q 的动态范围是[-1,1]。如果两个图像是相同的,那么相似性最大,其值为 1。

由于图像信号一般是不稳定的,所以测量局部区域的 Q 值是合适的,然后将不同的 Q 值合并成一个指标。可以使用滑动窗口方法,从图像 A 和图像 B 的左上角开始,由一个固定尺寸的滑动窗口在整个图像上逐个像素进行移动,直到移到图像的右下角。对于每个窗口 w,局部质量索引 $Q(A,B|w|)$ 是计算 $A(x,y)$ 和 $B(x,y)$ 的值,其中像素 (x,y) 在滑动窗口内。最后,把所有的局部质量指数 Q 进行平均来计算总体图像质量指数:

$$Q(A,B) = 1/|W|\text{sum}Q(A,B/w) \tag{7.104}$$

式中:W 为所有窗口的族;$|W|$ 为 W 的基数。

Piella[44] 基于 Q_0 引入了三种融合质量指标。有一种度量指标为

$$Q(A,B,F) = \frac{1}{|W|}\sum_{w\in W}(\lambda_A(w)Q_0(A,F/w) + \lambda_B(w)Q_0(B,F/w)) \tag{7.105}$$

其中,$\lambda_i(w) = s(i|w)/(s(i|w) + s(j|w))$。$s(i|w)$ 表示在窗口 w 上的图像 i 的显著程度,这反映了窗口 w 中图像 i 的局部相关性,它可能依赖于对比度、方差或熵。$\lambda_i(w)$ 是一个值为 0 和 1 之间的局部权重,表明图像 i 对于图像 j 的相对重要性。因此,在图像 A 的显著性比图像 B 更大的区域,质量指标 Q 主要由 F 和输入图像 A 的相似性决定;另一方面,在图像 B 的显著性比图像 A 大得多的区域,指标 Q 主要是由 F 和输入图像 B 的相似性决定。

基于此,上述模型给出了一个质量指标,它表示在每个输入图像中有多少重要信息被转移到复合(合成)图像中。然而,在每个窗口中获得的不同质量指标得到了同样的处理。这与人的视觉系统形成了鲜明的对比,视觉系统把视觉上的突出区域赋予了更高的重要性。另一种不同的质量指标也被提出,即当输入图像的显著性更高的时候,赋予窗口更大的权重。在潜在场景中,权重大的窗口对应着感官认识上的重要区域。因此,在确定图像的整体质量时,合成图像在这些区域的质量更重要。一个窗口的整体显著性定义为 $C(w) = \max(s(a|w), s(b|w))$。加权的融合质量指标定义为

$$Q_W(A,B,F) = \frac{1}{|W|}\sum_{w\in W}c(w)(\lambda_A(w)Q_0(A,F/w) + \lambda_B(w) Q_0(B,F/w)) \tag{7.106}$$

其中

$$c(w) = C(w)/(\sum_{w'\in W}C(w')) \tag{7.107}$$

另一项指标考虑了 HVS 的某些方面,即边缘信息的重要性。因此,Q_W 使用边缘图像(梯度的标准)来代替原始的灰度图像。基于边缘的融合质量指数为

$$Q_E(A,B,F) = Q_W(A,B,F)^{1-\alpha} Q_W(A',B',F')^{\alpha} \tag{7.108}$$

其中,A'是与图像 A 对应的边缘图像。所有三个指标的动态范围为[-1,1]。Q 值越接近 1,复合图像的质量越高。

如果不能获得真实图像,则使用两个图像融合性能指数:一个由 Piella[44]提出,另一个由 Petrovic 与 Xydeas[56]提出。这两个指数都被图像融合广泛使用,用来对融合算法的性能进行评估。它们都试图把从输入图像传递到融合图像的感兴趣信息的量(边缘信息)进行量化。此外,由于 Piella 指数采用图像质量指数 Q_0 来对每个输入图像转移到融合图像的信息质量进行量化,因此其值在 -1~1 之间。

评估过程的基础是:光谱特征的保存情况和空间分辨率的改进情况。首先,将融合图像在视觉上进行比较。视觉的外观可能是主观的,且依赖于观察者,但是视觉上的认知作为最终的背景,这一点不可低估。其次,采用了一些统计评估方法来对颜色的保存情况进行度量。这些方法必须是客观的、可复制的和定量的。

原始的多谱带与等效的融合带之间的相关系数,其值的范围为 -1~1。融合图像和原始图像之间最相关的时候,对应着最大相关值。对于每个像素的偏差(PD),有必要把融合的图像按照原始图像的空间分辨率进行分解。然后将这个图像从原来的图像中减去一个像素。最后,每个像素的平均偏移量以数字化的数(DN)来度量,这个数字是 8bit 或 16bit 的。这里,最好的值是 0。

结构相似度指数(SSIM)是一种结合了亮度、对比度和结构的方法,并且它应用在一个 8×8 的方形窗口里。这个窗口在整个图像上逐像素移动。每一步,在窗口中计算局部统计数据和 SSIM 指数。其值大小在 0 和 1 之间。接近 1 的值表示与原始图像的相关性高。其目的是根据谱特征保存和空间改进的优化组合,来寻找融合图像。因此,第三步是,选择两种不同的定量方法来对空间改进的质量进行定量的度量。

高通相关(HCC):原始的全波段和高通滤波后的融合波段之间的相关性。把高通滤波器用于全色图像和融合图像的每个波段上,然后计算高通滤波后的波段与高通滤波后的全色图像之间的相关系数。

全色图像和融合的多谱段的 ED:在全色图像和融合的多光谱图像上进行 Sobel 滤波与可视化分析执行对应的边缘检测。以上操作对于每个波段独立进行。其值以百分比形式给出,在 0~100 之间变化。100% 意味着在全色图像中所有的边缘都在融合图像中检测出来。

然而,由于用来进行比较的参考图像无法获得,无论是 RMSE 还是 Q 都无法计算。因此,可以定义一种基于互信息的指标:把合成图像和每一个输入图像

之间的互信息相加，并除以输入图像熵的总和，即

$$MI(A,B,F)=\frac{I(A,F)+I(B,F)}{H(A)+H(B)} \tag{7.109}$$

其中，$I(A,F)$是 A 和 F 之间的互信息，$H(A)$是 A 的熵。这样，指标被归一化到[0,1]区间。

在输出融合图像中的重要视觉信息和存在于图像每个像素上的边缘信息联系起来。HVS 研究支持这种视觉边缘信息。此外，通过评估从输入图像转移到融合图像的边缘信息量，可以获得一个融合性能的指标。假定有两个输入图像 f_A 和 f_B，和它们的融合图像 f_F。应用 Sobel 边缘算子，得到应用于边缘强度 $g(x,y)$ 和每个像素 $f(x,y)$ 的方向信息 $\alpha(x,y)$。因此，对于输入图像 f_A 有

$$g_A(x,y)=\sqrt{e_A^x(x,y)^2+e_A^y(x,y)^2} \tag{7.110}$$

$$\alpha_A(x,y)=\arctan\left(\frac{e_A^y(x,y)}{e_A^x(x,y)}\right) \tag{7.111}$$

其中 $e_A^x(x,y)$ 和 $e_A^y(x,y)$ 是让水平 Sobel 算子、垂直 Sobel 算子，以像素 $f_A(x,y)$ 为中心，和图像 f_A 的对应像素进行卷积的输出结果。图像 f_A 的相对强度 $G_{AF}(x,y)$ 和方向值 $A_{AF}(x,y)$ 为

$$G_{AF}(x,y)=\begin{cases}\dfrac{g_F(x,y)}{g_A(x,y)}, g_A(x,y)>g_F(x,y)\\ \dfrac{g_A(x,y)}{g_F(x,y)}, \text{其他}\end{cases} \tag{7.112}$$

$$A_{AF}(x,y)=\frac{\left|\,|\alpha_A(x,y)-\alpha_F(x,y)|-\pi/2\,\right|}{\pi/2} \tag{7.113}$$

边缘强度和方向的保存值为

$$Q_{AF}^g(x,y)=\frac{\Gamma_g}{1+e^{K_g(G_{AF}(x,y)-\sigma_g)}} \tag{7.114}$$

$$Q_{AF}^\alpha(x,y)=\frac{\Gamma_\alpha}{1+e^{K_\alpha(G_{AF}(x,y)-\sigma_\alpha)}} \tag{7.115}$$

在图像 f_A 中，像素 $f_A(x,y)$ 的强度值和方向值，有多少在融合图像中得到重现，针对这一问题，$Q_{AF}^g(x,y)$ 和 $Q_{AF}^\alpha(x,y)$ 是对 f_A 的信息损失进行的建模。常数 Γ_g、Γ_α、κ_g、κ_α、σ_g、σ_α 决定了 sigmoid 函数（用来构造边缘强度和方向保存值）的确切形状。边缘信息保存值定义为

$$Q_{AF}(x,y)=Q_{AF}^g(x,y)\,Q_{AF}^\alpha(x,y) \tag{7.116}$$

其中 $0\leqslant Q_{AF}(x,y)\leqslant 1$。0 表示在$(x,y)$位置从图像 f_A 转移到图像 f_B 上时，

边缘信息完全丢失;1 对应的值表示没有信息丢失。假设图像f_A 和图像f_B 遵循给定的融合过程 F,并产生一个融合图像f_F,那么 F 的归一化加权性能指标为

$$Q_{AB/F} = \frac{\sum_{x=1}^{M}\sum_{y=1}^{N} Q_{AF}(x,y)\omega_A(x,y) + Q_{BF}(x,y)\omega_B(x,y)}{\sum_{x=1}^{M}\sum_{y=1}^{N}(\omega_A(x,y) + \omega_B(x,y))} \tag{7.117}$$

用 $\omega_A(x,y)$ 和 $\omega_B(x,y)$ 分别对边缘保留值 $Q_{AF}^{g}(x,y)$ 和 $Q_{AF}^{\alpha}(x,y)$ 进行加权。与低边缘强度的边缘保存值相比,高边缘强度的像素对应的边缘保存值对 $Q_{AB/F}$ 的影响更大。因此,$\omega_A(x,y) = [g_A(x,y)]^L$,$\omega_B(x,y) = [g_B(x,y)]^L$,其中 L 是一个常数且 $0 \leqslant Q_{AB/F} \leqslant 1$。

7.13 多模态生物特征识别系统与融合:举例说明

单模态或单一的生物特征识别系统不能满足安全应用的要求,如在通用性、唯一性、持久性、可移植性、性能、可接受性和规避等方面的要求。这激发了人们对多模态生物特征识别系统的兴趣,这种多模态系统中,所有的特征可同时用于特征识别。多模态系统的融合有四个级别:传感器级、特征级、匹配率级和决策级。融合的级别大致分为两大类[62]:①匹配前融合,称为预分类——这一方法包括传感器级融合和特征级融合;②匹配后融合,称为后分类——这包括匹配率级融合和决策级融合。

在传感器级融合中,不同的传感器用于提取相同的生物特征。与单个特征相关的多传感器数据增加了系统的成本,但它有助于分割和匹配过程。从多个传感器获得的信息相互补充。然而,在传感器级融合中需要大的内存空间。在特征级融合中[63],来自于相同的生物特征或不同的生物特征中的不同特征向量得到提取和组合。在识别器中,当要合并的特征向量是同类的,对各个特征向量进行加权平均即可计算出一个单独的特征向量。当特征向量是同类的,将它们进行级联形成一个单一的特征向量。这种组合策略是:把每个特征提取模块提取的特征向量进行级联。这增加了特征向量的大小。匹配率是对输入的生物特征向量和模板生物特征向量相似性的一种度量方法。在匹配率级融合中,融合得分是由与不同生物特征对应的多个分类器产生的。为了将不同的分类器得分映射到一个域中,在得分融合之前,将归一化方法用于分类器的输出上。决策级融合[64]是对不同分类器的最终输出结果进行求和。在这种融合策略中,每一个生物特征都有各自独立的认证决策。这些决策随后进行组合,形成一个最终决策。这种方法避免了在得分级融合中所必须进行的得分归一化过程。

7.13.1 基于特征向量融合的多模态生物特征识别系统

指纹、脸部和签名这三种生物特征的显著特征在预处理后作为模板存储在数据库中。从两个或三个生物特征中提取的特征被合并成一个特征向量。使用单匹配器对多模态系统的性能进行评估。该特性是双树复合 WT (Dual Tree-Complex WT, DT - CWT) 的子带系数[65]。二维 DT - CWT 不仅保存了小波变换的 MR 分解功能和完美的重构功能,而且还增加了一些新的优点,如对小的平移不敏感,并且具有多方向选择性。DT - CWT 通过引入 WT à trous 算法来确保平移不变性。下面给出一些特征向量融合技术:①特征向量级联——当有三种生物特征时,特征向量的维数是单个特征的特征向量维数的 3 倍;②特征向量平均——合成特征向量的维数与单个特征向量的维数相同,因为对这三个特征向量进行平均得到的还是同维特征向量;③级联的特征向量中的 PCA 特征——对级联特征向量进行二维 PCA 分析,根据 PC 减少特征向量的维数;④级联前的 PCA 特征——对独立的特征向量应用 PCA 分析,然后将这些特征向量进行级联,形成合成的特征向量;⑤重要系数的特征级联——从每个特征向量中提取所需的最大系数,将其进行级联,最终形成合成的特征向量。

在 ECMSRIT 学院的数据库中,对上述不同特征向量融合技术的性能进行了评估,该数据库有 100 个用户的三个生物特征。这些特征是在一个月内的两个时间段里记录的。使用 Nitgen 500dpi 指纹扫描仪采集了 10 个右手拇指压痕的样本(来自于 MS Ramaiah 技术学院,电子和通信工程系的男职员、女职员和学生)。在每个采样的时间段里,每个人被要求将他/她的签名在 A4 纸上写 5 次,并使用 300dpi 扫描仪进行扫描。脸部的正面视图用 LifeCam 的 Nx - 6000 数码相机采集,它有一个 2MP 传感器。图 7.7 显示了 ECMSRIT 数据库样本和基于特征向量融合的多模态生物特征识别系统。多模态数据库的大小是 10 个样本,三个生物特征,100 个用户相当于有 3000 个数据。其中,一个非常流行的分类算法支持向量机(SVM)被用于特征识别,并且性能是以真实的接受率(% GAR,)来度量的。GAR 被定义为超过给定阈值的真实得分的分数。在实验阶段,在每个用户生物特征的 10 个样本中,6 个样本用于实验,4 个样本用于测试多模态系统的性能。每个生物特征的数据库以 6:4 的比例被随机划分 30 次,然后把 GAR 的均值进行比较。对于多模态生物特征识别系统来说,从实验阶段获得的特征向量及其融合结果被单独地存储在一个数据库中,对于单模态生物特征识别系统,则只存储特征向量。使用欧几里得距离中的最邻近方法将最好的生物特征与模板进行比较。

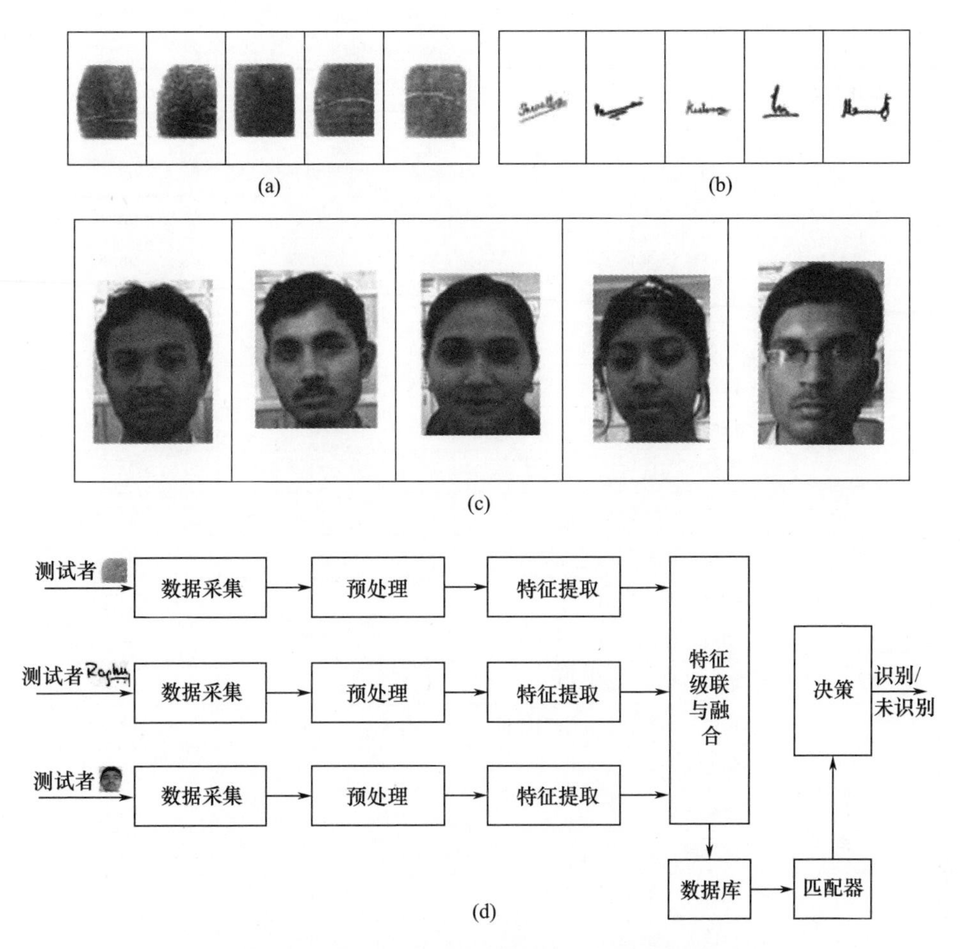

图 7.7　ECMSRIT 数据库和多模态生物识别系统

(a)ECMSRIT 指纹数据库样本;(b)ECMSRIT 签名数据库样本;(c)ECMSRIT 面部数据库的样本;(d)基于特征向量融合的多模态生物特征识别系统。

通过将两个和三个特征进行组合,得到了不同的特征向量融合算法,表 7.1 给出了不同算法的% GAR。将结果与单模态生物特征性能进行比较。

结果表明,对三种特征进行组合的 GAR,要比两种特征组合或单模态系统更好。它也证明了特征向量融合的性能比没有融合更好。在以上融合算法中,即使是在较小的特征维度下,级联后的 PCA 仍给出了最大的 GAR% 。这表明 PCA 是一种降维的好方法。在对三种生物特征进行特征级联的过程中,获得的特征向量维数较大,PCA 就用来对其进行降维。组合三种生物特征,相对于组合两种生物特征,能明显提高 GAR% (3% ~5%);而组合两种生物特征,相对于单模态生物特征,对 GAR% 又提高 3% ~5% 。这证明了基于融合算法的有效性。

表 7.1　不同特征向量融合算法的 GAR% 比较

融合方法	生物特征	融合度	GAR%①
PCA	指纹	480	90.3
	识别标识	480	92.2
	面部特征	480	96.3
级联	指纹 + 识别标识	1024	95.5
	指纹 + 面部特征	1024	96.7
	面部特征 + 识别标识	1024	94.1
平均	指纹 + 面部特征 + 识别标识	1536	97.6
	指纹 + 识别标识	512	96.9
	指纹 + 面部特征	512	96.7
	面部特征 + 识别标识	512	93.7
连接后 PCA	指纹 + 面部特征 + 识别标识	512	98.0
	指纹 + 识别标识	512	95.8
	指纹 + 面部特征	512	96.7
	面部特征 + 识别标识	512	94.1
连接前 PCA	指纹 + 面部特征 + 识别标识	480	98.8
	指纹 + 识别标识	512	93.6
	指纹 + 面部特征	512	94.1
	面部特征 + 识别标识	512	93.8
重要系数的级联	指纹 + 面部特征 + 识别标识	480	97.6
	指纹 + 识别标识	512	90.4
	指纹 + 面部特征	512	89.0
	面部特征 + 识别标识	512	89.1
	指纹 + 面部特征 + 识别标识	512	93.0

①这些结果似乎很乐观，但是，他们只能起说明性作用，读者/用户应该使用样式更丰富的融合方法和很少的生物特征，利用他们自己的数据集/样本来获得自己的结果。只有对一些类型的数据集、生物特征、融合方法和分类器进行更多、类似的研究后，才能知道是否能够得到如此乐观的结果。在多模态分析和融合中，这是一个开放的研究课题

7.13.2　基于得分级融合的字符识别系统

对于不同的字符识别算法来说，融合是提高算法字符识别率的一种有力方法。在融合方法中，在一定程度上能够减少由单一算法产生的识别错误，不同的算法侧重点不同，融合后能够取长补短。数据或信息的融合能够在与分类过程

流程图紧密相关的三个级别上进行,即数据级融合、特征级融合和分类器融合[66]。字符识别中的数据级融合包含了一个字符的多个样本的融合,这增加了计算复杂度。特征级融合,即对相同字符,由不同算法提取到不同的特征向量,对这些不同的特征向量进行组合。当对不同的特征进行组合,形成一个单一的特征向量时,一些影响巨大的特征可能在相似性测度中起决定性作用,而其他的因素可能就没有这样的影响。将多个分类器的输出进行组合就称为分类器融合或得分融合,可克服单个分类器在训练和特征识别上的不足。用这种方法,如果一种算法识别失败时,另外一种算法或许能够进行识别,这样就提高了算法的性能,同时,这两种算法的错误识别率也得到降低。关于待分类的字符,不同的分类器可以提供互补信息,可以利用这一点来改善分类器的性能。因此,我们经常对分类器进行组合后使用,而不使用单独的分类器。

3K 最邻近分类器,当使用时,$K=3$,其训练条件为:64 维复小波变换系数,255 维的曲波变换系数和 64 维小波变换系数。使用每一个融合算法把与每个分类器相关的匹配和距离得分进行组合,并根据融合得分制定决策。距离得分转化为相似性得分,通过最小 - 最大的归一化方法进行归一化处理,将得分映射到[0,1]区间。融合得分是将单个得分进行加权组合的结果。这个融合得分与一个阈值进行比对,如果融合得分高于阈值,字符被识别,否则字符将不能识别。输入字符属于哪一类是由多数表决方案确定的。

数据库是 150 个卡纳达语(官方的卡纳达克邦州的印第安语)文本样本,是 150 个不同的作者所写的。作者年龄从 10 岁到 45 岁不等,被要求在一页纸上写下从卡纳达语报纸、杂志和教科书上摘录的卡纳达文本。文档数据库通过分辨率为 300dpi 的平板扫描仪进行数字化处理。通过快速联合分割算法与分类算法进行特征提取。这样形成的字符数据库包含 30000 个字符,并被划分成训练数据集和测试数据集。

卡纳达语字符集被分成了以下两个部分:①主要字符包括 15 个元音和由 34 个辅音字符构成的 15 个复合字符,它们位于顶部区域;②下标字符由 34 个辅音连词和两个特殊字符构成,位于底部区域。因此,属于顶部区域的字符种类数为 $15+34\times15=525$,属于底部区域的字符种类数为 $34+2=36$,共计 $15+34\times15+36=561$ 种字符。因此完整的卡纳达语字符集是由 561 个字符或类别组成。主要字符可分为两个子集:按照顶部区域字符的宽度划分成子集 1 和子集 2。字符宽度小于等于 45 像素的归为子集 1,宽度大于 45 像素的归为子集 2。存在于底部区域的辅音连词和特殊字符是通过它们在一个单词中的位置来进行识别的,它们被划分为子集 3。这样的话,子集 1 有 106 个字符,子集 2 有 180 个字符,子集 3 有 36 个字符。图 7.8 给出了卡纳达字符数据库以及基于得分级融合的字符识别系统。

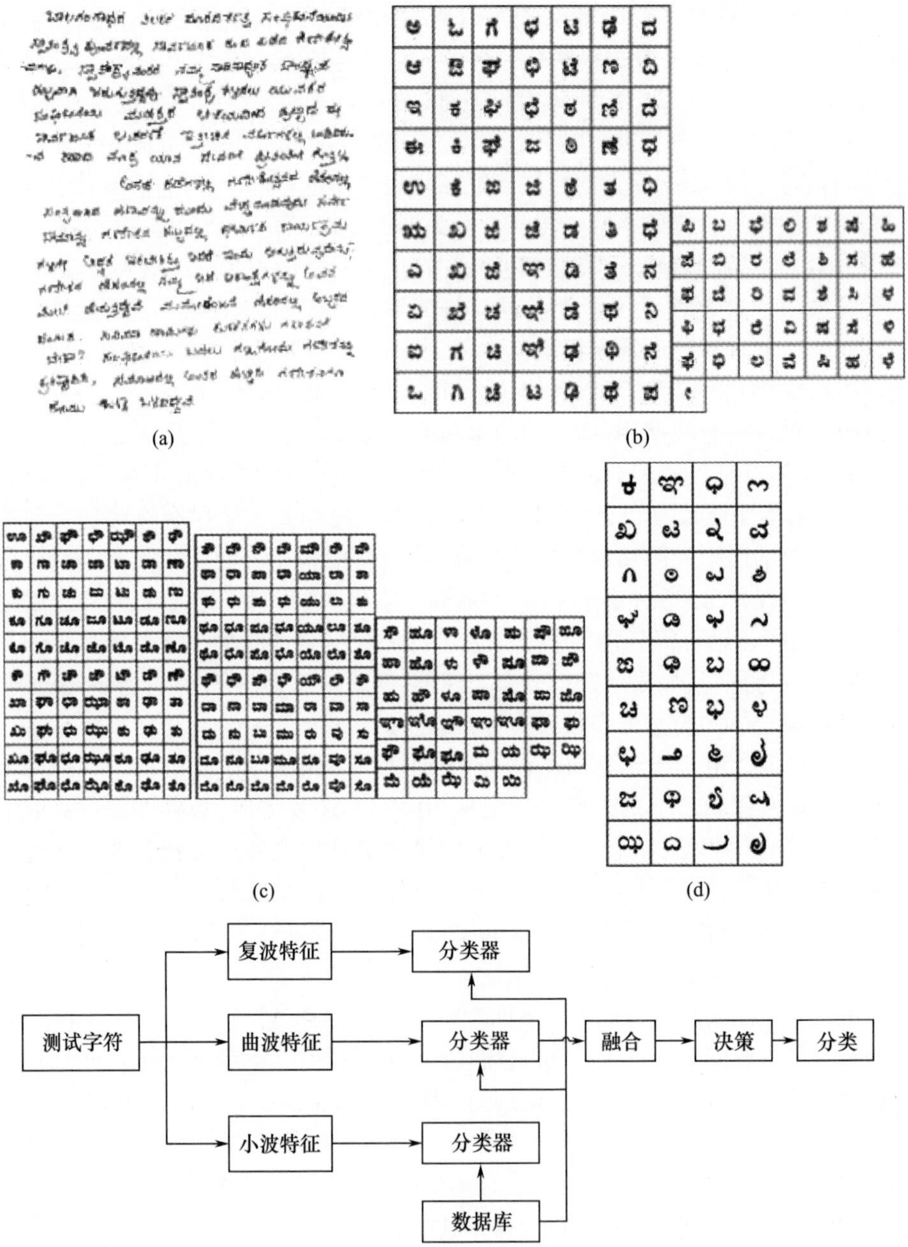

(a)

(b)

(c)

(d)

(e)

图 7.8　语言数据库与识别系统

(a)手写的卡纳达语字符样本；(b)子集 1 中的字符；(c)子集 2 中的字符；(d)子集 3 中的字符；(e)基于得分级融合的字符识别系统框图。

训练数据集的组成为:①子集 1 的 5300 个样本。在子集 1 中,有 106 个类,每个类有 50 种字符样式。②子集 2 的 9000 个样本。子集 2 有 180 个类,每个类有 50 种字符样式。③辅音连词有 360 个样本。连词有 36 类,每类有 10 种字符样式。

测试数据集的组成为:①子集 1 的 2120 个样本。子集 1 有 106 个类,每个类有 20 种字符样式。②子集 2 的 3600 个样本。子集 2 有 180 个类,每个类有 20 种字符样式。③子集 3 的 360 个子样本。子集 3 有 36 个类,每个类有 10 种字符样式。采用双线性插值法,把字符数据库的训练集和测试集的分割自己进行归一化处理为 32×32,在训练集和测试机的分割字符中提取不同的特征。

训练样品用作 K - NN 分类器的原型,测试样本的识别依据是:训练集和测试集中的一个样本的最小欧式距离的大小以及该样本邻域的多数表决的结果。分类器的识别率定义为:正确识别的字符数占测试总字符数的比值。在这个例子中,用于融合的权重都是 0.33,用作决策的阈值为 0.5。表 7.2 给出了单个分类器和组合分类器对子集字符的正确识别率。从中我们能清楚地看出,与单独分类器的字符识别率相比,三个分类器组合对子集字符的识别率有显著的提高。这是因为基于得分级融合对测试字符进行的分类,基于三个分类器的多数表决进行的决策。

表 7.2　卡纳达语字符数据库的单个分类器和组合分类器的识别结果

特征	特征向量维数	识别率		
		子集 1	子集 2	子集 3
小波	64	84.9	76.9	54.5
曲波	255	84.9	79.9	59.2
复小波	64	89.4	89.3	63.2
小波 + 复小波 + 曲波	—	94.4	94.7	88.6

练习

7.1 以像素(x,y)为中心,小于或等于 2 的恒定距离为半径作图。其距离测度如下:①欧式距离;②城市街区距离;③国际象棋板距离。

7.2 对给定的例图进行 3×3 均值滤波和 4 近邻拉普拉斯滤波,给出滤波结果。其中只考虑给出的像素,不假定其他像素的值。

25	27	32	20	21
23	27	19	25	22
27	26	24	26	22
23	25	26	30	27
19	22	28	32	28

7.3 根据下面的点操作,画出灰度图像的输入 – 输出之间的映射函数:①加 128;②减 128;③求反;④曝光——对不大于 128 的像素求补,其他像素保持不变;⑤对不小于 128 的像素求补,其他保持不变。

7.4 下面的灰度图像每个像素点使用 3bit 进行编码,计算灰度直方图以及与直方图等价的映射函数构造一个与 4 × 4 直方图等效的图像。画出等效前的直方图,画出等效后的映射函数及直方图。

0	1	3	4
1	2	2	3
1	3	4	5
3	2	5	2

7.5 对下图,证明 3 × 3 的中值滤波器可以滤掉添加到中心像素的椒盐噪声点。不假定任何其他像素值,只考虑给出的像素值。

51	55	59	59	69
48	53	60	61	72
43	52	253	65	70
39	50	55	59	68
35	49	58	48	57

7.6 对于下列不同边缘外形的例子,使用模板[–1 0 1]求其一阶导数和二阶导数。

(1) 上升阶梯边缘

12	12	12	12	12	24	24	24	24	24

(2) 下降阶梯边缘

24	24	24	24	24	12	12	12	12	12

(3) 斜边缘

12	12	12	12	15	18	21	24	24	24

(4) 屋顶状边缘

12	12	12	12	24	12	12	12	12	12

7.7 对线性数组 x = [10 25 40 55 70 85 100 115],对它的 DFT 重构和 DCT 重构进行比较。当系数保留为 50% 时,对三种变换方式的信息打包能力进行评价。如果系数保留 75%、25%、12.5% 时,重复上述过程。画出重构图并比较每

种情况下的均方误差。

7.8 对一维数组 $x = [71\ 67\ 24\ 36\ 32\ 14\ 18]$ 采用 Haar 小波进行三级小波变换。考虑所有的小波系数，对原始的样本值进行重建。在阈值为 0 的情况下，重建样本值，其中只考虑大于阈值的系数，证明重建的样本与原样本很接近。设定阈值为 9，重复上述过程，画出重建图并计算每种情况下的均方误差。

参考文献

1. Richardson, J. M. and Marsh, K. A. Fusion of multisensor data. The International Journal of Robotics Research, 7(6), 78 - 96, 1988.
2. Abidi, M. and Gonzalez, R. Data Fusion in Robotics and Machine Intelligence. Academic Press, Boston, 1992.
3. Canga, E. F. Image fusion. Project Report for the Degree of MEng. in Electrical and Electronic Engineering, Signal and Image Processing Group, University of Bath, June 2002.
4. Sternberg, S. Overview of image algebra and related issues. In Integrated Technology for Parallel Image Processing (Ed. Levialdi, S.). Academic Press, London, 1985.
5. Ritter, G. X. Image Algebra, University of Florida, Gainesville, available via ftp from ftp://ftp. cise. ufl. edu/pub/src/ia/documents, 1992.
6. Ravi, K. S. Probabilistic model - based multisensor image fusion. PhD thesis, Oregon Graduate Institute of Science and Technology, Portland, OR, 1999.
7. Bovik, A. C. Handbook of Image and Video Processing. Academic Press, San Diego, CA, 2000.
8. Kopf, J., Uyttendaele, M., Deussen, O. and Cohen, M. F. Capturing and viewing gigapixel images. ACM Transactions on Graphics, Proceedings of SIGGRAPH, 26(3), 93, 2007.
9. Gonzalez, R. C. and Woods, R. E. Digital Image Processing, 3rd Edition. Prentice Hall, USA, 2007.
10. Pizer, S. M., Amburn, E. P., Austin, J. D., Cromartie, R., Geselowitz, A., Greer, T., Romeny, B., Zimmerman, J. B. and Zuiderveld, K. Adaptive histogram equalization and its variations. Computer Vision, Graphics and Image Processing, 39, 355 - 368, 1987.
11. Canny, J. A computational approach to edge detection. IEEE Transactions on Pattern Analysis and Machine Intelligence, 8(6), 679 - 698, 1986.
12. Lowe, D. Distinctive image features from scale invariant keypoints. International Journal of Computer Vision, 60(2), 91 - 110, 2004.
13. Harris, C. and Stephens, M. J. A combined corner and edge detector. Alvey Vision Conference, 147 - 152, Manchester, UK, 1988.
14. Triggs, B. Detecting key points with stable position, orientation, and scale under illumination changes. European Conference on Computer Vision, ECCV04 IV, 100 - 113, Prague, Czech Republic, 2004.
15. Brown, M., Szeliski, R. and Winder, S. Multi - image matching using multiscale oriented patches. IEEE Computer Society Conference on Computer Vision and Pattern Recognition, CVPR, San Diego, CA, 2005.
16. Lindeberg, T. Feature detection with automatic scale selection. International Journal of Computer Vision, 30(2), 79 - 116, 1998.
17. Bay, H., Tuytelaars, T. and Van Gool, L. SURF: Speeded up robust features. Proceedings of European Conference

on Computer Vision, 110, 407 – 417, Graz, Austria, 2006.

18. Mikolajczyk, K. and Schmid, C. A performance evaluation of local descriptors. IEEE Transactions on Pattern Analysis and Machine Intelligence, 27(10), 1615 – 1630, 2004.

19. Alcantarilla, P. F., Bergasa, L. M. and Davison, A. J. Gauge SURF descriptors. Journal of Image and Vision Computing, 21(1), 103 – 116, 2013.

20. Liu, C., Yang, J. and Huang, H. P – SURF: A robust local image descriptor. Journal of Information Science and Engineering, 27, 2001 – 2015, 2011.

21. Viola, P. and Jones, M. J. Robust real time face detection. International Journal of Computer Vision, 57(2), 137 – 154, 2004.

22. Agrawal, M., Konolige, K. and Blas, M. R. CenSurE: Center surround extremas for real time feature detection and matching. European Conference on Computer Vision, ECCV, Marseille, France, 2008.

23. Huang, H., Lu, L., Yan, B. and Chen, J. A new scale invariant feature detector and modified SURF descriptor. 6th International Conference Natural Computation, ICNC, 7, 3734 – 3738, Yantai, China, 2010.

24. Ebrahimi, M. and Mayol – Cuevas, W. SUSurE: Speeded up surround extrema feature detector and descriptor for real time applications. Workshop on Feature Detectors and Descriptors: The State of The Art and Beyond, IEEE Computer Society Conference on Computer Vision and Pattern Recognition, Miami, FL, 2009.

25. Berg, A. C. and Malik, J. Geometric blur for template matching. IEEE Conference on Computer Vision and Pattern Recognition (CVPR), 607 – 614, Hawaii, USA, 2001.

26. Schmid, C. and Mohr, R. Local gray value invariants for image retrieval. IEEE Transactions on Pattern Analaysis and Machine Intelligence, 19(5), 530 – 535, 1997.

27. Brown, M., Gang, H. and Winder, S. Discriminative learning of local image descriptors. IEEE Transactions on Pattern Analysis and Machine Intelligence, 33(1), 43 – 57, 2011.

28. Acharya, T. and Ray, A. K. Image Processing: Principles and Applications. John Wiley and Sons, Inc., Hoboken, NJ, 2005.

29. Jain, A. Fundamentals of Digital Image Processing. Prentice Hall, Englewood Cliffs, NJ, 1989.

30. Allen, J. B. and Rabiner, L. R. A unified approach to short time Fourier analysis and synthesis, Proceedings of IEEE, 65, 1558 – 1564, 1977.

31. Mallat, S. A Wavelet Tour of Signal Processing. Academic Press, New York, 1999.

32. Meyer, Y. Wavelets: Their past and their future. Progress in Wavelet Analysis and its Applications, SIAM, Philadelphia, 1993.

33. Mallat, S. G. A theory of multiresolution signal decomposition: The wavelet representation. IEEE Transactions on Pattern Analysis and Machine Intelligence, 11(7), 674 – 693, 1989.

34. Taubman, D. S. and Marcellin, M. W. JPEG 2000 – Image Compression Fundamentals, Standards and Practice. Kluwer Academic Publishers, Boston, 2000.

35. Rabbani, M. and Joshi, R. An overview of the JPEG 2000 Still image compression standard. Signal Processing: Image Communication, 17(1), 3 – 48, 2002.

36. Gabor, D. Theory of communication. Journal of IEE, 98, 429 – 457, 1946.

37. Coifman, R. R. and Wickerhauser, M. V. Entropy based algorithms for best basis selection. IEEE Transactions on Information Theory, 38(2), 713 – 718, 1992.

38. Candès, E. J. and Donoho, D. L. Ridgelets: A key to higher dimensional intermittency? Philosophical Transactions

of the Royal Society A,357(1760),2495 -2509,1999.

39. Do,M. N. and Vetterli,M. The finite ridgelet transform for image representation. IEEE Transactions on Image Processing,12(1),16 -28,2003.

40. Candès,E. J. and Donoho,D. L. Curvelets - A surprisingly effective non - adaptive representation for objects with edges. In Curves and Surfaces (Eds. Rabut,C. ,Cohen,A. and Schumaker,L. L.). Vanderbilt University Press,Saint - Malo,105 -120,2000.

41. Pennec,E. L. and Mallat,S. Sparse geometric image representations with bandelets. IEEE Transactions on Image Processing,14(4),423 -438,2005.

42. Do, M. N. and Vetterli, M. Contourlets. In Beyond Wavelets (Ed. Welland, G. V.) . Academic Press, New York,2003.

43. Do,M. N. and Vetterli,M. The contourlet transform: An efficient directional multiresolution image representation. IEEE Transactions on Image Processing,14(12),2091 -2106,2005.

44. Piella,G. A general framework for multiresolution image fusion: From pixels to regions. Information Fusion,4, 259 -280,2003.

45. Newman,E. A. ,Gruberg,E. R. and Hartline,P. H. The infrared trigemino - Tectal pathway in the rattlesnake and in the python. Journal of Comparative Neurology,191,465 -477,1980.

46. Li,H. ,Manjunath,B. S. and Mitra,S. K. Multisensor image fusion using the wavelet transform. Graphical Models and Image Processing, 57(3),235 -245,1995.

47. Burt,P. and Adelson,E. Laplacian pyramid as a compact image code. IEEE Transactions on Communication, 31(4),115 -123,1983.

48. Lewis,J. J. ,O' Callaghan,R. J. ,Nikolov,S. G. ,Bull,D. R. and Canagarajah,C. N. Region based image fusion using complex wavelets. Proceedings of 7th International Conference on Information Fusion, 555 - 562, Stockholm,Sweden,2004.

49. Toet,A. Image fusion by a ratio of lowpass pyramid. Pattern Recognition,9,245 -253,1989.

50. Burt,P. J. and Kolczynski,R. J. Enhanced image capture through fusion. Proceedings of the 4th International Conference on Computer Vision,173 -182,Berlin,Germany,May 1993.

51. Wilson,T. A. ,Rogers,S. K. and Meyers,L. R. Perceptual based hyperspectral image fusion using multiresolution analysis. Optical Engineering,34(11),3154 -3164,1995.

52. Koren,I. ,Laine,A. and Taylor,F. Image fusion using steerable dyadic wavelet transforms. Proceedings of the IEEE International Conference on Image Processing,232 -235,Washington,DC,1995.

53. Pu,T. and Ni,G. Contrast based image fusion using the discrete wavelet transform. Optical Engineering,39 (8),2075 -2082,2000.

54. Nunez,E. ,Otazu,X. ,Fors,O. ,Prades,A. ,Palà,V. and Arbiol,R. Multiresolution based image fusion with adaptive wavelet decomposition. IEEE Transactions on Geoscience and Remote Sensing,37(3),1204 -1211, 1999.

55. Crippen,R. E. A simple spatial filtering routine for the cosmetic removal of scanline noise from LANDSAT TM P - Tape imagery. Photogrammetric Engineering and Remote Sensing,55(3),327 -331,1987.

56. Petrovi'c,V. and Xydeas,C. Computationally efficient pixel - level image fusion. Proceedings of Eurofusion99, Stratford - upon - Avon,177 -184,1999.

57. Shutao,L. ,James,T. K. and Yaonan,W. Combination of images with diverse focuses using the spatial frequency.

Information Fusion,2,169 – 176,2001.

58. Shensa, M. J. The discrete wavelet transform: Wedding the à trous and Mallat algorithms. IEEE Transactions on Signal Processing,40(10),2464 – 2482,1992.

59. Wang, Z. , Ziou, D. , Costas, A. , Li, D. and Li, Q. A comparative analysis of image fusion methods. IEEE Transactions on Geoscience and Remote Sensing,43(6),1391 – 1402,2005.

60. Qu, G. , Zhang, D. and Yan, P. Information measure for performance of image fusion. Electronics Letters, 38 (7),313 – 315,2002.

61. Wang, Z. and Bovik, A. C. A universal image quality index. IEEE Signal Processing Letters,9(3),81 – 84,2002.

62. Nandakumar, K. Multibiometric system: Fusion strategies and template security. PhD thesis, Department of Computer Science and Engineering, Michigan State University,2008.

63. Ross, A. and Govindarajan, R. Feature level fusion using hand and face biometrics. Proceedings of SPIE Conference on Biometric Technology for Human Identification, 5779, 196 – 204, Orlando, Florida, March 2005.

64. Chatzis, V. , Bors, A. G. and Pitas, I. Multimodal decision level fusion for person authentication. IEEE Transactions on Systems, Man and Cybernetics, Part A,29(6),674 – 680,1999.

65. Kingsbury, N. Complex wavelets for shift invariant analysis and filtering of signals. Journal of Applied and Computational Harmonic Analysis,10(3),234 – 253,2001.

66. Gader, P. D. , Mohamed, M. A. and Keller, J. M. Fusion of handwritten word classifiers. Pattern Recognition Letters,8,31 – 40,1995.

第8章　决策理论与决策融合

8.1　引言

决策理论(DT)和制定合适的决策目前在决策融合(DF)领域发挥着非常重要的作用,主要因为多传感器数据融合过程面临着复杂的环境。同样,正如第4章和第5章所述,统计推断和关联决策通常是一个隐含的过程问题组成了一个完整的目标跟踪问题和求解方法。通常认为,为了得到最佳的估计/滤波算法,选择一个合适的代价/损失/标准函数本身是一个决策过程,这是控制和估计领域最重要的一个方面,在数据融合领域则更为重要。

决策理论主要是对于一个目标、方案、事件的状态,依据一些给出的数据和信息做出的客观分析(有时候主观分析),来讨论怎样做决定和采取什么决定[1-3]。有时候,决策是基于传感器和许多其他来源可获得的数据做出的。通常这些数据、信息是经过处理的,然后再做出一些合适的决策。偶尔,决策是依据许多矛盾的传感器/源/知识数据推导出来的信息做出的。这些(中间的)决策最终目的是帮助人类做出更高水平、更富复杂的决定与集体行动。我们发现在我们生活中的大多数行为都涉及决策。然而,决策理论常常只关注到人类活动的一些方面。在许多情况下,我们只有很少的选项,我们倾向于选择用一种非随机和确定的方式做选择,因为随机的决定很少是好的。几乎在所有的情形下,我们的决策是目标引导的活动和行为,因为决策理论是基于几个或很少选项的目标导向行为,而有时候可提供的选项具有矛盾冲突特性。现代决策理论对许多学科都有贡献,而且有很大的交叉,决策理论学科得益于不同背景的研究人员对各种方法、概念、途径的探寻[1-3]。

我们在这里要强调的是,在一种称为标准决策理论(NDT)的决策过程(DP)中,讨论了应该如何做出决策,暗示了做出决策的方法,而在另一种称为描述性决策理论(DDT)中,研究具体如何做出决策[1,2]。通常认识到NDT是关于应该如何做出决策(而不是具体如何做出决策)——该决策方法建议理性决策,以便做出的决策是理性的。后者是人工智能定义中的一部分,也就是说,它与人类理性思考的人工智能定义有关。在DDT中,可操作的人工智能部分是“人类如何理性地行动”。这一方面还包括社会决策程序中的决策协调部分,因此,我们看到如何进一步建议将决策过程作为人工智能的一个重要部分。事实上,人工智能有多个部分和子主题,如知觉、规划、逻辑决策制定、行动和学习等多个方面。

决策过程可以进一步划分为各种子行动步骤[1-3]:①确定实际情况和识别真实问题;②基本数据获取,收集关于问题的必要信息;③通过一些中间处理步骤获得可行的解决方案;④评估这些解决方案——中间分析(中间或最终决策);⑤对所做决定进行效果评估;⑥决策程序的落实,即采取行动以达到目标,例如,朝向目的地点的车辆移动。一些步骤以并行方式进行,而一些步骤以顺序方式进行。当我们做决定时(即在各种选项中做出选择),我们尝试获得/选择/使用作为可行/可能的结论(或结果)。我们需要使用一些评价标准来做出选择——使用可以用来判断好坏的标准准则(许多这样的准则用于估计理论/实践)来完成选择。在决策理论中,这样的标准准则是已知的或指定的,然后继续以精确和有用的方式表达该准则,使得它取决于当前问题的某个可获取的变量。然后,通过优化过程,根据所定义的标准情况和类型将成本函数/标准最小化/最大化。在一般意义上,该标准与成本或效用函数相关。

任何一种做出决定的方式都是不完整的,也是不确保和不自信的,除非它得到一些数学表达式/公式的支持,并由某种特定的标准表达。我们真正需要的是统计决策理论(SDT),它可能听起来只是一个描述,但是当用数学术语表达和写出时,将得出一种正式的决策方式[1-3]。然而,SDT 为科学管理,为科学和工程决策过程提供了宝贵帮助。这里,术语“统计”表明了我们对定量方法和标准的依赖,这意味着决策理论进程应该基于一些定量标准或损失/成本函数,并且该函数的最小化或效用函数的最大化将给出决策过程的最优解,该损失函数也称为成本函数或简单函数。因此,SDT 帮助我们从许多竞争和替代中做出最好的选择,然而,这个最佳决定将取决于决策过程中使用的可用信息。将来,如果有更多的数据和信息可用,并被纳入决策过程,那么我们需要重新审视和修改决策过程,这是符合科学研究和调查过程的。正如我们之前在决策过程中看到的,SDT 也同样有几个决策制定的成分/元素[1-3]:①问题的定义(关于调查的对象、试验场景或状态);②规范和选择适当的标准——这是 SDT 的核心;③如果可能,准确确定环境状况及其参数,因为标准取决于这些参数;④所有替代/中间行动的描述——科学的/管理的/工程的描述;⑤决策过程或程序的发展和说明,如果程序是难以理解的,那么通过一个适当的流程图来快速理解——如果我们使用模糊逻辑(FL),则以“If…Then”规则的形式描述决策过程;⑥获得问题的最优解或合适解;⑦做出最终决定。

大多数情况下,决策问题具有以下特征[2]:①实现既定目标或具体目的;②

可用的许多替代，可能和可行行动；③与这些行为相关的某些环境，如风险、确定性/不确定性、冲突和无知。

通常，在与数据融合系统紧密相关的许多科学和工程问题中，会遇到这样的情况，关于一个或多个（但几乎相似）场景/对象的可用分类数据/信息[3,4]，我们会有几个类似的选项和许多分析结果。然后，需要决定应该选择和接受哪一个选项或结果，以便使期望的目标满足合理的预测精度（PA）。这里的要点是，在基于传感器的数据/测量/信息的任何数据融合任务中，传感器固有的精度不一定增加或改善。因此，在基于来自若干传感器/源信息的数据融合帮助下，我们获得的是 PA 总体增强，或增强总信息和减少不确定性。重要的是要牢记这一点，通过传感器数据融合，我们不增加任何传感器/数据的内在准确性，而是获得整体增强的信息和降低预测的不确定性，因此增强了预测精度。

通常这个决定不需要是最优的。在这个决策过程中，我们需要使用可用的知识和信息，并使用一些逻辑、统计或启发式方法来做出适当的决策。人工神经网络（ANN）/FL/遗传算法（GA）和紧密相关方法的应用被称为决策过程的启发式方法。在计算机科学和人工智能学科中，这些模式被称为软计算方法。虽然，这些启发式方法不同于统计方法，但是它们可以被扩充。这意味着，人们也可以将这些启发式方法与一些（有效的和适当的）统计方法或概念相结合，得到更强大的 DT 理论。DT 决策制定一般总与知识获取、同化和表示（从人工智能的方面）相结合，更多的是后者。这从推理机，即对测量数据操作过程和/或在收集的原始信息上导出。因此，我们设法使这种方法非常类似于称为基于模糊逻辑方法的新模式。当然，相同的决策过程通常可以在所谓的清晰逻辑的帮助下处理。FL 逻辑将额外的参数添加到决策过程中，并且可以处理复杂的决策过程。

在第 3 章中，我们研究了模糊逻辑类型 1（T1FL）和模糊逻辑区间类型 2（IT2FL）的概念，这对于决策和传感器数据融合非常有用，其中我们使用了模糊推理系统（FIS）的“If…Then”规则。此外，我们研究了 FL 结合卡尔曼滤波（KF）算法[4]的应用，以获得更好的融合过程的性能。如第 1 章到第 5 章所示，低级别数据融合主要涉及数学建模和使用统计/概率方法以某种逻辑和适当的方式组合信息的问题。在几乎所有控制和系统工程领域中，决策涉及：①从测量数据获得动态系统的真实状态的估计（第 4 章和第 5 章），因为真实状态不是已知的，是不可测量的；②执行控制动作；③决定获取更多信息以增强估计和决策过程[3]。在中级数据融合情况下，例如，在特征/图像处理和融合（第 6 章和第 7 章）中，涉及重要的和更复杂的决策过程。在该过程中，利用所有可用的信息，然后决策过程生成对应于预期决定的动作，即最终融合图像。在这个决策过程中，损失函数或效用函数提供了评估和比较不同动作的方法，数据融合过程允许直接比较多项决定,那是融合规则/公式。基于指定的损失函数,可以对决策过程建模。这进一步有助于评估不同的数据融合方法,包括 DeF 方法[3,4],这也称为符号级融合。

8.2 损失和效用函数

例如在工程问题和系统中,决策从未知的自然状态 x(在集合 X 中)开始。我们有兴趣从现有的和大多数噪声的测量中确定动态系统的当前时间(很多时候也可能是未来,比如提前一步)的状态。在获得信息的情况下,可进行获取结果或一组测量 z(在集合 Z 中)的实验,并且我们需要确保我们已经获得的这些测量在某种意义上与我们想要确定的状态有关,关键是系统的状态是不能直接知道或不可测量的[3]。假定系统是可观察的(并且也是可控的,即可观察性和可控性条件在控制和系统理论意义上得以满足)。事实上,这个需求可以用表示系统的数学模型明确。在这些测量基础上,必须计算动作'a'(在集合 A 中),这是为了估计真实状态,因为真实状态是未知的,其中情况'a'属于集合 X[3]。通常,它是在 A 中选择一组指定的可能动作中的一个,并且将决策规则'δ'定义为对动作进行测量的函数;即 $\delta: Z \to A$。因此,对于每个可能的测量 z,'δ'定义必须采取某个动作'a';即,$a=\delta(z)$。该动作基于传感器对感兴趣系统实施观测的结果。

损失函数 $L(.,.)$,(或 $f(.,.)$——称为成本函数),或相应的效用函数 $U(.,.)$,被定义为从状态和动作组映射到实线(在 $x-y$ 平面上)由以下表达式给出:$f: X \times A \to R$ 和 $U: X \times A \to R$[3]。损失函数 $f(x,a)$ 表示'f'是采取行动 a(当系统 x 的真实状态当时不知道时)所引起的损失(或成本),因为我们使用真实状态,我们的行动是基于这个估计。类似地,效用函数 $U(x,a)$ 表示当系统的真实状态是 x 时,它是在采取动作 a 时获得的增益。对于系统的固定状态,效用和损失/成本(函数)将有助于对一组动作 A 的排序。损失和效用函数应该服从称为效用或"合理性公理"的某些规则,确保偏好和一致的模式。对于固定的 x(X 的)[3]:①给定任何 a_1, a_2,(在 A 中),不论 $U(x,a_1)<U(x,a_2)$,$U(x,a_1)=U(x,a_2)$ 或 $U(x,a_1)>U(x,a_2)$,即给定任意两个动作,我们可以分配实数,以指示我们优选备选项——小于、等于和大于;②如果 $U(x,a_1)<U(x,a_2)$ 和 $U(x,a_2)<U(x,a_3)$,显然 $U(x,a_1)<U(x,a_3)$,也就是说,如果相对于动作 a_1 我们偏向喜欢动作 a_2,相对于动作 a_2 我们偏向喜欢动作 a_3,则与动作 a_1 相比我们(必定)喜欢动作 a_3,在此,偏好/优先顺序自然传递;③如果 $U(x,a_1)<U(x,a_2)$,则对于任何 $0<\alpha<1$,有 $\alpha U(x,a_1)+(1-\alpha)U(x,a_3)<\alpha U(x,a_2)+(1-\alpha)U(x,$

a_3)。我们将其解释为:如果动作 a_2 优于动作 a_1,则在选择两个发生概率都为α的随机情况 a_1 和 a_2 时,具有动作 a_2 的状态将优先。

非常重要的是,损失(或效用)函数忠实和准确地表示价值/权重,并因此表示对不同决定的重视。然而,许多决策规则对损失函数的精确形式不敏感,例如对称的[3],并且通常 $f(x,a)$ 形式的损失函数不是非常有用,因为真实状态 x 不会精确地知道,并且采取行动所产生的真实损失将不知道,然而,通过选择适当和良好的成本/损失/效用函数,来为我们从各种选项中做出决定提供良好的帮助。通常,存在概率分布函数(PDF)$P(x)$和/或概率密度函数(pdf)$p(x)$,概括了决策时状态的所有(概率)信息。定义损失的一种方法是期望损失(贝叶斯期望损失),对于连续状态变量,它由下式给出[3]:

$$\beta(a) \equiv E\{L(x,a)\} = \int_{-\infty}^{\infty} L(x,a)p(x)\mathrm{d}x \tag{8.1}$$

而对于离散状态变量,其表达式为

$$\rho(a) \equiv E\{L(x,a)\} = \sum_{x\in X} L(x,a)p(x) \tag{8.2}$$

贝叶斯期望损失权重由发生概率(平均损失)引起的损失决定。

8.3 贝叶斯决策理论

正如我们在第4章和第5章中所见,关于 x 的概率信息在进行多次测量之后获得,以后验分布 $p(x \mid Z_k)$ 的形式表示。动作 a 之后的预期效用(或损失函数)β 可以相对于指定的后验分布定义为[3]

$$\beta(p(x \mid Z_k),a) \equiv E\{U(x,a)\} = \int_x U(x,a)p(x \mid Z_k)\mathrm{d}x \tag{8.3}$$

贝叶斯动作 a 被定义为最大化后期预期效用函数的策略

$$\hat{a} = \arg\max_a \beta(p(x \mid Z_k),a) \tag{8.4}$$

这相当于最大化

$$\int_x U(x,a)p(Z_k \mid x)p(x)\mathrm{d}x \tag{8.5}$$

在估计问题中,使动作集合等于可能状态集合($A = X$),并且 MMSE(最小均方误差)估计由下式定义:

$$\hat{x} = \arg\min_{a\in x} \int_x (x-a)^{\mathrm{T}}(x-a)p(x \mid Z_k)\mathrm{d}x \tag{8.6}$$

这显然是根据 $L(x,\hat{x}) = (x-\hat{x})^{\mathrm{T}}(x-\hat{x})$ 定义的方差损失函数的贝叶斯动作。

8.4 多信息源决策

正如我们之前所看到的,具有多个传感器/数据源的决策过程比单个传感器/源复杂得多。原因是[3]:① 我们如何比较两个不同决策者的效用,除非有一个共同的价值量度,这被称为个人效用比较问题;② 决策者应该做什么——他们是否应最大限度地利用只表达本地偏好的效用?或他们是否应评估其对某些共同或集体效用函数的行动?然而,对于具体的决策问题,其效用概念可以被简化并且非常精确,我们可以得到对效用比较和群组效用问题的一致/有用的解决方案。

8.4.1 超级贝叶斯

假设我们有一个由'm'个信息源/传感器和单个整体决策者组成的系统。决策者必须组合来自所有这些源的概率信息并且基于全局后验概率分布函数进行决策。如果这个全局概率密度函数是 $p(x \mid Z_k)$,则贝叶斯群组动作由下式给出[3]:

$$\hat{a} = \arg\max_{a} \beta(p(x \mid Z_k), a) = \arg\max_{a} E(U(x \mid a), Z_k) \tag{8.7}$$

式中,$U(x,a)$ 是群效用函数,并且该解很好地通过古典贝叶斯理论分析验证。这种方法被称为超级贝叶斯。

8.4.2 多贝叶斯

我们现在考虑一个'm'贝叶斯的系统。每个系统能够获得自己的概率信息,并与所有其他贝叶斯信息共享,然后计算后验率密度函数[3]。由每个贝叶斯系统计算后验概率,每个贝叶斯现在被要求计算一个最优的行动,其结果应该与其他贝叶斯是一致的。因此,这描述了一种完全分散的情况,这是一个困难的挑战,无法找到普遍的解决办法。这是因为不存在理性/最优决策的普遍适用标准。此外,还有一个难题是,一个人应该遵循团体还是个人的最优性。最简单的情况,是每个贝叶斯'i'的最优动作 a_i 结果相同,所有贝叶斯屈从于群体动作。但是,一般情况下局部决定是不一样的。然后有了如下所述解决方案。

每个贝叶斯 i 计算一个允许的(可行的、可接受的)动作集合 $A_i \subseteq A$,如果集合 $A = \cap_j A_j$ 非空,则从集合 A 中选择一组动作。然后,通过最大化[3]

$$\beta(p(x \mid Z_k), a) = \sum_{j} w_j E\{U_j(x,a) \mid Z_k\} \tag{8.8}$$

其中,$0 \leqslant w_j \leqslant 1$ 并且 $\Sigma_i w_j = 1$。根据对数似然原理,式(8.8)可以写为以下

表达式的最大化：

$$\sum_{j} W_j \int_x U_j(x,a)p(Z_{kj} \mid x)p(x)\mathrm{d}x \tag{8.9}$$

从式(8.8) 和式(8.9) 可以清楚地看到被表示为可接受的动作。然而，从该集合中选择单个最优动作 a 是困难的，因为单独的效用 U_i 不能被比较。进一步而言更是如此，因为这些可以对应于完全不同的价值尺度。如果每个局部效用函数在共同的尺度上描述，则可以基于式(8.8) 或式(8.9) 获得最佳群动作。通过对 U_i 形式的一些附加限制，可以进行这种比较以获得合理和可接受的决定。在局部效用之间的比较是合理的，最佳群决策从文献[3] 得出：

$$\hat{a} = \arg\max_a \left\{ \sum_j W_j [E\{U_j(x,a)\} - c(j)]^{\gamma} \right\}^{1/\gamma} \tag{8.10}$$

其中，$c(j)$ 是决策者 j 的安全级别。它起到“保障 j 的利益” 的作用，权重 w_j 如式(8.8) 中给出，并且有 $-\infty \leqslant \gamma \leqslant \infty$。对于 $\gamma=1$，我们获得使式(8.8) 最小化的解。对于 $\gamma=-\infty$ 和 $\gamma=\infty$，我们分别获得贝叶斯 max - min 和 min - max 解。对于 $\gamma=1$ 和 $\gamma=\infty$，我们得到一个具有预期效用净损失的个人决策者的解决方案。

8.4.3 乘积解

当效用的直接比较不合理时，可以使用由单个效用的结果组成的纳什乘积解，并且可以从以下标准获得[3]：

$$\hat{a} = \arg\max_a \left\{ \sum_j [E\{U_j(x,a)\} - c(j)] \right\} \tag{8.11}$$

在式(8.11) 中，可以通过使用 $c(j)$ 的适当值来维持某种程度的个体最优性。

8.5 决策分析/融合的模糊建模方法

我们经常遇到这样的情况，传感器在地理上/物理上分离并且它们观察共同的物体。这些传感器链接到全局处理器或数据融合中心。在通常的中心处理器(第4 和第5 章) 系统中，这些传感器在本地节点没有任何处理的情况下传送它们的测量。然后，全局处理器以最优方式合并这些测量并获得全局目标[5]。然而，这些通信信道可能具有有限的容量。此外，在几个这样的实际情况中，用于表示分散检测和估计中物理现象的数学模型可能不是完全已知的，并且肯定会存在与传感器和数据相关联的一些测量不确定性。通常这些不确定性可能是非随机性质，可能与局部传感器以及决策相关联，并且这些不确定性可以通过模糊集合和模糊逻辑(FLS) 来表示。这种非随机的不确定性可以用适当定义的隶属函数来指定，依次定义从完全隶属到零隶属的逐渐过渡。此外，数学模型的所有参数将不是已知的，或者已知具有不准确性。基于 FL 的建模方法也可以在这方面受益。

在模糊建模方法中，每个传感器接收一组测量，然后导出关于当前情况的局部决策，并且给出这些局部传感器决策规则，目的是组合这些局部决策。在这种情况下，中心融合中心（CFC）将以不同的精度从本地传感器节点接收决策。局部传感器误差概率可能不保持恒定，因此可以使用 FL 来建模。这样，我们可以将全局判定函数中的局部传感器判定不准确性纳入，目的是获得最优决策融合（DeF）规则。

特定传感器 $S_k(k=1,\cdots,M)$ 导出传送给全局决策者（GDM）的二进制决策 u_k。这里，它与从其他传感器接收的局部判定结合以产生全局判定 u_0。此外，重要的是假定局部决策在传感器之间是统计独立的，并且还假定由 p_1 和 p_0 表示假设发生的先验概率 H_1 和 H_0 是已知的[5]。

当 GDM 决定 $u_0=i$，假设 H_j 为真时，使用的贝叶斯成本分配为 $C_{ij}\to i;j=0;1$；并且显然在该任务中，$C_{10}>C_{00}$ 和 $C_{01}>C_{11}$ 成立。获得使特定任务成本全局风险最小化的最佳融合规则。与全局决策 u_0 相关的贝叶斯风险函数写为[5]

$$R=\sum_{i=0}^{1}\sum_{j=0}^{1}c_{ij}p(u_0=iH_j) \tag{8.12}$$

引入局部决策向量 $\boldsymbol{U}=(u_1,u_2,\cdots,u_m)$ 并重新排列上述方程，我们得到

$$R^*=\sum_{u}P(u_0=1\mid\boldsymbol{U})\{(C_{10}-C_{00})P(\boldsymbol{U}\mid H_0)p_0-(C_{01}-C_{11})P(\boldsymbol{U}\mid H_1)p_1\} \tag{8.13}$$

这里，$R=R^*+$余数，并且对于给定的局部决策向量 U，目的是设计全局决策 u_0，使得 R^* 以及 R 最小化。

令 $C_f=p_0(C_{10}-C_{00})$ 和 $C_d=p_1(C_{01}-C_{11})$，则我们具有以下决策规则：决定 $P(u_0=1\mid\boldsymbol{U})=1$，如果局部决策向量 $\boldsymbol{U}$ 是 $C_fP(\boldsymbol{U}\mid H_0)\leqslant C_dP(\boldsymbol{U}\mid H_1)$，然后再决定 u_0。由于 $P(\boldsymbol{U}\mid H_j)(j=0,1)$ 是模糊量，最后基于参考文献[5]中定义的方法进行清晰的决策。

因此，在基于 FL 的（模糊建模）DeF 中，全局决策者接收模糊局部传感器决策，然后采用贝叶斯决策标准来导出全局决策。输入数据的模糊性产生模糊的全局贝叶斯风险。由于需要对存在的假设产生明确的（清晰的）全局决策，全局贝叶斯风险必须通过将 FL 量（在全局贝叶斯风险中）映射到实线来去模糊化。全距离标准（TDC）可以用于去模糊[5]。因此，决策过程涉及获得融合规则，该融合规则将导致在 TDC 意义上的模糊贝叶斯风险的最小等效实数。该决策规则由局

部决策向量(分别在假设 H_1 和 H_0 下) 的模糊等级的比值组成,然后将其与固定阈值进行比较。

8.6 模糊进化积分方法

在参考文献[6] 中给出了决策融合的标准和改进的模糊积分算法的理论表示。模糊进化积分(FEI) 是一种混合方法,它优化分配给更多神经分类器输出的混合模式。它使用标准模糊积分(Sugeno 模糊积分,是一个非线性函数) 来实现一些独特的神经网络(NNW) 合适的输出组合。模糊积分的推导在参考文献[7] 中给出,通过遗传算法分配给它们的权重(加权因子) 来选择神经网络,遗传算法中的染色体将(实际) 模糊密度 g_i^j编码为向量 $\boldsymbol{C}_j = (g_1^j, g_1^j, \cdots, \lambda_j)$,并且 $\boldsymbol{C}_j$ 的适应度函数由下式给出[6]:

$$E(\boldsymbol{C}_j) = \sum_{A \in B(X)} g_{\lambda_c}(A) - \frac{1}{\boldsymbol{\lambda}_j}\left[\prod_{x_i \in A}(1 + \boldsymbol{\lambda}_j g_i^j) - 1\right] \tag{8.14}$$

这里的第一项 $g(A)$ 是模糊度量的初始分配值。这些值使用 g_i^j和 $\boldsymbol{\lambda}_j$计算。在提出的方法中,模糊逻辑提供高级知识表示(因为它是由人类专家给出的),神经网络提供基础的算法结构,遗传算法为推导提供信息。该方法的详细推导在文献[7]中给出。作者[6]已使用模糊进化积分技术提高目标识别性能。这里基于高分辨率雷达和视频图像使用了真实输入数据库。

8.7 基于投票的决策

可以用在硬件/软件(HW/SW)故障检测中使用的投票概念来做出决策。可信任计算中的投票方案和相关术语最初源于社会政治制度中的某些概念,如选举。投票的主要思想是,从整体的一个小集合提取的输入,我们寻找两个域之间的相似性是否很强。例如,我们使用雷达图像分析来分类接近的飞机类型为民用(0)、战斗机(1)和轰炸机(2)。括号中的数字表示飞机的类型。如果三个独立的决策者得出结论〈1,1,2〉,则建议飞机类型为战斗机。在这种情况下,我们看到候选类型“1”赢得大多数投票。当我们有一个大的或无限的输入域/数据量时,投票可以有一个新的含义。

投票人接收输入 $X_1, X_2, \cdots, X_N$,从 N 集群中选出 M 个代表(M-of-N)作为输出[8,9]。硬件实现的(或 SW 实现的)最简单的选择器对输出进行逐位比较,并检查 N 个输入中的大多数是否相同。如果是这样,那么它输出多数,也就是说 M。例如,如果我们能保证每个模块产生一个与其他按位的功能模块输出相匹

配的输出，这个方案工作得很好。如果模块：使用相同处理器，使用相同的输入，使用相同的算法/软件和具有相互同步的时钟，则这不会是问题。然而，如果模块是不同的处理器或针对相同的问题运行不同的 SW，则两个正确的输出可能在较低有效位（LSB）中稍微发散。在这种情况下，我们可以声明两个输出 x 和 y 几乎相同，如果 $|x-y|$ 小于某个指定的变量增量，那么这个属性“实际上是相同的”而不是过渡性的[8]。对于这样的近似协定，我们可以进行所谓的多重投票，寻找至少“k”个实际上相同的输出集合，这是 k 多数投票方案。它是其中每个成员实际上与所有其他成员相同或非常接近的集合，并且选择它们中的任何一个（或中值）作为代表。在这种情况下，我们假设每个输出在故障检测系统中做出决策时具有相等的故障机会（概率），但是在某些情况下可能不是这样。HW/SW 产生的一个输出可能与另一个输出有不同的故障率。在这种情况下，每个输出被分配与其正确概率相关的权重（即权重/加权），可以使用模糊隶属函数来决定这个权重。将 FL 与投票方案结合使用是一个好主意。然后，投票人进行加权投票，并产生超过权重总和一半的关联输出。

8.7.1 投票的一般框架

实际上有观察意义并实际使用的投票方案都可以用所谓的广义加权投票模型来表达。我们给出 n 个输入数据对象 $x_1,x_2,\cdots,x_n$ 和它们相关联的非负实数投票 $v_1,v_2,\cdots,v_n$，其中 $Sv_i=V$，然后计算输出 y 及其投票 w，使得 y 由具有投票总数 w 的输入对象集合支持。这里 w 满足与投票子方案相关联的条件，可能的投票子方案有[9]：①一致性，即 $w=V$；②多数，即 $w>V/2$；③如果 $w\geqslant 2V/3$ 则为绝对多数；④如果 w 大于预设的下限，则为阈值。

在 M-of-N 投票中，如果至少“M”张选票与“N”个传感器的决定一致，则接受输出选择。我们可以使用一种变形，所谓的 T-out-of-v 投票，即如果 $H=\Sigma_i w_i v_i>T$，则接受输出。这里“w”是用户定义的权重，“v”是算法的决定，T 是用户定义的阈值[9]。例如，在研究与火灾发生相关的红外谱时，决策参数 v 可以取对应于正常情况和存在火灾的二进制值 0 和 1。如果像素（来自红外光谱）是移动像素，则判定参数 v_1 是 1，如果像素是静止的，则判定参数 v_1 是 0；并且如果像素被着色，则决定参数 v_2 被取为 1，否则为 0。

8.8 使用模糊逻辑的决策融合在航空场景的应用

正如我们在第 3 章中所看到的，模糊逻辑作为一种逻辑形式，可以用于许多智能控制系统的设计、决策制定和操作中。我们需要利用现有的知识和信息以及一些逻辑和统计方法,从许多竞争的可能性中做出适当的决定。在航空案例中,决策融合的目标之一是在整个监视区域做出最终决定和行动。例如,在飞行器的环境中,在任何时间使用来自不同级别的数据融合输出:第1级——目标精炼(L1OR)和第2级——态势提取(L2SR)[4]。L1OR通过组合位置、参数和身份信息,以获得诸如发射器、平台和武器等单独对象的精细表示来形成对象评估,并且在L2SR中,尝试找到对象和观察到的事件之间关系的描述。在本节中,我们考虑编队和沿航线的飞行,并应用基于FL的DeF。该FL决策系统使用MATLAB/SIMULINK®实现,结果使用数值模拟数据生成[4,10]。

8.8.1 决策级融合，模糊逻辑和模糊推理系统

决策融合(DeF)(符号级融合被同义地使用)表示高级数据融合,高于运动级和图像级数据融合,用符号表示决策信息。DeF主要取决于外部知识或源自身的推断。从DeF系统获得/融合的结果也可用于图像分类,变化检测和目标检测、识别。用于数据融合的L2SR,通过将对象与当前态势评估(SA)相关联或通过关联评估对象来表示SA,并且态势提取(SR)有助于在特定环境的上下文中,描述当前对象和文件的关系。SA有助于决策制定——飞行员可以采取的各种决策/行动是:①避免与任何靠近飞行的飞机发生任何碰撞;②如果怀疑是敌方,则判读敌方的意图;③如果需要的话可与其他友好飞机进行交流。

在更高级别的数据融合中应用FL是实现精确决策的良好选择:如果SA的输出是“飞行器是不友好的并且它对准坦克”,那么它可以被解释为做出决定“飞行器是不友好并瞄准坦克”。如果由不同类型/精度的多个传感器看到的相同对象存在多个这样的决定,则融合进描述中。在做出决定时,每个传感器的不同精度决定不同的置信水平。为了获得准确的决策,需要融合决策,使用FL方法形成SA的输出。在符号数据/信息的情况下,可以使用人工智能的推理方法,例如FL,因为符号信息的融合将需要在建模或数据不确定的情况下推理和推断(不确定性由FL建模)。在基于FL的DeF系统核心层,通过模糊关系函数的(模糊)“If…Then”规则在所谓的模糊推理系统(FIS)中被处理。这里,所使用的方法基于从领域专家获得的启发式知识,并且认为在处理SA中更现实,知识在“If…Then”规则库中捕获。

如上所述,基于FL的系统核心是FIS,其中使用模糊关系函数(FIF)来处理模糊“If…Then”规则,以最终获得模糊集合的输出。FIF在FIS/FLS(模糊逻辑系统)的成功设计中起着非常重要的作用。因此,有必要从现有的FIF/模糊推

理方法中选择适当的 FIF。这些 FIF 应该满足逻辑的正向和反向链推广的取式推理(GMP)和推广的拒取式推理(GMT)的一些直观标准,分别是[4,10]:①GMP,我们有前提 1——u 是 A',前提 2——如果 u 是 A,则 v 是 B,那么结果——v 是 B';②GMT,我们有前提 1——v 是 B',前提 2——如果 u 是 A,则 v 是 B,那么结果——u 是 A'。如果我们有一个新的 FIF,那么它也应该满足一些 GMP/GMT 的直观标准。模糊关系函数/方法提供映射,在输入和输出模糊集之间,使得模糊化输入可以映射到期望的输出模糊集。基本上,由领域专家提供的模糊"If…Then"规则被解释为模糊推理。而推理机(FIE/FIS)的模糊输出使用超级(上确界星)组合获得,由 $B = RoA$ 给出,其中'o'是合成算子,'R'是乘积空间中的模糊关系 $U \times V$,并且以 FMF 的形式,由 $\mu_B(v) = \mu_R(u,v) o \mu_A(u)$ 给出。模糊推理 $\mu_{A \to B}(u,v)$ 也是提供 I/O 映射的一种关系,则上述等式可以重写为 $\mu_B(v) = \mu_{A \to B}(u,v) o \mu_A(u)$。

有许多模糊"If…Then"规则的标准化方法和解释,通过 t 范数和 s 范数的不同组合(第 3 章),来定义模糊推理处理过程[4]。我们可以找到解释模糊"If…Then"规则的方法,也就是说,满足一个或多个直观标准的常见的模糊关系是[4]:①模糊关系最小化运算规则(MORFI-Mamdani),即 t 范数的标准交(SI)算子,用表达式 $R_{\text{MORFI}} = \mu_{A \to B}(u,v) = \min(\mu_A(u), \mu_B(v))$;②模糊关系乘积运算规则(PORFI-Larsen),即 t 范数的代数积(AP)算子,用表达式 $R_{\text{PORFI}} = \mu_{A \to B}(u,v) = (\mu_A(u), \mu_B(v)$;③模糊关系的算术规则(ARFI-Zadeh/Lukasiewicz),s 范数的有界和(BS)算子和补码算子。

8.8.2 性能评估:举例说明

在本节中,介绍使用模糊逻辑的决策系统的两个应用:编队飞行和沿航线飞行。通过适当地定义"If…Then"规则、FMF 和模糊关系函数(FIF)的结合,决策融合可以适当地扩展到多于两个对象。

8.8.2.1 决策融合例 1:编队飞行

在这种情况下,我们使用安装在自己平台的模糊逻辑决策软件/系统(FLDS)来判定两架敌方战斗机是否编队飞行[4,10]。对于具有相同类型和属性的两架飞机,按以下步骤产生模拟数据[4,10]:①飞机的初始位置 1:$X_1 = [x \quad \dot{x} \quad z \quad \dot{z}] = [0\text{m}\ 166\text{m/s}\ 1000\text{m}\ 0\text{m/s}]$;②飞机 2 的初始位置:$X_2 = [x \quad \dot{x} \quad z \quad \dot{z}] = [0\text{m}\ 166\text{m/s}\ 999\text{m}\ 0\text{m/s}]$;③采样速率为 1Hz;④模拟时间为 30s;⑤飞行器运动具有恒定速度;⑥运动模型 $X_i(k+1) = \boldsymbol{F}X_i(k) + \boldsymbol{G}w_i(k)$,其中 k 作为扫描/索引号,i 作为飞机编号,$\boldsymbol{F}$ 作为状态转换矩阵,$\boldsymbol{G}$ 作为过程噪声增益矩阵,w 作为具有如下协方差矩阵的白高斯过程噪声

$$Q=0.1*\mathrm{eye}(4,4),F=\begin{bmatrix}0 & T & 0 & 0\\0 & 1 & 0 & 0\\0 & 0 & 1 & T\\0 & 0 & 0 & 1\end{bmatrix},G=\begin{bmatrix}T^2/2 & 0 & 0 & 0\\0 & T & 0 & 0\\0 & 0 & T^2/2 & 0\\0 & 0 & 1 & T\end{bmatrix}$$

两架飞机在 $t=0\sim5\mathrm{s}$ 秒维持编队飞行，然后在 $t=5\mathrm{s}$ 分开，并保持在该模式直到 $t=10\mathrm{s}$。从第 10s 到第 15s，它们以恒定间隔飞行，并从第 15s 起开始接近彼此。后来他们从 20s 形成一对，并继续编队飞行另外 10s。

模糊逻辑决策融合（FLDF）的性能取决于 FMF 的适当选择、模糊规则、FIF、聚合方法和去模糊化方法。FMF/FLDF 的输入是飞机方位、高程、沿 z 轴的间隔距离、速度、身份和类别的数值差异。对于每个 I/O，有一个 FMF 模糊化 0 和 1 之间的数据。选择梯形隶属函数，用于决定两架飞机是否形成一对的模糊规则：①规则 1——如果两架飞机具有相同的方位、高度和速度，则它们具有相同的运动规律；②规则 2——如果两架飞机具有相同的运动规律、身份、类别并且彼此距离很近，则它们形成一对。这些规则由 FIF 处理，并且使用模糊关系乘积运算规则（PORFI/Larsen）推理。我们使用 t 余范数或 s 范数的有界和运算符进行聚合过程。然后使用面积中心（COA）法对聚合输出进行去模糊化。FLDF 在 MATLAB/SIMULINK 环境中实现，如图 8.1[4,10] 所示。还有某些其他输入，如速度、方位、飞机身份和类别，以决定飞机是否形成编队。从表 8.1[10] 中，我们推断 FLDF 能够正确地检测飞机编队和分开时机。

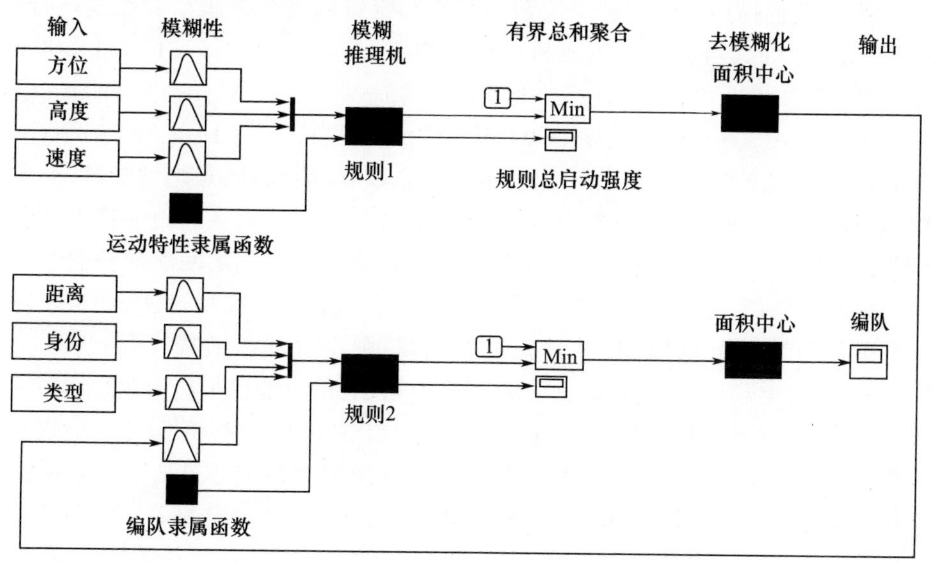

图 8.1　编队飞行模糊逻辑决策融合系统

表 8.1　模糊逻辑决策融合系统决策结果

时间/s	去模糊化后输出	配对是否形成
1	3.799	是
3	3.799	是
5	3.799	是
7	0	否
9	0	否
11	0	否
13	0	否
15	0	否
17	0	否
19	0	否
21	3.799	是
23	3.799	是
25	3.799	是
27	3.799	是
29	3.799	是

8.8.2.2　决策融合例 2:空中走廊

现在,我们描述用模糊逻辑决策融合来判定特定飞机是否沿着航线飞行。这种情况获得的数据如下:①飞机的初始位置:$X = [x \quad \dot{x} \quad y \quad \dot{y}] = [2990\text{m}$ $0\text{m/s}\ 0\text{m}\ 332\text{m/s}]$;②沿 y 轴在 $x = 3000\text{m}$ 处的航线飞行;③采样率为 1Hz;④模拟时间为 30s;⑤具有恒定速度的飞机运动;⑥模型为 $X(k+1) = \boldsymbol{F}X(k) + \boldsymbol{G}w(k)$,$\boldsymbol{F}$ 为状态转换矩阵(如在前面的示例中),$\boldsymbol{G}$ 作为过程噪声增益矩阵,w 为白高斯过程噪声并具有协方差 Q:4 × 4 的单位矩阵(1.0 eye(4,4))。输入是模糊化距离(飞机和沿 y 轴的航空线之间的绝对偏离值),它们之间航向差的绝对值,以及飞机的类别。FMF 具有梯形形状。模糊规则是:①规则 1——如果航空器与航线具有相同的航向,并且它靠近航线,则飞行器沿航线飞行;②规则 2——如果航空器是民用的,那么飞机沿着航线飞行的可能性很高。在此使用模糊关系乘积运算规则(PORFI)。在聚合过程中也逐个使用 t 余范数或 s 范数的有界和 BS/代数和(AS)/标准并(SU)运算符。使用面积中心方法对聚集的输出模糊集进行去模糊化,FLDF 系统框图如图 8.2 所示[10]。表 8.2[10]说明了对不同聚合方法获得的最终输出的比较。我们看到:①在 SU 运算符的情况下,聚合后,观察到恒定输出,而不管飞行器是否沿着航线;②对于代数和(AS)运算符，在0和1之间进行平滑过渡，意味着由FLDF系统做出关于飞行器是否沿着航线飞行的硬判决；③对于有界和(BS)运算符，观察到在0和1之间过渡不平滑，它给出飞行器是否沿着航线飞行的决策置信水平(最终输出越大，置信度越大)；④在聚合过程中使用BS可以获得比其他方法更好的结果。在这里给出的两个例子，举例说明了模糊逻辑类型1(T1FL)在两个航空情景决策制定/融合中的应用。决策制定过程已被纳入的规则：规则1——“如果两架飞机具有相同的运动规律、身份、类别并且彼此距离很近，则它们形成一对”(这是例1的决策)，规则2——如果飞机是民用的，那么飞机沿着航线飞行的可能性很高(这是例2的决策)。

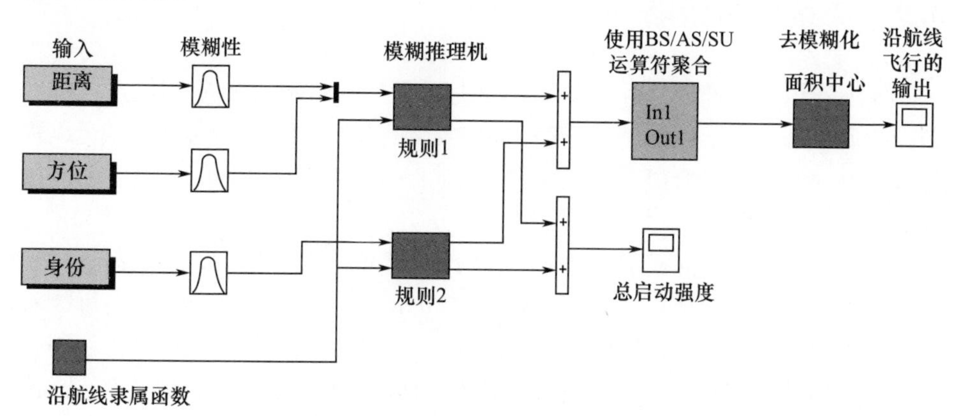

图 8.2 模糊逻辑决策融合系统-2

表 8.2 航线决策输出的决策结果(使用标准模糊运算/关系函数)：模糊逻辑决策融合系统-2

时间/s	去模糊化后输出(SU)		去模糊化后输出(AU)		去模糊化后输出(BS)	
1	1.0000	是	0	否	0.0001	否
3	1.0000	是	1.0000	是	0.7330	是
5	1.0000	是	1.0000	是	1.0001	是
7	1.0000	是	1.0000	是	1.0001	是
9	1.0000	是	0	否	0.0001	否
11	1.0000	是	1.0000	是	0.649	是
13	1.0000	是	1.0000	是	1.0001	是
15	1.0000	是	1.0000	是	0.2906	否
17	1.0000	是	1.0000	是	0.149	否
19	1.0000	是	0	否	0.0001	否

（续）

时间/s	去模糊化后输出(SU)		去模糊化后输出(AU)		去模糊化后输出(BS)	
21	1.0000	是	0	否	0.0001	否
23	1.0000	是	0	否	0.0001	否
25	1.0000	是	1.0000	是	0.158	否
27	1.0000	是	1.0000	是	1.0001	是
29	1.0000	是	1.0000	是	0.852	是

8.9 决策融合策略

在模式识别系统的分析和设计中,我们需要实现给定问题的最佳分类性能。正如我们从第1章已经知道的,有三个主要融合策略,即信息/数据融合(或称为低级融合)、特征融合(FF)(称为中间级或中级融合)以及决策融合(DeF)(称为高级融合)。DeF 可以提供和操作一组分类器,以获得更好的无偏结果[11]。这些分类器可以是相同或不同类型的,并且它们可以具有相同或不同的特征集。各种分类器是支持向量机、ANN、k-NN 和 GMM。可以确定,单个分类器可能不太适合于给定的应用。在这种情况下,使用一组分类器,并且通过一些方法组合所有分类器的输出以获得最终输出。对于这样的问题,可以使用 DeF 方法。已经证明,一些组合方法明显地胜过单个最佳分类器。特征融合方法对所研究对象的特征进行选择和组合,以便去除冗余和不相关的特征。如果特征与类信息不大相关,则该特征是不相关的。然后,将最终特征集合组合并融合在一起以获得更好的特征集。随后,将该融合特征集呈现给分类器以获得最终结果。因此,期望决策融合和特征融合将给出更好的分类精度。DeF 和 FF 的应用领域是[11]遥感、医学图像处理、目标和对象细化、面部识别、语音处理、视频分类/检索以及 DNA 序列中的基因检测。

DeF 旨在将使用的模型集合证据(在概率或 DS 证据的意义上)组合成单个(决策),一致(达成协议)证据。在顶层有三种非常流行的 DeF 方法[12],分别是线性意见池(LOP)、对数意见池(LgOP)和投票或排序(VR)方法。LOP 是一个非常简单的技术(第2.6.3.1节/2.48节)。融合输出是来自每个传感器/节点模型的概率加权和。组合的 DeF 输出可能是多模式的[12]。LgOP 也产生概率分布,输出将是单峰的。LgOP 是单个模型输出的加权乘积,如第2.6.3.2节式(2.49)所示。LgOP 的主要特征是如果任何单个概率密度函数是零,则组合的后验概率密度也是零。在这里,有一个严格的“否决”模型,而在 LOP 中零值 pdf

是平均的后验 pdf[12]。这可以通过比较式(2.48)和式(2.49)容易地确定。

正如我们在第8.7节中提到的,用于组合多个模型和局部决策结果的简单方法是使用投票过程,其对于每个模型必须生成决策而不是得分。有几种流行的投票方法用于决策和融合,分别是最大值、最小值和中位值投票。此外,排序方法适合于涉及许多分类问题;它们利用模型估计类的顺序,排名方法利用类集减少(CSR)方法来减少类别候选的数量,而不会丢失真正的类别——通过减少这个数量和重新排序备用类别,真正的预期类别会移动到排名的顶端。波尔达计数(Borda Count,BC)是非常流行的基于秩的方法。DeF 其他计算方法有 DS 方法和模糊积分方法。这些技术将各种单个模型的证据结合成一个整体共识/商定的证据。

8.9.1 分类器系统

相对于单个分类器,选择多分类器方法/系统(MCS)的原因是:①提高分类系统的准确性和效率;②通常由单个分类器分析的数据量太大,训练分类器将是不实际的,而在 MCS 中,数据被划分为子集,用不同分类器训练用于不同子集并且组合输出;③与单个分类器相比,具有特征子集的 MCS 可以提供好的性能;④MCS 可以提高泛化性能,因为当用一个分类器训练时,单个分类器对于某个输入可能不能很好地执行有限数据集。分类器组合基于两类研究[11]:①决策优化方法产生并获得分类器决策的最佳组合(给定一组固定的高度专业化分类器);②覆盖优化方法生成一组相互补充和通用的分类器,然后组合以实现最佳精度(假设固定的组合规则)。MCS 可以通过以下步骤实现[11]:①分类器初始参数的变化——创建一组分类器,然后用相同的训练数据训练每个分类器;②使用不同的训练数据集训练相同的分类器;③用相同的训练数据集训练不同的分类器(SVM、ANN)。两类分类器组合策略是:①信息和来自分类器的输出被组合,每个分类器有助于做出最终决定;②分类器选择——每个分类器是特征空间特定域中的专家,局部专家单独决定集合的输出。已知的用于 DeF 融合的多分类器方法(MCS)有[12]决策组合、专家混合器、分类器集合、分类器融合,共识聚集、动态分类器选择和杂交方法。

8.9.2 分类器融合和选择

在系统中组合 L 个分类器输出的方法,取决于从各个分类器获得的信息。基于分类器输出[11]的类型,将决策级的信息融合划分为:①类型1(抽象级别)——每个分类器 D_i 产生类别标签 $s_{i,i}=1,\cdots,L$,即对于要分类的任何对象,L 个分类器输出定义向量 $\boldsymbol{s}[s_1,\cdots,s_L]^{\mathrm{T}}\in\Omega^L$,其中 $\Omega=\{\omega_1,\omega_2,\cdots,\omega_C\}$ 是类标签的集合;②类型 2(排序级别)——每个 D_i 的输出是 Ω 的子集,其中替换按照作为正确标签的似然性的顺序排序;③类型 3(测量级别)——每个分类器 D 产生 c 维向量$[d_{i,1},\cdots,d_{i,c}]^{\mathrm{T}}$,值 d_{ij} 表示对用于分类的向量 $\boldsymbol{x}$ 来自类 ω_j 的假设支持。此外,分类器的输出可以是简明标签或概率置信或以递减顺序排列等级。所使用分类器的组合技术/输出可以是[11]清晰的标签(抽象级)、以置信度降序排序的可能匹配子集(排序级)和每个类获得的概率置信测量(测量级)。

8.9.2.1 组合类标签:值输出

假设类标签可从分类器输出中获得。第 i 个分类器的决定被定义为 $d_{ij}\in 0,1;i=1,2,\cdots,L;j=1,2,\cdots,C$($C$ 是类的数量)。如果第 i 个分类器选择类 ω_j,则 $d_{ij}=1$,否则为 0。

8.9.2.1.1 多数表决

这里,当考虑任意情况时,集合选择一个类[11]:①所有分类器在特定类上达成一致,一致投票;②通过至少一半以上的分类器数目进行预测,简单多数表决;③接收到最高票数。多数表决的集合决策如下:选择类 ω_k

$$\sum_{i=1}^{L} d_{i,k} = \max_{j=1}^{c} \sum_{i=1}^{L} d_{i,j} \tag{8.15}$$

如果多数投票是在某些假设下的最佳组合规则[11]:① 分类器的数量 L 是奇数;② 对于任何实例 x 每个分类器给出正确类标签的概率是 p;③ 分类器输出是独立的。多个表决和简单多数是相同的,并且至少$(L/2)+1$ 个分类器选择正确的标签,则集合做出正确的决定。集合成功的概率由下式给出:

$$P_{maj} = \sum_{m=\lfloor L/2\rfloor+1}^{L} \begin{bmatrix} L \\ m \end{bmatrix} p^{m}(1-p)^{L-m} \tag{8.16}$$

如果 $p>0.5$,则可能整体给出精度比单个精度 p 更好。

8.9.2.1.2 加权多数投票

在(全局的) 分类器给出的性能不一致的情况下,可以给更有能力的分类器更大的权重系数来做出最终决定,最终的输出就可以表示对类的支持度:

$$d_{ij} = \begin{cases} 1, & D_i \text{ 将 } x \text{ 列入 } w_j \\ 0, & \text{其他} \end{cases} \tag{8.17}$$

在这种情况下,通过式(8.17) 可以推导出类 j 的判别函数为

$$g_j(x) = \sum_{i=1}^{L} b_i d_{i,j} \tag{8.18}$$

式中,b_j 是分类器 D_i 的权重。因此,判别函数的值将是这些成员的系数和,这些成员的输出对于输入 x 是类 j 的,并且分类器通过加权多数表决的组合来决策,如果以下条件成立,选择类 w_k[11]:

$$\sum_{t=1}^{L} b_t d_{t,k} = \max_{j=1}^{c} \sum_{t=1}^{L} b_t d_{t,j} \tag{8.19}$$

如果投票权重满足以下比例性，则集合 P_{wmaj} 的精度将被最大化：

$$b_t \propto \log \frac{p_t}{1 - p_t} \tag{8.20}$$

式中，p_t 是分类器 t 的精度。

8.9.2.1.3　行为知识空间

行为知识空间（Behaviour Knowledge Space，BKS）使用基于训练数据分类的查找表。这里，保持关于每个标签组合如何由分类器产生的信息，该标签向量给出查询表 Z 的每个单元的索引。每个 $z_j \in Z$ 放置在由该对象以 s 索引的单元中，每个单元中的元素数量被计数，并且为该单元选择最具代表性的类标签。然后，最高分数将对应于最高估计的后验概率 $P(k/s)$。如果发生任何关联，则这些人为地解决，并且以适当的方式标记空单元格。

8.9.2.1.4　自然贝叶斯组合

在自然贝叶斯组合（Naive Bayesian Combination，NBC）方法中，当给出类标签时，分类器被认为是相互独立的。如果我们有 $P(s_j)$ 作为分类器 D_j 对类 s_j 中的样本 x 进行分类的概率，则条件独立的表达式[11] 为

$$P(s \mid w_k) = P(s_1, s_2, \cdots, s_L \mid w_k) \prod_{i}^{L} P(s_i \mid w_k) \tag{8.21}$$

然后我们有标注样本 x 所需的后验概率如下：

$$P(w_k \mid s) = \frac{P(w_k) P(S \mid w_k)}{P(S)} \tag{8.22}$$

类的支持计算如下：

$$u_k(x) \propto P(w_k) \prod_{i}^{L} P(s_i \mid w_k) \tag{8.23}$$

对每个分类器 D_i，通过应用 D_i 训练数据集，一个 $\boldsymbol{C} * \boldsymbol{C}$ 的混合矩阵 CM^i 得以计算。矩阵的第 (k,s) 个输入 $CM^i_{k,s}$ 是数据集的元素值，其真实类标签是 ω_s 并被 D_i 分配到类 ω_s，也能表示为

$$u_k(x) \propto \frac{1}{N_k^{L-1}} \prod_{i=1}^{L} CM^i_{k,s_i} \tag{8.24}$$

式中：概率的估计 $P(S_i \mid w_k)$ 由 $CM^i_{k,si}/N_k$ 给出，其中 N_s 表示属于类 w_s 的数据集的总数。

8.9.2.2　类排序

我们以可信度递减的顺序对可能的匹配进行排序，并且每个这样的分类器输出是这些匹配的子集。分类器的决定以类的排名给出，以便在不同类型的分

类器中比较它们。在多分类器方法(MCS)中应用融合的两种主要方法是[11]类集减少(CSR)和类集重排序(CSRe)。

8.9.2.2.1 类集减少方法

我们的目标是通过减少类的数量(尽可能小)来考虑一组减少的类,但仍然保证在减少的集合中表示正确的类。CSR 方法试图找到在最小化类集和最大化包括真类的概率之间权衡。这可以通过以下方式来处理:①邻域的交集——首先由这些训练数据集中最坏情况的真实类排序确定,然后,由任何分类器给出的最低排序作为阈值,只有上述等级被用于进一步处理;②邻域的联合——每个分类器的阈值被计算为超过训练数据集的真实类的最小(最佳)等级的最大值(最差),冗余分类器容易确定,因为其阈值等于零(即其输出不正确)[11]。

8.9.2.2.2 类集重排序方法

类集排序方法的思路是提高真实类的总体排名。具体有三种方法[11]:

(1) 最高排序方法:从用于类重新排序或类集重排序的不同匹配器确定的最高(最小)等级,来分配每个可能的匹配。我们假设对于每个输入模式,应用 m 个分类器来对给定的类集合进行排名(即,排序)。这 m 个等级中的最小值被分配给每个类。然后,根据新的等级对类进行排序,以便获得该输入的组合排名。为了确定个体类作为最终决策输出,选择在重排序排名中位于顶部的类。如果有任何结,它被随意断开以获得严格的线性排序。如果存在很少的分类器和大量的类,则使用这种方法。优点是利用了每个单独分类器的优势。缺点是当组合排名完成时有出现结的可能性,共享结的类数量取决于所使用的分类器数量。因此,该方法仅对少量分类器有用。

(2) BC 方法:这里,各个等级的总和由各个匹配器分配以计算组合等级。这被指定为从一组单独排名到导致最相关决策的组合排名的映射。BC 中某类 j 的 B_j 是由每个分类器排序为 j 的类之总和,表示如下:

$$B_j = \sum_{i=1}^{L} B_i(j) \tag{8.25}$$

BC 方法基于有贡献的分类器之间加性独立的假设,缺点是它平等地对待所有分类器,并且忽略个体分类器能力。

(3) 逻辑回归方法:这里计算各个等级的加权和,并且通过回归确定权重。在这里,我们为每个分类器分配权重,反映它们在 MCS 中的重要性。我们假设来自 m 个分类器的响应 $(x_1, x_2, \cdots, x_m)$ 中,在有序列表顶部的类是最高的。然后,逻辑响应函数由下式给出:

$$\pi(x) = \frac{e^{(\alpha+\beta_1 x_1+\beta_2 x_2+\cdots+\beta_m x_m)}}{1+e^{(\alpha+\beta_1 x_1+\beta_2 x_2+\cdots+\beta_m x_m)}} \tag{8.26}$$

指数项中的系数是常数。然后,定义置信度度量如下:

$$L(x)=\log\frac{\pi(x)}{1-\pi(x)}=\alpha+\beta_1x_1+\beta_2x_2+\cdots\beta_mx_m \tag{8.27}$$

我们可以确定阈值,使得低于其置信度值的类被丢弃。

8.9.2.3 联合软输出

在这种方法中,由给定类的分类器提供的输出,被解释为给予该类的支持度。这个支持度被接受为该特定类的后验概率估计。决策分布矩阵 $\boldsymbol{DP}(x)$ 用于决策组合。在典型的多分类器系统中,使用 L 个分类器将特征向量 $\boldsymbol{x}$ 分类为 C 类中的一个,并且 Ω 被给出为类标签的集合 $\{\omega_1,\omega_2,\cdots,\omega_c\}$;集合中的每个分类器 D_i 在区间 $[0,1]$ 中给出输出度量 c。分类器 D_i 提供 $d_{ij}(x)$ 作为类标号 ω_j 的支持,其越大样本被分配给类别标签 ω_j 的可能性越大,并且用于特定输入 x 的 L 个分类器的输出被组织为如下的决策描述 $\boldsymbol{DP}(x)$

$$\begin{bmatrix} d_{1,1}(x) & \cdots & d_{1,j}(x) & \cdots & d_{1,c}(x) \\ d_{i,1}(x) & \cdots & d_{i,j}(x) & \cdots & d_{i,c}(x) \\ d_{L,1}(x) & \cdots & d_{L,j}(x) & \cdots & d_{L,c}(x) \end{bmatrix} \tag{8.28}$$

8.9.2.3.1 分级技术

给定 $\boldsymbol{DP}(x)$,这些分级方法对于每一列 $\boldsymbol{DP}(x)$ 进行处理得到 $u(x)$。它能使用几种规则:① 通过求和准则估算软类标签向量为 $\boldsymbol{u}_j(x)=\sum_{i=1}^{L}d_{i,j},(j=1,2,\cdots,C)$;② 由乘法准则估算向量为 $\boldsymbol{u}_j(x)=\prod_{i=1}^{L}d_{i,j},(j=1,2,\cdots,C)$;③ 由最小化准则可估计 $\boldsymbol{u}_j(x)=\min_{i=1}^{L}d_{i,j},(j=1,2,\cdots,C)$;④ 最大化准则计算 $\boldsymbol{u}_j(x)=\max_{i=1}^{L}d_{i,j},(j=1,2,\cdots,C)$。

8.9.2.3.2 无关类技术

在 CIM 中,整个 $\boldsymbol{DP}(x)$ 用于计算 $\mu(x)$,忽略类并且存在两种这样的方法,分别是决策模板(DeT)和 DS 组合:

(1) DeT:在 DeT 中,类 w_j 的典型决策文件称为决策模板 DeT_j,然后使用相似性度量将 DeT_j 与决策文件进行比较,最接近的匹配将标记为 x,使用的相似性度量如下:

- 平方欧几里得距离 DeT(E):

$$u_j(x)=1-\frac{1}{L*C}\sum_{i=1}^{L}\sum_{k=1}^{C}\{\mathrm{DeT}_j(i,k)-d_{i,k}(x)\}^2 \tag{8.29}$$

其中,$\mathrm{DeT}_j(I,k)$ 为 DeT_j 中的第 (i,k) 项。

- 对称差 DeT(S):

$$u_j(x) = 1 - \frac{1}{L * C}\sum_{i=1}^{L}\sum_{k=1}^{C}\max[\min\{\mathrm{DeT}_j(i,k),(1 - d_{i,k}(x))\},$$
$$\min\{(1 - d_{ij}(i,k)),d_{i,k}\}] \tag{8.30}$$

（2）DS：用 DeT^i 表示 DeT_j 的第 i 行，$D_i(x)$ 表示 D_i 的输出，则 DeT_j^i 与输入 x 的分类器 D_i 的输出之间的接近度表示为

$$\phi_{j,i}(x) = \frac{(1 + \| \mathrm{DeT}_j^i - D_i(x) \|^2)^{-1}}{\sum_{k=1}^{c}(1 + \| \mathrm{DeT}_j^i - D_i(x) \|^2)^{-1}} \tag{8.31}$$

每个 DeT 的 L 近似。然后，通过以下表达式为每个类别 $j = 1,\cdots,C$ 和对于每个分类器 $i = 1,2,\cdots,L$ 计算 DS 置信度：

$$b_i(D_i(x)) = \frac{\phi_{j,i}(x)\prod_{k\neq j}(1 - \phi_{k,i}(x))}{1 - \phi_{j,i}(x)\{1 - \prod_{k\neq j}(1 - \phi_{k,i}(x)\}} \tag{8.32}$$

随后，给出最终的支持度，用 K 作为归一化系数：

$$u_j(x) = K\prod_{i=1}^{L} b_j\{D_i(x)\} \tag{8.33}$$

8.9.3 分类器的选择

使用单个分类器来正确地分类输入模板，确定一个分类器选来做出决定。有静态和动态分类器选择方法（CSM）。在静态 CSM 中，在训练期间，在对未标记的向量 $\boldsymbol{x}$ 进行分类之前指定选择区域，并在操作阶段，首先找到 $\boldsymbol{x}$ 的区域；例如 R_j 由负责该区域的相应分类器 $D_i(j)$ 作进一步处理。训练阶段由以下任一方式进行[11]：指定区域，然后为每个区域分配一个负责的分类器，或者给定分类器集合，找到每个分类器最好的区域。在动态 CSM 中，在操作阶段选择分类器来标记 $\boldsymbol{x}$，该选择基于当前决定的确定性——对某些分类器更多的偏好。然后，在 $\boldsymbol{x}$ 附近确定每个分类器的能力作为分类器的准确度，具有最高能力的分类器被授权标记 $\boldsymbol{x}$。

8.10 使用模糊逻辑和决策融合进行航空场景态势评估：举例说明

随着强大的远程雷达和超视距（BVR）导弹的出现，飞行员越来越依赖飞机的机载传感器做出战术决策。实时决策要求飞行员在短时间内使用和处理来自多个来源的大量数据。当存在多个未知目标时，或者在极其复杂的空中

情况下，涉及多个友方和敌方飞行器时，问题进一步复杂化。因此，需要一种全面的自动化系统，在决策活动中提供帮助。为此，我们在这里介绍了态势评估（SA）系统的结果：①在四个航空情景中使用模糊逻辑类型1（T1FL）进行决策制定/融合；②使用改进的SA模型进行研究；③将噪声输入到SA模型进行研究[13-17]。主要目的是在给定情况下复现飞行员的心理思维过程，并以自动化系统的形式实现。这些情况是用标准航空情景的多种变化形式模拟的。结果表明，一些现有的模糊逻辑关系函数对于所考虑的示例非常有效。这为基于FL的决策融合和态势评估技术应用于航空/航天的各种决策问题开辟了新的可能性。

8.10.1 态势评估和决策级融合

最终目标是获得对手的目标（在国防应用中）总（最终）图像。这里描述的基于T1FL的程序也适用于其他民用数据分析和融合系统，例如，在恶劣天气下着陆的飞机。通常，众所周知的FL是类型1。T1FL用于通过模糊"If…Then"规则来合并人类专家的启发式知识。因此，在这里，我们使用T1FL为四个航空情景的决策提供帮助，在此我们使用适当的规则。T1FL方法已经在工业控制系统、家用电器、机器人和航天工程中找到了应用，因为它是可用于人工智能控制系统的设计、决策和操作的一种逻辑形式。我们非常简要地介绍模糊推理系统，基于MATLAB-GUI的工具，以评估现有用于决策融合的模糊关系函数。我们考虑在空中飞行和空中作战中可能出现的四种航空情景：编队飞行、攻击、威胁评估和沿航线飞行。决策处理使用MATLAB/SIMULINK工具箱实现，使用模拟数据产生结果。这里使用的方法是基于从领域专家（飞行员/航空专家）获得的启发式知识，因此在处理SA问题时更加真实，同时这些知识用"If…Then"规则库进行获取和表达。因此，强烈认为基于模糊逻辑的决策融合一定对决策融合过程和系统性能产生价值提升，特别是它结合了真正的专家知识。当前目标是应用T1FL，并了解其在航空场景中的表现。

8.10.2 评估模糊关系函数的MATLAB/GUI工具

全部模糊关系函数（FIF）可能不完全满足逻辑的前向/反向链的直观标准。因此，开发了用户友好和交互式的工具，以这些标准对FIF进行评估。它提供了一种方法来确定任何现有的FIF是否满足一组给定的直观标准——它是一个基于MATLAB和图形化的工具，并且根据这些标准来评估FIF。所有推广的取式推理（GMP）/推广的拒取式推理（GMP）标准和FIF都集成在工具中，通过使用GUI进行特定组合的精确测定，它能被选择和评估。该工具有助于可视化结果分析以及图形化。该工具具有通用性,可用于评估任何现有的或新开发的 FIF。此外,它帮助用户使用图形设计新的 FIF,并评估新的 FIF 以满足正向/反向链标准。任何新的 FIF 是否真正有用,需要通过其在 FIS 中对于给定的设计/控制问题的应用来确定。可以做出是否满足该标准的结论。标准是否满足,差异在 FIF 中不显示,则 FIF 保持原样。它只是说明特定 FIF 是否满足标准。它进一步决定读者/用户是否使用该 FIF。通过这个工具的使用和上述过程,现有的 FIF 被评估,并且发现这个工具运行良好。此工具还用于生成本文提供的一些结果。因为,通过使用各种未发掘的模糊算子组合,可能获得更多的 FIF,所以通过使用实质蕴含、命题演算和模糊算子来导出一些新的 FIF。然后,使用与上述相同的基于 MATLAB/图形的工具,用 GMP/GMT 标准测试这些新的 FIF 结果。评估方法给出了获得新的 FIF 的可行性,它可能在控制/人工智能系统的分析和设计的某些 FL 应用中是有用的。该工具是灵活的,可以基于用户和设计师的直观经验,她/他对控制设计和 MS DF-cum-AI 处理的特殊需求,来探索新的途径。因此这里仅确定,推导新的 FIF 可能是寻找新 FIF 的好方法,而不保证这些新的 FIF 将优于现有的。

8.10.3 模糊逻辑和决策融合

在这里,我们考虑四种航空情景,并研究改进的态势评估模型的性能。SA 方法辅助决策,例如,对于战斗机的飞行员,他/她可以采取的各种基于决策的行动是避免与任何附近的飞行物体的任何碰撞,如果怀疑是敌方飞机则查证其意图,如果发现是友机则与其进行通信。在更高级别的数据融合过程中应用 FL 可能是精确决策的一个不错的选择。如果 SA 的输出之一是“飞机是不友好的并且瞄准坦克”,那么它可以被进行决策的态势评估者解释为“飞机是(真的)不友好的和(实际上在)瞄准坦克”。当不同类型和精度的多个传感器看到相同的感兴趣对象存在多个这样的决定时,融合发挥作用,并且每个传感器的不同精度水平在做出决定时采用不同的置信水平。为了做出准确的决定,有必要使用 FL 方法来融合决策(态势评估者的输出)。

8.10.4 基于模糊逻辑的决策系统性能

在本节中,研究了使用 T1FL 决策系统的三个应用,分别是编队飞行、攻击和威胁评估。通过合理选择“If…Then”规则和隶属函数与模糊关系函数的合成,基于模糊逻辑的决策融合可以扩展到其他航空场景和两个以上的对象。

8.10.4.1 情景 I:编队飞行

研究安装在其自己舱内(平台)中的模糊决策软件确定两架敌方战斗机是否在编队飞行。评估两个未知来源飞机的编队模型如图 8.3 所示。此态势评估模型通过添加两个新的输入(图 8.4)进行改进,随后修改了规则。输入:"速度""仰角"和"航向"被计算/处理以确定两个飞行器是否具有相同的运动特性。引入了两个新的输入:两个飞机的"高度"和它们之间的"视线(角)"与现模型的已有输入"距离""身份"和"速度"一起使用,以确定两架飞机是否在编队飞行。视线角是从一架飞机尾部到另一架飞机测量的度数,它与航向无关,其值范围为 0°到 180°。在使用两个飞行器之间距离之外,再使用视线角可给出两飞机之间的横向位移的准确视图,因此给出了两个飞行器是否形成一对的更精确表示。检查两架飞机的高度,以查看它们是否高于最低要求,如果没有,则认为飞机不在编队飞行中。

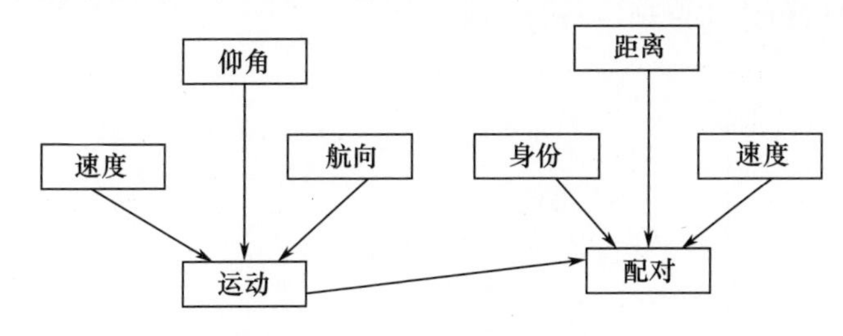

图 8.3 双机编队的 SA 模型

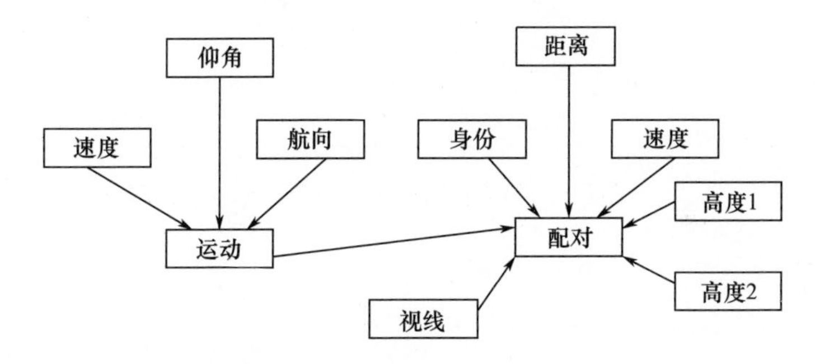

图 8.4 改进的双机编队 SA 模型

使用以下初始条件和空间位置模型,为俯仰平面中相同类型和身份的飞机(在 $x-y$ 平面中没有运动)生成运动特性:

(1) 飞行器 1 的初始位置:$\boldsymbol{X}_1=[x \quad \dot{x} \quad z \quad \dot{z}]=[0\text{m}\ 166\text{m/s}\ 1000\text{m}\ 0\text{m/s}]$;

(2) 飞行器 2 的初始位置:$\boldsymbol{X}_2=[x \quad \dot{x} \quad z \quad \dot{z}]=[0\text{m}\ 166\text{m/s}\ 990\text{m}\ 0\text{m/s}]$;

(3) 传感器测量更新速率为 1Hz;

(4) 总模拟时间为 50s;

(5) 飞行器运动具有恒定速度;

(6) 运动学模型为 $\boldsymbol{X}_i(k+1)=\boldsymbol{F}\boldsymbol{X}_i(k)+\boldsymbol{G}w_i$,其中 $k(=1,2,\cdots,50)$ 为扫描次数,$i(=1,2;T$ 是采样间隔)是飞机编号,$\boldsymbol{F}$ 是状态转移矩阵,$\boldsymbol{G}$ 是过程噪声增益矩阵,w 是白高斯随机过程噪声且具有协方差矩阵 $\boldsymbol{Q}=0.1*\text{eye}(4,4)$,我们有

$$F=\begin{bmatrix}1 & T & 0 & 0\\0 & 1 & 0 & 0\\0 & 0 & 1 & T\\0 & 0 & 0 & 1\end{bmatrix};G=\begin{bmatrix}\frac{T^2}{2} & 0 & 0 & 0\\0 & T & 0 & 0\\0 & 0 & \frac{T^2}{2} & 0\\0 & 0 & 0 & T\end{bmatrix}$$

图 8.5 和图 8.6 描述了飞机的轨迹和仰角方面的飞行情景。在前 5s,两架飞机之间的距离很小,在这 5s 结束时,他们的飞行路径开始发散。在随后的 5s 中,两架飞机以恒定速度地平行分离。

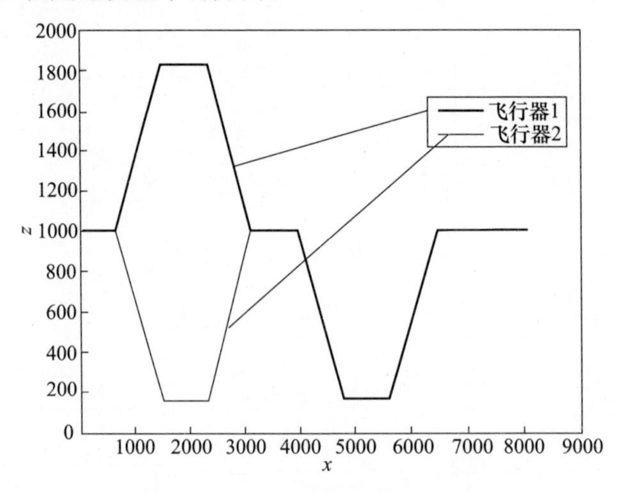

图 8.5　两飞行器飞行轨迹仿真

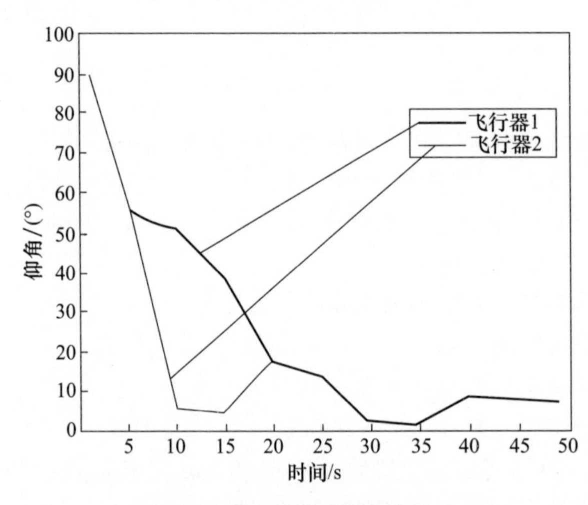

图 8.6　两飞行器飞行仰角仿真

从第 15s 到第 20s，他们的飞行路径收敛，然后他们在一个恒定的高度飞行接下来的 5s。从第 25s，两架飞机开始下降，直到他们达到 200m 的第 30s，保持在该高度 5s，然后开始上升到 1000m，之后他们在一个恒定的高度飞行。从图 8.5 和图 8.6 可以看出，在第 29s，及第二航空器也在第 9s，两架飞机的高度低于 460m（约 1400 英尺），这是飞机编队飞行应该拥有的最低高度。两架飞机之间的视线角在第 44s 低于所需范围（30°）。对于该模拟做出两个重要的假设，飞机是彼此友好，总是在传感器的附近。FL 决策系统的输入是飞机航向、仰角、沿 z 轴的间距、速度、身份和类型的数值差异。新的输入是两架飞机之间的视线角。两架飞机的高度分别输入，如图 8.7 和图 8.8 所示。梯形隶属函数用于在 0 和 1

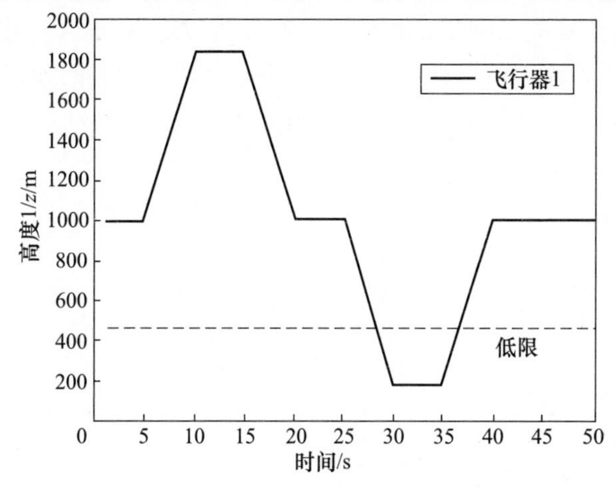

图 8.7　飞行器 1 的高度

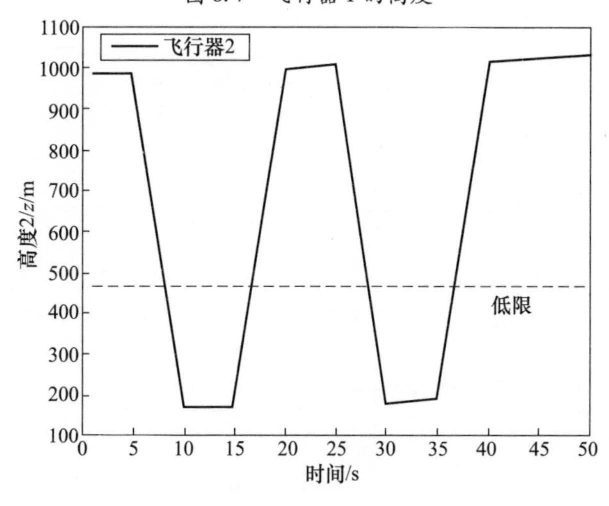

图 8.8　飞行器 2 的高度

之间对每个输入和输出数据进行模糊化。应当注意,基于设计者/作者的直觉,这些函数的限制是为了概念验证目的而提供的。在实践中,这些限制应由相关领域的专家提供。用于决定两架飞机是否编队的规则如下:

规则1:如果两架飞机具有相同的航向、仰角和速度,则它们具有相同的运动特性。

规则2:如果两架飞机具有相同的运动特征、相同的身份、相同的类型、彼此之间的距离很短,则它们形成一对。

规则3:如果任一飞机的高度低于460m或视线处在30°~60°范围之外,则它们不形成一对。

这里,使用模糊关系乘积运算规则推断方法,并且在聚合过程中使用t余范数或s范数的有界算子运算符。使用面积中心方法对聚合的输出模糊集进行去模糊化。决策系统在MATLAB/Simulink中实现,如图8.9所示。原始的和改进

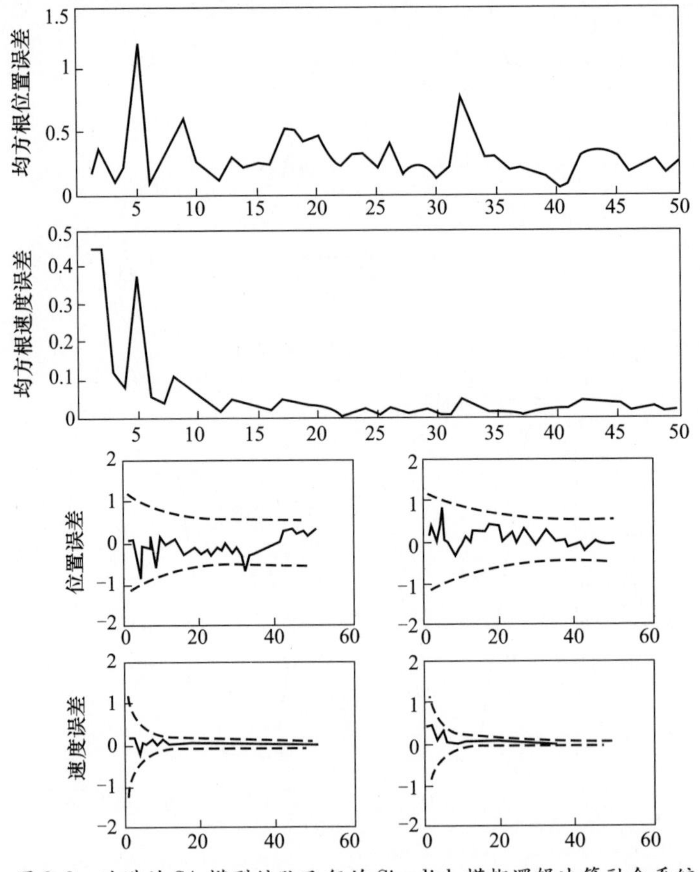

图8.9 改进的SA模型编队飞行的Simulink模糊逻辑决策融合系统

的/新的模型输出在图 8.10 中进行比较。我们可以看到，该系统能够正确地检测飞机的编队和分离时段。表 8.3 列出了来自两个模型（最初的和新的）的最终输出数值比较，以确定编队的形成。

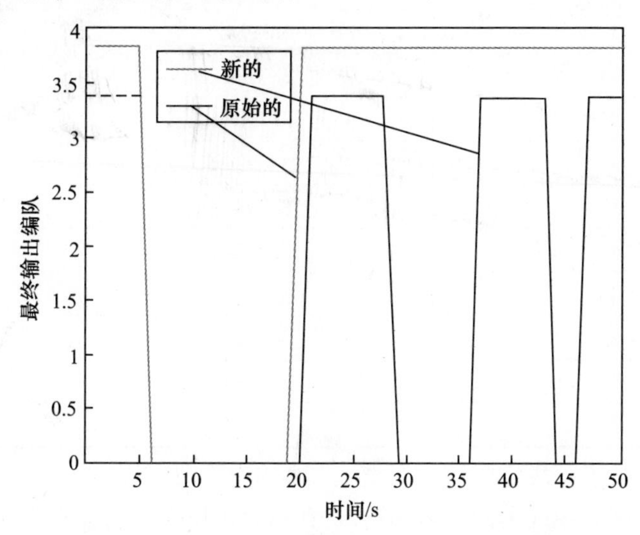

图 8.10　决策融合系统的输出，用原始 SA 模型和新 SA 模型确定编队飞行

表 8.3　两个模型的编队飞行结果的数值比较

时间/s	旧模型	新模型
1	3.7984	3.385
3	3.7984	3.385
5	3.7984	3.385
7	0	0
9	0	0
11	0	0
13	0	0
15	0	0
17	0	0
19	0	0
21	3.7984	3.385
23	3.7984	3.385
25	3.7984	3.385
27	3.7984	3.385

（续）

时间/s	旧模型	新模型
29	3.7984	0
31	3.7984	0
33	3.7984	0
35	3.7984	0
37	3.7984	3.385
39	3.7984	3.385
41	3.7984	3.385
43	3.7984	3.385
45	3.7984	0
47	3.7984	3.385
49	3.7984	3.385

可以看出，表示决定“是”的最终去模糊化输出值存在微小变化。我们观察到，由于有高度和视线角两个新的输入，在第29s和第44s，新模型的输出与原模型的输出不同，新的输入导致在这两时间点满足第三条规则。

8.10.4.2 场景Ⅱ:攻击

接下来，我们考虑从另一架飞机发动攻击的可能性。图8.11描述了建议用于确定这种可能性的态势评估模型。检查飞机相对于我机的速度、视线角以及与本机的距离，以查看飞机是否正在靠近本机。然后，查证飞机的身份及其类型以用于预测正靠近的飞机是否计划对我机进行攻击。输入速度和距离有三个隶属函数MF:小、中和大。视线角有三个MF:小、中和高。描述接近的输出有两个MF:是和否。输入身份表示敌我识别器的结果，并有三个MF:友、敌或不明；

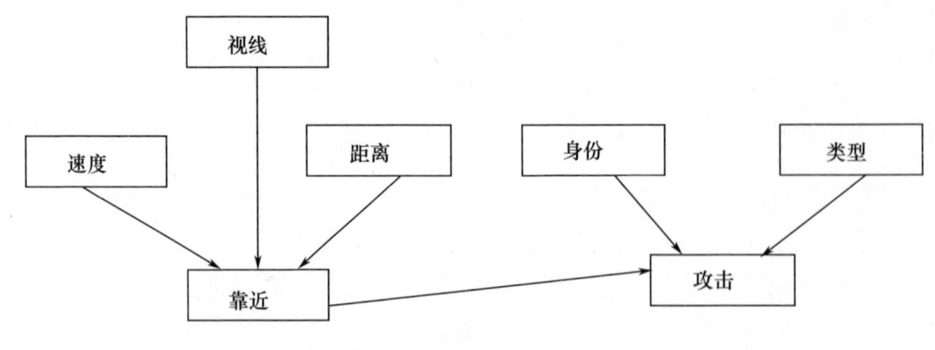

图8.11 预测攻击的SA模型

输入飞机类型有四个 MF:战斗机、轰炸机、运输机和导弹。最后,输出攻击状态有两个 MF:是和否。用于确定其他飞机攻击可能性的规则是:

规则 1:如果某飞行器具有高速度,且与另一飞行器的距离近并且正朝向它(高视线角),则该飞行器正试图靠近另一飞行器。

规则 2:如果某飞行器正在靠近另一架飞机,具有不同的 ID 并且是战斗机,那么该飞行器有攻击另一架飞机意图。

在模糊推理系统中,模糊关系最小化运算规则和标准并运算分别用作推断和聚合方法,用面积中心法去模糊化。图 8.12 描述了在 MATLAB/Simulink 中决策系统的实现,它使用模糊逻辑工具箱的部件来构建推理系统。为了检查系统的有效性,模拟的数据在 MATLAB 中生成 20s。使用类似于场景 I 的位置空间模型。假定一架敌方战斗机,最初敌机相对于我方飞机处于较大距离,位于中等视线角。10s 后,敌机已经靠近,大视线角。

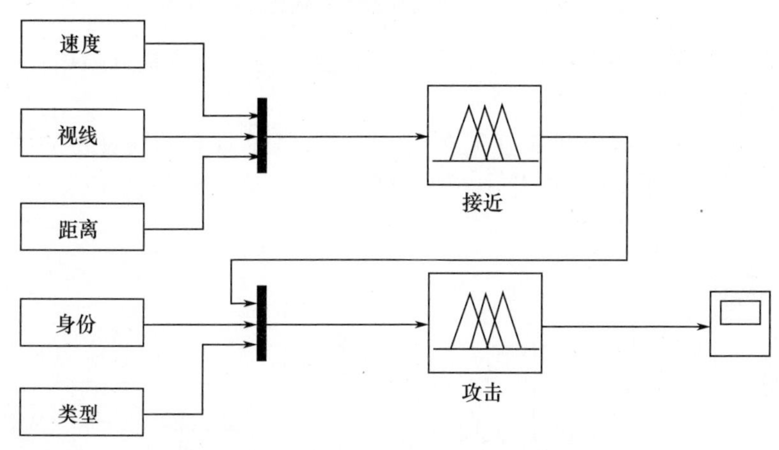

图 8.12　预测攻击的 Simulink 模糊逻辑决策系统

战斗机的速度在整个模拟阶段是高速的。如图 8.13 所示,该系统能够正确地检测飞机的攻击或非攻击行为。如图 8.14 所示,改进的攻击 SA 模型考虑了友方飞机的速度和意图未知的其他飞机的速度。比较这两个速度以便确定其他飞行器对本机的速度优势。雷达告警接收机(RWR)传感器读数也被考虑在内。该传感器检测雷达系统的无线电发射。其主要目的是当检测到可能是威胁的雷达信号(如来自敌机的雷达信号)时发出警告。这与其他可用的信息结合将有助于评估其他飞机的意图。在改进的攻击 SA 模型中,输入的自身速度和接近速度具有三个 MF:低、中和高。速度有四个 MF:高优势、中优势、低优势和劣势。输入 RWR 具有两个 MF:点亮和不亮。所有其他输入和输出、攻击保持不变。用于决定其他飞机攻击可能性的规则是:

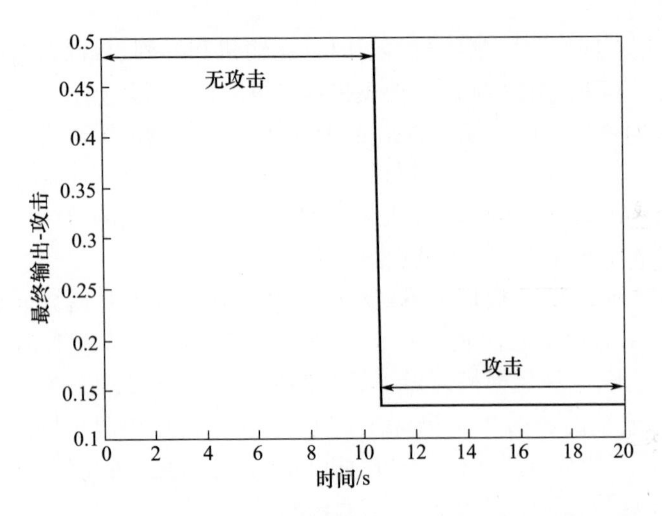

图 8.13　攻击决策融合系统的输出

规则 1:如果一架飞机具有高速度优势,且有与另一飞机近距离并朝向它(高视线角),则该飞机试图逼近另一飞机。

规则 2:如果一架飞机正在逼近另一飞机,且是具有不同身份的战斗机,RWR 已被点亮,则该飞机攻击另一架飞机。

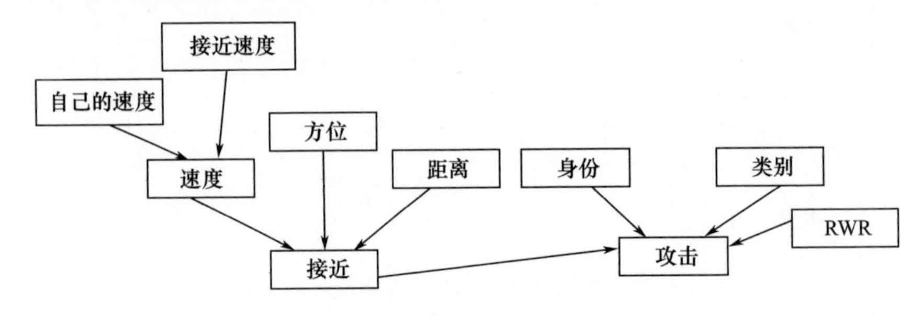

图 8.14　改进的攻击 SA 模型

在模糊推理系统中确定速度优势,使用的推断方法是模糊关系乘积运算规则,聚合方法是有界和,而模糊关系最小化运算规则和标准并用作接近和攻击 FIS 的推断和聚合方法。所有三个 FIS 使用面积中心进行去模糊化。图 8.15 显示了使用 FL 工具箱的部件在 MATLAB/Simulink 中对系统的实现。为了检查系统的有效性,模拟数据在 MATLAB 中生成 20s。假定一架敌战斗机。最初,飞行器相对于自己飞机处于较大距离并处于一个中等的视线角。10s 后,飞机已经靠近,视线角变大了。在整个模拟期间,本机的速度较低,而战斗机的速度较高。RWR 传感器读数在第一个 15s 时亮起,"未亮起"用于时间提醒。从图 8.16 可以看出,系统能够正确地检测飞机的攻击或非攻击行为。

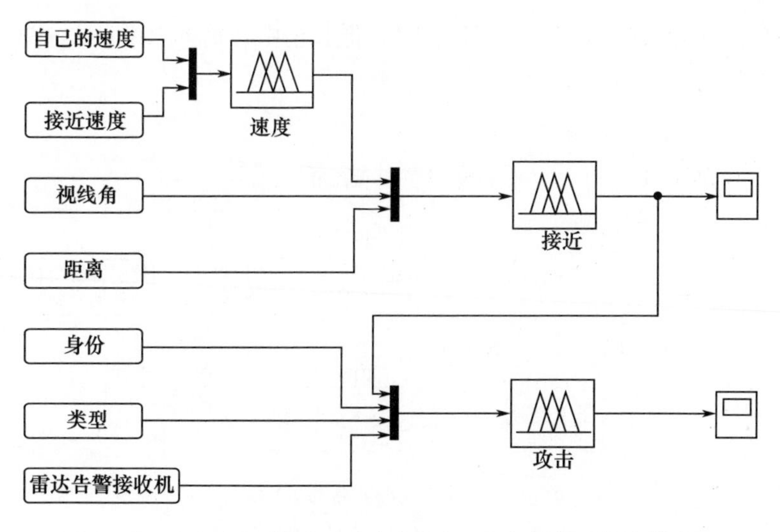

图 8.15 用改进 SA 模型预测攻击的 Simulink 模糊逻辑决策系统

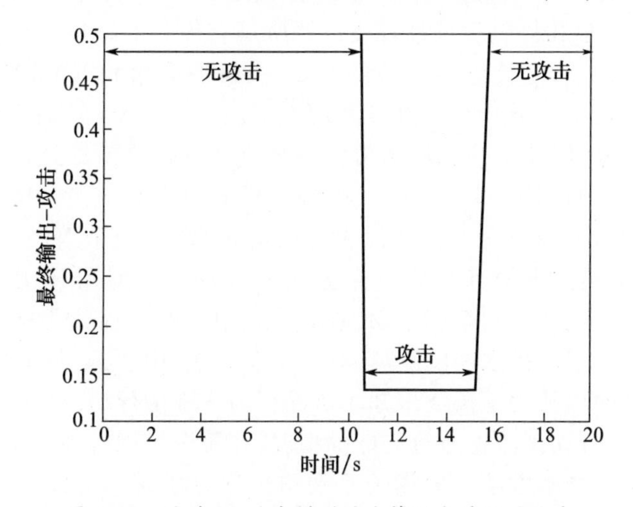

图 8.16 改进 SA 攻击模型的决策融合系统的输出

8.10.4.3 情景 III:威胁评估

威胁评估建立在攻击模型的基础上,开发了一个完整的系统。如图 8.17 所示,该系统组合传统的输入,诸如速度、视线角、偏离角(角度偏移)、仰角、RWR 传感器读数、类型、身份和范围,系统地计算各种判断参数,例如战斗空间条件、能量驱动阵地空间条件,传感器驱动的阵地空间条件和态势空间条件,以确定未知飞行器的行动。输入的自身速度和接近速度有三个 MF:低、中和高。速度有四个 MF:高优势、中优势、低优势和劣势。视线角和偏离角,每个具有的 MF 为低、中和高,组合起来评估两架飞机的战斗空间条件。仰角表示其他飞机相对于本机的高度优势,并且具有三个 MF:不低、低和正中。输入 RWR 具有两个 MF:点亮和不亮。

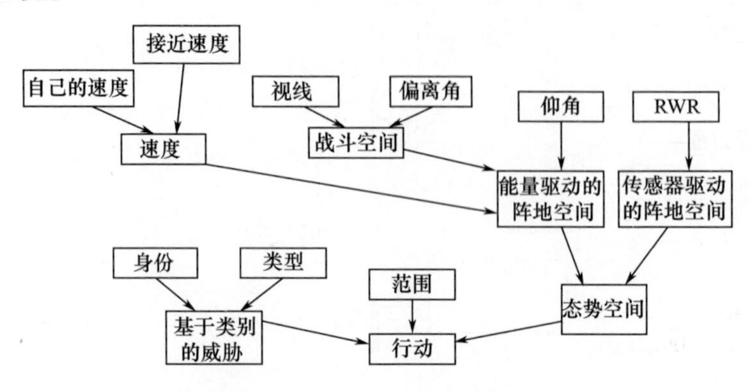

图 8.17　用于威胁评估的 SA 模型

速度、战斗空间条件和仰角用于计算能量驱动阵地空间条件(EDPG)。EDPG 是从动力学和势能观点来看飞行器所具有优势的量度。传感器驱动位置空间条件(SDPG)是传感器优势的测量,飞机的仰角和 RWR 将使其降低。态势空间条件表示基于 EDPG 和 SDPG 的总体情况。处于较高仰角的飞机可能处于能量优势,但处于传感器劣势。态势空间条件是考虑这两者获得的参数。战斗空间条件、EDPG、SDPG 和态势空间条件具有五个 MF:高优势、优势、劣势、共同劣势和中立。类型代表飞机的机型,有四个 MF:战斗机、轰炸机、导弹和运输机。身份有三个 MF:友、敌或不明。类型和 ID 用于计算未知飞机基于类别的威胁。它有四个 MF:高威胁、中等威胁、低威胁和良性。范围代表本机和另一架飞机之间的距离,有三个 MF:短、中、长。基于类别、范围和态势空间条件的威胁用于预测未知飞机的行为。输出行动,有四个 MF:进攻、回避、防御和不行动。考虑所有可能的情况,在每个模糊推理系统中定义适当的规则。使用的推断方法是模糊关系乘积运算规则,有界和用于聚合。面积中心方法用于对输出进行去模糊化。图 8.18 显示了在 MATLAB/Simulink 环境中系统的实现,使用 FL 工具箱对推理系统建模。为了验证系统是否工作正常,使用 MATLAB 模拟可能的情况 20s。在此,考虑敌方轰炸机。最初,轰炸机距离自己的船只有很大的距离,具有低的海拔、速度和视线角。在此期间,偏差角为中等。

10s 后,飞机已经靠近,现在正在高速行驶。它已经移动得更快,并且转向使得它具有高视线角和低偏差角(面对自己的船头)。本船的速度在整个模拟周期内是一个恒定的低值,并且 RWR 总是被点亮。图 8.19 显示了系统为此场景给出的决策。该系统能够正确识别敌方飞机构成的威胁。

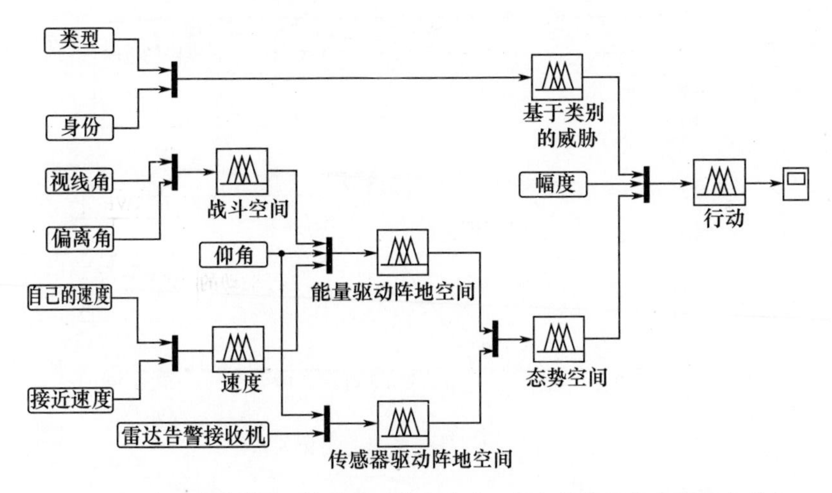

图 8.18 使用改进的 SA 模型预测攻击的 Simulink 模糊逻辑决策融合系统

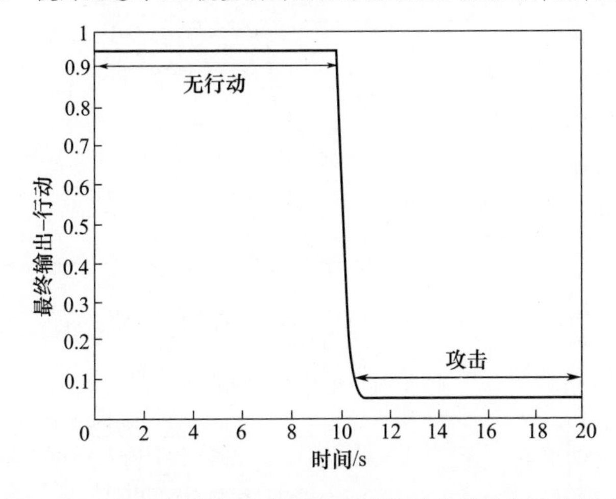

图 8.19 使用改进的 SA 模型预测攻击的决策融合系统输出

8.10.4.4 噪声对基于 FL 的决策融合系统的影响研究

在实际情况下,来自传感器的输入常常被噪声污染,因此,需要在存在噪声的情况下测试决策融合系统的性能。为了测试系统,系统的大多数输入都暴露于噪声中,并进行性能评估。通过反复试验改变添加到输入中的噪声量,以确定系统产生预期性能所要求的最小输入信噪比。

8.10.4.4.1 威胁评估

各种输入已被随机输入信号污染,这些输入如图 8.20 ~ 图 8.24 所示。在有或没有噪声的情况下,系统输出之间的比较如图 8.25 所示。从反复试验中,发现决策系统可以产生正确的结果,具有 20dB 以上信噪比的合理容限水平。

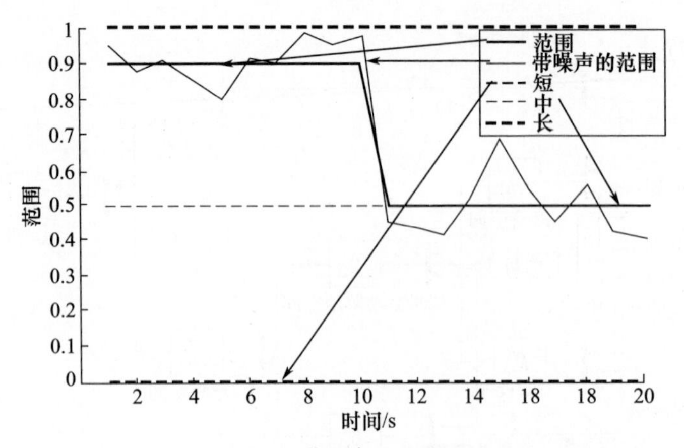

图 8.20　带噪声的范围输入

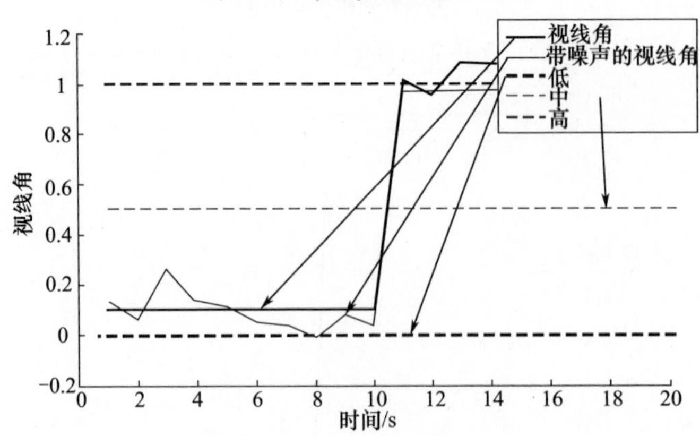

图 8.21　带噪声的视线角

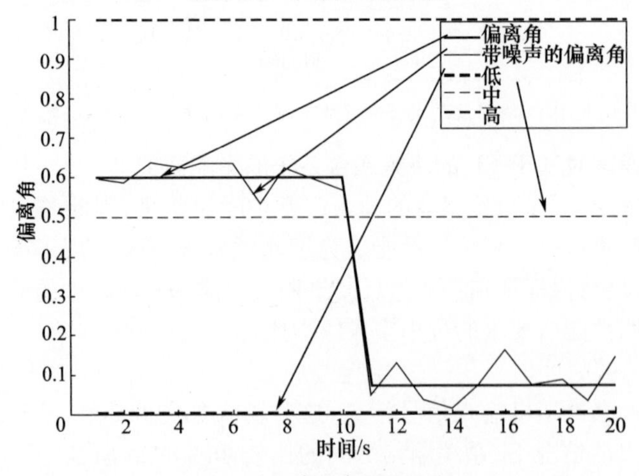

图 8.22　带噪声的偏离角

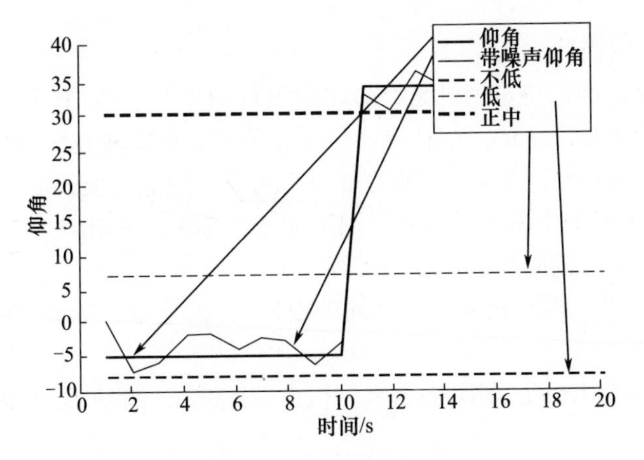

图 8.23　带噪声的仰角

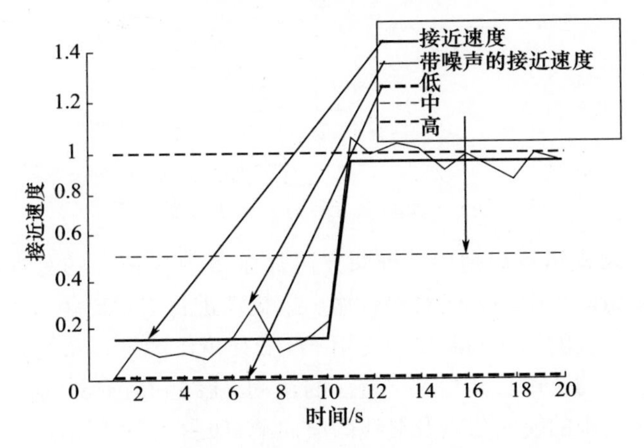

图 8.24　带噪声的接近速度

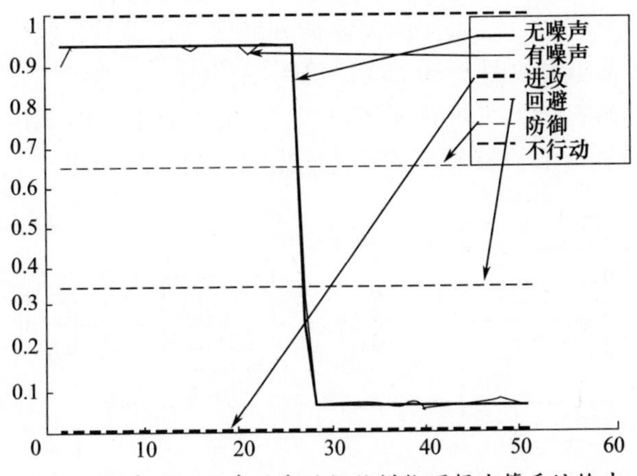

图 8.25　有输入噪声的威胁评估模糊逻辑决策系统输出

8.10.4.4.2　沿航线飞行

对于一个能确定特定飞机是否沿航线飞行的系统,要对其进行灵敏度研究以检查存在噪声情况下的系统性能。该系统的态势评估模型如图 8.26 所示,系统的输入为距离(航空器和沿 y 轴的航线之间偏差的绝对值)、它们之间航向差异的绝对值、飞机的类型。梯形隶属函数用于对输入和输出进行模糊化。用于决定特定飞机是否沿着航线飞行的规则如下:

规则 1:如果飞机与航线具有相同的航向,并且它靠近航线,则飞机沿航线飞行。

规则 2:如果飞机是民用的,那么飞机沿着航线飞行的可能性很高。

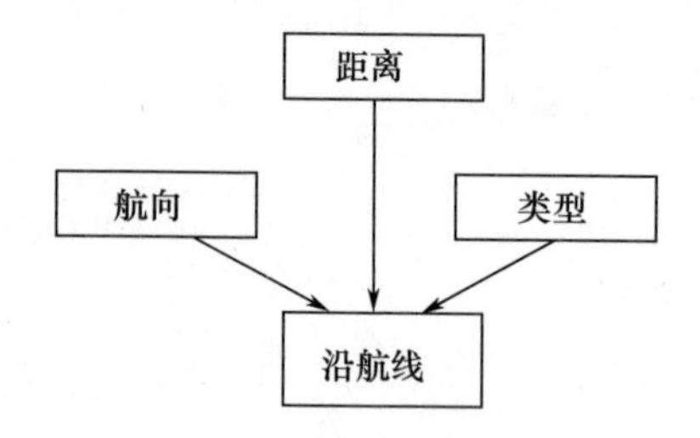

图 8.26　沿航线飞行的态势评估(SA)模型

模糊关系乘积运算规则用于推断方法,t 余范数/s 范数的有界和算子用于聚合过程。使用面积中心方法对聚合输出模糊集进行去模糊化。用于确定飞行器是否沿航线飞行的 Simulink 模型使用 FL 工具箱作为推理系统,如图 8.27 所示。模拟航空器的轨迹及其相对于航线的运动,航线和航空器的位置如图 8.28 所示。还生成飞机的航向角以及航线的航向角,如图 8.29 所示。噪声被添加到系统的输入,以模拟可能接入决策系统的各种传感器存在的噪声。以确定飞行器是否沿航线飞行的两个主要输入是距离和航向。在飞机和航线之间的距离上增加噪声时,输入变为如图 8.30 所示。航向差也暴露于噪声中,随后的曲线如图 8.31 所示。反复实验,发现该系统可以在 16dB 或更高的 SNR 容差水平内,产生精确结果。在有和没有噪声的系统输出之间的比较如图 8.32 所示。

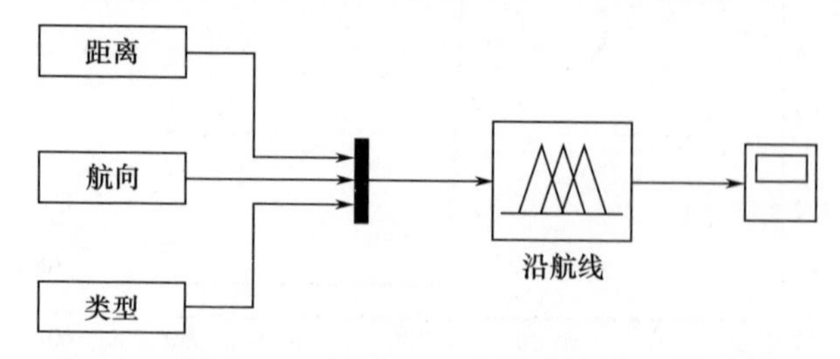

图 8.27　沿着航线飞行的 Simulink 模糊逻辑决策融合系统

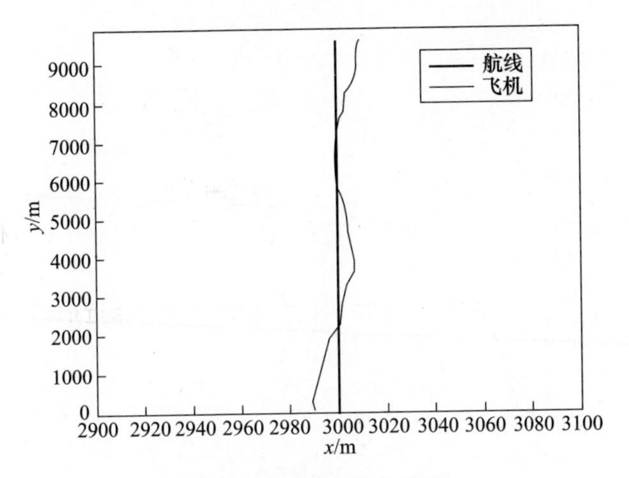

图 8.28 航线和飞机位置

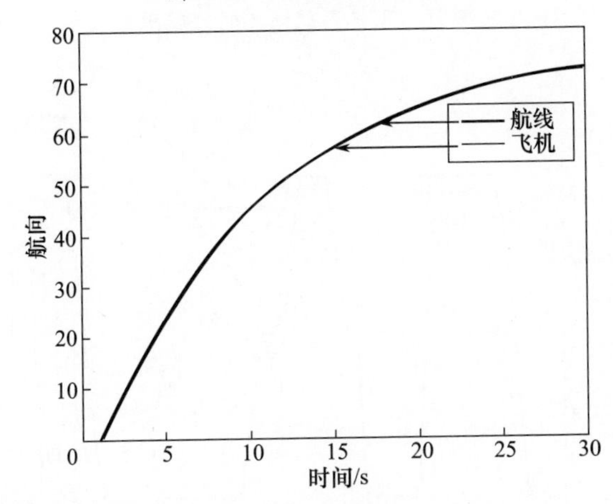

图 8.29 飞机和航线的航向

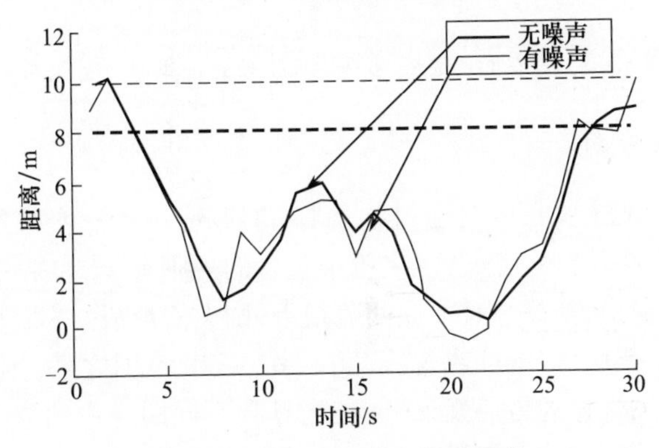

图 8.30 飞机和航线之间的距离

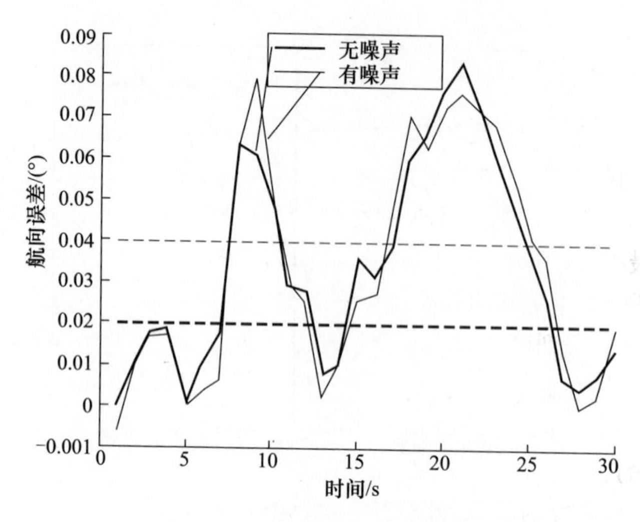

图 8.31　飞机和航线之间的航向差

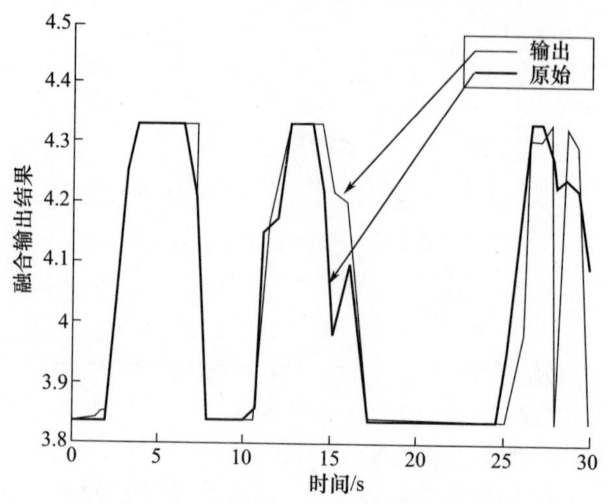

图 8.32　存在和不存在噪声情况下航线决策融合系统输出

8.10.5　结果分析

本研究工作的主要目的是通过举例将 T1FL 应用于三个航空情景中,用态势评估模型进行决策制定/融合。决策中包含的规则有:①如果两架飞机具有相同的运动特性、身份、类型并且彼此间隔很近,则它们形成一对;②如果两架飞机的高度低于 400 英尺(460m)或视线角在 30° ~60°范围之外,则它们不形成一对;③如果某架飞机靠近另一架飞机,且是具有不同的身份的战斗机,那么该飞机正在攻击另一架飞机;④如果某架飞机正在靠近另一架飞机,是具有不同 ID

的战斗机，并且 RWR 被点亮，则该飞机正在攻击另一架飞机。这项工作的结果以定性及定量给出，并且呈现在表 8.3、图 8.10、图 8.13、图 8.14 和图 8.18 中。此外，这些决策系统在输入端存在噪声的情况下已被广泛测试，以模拟实际环境中传感器的相关噪声。该系统被证明在存在噪声的情况下是稳定的。发现威胁评估系统提供了高于 20dB 最小 SNR 的精确输出，并且沿航线飞行系统了提供高于 16dB 最小 SNR 的精确结果。因此，应用于现有模糊关系函数的 FIF 评估工具，已被证明对本示例中给出的航空情景态势评估工作是满意的。提出的方法可以很容易扩展到更一般的航空情景以及处理多维问题。结果表明，一些现有的模糊关系函数对于所考虑的示例工作良好。虽然结果非常令人鼓舞，但可以进行更多研究来评估这些 FIF 及其在一般控制系统以及航空数据融合和决策融合系统中的适用性。这必然会为应用基于模糊逻辑的决策融合开辟新的可能，将用于多种多样的航空航天问题的决策制定。下一个研究方向是扩展本研究，将 IT2FL 应用到态势评估的决策融合中。

练习

8.1 在目标跟踪问题中是否涉及决策？

8.2 取一些值验证不等式：如果 $U(x,a_1)<U(x,a_2)$ 和 $U(x,a_2)<U(x,a_3)$，则 $U(x,a_1)<U(x,a_3)$。

8.3 获取一些数值并验证不等式：如果 $U(x,a_1)<U(x,a_2)$，则 $\alpha U(x,a_1)+(1-\alpha U(x,a_3)<\alpha U(x,a_2)+(1-\alpha)U(x,a_3)$，对任何 $0<\alpha<1$ 成立。

8.4 为什么以及如何能将模糊逻辑用于决策？

8.5 决策制定在低级和中级数据融合过程中如何使用？

8.6 决策制定中的 k - 多数投票是什么？

8.7 为什么以及如何将模糊逻辑系统从根本上考虑作为决策和决策融合的模式？

8.8 假设检验中模糊逻辑的作用是什么？

8.9 为什么在推导纳什产生解时，c 的实际值不起任何作用：

$$\hat{a}=\arg\max_{a}\{\sum_{i}[E\{u_j(x,a)\}-c(j)]\}？$$

8.10 如何使用决策融合来检测动态系统中的故障？

参考文献

1. Hansson, S. O. Decision theory: A brief introduction. Department of Philosophy and the History of Technology,

Royal Institute of Technology (KTH), Stockholm, 1994. http://home. abe. kth. se/ ~ soh/decisiontheory. pdf, accessed November 2011.

2. Duft, K. D. Statistical decision theory. Extension Marketing, Cooperative Extension, College of Agriculture and Home Economics, Washington State University, Pullman, WA, www. agribusiness – mgmt. wsu. edu/…/cash – asset/Stat_Dec_Theory. pdf, accessed November 2011.
3. Durrant – Whyte, H. Multi sensor data fusion. Australian Centre for Field Robotics, University of Sydney NSW 2006, Australia, hugh@ acfr. usyd. edu. au, 22 January 2001.
4. Raol, J. R. Multi – Sensor Data Fusion with MATLAB. CRC Press, FL, 2010.
5. Samarasooriya, V. N. S. and Varshney, P. K. A fuzzy modelling approach to deci – sion fusion under uncertainty. Journal of Fuzzy Sets and Systems, 114, 59 – 69, 2000.
6. Vizitiu, C. I., Serban, V., Molder, C. and Stanciu, M. Decision fusion method to improve the performances of multispectral ATR system. Proceedings of the 1st WSEAS International Conference on Sensors and Signals, SENSIG '08, Bucharest, Romania, November 7 – 9, 2008.
7. Vizitiu, I. C. Neuro – Fuzzy – Genetic Architectures: Theory and Applications, MTA Press, Bucharest, 2011.
8. Koren, I. and Krishna, C. M. Fault Tolerant Systems. Morgan Kaufmann Publishers Inc., San Francisco, CA, USA, 2007.
9. Behrooz, P. Fault – tolerant computing – software design methods, University of California, SantaBarbara, November2007, USA. www. ece. ucsb. edu/ ~ parhami/pres…/f33 – ft – computing – lec18 – agree. ppt, accessed January 2013.
10. Raol, J. R. and Sudesh, K. K. Decision fusion using fuzzy logic type I for two aviation scenarios. Journal of Aerospace Sciences and Technologies (the Journal of Aeronautical Society of India), 65 (3), 273 – 286, 2013.
11. Mangai, U. G., Samanta, S., Das, S. and Chowdhury, P. R. A survey of deci – sion fusion and feature fusion strategies for pattern classifcation. Journal of IETE Technical Review, 27 (4), 293 – 307, 2010. http://tr. ietejournals. org/text. asp? 2010/27/4/293/64604, accessed May 2013.
12. Sinha, A., Chen, H., Danu, D. G., Kirubarajan, T. and Farooq, M. Estimation and decision fusion: A survey. Neurocomputing, 71, 2650 – 2656, 2008. www. elsevier. com/locate/neucom.
13. Rao, N. P., Kashyap, S. K. and Girija, G. Situation assessment in air – combat: A fuzzy – Bayesian hybrid approach. International Conference on Aerospace Science and Technology, Bangalore, INCAST 2008 – 094, 26 – 28 June 2008.
14. Bonanni, P. The Art of the Kill, 1st Edition. Spectrum HoloByte, USA, 165, 1993, ISBN – 9780928784831.
15. Rao, N. P., Kashyap, S. K. Girija, G. and Debanjan, M. Situation and threat assessment in BVR Combat. AIAA Guidance, Navigation, and Control Conference, Portland, OR, 8 – 11 August 2011.
16. Shrinivasan, L., Prabhu, A., Manivannan, H., Sridhar, K. and Ahmed, S. Decision fusion using fuzzy logic type 1 for situation assessment in three aviation scenarios. (accepted for) 2014 International Conference on Advances in Electronics, Computers and Communications (ICAECC), Reva Institute of Technology and Management, Bangalore, 10 – 11 October 2014.
17. Prabhu, A., Manivannan, H., Sridhar, K., Ahmed, S. and Shrinivasan, L. Study of noise on situation assessment systems developed for aviation scenarios. 1st IEEE National Conference on Electrical and Electronics Engineering, NCEEE – 2014, HKBK College of Engineering, Bangalore, 5 June 2014.

第9章　无线传感器网络和多模型数据融合

9.1　引言

在当今复杂的工程应用中,传感器数据融合在无线传感器网络中表现出更大的价值,如航空航天飞行器、大规模安全系统或者万维网(互联网)等方面。在这样的系统中,采用合作的方式对环境进行检测和监控非常重要,这也回答了构建和设计带有自主的分布式装置/传感器的无线传感器网络的必要性。参考文献[1,2]中给出了无线传感器网络更多的应用:①环境与卫生的监控;②自然灾害的预测、探测和管理;③航空航天空间和大型结构的卫生监控系统;④医学情况监控系统;⑤基于距离的多机器人/车辆协作。这些传感器网络包含大量自主传感器节点,而这些节点应该是相对便宜,可任意使用而且是可替换的。考虑实际情况和特殊需要,这些传感器节点都分布在广泛的区域(也可分布在长距离/各种高度上),所以这些装置常常可以远距离操作。然而这些节点也有一些约束条件[1,2]:①只有有限的存储资源;②有巨大的计算能力的要求;③它们需要持续不断的能量供应(对于野外/森林里的远程传感器节点,运行这些设备的电池是受限的,因为在这些地区的设备或许只能用电池来运转);④它们需要一个大的通信带宽。这些传感器/装置节点可能包含一个或者多个簇,节点把已获得的数据/信息向前传递给它们各自的簇头。这些簇头然后把数据发送给特殊的节点,这种节点被称为汇聚节点或基站。传感器数据通信的过程根据多跳无线通信程序完成的。在WSN的多数领域中,精巧的(小型化)装置和传感器可以应用在航空航天飞行器结构中(如大型的飞机机翼/大型的宇宙飞船结构),也可以应用于工厂或能源站的大型工业活动,或者任何与之相关的环境中,加上已知信息数据的高效传递和散播,这些装置必定能给国家或社会的技术基础带来相当可观的好处[4]。在WSN中,还存在其他可能的情况,比如多个基站和移动节点。WSN领域的研究还有以下多个方面[1-4]:①各类通信功能;②数据/源信息的传递模型;③网络的控制、路由和监控;④信息和数据的协同处理;⑤数据查询;⑥多任务功能;⑦统计学习/强化学习;⑧形势适应;⑨系统/节点的进化/发展;⑩需要用FL对专业知识进行建模、控制和整合;⑪学习策略和学习适应的神经计算;⑫群智能;⑬人工免疫系统。尽管拥有广泛的知识,但是无线传感器网络依然面临某些挑战[1-4]：①无线自组织网络的特性；②流动性和拓扑变化的影响；③能量/功率受限时的应对策略；④大范围节点的调配及其管理和协调；⑤设计/部署方面的问题；⑥数据/信息的本地化和控制；⑦数据聚合(DAG)和传感器融合问题；⑧资源有效利用的能量感知路由；⑨巨大的电子栅格网络中的任务/能量时序安排；⑩系统的安全；⑪在时间和位置上确保优质服务。

尽管存在限制因素，但还是能够从 WSN 中获益[4]：①由于 SDS 网络存在很大冗余，使得 WSN 系统在运行时很少会失败；②通过在灾害和环境失效方面进行快速信息分享，而使得自然资源得到保护；③分布式的网络让工业应用/配电系统产生与分配的生产力得到高度提升；④系统(如安全系统，海啸/洪水警报系统)的应急能力得到提升。对于 WSN 来说，最重要的方面是从数以百计的物理上连接电线、对这些电线的巨大的维护费用和复杂的有线连接的维护中解脱出来。理想的 WSN 应该有以下一些特点：①良好的伸缩性；②消耗更少的能量/能源；③智能地使用智能传感器和微机电系统；④易编成/重构；⑤能够快速获得数据/信息；⑥长期使用体现高可靠性/冗余性和准确性；⑦不用在购买、安装和维护上花费太多；⑧也不需要太多的维护。

9.2 WSN 中的通信网络及拓扑结构

无线广播通信网络有很多拓扑结构，我们在这里讨论适应于 WSN 的一些结构[4]。

9.2.1 星形网络

在星形网络(SNW)中，单个基站会同时发出一条信息给多个远程传感器装置节点，也可以接收这些节点的信息。但是节点之间是不能够互相发送信息的，这意味着单独的传感器装置不直接连接，它们仅通过基站相连。这一类型的 WSN 相对简单，远程节点的功率消耗最小。SNW 也允许基站和远程节点之间存在低延迟通信。该类型网络的缺点是基站处于所有节点的射频传递范围之内，由于 SNW 仅依赖一个节点去管理整个网络，所以该类网络并不可靠。

9.2.2 网状网络

网状网络(MNW)允许任意一个节点和它射频范围之内的其他任意节点进行通信，因此，多跳通信在该网络中可行[4]。如果一个节点想要发送一条信息给它射频范围之外的其他节点，可以通过一个中间节点把信息转寄给目标节点。

MNW 也具有冗余性和可伸缩性,这种网络的范围不受单节点之间距离的限制,因为该网络可以添加中间节点。MNW 的缺点是节点的多跳通信功率消耗高,而且随着跳跃次数增加,信息传递的时间也会增加。

9.2.3 星形 - 网状混合网络

星形 - 网状混合网络(HSMNW)提供稳定、通用的通信,并使无线传感器节点的功率消耗最小。在这种网络中,尽管其他节点具有多跳能力,考虑到最低的功率消耗,则最低功率的智能装置传感器不能够传递消息。

9.3 传感器/无线传感器网络

传感器网络/无线传感器网络拥有大量的 SDS,这些装置具有对数据进行侦测、计算和通信的能力[2]。这些装置是“聪明”的传感器设备,因为它们具备计算/数据处理能力。这些装置能够协作收集数据。传感器网络起初用于军事领域。WSN 的范畴包括无线通信、计算机网络、微机电系统、系统控制和算法(计算机科学)。智能设备和传感器的节点(微粒)不仅有侦测、计算和通信能力,也是能源单位。这些智能设备探测到信号,并经由其他节点向外部世界传递数据,比如卫星和偏远地方检测站,这些数据然后被远程监控设备获取。节点之间相距 250 ~ 300m。这些数据也能够被传输至其他有接收请求的设备,如移动式机器人、侦察飞行器以及任何有信息需求的基站。WSN 表现出自组织、自适应、模块化以及灵活的特点,如有必要,还可以增加或减少节点。

9.3.1 无线传感器网络的需求

WSN 是一个无线通信媒体,拥有大量密集分布的微粒[2],它受到规模大小、成本、计算能力、通信带宽和能源等条件的约束限制。WSN 容易出故障,就如同网络中的其他系统一样。这可能是因为某些障碍导致了节点的减少。在硬件系统/组件、计算机处理单元、算法发散(未检测到的软件上的缺陷),能量等方面也可能出现其他的故障。WSN 本质特上具有自组织和分布式的拓扑结构,因此,该网络呈现模块化和灵活性的特点,对传感器节点上的本地数据有处理能力。分布模式和监控模式[2]下 WSN 主要用于:①侦察和探测的军事活动;②火灾/洪灾的监控,复杂的映射;③工业和商业中的过程控制与资产管理;④居民住宅管理。在目标跟踪模式下,WSN 用于:①军事上进行监视和瞄准;②公共交通控制;③在实时跟踪老年人行为与药品管理方面的卫生保健和医疗救援;④商业中进行人脸跟踪。WSN 的其他应用有:①在严峻的环境条件下对远程感知区域进行监控；②来帮助理解监控区域内气候变化与岩石崩落的关系、收集环境数据。

9.3.2 无线传感器网络面临的挑战

任何一个具有通信功能的 WSN 在通信方面都面临一些基本的挑战[2]：①网络层的架构和协议任务；②拓扑逻辑：智能传感器装置的位置，例如随机的或者有规律的/统一的布局；这些智能传感器装置的均匀的或者不均匀的分布架构；该网络是动态的还是非动态的；该运用何种类型的聚集方式。传感器的管理和控制还面临更多、更进一步的挑战[2]：①传感器中任务的有效资源配置；②智能传感器装置的安全性；③智能传感器装置的容错性与相关的硬件/软件问题（可能是一个连接或者节点故障）。硬件方面所面临的挑战要求对硬件平台进行合理设计，实现低成本和传感器/装置节点的微型化。软件方面使用了 MEMS/NEMS 微型（纳米）机电系统技术，即多用途的基础设施网络应用程序（MINA）技术。

通常，从执行任务的技术能力的角度去评价任何一个 WSN 的性能是很重要的。因此，测量带有重要子部件/子系统的 WSN 的性能或者测量该网络作为一个整体系统的性能是很重要的。应该在精确性、延迟性、可扩展性、稳固性和容错性等方面对该网络进行评估和测量。WSN 面临的另一个重要挑战是要完成数据的适当感知、收集和融合等任务，该任务的目的是如何使用本地通信将来自于不同的传感器的数据融合起来，以便在局部或者全局层面上做出进一步的决策。

9.4 无线传感器网络和结构

在 WSN 中使用的数据融合结构与经典的或传统的结构是一样的，后者常用于所有的数据融合的处理[2,3]（详情在第 1、第 4、第 5 章中讨论）：

（1）集中型。该型网络结构是三种网络结构中最简单的，在这种结构中，中央处理器/中央融合站点会将其他所有节点收集到的资源进行融合。网络中的数据会被传递给中央节点或者处理器。该类网络结构的优点是很容易检测出错误，而缺点是对传感器变化反应不敏感并且工作量容易集中在某一节点上，同时这种结构是不可伸展的，存在数据拥堵和可靠性的问题。

（2）分散型。基于本地测量值和从相邻节点处收集的信息，在每一个智能装置传感器节点上进行数据融合。该型网络结构中没有中央处理器/中心节点。正如第 1 章和第 5 章所讲。在智能装置传感器节点的增加或者减少上，或者

WSN 的动态变化上，这种结构具有可伸展和可容错的特点。

(3) 分层型。在这种结构中，智能装置传感器节点分布在不同的层级上。探测感知型的节点处于最底层，基站分布在最高层，报送从底层向高层移动。该结构的优点是网络中的节点工作量是均匀的。

分布式数据融合(DDF/第 5 章)特别适合于 WSN，而分布式算法可以用于处理传感器数据。在分布式数据融合的数据架构里，数据用来对局部估计进行计算，然后，计算结果转发到附近的节点。接收到数据的节点将数据/结果进行融合，并对本节点的估计进行更新。分布式数据融合结构(DDFA)的设计目标是：①增强 WSN 里进行部署和使用的可扩展性；②更高的效率，这意味着有更少的传输和更少的计算；③WSN 的鲁棒性和可靠性，这意味着没有集中的薄弱点，且可以处理网络的延迟信息；④自主性或自适应性。

9.4.1 分布式卡尔曼滤波

分布式卡尔曼滤波算法可用于能力受限的 WSN，该 WSN 可进行本地通信和路由。然而在第 5 章里，对于分布式数据融合结构主张使用信息过滤的估计方案。在网络的特性上，分布式卡尔曼滤波算法的鲁棒性好，可以应对多种网络缺陷，例如延迟、链路丢失、网络碎片和异步操作等。对于 WSN，分布式卡尔曼滤波算法假定具有相同的测量模型。其思想是将传统的卡尔曼滤波分解为 n 个可以进行本地通信的微型卡尔曼滤波与本地通信。然后，对于每个微型卡尔曼滤波的估计都涉及两个一致的动态系统，这两个系统都是使用一致的卡尔曼滤波方法：①低通 CF→测量值的融合(平均)；②带通 CF→逆协方差矩阵的融合(平均)。分布式传感/监测、分布式估计和分布式传感器融合理论在第 5 章已进行过讨论。

9.5 WSN 中的传感器数据融合

现在我们知道，WSN 至少包含多个传感器节点和一个基站。每个智能设备传感器的节点都由电池供电，并且配备：①集成传感器；②本地数据处理能力；③短距离无线通信[3]。由于功率有限且通信范围较小，这些节点都在网络内部进行数据融合。在数据融合过程中，进行数据融合的节点会从多个节点收集数据。基于某个决策准则(第 8 章)，它将收集的数据与自己的数据进行融合，然后，该节点将融合后的结果发送到另一个节点或基站。这种方式的优点有：①减少传递负担；②传感器能量保持。这主要是由于原始数据的负载不需要传输，只有数据处理的结果需要传输，这就减少了网络的运行开销。在 WSN 数据融合中，最重要的问题有:①对感测事件进行报告的节点的距离是多少?②一个节点如何将多个报告融合成一条信息?③需要使用什么样的数据融合结构?

9.5.1 报告

报告包含以下三个方面:①智能设备节点会定期向基站发送报告;②在基站查询响应报告时,对于当前的感测信息,基站会查询特定区域的传感器;③在事件触发报告的情况下,某个事件的发生会触发来自于特定区域传感器的报告。

9.5.2 融合决策

表决(也适用于容错系统,第 8 章)是在融合决策中使用最久,也是最广泛应用的一种方法,也很容易在 WSN 中使用。节点通过表决体系达成一致,如多数表决、完整协议和加权投票。由于该表决方式简单、准确,故而很受欢迎。还有其他决策(融合)方法可以使用,这些方法的理论基础是概率的贝叶斯模型(第 8 章)和堆栈的泛化理论。

9.5.3 基于分簇的数据融合

由于能量受限,节点需要进行高效的数据融合来延长 WSN 的寿命。要注意,传感器网络的寿命是数据融合的轮数,它可以运转直到第一个节点充分磨损[3]。在无线传感器数据融合中,这称为最大寿命数据聚合。考虑到每个节点和基站的位置和能量,最主要的目的是确定一个有效的方式来收集和汇总从传感器发送到基站的数据。对此,可以使用基于分簇的启发式方法。

系统模型定义为 n 个节点$(1,2,\cdots,n)$和 $n+1$ 个基站$(1,2,\cdots,n+1)$,数据包大小被固定为 k, 设定一个传感器 i 的初始能量为 e_i,接收到的能量为 $RX_i = k \cdot e_{\text{ele}}$,那么发送出的能量为 $TX_{i,j} = k \cdot (e_{\text{ele}} + e_{\text{amp}} \cdot d_{i,j}^2)$。基于以上这些设定,给出了一个可用于两个阶段的算法如下:

1. 阶段 1

步骤 1:将节点进行分组,命名为超级传感器(SDS)。

步骤 2:每个 SDS 都包含一个最小数量的智能设备。

步骤 3:一个 SDS 的能量是在其簇/区域内所有智能设备的能量总和。

步骤 4:两个 SDS 的距离是两个智能设备之间的最大距离,其中每个智能设备驻留在不同的智能传感器中。

步骤 5:应用最大寿命数据聚合算法。

2. 最大寿命数据聚合算法

独立似然池(ILP)是用来找到一个接近最优允许流量的网络,其目标是在给定的能量约束下,使网络的工作周期(T)最大化,然后从允许的流量网络中生成调度。

3. 阶段2

步骤1:初始化聚合表为0。

步骤2:寿命 T 设置为0。

步骤3:从第1阶段选择调度程序。

步骤4:初始化聚合树 A。

步骤5:访问每个超级集群,并将节点添加到树上,使得每个边缘的剩余能量是最大的。

步骤6:将 A 添加到聚合调度程序。

步骤7:网络的寿命从 T 增加到 $T+1$ 。

步骤8:重复步骤3~步骤7,直到一个节点的能量耗尽。

该算法提供了一组数据融合方案,最大限度地提高了网络的生命周期,而节点的分簇则减少了需要解决的独立似然池的时间。

9.5.4 节点同步

在WSN中,数据融合的另一个要点是节点之间的同步[3]。在数据融合过程中,每一层的内部节点在对接收数据进行融合之前,都会等待一段时间。在这种情况下,如果每一层的内部节点都等待相同的时间,那么对于一个内部节点来说,当组成该节点的所有子节点的结果都接收到时,该内部节点可能会超时。如果收到的结果不充分、不完整,那么检测到的事件的可信性是值得怀疑的。为了解决这方面的问题,下面给出一个有效数据融合协议,其特点是:①它的各级节点是同步的;②在数据融合之前,层次越高的节点等待的时间越长;③由基站接收到的时间会持续被分配给感测的事件;④在网络延迟和精度之间提供一种平衡[3]。多层次融合的同步协议的参数有:①MAX,在对收到的数据进行融合之前基站等待的时间;②dt—相邻层的等待的时间差;③K—相对于汇聚节点的跳数。下面给出算法步骤[3]:

步骤1:一个叶节点在检测事件时向其父节点发送报文。

步骤2:作为此操作的结果,父节点的计时器被触发。

步骤3:然后由父节点发送一个“开始”消息来触发相邻节点的定时器。

步骤4:一个节点上的计时器在经过(MAX $-K\cdot$ dt)秒后停止。

这些参数基于以下几个方面进行设置:①如果基站知道融合树的深度,则可以计算出MAX和dt的值;②在学习阶段,基站会询问具有不同MAX和dt值的节点;③根据接收结果的可信度和应用要求,会适当调整参数的值。该算法的优点有：①它使不同层次的节点保持同步；②它能够对 MAX 和 dt 的值进行调整。其缺点是：①在超时后，接收到的结果会被丢弃；②如果“开始”消息导致的延迟值大于 MAX，则可能产生冲突。

9.5.5 抗击性

到目前为止，我们假定进行数据融合过程的节点是安全的。然而，一个错误而恶意的数据融合节点可能会给基站发送一些虚构的报告/结果，而基站无法检测出这个虚构的信息，因为节点不直接给基站发送结果。在这种情况下，可以使用基于观察点的方案，以确保该基站只接受有效的数据融合结果。其主要思想是，为了确定结果的有效性，融合节点应该从几个观察点处提供一些证据，这些观察点也进行数据融合，但不向基站发送融合结果。该方案的优点是，它确保了只有合法的结果才会被基站接收。其缺点是，在观察点处存在相似的融合结果的副本，因而该方案也是不节能的。此过程的算法步骤如下[3]：

步骤1：假设有 m 个观察点和一个数据融合节点。

步骤2：每个观察点 ω_i 与基站 k_i 共享一个唯一的密钥。

步骤3：从节点处接收数据，每个观察点会进行数据融合，并获得融合后的结果 r_i。

步骤4：然后该观察点给数据融合节点发送一个消息认证码（MAC），即 $\mathrm{MAC}_i = \mathrm{MAC}(r_i, \omega_i, k_i)$。

步骤5：数据融合节点计算其结果，并将它的消息认证码密钥连同观察点发送给基站。

步骤6：基站行使表决机制以确定数据的有效性。

步骤7：如果数据损坏，基站会将其抛弃，然后对观察点节点进行调查以纠正此融合结果。

基站可以利用两个表决方案以确定融合结果的有效性[3]，对该表决方案的描述如下：① $m+1$ out of $m+1$→如果所有的观察点都支持，结果是有效的；② n out of $m+1$→在 $m+1$ 个观察点中，如果至少有 n 个观察点支持，结果是有效的，其中 $1 = < n < = m+1$。

1. 方案1：$m+1$ out of $m+1$ 表决方案[3]

步骤1：从观察点接收到所有的消息认证码后，数据融合节点会计算出

$$\mathrm{MAC}_F = \mathrm{MAC}(S_F, F, \mathrm{MAC}_F, \omega_1, \mathrm{MAC}_1, \cdots, \omega_m, \mathrm{MAC}_m)$$

步骤2：F 发送$(S_F, F, \omega_1, \cdots, \omega_m, \mathrm{MAC}_F)$到基站。

步骤3：基站对于每个观察点 ω 都会计算 $\mathrm{MAC}_i = \mathrm{MAC}(S_F, \omega_i, k_i)$。

步骤4：最后计算 $\mathrm{MAC'}_F = \mathrm{MAC}(S_F, F, K_F, \mathrm{MAC}_1\ xor \cdots xor\ \ \mathrm{MAC}_m)$。

步骤5:如果 $MAC_F = MAC'_F$ 则接收报告。

在上面的方案中,一个损坏的观察点总是发送一个无效的消息认证码,并进行服务拒绝攻击。而第二种算法则可防止这种情况发生。

2. 方案2:n out of $m+1$ 表决方案[3]

步骤1:F 不是将所有的消息认证码都进行融合,而是将它们都转寄出去。

$$R = (S_F, F, MAC_F, \omega_1, MAC_1 \cdots, \omega_m, MAC_m)$$

步骤2:如果 $m+1$ 个消息认证码中至少有 n 个匹配,那么结果 S_F 会被接受,否则被丢弃。

9.6 多模态传感器融合

由于廉价节点很容易获得,在经济和技术上,为了收集分布式信息,配置一个多节点的大型(传感器)网络已变得可行[5]。在这样的 WSN 中,无论空间/时间的重叠/覆盖如何,不同原则和/或方式的节点都会产生多模态信号输出/数据(MMSD)。因此,为了对从不同模态节点接收到的结果进行管理和理解,从而进行节点构建、传感器网络配置和数学建模,这几方面的研究很重要的。这些方面包括:①多模态信号数据管理;②多模态信号数据分析和理解;③传感器数据的相互作用;④现实系统开发(硬件/软件/算法)与部署。

9.6.1 多模态传感器数据管理

在目前的传感器技术水平上,有各种类型的传感形式:①光学传感;②化学传感;③机械传感;④热传感;⑤电传感;⑥色谱传感;⑦磁传感;⑧生物传感;⑨流体传感;⑩超声波传感;⑪质量传感[5]。这几种类型的传感器可能已经在 WSN 中使用。这么多类型的传感器将赋予信号/数据各种类型的功能/模式。需要注意的是,多模态节点产生的信号需要进行采样、滤波、压缩(必要时)、传输、融合和存储。要以一种非常有效的方式来进行数据管理,从而达到节约资源/能量的目的。MMSD 分析与管理的应用场合有:①多摄像机数据融合;②红外、热或声制导视频监控系统;③利用远程视频指导医学-外科手术仪器进行操作;④对大型移动摄像机网络进行动态配置;⑤使用传感器集成系统进行库存控制;⑥利用多感官数据/信息进行栖息地监测[5]。

9.6.2 多模态传感器数据解释

对收集的感官数据和结果应进行分析,以便用来解释和预测后续行动,如(车辆)路径发现和移动车辆/机器人的运动控制(这对于多机器人/群无人机协调会更有用)。这就是数据/信息到兴趣语义上的映射的含义。这种映射可以用统计的方法进行,而这些技术在需要的时候可以在恶劣的环境中工作,因为节点本身可能处于这样的环境之中。此外,这些技术应该能够在有限的资源下对丢失的和嘈杂的数据进行处理。数据处理算法应该具备下面的特殊功能:①单通道处理能力(或需要递归数据处理能力,因为此时离线分批迭代模式不适合),这是因为,由于数据量巨大,导致我们可能无法存储这些数据,这就需要实时的处理/性能/分析能力;②由于功率受限,其计算资源也受到约束,例如 CPU 周期、内存、磁盘空间和网络带宽;③算法具有容错性,同时由于数据不完整和无标定,需要使用递归的、鲁棒滤波/估计算法。本节理论的重要应用有:①数据/结果的智能使用;②多模式决策理论的使用;③故障的检测、识别(FDI)和管理—假警报的 FDI 和管理;④多模态序列数据学习方法;⑤多模态信号采样和滤波;⑥资源约束下的状态估计与模式识别[5]。

9.6.3 人-传感器的数据交互

在人-传感器/人-计算机交互(HSCI)的过程中,重要的是建立模型和方法,尤其是在 WSN 中,智能传感器/MEMS/智能处理设备使用越来越广泛。该想法是,这些交互系统/软件/算法能够理解人类意图,例如大型安全系统。这些技术可以为传输结果和传感器的工作状态的可视化提供手段,来帮助诊断和调试远程传感器,并配置和管理 SNW。

9.6.4 现实世界系统的发展和部署

WSN 的开发和部署(硬件/软件/算法)的实际应用对于社会而言,其益处是不言而喻的:①生物医学健康检测、诊断和治疗系统;②危机管理的传感器系统;③大型的监控系统;④跟踪/监测移动单元——濒危物种/库存控制/运输;⑤传感器评估可靠性,核实与验证[5]。所有这些活动都需要多模型传感器数据的采样、采集、传输、处理、分析和解释,为此,要开发非常有效的技术。

9.6.5 多模态融合方法

多模态融合(MMF)也给多媒体分析提供了一些帮助。在某种意义上,对多媒体而言,多媒体鲜明的特点,甚至中间决策的整合被称为多模态融合。从另一种意义上讲,在个人安全识别角度,多模态融合还包括人的签名、指纹和人脸识别的融合。另外,可以将 MMF 应用于生物分析/融合,包括指纹识别、人脸识别和声音识别。这种情况下可以使用模糊逻辑来做出决策。多媒体数据是可以感知的,如音频、视频和射频识别,多媒体数据也可以是网络资源和数据库。MMF

的思想是通过使用具有不同特征和类型的数据增强事件、系统或者环境的整体信息,从而为整体决策的准确性提供帮助。

MMF 的重要特征是:①不同的媒体都聚集在不同的帧速率上,这增加了异步处理的复杂性;②处理时间也不同;③如果使用恰当,各种模式可能是独立的或者相关的;④这些模式可能会有不同的置信水平;⑤这些模式在时间上或其他量度标准上的代价也不一样[6]。MMF 的特点为决策带来了一些困难:①决定适合当前情况的融合的级别,即特征级融合或决策级融合;②如何融合这些模式;③由于运行速率不同,如何将来自于这些模式的各种数据进行同步,然后何时进行融合;④融合什么类型的模式。

9.6.5.1 数据融合层次

在 MMF 的特征级上,各种特征首先被融合,然后融合结果被发送到一个单独的分析单元。特征融合,如皮肤色泽和运动线索,融合成一个更大的特征向量。特征向量是人脸检测器的输入,其最常用的特征是:①视觉特征(颜色直方图、斑点);②文字特征(从自动语言识别、光学字符识别中获得的);③音频特征(基于短时傅里叶变换/快速傅里叶变换、线性预测编码);④运动参数(像素变换、方向/幅度直方图);⑤其他补充信息(姓名、籍贯、时间)[6]。特征融合使用了不同模式产生的多特征之间的相关性。时间同步是困难的,因为这种紧密的耦合模式可能是在不同时间里进行的。在决策级融合中,要基于提取到的个体特征来做出局部决策,并将局部决策进行融合。对此,通常使用混合 MMF。表 9.1 显示了在多媒体/MMF 中使用到的基于规则的数据融合方法[6]。

表 9.1 基于融合规则的 MMF 方法

<table>
<tr><th>融合方法</th><th>融合层次</th><th>模式</th><th>多媒体任务</th></tr>
<tr><td rowspan="10">线性加权规则</td><td rowspan="3">特征</td><td>视频 - 轨迹坐标</td><td>人体跟踪</td></tr>
<tr><td>视频 - 颜色、运动、纹理</td><td>人体跟踪</td></tr>
<tr><td>视频 - CMT</td><td>人脸检测、独白检测、交通监控</td></tr>
<tr><td rowspan="7">决策</td><td>音频(音素)和视觉</td><td>说话人识别</td></tr>
<tr><td>音频、视频</td><td>语音识别</td></tr>
<tr><td>音频、视频、同步点</td><td>独白检测、语义概念检测、视频标注</td></tr>
<tr><td>图像(多功能)</td><td>图像检索</td></tr>
<tr><td>文本、音频、视频、运动</td><td>视频检索</td></tr>
<tr><td>文本、视频</td><td>视频检索</td></tr>
<tr><td>音频、视频索引</td><td>个人鉴定(从音频到视频源)</td></tr>
<tr><td>多数表决规则</td><td>决策</td><td>原始语音(模式)</td><td>说话人识别的音频源</td></tr>
</table>

（续）

融合方法	融合层次	模式	多媒体任务
自定义规则	决策	视觉文本	语义体育视频索引
		语音、二维手势	人机交互
		语音、三维指向手势	与机器人的多模态交互
		语音、笔手势	多模态对话系统

9.6.5.2 多模态融合技术

本节简要地讨论几种 MMF 技术。在线性加权融合中，来自各种模式的信息会以一种线性的方式进行结合。可以利用最小 - 最大、十进制比例、双曲函数的估计和 S 形函数等方法得到归一化的权重。使用加法或者乘法将从各种模式中提取的特征向量进行结合（这里 I 指的是从一些图像或者其他特征向量中得到的特征）：

$$I_f = \sum_{i=1}^{n} \omega_i I_i \tag{9.1}$$

$$I_f = \prod_{i=1}^{n} I_i^{\omega_i} \tag{9.2}$$

另一种方法是多数表决法，在第 8 章中已经讨论过。这种方法用到基于产生式规则的决策级融合，其中用到了加权因子和条件 - 动作部分。前述方法称为基于规则的技术，用于特定领域。因此，我们需要有关这些领域的足够知识。

其他的 MMF 方法以多模态观测/测量的分类为基础。其思想是，将这些观察量按照预先指定的类型进行分类。MMF 包括：① 支持向量机（SVM）；② 贝叶斯推理（BI）（第 2 章）；③Dempster - Shafer 方法（DS）（第 2 章）；④ 动态贝叶斯网络（DBNW）；⑤ 人工神经网络（ANN）（第 10 章）；⑥ 最大熵法（MEM）（第 2 章）。

SVM 广泛用于特征/文本分类、概念分类、人脸检测和 MMF，它也是一种受监督的学习方式，可以看作是一种优化的二元线性分类器。在 MMF 中，SVM 用来进行模式分类，其中分类器的输入来自于单个分类器的得分。作为变量，梯度下降优化线性融合（GDOF）方法用于对核矩阵进行融合，而超核非线性融合（SNLF）方法则用于对个体分类器模型进行组合。

在基于贝叶斯推理的 MMF 中，多模态信息是基于概率理论进行组合的。对于这类 MMF，其表达式如下：

$$p(H \mid d_1, d_2, \cdots, d_n) = (1/N) \prod_{k=1}^{n} p(d_k \mid H)^{\omega_k} \tag{9.3}$$

式中：d_s 为从 n 种模式中得到的决策或特征向量；p 为融合特征/决策基础上的假设变量 H 的联合概率密度函数；ω_s 为单个模式的权重。使用下面的表达式来计算具有最大概率的假设：

$$H = \arg \max_{H \in E} p(H \mid d_1, d_2, \cdots, d_n) \tag{9.4}$$

最大后验概率估计方法是用来从所有可行的假设 E 中确定最佳假设。

在 Dempster-Shafer 方法[7,8] 中，使用马尔科夫模型的表达式为

$$(m_i \oplus m_j)(H) = \frac{\sum_{I_i \cap I_j = H} m_i(I_i) m_j(I_j)}{1 - \sum_{I_i \cap I_j = \phi} m_i(I_i) m_j(I_j)} \tag{9.5}$$

式中：m 为像在贝叶斯推理中使用的概率函数一样的质量信任函数，但跟概率函数还不一样。Dempster-Shafer 方法基于两种模式给出了假设量 H 的质量，其中 I 可能是特征或者局部决策，这视情况而定。

在 DBNW 中，该过程是基于与贝叶斯推理相同的原则，其中节点代表随机变量，如音频/视频可作为检测量/状态量，而边缘则表示它们的概率相关性。

ANN 也可以用于进行特征级的 MMF，通过融合底层特征来识别图像，或者在决策层上对来自于多个受训的神经网络分类器的决策融合。

MEM 也可以作为一种分类器来使用，它基于某个特定测量值的信息内容给出了属于该特定类测量的概率。首先输入两个不同类型的测量值 u_i 和 u_j，而这两个测量值属于同一个类 C 的概率为

$$P(X \mid u_i, u_j) = \frac{1}{N(u_i, u_j)} \mathrm{e}^{f} \tag{9.6}$$

式中：N 为标准因子；$\boldsymbol{f}$ 是组合特征或者决策向量 $\boldsymbol{f} = f(u_i, u_j)$。

下面，给出一些基于估计的 MMF（第 4 和第 5 章）方法：①卡尔曼滤波器；②基于粒子滤波的方法。使用多模态数据对移动目标进行状态估计，这些方法十分有用。多模态数据可能是音频信号和别的特征（空间位置、形状和颜色）。卡尔曼/扩展卡尔曼滤波器，把不同相机拍摄的特征进行融合来获取目标的状态。粒子滤波器是一组基于仿真的方法的统称，它们能够得到非高斯、非线性状态空间模型的状态分布估计，它也被称为序贯蒙特卡洛方法。粒子是状态变量的随机样本，粒子的特征是其相关权重。粒子滤波的时间扩展部分将每个粒子根据其动态（系统模型）而推进，粒子滤波的数据更新部分则基于电流传感器的数据和测量模型来进行的。

除了 MMF 之外，我们需要对不同模式之间的相关性进行评估，以便获得更多的额外信息，这对于数据融合过程（DFP）十分有用。对此，可以计算出不同模式之间的相关系数和互信息（第 2 章）。如果某些模式之间具有很高的相关性，那么可以将这些模式用于数据融合，否则不进行融合。对于模式之间的互信息也有类似情况，并根据应用程序和被结合的模式类型，阈值的相关系数的值可以

从0.8～1中进行选取。

9.7 WSN中的决策融合规则

在一个WSN中,多个传感器会收集原始工程单位数据/测量值,并进行预处理,做出局部决策,然后通过衰减信道(或有噪信道)将决策传输给中心融合站[9],并在该站对局部决策进行联合处理,做出最后决策。

9.7.1 系统模型

可用的系统模型具有三个层次:①本地传感器层;②衰减通道层;③融合中心层[9]。在本地传感器层,传感器总数 M 在特定的假设下收集测量值。然后每个传感器做一个二元判定:如果 H_1 被选择,则发送 $u_i=1$,否则发送 $u_i=-1(i=1,2,\cdots,M)$。检测性能是虚警概率和检测概率,即 $P_{f_{a_i}}$ 和 P_{d_i}。在衰减信道层,本地传感器的决策通过可能会独立衰减的并行信道被发送出去。对于融合规则而言,认为传输期间衰减信道的大小恒定不变。信道的输出模型为

$$z_i=x_i+v_i \tag{9.7}$$

$$z_i=h_iu_i+v_i \tag{9.8}$$

测量模型 h 为衰减信道的衰减系数,而 v 是零均值高斯随机变量。基于 z 收到的数据,中心融合站会判定哪种假设更可能是真实的。

9.7.2 融合规则

最优似然比融合规则公式为

$$\Lambda=\sum_{i=1}^{M}\log\left[\frac{P_{d_i}\exp\{-(z_i-h_i)^2/2\sigma^2\}+(1-P_{d_i})\exp\{-(z_i+h_i)^2/2\sigma^2\}}{P_{fa_i}\exp\{-(z_i-h_i)^2/2\sigma^2\}+(1-P_{fa_i})\exp\{-(z_i+h_i)^2/2\sigma^2\}}\right] \tag{9.9}$$

式中,σ^2 为所有信道中加性高斯白噪声的方差,此外还需要本地传感器的性能指标和信道知识。

Chair-Varshney融合规则的表达式如下[9]:

$$\Lambda=\sum_{\mathrm{sign}(z_i)=1}^{M}\log\frac{P_{d_i}}{P_{fa_i}}+\sum_{\mathrm{sign}(z_i)=-1}^{M}\log\frac{1-P_{d_i}}{1-P_{fa_i}} \tag{9.10}$$

对大信噪比而言,式(9.10)的规则与式(9.9)是等效的。从上式可以看出,信道知识(h)是不需要的[9]。使用最大比合并统计的融合规则如下[9]:

$$\Lambda=1/M\left\{\sum_{i=1}^{M}h_iz_i\right\} \tag{9.11}$$

尽管假设检测概率和虚警概率是相同的，但上式只需要信道增益，并不需要概率值。采用等增益合并统计的融合规则如下：

$$\Lambda = 1/M\left\{\sum_{i=1}^{M} z_i\right\} \tag{9.12}$$

式(9.12)的规则要求的信息量最少，在检测性能上，优于式(9.10)和式(9.11)[9]。在文献[9]中，给出了一个仅需要衰减信道统计知识的决策融合规则。

9.8 无线传感器网络中的数据聚合

在 WSN 中，节点之间相互协作形成通信网络，就像一个含有若干簇和簇头的多跳或分层的网络组织[10]。在这样的网络中，通常相邻传感器产生的数据是冗余的，且具有高度相关性。此外，这些数据量大，而基站能够有效地对其进行处理。因此，在节点或者中间（智能）节点上，需要将这些数据结合成高质量的信息。其目的是减少分组传输，从而节约能量和带宽。在 WSN 中，将这种数据结合的过程称为数据聚合。因此，数据聚合是对多个传感器的数据进行收集和聚集的过程，以消除冗余传输，随后给基站提供融合信息。另外，数据聚合可能主要用来对中间智能设备的（某些）数据进行融合，并把融合结果传给基站。在对 WSN 特别是数据聚合方法进行研究的时候，应记住如下几个特性：①能源效率；②网络的生命周期；③数据的准确性；④延迟。

如果充分利用网络的功能，数据聚合方法是高效节能的[10]，即尽可能地减少每个节点的耗能。在网络生命周期中专门涉及这一点。网络的生命周期的规范定义是，到 $m\%$ 的智能传感器失效时数据聚集的轮数。WSN 设计者会规定 m 的值。这个想法是持续执行数据聚合任务，这样网络能量均匀释放。提高能源效率和延长网络生命周期的含义是相同的。对于目标定位，数据精度是由基站中目标位置的估计确定的。延迟是由数据传输中的时延、路由和数据聚合决定的。因此，延迟是基站收到的数据包和源节点产生的数据之间的时间延迟。

由于传感器网络的架构对于不同的数据聚合协议的至关重要，掌握数据关联协议的大致思想是很重要的。这些协议是针对不同网络架构而设计的。表 9.2 给出了几种数据聚合协议[9]。文献[10]中的表 2 给出了数据聚合在分层网络和平面网络之间的对比。文献[10]中的表 3 给出了基于网络流的数据关联算法的概要，文献[10]的表 4 总结了不同的数据聚合方法，这些方法描述了数据聚合中所涉及的权衡方案。

表 9.2　分层数据聚合协议

协议名称	组织类型	目标	特征
LEACH	集群	网络寿命:观察功能节点个数,延迟	随机簇头旋转,通过不同智能设备时,能量的流动不均匀
HEED	集群	网络寿命:第一个节点死亡前的轮数	多电平假设。簇头均匀分布,性能优于 LEACH
PEGASIS	链状	网络寿命:单个节点消耗的平均能量	相比于 LEACH,需要网络的全局知识,更加节约能源
分级链式	链状	能源×延迟	基于二进制的方案,8 倍优于 LEACH,三级方案比 PEGASIS 好 5 倍
EADAT	树状	网络寿命:仿真结束时的活传感器数	该方法基于接收器启动广播
PEDAP-PA	树状	网络寿命:最后一个节点死亡前的时间	该方法基于最小生成树。实现了性能的改善,比 LEACH、PEGASIS 好 2 倍

9.9　WSN 中的混合数据和决策融合

通常,在 WSN 中,测量的数据和传输的数据之间存在强时空相关性。这种相关性简单的物理模型为:偏微分方程(PDE)[11]。众所周知,偏微分方程是用来描述空气中气体或水中流体的扩散规律的。在分布式 WSN 中,为了鲁棒估计,从相邻节点中获得测量结果是有价值的。通常使用这些节点的数据对模型参数进行估计的。然后,将估计结果进行交换。通常数据融合优于决策融合。在这里,我们对 WSN 相关的方面进行研究。

在 WSN 中,考虑一个有限的传感器节点的集合 $S=\{s_i\}$,这些节点被部署在一维传感器域$[0,L]$上。节点会测量标量域 $x(\xi,t)$,$t>0$ 的样本值,其中空间 $x<\xi<L$。时间演化模型为[11]

$$x_i(\xi,t)=ax_{\xi\xi}(\xi,t)+bx_{\xi}(\xi,t)+cx(\xi,t) \tag{9.13}$$

其中,$\xi=0$,$\xi=L$ 为边界点。可假设节点测量值受零均值高斯白噪声的影响,由此确定式(9.13)中的参数 a、b 和 c。这些估计对于某些现象中的网络预测是有用的。

9.9.1　偏微分方程的参数识别

参数估计是在数据融合节点的簇头上进行的。PDE 的离散等效模型和 EKF 可以联合使用进行参数估计(第 4 章和第 5 章)。先在时间和空间轴上进行离散化处理,随后,采用如下的集总式模型:

$$x(k+1)=\phi(\theta)x(k)+B(\theta)u(k) \tag{9.14}$$

$$z_j(k) = H_j x(k) + v(k) \tag{9.15}$$

式中,θ 为待估计参数;j 为簇。簇头具有与式(9.14)相同的状态空间模型,但有不同的测量模型。未知参数被视为附加状态,而利用 EKF 方程可以对联合/扩展状态向量进行估计(见第 4.2.6 节)。

9.9.2 混合数据/决策融合方法:举例说明

基于 EKF 的分布式算法可以实现参数估计,这种算法实际上是测量级数据融合的过程(见第 4.2.7 节)。算法将自己的测量值传递到簇头,在簇头上进行参数估计。成员节点获取的时间序列传输时能耗相当大,这是因为要传输大量的数据样本。在这种情况下,可以允许集群中的每个节点对自己的测量进行处理,然后将参数估计的结果传递给簇头。对于本节来说,后者称为决策融合。在这种情况下,簇头把接收到的估计进行平均,方程为[11]

$$\hat{\theta}_j = \frac{1}{|S_j|}\sum_{s_l \in S_j} \hat{\theta}_{s_l} \tag{9.16}$$

式(9.16)中的分母就是集群 S_j 中成员节点 S_l 的数量。数据融合规则通常使用加权平均而不是简单的平均。这种情况下,因为只有从一个节点处得到测量值,那么估计值可能不是非常准确。在混合方式中,在每个簇中使用数据融合策略进行初步的迭代。然后,该算法切换到决策融合模式。该模式能够节约能量,因为只需要传输一小部分初始迭代的数据(时间序列)。机制切换的标准为:①基于协方差矩阵对角线的函数;②发送的样本数。因此,满足以下任意一种标准,这种算法就可以切换到决策融合模式。

$$f(p_i(\theta)) < t_1 \tag{9.17}$$

$$n_{it} > t_2 \tag{9.18}$$

这里,t 是阈值,n 是融合的样本数量。式(9.18)中的条件可以限制过多的电池消耗。

在文献[11]中,作者在数据融合案例研究中提出了混合方法的应用结果:①三个传感器节点的数据融合;②单节点的测量处理;③三节点数据融合,20 次迭代后转换为单节点;④噪声和采样节点位置的影响。他们还研究了三节点的性能,把在平均与加权规则下的决策融合和数据融合的结果进行了对比。性能指标见表 9.3。

表 9.3 数据/决策融合结果-误差率

性能指标	数据融合	决策融合	加权决策融合
平均误差	0.44	1.85	1.78
标准偏差	3.57	7.98	2.61

由表9.3可以看出,加权规则的结果似乎更容易接受。加权数据融合规则的权重值与节点到边界的距离成正比。

9.10 无线传感器网络中的最优决策融合

通常认为,决策融合架构拥有一个融合中心(中央处理器)和 M 个分布式传感器,这些分布式传感器是局部决策者。假定第 m 个传感器装置测量出的特征向量为 $\boldsymbol{x}_m$[12]。然后,根据局部决策规则,$\boldsymbol{x}_m$ 将被分配 N 个可行标签 $C=\{C_1, C_2,\cdots,C_N\}$ 中的一类标签。因此,对于局部决策规则,有如下的表达式:

$$l_m(\boldsymbol{x}_m)=\boldsymbol{d}_m\in\boldsymbol{C} \tag{9.19}$$

因而,将 $\boldsymbol{d}_m$ 作为决策值,且如果 $\boldsymbol{x}_m\in\boldsymbol{C}_n$,那么 $\boldsymbol{d}_m\in\boldsymbol{C}_n$。然后,全局特征向量作为复合向量给出,具体如下:

$$\boldsymbol{x}=\{\boldsymbol{x}_1^{\mathrm{T}},\boldsymbol{x}_2^{\mathrm{T}},\cdots,\boldsymbol{x}_N^{\mathrm{T}}\} \tag{9.20}$$

正如我们所看到的,局部决策都是通过式(9.19)给出的。其思想是,决策规则将指定的局部特征向量映射到特定的类标签中。此外,决策规则将特征向量空间 N 分割成多个分区。然后,同一分区的特征向量分配相同的标签。由于有 M 个传感器,局部决策都被送到中央处理器,并在那里使用决策融合规则进行计算,得到最终决策。

9.10.1 互补最优决策融合

决策融合基于 M 维的特征向量 $\boldsymbol{d}$。由于有 N 个分类器,则会产生 N^M 个不同的决策向量。正如前面所说,这些不同的决策向量将特征空间划分为数量相等的分区。此外,这些分区将由决策融合算法分配到特定的类中。当决策分配的概率取最大值,则由此产生的决策融合方法是最优的。如果决策向量仅用于上述目的,以上过程才能发生。在互补最优决策融合方法中,当最优决策融合失效时,则使用非最优决策融合方法。所以,这种混合方法被称为互补最优决策融合方法。我们讨论几种 CDF 规则。

1. 非加权阈值表决

这种方法是进行非加权表决,其表达式如下:

$$\sum_{i=1}^{M}\omega_i d_i(x)\begin{bmatrix} l=C_1 & \\ > & th \\ < & \\ l=C_2 & \end{bmatrix} \tag{9.21}$$

其中,若 $x\in C_1$ 则 $d_i(x)=1$,若 $x\in C_2$ 则 $d_i(x)=0$。对来自于 M 个节点的

决策进行融合,就会存在 $M-1$ 个阈值(th)概率。计算最优阈值使误差最小。

$$th = \arg \min_{0 \leqslant m \leqslant M-1} e(m+1/2) \tag{9.22}$$

在式(9.21)中,由于所有节点进行同等加权,性能可能会较差。

2. 加权的最小二乘阈值

使用最小二乘估计方法来确定权重,定义为

$$\boldsymbol{D} = [d(x_1), d(x_2), \cdots, d(x_j)]^{\mathrm{T}} \tag{9.23}$$

式(9.23)是决策向量。我们将

$$\boldsymbol{d}(x) = [d_1(x), d_2(x), \cdots, d_M(x)] \tag{9.24}$$

作为样本 x 的决策向量,而 $\boldsymbol{\omega}$ 是权重向量。因此,下面的最小二乘估计是可行的:

$$\boldsymbol{\omega} = \boldsymbol{D}^{-1} \times \boldsymbol{l} \tag{9.25}$$

在式(9.25)中,$\boldsymbol{l}$ 是标签向量,在进行伪逆运算时,式(9.25)是有必要的。误差定义如下:

$$\boldsymbol{e} = \boldsymbol{l} - \boldsymbol{D} \times \boldsymbol{\omega} \tag{9.26}$$

从最小二乘的意义上讲,式(9.26)的误差进行了最小化处理。由于对加权系数进行了最小二乘估计,式(9.25)的解是显而易见的。

3. 最优线性阈值

在这种方法中,使用最速下降法对权重值进行更新:

$$\omega(k+1) = \omega(k) - \eta\Delta\{e(k)\} \tag{9.27}$$

式(9.27)中的梯度用式(9.26)中的误差向量进行定义,表达式如下:

$$\Delta\{e(k)\} = \left\{\frac{\partial e(k)}{\partial \omega_1(k)}, \frac{\partial e(k)}{\partial \omega_2(k)}, \cdots, \frac{\partial e(k)}{\partial \omega_M(k)}\right\}^{\mathrm{T}} \tag{9.28}$$

4. 局部分类器精度加权

选择权重并且得这些权重分配到与其精度水平成比例的不同决策中去。如果分类器准确度高,它将被分配一个较大的权重。这些权重按照下式进行归一化处理:

$$\omega_i = \frac{r_i}{\sum_{i=1}^{M} r_i} \tag{9.29}$$

式中:r 为分类率。如果该分类器的准确性有保证且恒定不变,那么该方法会得到可接受的决策。

5. 遵循领导规则

若分类器分配的标签的正确概率最大,该方法将给该标签分配决策结果,表达式如下所示:

$$\omega_i = \begin{cases} 1, & i = \arg\max_{1 \leqslant i \leqslant M} \quad r_i \\ 0, & \text{其他} \end{cases} \tag{9.30}$$

这条规则要求分类器的行为在不同样本集中需要保持恒定。

练习

9.1 为什么在 WSN 中多模型数据融合是一个普遍困难和复杂的工作?

9.2 给出一个静态 WSN 的例子。

9.3 给出一个动态 WSN 的例子。

9.4 从实际应用中给出一些 WSN 的实例。

9.5 在使用 WSN 的实例中,列举出其中的一些活动?

9.6 给出一个可以在 WSN 中使用的智能传感器/设备的概要或框图。

9.7 为什么在 WSN 中,为何要讨论电池电量和能源等?

9.8 在 WSN 中,如果我们想要最小的功率损耗 $P_t - P_r$,请推断出从源接收器的距离 d 和传输频率 f_t 之间的一种近似关系。

9.9 WSN 的数据关联为何要用到反馈控制?

9.10 在 WSN 里,讨论数据融合中数据聚合的作用和数据聚合中数据融合的作用。

参考文献

1. Kulkarni, R. V. and Venayagamoorthy, G. K. Computational intelligent in wire – less sensor networks: A survey. IEEE Communications Surveys and Tutorials, 13(1), 68 – 96, First Quarter 2011.
2. Khaleghi, B. Distributed data fusion in sensor networks. PAMI Research Group, ECE Department, University of Waterloo, accessed August 2012. https://www.google.co.in/webhp? sourceid = chrome – instant& ion = 1&espv = 2&ie = UTF – 8#q = Khaleghi + Distributed + data + fusion + in + sensor + networks + PAMI.
3. Khan, A. Data fusion in sensor networks. University at Buffalo, the State University of New York, accessed August 2012. https://www.google.co.in/webhp? sourceid = chrome – instant &ion = 1& espv = 2&ie = UTF – 8#q = Khan% 2C + A. + Data + fusion + in + sensor + networks.
4. Wilson, J. S. Wireless sensor networks: Principles and applications. In Sensor Technology Handbook, Chapter 22 (Eds. Townsend, C. and Arms, S.). MicroStrain, Elsevier Inc., Burlington, MA, USA, 2005. http://www.globalspec.com/reference/46556/203279/chapter – 22 – wireless – sensor – networks – principles – and – applications.
5. Chang E. Y. Foundations of Large – scale Multimedia Information Management and Retrieval: Mathematics of Perception. Springer – Verlag, Berlin, Heidelberg, 2011. http://www.springer.com/gp/ book/9783642204289.
6. Atrey, P. K., Hossain, M. A., El Saddik, A. and Kankanhalli M. S. Multimodal Fusion for Multimedia Analysis:

A survey. Springer Multimedia Systems Journal, Springer - Verlag, NY, USA, 16, 345 - 379,2010. www. comp. nus. edu. sg/ ~ mohan/papers/fusion_survey. pdf.

7. Challa, S. and Koks, D. Bayesian and Dempster - Shafer fusion. Sadhana (Engineering Journal of the Indian Academyof Sciences, Bangalore, India) , Multisource Multisensor Information Fusion, Sp. Edition (Guest Ed. Raol, J. R.) ,29(2) ,145 - 176, April 2004.
8. Raol, J. R. Multisensor Data Fusion with MATLAB. CRC Press, FL,2010.
9. Niu, R. Chen B. and Varshney, P. K. Decision fusion rules in wireless sensor networks using fading channel statistics. Conference on Information Sciences and Systems, The Johns Hopkins University, 12 - 14 March, 2003.
10. Rajagopalan, R. and Varshney, P. K. Data Aggregation Techniques in Sensor Networks: A Survey. Department of Electrical Engineering and Computer Science, Syracuse University, NY. http:// surface. syr. edu/eecs, accessed April 2013.
11. Rossi, L. A. , Krishnamachari, B. and Jay Kuo, C. C. Hybrid data and decision fusion techniques for model based data gathering in wireless sensor networks. Vehicular Technology Conference, 7, 4616 - 4620, 26 - 29 September, 2004. www. ceng. usc. edu / ~ bkrishna/research/papers/VTC2004FallLR. pdf, accessed May 2013.
12. Duarte, M. F. and Hu, Y. H. Optimal decision fusion with application to target detection in wireless ad hoc sensor networks. IEEE International Conference on Multimedia and Expo(ICME) ,27 - 30 June 2004, Taipei, Taiwan, 1803 - 1806, 2004.

第 10 章　数据融合的软计算方法

10.1　引言

软计算(SC),与传统的硬计算方法差别较大。传统的计算方法称为硬计算,或者说相对固定的计算,它是在硬件中存储算法、程序或软件。软计算擅长处理不精确性、不确定性、部分真实性、近似性的问题,软计算模型更贴近人类思维模式——人类在处理复杂问题时,并不总是进行硬决策,而是通常给出模糊决策。软计算的指导准则是:允许存在不精确性(定义或表达)、不确定性(部分决策、数据、信息)、部分真实性和近似性(决策、评估),这样在处理复杂问题时,可以确保问题解决的鲁棒性、可处理性和低代价。软计算的主要分支有模糊逻辑神经计算(人工神经网络,NC),进化计算(EC— > GA),机器学习、概率推理。生物神经网络(BNN)和其决策能力基于不精确、不确定性的工作机理。信任网络(DS 证据决策理论)、混沌理论和部分学习理论等,也是软计算的分支。因此,软计算是一种交叉学科,其中每个分支以其特有的处理方式和特点,通过对不精确、不确定、不完整信息和数据的处理,提供解决不同问题的方法。生物神经网络和人工决策,当面对用传统数学方法难以处理的环境和场景时,主要是通过学习、调整优化以及数据融合等手段,试图找出数据所蕴含的含义。所以,软计算是对人类行为和活动的模仿,它提供计算工具以便我们可以正确合理地解决难题,甚至发展和构建像人类一样工作的人工智能系统。这样的人工智能系统可以工作在危险环境中,可以执行数据图像处理任务、做出决策、进行数据融合。因此,通过构建人工智能系统,软件计算方法是解决复杂问题的有效补充手段。同样,软计算可以看作是人工智能在概念上和计算上的基础组成部分。

有趣的是,神经网络、模糊逻辑、GA,以及支持向量机(SVM),这些方法都被称为软计算,在科学、工程以及商业相关领域,这些方法用来解决复杂的数值型问题。上述方法的基础研究在过去的四五十年中得到快速的发展。所以,神经网络、模糊逻辑和 GA 等技术常常用于多传感器数据融合当中。

神经网络具有很好的学习能力,它使用合适的学习算法,处理一些先验数据中的特征。由于它具有多层拓扑网络,神经网络也会拥有较强的容忍性和平行处理机制。前向神经网络(FFNN)和递归神经网络(RNN),作为神经网络的一种,已经成功应用[2-7]于模式识别、非线性曲线拟合、飞行器技术数据分析、飞机模型设计和性能优化、自适应控制、系统识别、机器人/汽车路径规划和运动控制。

模糊逻辑在第3章中已经讲过，它是一种多值逻辑，主要用于数据模糊建模，这种模糊不同于可能性模型(见第2章)的那种不确定性。我们可以使用模糊逻辑(If…Then)规则构建的模糊推理系统表达我们的知识环境，在模糊推理机中就使用这种方法去分析、设计模糊控制系统。因此，模糊逻辑以及基于模糊逻辑的模糊规则系统和模糊推理系统对于设计人工智能系统有很好的效果。使用模糊2型逻辑可以对模型进行扩展并对模糊规则进行表示。因为神经网络和模糊逻辑系统的固有结构，线性模型能力、非线性动态系统、自适应学习能力(根据经验或是实验数据，如自适应决策模糊规则)，这些技术在多传感器数据融合策略中变得越来越重要。

GA受自然进化(如种群进化、生存法则)的启发，是基于直接搜索方法的一种优化方法。在科学和工程中，当需要对预定义的代价函数进行优化时，大多数情况下，GA能给出全局性(鲁棒性)的解。GA经常用来解决生物学、心理学、经济学上的问题。自然系统如生物种群已经进化超过几百万年，他们的系统通过交叉、变异等自适应、学习的过程已经具有很强的鲁棒性。由于其进化经历赋予了它们有效且鲁棒的解决问题的方式，即使这些解决方案可能并不是最优解。我们发现绝大多数生物系统比大多数人造的优化系统具有较好的鲁棒性、有效性和灵活性。自然系统通常是寻找有效的解决方法而不是最优的，其典型应用如神经网络、模糊逻辑、GA，它们可以提供具有鲁棒性而不是最优解的解决方案。

因此，适当的使用具有不同特点的系统或方法，如神经网络、模糊逻辑系统、GA或是对两种以上方法进行组合，可以用于构建有效的、鲁棒的多传感器数据融合(MSDF)策略或系统，甚至是构建基于神经网络的并行处理计算机。在这一章，我们使用大量的数学方法描述这些算法，并研究它们在MSDF中应用的可能性。

10.2 人工神经网络

人工神经网络是对生物神经网络系统(BNN)的某些简单的特性进行的模拟。BNN是由大量的并行(化学-电)回路组成，ANN和BNN都是由非常简单的处理元素组成。这并不意味着BNN是相当简单的系统，只不过表面的功能层级简单而且相似。BNN的组成元素叫作人造神经元或是神经节点。BNN(如在人的神经系统中)和ANN的特点如图10.1所示。神经元与突触权重相连。ANN整体上能够胜任并行分布式的计算任务。

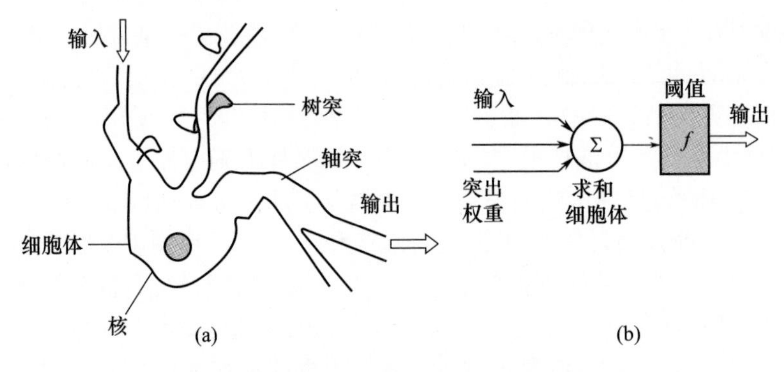

图 10.1　生物人工神经网络——简单对比

(a)生物神经网络模型；(b)人工神经网络模型。

ANN 从输入输出的数据中对系统进行建模很有用。ANN 的权重通过合适的算法训练得到，这就是基于数据的学习——有监督学习。因此，从某种意义上说，ANN 十分接近人类系统的行为方式。本章，我们讨论前向神经网络(FFNN)、递归神经网络(RRN)和径向基神经网络(RBNN)，以及如何将它们用于数据融合中的方法。

10.2.1　前向神经网络

FFNN 是一种采用大量简单处理单元的信号-数据处理机制，如图 10.2 所示。FFNN 具有非线性黑盒模型拓扑结构，其权重/系数由常见的评估方法确定。FFNN 具有开环的分层拓扑结构，信息流从左到右的方向前进。它们非常适合描述非线性系统，在不使用非线性激活函数的情况下，应用于线性系统。FFNN 主要使用训练数据集进行训练。在自适应训练之后，用与输入数据集不相同的训练数据集来输出预测结果，从而验证基于 FFNN 的估计模型的有效性。

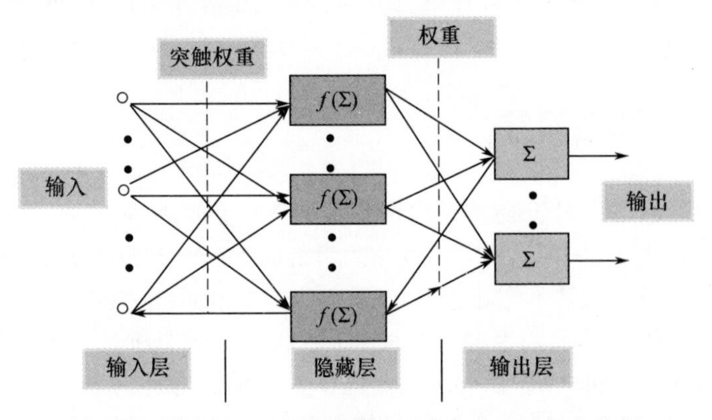

图 10.2　FFNN——内含隐藏层的自左向右的拓扑结构

10.2.1.1 后向传播训练算法

FFNN 的权重使用后向传播快速梯度下降优化方法进行参数估计。由于权重的分层配置,需要和估计误差后向(右到左)传播,即从输出层到隐藏层/输入层。典型的 FFNN 变量/符号的定义如下:$\boldsymbol{u}_0$ 表示实际的输入信号/数据,n_i 是输入神经元的个数,n_h 是隐藏神经层的层数,n_o 是输出神经元的个数,$\boldsymbol{W}_1$ 是 $n_h \times n_i$ 权重矩阵,它连接输入层和隐藏层。$\boldsymbol{W}_{10}$是 $n_h \times 1$ 的偏差向量,$\boldsymbol{W}_2$ 是 $n_o \times n_h$ 的权重矩阵,它连接隐藏层和输出层,$\boldsymbol{W}_{20}$是 $n_o \times 1$ 的输出层偏差向量,μ 是学习率参数。在前向过程中,从左向右,数据处理使用的是文献[4]中的公式。

首先,中间的输出值来自于初始的输入值,计算如下:

$$\boldsymbol{y}_1 = \boldsymbol{W}_1 u_0 + \boldsymbol{W}_{10} \tag{10.1}$$

然后,对中间前一级的输出值 y_1 进行非线性变换,把变换结果作为中间级的输入值:

$$\boldsymbol{u}_1 = f(\boldsymbol{y}_1) \tag{10.2}$$

此处,$\boldsymbol{y}_1$ 是一个中间值向量,来自于输入层,$\boldsymbol{u}_1$ 是隐藏层的输入。$f(\boldsymbol{y}_1)$是非线性函数,如下表示:

$$f(\boldsymbol{y}_i) = \frac{1 - \mathrm{e}^{-\lambda \boldsymbol{y}_i}}{1 + \mathrm{e}^{-\lambda \boldsymbol{y}_i}} \tag{10.3}$$

隐藏层和输出层之间的关系如下:

$$\boldsymbol{y}_2 = \boldsymbol{W}_2 \boldsymbol{u}_1 + \boldsymbol{W}_{20} \tag{10.4}$$

$$\boldsymbol{u}_2 = f(\boldsymbol{y}_2) \tag{10.5}$$

然后输出结果就可以计算出来了,系统期望的输出是已知的。正交函数定义如下:

$$J = \frac{1}{2}(\boldsymbol{z} - \boldsymbol{u}_2)(\boldsymbol{z} - \boldsymbol{u}_2)^{\mathrm{T}} \tag{10.6}$$

根据输出层的权值对这个函数进行优化处理。使用快速下降法优化,可得如下微分方程:

$$\frac{\mathrm{d}\boldsymbol{W}}{\mathrm{d}t} = -\mu(t)\frac{\partial J(\boldsymbol{W})}{\partial \boldsymbol{W}} \tag{10.7}$$

输出误差定义为 $\boldsymbol{e} = \boldsymbol{z} - \boldsymbol{u}_2$,代价函数的梯度为

$$\frac{\partial J}{\partial \boldsymbol{W}_2} = -f'(\boldsymbol{y}_2)(\boldsymbol{z} - \boldsymbol{u}_2)\boldsymbol{u}_1^{\mathrm{T}} \tag{10.8}$$

这里,$\boldsymbol{u}_1$ 是 y_2 关于 $\boldsymbol{W}_2$ 的梯度,节点激活函数 f 的导数 f' 定义如下:

$$f'(\boldsymbol{y}_i) = \frac{2\lambda_1 \mathrm{e}^{-\lambda_1 y_i}}{(1 + \mathrm{e}^{-\lambda y_i})^2} \tag{10.9}$$

然后,输出层的修正误差为

$$e_{2b} = f'(y_2)(z - u_2) \tag{10.10}$$

输出层的递归权重更新式为

$$W_2(i+1) = W_2(i) + \mu_2 e_{2b} u_1^T + \Omega[W_2(i) - W_2(i-1)] \tag{10.11}$$

式(10.11)是离散时间更新规则,常量 Ω 对较大的权重的变化进行平滑并加速算法的收敛。然后,从输出层到输入层的后向传播误差和输入层的权重 **W**1 更新规则如下:

$$e_{1b} = f'(y_1) W_2^T e_{2b} \tag{10.12}$$

$$W_1(i+1) = W_1(i) + \mu_1 e_{1b} u_0^T + \Omega[W_1(i) - W_1(i-1)] \tag{10.13}$$

训练数据连续、循环地输入到 FFNN,然后一遍又一遍重复,初始权重是前一个循环的输出。这个过程在收敛的时候结束,因此,训练过程是递归迭代的。式(10.11)和式(10.13)中 u 值不需要与 Ω 相同。

10.2.1.2 递归最小二乘滤波算法

下面,我们简单介绍两种 ANN 的递推算法:①非线性输出算法;②线性输出算法。这两种算法都建立在 KF 理论的基础上。

10.2.1.2.1 后向传播递归最小二乘滤波算法:带有非线性输出层

该训练算法的前向传递过程中,信号 y 和 u 在每一层都要进行计算。增益 K_1 和 K_2 在每一层都要进行计算,并且要合理选择遗忘因子 f_1 和 f_2。常用的标准数据处理流程如下。

第一层,滤波增益 K_1 和协方差矩阵 P_1 的更新方程为

$$K_1 = P_1 u_0 (f_1 + u_0 P_1 u_0)^{-1} \tag{10.14}$$

$$P_1 = (P_1 - K_1 u_0 P_1)/f_1 \tag{10.15}$$

第二层,滤波增益 K_2 和协方差 P_2 的更新表达式为

$$K_2 = P_2 u_1 (f_2 + u_1 P_2 u_1)^{-1} \tag{10.16}$$

$$P_2 = (P_2 - K_2 u_1 P_2)/f_2 \tag{10.17}$$

修正的输出误差为

$$e_{2b} = f'(y_2)(z - u_2) \tag{10.18}$$

隐藏层误差为

$$e_{1b} = f'(y_1) W_2^T e_{2b} \tag{10.19}$$

最后,输出层权重更新规则为

$$W_2(i+1) = W_2(i) + (d - y_2) K_2^T \tag{10.20}$$

上面的 d 定义为

$$d_i = \frac{1}{\lambda} \ln\left[\frac{1 + z_i}{1 - z_i}\right] \quad 且\ z_i \neq 1 \tag{10.21}$$

对于隐藏层,更新权重规则为

$$\boldsymbol{W}_1(i+1)=\boldsymbol{W}_1(i)+\mu\boldsymbol{e}_{1b}\boldsymbol{K}_1^{\mathrm{T}} \tag{10.22}$$

在这个算法中,卡尔曼滤波增益需要进行计算,而其他方面,训练过程与 BP 算法相同。当使用式(10.22)的权重更新规则时,μ 值的范围与式(10.13)使用时不同。

10.2.1.2.2　后向传播递归最小化方差滤波算法:带有线性滤波层

在线性条件下,输出层是线性的,仅仅在内层是非线性的,因此,可以直接应用线性卡尔曼滤波算法。输出的计算式为

$$\boldsymbol{u}_2=\boldsymbol{y}_2 \tag{10.23}$$

卡尔曼滤波增益计算与上面的情况相同。输出层不是非线性的,输出层的误差为

$$\boldsymbol{e}_{2b}=\boldsymbol{e}_2=(\boldsymbol{z}-\boldsymbol{y}_2) \tag{10.24}$$

后向传播输出误差为

$$\boldsymbol{e}_{1b}=f(\boldsymbol{y}_1)\boldsymbol{W}_2^{\mathrm{T}}\boldsymbol{e}_{2b} \tag{10.25}$$

权重更新规则为

$$\boldsymbol{W}_2(i+1)=\boldsymbol{W}_2(i)+\boldsymbol{e}_{2b}\boldsymbol{K}_2^{\mathrm{T}} \tag{10.26}$$

$$\boldsymbol{W}_1(i+1)=\boldsymbol{W}_1(i)+\mu\boldsymbol{e}_{1b}\boldsymbol{K}_1^{\mathrm{T}} \tag{10.27}$$

数据处理线性算法的递归迭代过程与后向传播算法一样。辨别神经网络预测性能,将输出结果与期望结果进行对比,来判断神经网络的预测能力,其中可以采用均方误差(MSE)的标准来判断性能的好坏。

10.3　径向基函数神经网络

RBFNW 是双层神经网络。在 ANN 中,每个隐藏单元都采用径向激活函数。输出结果是隐藏层输出之和。输入是非线性的,输出是线性的[9]。利用训练结果和预测结果之间的均方误差,使用合适的训练算法,来计算权重值。径向基神经网络(RBFNW)已经广泛用于混沌时序建模、系统识别、控制工程、电子设备建模、信道均衡、语音识别、图像识别、阴影识别形状、三维建模、手势估计、移动物体分割和传感器数据融合等方面。

10.3.1　神经网络结构

图 10.3 描述了径向基函数(RBF)神经网络结构图。RBF 是双层前向神经网络(FFNN),有一组输入/输出。它的隐藏层的每个单元都是一个径向基函数。典型的激活函数有薄板样条函数、高斯函数和高斯混合函数。高斯激活函数如下:

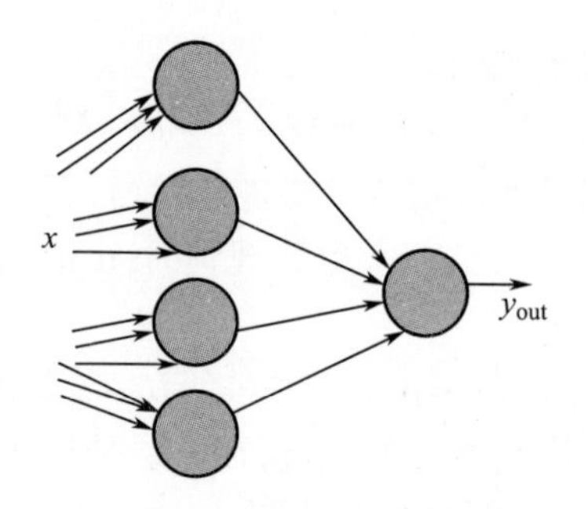

图 10.3　径向基函数神经网络

$$\phi_1(\boldsymbol{u}) = \exp\{-(\boldsymbol{u}-m_i)^{\mathrm{T}}P_i^{-1}(\boldsymbol{u}-m_i)\} \tag{10.28}$$

式中:u 为输入信号,隐藏层为 $i=1,2,\cdots,n_h$。m 和 P 分别是第 i 个高斯函数的均值和协方差。在几何意义上,径向基表示多维度空间的一个突起,均值向量是其位置,P 是激活函数的形状,激活函数用 m 和 P 构建一个第一状态和第二状态的概率函数。因此,输出层结果的表达式为

$$U_j(\boldsymbol{u}) = \sum_{i=1}^{n_h} W_{ij}\phi_i(\boldsymbol{u}) \tag{10.29}$$

$\boldsymbol{W}_s$ 是隐藏层到输出层的权重,共有 $j=1,2,\cdots,n_0$ 个输出单元。

在模式分类中,RBF 函数是一个 sigmod 函数:

$$\phi_j(\boldsymbol{u}) = \frac{1}{1+\exp\{-U_j(\boldsymbol{u})\}} \tag{10.30}$$

10.3.2　RBF 性质

径向基函数神经网络的特点是其位置和激活超曲面,如果它是高斯函数,那么它的特征表现为两个参数:均值和协方差。如果协方差矩阵 $\boldsymbol{P}$ 是对角阵,矩阵的每个元素都相等,那么这个超曲面是 N 维球面,否则就是一个超椭圆体。如果是后者,则随着距离椭圆体中心的马氏距离(MD)的增大,激活函数的影响下降。标准化的马氏距离为

$$d(\boldsymbol{u},\boldsymbol{v}) = (\boldsymbol{u}-\boldsymbol{v})\boldsymbol{P}^{-1}(\boldsymbol{u}-\boldsymbol{v})^{\mathrm{T}} \tag{10.31}$$

式中:$\boldsymbol{P}$ 是输入数据的协方差矩阵。这个表达式意味着,在距径向基函数中心的马氏距离较大的位置处的样本点,不能有效激活基函数。因此,最有效的激活是当数据和均值向量一致的时候。高斯基函数是准正交的。同样,如果两个基函数的中心相距很远,那么两个基函数的径向基函数接近零。具有输出权重 $\boldsymbol{W}_s$ 的隐层单元,它们的激活域连接在了一起,就像相同的电荷形成电子场一样[9]。不同符号的权值形成的激活域,就像极性相反的电荷形成的电子场一样[9]。RBF 适合进行插值、函数建模、概率建模,甚至可以用于贝叶斯规则。

10.3.3 RBF 训练算法

RBF 训练代价函数定义如下：

$$J = \sum_{n=1}^{N} (\boldsymbol{U}_j(u_n) - \boldsymbol{V}(u_n))^{\mathrm{T}}(\boldsymbol{U}_j(u_n) - \boldsymbol{V}(u_n)) \tag{10.32}$$

N 表示训练集数据的向量总数，$\boldsymbol{U}$ 是 RBF 输出向量，$\boldsymbol{V}$ 是与数据采样相关的向量，RBF 神经网络参数使代价函数 J 最小化。优化训练算法有以下几种方法：①基于 Gram-Schmidt 算法的正交最小二乘方法；②SD 算法；③最大期望算法；④学习向量量化。RBF 中心随机初始化。使用欧几里得距离自适应寻找最近中心。中心更新如下：

$$\hat{m}_i = \hat{m}_1 + \boldsymbol{\eta}(u_n - \tilde{m}_i) \tag{10.33}$$

式(10.33)中的训练速率可以看作是数据采样总数的倒数。中心是经典的一阶统计估计。然后，使用最小二乘法对输出权重进行估计[4]。

10.4 递归神经网络

递归神经网络(RNN)是一种特殊的结构：具有部分或者全部输出反馈的前向神经网络[4]，如图 10.4 所示。文献[4]中提到 RNN 可以对任意线性或非线性动态系统参数进行有效估计。RNN 是动态神经网络，因此在状态空间模型中很容易计算参数估计。RNN 适用于方程误差公式，所以可以用在动态系统中进行参数估计。RNN 的迭代过程是，用一组数据集计算代价函数和估计误差的梯度。使用基于误差及其梯度的迭代过程来对估计进行改进。我们从显参估计的角度来研究 RNN 的变量。可以看到这些变量通过状态空间的仿射变换或线性变换而彼此相关。通过对状态、加权状态、神经网络信号残差和强迫输入等参数进行 Sigmod 非线性运算，来对 RNN 的变量进行归类。

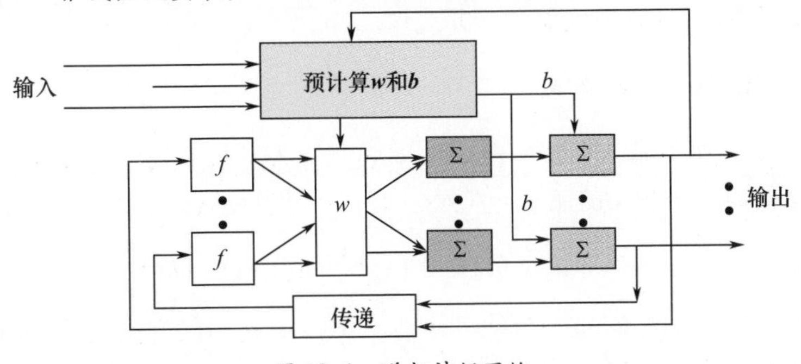

图 10.4 递归神经网络

10.4.1 RNN-S/Hopfield 神经网络

这种神经网络的一种形式是 Hopfield 神经网络(HNN),它由大量相互连接的处理单元组成的。神经网络的输出是神经网络状态的非线性函数。神经网络的动态模型如图 10.5(a)所示。

$$\dot{\boldsymbol{x}}_i(t) = -\boldsymbol{x}_i(t)\boldsymbol{R}^{-1} + \sum_{j=1}^{n} \boldsymbol{W}_{ij}\boldsymbol{\beta}_i(t) + \boldsymbol{b}_i; j = 1,2,\cdots,n \qquad (10.34)$$

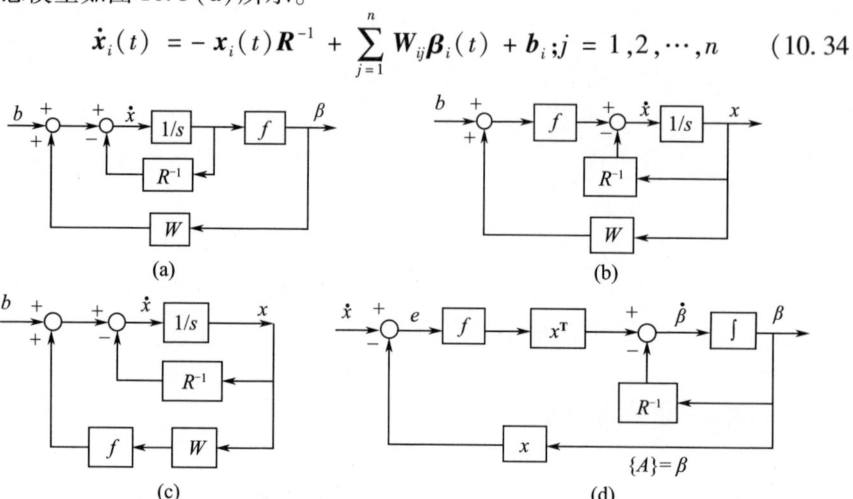

图 10.5 RNN 结构

(a)S 结构;(b)FI 结构;(c)WS 结构;(d)E 结构。

令 $\boldsymbol{x}$ 为内部状态,$\boldsymbol{\beta}$ 为输出状态,$\boldsymbol{B}_j(t) = f(\boldsymbol{x}_j(t))$,$\boldsymbol{w}_{ij}$ 是神经权重,$\boldsymbol{b}$ 是到神经网络的偏置输出,f 是 S 形非线性函数。R(像电路的阻抗)是神经元的阻抗,n 是神经元状态的维数。式(10.34)可以简化为

$$\dot{\boldsymbol{x}}(t) = -\boldsymbol{x}(t)\boldsymbol{R}^{-1} + \boldsymbol{W}\{f(\boldsymbol{x}(t))\} + \boldsymbol{b} \qquad (10.35)$$

式(10.35)表示经典的动态神经元,它具备以下基本特征:① 神经元是输入到输出的转换器;② 有一个满足最大输出的平滑的 S 形响应;③ 有反馈。因此,这个模型具有两个特征:动态性和非线性。

10.4.2 RNN-强制输入

在 RNN - 强制输入(RNN-FI)中,对强制输入进行非线性变换,$\boldsymbol{FI}$=加权状态 + 网络的输入→修正的输入 $=f(\boldsymbol{Wx}+\boldsymbol{b})$。神经网络动态变化(图10.5(b)中)为

$$\dot{x}_i(t) = -x_i(t)R^{-1} + f\left(\sum_{j=1}^{n} w_{ij}x_j(t) + b_i\right) \qquad (10.36)$$

其中,$f(\cdot) = f(\boldsymbol{FI})$。这个神经网络与 RNN-S 是仿射变换关系。将 $\boldsymbol{x}_H(t) = \boldsymbol{Wx} + \boldsymbol{bR}$ 代入式(10.35),可得[3]

$$W\dot{x} = -(Wx + bR)R^{-1} + Wf(Wx + bR) + b$$

$$W\dot{x} = -WxR^{-1} - b + Wf(Wx + bR) + b$$

$$\dot{x} = -xR^{-1} + f(Wx + bR)$$

$$\dot{x} = -xR^{-1} + f(FI) \qquad (10.37)$$

由于 $\boldsymbol{bR}$ 的限制，将 $\boldsymbol{FI}$ 作为修正输入向量，并且假定 $\boldsymbol{W}$ 是可逆的。式(10.37)与式(10.36)的 RNN-FI 具有相同的形式。

10.4.3 RNN 加权状态

在 RNN 加权状态(RNN-WS)中，对加权状态进行非线性操作。神经网络动态变化的描述(如图 10.5(c))如下：

$$\dot{x}_i(t) = -x_i(t)\boldsymbol{R}^{-1} + f(s_i) + b_i \qquad (10.38)$$

其中，$s_i = \sum_{j=1}^{n} w_{ij}x_j$。可以看出神经网络与 S 形递归神经网络可以相互转换。把 $\boldsymbol{x}_H(t) = \boldsymbol{Wx}$ 代入式(10.35)可得

$$\begin{cases} \boldsymbol{W\dot{x}} = -(\boldsymbol{Wx})R^{-1} + \boldsymbol{W}f(\boldsymbol{Wx}) + \boldsymbol{b} \\ \dot{\boldsymbol{x}} = -\boldsymbol{x}\boldsymbol{R}^{-1} + f(\boldsymbol{s}) + \boldsymbol{W}^{-1}\boldsymbol{b} \end{cases} \qquad (10.39)$$

对于带有修正输入的向量，矩阵 $\boldsymbol{W}$ 是可逆的。

10.4.4 RNN 误差

在 RNN 误差(RNN-E)中，对残差和方程误差进行非线性运算。函数 f 或者它的导数 f' 不能进入动态方程里。然而，将它们进行量化并不会对残差造成影响，因此要减少测量孤立点的影响，稳健的估计值可以用 NW 结构算出来，用来处理输出的异常值。NW 动态方程由图 10.5(d)给出。

$$\dot{x}_i(t) = -x_i(t)R^{-1} + \sum_{j=1}^{n} w_{ij}x_j(t) + b_i \qquad (10.40)$$

式中：x_i 就是动态系统里的参数 β_i。

10.5 软计算中的模糊逻辑和模糊系统

在第 3 章我们已经讨论了 1 型模糊逻辑(T1FL)和 2 型模糊逻辑(T2FL)的概念。本节进一步阐述模糊逻辑的一些特性(作为软计算的一部分)，因此，这部分内容实际上是第 3 章的一个补充。

10.5.1 传统逻辑

传统逻辑(Traditional Logic,TL)的一个主要目的就是为要讨论的命题的真伪提供准则。有趣的是,逻辑语言以数学为基础并且推理过程精确而清晰(在基于硬决策的清晰逻辑中更是如此,详见第3章)。逻辑语句由某些声明组成,声明是一些明确对错、没有歧义的句子。日常生活中的事实很容易用简单的陈述来描述,比如"10是一个偶数",我们写成如下格式:

$$10 \in \{x \mid x\text{是一个偶数}\}\text{或}10 \in \{x \mid P(x)\} \tag{10.41}$$

在式(10.41)中,P表示x的属性,这就是谓词。谓词中的一些特定值被指定后就是命题。命题的真假可以被验证或者计算出来。我们用论域(Universe Of Discourse,UOD)来确定一个声明的估计值的范围。例如在式(10.41)中,UOD是自然数集。再例如,对于所有的x和y,x^2-y^2等同于$(x+y)(x-y)$可以用如下的数学形式来表示:

$$\forall x,y((x,y \in \mathrm{R}) \wedge (x^2-y^2)=(x+y)(x-y)) \tag{10.42}$$

这里$\wedge$代表逻辑与,R是实数论域。因此,命题(10.42)在实数域是正确的。因此,论域的概念在避免逻辑悖论中很有用。模糊逻辑中也有"存在"量词,用来描述集合中至少有一个元素这个命题就为真,例如$(\exists x)(\mathrm{river}(x) \wedge \mathrm{name}(\mathrm{Kaveri}))$。同时还有一些连接词,用来连接一些命题句子形成复杂式:和$\wedge$,或$\vee$,非~。事实上非不是连接词,它仅适用于单个命题。在传统逻辑里主要的逻辑推理方法就是重言式,例如假言推理:$(A \wedge (\rightarrow B)) \rightarrow B$,这里→代表蕴含。有一些基于这些连接词的真值表。亚里士多德观念是有用的但也存在以下问题:①它们不能表达模糊不清的情况;②它们缺乏量词;③无法处理异常情况。如果我们认为温度是一个变量,"他体温高"是一个命题,这里模糊不清的概念就是温度"高"到底多高算高,多高算不高。"大部分人中午之前到了",这个命题中缺少量词,"大部分"既不能表述成论域也不是存在量词。传统命题的一个最大局限就是表述事情有时是正确的,但不总是正确。

10.5.2 模糊集和不确定性

模糊逻辑概念基于这样一个事实,即对不同的人来说温度"高"的程度不同,并且也取决于不同的应用场合。因此,模糊逻辑是基于模糊集合的。传统逻辑中的边界是非常清晰明确的,而在模糊逻辑集合中允许成员部分属于该集合。模糊逻辑/集合分析和设计涉及:模糊化、评价规则(If…Then)和去模糊化。在模糊逻辑/集合中,利用演绎推理将A和B抽象为模糊集合特征。因为元素可能是多个集合的成员,因此模糊逻辑允许违背传统集合中不能有矛盾的规则。一个集合与它补集的交集不一定是一个空集→被排除的中间部分是不适用的。每一个明确集合也都是一个模糊集,或者说明确集是模糊逻辑集的一个特例。模糊集合 A 是论域 U 的一个子集,它的隶属函数用 $\mu_A(x)$ 表示。这个函数给出了属于模糊集 A 的等级,关于模糊逻辑集的一些操作在第 3 章中已经介绍过了。

软计算能够处理不确定性。这里只是讨论它的不确定性。例如,“今天下雨的概率是 0.9”就是一个随机不确定性。“我们可能会有一个成功的财政年度”也是不确定性的。这种不确定性可能是以模棱两可、不完备或噪声的方式呈现。传统意义上讲的不确定性问题,可以采用概率论(非常有效的方法)、贝叶斯规则、香农理论(熵/信息缺乏)和 DS 证据理论等方法进行处理。

10.5.3 产生式规则

在第 3 章中我们已经看到,FIS 需要:①模糊语言变量和在模糊集中设定模糊值;②产生式规则,如“If…A,Then…B”等;③去模糊化。产生式规则代表的是人类专家系统分析/设计的知识经验。我们也知道,知识是非常抽象的概念,我们总是尽可能地试图去获得这些知识规则,并在控制系统的设计中应用这些知识。在第 3 章中已经看到,模糊规则库的不确定性不能由一型模糊逻辑处理,但是可以用 T2FL/IT2FL 来处理。通过定义不同的(知识)产生式规则,获得的知识在某种意义上就可以应用到 FIS 中。在构建以 FL/S 为基础的人工智能专家控制系统中,产生式规则“If…then”是易于理解并方便使用的一种对知识的建模方式。为了应对困难的计算,构建 FIS 和 FL/S 系统是软计算(SC)哲学中非常重要的一部分,因为 SC 范式允许数学表达存在不确定性、模糊性和计算过程模糊性。知识可以基于[10]:规则、事实、真理、原因、违约、启发。知识工程师利用技术来获取知识中即将出现的问题。

在“If… A,Then… B”规则里,左边的 If 代表前因或者条件部分,规则的右边 Then 代表结论或者是操作部分。规则用来对即将出现的数据模式/特征向量和接下来要进行的活动之间的经验联系进行编码。这些规则可以通过归纳学习的方法得到。在传统的产生式规则里只有一个规则可以使用。在 FL/FIS 系统里所有的适用规则都可以用来产生输出结果。由于 FIS 系统集成了很多的知识和信息,因此需要的规则较少。

10.5.4 语言变量

FL/S 和 FIS 用到的语言变量[10]有:①名称(x);②术语集($T(x)$);③论域→x;④语法规则→生成的值 x 的名字;⑤把意义和值关联起来的语义规则。如果 x 是温度,术语集合 T 即为

$$T(\text{温度}) = \{\text{冷,凉爽,温暖,热}\},\text{论域} = \{0,250\} \tag{10.43}$$

10.5.5 模糊逻辑和函数

在本质上,FL 集合是:①(模糊)成员函数(Membership Functions,MF);②"If…Then"规则;③FL 输出的结合方法:FL 算子、FIF 和集成方法→FS 定义、操作、特性和变换;④去模糊化。这些细节已经在第 3 章中讨论过了。事实上模糊这个词指的是语言上的不确定→"高"这个词→意味着引入了一个范围/变化→描述了一个等级。因此,模糊逻辑是用 MF 变量。

10.5.6 模糊限制语

冷、凉、温暖和热是语言上的温度变量的变量值,见式(10.43)。一般来说,语言变量的值是复合名词 $x = x_1, x_2, \cdots, x_n$,其中每个 u 是原子术语。利用模糊限制语的概念从原子词可以创造更多的词,如很、最多、相反、略、或多或少等,因此,用模糊限制语我们可以得出比式(10.43)更大的集合。可以通过规范化、增强、集中和扩大的过程来定义模糊限制语,例如,使用集中,我们将 very x 定义为

$$\text{very } x = x^2 \text{且 very very } x = x^4 \tag{10.44}$$

假设,我们将变量定义为 $x = 1/10 + 0.7/20 + 0.3/40 + 0/60 + 0/80 + 0/100$,然后得到如下模糊限制语变量的表达[10]:

$$\begin{aligned}
&\text{a. very slow} = x^2 = 1.0/0 + 0.49/20 + 0.09/40 + 0.0/60 + 0.0/80 + 0.0/100 \\
&\text{b. very very slow} = x^4 = 1.0/0 + 0.24/0 + 0.008/40 + \\
&\qquad 0.0/60 + 0.0/80 + 0.0/100 \\
&\text{c. more or less slow} = x^{0.5} = 1.0/0 + 0.837/20 + 0.548/40 + 0.0/60 + \\
&\qquad 0.0/80 + 0.0/100
\end{aligned} \tag{10.45}$$

模糊语言限制词 rather 是一个语言修饰符,赋予每个成员一个适当的量,可以得到(统一设置量后)

$$\text{d. rather slow} = 0.7/0 + 0.3/20 + 0.0/40 + 0.0/60 + 0.0/80 \tag{10.46}$$

Slow but not very slow 是一个修饰,使用连接词"but",它反过来又是一个交叉算子,其隶属度函数的离散形式如下[10]:

$$\begin{aligned}
&\text{e. slow} = 1.0/0 + 0.7/20 + 0.3/40 + 0.0/60 + 0.0/80 + 0.0/100 \\
&\text{f. very slow} = 1.0/0 + 0.49/20 + 0.09/40/0.0/60 + 0.0/80 + 0.0/100 \\
&\text{g. not very slow} = 0.0/0 + 0.51/20 + 0.91/40 + 1.0/60 + 1.0/80 + 1.0/100 \\
&\text{h. slow but not very slow} = \min(\text{slow}, \text{not very slow}) = \\
&\qquad 0.0/0 + 0.51/20 + 0.3/40 + 0.0/60 + 0.0/80 + 0.0/100
\end{aligned} \tag{10.47}$$

Slightly 这个模糊限制语是 FS 算子的集合,其作用于 FS 上:plus Slow 和

'not'(very slow);slightly slow = Int(范数(plus slow 而 NOT very slow)。这里,plus slow 是交叉算子[10]:

i. slow = 1.0/0 + 0.7/20 + 0.3/40 + 0.0/60 + 0.0/80 + 0.0/100

j. plus slow = 1.0/0 + 0.64/20 + 0.222/40 + 0.0/60 + 0.0/80 + 0.0/100

k. not very slow = 0.0/0 + 0.51/20 + 0.91/40 + 1.0/60 + 1.0/80 + 1.0/100

l. plus slow and not very slow = min(plus slow, not very slow) =
0.0/0 + 0.51/20 + 0.222/40 + 0.0/60 + 0.0/80 + 0.0/100

m. norm(plus slow and not very slow = (plus slow and not very slow/max) =
0.0/0 + 1.0/20 + 0.435/40 + 0.0/60 + 0.0/80 + 0.0/100

n. slightly slow = int(norm) = 0.0/0 + 1.0/20 + 0.87/40 +
0.0/60 + 0.0/80 + 0.0/100 (10.48)

通过式(10.48)来研究式(10.44),似乎能更好地欣赏句法和语义方面的意义的规则。使用 hedge→T(slow) = {slow,very slow,very very slow,…},语法规则以递归的方式可以定义更多的术语集。语义规则定义术语的含义,如 very slow 可以被定义为 very slow = $(\text{slow})^2$。显然,我们可以构造新的模糊限制语或修改现有的意义。

10.5.7 FIS/FLC 发展过程

在基于 FL 的推理系统和控制系统的分析/设计的发展过程中,涉及以下步骤[10]:

(1)构建系统的特征,对提出的模糊模型的操作特性进行定义:

a. 第一步,可以使用传统的系统分析和知识来设计技术;如果必要,分析者和设计者应该给系统找到包括基本变换在内的恰当输入;在评价/设计过程中确定系统的期望输出。

b. 设计师应该决定 FLCS 是否为全球系统的一个子系统;如果是,那么定义在什么地方这个子系统能融入全球体系结构;而 FLCS 可能就是全球系统本身。

c. 指定 I/O 的数值范围应被指定。

(2)对每一个 FS 控制变量(I/O)进行分解,并分别给他们独特的名字。

d. 与控制变量相关的标签的数量通常是奇数,并且在 5 ~9 之间。

e. 为了获得从一个状态到另一个状态的平滑过渡,每个标签都应该与其相邻的标签有部分重叠,重叠 10% ~50% 比较好。

f. 在系统的最优控制点上,FS 的密度最高,随着与最优控制点距离的增加,密度值逐渐降低。

(3)将输入值与输出值关联,获得生产式规则:

g. 首先从一个具体的"If…Then"规则开始,然后处理冗余的、不可能的和不真实的规则;如果规则的数量增加,那么可能构造一些规则库;每个规则库处理系统的一种特定情况。

h. 因为每个规则代表少量知识,知识库(Knowledge Base,KB)里的顺序就不重要了。

i. 为了维持知识库,应该通过假定的前提变量对规则进行分组;有多少规则取决于实际应用;同时,数量与控制变量的数量相关。

(4) 确定使用哪种方式,把输出 FS 转换成解变量:

j. 在第3章中,可用很多方法来完成转换的过程,但最常使用的是重心法。

k. 剩下的步骤和仿真试验类似;模糊系统构建结束时仿真的过程就开始了;把模型和测试案例进行对比并且对结果进行改进,直到达到理想的性能。

10.6 卡尔曼滤波中的模糊逻辑在图像质心跟踪中的应用:一种融合类型

本节,我们研究基于模糊逻辑(FL-based)的目标图像(Target-Image,TI)质心检测和跟踪算法(FL-CDTA),这种方法将目标和运动识别方法相结合,在成像传感器中获取到的目标跟踪中来使用 FL-CDTA 方法,FL-CDTA 是一种隐式的(数据—信息—图像)融合方式[6]。

在目标图像跟踪里,使用算法对图像序列进行分析,对图像序列中的运动目标的位置状态和速度信息进行输出。在卡尔曼滤波中把模糊逻辑当作自适应过程的一部分。TI 涉及的检测和跟踪涉及:①内部扫描(单个图像)级——使用图像分割方法、对目标的质心进行计算,来识别潜在目标;②内部扫描(图像之间)级——使用单个或多个目标跟踪技术来跟踪重心,通过目标和运动特征之间的联系来区分出真假目标。把最邻近(Nearest Neighbor,NN)方法与模糊逻辑和卡尔曼滤波结合起来(NNK,见第五章),生成质心跟踪算法。将图像强度离散化,形成若干灰度级,并假定在特定目标层的范围内目标像素有足够的强度。算法要求把图像中的数据转换成二值图像,其做法是通过对目标设阈值限来完成。然后使用神经网络把二进制 TI 转换成聚类。对已知的目标尺寸,设置限制条件,来去除明显异于目标尺寸的那些聚类,以减少计算量。然后计算聚类的重心,将其用于目标跟踪。

10.6.1 分割/质心检测方法

两种类型的分割分别是纹理分割和粒子分割(第7章)。在纹理分割中,图像分割成不同的微区域，每个区域用一组特征进行定义。在粒子分割里，图像分割成目标区域和背景区域，分割是从图像中尽可能精确地提取感兴趣的对象或粒子。在 FL-CDTA 算法中，在背景中，当目标不完全可见时，使用粒子分割来提取目标或感兴趣的对象。像素强度离散化成 256 个灰度级。粒子分割通过两个步骤完成：根据目标及其周围环境的像素强度直方图来确定阈值，通过图像是高于还是低于此阈值，把原灰度级图像转换成二进制图像；检测的像素用神经网络技术进行聚类，使用强度阈值把灰度图像 $Im(i,j)$ 转换为二进制图像 $\beta(i,j)$[6]：

$$\beta(i,j)=\begin{cases}1, & I_L\leqslant Im(i,j)\leqslant I_U\\ 0, & \text{其他}\end{cases} \tag{10.49}$$

这里，I_L 和 I_U 是目标强度限制的上下阈值，像素 (i,j) 的检测概率（DP）定义为[6]

$$\begin{cases}P\{\beta(i,j)=1\}=p(i,j)\\ P\{\beta(i,j)=0\}=1-p(i,j)\end{cases} \tag{10.50}$$

这里，$p(i,j)=(1/\sigma\sqrt{2\pi})\int_{I_L}^{I_U}\mathrm{e}^{(-(x-u)^2)/2\sigma^2}\mathrm{d}x$，考虑到灰度图像 $I(i,j)$ 是均值 μ 和方差 σ^2 的高斯概率分布。当某个像素和聚类中的至少一个像素之间的距离小于 d_p 时，才认为该像素属于这个聚类。d_p 的选取标准为

$$\sqrt{\frac{1}{p_t}}<d_p<\sqrt{\frac{1}{p_v}} \tag{10.51}$$

这里，p_t 和 p_v 分别是目标和噪声像素的概率密度。通过恰当选择近似距离，可以减少噪声。

实践中，d_p 最好接近于 $\sqrt{1/p_t}$，这样可使 TI 的差距降到最低。聚类的重心用无卷积方法确定[6]：

$$(x_c,y_c)=\frac{1}{\sum_{i=1}^{n}\sum_{j=1}^{m}I_{ij}}\left(\sum_{i=1}^{n}\sum_{j=1}^{m}iI(i,j),\sum_{i=1}^{n}\sum_{j=1}^{m}jI(i,j)\right) \tag{10.52}$$

式中：(x_c,y_c) 为聚类的重心；I_{ij} 为 (i,j) 像素的强度；n 和 m 为聚类的尺寸。质心计算之后，使用 FLKF 算法，逐帧计算移动物体的位置。

10.6.2 基于模糊逻辑的卡尔曼滤波算法

这一节，使用 FL 对 KF 的测量进行更新，从而进行 TI 质心跟踪。这个过程为模糊误差映射（Fuzzy Error Mapping，FEM），使用的滤波器为基于模糊逻辑的卡尔曼滤波器（FLKF）。改进的测量更新方程为

$$\hat{X}(k+1/k+1)=\tilde{X}(k+1/k)+\boldsymbol{KC}(k+1) \tag{10.53}$$

这里，$\boldsymbol{C}(k+1)$ 是 FEM 向量，可以把它当作 FIS 的输出，同时 $\boldsymbol{C}(k+1)$ 还是更新向量 $\boldsymbol{e}$ 及其时间导数的非线性函数。在目标跟踪应用程序中使用 FLKF，并且假设只有在位置（$x-y$ 轴）测量的 TI 是可用的。因此，FEM 向量由修正的更新序列组成，即

$$\boldsymbol{C}(k+1) = [\boldsymbol{c}_x(k+1)\ \boldsymbol{c}_y(k+1)] \tag{10.54}$$

要计算 $\boldsymbol{C}(k+1)$，更新向量 $\boldsymbol{e}$ 首先分成 x 和 y 分量，即 $\boldsymbol{\mu}_n$ 和 $\boldsymbol{e}_y$。假设在每一个轴上，TI 的运动是独立的，对 x 方向构建 FEM，把 FEM 应用到 y 轴上。然后对更新序列进行（一阶）数值求导，于是 FEM 向量包含了两个输入，即 $\boldsymbol{e}_x$ 和 $\dot{\boldsymbol{e}}_x$，还包含了一个输出 $\boldsymbol{c}_x(k+1)$，其中 $\dot{\boldsymbol{e}}_x$ 可以通过前向有限差分法进行计算：

$$\dot{\boldsymbol{e}}_x = \frac{\boldsymbol{e}_x(k+1) - \boldsymbol{e}_x(k)}{T} \tag{10.55}$$

10.6.3 使用 FIS 实现模糊误差映射

输入/输出 MF 见文献[6]的第 7 章。本节和文献[6]的主要区别是：我们使用的跟踪数据是 TI，在卡尔曼滤波中使用模糊逻辑方法。在语言变量中用来定义成员函数的标签是：大负（LN），中负（MN），小负（SN），零错误（ZE），小正（SP），中正（MP）和大正（LP）。FIS 的推理规则是过去的经验和直觉的判断。例如，规则为

$$\text{If } \boldsymbol{e}_x \text{ is LP AND } \boldsymbol{e}_y \text{ is LP Then } \boldsymbol{C}_x \text{ is LP} \tag{10.56}$$

这个规则是这样创建的：$\boldsymbol{e}x$ 和 $\dot{\boldsymbol{e}}_x$ 具有大正值表明更新序列的速率更快。通过增加 $\boldsymbol{c}_x(\approx \boldsymbol{Z}-\boldsymbol{H}\tilde{\boldsymbol{X}})$ 当前的值可以减少 $\boldsymbol{e}_x$ 和 $\dot{\boldsymbol{e}}_x$ 的未来的值（事实上，文献[5]中的表 9.15 总结了实现 REM 所需的 49 个规则，而文献[5]中的表 9.16 给出了完成类似的任务所需的四个重要规则）。利用输入 $\boldsymbol{e}_x$ 和 $\dot{\boldsymbol{e}}_x$ 和表中提到输入成员函数、规则，以及使用聚合器和去模糊化操作，可以立即计算出输出 $\boldsymbol{c}_x$。

10.6.4 合成图像数据的仿真

为了生成合成图像，使用前视红外传感器（Forward Looking Infrared Sensor，FLIR）的数学模型。考虑二维阵列的像素：

$$m = m_\xi \times m_\eta \tag{10.57}$$

其中，每个像素指数用 $i=1,2,\cdots,m$ 进行表示，该像素的强度用 I 进行表示，I 为

$$I_i = s_i + n_i \tag{10.58}$$

这里，s_i 是目标强度，n_i 是像素 i 的噪声强度，假定 n_i 是均值为零、协方差为

σ^2 的高斯函数。TI 的总强度为

$$s = \sum_{i=1}^{m} s_i \tag{10.59}$$

如果被目标覆盖的像素的数量用 m_s 表示，则平均目标强度为

$$\mu_s = \frac{s}{m_s} \tag{10.60}$$

平均像素信噪比为（超过目标的程度）

$$r' = \frac{\mu_s}{\sigma} \tag{10.61}$$

使用上述步骤，利用下面的输入，可以产生合成图像：①目标像素强度（s_i）：$N(\mu_t, \sigma_t^2)$。②噪声像素强度（n_i）：$N(\mu_n, \sigma_n^2)$。③TI－矩形（底为 NX，高为 NY）。④每一次扫描中的目标位置（x 坐标和 y 坐标）。在图像帧中，利用目标的运动学模型对 TI 的运动进行数值模拟。使用匀速（CV）运动学模型生成的数据，来确定在每次扫描中的目标位置。

10.6.4.1 状态模型

用来描述匀速目标运动的状态模型为

$$\boldsymbol{X}(k+1) = \begin{bmatrix} 1 & T & 0 & 0 \\ 0 & 1 & 0 & 0 \\ 0 & 0 & 1 & T \\ 0 & 0 & 0 & 1 \end{bmatrix} \boldsymbol{X}(k) + \begin{bmatrix} T^2/2 & 0 \\ T & 0 \\ 0 & T^2/2 \\ 0 & T \end{bmatrix} \boldsymbol{\omega}(k) \tag{10.62}$$

这里 $\boldsymbol{X}(k) = [\boldsymbol{x} \quad \dot{\boldsymbol{x}} \quad \boldsymbol{y} \quad \dot{\boldsymbol{y}}]^{\mathrm{T}}$，$T$ 是采样周期，$\boldsymbol{\omega}(k)$ 是均值为零，方差为 $Q = \begin{bmatrix} \sigma^2 & 0 \\ 0 & \sigma^2 \end{bmatrix}$ 的高斯噪声。

10.6.4.2 测量模型

测量模型为

$$\boldsymbol{Z}(k+1) = \begin{bmatrix} 1 & 0 & 0 & 0 \\ 0 & 0 & 1 & 0 \end{bmatrix} \boldsymbol{X}(k+1) + \boldsymbol{v}(k+1) \tag{10.63}$$

这里 $\boldsymbol{v}(k)$ 是均值为零的质心测量噪声，其协方差矩阵为

$$\boldsymbol{R} = \begin{bmatrix} \sigma^2 & 0 \\ 0 & \sigma^2 \end{bmatrix} \tag{10.64}$$

假定过程噪声和质心测量噪声是不相关的。

10.6.5 门控和神经网络的数据关联

神经网络方法用于数据关联，如在图像处理、声纳、无线通信和雷达中的数据关联。该方法的步骤是：①把所有待考察点作为新目标；②根据每个目标上一

个位置处设置的门宽,来找到每个目标对应的考察点(在门内出现的考察点和对应的目标有关);③在每个门内出现的最近的考察点当作目标最终的观察点;④根据上一个位置和对应的后续的观察点,启动跟踪算法,估计目标轨迹;⑤小于预先设定长度的所有轨迹都应该删除。门控方法已经在第4章和第5章讨论过。在门内,测量值有所下降,但无论这个测量值是否与TI有关,对于数据关联来说,都认为该测量值有效。门控方法的问题是,测量值需要更新。在第k次扫描中,来自传感器的测量值为

$$\boldsymbol{Z}(k+1)=\boldsymbol{H}\boldsymbol{X}(k+1)+\boldsymbol{v}(k+1) \tag{10.65}$$

在第k次扫描时,FLKF跟踪算法对状态向量$\boldsymbol{X}(k)$进行预测,预测值$\tilde{\boldsymbol{X}}(k+1|k+1)$为

$$\hat{\boldsymbol{X}}(k+1|k+1)=\tilde{\boldsymbol{X}}(k+1|k)+\boldsymbol{K}\boldsymbol{C}(k+1) \tag{10.66}$$

这里,$\boldsymbol{C}(k+1)=[\boldsymbol{c}_x(k+1) \quad \boldsymbol{c}_y(k+1)]$

相关残余协方差矩阵$\boldsymbol{S}$为

$$\boldsymbol{S}(k+1)=\boldsymbol{H}\tilde{\boldsymbol{P}}(k+1|k)\boldsymbol{H}^{\mathrm{T}}+\boldsymbol{R} \tag{10.67}$$

假设在条件z^k下,第$k+1$帧的测量值$\boldsymbol{z}(k+1)$是高斯的

$$p[\boldsymbol{z}(k+1)|z^k]=N[\boldsymbol{z}(k+1)\tilde{z}(k+1|k),\boldsymbol{S}(k+1)] \tag{10.68}$$

这里,$N[.,.,]$是随机变量$\boldsymbol{z}(k+1)$的高斯型概率密度函数,其均值是$\boldsymbol{z}(k+1|k)$,更新协方差矩阵为$\boldsymbol{S}(k+1)$。那么,在该区域,真正的测量定义为

$$\boldsymbol{V}(k+1,\gamma)\approx\left\{\begin{matrix}[\boldsymbol{z}(k+1)-\tilde{z}(k+1|k)]^{\mathrm{T}}\boldsymbol{S}^{-1}(k+1)\\ [\boldsymbol{z}(k+1)-\tilde{z}(k+1|k)]\leqslant\gamma\end{matrix}\right\} \tag{10.69}$$

$$=\boldsymbol{\vartheta}^{\mathrm{T}}(k+1)\boldsymbol{S}^{-1}(k+1)\boldsymbol{\vartheta}(k+1) \tag{10.70}$$

这里,γ是阈值,它决定了测量值$\boldsymbol{z}(k+1)$在门里面的概率。$\boldsymbol{\vartheta}^{\mathrm{T}}(k+1)S^{-1}(k+1)\boldsymbol{\vartheta}(k+1)$是具有零均值和单位标准方差的独立高斯变量$n_z$的平方和,因此它服从$\chi^2_{n_z}$分布。阈值$\gamma$可以从$\chi^2$分布表中获得。

10.6.6 FL-CDTA仿真:举例说明

背景图像为64×64像素的二维数组,背景图像模型为白色高斯随机场$N(\mu_n,\sigma_n^2)$,其均值为μ_n、方差为σ_n^2。构建另一个白色高斯随机场,其均值为μ_t、方差为σ_t^2,用它来产生一个9×9像素的二维数组,将其表示为目标。在这个例子中,使用49种规则来构建FEM。扫描的总次数是50,图像帧率是1帧/s。图像帧中目标的初始状态向量是$\boldsymbol{X}=[\boldsymbol{x} \quad \dot{\boldsymbol{x}} \quad \boldsymbol{y} \quad \dot{\boldsymbol{y}}]^{\mathrm{T}}=[10 \quad 0 \quad 10 \quad 0]^{\mathrm{T}}$。不同的时间历程,状态误差和状态更新图在图10.2～图10.4中给出(由MATLAB代码**imtrackFLD-FM.m**生成)。由于图像噪声很大,估计值也是有噪声的,但是FL-CDTA仍然能够

跟踪目标。表 10.1 显示了性能指标。标准状态误差和标准更新误差分别为 1.4117 和 0.6684。从图 10.6 ~ 图 10.8,以及从表 10.1 中可以看到,各种性能参数在可接受的范围内,显示了对 TI 跟踪时 FL-CDTA 算法的一致性。

表 10.1　x 轴和 y 轴方向上的 PFE 以及 RMS 的位置/速度误差(FL-CDTA)(%)

PFEx	**PFEy**	**RMSPE**	**RMSVE**
0.7079	0.5819	0.3512	0.01108

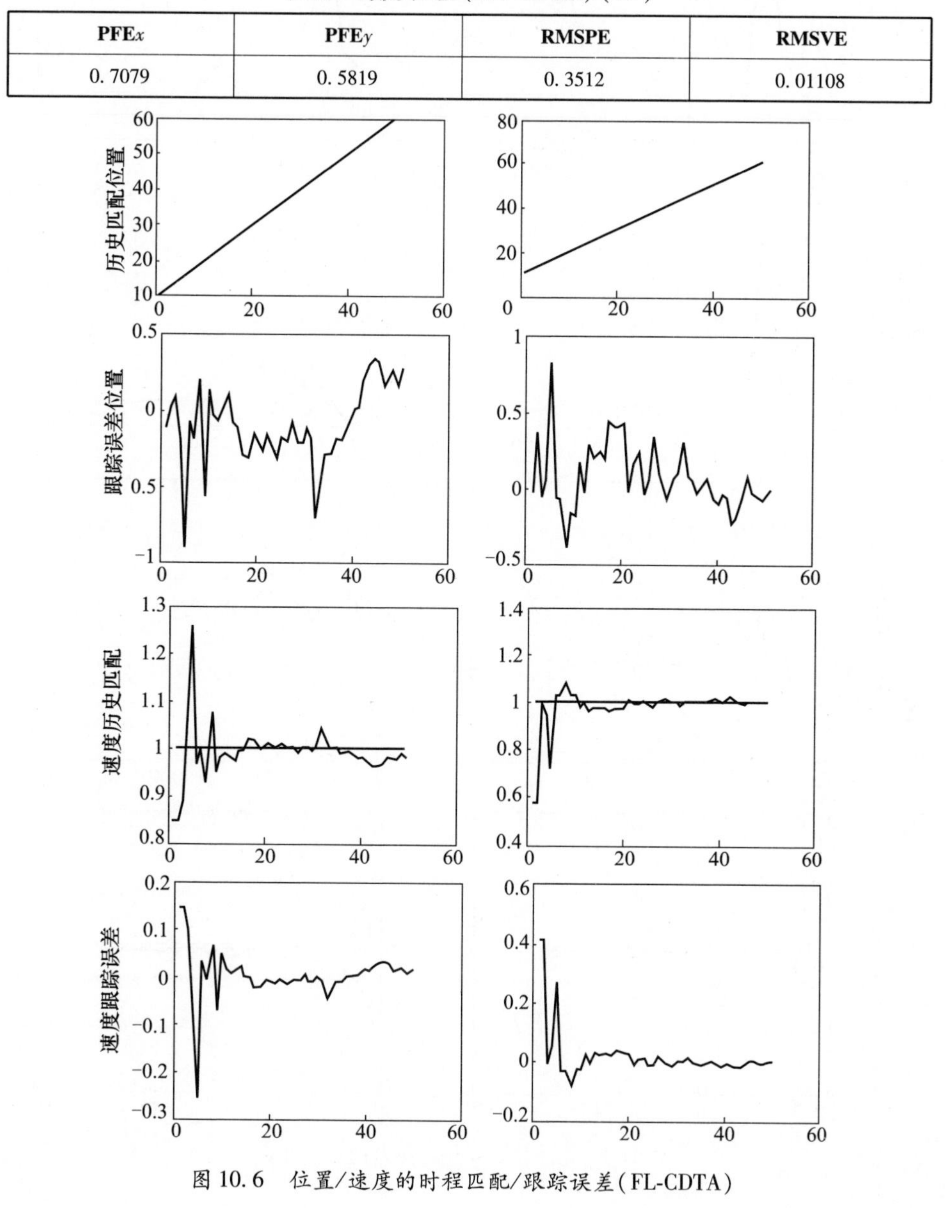

图 10.6　位置/速度的时程匹配/跟踪误差(FL-CDTA)

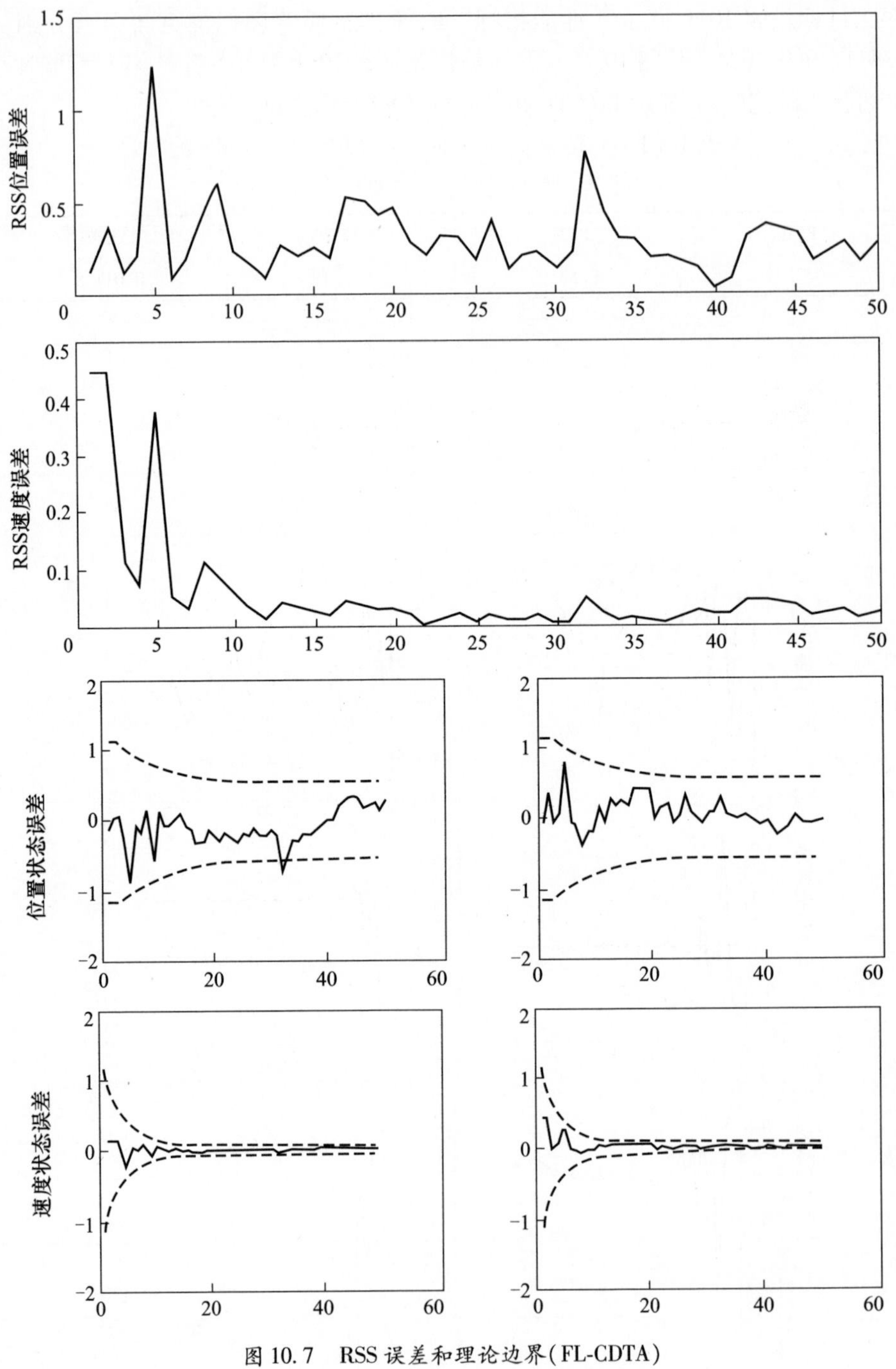

图 10.7　RSS 误差和理论边界(FL-CDTA)

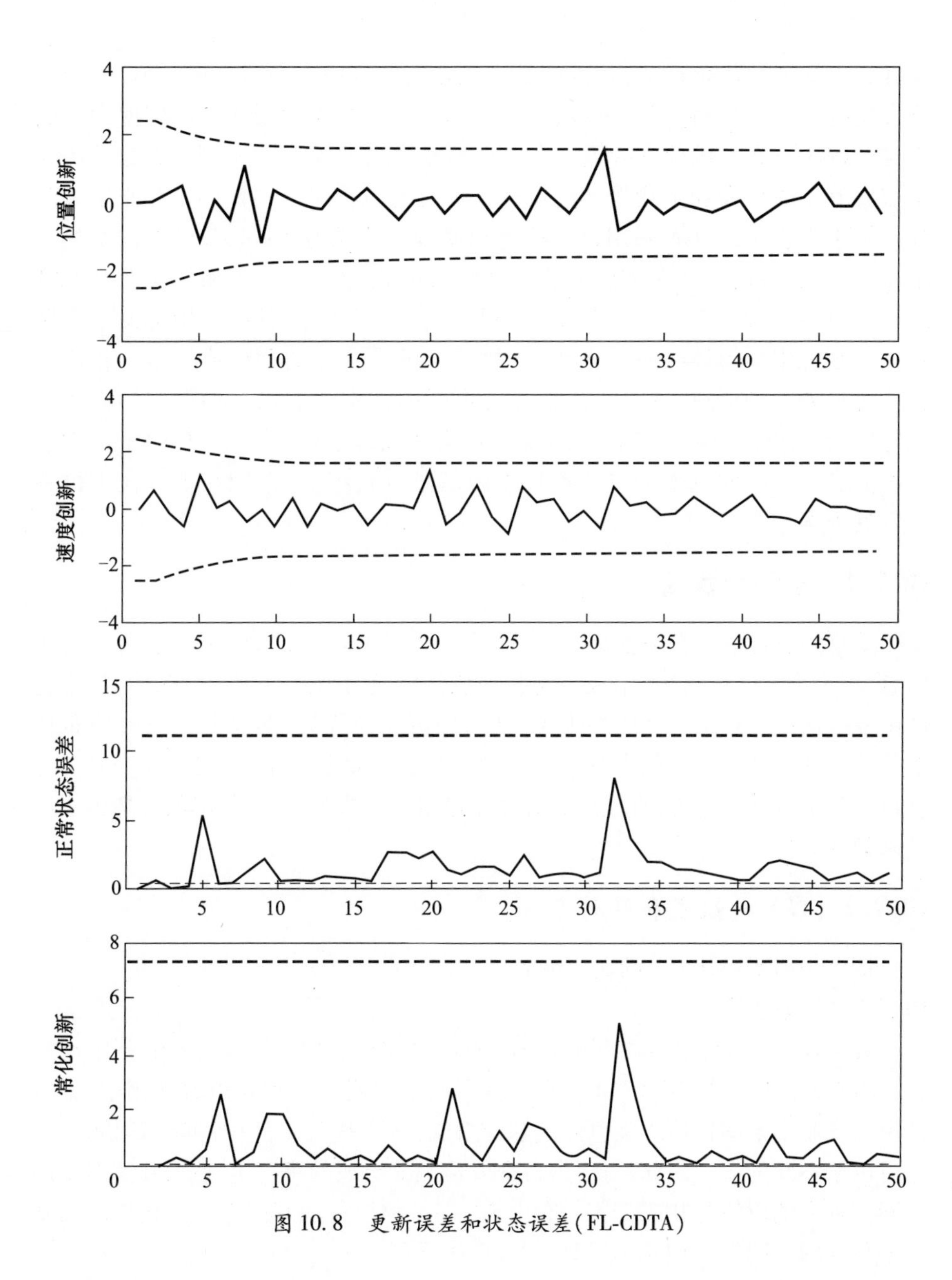

图 10.8　更新误差和状态误差(FL-CDTA)

10.7　GA

进化计算(Evolutionary Computation,EC)在数字计算机上模拟生物进化,而遗传算法(GA)则是 EC 的一个组成部分。在模拟生物进化过程中,得到了一些具有简单规则的优化算法,其目标是为优化问题寻找一个可行解。EC 模拟生物进化过程,它是一种搜索过程,它将搜索算子以概率的形式应用到搜索空间来寻求解决方案。因此,GA 看上去与常规优化计算有很大不同。大自然历经了数百万年的生命和生物物种进化,GA 就是通过模仿大自然的进化来解决问题。基于生物系统,GA 采用自然选择和遗传学的规则获得鲁棒性好的解决方案。实际上,解决方案在理论上就是全局最优的(但不总是)和鲁棒性好的算法[4,8]。GA 基于(来自大自然的进化机制的)适者生存规则,采用类似于自然界遗传系统中染色体的组合方式,寻找适于解决问题的种群或样本。相比生存能力较差的种群成员或样本,生存力更强的样本能够以一种更佳的方式传递它们(像基因一样)的结构。随着一代又一代的进化,将得到趋向于最优解的种群进化。因此,GA 通过对各种不同信息进行组合,以便在下一代中得到更好的方案。

10.7.1 生物学基础

动物的遗传信息在细胞核中。染色体是细胞核的一部分。染色体储存遗传信息,每个染色体由 DNA 组成。这些染色体以成对形式出现,共有 23 对,染色体由基因构成。对于一个属性来说,基因的可能性称为“等位基因”,在染色体上每一个基因都有一个称为“位点”的独特位置。繁殖是重组、交叉和变异的综合过程。重复这个过程,直到形成健壮而稳定的解决方案,而方案的好坏由适应性来判定。

10.7.2 GA 的组成和操作

接下来简要描述 GA 的典型组成。

10.7.2.1 染色体

染色体代表一串固定(有限)长度的信息编码,每一个染色体由一串比特(二进制数字:0 或 1)组成,也可能由多个元素组成。通常在函数优化中,染色体由二进制字符串构造。染色体由基因组成,每个基因代表一个单位的信息,且它可以取不同的值。因此,对于由特征或检测器组成的字符串,假设在字符串的不同位置上的取值为 0 或 1。这样组成的字符串被称为基因型或结构体。当基因型与环境之间发生相互作用时,就会产生显型。

10.7.2.2 种群和适应度

GA 通过对种群中样本的染色体进行操作,寻求解决方案。种群成员称为个体/样品。每个个体/样本都被分配一个基于目标函数的适应度值。好的个体(样本/解决方案)具有高的适应度值,反之亦然。

10.7.2.3 初始化和繁殖

通常初始种群从搜索空间随机选择并对其进行编码。在繁殖过程中,个体字符串按照它们的适应度值进行自我复制。一个字符串的适应度值越高,它产生一个或多个后代的概率越大。适应度值非常低的字符串往往被忽略。

10.7.2.4 交叉

在交叉过程中,沿着染色体(即编码比特串)随机选择一个地点/位置,并且每个染色体在交叉点处都被分成两段。然后将一个染色体前段与另一个染色体的尾段进行组合,从而形成新的字符串。同样,也可以对单个染色体进行处理,将染色体字符串上的某些连续比特位从左到右或从右到左进行交换。

10.7.2.5 变异

在这个过程中,字符串中的随机一点(仅有一点)发生改变(0 变为 1 或 1 变为 0)。这个做法是为了打破单调性,增加变化。突变可以获取从种群中其他样本中无法得到的信息,并且增强了种群的多样性。

10.7.2.6 代

GA 优化过程的每次迭代被称为一代,对每一代中选择的染色体对进行交叉操作,并确定适应度,同时在交叉过程中进行突变操作。然后就会得到一个新的种群。

10.7.2.7 适者生存

在种群中,一些个体/样本/候选者可能比其他成员适应性更强或更弱。因此,可以根据适应度值对它们进行排序。在每一代中,适应度较弱的个体逐渐衰退,适应度较强的个体进一步参与遗传操作。最终结果是种群向着全局最优不断进化。

10.7.2.8 代价函数、决策变量和搜索空间

许多优化问题的目标是找到最佳的参数,来增加产出并减少成本/损失。通过对系统和影响代价函数参数进行重组,来获得最大利润。系统中决定代价的参数称为决策变量。搜索空间是欧几里得空间,在空间中参数取不同的值,每个点都是一个可能的解决方案,同时利用欧几里得向量空间的范数对搜索空间进行评估。

10.7.3 GA 的步骤

下面给出一个使用二进制编码的简单 GA 算法。

首先定义变量、适应度函数、交叉概率和变异概率的域。然后进行以下步骤:

步骤 1:在搜索空间中创建一个有 N 个样本的种群,来表示决策变量。随机

生成样本:$x_1, x_2, \cdots, x_N$。然后用一系列 0,1 串来创建固定长度的染色体,即编码决策变量。

步骤 2:计算代价函数值并将适应度值分配给每个成员:$f(x_1), f(x_2), \cdots, f(x_N)$。

步骤 3:依据种群成员各自的适应度值,对它们进行分类;父类染色体被选择的概率与其适应度值成正比。

步骤 4:每次选择两条染色体执行交叉操作,同时依据规定的变异概率对染色体进行变异操作。

步骤 5:根据适应度函数,对新染色体进行评估,并保持种群中最好的成员(具有较高的适应度值)、去除适应度值较低的弱成员。

步骤 6:利用新产生的种群代替上一代的种群(由于弱样本被去除,故为了保持样本数量的一致性,会在种群中引入一些新的样本),重复这一过程直至收敛。

10.7.4 GA 的其他方面

需要知道什么时候停止 GA 的迭代过程。如果选择的种群规模较小且比较固定,则 GA 要更多代才能收敛到一个最优的解决方案。可以跟踪适应度的变化,如果适应度值不再进一步改善,就停止 GA。还可以事先指定迭代的次数。可以根据被估计参数的范数变化来停止迭代。可以通过评估代价函数的梯度,或者使用传统的评价质量的方法停止 GA。对于更复杂的问题,利用 0 和 1 对染色体进行编码,GA 会变得更加复杂。对于科学和工程上的难题,可以使用实数来编码。对于交叉过程,可以利用两个样本的平均值产生一个新样本。一旦选择最好的个体,则对其进行变异操作——添加少量的噪声,或是在数字上进行微小改变。例如,交叉后,获得的新个体为$(\beta_1 + \beta_2)/2$,对于变异,会得到$\beta_3 = \beta_1 + \varepsilon * v$,其中 ε 是常数且 v 是 -1 和 1 之间的一个随机数。因此,GA 无须编码(而是利用实数进行编码)的特点,使其非常适合在工程中进行参数估计、控制、优化和信号处理。

GA 可以用于科学、工程及商业领域中的多峰、多维和多目标的优化问题。GA 的计算操作非常简单,但随着迭代次数的增长,计算往往会变得非常复杂。所以,GA 可以并行实现,并行计算机的能力能够得到有效利用。GA 可以同时处理所有种群样本,因此可以利用其天然的并行性来在并行计算机上实现[4]。

10.8 基于软计算的传感器数据融合方法:举例说明

在这里,我们进一步探讨使用人工神经网络和 GA 进行传感器数据融合的方法。这里将数据融合看作是两个被估参数向量的融合(参数向量融合,Parameter Vector Fusion,PVF),如状态向量融合(SVF,第4章)。然而,根据不同情况,可以考虑数据级融合或(参数)估计级融合。如果利用单输入多输出(SIMO)或多输入多输出(MIMO)动态系统的状态空间模型进行参数估计,那么递归神经网络(RNN)(也包括前馈神经网络(FFNN))和GA自然成为(测量)数据级融合器,如第4.2.7节的卡尔曼滤波器。在此,我们只讨论参数向量融合(PVF)。

10.8.1 利用基于递归神经网络的数据融合方法进行参数估计

首先,推导一个使用RNN(HNN)的线性动态系统的参数估计过程。考虑以下系统:

$$\dot{\boldsymbol{x}} = \boldsymbol{A}\boldsymbol{x} + \boldsymbol{B}\boldsymbol{u};\boldsymbol{x}(0) = \boldsymbol{x}_0 \tag{10.71}$$

使用RNN(HNN)进行参数估计时,我们将$\boldsymbol{\beta} = \{\boldsymbol{A},\boldsymbol{B}\}$作为待估计的参数向量(维数为$nx1$)。假设动力学方程为非线性函数$\beta_i = f(x_i)$,定义代价函数为

$$E(\boldsymbol{\beta}) = \frac{1}{2}\sum_{k=1}^{N}\boldsymbol{e}^{\mathrm{T}}(k)\boldsymbol{e}(k) = \frac{1}{2}\sum_{k=1}^{N}(\dot{\boldsymbol{x}} - \boldsymbol{A}\boldsymbol{x} - \boldsymbol{B}\boldsymbol{u})^{\mathrm{T}}(\dot{\boldsymbol{x}} - \boldsymbol{A}\boldsymbol{x} - \boldsymbol{B}\boldsymbol{u}) \tag{10.72}$$

然后令$\boldsymbol{e}(k)$为方程的误差表达式:

$$\boldsymbol{e} = \dot{\boldsymbol{x}} - \boldsymbol{A}\boldsymbol{x} - \boldsymbol{B}\boldsymbol{u} \tag{10.73}$$

利用最速下降法(SD),可得

$$\frac{\mathrm{d}\boldsymbol{\beta}}{\mathrm{d}t} = \frac{\partial E(\boldsymbol{\beta})}{\partial \boldsymbol{\beta}} = \frac{1}{2}\frac{\partial\left\{\sum_{k=1}^{N}\boldsymbol{e}^{\mathrm{T}}(k)\boldsymbol{e}(k)\right\}}{\partial \boldsymbol{\beta}} \tag{10.74}$$

在这里,$\boldsymbol{\beta}$包含元素$\boldsymbol{A}$和$\boldsymbol{B}$,因此,对于$\boldsymbol{A}$、$\boldsymbol{B}$向量可得到表达式$\partial E/\partial \boldsymbol{A}$和$\partial E/\partial \boldsymbol{B}$,且利用简写$\sum(\cdot) = \sum_{k=1}^{N}(\cdot)$,可得

$$\begin{cases}\dfrac{\partial E}{\partial \boldsymbol{A}} = \sum(\dot{\boldsymbol{x}} - \boldsymbol{A}\boldsymbol{x} - \boldsymbol{B}\boldsymbol{u})(-\boldsymbol{x}^{\mathrm{T}}) = \boldsymbol{A}\sum\boldsymbol{x}\boldsymbol{x}^{\mathrm{T}} + \boldsymbol{B}\sum\boldsymbol{u}\boldsymbol{x}^{\mathrm{T}} - \sum\dot{\boldsymbol{x}}\boldsymbol{x}^{\mathrm{T}} \\ \dfrac{\partial E}{\partial \boldsymbol{B}} = \sum(\dot{\boldsymbol{x}} - \boldsymbol{A}\boldsymbol{x} - \boldsymbol{B}\boldsymbol{u})(-\boldsymbol{u}) = \boldsymbol{A}\sum\boldsymbol{x}\boldsymbol{u} + \boldsymbol{B}\sum\boldsymbol{u}^2 - \sum\dot{\boldsymbol{x}}\boldsymbol{u}\end{cases} \tag{10.75}$$

把式(10.75)进一步扩展,可以得到$A(2,2)$和$B(2,1)$:

$$\begin{bmatrix}\dfrac{\partial E}{\partial a_{11}} & \dfrac{\partial E}{\partial a_{12}} \\ \dfrac{\partial E}{\partial a_{21}} & \dfrac{\partial E}{\partial a_{22}}\end{bmatrix} = \begin{bmatrix}a_{11} & a_{12} \\ a_{21} & a_{22}\end{bmatrix}\begin{bmatrix}\sum x_1^2 & \sum x_1x_2 \\ \sum x_2x_1 & \sum x_2^2\end{bmatrix} + \begin{bmatrix}b_1 \\ b_2\end{bmatrix}$$

$$[\sum ux_1 \quad \sum ux_2] - \begin{bmatrix} \sum \dot{x}_1 x_1 & \sum \dot{x}_1 x_2 \\ \sum \dot{x}_2 x_1 & \sum \dot{x}_2 x_2 \end{bmatrix} \tag{10.76}$$

为了简单明了，我们在式(10.76)中使用2自由度状态模型对其进行简化，可得到如下梯度表达式：

$$\begin{cases} \dfrac{\partial E}{\partial a_{11}} = a_{11}\sum x_1^2 + a_{12}\sum x_2 x_1 + b_1 \sum ux_1 - \sum \dot{x}_1 x_1 \\ \dfrac{\partial E}{\partial a_{12}} = a_{11}\sum x_1 x_2 + a_{12}\sum x_2^2 + b_1 \sum ux_2 - \sum \dot{x}_1 x_2 \\ \dfrac{\partial E}{\partial a_{21}} = a_{21}\sum x_1^2 + a_{22}\sum x_2 x_1 + b_2 \sum ux_1 - \sum \dot{x}_2 x_1 \\ \dfrac{\partial E}{\partial a_{22}} = a_{21}\sum x_1 x_2 + a_{22}\sum x_2^2 + b_2 \sum ux_2 - \sum \dot{x}_2 x_2 \end{cases} \tag{10.77}$$

而且，对于参数 B，有

$$\begin{cases} \dfrac{\partial E}{\partial b_1} = a_{11}\sum ux_1 + a_{12}\sum ux_2 + b_2 \sum u^2 - \sum \dot{x}_1 u \\ \dfrac{\partial E}{\partial b_2} = a_{21}\sum ux_1 + a_{22}\sum ux_2 + b_2 \sum u^2 - \sum \dot{x}_2 u \end{cases} \tag{10.78}$$

我们假设阻抗 R 非常高，得到 RNN－S 结构的动力学方程如下：

$$\dot{x}_1 = \sum_{j=1}^{n} \omega_{ij}\beta_j + b_i \tag{10.79}$$

对于RNN－S(HNN)，令 $E = -1/2\sum_i \sum_j W_{ij}\beta_i\beta_j - \sum_i b_i\beta_i$ 为能量图景，可得

$$\frac{\partial E}{\partial \beta_i} = -\sum_{j=1}^{n} \omega_{ij}\beta_j - b_i ;\text{或}\frac{\partial E}{\partial \beta_i} = -\left[\sum_{j=1}^{n} \omega_{ij}\beta_j + b_i\right] = -\dot{x}_i \text{ 或 } \dot{x}_i = -\frac{\partial E}{\partial \beta_i} \tag{10.80}$$

由于

$$\beta_i = f(x_i), \dot{x}_i = (f^{-1})'\dot{\beta}_i \tag{10.81}$$

因此，可得

$$(f^{-1})'\beta_i \frac{\partial E}{\partial \beta_i} \tag{10.82}$$

其中，“′”表示导数(w. r. t. β)。因此，可得参数估计公式：

$$\dot{\beta}_i = \frac{1}{(f^{-1})'\beta_i}\frac{\partial E}{\partial \beta_i} = \frac{1}{(f^{-1})'\beta_i}\left[\sum_{j=1}^{n} \omega_{ij}\beta_j + b_i\right] \tag{10.83}$$

最后得到权重矩阵 $\boldsymbol{W}$ 和偏差向量 $\boldsymbol{b}$ 的表达式[4]：

$$
W = -\begin{bmatrix} \sum x_1^2 & \sum x_2x_1 & 0 & 0 & \sum ux_1 & 0 \\ \sum x_1x_2 & \sum x_2^2 & 0 & 0 & \sum ux_2 & 0 \\ 0 & 0 & \sum x_1^2 & \sum x_2x_1 & 0 & \sum ux_1 \\ 0 & 0 & \sum x_1x_2 & \sum x_2^2 & 0 & \sum ux_2 \\ \sum ux_1 & \sum ux_2 & 0 & 0 & \sum u^2 & 0 \\ 0 & 0 & \sum ux_1 & \sum ux_2 & 0 & \sum u^2 \end{bmatrix} \tag{10.84}
$$

$$
b = -\begin{bmatrix} \sum \dot{x}_1x_1 \\ \sum \dot{x}_1x_2 \\ \sum \dot{x}_2x_1 \\ \sum \dot{x}_2x_2 \\ \sum \dot{x}_1u \\ \sum \dot{x}_2u \end{bmatrix} \tag{10.85}
$$

在动态系统中,基于方程误差 - RNN 策略的参数估计算法可描述如下:①计算权重矩阵 $\boldsymbol{W}$ 和偏差向量 $\boldsymbol{b}$,对于一个确定的时间间隔 T,可获得测量值 $\boldsymbol{x}$、$\dot{\boldsymbol{x}}$ 和 $\boldsymbol{u}$;②随机选择 β_i 的初始值;③解算微分方程(10.86):令 $\beta_i = f(x_i)$,且 Sigmoid 非线性函数是已知的,通过把式(10.83)进行微分并化简,可得

$$
\frac{\mathrm{d}\beta_i}{\mathrm{d}t} = \frac{\lambda(\rho^2 - \beta_i^2)}{2\rho}\left[\sum_{j=1}^{n}\omega_{ij}\beta_j + b_i\right] \tag{10.86}
$$

$$
f(x_i) = \rho\left(\frac{1 - \mathrm{e}^{-\lambda x_i}}{1 + \mathrm{e}^{-\lambda x_i}}\right) \tag{10.87}
$$

因此,基于 RNN 结构的方程误差,式(10.86)给出参数估计问题的解。通过选择合适的 λ 和 ρ,可对结果进行调整。通常 λ 的值小于 1.0。由于元素 $\boldsymbol{W}$ 和 $\boldsymbol{b}$ 的计算涵盖了所有数据,故算法策略是非递归的。式(10.86)的离散形式为

$$
\beta_i(k+1) = \beta_i(k) + \frac{\lambda(\rho^2 - \beta_i^2(k))}{2\rho}\left[\sum_{j=1}^{n}\omega_{ij}\beta_j(k) + b_i\right] \tag{10.88}
$$

利用 RNN - EE 公式进行参数估计的递归策略见文献[4]。

10.8.1.1 数据融合:参数向量融合

利用式(10.89)的 RNN 参数估计器对参数进行数据融合。考虑 2 - DOF 状态空间模型:

$$\dot{x} = \begin{bmatrix} -0.7531 & 1 \\ -1.3760 & -1.1183 \end{bmatrix} x + \begin{bmatrix} 0 \\ -2.49 \end{bmatrix} u \tag{10.89}$$

利用$\boldsymbol{u}$和系统的初始状态$\boldsymbol{x}(0) = [0.1\ 0.01]$的双重输入,创建包含100个数据的样本。在不同信噪比条件下,分别进行参数估计。根据一个信噪比生成数据,然后计算未知误差(PE)。然后用另一个信噪比生成数据计算未知误差(数据见表10.1)。可调参数λ和ρ分别取0.1和100。然后使用下面的融合规则:

$$\text{Betaf(fused)} = 0.5(\text{beta1} + \text{beta2}) \tag{10.90}$$

$$\text{Betaf(fused)} = (\text{peen}(2) * \text{beta1} + \text{peen}(1) * \text{beta}(2))/ (\text{peen}(1) + \text{peen}(2)) \tag{10.91}$$

参数估计的融合结果见表10.2。利用真实参数和融合参数计算最终的误差范数(peen是参数估计误差范数)。利用MATLAB代码parestrnn1JRRDF.m和相关模块得到参数估计结果。(R_1,R_2)由使用不同种子数量(对于R_1,种子数量 =1234;对于R_2,种子数量 = 4321)的测量噪声过程(不同的信噪比)所实现,仿真过程就像数据来自两个类型相似的传感器。可以看出,使用Peen - Weighted融合规则参数估计的融合结果比平均法融合规则的效果更好。此处用到的融合方法与SVF(见第4章)类似。

表10.2 使用不同规则的基于RNN的位置估计与融合

实例	信噪比(实现R_1和R_2)	基于均值融合规则的PVF - Final peen	基于Peen - Weighted融合规则的PVF - Final peen
1	5,10R_1	8.7279	7.9467
	5,10R_2	8.2477	7.4938
2	10,15R_1	5.1721	4.997
	10,15R_2	4.8339	4.658
3	5,15R_1	7.7504	6.1186
	5,15R_2	7.3189	5.7246
4	2,5R_1	17.1664	15.1923
	2,5R_2	16.2815	14.3961

10.8.2 利用GA对参数估计进行数据融合

将GA用于参数估计时,主要不是利用代价函数的梯度。我们定义参数估计的数据方程如下:

$$z = \boldsymbol{H\beta} + v; \hat{z} + \boldsymbol{H}\hat{\boldsymbol{\beta}} \tag{10.92}$$

代价函数定义为

$$E = \frac{1}{2}\sum (z - \hat{z})^{\mathrm{T}}(z - \hat{z}) = \frac{1}{2}\sum (z - \boldsymbol{H}\hat{\boldsymbol{\beta}})^{\mathrm{T}}(z - \boldsymbol{H}\hat{\boldsymbol{\beta}}) \tag{10.93}$$

在 GA 中,利用式(10.93)或其等价式作为适应度函数。适应度值为

$$\left[\frac{1}{2}\sum_{k=1}^{N}(z(k)-\hat{z}(k))^{\mathrm{T}}\hat{R}^{-1}(z(k)-\hat{z}(k))+\frac{N}{2}\ln(|\hat{R}|)\right]^{-1} \tag{10.94}$$

其中

$$\hat{R}=\frac{1}{N}\sum_{k=1}^{N}(z(k)-\hat{z}(k))(z(k)-\hat{z}(k))^{\mathrm{T}} \tag{10.95}$$

考虑 3 自由度状态空间系统:

$$\begin{bmatrix}\dot{x}_1\\ \dot{x}_2\\ \dot{x}_3\end{bmatrix}=\begin{bmatrix}-2 & 0 & 1\\ 1 & -2 & 0\\ 1 & 1 & 1\end{bmatrix}\begin{bmatrix}x_1\\ x_2\\ x_3\end{bmatrix}+\begin{bmatrix}1\\ 0\\ 1\end{bmatrix}\boldsymbol{u} \tag{10.96}$$

测量方程或模型为

$$\boldsymbol{z}=\begin{bmatrix}2 & 1 & -1\end{bmatrix}\begin{bmatrix}x_1\\ x_2\\ x_3\end{bmatrix} \tag{10.97}$$

动态系统的数据由 u 和 20s 的总仿真时间生成($\Delta t=0.1$s;数据样本数 = 200)。利用 **parestgaJRRDF. m** 和相关模块对 15 个参数进行估计。其他常量是:系统的初始状态 $\boldsymbol{x}(0)=[10\quad 1\quad 0.1]$;POPSIZE = 20(参数或种群规模集合的总数);MAXITER = 30(GA 的迭代次数)。GA 参数估计的融合结果见表 10.3。融合规则来源于式(10.90)和式(10.91),并且数据的生成方式与 RNN 估计的例子类似。可以看出,参数估计具有非常好的正确性,因此除了两种实现方法不同之外,对于 PVF 来说,两种融合规则没有差别。

表 10.3　不同规则下基于 GA 算法的参数估计和与融合

实例	信噪比(实现 R_1 和 R_2)	基于均值融合规则的 PVF-Final peen	基于 Peen-Weighted 融合规则的 PVF-Final peen
1	2,5　$\boldsymbol{R}_1$	0.4313	0.4304
	2,5　$\boldsymbol{R}_2$	0.4649	0.4646
2	1,2　$\boldsymbol{R}_1$	0.4294	0.4294
	1,2　$\boldsymbol{R}_2$	0.4608	0.4608

10.8.3　非线性过程建模中的基于数据融合的多神经网络

先进的工业控制和融合系统控制与监督离不开准确的数学/计算模型。人工神经网络方法(ANN)经常被用于这类建模任务[11]。对多个 ANN 进行组合可

以用来改善单个 ANN 方法的性能。聚合神经网络结构中的候选 ANN 有相同的关系(对象模型),但它是用不同的数据集和不同的网络训练技术/算法进行构建的,否则每一个 ANN 可能具有不同的结构。其思想不是要选择最好的 ANN 结构,而是要把所有 ANN 组合在一起,因为当前最好的 ANN 结构对于未知的数据可能不是最好的。在文献[11]中,数据融合技术用来对多个 ANN 进行组合。使用 Bayesian 方法在每个采样时刻选择一个合适的模型。由均方误差之和(SSE)和滑窗(SDW)来确定候选 ANN 与正确模型接近的概率。一般选择具有最高概率的 ANN。在数据融合阶段,有三个方法广泛应用[11]:位置(运动学)融合、身份融合和辅助支持算法。在文献[11]中,利用基于 Bayesian 理论的决策级身份融合来对多个 ANN 进行组合,其中联合身份声明是聚合 ANN 的最终预测结果。有若干种方法可用于决策融合:古典推理、Bayesian 推理、DS 证据理论、广义证据理论和启发式方法。文献[11]利用第二种方法得到了数据融合系统。对多种不同的传感器,可以得到它们的身份声明,然后利用Bayesian融合公式将它们进行结合,然后输出最终的融合身份声明。

10.8.3.1 基于数据融合方法的 ANN 聚合:举例说明

Bayesian 推理中,利用 $H_1,H_2,\cdots,H_i$ 代表事件 E 的假设条件,把它们称为测量值(例如,对目标或过程的一次观测),然后就可计算基于证据 E 的假设 H_i 的后验概率:

$$P(H_i \mid E) = \frac{P(E \mid H_i)P(H_i)}{\sum_i P(E \mid H_i)P(H_i)} \tag{10.98}$$

式中:$P(H_i)$ 为 H_i 为真时的先验概率。$P(E \mid H_i)$ 为 H_i 为真时观测到证据 E 的概率。可以对式(10.98)的理论进行扩展,来确定要结合的 ANN 的数目。

对于动态过程建模,可将各个 NW 模型表示为

$$\begin{aligned} y_t &= y_t^k[y(t-1),\cdots,y(t-n_0),u(t-1),\cdots,\\ &\quad u(t-m_i)] + e_t^k, k = 1,2,\cdots,n \end{aligned} \tag{10.99}$$

组合网络模型(输出)表示如下:

$$y_t^a = w_t^1 y_t^1 + w_t^2 y_t^2 + \cdots + w_t^n y_t^n \tag{10.100}$$

这里,预测输出由加权融合规则得到。文献[11]利用神经网络(NN)方法估计可能在离散时刻 t 出现的错误。在 NN 方法中,所给模型的数据点与模型的输入数据在训练与测试集中作比较,进而得到这些数据点的 NN。这些数据点的网络预测误差很可能与它们的 NN 数值相近。因此,我们用 NN 误差作为网络误差的估计,也可以利用若干个 NN 误差的平均值作为网络误差估计。然后利用滑窗中各个网络估计得到的 SSE 来计算 $P^k(t-1)$,于是可得到 $P^k(t)$:

$$P_t^k \frac{(1/(2\pi\sigma)^{0.5})P_{t-1}^k \mathrm{e}^{-(y_t,-y_t^k,/\sigma)^2}}{\sum_{m=1}^{n}(1/(2\pi\sigma)^{0.5})P_{t-1}^m \mathrm{e}^{-(y_t,-y_t^k,/\sigma)^2}} \tag{10.101}$$

不同的传感器利用先验预测作为各自的声明。这些先验值给出了数据以前的一些信息：

$$\mathrm{SSE}^k(t) = \sum_{j=t-w}^{t-1}\left[\mathrm{e}^k(j)\right]^2 \tag{10.102}$$

$$P^k(t-1) = \frac{1/(\mathrm{SSE}^k(t))}{\sum_{j=1}^{n} 1/(\mathrm{SSE})^j(t))} \tag{10.103}$$

假设有数据集$\{X,Y\}$，$\boldsymbol{X}$为输入向量($px1$)，$\boldsymbol{Y}$为输出向量($qx1$)，数据样本数为N。为了得到聚合NW模型(有n个模型)，我们可以对原始数据集进行重采样来形成数据集的n个副本($n=20$)。

随后，利用Bayesian推理，通过计算后验概率密度的最大值来得到预测输出的最终值：

$$\hat{y}_t^a = \arg\max(P_t^1, P_t^2, \cdots, P_t^n) \tag{10.104}$$

根据式(10.104)，如果第k个网络的计算概率是最大的，那么由这个网络得到的预测值就被当作组合网络的预测值。分别建立具有固定结构的20个网络和具有不同结构的20个网络来对动态非线性过程进行建模[11]。数据以如下形式进行重新排列：

$$\boldsymbol{X} = \begin{bmatrix} y(L-1) & \cdots & y(L-n_0) & u(L-1) & \cdots & u(L-m_i) \\ y(L) & \cdots & y(L-n_0+1) & u(L) & \cdots & u(L-m_i+1) \\ \vdots & \vdots & \vdots & \vdots & & \vdots \\ y(N-1) & \cdots & y(N-n_0) & u(N-1) & \cdots & u(N-m_i) \end{bmatrix} \tag{10.105}$$

$$Y = \left[y(L) \quad y(L+1) \quad \cdots \quad y(N)\right]^{\mathrm{T}} \tag{10.106}$$

在式(10.105)和式(10.106)中，令$L = \max(m_i, n_0) + 1$。然后利用Levenberg-Marquardt算法对各个NW进行训练，这些网络是单层的前向反馈神经网络。隐藏层使用Sigmoid激励函数，输出层使用线性激励函数。令所有数据为0且标准差(STD)为1。数据被划分为训练集、验证集和未见过的验证集。测试集和未见过的数据集中具有最低SSE的网络被使用。然后利用文献[11]中讨论的长期预测法来学习和评估过程建模的性能。用到的三种融合算法描述如下：

10.8.3.1.1 所有网络的平均值

融合规则为

$$\hat{y} = \frac{1}{n}\left[\hat{y}_1(t) + \hat{y}_2(t) + \cdots + \hat{y}_n(t)\right] \tag{10.107}$$

所有网络具有相同的权重。

10.8.3.1.2 Bayesian 组合预测规则

$$\hat{y}(t) = P_t^1\hat{y}_1(t) + P_t^2\hat{y}_2(t) + \cdots + P_t^n\hat{y}_n(t) \tag{10.108}$$

其中,权重可由式(10.101) ~ 式(10.103) 得到。

10.8.3.1.3 网络数据融合

这种方法使用了式(10.104)。

文献 11 讨论了三种方法:① 在不可逆放热反应过程中,对反应物浓度的建模;② 在中和过程中对 pH 值的建模;③ 对河水排放流量的真实数据建模。不同的结果表明[11]:① 长期预测是非常准确的;② 总的来说,基于数据融合的组合策略极大地改善了组合网络的泛化能力,因为它可获得更加准确的长期预测。

10.8.4 多神经网络数据融合:举例说明

当前,基于 ANN 和 FL 的多传感器数据融合(MSDF) 或数据融合(DF) 的方法受到人们很大关注[12]。在此方法中,被训练的神经元代表传感器数据,然后通过"记忆" 操作激活网络组合以应对不同的传感器激励[12]。因此,文献[12] 介绍了一种基于自组织神经网络的测量融合策略。对输入分布来说,Hebbian 类型的学习/适应的单层神经元可逐渐进化为第一主成分滤波器(见第 6 章)[12]。模型的输出是对输入进行线性组合得到:

$$y = \sum_{i=1}^{m} w_i x_i \tag{10.109}$$

式中,令 $\boldsymbol{x}$ 为网络的输入,有 m 个权重。学习规则为

$$w_i(k+1) = w_i(k) + \eta y(k) x_i(k), i = 1, 2, \cdots, m \tag{10.110}$$

限制不必要的权重增长的归一化的学习规则为

$$w_i(k+1) = w_i(k) + \eta y(k)[x_i(k) - y(k) w_i(k)], i = 1, 2, \cdots, m \tag{10.111}$$

式(10.111)的规则有两个重要方面:①根据外部输入,对于权重进化自我放大过程的正反馈;②通过 $-y(k)$ 负反馈控制不必要权重增长。文献[12]给出了利用传统的、基于 ANN 的数据融合策略对四部雷达的数据进行处理的例子。传统方法处理的是极坐标下的雷达的测量值,并通过卡尔曼滤波得到火箭 x,y,z 方向上的状态估计值。同样,在测量/数据级融合中的带有 Hebbian 学习规则的 ANN 方法也用在了火箭跟踪问题上,其中学习速率为 0.1。使用的传统方法是:

①基于组合测量(第4章)的测量级融合(MLF)方法;②基于权重的测量级融合方法2(MLF2,见附录B.5);③传统的状态向量融合(SVF,第4章);④修正的SVF(附录B.6)。表10.4给出使用火箭真实数据进行目标跟踪时,5种数据融合方法的性能比较[12]。神经网络的性能很好。

表10.4 数据融合规则性能比较

各坐标轴的误差标准(MSE)	MSF1	MSF2	SVF1	SVF2	NNWF
x	0.1045	0.0671	0.3960	0.03498	0.000085
y	0.3009	0.2759	0.5943	0.05849	0.000399
z	0.2199	0.1655	0.5212	0.06621	0.000048

10.9 机器学习

机器学习算法(Machine Learning Algorithms,MLA)已经成为统计计算理论的一个新兴领域[13]。MLA是一个范围广的、独立的学科和领域,因此在这里只是简单介绍其中可能用于数据融合的方法。现在,在很多系统中都会用到MLA,如语音处理、计算机视觉、数据挖掘以及商业应用,特别是商业数据和更复杂的系统分析领域。系统分析通过构建数学模型来了解商业流程,然后预测和控制流程,以便从中获得更多利益。MLA主要关注于随着经验的增多,如何构建能够自动改善的计算机系统、软件、程序和算法[13]。它还试图回答能够管理整个学习过程的基本准则/规则是什么。

MLA领域包含许多研究内容,例如:①如何设计出一个机器人,它能够根据自身经验进行驾驶,也就是说,机器人自己寻找路径到达目标/目的地;②如何通过对历史医疗数据进行挖掘,让病人获得最好的治疗;③如何构建一个根据用户兴趣的自动定制的搜索引擎。这些学习任务被称作数据挖掘、自动数据或模式发现,通过实例进行数据库更新和编程。我们从自然界、环境和过去收集的经验中学习到了许多方法,去解决当前遇到的问题,还可以预测解决未来最可能遇到的问题的方法。机器学习也是AI的一个领域,它关注的是计算机算法的研究和使用,这些算法可以随着经验自动升级[14]。

10.9.1 机器学习的分类

接下来简单介绍对机器学习和机器学习算法的分类。首先是为当前的情况构建或者假设一个全概率或者部分概率模型。用非概率模型去寻找判别方法或者回归函数,回归函数可以进一步用来开发合适的算法并生成分析结果。

进而从观察到的训练案例推出一般规则。这个推理可以用于测试案例。这个过程称为归纳。转换过程是从观察到的特定训练案例到特定测试案例的推理过程。所以基本上都是从先验知识和假设着手。然后,使用回归或者 LS 等估计方法,对最初的假定模型进行迭代,得到估计模型。根据这个模型我们可以得到预期的输出。从训练数据得到预测数据的过程是一个转换的过程。机器学习主要分为三类:①监督学习——训练数据中的例子是用来训练算法的,通过学习生成一个函数,学习者可以从提供的数据中概括归纳出未知的样本;②非监督学习——这种算法只能从输入向量空间中收集数据,然后寻找到适应这些观察量的数学模型;③强化学习——在这里,使用 Agent 来对环境进行探索,并收到一个反馈(正的或负的),这个 Agent 只知道有这个反馈,但不知道是什么样的反馈,或者在过程/仿真结束时才会知道。训练数据的过程可以用在批处理或者在线学习的模型中。ML 可以对数据进行分类或者回归。机器学习算法的理想特征是:①应该是简单的并且是最优的简单解决方案;②应该能够通过学习给出问题解决方法;③在迭代中算法应该是稳定的,误差不会增长;④能够在有限的时间内收敛;⑤训练样本、输入特征和测试样本的数量应该是可以调整的[14]。

10.9.2 数据融合中机器学习的多样性度量

有趣的是,有监督学习(Supervised Machine Learning,SML)尤其是分类任务,与信息检索(Information Retrieval,IR)有一些相似。因为在这两个领域中,文档(项目)是离散的。因此,分类器集成和和 IR 数据融合之间有相似之处。在分类器中,证据由多分类器组合得到[15]。在这里,数据融合将来自于多 IR 系统的排序文档进行组合,可以提高性能。在机器学习分类中,要研究和解决的问题是如何对离散的类标签中的数据点进行正确分类。该领域的一个重要方面是研究分类器输出的关系。每个数据点都根据分类得分,如果分类正确得 1 分,错误分类得 0 分。把训练点数据集的所有得分进行求和。求和的结果可以对多样性进行度量。度量原则基于熵的概念(见第 2 章):

$$E = \frac{1}{N}\sum_{j=1}^{N}\frac{1}{(L - L/2 - 1)}\min\left\{\sum_{i=1}^{L} y_{j,i}; L - \sum_{i=1}^{L} y_{j,i}\right\} \tag{10.112}$$

式中:L 为集合中分类的数目;N 为数据点的总数(在训练集中);$y_{j,i}$ 值取 0 或 1,表示第 i 个分类器收到的第 j 个数据点的值。E 的值在 0 到 1 之间(0 表示相同,1 表示最大程度不同)。

10.9.2.1 使用 E - 度量的初步结果:举例说明

找到 SML 和 IR 之间的度量非常重要。ANN 是 SML 的一部分,在这里 ANN

可以当作数据或者模式分类器。在 MLA 中,度量的结果是一定的,也就是说,每个分类器的输出不是正确就是错误的,分类器只能是同意/不同意,正确/错误。类似地,在IR中文档可能是相关/不相关,IR系统可能同意/不同意。如果一个 IR 系统返回一个文档,那么就认为它是相关的。如果文档消失则意味着系统认为它不相关。用度量准则对无序的输出进行操作,而 IR 系统返回的是排序后的列表。重点是:① 找到一种度量,它对文档结果集的多样性进行关注和获取的能力;② 对多样性、准确性和组合性能之间的关系进行假定的能力。我们需要对实验参数和范围做出大量决策,来研究这些问题。在一个实验中[15],使用的输入是 TREC2004 网页中的数据。实验选择了51个查询,这些查询分布在 8 ~ 147 个相关文档之间。几个查询只有一个相关文档与之关联,在这种情况下,所有系统都会在返回的数千个文档中频繁地返回特定的相关文档,这导致了它们之间没有任何差异。为了尽可能降低不同长度结果集带来的影响,我们使用大约35个输入,返回了1000个文档(TREC最大值),然后用滑动窗口数据融合(SWD/F)方法[16]对 5 个系统的文档集进行融合。用式(10.112)的 E - 度量来对多样性进行量化,其方法是按每次查询来计算的。对所有的查询的统计数据进行平均,得到一个值,用该值完成融合系统的熵的计算。然后,对整个查询集而言,把输入的平均最大后验概率(MAP)得分和(融合的输出值的)MAP 得分进行简单组合。第一个由 35 个候选系统组成的250000个组合使了 SWD/F 规则,其结果并不能得到充分的保证[15]。为了进一步研究这方面的问题,用 MAP 平均值对结果进行分类,并保留前5000种性能/精确度最高的组合。变量之间的相关系数用皮尔逊相关系数 γ 衡量。在这里再一次出现了这种情况,MAP 平均值和 MAP 组合值之间(ACMAP)没有明确的关系($r = 0.19$),在熵和 MAP 均值之间也没有明确关系($r = -0.12$)(EAMAP)[14]。但是在图 10.9 中给出熵和组合 MAP 得分($r = 0.80$)[15],很明显,CMAP 得分要更大一些,因此会得到更大的多样性与 E 值。前面初步的研究给出了融合结果集的组合性能、输入结果集的平均性能和相关文档多样性之间的关系[15]。

10.9.3 能量消耗估计中的机器学习算法和数据融合

众所周知,对生理参数和能量消耗进行规律的、准确的监控,对增强个人健康意识十分重要。生理监测系统/装置应该有以下特点[17]:① 可以估计能量消耗;② 准确;③ 向用户提供连续反馈;④ 使用简单;⑤ 成本低廉。使用机器学习算法(MLA)和对基本传感器进行组合使用在实践中很有帮助。MLA可能会面临以下挑战[17]:① 需要高质量的数据;② 数据之间有差别;③ 有时 MLA 的训练数据和测试数据一致的假设不成立;④ 使用的模型应该适用于多目标;⑤ 需要定期升级硬件系统;⑥ 通常对结果要求实时性,而实时性对计算时间和准确性有额外的要求(有限长递归数据处理算法,可以使用 SRIF 算法,第 4 章和第 5 章);⑦ 方法和算法的空间/时间复杂性。建模过程一般包括:① 数据采集和编辑(初步滤波/噪声消除→数据预处理);② 特征提取;③ 开发回归模型;④ 模型的内部和外部验证。

这些特征可以使用标准的 MLA 特征提取技术来提取(如主成分分析 PCA 和独立成分分析 ICA,第6章和第7章),同时从经验上通过直觉和视觉观察可以得出新的方法。可以建立针对特定活动、能够提供能量消耗估计的回归模型。然后,根据活动分类器的概率输出,组合使用这些回归模型。

这有可能用到大量基于 AI 的回归技术:① 鲁棒回归;② 局部加权回归。通过交叉验证的方法,通过 k-fold 对回归模型进行特征提取/训练。通常需要调整回归以便对相关的测量进行预测,这些测量会根据测试对象(可能是人或其他测试对象)进行连续变化。在算法运行的整个周期中,某些数据集并不用于整个开发周期,在这些验证数据集上可以对模型的性能进行评估。如果模型在验证数据集和训练集上达到了预定义的标准,则模型成立、可用。

每年医疗保健支出呈螺旋式上升趋势,人们可以从一种有效、廉价、易穿戴和准确的生理监控设备中获益。通过使用 SDF 和最先进的 MLA、AI 方法,BodyMedia 臂带(BMA)[17] 尝试以常规的方法来解决这个问题。文献[17]介绍了生理参数估计,特别是能量消耗的建模过程。结果显示,臂带传感器和运算模型可以为用户提供精确的计算结果。这些用户有的来自实验室,有的来自实验室外的自由生活环境。新传感器的集成范围和数据模型的不断发展都是为了提取新的生理特征。许多卫生保健和监测系统,以及相关的传感器和设备,可以有效地使用 MLA 技术和 SDF 方法,来获得准确可靠的能量消耗估计和其他参数。这些应用中的方法均基于数据,它们可以从 MLA 方法性能中和 SDF 的准确预测中获益。

10.10 神经-模糊-遗传算法融合

通常认为,ANN 方法可以对数据/图像分析的结果进行整体上的改进,其中包括分类以及多模态生物特征应用中的识别速率。在这种情况下,需要对 ANN 组合的选取进行优化,并给出一种组合方式[18]:① 模块化;② 集团化。在模块化方法中,主要问题被划分为若干子任务模块。在第二种方法中,一组 ANN 在相同的任务上进行训练,从而获得更可靠的(整体)输出。在这里讨论 ANN 的三种组合方法,即把 SC、ANN、FL 和 GA 组合在一起的方法。

10.10.1 基于 ANN 的方法

ANN 可以看作是神经网络的输入到输出的映射过程,即 $y = f(x)$,y 是输出集,而 x 是输入集。另外,由于分类问题通常是从当前特征向量到输出的类进行映射的问题,所以可以把 ANN 称为分类器。因此,假设有一个二层的 NW,其中输入层有 T 个神经元(输入特征的数量),隐藏层有 H 个神经元,输出有 c 个神经元(分类器的数量)。于是,神经网络分类器(Classifier NW,CNW)是一个非线性的函数。因此,CNW 输出表达式表示如下:

$$P(\omega_i \mid \boldsymbol{X}) \approx y_i = f\left\{\sum_{k=1}^{H} \omega_{ik}^{om} f\left(\sum_{j=1}^{T} \omega_{kj}^{mi} x_f\right)\right\} \tag{10.113}$$

式中,$\boldsymbol{X} = (x_1, x_2, \cdots, x_T)$ 是未知输入,$\boldsymbol{\Omega} = (\omega_1, \omega_2, \cdots, \omega_c)$ 是类集,每个输出神经元根据式(10.113 可以得到输出 y_i。ω_{kj}^{mi} 是第 j 和 k 个神经元之间的权值,ω_{ik}^{om} 是第 k 和 i 个神经元之间的权值,而 f 是 sigmoid 函数。根据对应的类选择高度加权的神经元。

对 ANN 分类器进行组合主要有两种方法。在基于融合技术的方法中,分类基于一组实数测量[18]:

$$P(\omega_i \mid \boldsymbol{X}), 1 \leqslant i \leqslant c \tag{10.114}$$

式(10.114)表示在条件 $\boldsymbol{X}$ 下,$\boldsymbol{\omega}$ 来自于某一类的概率。于是,在 NW 组合的方案中,第 k 个神经网络的估计值由式(10.115)给出:

$$P(\omega_i \mid \boldsymbol{X}), 1 \leqslant i \leqslant c; 1 \leqslant k \leqslant n \tag{10.115}$$

对神经网络-分类器-融合(NW-Classifier-Fusion,NWCF)方法使用均值规则,规则如下:

$$P(\omega_i \mid \boldsymbol{X}) = \frac{1}{n} \cdot \sum_{k=1}^{n} P_k(\omega_i \mid \boldsymbol{X}), 1 \leqslant i \leqslant c \tag{10.116}$$

如果考虑到 NW 的可靠性(见第 2.5 节),还可以使用下面的 NWCF:

$$P(\omega_i \mid \boldsymbol{X}) = \frac{1}{n} \cdot \sum_{k=1}^{n} P_k^i P_k(\omega_i \mid \boldsymbol{X}), 1 \leqslant i \leqslant c \tag{10.117}$$

可靠性加权因子/系数的总和是 1。

另一种方法结合了 CNW 技术,它是基于投票技术(第 8 章)的一种方法。可以使用任意一种流行的投票方法[18]:① 全体一致;② 多数表决;③ 众数表决;④Borda 计数(BC)。在这里讨论基于 BC 的方法,BC 方法是用 NW 对分类器进行排序,把排序小于 i 的类的分值 $B(i)$ 进行累加,其表达式为

$$P(\omega_i \mid \boldsymbol{X}) = \sum_{k=1}^{n} B_k(i), 1 \leqslant i \leqslant c \tag{10.118}$$

考虑到可靠性系数，可以把式(10.118)扩展为

$$P(\omega_t \mid \boldsymbol{X}) = \frac{1}{n}\sum_{k=1}^{n} R_k^i B_k(i), 1 \leqslant i \leqslant c \tag{10.119}$$

最终的决策是选择 BC 值最大的那一个作为最终的类。

10.10.2 基于模糊逻辑的方法

这种方法使用模糊积分[6,18](Fuzzy Integral, FI)对 ANN 进行组合，来得到最终的决策。FI 是用模糊测度(Fuzzy Measure, FM)进行定义的非线性函数。FM[18]为

集合 $g:2^Y \to [0,1]$ 为满足下述条件的 FM：

$$\begin{aligned}&\text{a. } g(\varphi)=0; g(Y)=1\\&\text{b. } g(A)\leqslant g(B) \text{ 如果 } A\subset B\\&\text{c. 如果}[A_i]_{i=1}^{\infty}\text{是测量集的升序表示}\end{aligned} \tag{10.120}$$

于是可得子条件：

$$\lim_{i->\infty} g(A_i) = g(\lim_{i->\infty} A_i) \tag{10.121}$$

接下来，定义 FI；Y 是有限集，$h:Y\to\{0,1\}$ 是集合 Y 的一个模糊子集。

在集合 Y 上，使用函数 h 定义的 FI 如下[6,18]：

$$h(y)\circ g(\cdot) = \max_{E\subseteq X}\{\min(\min_{x\in E} h(y), g(E))\} \tag{10.122}$$

$$= \sup_{\alpha\in[0,1]}\{\min(\alpha, g(h_\alpha))\} \tag{10.123}$$

其中，$h = \{y \mid h(y) \geqslant \alpha\}$。解释如下：①$h(y)$是 h 满足条件 y 的程度；②min(y)是 h 满足所有 E 中元素的程度；③$g(E)$是 E 满足 g 的程度。最小值表示 E 满足测度 g 和 min$h(y)$的程度。这些术语中最大的一个是由 max 操作完成的。FI 表示客观证据和期望之间一致性的最大程度。FI 可用来达到 ANN 分类问题的共识。特别注意到，FM 并不一定是一个附加测度。

Sugeno 引入了 g_λ - FM[18]，满足以下附加性：

$$g(A\cup B) g(A) + g(B) + \lambda g(A) g(B), \lambda > -1 \tag{10.124}$$

式中，$A_i = \{y_1, y_2, \cdots, y_i\} A, B\subset Y; A\cap B = \varphi$。这也意味着，联合测度可以通过使用分项测度来计算。

现在，我们可以用 FI 来对 NW 进行组合。令 $h(y_1)\geqslant h(y_2)\geqslant\cdots, h(y_n)$，$Y = \{y_1, y_2, \cdots, y_n\}$，然后，根据以下表达式计算与模糊测度 g 有关的模糊积分 e：

$$e = \max_{i=1}^{n}\{\min(h(y_i), g(A_i))\} \tag{10.125}$$

同样，当 g 是模糊测度 g_λ 时，$g(A)$的值也可以为

$$g(A_i) = g(\{y_i\}) = g \tag{10.126}$$

$$g(A_i)=g^i+g(A_{i-1})+\lambda g_g^i(A_{i-1}),1<i<n \tag{10.127}$$

在式(10.127)中,从下式可以得到 λ 的值

$$\lambda+1=\prod_{i=1}^{n}(1+\lambda g^i) \tag{10.128}$$

在式(10.128)中,$\lambda \in (-1+\infty)$ 且 $\lambda \neq 0$。FI 的计算需要知道 g 的先验知识。

将 $\Omega=\{\omega_1,\omega_2,\cdots,\omega_n\}$ 作为一个感兴趣的分类的集合,$Y=\{y_1,y_2,\cdots,y_n\}$ 是一组 ANN,A 为识别对象,h: $Y\to[0,1]$为对象 A 属于某类 ω_k 的估计,也就是说,$h_k(y_i)$表示我们对对象 A 属于某类的确定程度。在这里,1 表示绝对确定,对象 A 是在类 ω_k 中,0 意味着对象 A 不在 ω_k 中。在此,与每一个 y_i 相对的重要程度 g_i 应当被给出,g_i 表示 y_i 在对第 ω_k 类识别中的重要程度。这些量可以由专家主观指定(或由数据集推导出)。由于 g_i 定义了模糊密度映射,使用式(10.128)来计算 λ。这样计算 g_λ-FM g 的方式就确定了。现在,使用式(10.126)和式(10.127),计算 FI。然后,将最大的 FI 作为输出类。

10.10.3 基于 GA 的方法

可以使用 GA 来搜索 CNW 的集合成员,也就是说,集合 NW 和 GA 的权重可以优化。GA 中的字符串必须编码为 $n\times c$ 的实数参数 R_k^i(式(10.119)),也就是说,每个系数被编码为 8 位,并在[0,1]之间变化。然后,GA 操作最有希望的字符串来改进解决方案。一个周期上的 GA 操作如下:①创建一个实数字符串种群样本;②(使用适应度函数)基于训练数据对字符串的识别率进行评估;③选择好的字符串;④通过遗传操作创建新字符串:①交叉,例如单点交叉概率为 0.6;②变异,标准变异概率是 0.01。当识别率不再提高时,可停止 GA。可以用新的个体来代替上代种群的个体,并且通过最优策略保留目前为止获得的最好的解决方案。GA 使用加权系数将 CNW 组合成字符串。

10.10.4 GA-FL 混合方法

FL 和 GA 非常有用,可以将其进行组合产生更强大的智能系统,尤其是 DF 系统。可以设计一种 FL 和 GA 混合的方法,来给出 CNW 的最优组合方案。ANN 用作基础系统,因为它们已经被公认为是强大的 I/O 映射算法。FL 有可能将启发式知识与专家设计人员结合起来。因此,通过将已有的知识与 MF 相结合,可以增强 ANN 的性能。这些 MF(第 3 章)通过学习过程进行一定的修改和微调(MF 的定义参数是确定的),其调整是由 ANN 完成的。FIS 采用了像 ANFIS(第 3 章)这样的程序来优化,它是一种强大的方法,可用于对 FL 和 ANN

进行结构优化,为 GA 提供评估功能。另外一种混合技术用到了 FI,它可以将离散的 CNW 的输出与由 GA 赋予的每个 NW 的重要性结合起来。

令$\hat{g}_\lambda(A)$表示专家提供的值,那么 $g_\lambda(A)$是 g_i 是确定的。在该混合方法中,染色体通过向量 $\boldsymbol{C}_j=\{g_1^j,g_2^j,\cdots,g_k^j;\lambda_j\}$对模糊密度值 g_i^j进行编码,染色体 $\boldsymbol{C}_j$的适应度函数$f(\boldsymbol{C}_j)$是由设计师提供的 FM 的值$\hat{g}_\lambda(A)$和通过 g_i^j、λ_j计算获得的 FM 的值之间差异值的总和。适应度函数为

$$f(C_j) = \sum |\hat{g}_\lambda(A) - \frac{1}{\lambda_j}\left\{\prod_{x_i \in A}(1+\lambda_j g_i^f) - 1\right\} \tag{10.129}$$

在这种混合方法中,遗传算子产生了一组最优的参数来对 ANN 进行组合。

文献[18]给出了实验结果,研究了本节中提出的方法的性能。他们使用了加拿大康科迪亚大学的手写数字数据库,该数据库由 6000 个不受限制的数字组成(由美国不同地区邮政服务的死信信封收集而成),他们的结果令人鼓舞。

10.11 使用 ANFIS 方法进行图像分析:举例说明

本节给出一个使用 ANFIS 系统进行图像融合的实例。图 10.10 显示了 ANFIS系统的输入图像。我们看到输入图像 1 的顶部和输入图像 2 的底部是模糊的飞机图像。图 10.11 所示的 SARAS 真实的飞机图像为 ANFIS 训练的标准输出。从 ANFIS 系统中可以获得我们期望的图像。**Fusionanfissaras. m** 是该方法的 MATLAB 代码,用于训练并获得融合的结果。

我们获得了下列 ANFIS 信息:①节点数为 35;②线性参数的数目为 27;③非线性参数的数目为 18;④参数的总数为 45;⑤训练数据组数为 262144;⑥检查数

图 10.10 ANFIS 系统中用到的 SARAS 飞机图像

图 10.11　在 ANFIS 系统训练中用作输出图像的 SARAS 飞机的真实图像

据对的数量为 0;⑦模糊规则的数量为 9。

通过连接连续的列和将二维图像存储为一维图像,把图像(强度)矩阵转换为列(或行)向量。这些输入的一维数据被输入到 ANFIS 系统中,同时训练输出图像也被转换为一维字符串。为了训练,我们只使用了三个高斯成员函数和两组向量。在 ANFIS 训练后,模糊一维图像又被提交给 ANFIS,并获得了一维融合图像。ANFIS 输出的向量字符串被转换回图像强度矩阵。图 10.12 显示了从 ANFIS 中获得的融合图像和真实图像以及融合图像之间的差异。真实和融合图像之间的匹配度误差 PFE 定义为:PFE = norm(图差矩阵) * 100/原像(真像矩阵),PFE 的计算结果为 0.623。

图 10.12　融合图像和差分图像

上述图像融合的方法不是传统意义上的方法,而是基于融合过程,因为它需要使用真实图像进行训练,即需要“期望”的融合图像。然而,它可以指出融合图像是如何与两个输入图像相关联的:融合图像(来自 ANFIS) = a^* 输入图像 + b^* 输入图像 + c。常数 c 可以用作偏差参数。我们可以给出融合规则(公式),来回答输入图像是如何变成(ANFIS)输出图像的。以上融合规则在第 3 章中有具体说明。

致谢

10.6 节中的部分工作由 Vedshruti 女士提供,来自于她的 Mtech 工程研究,而工程研究是在 V. Parthasarathy Naidu 博士和 J. R. Raol 博士指导下完成的。

练习

10.1 在 FFNN 中,非线性函数 f(如 sigmod 函数)的作用是什么?

10.2 ANN 和 FL 在动态系统的建模过程有何不同?

10.3 对比 ANN 和 KF,分析 ANN 如何应用于数据融合?

10.4 在 FFNN 学习规则中,动量因子是如何发挥作用的?

10.5 请给出在 KF 中应用 FL 的三种方法,以提高 KF 的性能。

10.6 请至少给出一种 GA 并行处理的方案(两个处理器:一主、一副)。

10.7 可以用 KF 训练 FFNN 吗? 如果可以,如何操作?

10.8 给出把 ANN 和 GA 用于 DF 的一种方案。

10.9 给出把 ANN 和 FL 用于 DF 的一种方案。

10.10 给出把 FL 和 GA 用于 DF 的一种方案。

10.11 如果在 ANN 权值训练过程中,式(10.21)中 Z 的值变为 1,该如何处理?

参考文献

1. Zadeh, L. A. A definition of soft computing. http//www. soft – computing. de/def. html, accessed April 2013.
2. Eberhart, R. C and Dobbins, R. W. Neural Network PC Tools—A Practical Guide. Academic Press Inc. , New York, 1993.
3. Irwin, G. W. , Warwick, K. and Hunt, K. J. (Eds.). Neural Network Applications in Conrtol, IEE/IET Control Engineering Series, 53. IEE/IET, London, UK, 1995.
4. Raol, J. R. , Girija, G. and Singh, J. Modelling and Parameter Estimation of Dynamic Systems, IEE/IET Control Engineering Series, 65. IEE/IET, London, UK, 2004.
5. Raol, J. R. and J. Singh. Flight Mechanics Modeling and Analysis. CRC Press, FL, 2009.

6. Raol, J. R. Multisensor Data Fusion with MATLAB. CRC Press, FL, 2010.
7. Raol, J. R. and Ajith, K. G. (Eds). Mobile Intelligent Autonomus Systems. CRC Press, FL, 2012.
8. Goldberg, D. E. Genetic Algorithms in Search, Optimization and Machine Learning. Addison – Wesley Publishing Company Inc., Reading, MA, 1989.
9. Bors, A. G. Introduction to the Radial Basis Function Networks. Department of Computer Science, University of York, York, UK. http//www – users. cs. york. ac. uk/adrian/Papers/Others/OSEE01. pdf, accessed April 2013.
10. Burkey, M. (and Paul), Pan, W., Kou, X., Marler, K. M. and Tsaptsinos, D. Soft Computing – Fuzzy Logic is a Part of Soft Computing(ppts). Department of kingston. ac. uk, accessed April 2013.
11. Ahmad, Z. and Zhang, J. Combination of multiple neural networks using data fusion techniques for enhancde nonlinear process modelling. Elsevier Journal of Computer and Chemical Engineering, 30, 295 – 308, 2005. http//www. elsevier. com/locate/compehemeng.
12. Yadich, N., Singh, L., Bapi, R. S., Rao, S., Deekshatulu, B. L. and Negi, A. Multisensor data fusion using neural networks. International Joint Conference on Neural Networks, Sheraton Vancouver Vancouver Wall Centre Hotel, Vancouver, BC, Canada, July 16 – 21, 2006.
13. Mitchell, T. M. The Discipline of Machine Learning. CMU – ML – 06 – 108, School of Computer Science, Carnegie Mellon University, Pittsburgh, PA, July 2006.
14. Sewell, M. Machine learning, 2009. http://machine – learning. martinsewell. com/machine – learning. pdf, accessed April 2013.
15. Leonard, D., Lillis, D. and Zhang, L. Applying machine learning diversity to data fusion in information retrieval. http://lill. is/pubs/Leonard2011. pdf, accessed April 2013.
16. Lillis, D., Toolan, F., Collier, R. and Dunnion, J. Extending probabilistic data fusion using sliding windows. The Proceedings of the 30th European Conference on Information Retrieval (ECIR'08), 4956, 358 – 369, Lecture Notes in Computer Science, Springer, Berlin, 2008.
17. Vyas, N., Farringdon, J., Andre, D. and Stivoric, J. I. Machine learning and sensor fusion for estimating continuous energy expenditure. Proceedings of the Twenty Third Innovative Applications of Artificial Intelligence Conference, San Francisco, California, USA. The AAAI Press, Menlo Park, California, 9 – 11 August 2011. http://www. aaai. org/ocs/index. php/IAAI/IAAI – 11/paper/download/…/4018, accessed May 2013.
18. Cho, S. B. Fusion of neural networks with fuzzy logic and genetic algorithm. Integrated Computer – Aided Engineering, IOS Press, Amsterdam, The Netherlands, 9 (4), 363 – 372, December 2002. http://sclab. yonsei. ac. kr/publications/Papers/ica00128. pdf, accessed April 2013.

附录 A　部分算法及其推导

A.1　两部分状态向量融合的最优滤波器

前面的算法是可用的。但仍有改进和细化的空间,在这里不多做讨论。本节考虑到数据随机丢失的情况,对 4.8.3 节的滤波器进行推导。考虑 z 中的数据丢失,且将变量记作 z_m,提出如下估计器:

$$\hat{\boldsymbol{x}}(k)=\boldsymbol{K}_1\tilde{\boldsymbol{x}}(k)+\boldsymbol{K}_2\boldsymbol{z}_m(k) \tag{A.1}$$

根据 4.2.2.2 节给出的 KF 理论拓展,得到

$$\begin{aligned}\underline{\boldsymbol{x}}(k)&=\boldsymbol{K}_1[\underline{\boldsymbol{x}}^*(k)+\boldsymbol{x}(k)]+\boldsymbol{K}_2b\boldsymbol{H}\boldsymbol{x}(k)+\boldsymbol{K}_2\boldsymbol{v}(k)-\boldsymbol{x}(k)\\&=[\boldsymbol{K}_1+\boldsymbol{K}_2b\boldsymbol{H}-\boldsymbol{I}]\boldsymbol{x}(k)+\boldsymbol{K}_2\boldsymbol{v}(k)+\boldsymbol{K}_1\underline{\boldsymbol{x}}^*(k)\end{aligned} \tag{A.2}$$

当 $E\{\boldsymbol{v}(k)\}=0$ 时,若 $E[\underline{\boldsymbol{x}}^*(k)]=0$,是无偏的先验估计,能够得到如下条件:

$$E[\underline{\boldsymbol{x}}(k)]=E[(\boldsymbol{K}_1+\boldsymbol{K}_2b\boldsymbol{H}-\boldsymbol{I})\boldsymbol{x}(k)] \tag{A.3}$$

为使测量合并之后的估计是无偏的,应有 $E[\underline{\boldsymbol{x}}(k)]=0$,因此,得到两个权值因子的关系:

$$\boldsymbol{K}_1=\boldsymbol{I}-\boldsymbol{K}_2b\boldsymbol{H} \tag{A.4}$$

将式(A.4)的结果代入式(A.1),化简得到

$$\begin{aligned}\hat{\boldsymbol{x}}(k)&=(\boldsymbol{I}-\boldsymbol{K}_2b\boldsymbol{H})\tilde{\boldsymbol{x}}(k)+\boldsymbol{K}_2\boldsymbol{z}_m(k)\\&=\tilde{\boldsymbol{x}}(k)+\boldsymbol{K}_2[z_m(k)-b\boldsymbol{H}\tilde{\boldsymbol{x}}(k)]\end{aligned} \tag{A.5}$$

测量合并后,根据表达式 $\boldsymbol{P}$(后验协方差矩阵),可将状态误差协方差归纳为

$$\begin{aligned}\hat{\boldsymbol{P}}=E[\underline{\boldsymbol{x}}(k)\underline{\boldsymbol{x}}^{\mathrm{T}}(k)]&=E[(\hat{\boldsymbol{x}}(k)-\boldsymbol{x}(k))(\hat{\boldsymbol{x}}(k)-\boldsymbol{x}(k))^{\mathrm{T}}]\\&=E\{\tilde{\boldsymbol{x}}(k)-\boldsymbol{x}(k)+\boldsymbol{K}[b\boldsymbol{H}\boldsymbol{x}(k)+\boldsymbol{v}(k)-b\boldsymbol{H}\tilde{\boldsymbol{x}}(k)](\cdot)^{\mathrm{T}}\}\end{aligned} \tag{A.6}$$

简化后,根据 KF 的推导过程,得到如下状态协方差矩阵的表达式:

$$\hat{\boldsymbol{P}}=(\boldsymbol{I}-\boldsymbol{K}b\boldsymbol{H})\tilde{\boldsymbol{P}}(\boldsymbol{I}-\boldsymbol{K}b\boldsymbol{H})^{\mathrm{T}}+\boldsymbol{K}\boldsymbol{R}\boldsymbol{K}^{\mathrm{T}} \tag{A.7}$$

为得到增益 K 的最优值,协方差矩阵 $\hat{\boldsymbol{P}}$ 的迹在 $\boldsymbol{K}$ 的条件下取得最小。令损

失函数为

$$J=E[\underline{\boldsymbol{x}}^{\mathrm{T}}(k)\underline{\boldsymbol{x}}(k)] \tag{A.8}$$

展开式为

$$\begin{aligned}J&=\operatorname{trace}(\hat{\boldsymbol{P}})\\&=\operatorname{trace}[(\boldsymbol{I}-\boldsymbol{K}b\boldsymbol{H})\tilde{\boldsymbol{P}}(\boldsymbol{I}-\boldsymbol{K}b\boldsymbol{H})^{\mathrm{T}}+\boldsymbol{K}\boldsymbol{R}\boldsymbol{K}^{\mathrm{T}}]\end{aligned} \tag{A.9}$$

$$\frac{\partial J}{\partial K}=-2(\boldsymbol{I}-\boldsymbol{K}b\boldsymbol{H})b\tilde{\boldsymbol{P}}\boldsymbol{H}^{\mathrm{T}}+\boldsymbol{K}\boldsymbol{R}=0 \tag{A.10}$$

$$\begin{aligned}\boldsymbol{K}\boldsymbol{R}&=b\tilde{\boldsymbol{P}}\boldsymbol{H}^{\mathrm{T}}-b^2\boldsymbol{K}\boldsymbol{H}\tilde{\boldsymbol{P}}\boldsymbol{H}^{\mathrm{T}}\\\boldsymbol{K}\boldsymbol{R}+b^2\boldsymbol{K}\boldsymbol{H}\tilde{\boldsymbol{P}}\boldsymbol{H}^{\mathrm{T}}&=b\tilde{\boldsymbol{P}}\boldsymbol{H}^{\mathrm{T}}\end{aligned} \tag{A.11}$$

$$\boldsymbol{K}=b\tilde{\boldsymbol{P}}\boldsymbol{H}^{\mathrm{T}}(b^2\boldsymbol{H}\tilde{\boldsymbol{P}}\boldsymbol{H}^{\mathrm{T}}+\boldsymbol{R})^{-1} \tag{A.12}$$

在通过式(A.12)得到最优增益以后,随后就可以得到式(A.7)的详细表达。然后通过式(4.144)~式(4.148)得到两部分状态向量融合的最优滤波算法。

A.2 两部分测量级融合的最优滤波器

本节在考虑数据随机丢失的情况下,给出了4.8.4节中滤波器的推导。仅考虑传感器2的部分数据丢失,而另一传感器的数据不丢失。关于测量数据丢失的描述与4.8.1节相同。由于数据丢失发生在测量级,滤波器的时间传递部分与KF相同,滤波方程同式(4.144)和式(4.145)相似。此处,用z表示来自传感器1的数据,z_m表示来自传感器2的数据,得到如下估计器:

$$\hat{\boldsymbol{x}}(k)=K_1\tilde{\boldsymbol{x}}(k)+K_2\boldsymbol{z}_1+K_3\boldsymbol{z}_m(k) \tag{A.13}$$

根据4.2.2.2节和A.1节中给出的KF的展开,得到

$$\begin{aligned}\underline{\boldsymbol{x}}(k)&=K_1[\underline{\boldsymbol{x}}^*(k)+\boldsymbol{x}(k)]+K_2(\boldsymbol{H}_1\boldsymbol{x}(k)+\boldsymbol{v}_1)+\boldsymbol{K}_3(b\boldsymbol{H}_2\boldsymbol{x}(k)+\boldsymbol{v}_2)-\boldsymbol{x}(k)\\&=[\boldsymbol{K}_1+\boldsymbol{K}_2\boldsymbol{H}_1+b\boldsymbol{K}_3\boldsymbol{H}_2-\boldsymbol{I}]\boldsymbol{x}(k)+\boldsymbol{K}_2\boldsymbol{v}_1+\boldsymbol{K}_3\boldsymbol{v}_2+\boldsymbol{K}_1\underline{\boldsymbol{x}}^*(k)\end{aligned} \tag{A.14}$$

当$E[\boldsymbol{v}(k)]=0$时,若$E[\underline{\boldsymbol{x}}^*(k)]=0$是无偏的先验估计,可得

$$E[\underline{\boldsymbol{x}}(k)]=E[(\boldsymbol{K}_1+\boldsymbol{K}_2\boldsymbol{H}_1+b\boldsymbol{K}_3\boldsymbol{H}_2-\boldsymbol{I})\boldsymbol{x}(k)] \tag{A.15}$$

为了使测量合并后的估计是无偏的,需使得$E[\underline{\boldsymbol{x}}(k)]=0$,由此可得到满足滤波器结构无偏条件下的两权重因子之间的关系:

$$\boldsymbol{K}_1=\boldsymbol{I}-\boldsymbol{K}_2\boldsymbol{H}_1-b\boldsymbol{K}_3\boldsymbol{H}_2 \tag{A.16}$$

将式(A.16)代入式(A.13),简化得到

$$\hat{\boldsymbol{x}}(k)=\tilde{\boldsymbol{x}}(k)+\boldsymbol{K}_2(z_1-\boldsymbol{H}_1\tilde{\boldsymbol{x}})+\boldsymbol{K}_3[\boldsymbol{z}_m(k)-b\boldsymbol{H}_2\tilde{\boldsymbol{x}}(k)] \tag{A.17}$$

然后,考虑测量合并后的状态误差协防差为

$$\hat{\boldsymbol{P}} = E[(\underline{\boldsymbol{x}}(k)\underline{\boldsymbol{x}}^{\mathrm{T}}(k)] = E[(\hat{\boldsymbol{x}}(k) - \boldsymbol{x}(k))(\hat{\boldsymbol{x}}(k) - \boldsymbol{x}(k))^{\mathrm{T}}]$$
$$= E\{[(\tilde{\boldsymbol{x}}(k) - \boldsymbol{x}(k)) - \boldsymbol{K}_2\boldsymbol{H}_1(\tilde{\boldsymbol{x}}(k) - \boldsymbol{x}(k)) - b\boldsymbol{K}_3\boldsymbol{H}_2 \cdot (\tilde{\boldsymbol{x}}(k) - \boldsymbol{x}(k)) + \boldsymbol{K}_2\boldsymbol{v}_1(k) + \boldsymbol{K}_3\boldsymbol{v}_2][.]^{\mathrm{T}}\} \tag{A.18}$$

化简后,得到如下协方差矩阵表达式:

$$\hat{\boldsymbol{P}} = (\boldsymbol{I} - \boldsymbol{K}_2\boldsymbol{H}_1 - b\boldsymbol{K}_3\boldsymbol{H}_2)\tilde{\boldsymbol{P}}(\boldsymbol{I} - \boldsymbol{K}_2\boldsymbol{H}_1 - b\boldsymbol{K}_3\boldsymbol{H}_2)^{\mathrm{T}} + \boldsymbol{K}_2\boldsymbol{R}_1\boldsymbol{K}_2^{\mathrm{T}} + \boldsymbol{K}_3\boldsymbol{R}_2\boldsymbol{K}_3^{\mathrm{T}} \tag{A.19}$$

然后,完成式(A.19)中协方差矩阵 $\boldsymbol{P}$ 的迹最小化步骤,最后得到

$$\boldsymbol{K}_2(\boldsymbol{H}_1\tilde{\boldsymbol{P}}\boldsymbol{H}_1^{\mathrm{T}}) + \boldsymbol{K}_3(b^2\boldsymbol{H}_2\tilde{\boldsymbol{P}}\boldsymbol{H}_1^{\mathrm{T}} + \boldsymbol{R}_2) = \tilde{\boldsymbol{P}}\boldsymbol{H}_1^{\mathrm{T}} \tag{A.20}$$

$$\boldsymbol{K}_2(b\boldsymbol{H}_1\tilde{\boldsymbol{P}}\boldsymbol{H}_1^{\mathrm{T}}) + \boldsymbol{K}_3(b^2\boldsymbol{H}_2\tilde{\boldsymbol{P}}\boldsymbol{H}_2^{\mathrm{T}} + \boldsymbol{R}_2) = b\tilde{\boldsymbol{P}}\boldsymbol{H}_2^{\mathrm{T}} \tag{A.21}$$

在通过式(A.20)和式(A.21)计算得到增益的值以后,利用 $\boldsymbol{P}$ 的展开形式得到如下方程:

$$\tilde{\boldsymbol{P}}_f = (\boldsymbol{I} - \boldsymbol{K}_2\boldsymbol{H}_1 - b\boldsymbol{K}_3\boldsymbol{H}_2)\tilde{\boldsymbol{P}}(\boldsymbol{I} - \boldsymbol{K}_2\boldsymbol{H}_1 - b\boldsymbol{K}_3\boldsymbol{H}_2)^{\mathrm{T}} + \boldsymbol{K}_2\boldsymbol{R}_2\boldsymbol{K}_2^{\mathrm{T}} + \boldsymbol{K}_3\boldsymbol{R}_2\boldsymbol{K}_3^{\mathrm{T}} \tag{A.22}$$

然后,两部分测量级融合的最优滤波器的滤波算法由式(4.149)~式(4.154)给出。

A.3 高斯和方法

考虑如下非线性系统:

$$\dot{\boldsymbol{x}}(t) = f(\boldsymbol{x}(t), t) + \Gamma(t) \tag{A.23}$$

$$z_k = h(\boldsymbol{x}_k, t_k) + \boldsymbol{v}_k \tag{A.24}$$

式(A.23)中,$\Gamma(t)$表示均值为0,相关函数为 $Q\delta(t-\tau)$ 的高斯白噪声[1]。测量噪声是均值为0,方差为 R 的不相关的随机序列。在给定测量和概率密度函数(pdf)$p(\boldsymbol{x}(t), t|\boldsymbol{Z}_k)$以及先验概率密度函数 $p(x_0, t_0)$ 的情况下,非线性滤波问题就是要找出状态 x_k 下的后验概率密度函数(pdf)。在高斯和方法(SOG)中,条件 pdf 可表示为有限个高斯之和[1]:

$$\hat{p}(\boldsymbol{x}(t), t \mid \boldsymbol{Z}_k) = \sum_{i=1}^{N} w_{t|k}^{i} N(\boldsymbol{x}(t); \boldsymbol{\mu}_{t|k}^{i} P_{t|k}^{i}) \tag{A.25}$$

在式(A.25)中,w、$\boldsymbol{\mu}$ 和 P 分别是条件权值、均值和第 i 个高斯核的协方差,为保证式(A.25)的 pdf 为正,且归一化的需要,对式中的权值有如下约束:

$$\sum_{i=1}^{N} w_{t|k}^{i} = 1 \tag{A.26}$$

在式(A.26)中,对所有的 t,每一个权值为 0 或 +。由高斯假设,利用如下 EKF 方程传递均值和协方差[1]:

$$
\begin{cases}
\mu_{t|k}^{i} = f(\mu_{t|k}^{i}, t) \\
A_{t|k}^{i} = \dfrac{\partial f(\boldsymbol{x}(t), t)}{\partial \boldsymbol{x}(t)} \mid \mu_{t|k}^{i} \\
\hat{P}_{t|k}^{i} = A_{t|k}^{i} P_{t|k}^{i} + P_{t|k}^{i} A_{t|k}^{i\mathrm{T}} \\
\hat{w}_{t|k}^{i} = w_{k|k}^{i}
\end{cases}
\tag{A.27}
$$

测量更新如下：

$$
\begin{cases}
\hat{\mu}_{k+1|k+1}^{i} = \hat{\mu}_{k+1|k}^{i} + K_{k}^{i}(z_{k} - h(\hat{\mu}_{k+1|k}^{i}, t_{k})) \\
\boldsymbol{H}_{k}^{i} = \dfrac{\partial h(x_{k}, t_{k})}{\partial x_{k}} \mid \boldsymbol{\mu}_{k+1|k}^{i} \\
\boldsymbol{K}_{k}^{i} = \hat{\boldsymbol{P}}_{k+1|k}^{i} \boldsymbol{H}_{k}^{i\mathrm{T}} (\boldsymbol{H}_{k}^{i} \hat{\boldsymbol{P}}_{k+1|k}^{i} \boldsymbol{H}_{k}^{i\mathrm{T}} + \boldsymbol{R}_{k})^{-1} \\
\hat{\boldsymbol{P}}_{k+1|k+1}^{i} = (I - \boldsymbol{K}_{k}^{i} \boldsymbol{H}_{k}^{i}) \hat{\boldsymbol{P}}_{k+1|k}^{i} \\
\hat{\boldsymbol{W}}_{k+1|k+1}^{i} = \dfrac{\hat{w}_{k+1|k}^{i} \beta_{k}^{i}}{\sum_{i=1}^{N} \hat{w}_{k+1/k}^{i} \beta_{k}^{i}} \\
\beta_{k}^{i} = N(z_{k} - h(\hat{\boldsymbol{\mu}}_{k+1|k}^{i}, t_{k}), \boldsymbol{H}_{k}^{i} \hat{\boldsymbol{P}}_{k+1|k}^{i} \boldsymbol{H}_{k}^{i\mathrm{T}} + \boldsymbol{R}_{k})
\end{cases}
\tag{A.28}
$$

由后验 pdf 的均值和如下方程，可以得到状态的点估计[1]：

$$
\begin{cases}
\hat{\boldsymbol{\mu}}_{t|k} = \sum_{i=1}^{N} \hat{w}_{t|k}^{i} \hat{\boldsymbol{\mu}}_{t|k}^{i} \\
\hat{\boldsymbol{P}}_{t|k} = \sum_{i=1}^{N} \hat{w}_{t|k}^{i} [\hat{\boldsymbol{P}}_{t|k}^{i} + (\hat{\boldsymbol{\mu}}_{t|k}^{i} - \hat{\boldsymbol{\mu}}_{t|k} (\hat{\boldsymbol{\mu}}_{t|k}^{i} - \hat{\boldsymbol{\mu}}_{t|k})^{\mathrm{T}}]
\end{cases}
\tag{A.29}
$$

若有足够数量的高斯核，且能够线性化，则高斯和 $\hat{p}(x, t \mid Z_{k})$ 的表达式将接近真实的 pdf。

A.4 粒子滤波器

粒子滤波是一种用于对具有非线性高斯噪声的非线性系统进行状态估计的蒙特卡洛（Monte Carlo，MC）方法。其状态和测量方程为[2]

$$
\begin{cases}
x_{t+1} = f_{t}(x_{t}) + w_{t}(x_{t}) \\
z_{t} = h_{t}(x_{t}) + v_{t}(x_{t})
\end{cases}
\tag{A.30}
$$

噪声过程可以具有任意的概率分布，单个或多个模式。滤波器的输出是 $p(x_{t})$，算法的解是近似得到的，其估计的过程计算缓慢。概率密度函数是由如下的点加权得到的：

$$p(x_t) \approx \sum_i^N w_t^i \delta(x - x_t^i) \tag{A.31}$$

在此过程中，每一个点都叫作一个粒子，且有一个正的权值。粒子的数目可设为1000。基本算法的步骤为：

(1) 初始化；

(2) 时间传播 —— 随时间的变化移动粒子；

(3) 测量更新 —— 改变权值；

(4) 重采样(如有必要)；

(5) 当获得新的测量后返回步骤(2)。

1. 时间传播

获得每一个粒子的一步预测：

$$x_{t+1}^i = f_t(x_t^i) + w_t(x_t^i) \tag{A.32}$$

特别指出的是，对每一个粒子都要产生一个过程噪声。

2. 测量更新

利用测量更新权值：

$$w_t^i = w_{t-1}^i p(z_t \mid x_t^i) \tag{A.33}$$

如果初始分布未知，可使用正态分布。与SOG方法相同，可对权值做归一化处理：

$$w_t^i = \frac{w_t^i}{\sum_i^N w_t^i} \tag{A.34}$$

粒子通过权值的增减描述测量，当粒子远离真实状态时，将会失去权重。同时，粒子云的密度也会改变。通常，在滤波过程中，算法退化，其他粒子(除一个以外)权值越来越小。这个问题通过重采样，将权值变得相同来解决。粒子的更新过程是删除权值小的粒子，复制权值大的粒子。新的粒子具有新的权值，这就对后验概率密度做了新的近似[3]。计算复杂度与PF的MC仿真中所使用的粒子数目成正比。算法的近似误差随着粒子数目的增加而减小，时间步长可设为0.01倍的单位时间，具体取决于所处理的问题。

A.5 Pugachev滤波器

不同于传统的条件概率密度函数，文献[4-7]给出了基于特征函数方法的非线性状态和参数估计问题的替代解。这类滤波器是通过对给定的系列函数均方误差(MSE)最小化而得到的，这些函数称为估计器的结构函数。因此，Pugachev 滤波器是条件最优估计器或非线性滤波问题的 pareto – optimal 解。

考虑以下公式描述的非线性动态系统[5]：

$$\boldsymbol{x}(k+1)=f(\boldsymbol{x}(k),\boldsymbol{u}(k),k)+q(\boldsymbol{x}(k),k)\boldsymbol{v}(k) \tag{A.35}$$

$$\boldsymbol{z}(k)=h(\boldsymbol{x}(k),\boldsymbol{u}(k),k)+d(\boldsymbol{x}(k),k)\boldsymbol{v}(k)+\boldsymbol{v}_0(k) \tag{A.36}$$

变量的意义与第 4 章和第 5 章相同。问题的解是基于均方误差(MSE)的：

$$E\{(\boldsymbol{x}(k)-\hat{\boldsymbol{x}}(k))^{\mathrm{T}}(\boldsymbol{x}(k)-\hat{\boldsymbol{x}}(k))\} \tag{A.37}$$

估计器的结构可写为

$$\begin{cases}\hat{\boldsymbol{x}}(k+1)=\boldsymbol{C}\boldsymbol{y}(k+1)\\ \boldsymbol{y}(k+1)+K\xi(\boldsymbol{y}(k),\boldsymbol{u}(k),\boldsymbol{z}(k),k)+b(k)\end{cases} \tag{A.38}$$

式中：$\boldsymbol{C}(n\ x\ s,n\geqslant s)$是常数矩阵类，$K$ 和 b 是最优增益，ξ 是预设的向量值非线性函数(任意维数)，同选取的合适的矩阵类 $\boldsymbol{C}$ 一起决定估计器的结构。矩阵类的思想是让不同方程定义的估计都能够包含在估计器的类中，使得其能够和条件最优估计器(Pugachev)与其他类似方程定义的估计器进行比较(灵活性)。式(A.38)是条件最优的，最优增益取决于类矩阵和估计器的结构。增益的最优值可由下式计算得到[5]：

$$\begin{cases}\boldsymbol{C}\boldsymbol{K}(k)\boldsymbol{M}(k)=\boldsymbol{L}(k)\\ \boldsymbol{C}\boldsymbol{b}(k)=\boldsymbol{C}\boldsymbol{E}_0-\boldsymbol{C}K(k)\boldsymbol{E}_1\end{cases} \tag{A.39}$$

式中，矩阵 $\boldsymbol{L}$ 和 $\boldsymbol{M}$ 通过最小化 MSE 得到：

$$\begin{gathered}\boldsymbol{L}(k)=E\{[\boldsymbol{x}(k+1)-E(\boldsymbol{x}(k+1))]\xi(\boldsymbol{y}(k),\boldsymbol{u}(k),\boldsymbol{z}(k),k)^{\mathrm{T}}\}\\ \boldsymbol{M}(k)=E\{[\xi(\boldsymbol{y}(k),\boldsymbol{u}(k),\boldsymbol{z}(k),k)-E\{\xi(\boldsymbol{y}(k),\boldsymbol{u}(k),\boldsymbol{z}(k),k)\}]\\ \xi(\boldsymbol{y}(k),\boldsymbol{u}(k),\boldsymbol{z}(k),k)^{\mathrm{T}}\}\\ \boldsymbol{E}_0=E[\boldsymbol{x}(k+1)],\boldsymbol{E}_1=E[\xi(\boldsymbol{y}(k),\boldsymbol{u}(k),\boldsymbol{z}(k),k)]\end{gathered} \tag{A.40}$$

式中，E 是无条件的数学期望，而在 KF/EKF 中，状态 $\boldsymbol{x}$ 的条件期望，在给定测量时，被用于最小化 MSE。为了求得条件最优滤波(COF)解，期望 E 利用联合一维特征函数进行估计，定义为

$$\begin{aligned}g(\boldsymbol{\lambda},u)=E\{&\exp[i\boldsymbol{\lambda}^{\mathrm{T}}(f(\boldsymbol{x}(k-1),\boldsymbol{u}(k-1),k-1)+q(\boldsymbol{x}(k-1),k-1)\boldsymbol{v}(k-1))\\ &+i\boldsymbol{u}^{\mathrm{T}}(\boldsymbol{K}(k-1)\xi(\boldsymbol{y}(k-1),\boldsymbol{u}(k-1),h(\boldsymbol{x}(k-1),\boldsymbol{u}(k-1),k-1)\\ &+d(\boldsymbol{x}(k-1),k-1)\boldsymbol{v}(k-1)+v_0((k-1),k-1)+\boldsymbol{b}(k-1)]\}\end{aligned} \tag{A.41}$$

这些条件最优滤波的主要任务有：①确定类矩阵；②确定结构函数 ξ；③计算滤波增益。增益的计算需要知道无条件期望 E 的估计，进而需要使用联合一维特征函数：①状态；②测量；③估计；④各种噪声处理。结构函数的选择可以基于：①次优滤波条件的应用；②问题的特殊化；③与非线性系统类似。各种 Pugachev的非线性估计器的衍生方法在文献[5 – 7]中提出和研究，包括几种特殊情况，基于：①结构函数的特殊选择；②相关的过程噪声；③相关的测量噪声；

④残差的非线性函数。同时,文献[5-7]还明确指出了基于条件概率密度函数的非线性滤波器的相似性和不同点。增益的计算问题可做如下处理:①使用未知均值和协方差矩阵的正态特征函数;②使用一些具有未知参数的已知特征函数;③将特征函数的对数表示为阶段函数的能量序列。如果所有增益计算都能够先验获得,就可以估计出无条件的期望 E,由于估计器仅包含矩阵/向量操作,估计器就是状态估计的最简单迭代形式。特别指出的是,可以利用粒子滤波的概念计算在后面各种求期望操作中需要用到的特征函数,以便计算滤波增益。因此,可以推测:基于 MC 步骤的粒子滤波在 Pugachev 的非线性估计器中是一种有效且实用的方法。

A.6 扩展 H-∞ 滤波

原始的 H-∞ 滤波针对非线性系统。对非线性系统,需要线性化过程来推导出非线性系统在 EKF 条件下的滤波方程。如扩展 H-∞ 滤波(EHIF),考虑如下非线性时变系统:

$$\begin{cases}\dot{\boldsymbol{X}}(t)=f(\boldsymbol{X},t)+\boldsymbol{G}\boldsymbol{v}(t)\\ \boldsymbol{Y}(t)=\boldsymbol{C}\boldsymbol{X}(t)\\ \boldsymbol{Z}(t)=\boldsymbol{H}\boldsymbol{X}(t)+\boldsymbol{D}\boldsymbol{v}(t)\end{cases} \tag{A.42}$$

式中,$\boldsymbol{X}$、$\boldsymbol{Y}$ 和 $\boldsymbol{Z}$ 分别表示无噪测量和有噪测量时给定非线性系统的状态。$\boldsymbol{v}(t)$ 是确定性扰动,满足如下约束[8]:

$$\|\bar{\boldsymbol{v}}(t)\|_2=\|\boldsymbol{W}^{-1/2}\boldsymbol{v}\|_2\leqslant 1 \tag{A.43}$$

令 X 为平滑空间拓扑面,f 为真值向量空间的平滑向量域,估计状态的非线性状态方程的 Taylor 展开形式为

$$f(\boldsymbol{X},t)=f(\hat{\boldsymbol{x}},t)+\boldsymbol{A}(t)(\boldsymbol{X}(t)-\hat{\boldsymbol{x}}(t))+\cdots+\text{高阶项} \tag{A.44}$$

式(A.44)中,令 $\boldsymbol{x}$(估计)为线性系统的状态,令线性系统的系数矩阵为

$$\boldsymbol{A}(t)=\frac{\partial f(\boldsymbol{x},t)}{\partial \boldsymbol{x}}\bigg|_{x=\hat{x}} \tag{A.45}$$

测量式(A.42)中,如果将非线性函数在 EKF 条件下考虑,可在当前的状态估计点做线性化处理。线性化状态空间方程为

$$\begin{cases}\dot{\boldsymbol{x}}(t)=\boldsymbol{A}\boldsymbol{x}=\boldsymbol{G}\boldsymbol{v}+f(\hat{\boldsymbol{x}},t)-\boldsymbol{A}\hat{\boldsymbol{x}}\\ \boldsymbol{y}(t)=\boldsymbol{C}\boldsymbol{x}(t)\\ \boldsymbol{z}(t)=\boldsymbol{H}\boldsymbol{x}(t)+\boldsymbol{D}\boldsymbol{v}\end{cases} \tag{A.46}$$

从而,H-∞ 滤波为[8]

$$\begin{cases}\dot{\hat{x}}(t)=f(\hat{x},t)-K(z-\hat{z})\\ \hat{y}(t)=C\hat{x}(t)+L(z-\hat{z})\\ \hat{z}(t)=H\hat{x}(t)\end{cases} \tag{A.47}$$

如下方程可用于计算 H－I 的增益 $\boldsymbol{K}$ 和 $\boldsymbol{L}$：

$$\begin{cases}\boldsymbol{K}=\boldsymbol{P}\boldsymbol{H}^{\mathrm{T}}\boldsymbol{R}_v^{-1}\gamma^{-2}\boldsymbol{PCL}\\ \boldsymbol{L}->\gamma^2\boldsymbol{I}-\boldsymbol{L}\boldsymbol{R}_v\boldsymbol{L}^{\mathrm{T}}\geqslant 0\\ \boldsymbol{R}_v=\boldsymbol{DRD}^{\mathrm{T}}\end{cases} \tag{A.48}$$

最后，将矩阵微分方程作为状态误差的 Gramian 行列式（等效于 KF 中的协方差矩阵）：

$$\dot{\hat{\boldsymbol{P}}}(t)=\hat{\boldsymbol{P}}(t)\boldsymbol{A}^{\mathrm{T}}(t)+\boldsymbol{A}(t)\hat{\boldsymbol{P}}(t)-\hat{\boldsymbol{P}}(t)(\boldsymbol{H}^{\mathrm{T}}\boldsymbol{R}_v^{-1}\boldsymbol{H}-\lambda^{-2}\boldsymbol{C}^{\mathrm{T}}\boldsymbol{C})\hat{\boldsymbol{P}}(t)+\boldsymbol{GQG}^{\mathrm{T}} \tag{A.49}$$

参考文献

1. Terejani, G., Singla, P., Singh, T. and Scott, P. D. Adaptive Gaussian sum flter for nonlinear Bayesian estimation. IEEE Transactions on Automatic Control, 56(9), 2151 – 2156, September 2011. http://www.academia.edu/677248/.
2. Sundvall, P. An introduction to particle fltering. Presentation in course "Optimal fltering," Signals, Sensors, Systems, KTH, November, 2004. PPTs 1 – 13, http://www.s3.kth.se/~pauls.
3. Baili, H. Online particle fltering of stochastic volatility. World Congress on Engi – neer ing and Computer Science, WCES, San Francisco, USA, 2010. http://www.researchgate.net/publication/47800386_Online_Particle_Filtering_of_Stochastic_Volatility.
4. Pugachev, V. S. Conditionally optimal estimation in stochastic differential system. Automatics, 18, 685, 1982.
5. Raol, J. R. and Sinha, N. K. Conditionally optimal state estimation for systems governed by difference equations. Canadian Electrical Engineering Journal, 12(2), 71 – 77, 1987.
6. Raol, J. R. and Sinha, N. K. Estimation of states and parameters of stochastic non – linear systems with measurements corrupted by correlated noise. Problems of Control and Information Theory, 17(3), 145 – 158, 1988.
7. Raol, J. R. Stochastic state estimation with application to satellite orbit determi – nation. PhD thesis, McMaster University, Hamilton, Ontario, Canada, 1986.
8. Yuen, H. C. A unifed game theory approach to H – Infnity control and fltering. PhD thesis, The University of Hong Kong, October 1997.

附录 B　其他数据融合方法以及融合性能估计度量

在此，我们简单介绍几种其他的数据融合、图像融合的性能度量方法以及相关数学运算。

B.1　基于多标准数据融合的多准则决策制定方法

多准则决策制定（Multiple-Criteria Decision-Making，MCDM）是对基于优先级判别的几个决策方案进行排序。这些对决策方案的判别基于众多标准[1]。MCDM 问题通过以下手段解决：①数据融合技术是 MCDM 的技术支撑；②模糊集理论和 DS 证据理论可有效解决 MCDM 在决策制定过程中存在的信息不确定问题。三角形隶属函数用来决定重要性权值，这些权值被转换成加权的系数，斜率被转换成基本概率分配，最后结果通过 DS 联合准则获得。鉴于此，文献[1]中提出了一种基于不确定环境的新的模糊证据 MCDM 方法，将语言变量转换成了基本概率分配。通过 DS 准则可以将来自不同标准下的数据进行联合和合并。

B.2　自适应数据融合

在本节中，文献[2]给出了融合准则（传感器数据融合/自适应数据融合（Self-Adaptive Data Fusion，SADF））最优权值的计算方法。首先计算了来自各个传感器数据的均值和方差（2.2.1 节和 2.2.2 节）。如果知道每个传感器的权值，它们权值的和为 1，i 为传感器的编号，则

$$\sum_{i=1}^{n} \omega_{i=1} \tag{B.1}$$

融合后的数据为

$$z_f = \sum_{i=1}^{n} \omega_i z_i \tag{B.2}$$

式中：ω_i 为第 i 个传感器的权重；z_i 为传感器的测量数据，融合后的数据由式（B.2）得到。由此，可得到数据融合后的均方差表达式：

$$\sigma^2 = E[(Z - z_f)^2] = E\left[\left(Z - \sum_{i=1}^{n} \omega_i z_i\right)^2\right] \tag{B.3}$$

将式(B.1)代入式(B.3)中,由于融合权重/系数的和为1,将权重作为公因式,得到

$$\sigma^2 = E[(Z - z_f)^2] = E\left[\left(Z - \sum_{i=1}^{n} \omega_i z_i\right)^2\right]$$
$$= E\left[\left(\sum_{i=1}^{n} \omega_i (Z - z_i)\right)^2\right] = \sum_{i=1}^{n} \omega_i^2 \sigma_i^2 \tag{B.4}$$

利用拉格朗日乘子 λ 的多维函数理论得到函数 f 如下:

$$f(\omega_1, \omega_2, \cdots, \omega_n, \lambda) = \sum_{i=1}^{n} \omega_i^2 \sigma_i^2 + \lambda\left(\sum_{i=1}^{n} \omega_i - 1\right) \tag{B.5}$$

最后得到[2]

$$\frac{\partial f}{\partial \omega_i} = 2\omega_i \sigma_i^2 - \lambda = 0 \qquad i = 1, 2 \cdots, n \tag{B.6}$$

$$\frac{\partial f}{\partial \lambda} = 1 - \sum_{i=1}^{n} \omega_i = 0$$

解式(B.5)和式(B.6)得权重表达式如下:

$$\omega_i = \frac{1}{\sigma_i^2 \left(\sum_{k=1}^{n} \sigma_k^2\right)} \qquad i = 1, 2, \cdots, n \tag{B.7}$$

B.3 模糊集数据融合

针对一组传感器的测量,本节讨论基于测量值接近程度的融合方法,即模糊集/模糊集数据融合 FSDF[2]。令每个传感器在 k 时刻对数据的测量值为

$$z_i(k) \qquad i = 1, 2, \cdots, n \tag{B.8}$$

每个传感器的测量值都作为一个模糊集,两个模糊集的接近程度表示为

$$\delta_{ij}(k) = \min[z_i(k), z_j(k)] / \max[z_i(k), z_j(k)] \tag{B.9}$$

由式(B.9),可以得到 k 时刻各传感器之间的接近度矩阵[2]:

$$\sum(k) = \begin{bmatrix} 1 & \delta_{12}(k) & \cdots & \delta_{1n}(k) \\ \delta_{21}(k) & 1 & \cdots & \delta_{2n}(k) \\ \vdots & \vdots & & \vdots \\ \delta_{n1}(k) & \delta_{n2}(k) & \cdots & 1 \end{bmatrix} \tag{B.10}$$

由上述定义,可将 k 时刻第 i 个传感器的测量与其他传感器测量的一致性程度表示如下:

$$r_i(k) = \sum_{j=1}^{n} \delta_{ij}(k)/n \tag{B.11}$$

定义第 i 个传感器的均值和方差分别为

$$\bar{r}_i(k) = \sum_{i=1}^{k} r_i(k)/k \tag{B.12}$$

$$\sigma_i^2(k) = \sum_{i}^{k} [r_i(k) - \bar{r}_i(k)]^2/k \tag{B.13}$$

由此可得权值及其归一化的表达式[2]：

$$\omega_i(k) = \bar{r}_i(k)/\sigma_i^2(k) \tag{B.14}$$

$$W_i(k) = \omega_i(k)/\sum_{j=1}^{n} \omega_j(k) \tag{B.15}$$

最后，得到融合后的表达式：

$$z_f(k) = \sum_{i=1}^{n} W_i(k) z_i(k) \tag{B.16}$$

B.4 方差系数数据融合

在方差系数数据融合（Coeffcient of Variance Data Fusion，CVDF）方法中，融合权重是通过方差系数（Coeffcient of Variance ，CV）获得的，CV 通过下式得到[2]：

$$\text{CV}_i = \sigma_i/\mu_i \tag{B.17}$$

式（B.17）是标准差与数据均值的比值。由此可计算传感器阵列的 CV 及其逆，并可求得融合规则下的权值如下：

$$\omega_i = \text{CV}_i^{-1}/\sum_{j=1}^{n} \text{CV}_j^{-1} \qquad i = 1,2,\cdots,n \tag{B.18}$$

融合后的数据为

$$z_f = \sum_{i=1}^{n} \omega_i \mu_i \tag{B.19}$$

在 B.2 ~ B.4 节提出的方法中，文献[2]的场景中已经证明自适应数据融合（SADF）方法与 CVDF 方法具有适中的运算复杂度，FSDF 方法运算复杂度较高。

B.5 测量级数据融合方法 2

在 4.2.7 节、4.2.8 节和 4.8.4 节中，已经讨论了测量级数据融合方法

(MLF1),本节中给出文献[3]中提出的MLF2作为MLF1的改进算法:

$$\boldsymbol{z}_k = \left(\sum_{i=1}^{n}\boldsymbol{R}_{ik}^{-1}\right)^{-1}\sum_{i=1}^{n}\boldsymbol{R}_{ik}^{-1}z_{ik} \tag{B.20}$$

$$\boldsymbol{H}_k = \left(\sum_{i=1}^{n}\boldsymbol{R}_{ik}^{-1}\right)^{-1}\sum_{i=1}^{n}\boldsymbol{R}_{ik}^{-1}\boldsymbol{H}_{ik} \tag{B.21}$$

$$\boldsymbol{R}_k = \left(\sum_{i=1}^{n}\boldsymbol{R}_{ik}^{-1}\right)^{-1} \tag{B.22}$$

融合规则通过加权测量给出融合信息。在文献[3]中利用四部雷达(方位、俯仰角和距离数据)跟踪火箭的研究中,MLF2被证明在MSE条件下比MLF1具有更好的性能。

B.6 改进状态向量融合方法

4.7.5节和4.8.5节中讨论了传统的状态向量级融合(State Vector Level Fusion,SVF)方法,本节中给出改进的状态向量融合(Modified State Vector Fusion,MSVF)方法[3],也称为改进的航迹-航迹融合方法。在此方法中,在第$k-1$步融合状态估计中改进了卡尔曼滤波(Kalman Filter,KF)的预测,其时间递推传递公式为

$$\hat{\boldsymbol{x}}_{k,k-1} = \boldsymbol{\Phi}_{k-1}\hat{\boldsymbol{x}}_{k-1,k-1} \tag{B.23}$$

式中:$\boldsymbol{x}$为融合状态。预测的融合状态通过结合测量$\boldsymbol{z}_k^i$和$\boldsymbol{z}_k^j$来更新预测值,得到状态估计值$\boldsymbol{x}_{k,k}^i$和$\boldsymbol{x}_{k,k}^j$,这些都是在下一时刻通过本地KF得到的,更新的估计如下[3]:

$$\boldsymbol{z}_{k,k-1}^m = \boldsymbol{H}_k^m\boldsymbol{x}_{k,k-1} \qquad m=i,j \tag{B.24}$$

$$\boldsymbol{x}_{k,k}^m = \boldsymbol{x}_{k,k-1} + \boldsymbol{P}_{k,k-1}^m(x,z)\boldsymbol{P}_{k,k-1}^m(z,z)^{-1}(\boldsymbol{z}_k^m - \bar{\boldsymbol{z}}_{k,k-1}^m) \tag{B.25}$$

在式(B.25)中,各协方差矩阵的表达式为

$$\boldsymbol{P}_{k,k-1}^m(x,z) = E[(\boldsymbol{x}_k - \boldsymbol{x}_{k,k-1})\boldsymbol{z}_k^m - \bar{\boldsymbol{z}}_{k,k-1}^m)^{\mathrm{T}}] \tag{B.26}$$

$$\boldsymbol{P}_{k,k-1}^m(z,z) = E[(\boldsymbol{z}_k^m - \bar{\boldsymbol{z}}_{k,k-1}^m)\boldsymbol{z}_k^m - \bar{\boldsymbol{z}}_{k,k-1}^m)^{\mathrm{T}}] \tag{B.27}$$

融合状态估计为

$$\hat{\boldsymbol{x}}_{k,k} = \hat{\boldsymbol{x}}_{k,k}^i - (\boldsymbol{P}_{k,k}^i - \boldsymbol{P}_{k,k}^{ij})(\boldsymbol{P}_{k,k}^i + \boldsymbol{P}_{k,k}^j - \boldsymbol{P}_{k,k}^{ij} - \boldsymbol{P}_{k,k}^{ji})^{-1}(\hat{\boldsymbol{x}}_{k,k}^i - \hat{\boldsymbol{x}}_{k,k}^{ji}) \tag{B.28}$$

$$\boldsymbol{P}_{k,k} = \boldsymbol{P}_{k,k}^i - (\boldsymbol{P}_{k,k}^i - \boldsymbol{P}_{k,k}^{ij})(\boldsymbol{P}_{k,k}^i + \boldsymbol{P}_{k,k}^j - \boldsymbol{P}_{k,k}^{ij} - \boldsymbol{P}_{k,k}^{ji})^{-1}(\boldsymbol{P}_{k,k}^i - \boldsymbol{P}_{k,k}^{ji}) \tag{B.29}$$

在此可以看出,MSVF与航迹-航迹融合相似,但具有不同的增益。

文献[3]中利用四部雷达(方位、俯仰角和距离数据)跟踪火箭的研究表明,在MSE条件下,本方法比SVF1具有更好的跟踪性能。

B.7 其他的图像融合性能评估矩阵

图像质量评估是图像处理应用中的重要任务。图像质量是衡量图像同理想图像相比的退化和偏差情况的图像特征[4]。图像质量取决于以下几个因素：①照相机的图像形成过程偏离针孔图像多少；②图像测量过程的质量；③在图像编码中引入的编码伪像；④外部条件，如照明、云、白天/夜晚等。图像质测量度/度量（Image Quality Measures/Metrics，IQM）是用来评估图像优劣的指标，这些质测量度被分为主观评价和客观评价。主观评价是面向人类的视觉系统（Human Vision System，HVS）的，主体通过观看一系列再现的图像，并基于再现图像的可视性对它们进行评价。平均得分意见长期以来被用于主观意见测度值（Mean Opinion Score，MOS）。除此之外，还有几种基于计算机程序的，能够客观、自动地对图像质量进行评估的度量方法。它们被分为全参考（Full - Reference，FR）或双变量方法和无参考（No - Reference，NR）或单变量方法。在 FR 图像测度评估方法中，对测试图像质量的评估是通过将它和参考图像对比得到的，假设参考图像具有完美的质量。NR 度量不参考原有的任何一个图像对质量进行评估。由于图像质量不能够被单个的度量标准完全量化，因此，如下一些图像的基本特征被用来对图像质量进行评估：①与照明系统相关的亮度 - 亮度指标被用来衡量图像的明暗程度；②清晰度用来表明图像是清晰或模糊的；③分辨率与相机镜头的孔径大小（孔径越大，分辨率越好）和通过镜头的波长（波长越长，分辨率越好）相关，它描述了两个分开的点所能够被区分开的最近接近程度；④对比度与照明系统相关，表征两个相邻区域的亮度差异。

B.7.1 图像直方图

在数字图像中的像素分布图解表示中，横轴表示像素的变化，纵轴表示像素值对应的像素数目，从图像中可以看出像素的总体分布。一般来说，左半轴表示黑色和深色区域，中间区域表示中等灰度，右半轴表示浅色和白色区域，因此，一幅深色区域和阴影少的浅色图像，它的数据点大部分会落在直方图的右边和中间区域，反之，深色图像的数据点大部分将位于直方图的左边和中间区域。

B.7.2 平均熵

熵是对随机的统计度量，能够被用来表征图像的纹理结构。灰度图像的信息熵可表示为

$$H = -\sum_{k=0}^{255} p(r_k)\log_2 p(r_k) \quad (p(r_k) = n_k/n \quad k = 0,1,2,\cdots,255) \qquad (B.30)$$

式中：n_k 是第 k 个灰度层在图像中出现的次数；n 是图像中像素的数目。彩色图像

的熵是红、蓝、绿三种颜色的信息熵(H) 的平均值,表达式为

$$H_{\arg} \frac{\sqrt{H_{R}^{2} + H_{G}^{2} + H_{B}^{2}}}{\sqrt{3}} \quad (B.31)$$

一幅理想图像的等效直方图的最大熵为 8bit,具有同一个灰度值的图像的熵为 0,因此,熵的平均值越高表示图像质量越好。

B.7.3 平均对比度

对比度是将图像中的目标和背景区分开来的可视化特征。在视觉领域,对比度表示在同一视野内目标颜色和亮度的差异,可表示为

$$C_{\arg} = \frac{1}{(n-1)(m-1)} \sum_{x=1}^{n-1} \sum_{y=1}^{m-1} |C(x,y)| \quad (B.32)$$

式中:n 和 m 分别表示图像行和列的数目。对于 IR 图像,对比度 $C(x,y)$ 是图像单一组成的梯度:

$$|C(x,y)| = \sqrt{\nabla^{2} I(x,y)} \qquad \left(\nabla I(x,y) = \frac{\partial I(x,y)}{\partial x} i + \frac{\partial I(x,y)}{\partial y} j\right) \quad (B.33)$$

式中:∇ 表示求梯度;$I(x,y)$ 表示图像在 (x,y) 处的像素值。此处的平均梯度反映了图像的清晰度和空间分辨率;平均梯度越大,分辨率越高,图像质量越好。彩色图像的颜色对比度是红、绿、蓝三种颜色梯度的均值:

$$|C(x,y)| = H_{\arg} = \frac{\sqrt{\nabla^{2} I_{R}(x,y) + \nabla^{2} I_{G}(x,y) + \nabla^{2} I_{B}(x,y)}}{\sqrt{3}} \quad (B.34)$$

B.7.4 平均亮度

平均亮度反映了单位面积通过(或发出) 的光的多少,以给定的角度照射,以及特定视角所能够感受到的光照强度。它表明了图像表面的亮度,表示为

$$L_{\arg} = \frac{1}{nm} \sum_{x=1}^{n} \sum_{y=1}^{m} I(x,y) \quad (B.35)$$

亮度值越高,图像越亮,对于彩色图像:

$$L_{\arg} = \frac{1}{nm} \sum_{x=1}^{n} \sum_{y=1}^{m} \frac{I_{R}(x,y) + I_{G}(x,y) + I_{B}(x,y)}{3} \quad (B.36)$$

B.7.5 信噪比

信噪比是从能量角度量化信号被噪声污染情况的度量。SNR 是信号(信号/自然信号中有意义的信息) 同背景噪声(影响信号的错误或不相关数据/噪声) 的比值。SNR 也可定义为信号或测量的均值同标准差之间的比值,图像的 SNR 通常表示为给定领域的平均像素同像素的标准差的比值:SNR $= \mu/\sigma$。SNR 的其他定义如式(7.101) 所示。事实上,由式(7.101) 的表示,可将之称为逆融合方差(Inverse Fusion Error Square,IFES) 标准,而式(6.91) 在文献中被称

为 PSNR。

B.7.6 空间频率

空间频率是图像在空间位置上的周期特征，是图像（傅里叶变换的）正弦部分在单位距离重复次数的度量。空间频率越高，图像质量越好，详见式(6.94)。

B.7.7 光谱活性度量

图像质量的这一评估标准是图像离散傅里叶变换（Discrete Fourier Transform，DFT）的函数，函数理论（Function Theory，FT）是将图像表示为变化的大小、频率、相位的复杂指数的和，DFT 的输入和输出为离散采样，方便计算机操作。光谱活性度量可表示为

$$\mathrm{SAM} = \frac{(1/nm)\sum_{x=1}^{n}\sum_{y=1}^{m}[F(x,y)]^2}{\{\Pi_{x=1}^{n}\Pi_{y=1}^{m}[F(x,y)]^2\}^{1/nm}} \tag{B.37}$$

式中：F 是图像 I 的 DFT。SAM 的变化范围为 $0 \sim \infty$，值越大表示可预测性越好。

B.7.8 基于共生矩阵的度量

共生特征（COCs）是通过产生（灰度级共生矩阵（GLCM）或灰度空间相关矩阵来计算图像像素值空间关系的。它是由像素的灰度值 i 直接关联到 j 的频率决定的，GLCM 中的每一组元素 i、j 都表示像素值 i 直接关联到 j 的次数。MATLAB 函数 greycomatrix 可产生偏移值在[0,1]之间的 GLCM，等级数为 8。

偏移值（行偏移，列偏移）指定了一对像素的关系或偏移：① 行偏移是感兴趣的像素和它相邻像素之间行的数目；② 列偏移是感兴趣的像素和它相邻像素之间的列的数目。偏移值[0,1]表示距离为 1 个像素的像素之间的水平关系。等级数表示度量灰度等级值时灰度的数目，等级数 8 度量灰度等级值为 1 ~ 8 的整数的灰色图像。因此，GLCM 是一个 8×8 的矩阵。利用函数 greycoprops，通过 GLCM 可计算出对图像比度、相关性、能量和齐次矩阵，具体如下：

1. 图像对比度

图像对比度表示的是像素同图像中其他单元之间强度对比的度量，对于 8 级的 GLCM，变化范围为 $0 \sim (8-1)^2$。

$$C_{\mathrm{img}} = \sum_{i=1}^{8}\sum_{j=1}^{8}|i-j|^2 g(i,j) \tag{B.38}$$

式中：i、j 是 GLCM 中的像素值；g 是 GLCM 中的各个元素。

2. 相关性

相关性是像素同其他像素之间关系的度量。相关性的变化范围为 $-1 \sim 1$。相关定义可参见2.2.3节式(2.4)和式(2.5)，1 或 -1 表示图像完全正相关或负相关，表示为

$$C_{\mathrm{cor}} = \sum_{i=1}^{8}\sum_{j=1}^{8}(i-\mu i)(i-\mu j)g(i,j)/(\sigma_i\sigma_j) \tag{B.39}$$

3. 能量

能量是 GLCM 中元素的平方和，也称为均匀性、能量均匀性或角二阶矩，范围为 0 ~ 1，表示为

$$E = \sum_{i=1}^{8}\sum_{j=1}^{8} g(i,j)^2 \tag{B.40}$$

4. 齐次性

齐次性是指像素具有相同性质的条件，在图像处理和融合中，齐次性是度量 GLCM 中元素分布同对角线元素之间接近性的值。它表示一个区域内的像素在一个特定的动态范围内，范围为 0 ~ 1，对角 GLCM 的值为 1，表达式为

$$H_{\mathrm{img}} = \sum_{i=1}^{8}\sum_{j=1}^{8} \frac{g(i,j)}{1+|i-j|} \tag{B.41}$$

参考文献

1. Yong, D. , Felix, T. S. C. , Ying, W. and Dong, W. A new linguistic MCDM method based on multiple – criterion data fusion. Expert Systems with Applications, 38 (6), 6985 – 6993, 2011. http://dx. doi. org/10. 1016/j. eswa. 2010. 12. 016.
2. Liao, Y. H. and Chou J. C. Comparison of pH data measured with a pH sensor array using different data fusion methods. Sensors, 12, 12098 – 12109, 2012. http://www. mdpi. com/journal/sensors. www. mdpi. com/ 1424 – 8220/12/9/12098/pdf.
3. Yadiah, N. , Singh, L. , Bapi, R. S. , Rao, S. , Deekshatulu, B. L. and Negi, A. Multisensor data fusion using neural networks. International Joint Conference on Neural Networks, Sheraton Vancouver Wall Centre Hotel, Vancouver, BC, Canada, July 16 – 21, 2006.
4. Garlin, L. D. and Naidu, V. P. S. Assessment of color and infrared images using no – reference image quality metrics. Proceedings of NCATC – 2011, Department of Information Technology, Francis Xavier Engineering College, Tirunelveli, India. International Neural Network Society, India Regional Chapter, Paper No. IP05, pp. 29 – 35, 6 – 7 April 2011.

附录 C　自动数据融合

异质、重复和冲突数据的融合包括以下几个方面:①获取远程数据的技术挑战;②调整不同数据的异质模式;③发现对同一目标的多种/不同表示;④数据的复现能力,它用来给用户提供一致的输出/结果[1]。针对这些挑战,目前存在的解决方法[1]:①通过 Java 数据库的连通性(Java Database Connectivity,JDBC)获取远程数据;②提供模式映射方法,自动检测不同模式相应的元素;③重复检测作为独立任务执行→在提取、传递和下载(Extract,Transform and Load,ETL)过程中精炼环节;④数据融合在商业生产中得到越来越多的应用。

此处讨论一种叫作 Humboldt Merger(HumMer/HM)的工具,它支持一种特别的融合,融合的数据利用顺序查询语言(Sequential Query Language,SQL)类逻辑,在允许最大灵活性的情况下进行自动和虚拟的 ETL。它可以通过人机界面把 DF 的每一步可视化。此外,它还具有其他的特征:①能够调整以实现模式匹配;②可以区分重复的边界;③可以人工处理数据冲突;④数据融合查询和结果获取的形式简单。自动/具体的数据融合在以下情景中非常有用:①查找一致的源数据进行集成、检测,如压缩盘冲突数据的融合;②在线数据清洁服务,如果提交的是异质(被污染)的数据,收到的则是干净的数据;③异质、重复和不同精度数据的融合可以在图形用户界面的帮助下,加快在如海啸等场景中的恢复处理和决策制定的速度。在此需要补充的是,此工具(自动 DF)环境中的"数据融合"或"融合"与本章后面的传感器 DF 表示的意思是不同的。但是,此处对这个工具做简单描述,以便它能够为 WSN 的数据回归提供模型或通过吸收估计/滤波(作为加工背景)技术和"传感器融合"准则对"传感器 DF"进行改进。通过这种方法,就可能构建一种自动(传感器)DF 工具。从 JDL 数据融合处理模型的数据库管理层来看,当前工具可以用于对图 1.1 的第 4 层进行处理。

HM 工具提供了 SQL 的子集作为查询语言。它由选择-投影-结合(Select-Project-Join,SPJ)查询组成,支持排序、分组和回归。FUSE BY 语句执行分组和回归。FUSE FROM 利用外部合并对融合的表格进行定义。FUSE BY 中的属性为目标标识符。模式匹配是检测两个异质模式属性相关性的过程,是检测两种非联合数据库少量重复数据的算法,并提供它们的相关性,重复数据的检测考虑了文本的节点和微小单元(文本的子元素)。通过相似度量得到的当前目标的属性可用于区分重复和非重复,在目标的相关数据选定之后,基于相似度量来进行对比,这些度量考虑了匹配和非匹配的属性、编辑距离/数值距离、数据项能量的识别以及矛盾和非指定(丢失)数据。另外,使用了以下几种标准的 SQL 函数(min,max,sum,…):①CHOOSE(SOURCE)返回特定源提供的值;②COALESCE 提取第一个非空值;③FIRST/LAST 提取全部值的第一个/最后一个;④VOTE 返回出现频率最高的值;⑤GROUP 返回一组完全冲突的值和叶子节点给用户;⑥(ANNOTATED)CONTACT 返回连接的值;⑦SHORTEST/LONGEST 根据度量选择最小/最大长度的值;⑧MOST RCENT 用另外的属性/元数据做最新评估。

HM 基于 Java 语言,以基本辅助过程作为 XXL 框架的工具。推理引擎(Inference Engine,IE)执行表格演绎、连接、合并和分组,顶层是图形用户界面。该工具在询问模式下进行如下工作:①解析全部 FUSE BY 查询和返回结果的基本 SQL 界面;②能一步一步引导用户的神奇程序。工具首先产生同每一个模式相关的形式,然后传递到模式匹配部分,识别出具有相同语义的栏目,数据转化增加了一个额外的源 ID。将结果表格加入到“重复”中,如果表格是更大模式的一部分,查询源数据,以推导支撑重复检测的“原子”。重复检测给数据表格增加了目标 ID,指定表示相同目标的 n 元组,且结果可视[1]:确定重复部分、确定非重复部分和不确定的部分。用户可以单独决定或总结。把最后的表格当成冲突的解,其中具有相同目标 ID 的 n 元组被融合成单个元组,它们之间的冲突通过查询说明解决,在此也用到了推理引擎。最后,把结果传递给用户浏览或用于更进一步使用。

自动 DF 的另一个感兴趣的领域是发展“算法融合”方法[2]。由于每一种融合方法都具有它的优点/缺点,不同融合模式进行联合使用可以得到更好的融合结果。至今,对候选融合方法/模式的选择/安排都是主观的。它取决于用户的经验,因此,算法融合作为一种不同融合算法的优化组合策略,是有必要的。它包括以下几个重要方面[2]:①设计一种不同融合方法进行联合的通用框架;②发展一种能够联合不同像素、特征的新方法和决策级图像融合;③发展自动质量评价(Automatic Quality Assessment,AQA)方法来评估融合结果。自动质量评估模式用于[2]:①评估融合效益;②对于确定的融合模式,选择最优的参数;③比较来自不同算法的结果。到目前为止,对质量指标进行评估需要用到的分析方法有:交叉熵、均值误差、信噪比和图像相位一致性。因此,需要用到自动求解过程和质量评估方法来获得对不同数据集的高质量融合结果。

自动 DF 的其他方面和特征包括[3]:①减小情报分析人员的负担;②自动化能够减小情报 DF 产物传递给用户的时间;③用户看到的只是最后的结果;④不

需要对造成结果的原因有很深入的认识;⑤为了提供值得信赖的自动 DF 方案，需要之前处理过程的质量/置信、由来/起源和继承。文献[3]中描述了置信、起源和安全分类信息的标准表示的设计和模板。

参考文献

1. Bilke, A. , Bliholder, J. , Bohm, C. and Draba, K. Automatic data fusion with HumMer. Proceedings of the 31st VLDB Conference, Trondheim, Norway, 2005 (some material adapted by permission of the Very Large Data Base Endowment). http://www. vldb. org/conf/2005/papers/p1251 - bilke. pdf, accessed April 2013.
2. Dong, J. , Zhuang, D. , Huang, Y. and Fu, J. Advances in multisensor data fusion: Algorithms and applications. Sensors 9, 7771 - 7784, 2009. http://www. mdpi . com/journal/sensors, accessed April 2013.
3. Newman, A. R. Confdence, pedigree and security classifcation for improved data fusion. Proceedings of the Fifth International Conference on Information Fusion, 2, 1408 - 1415, 2002.

附录D 数据融合软件工具的说明和资料

在本附录中，简要描述目标跟踪和数据/图像融合一些（商用的和其他的）实用软件工具，同时还列出一些简单的图像融合 MATLAB 代码。

D.1 Tracking -2 的融合、估计和数据关联

FUSEDAT 是一款 MATLAB 的软件，它提供了一系列多传感器多目标跟踪和融合算法（FUSEDAT -1）[1]。这一软件包基于不同的传感器模型产生噪声测量和杂波环境的目的是为仿真传感器和目标场景提供灵活的标准环境，还可以对跟踪和融合算法进行仿真和评估。最近邻 KF、概率数据互联滤波器（PDAF）和交互式多模型（IMM）估计器可用于单个传感器跟踪，集中式融合结构可用于多传感器跟踪。软件包中还包括了状态估计误差、航迹质量和航迹生存性能评估度量。

D.2 纯方位数据关联和跟踪

这款目标运动分析的软件基于 C 语言代码具备菜单驱动和用户友好的特性，能够用于纯方位测量或被动声纳测量方位和频率，它使用最大似然（ML）估计器和 PDAF 算法估计目标运动参数，可用于仿真的或真实的数据模式。

D.3 多目标数据关联和跟踪

本软件可用在杂波环境下，为机动目标、交叉目标和分裂目标提供了一系列用户交互的目标跟踪算法，以及单个目标状态估计算法，如最近邻 KF（NNKF）、PDAF 和交互式多模型概率数据关联为 Monte Carlo 运行和绘图提供的归一化状态误差、均方根状态误差，位置、速度和加速度的均方根误差，归一化的位置、速度和加速度误差等可用于滤波的一致性分析。

D.4 跟踪的图像数据关联

IMDAT 软件使用了微软的 FOETRAN 源代码，它可以为目标中心跟踪或传感器拍摄的灰度目标图像跟踪提供用户友好的算法。算法提供了以下功能：产生合成的图像序列、图像分割合并、航迹初始化、状态估计的概率数据关联和滤波一致性统计。

D.5 跟踪的可变数据关联

Microsoft Visual C + + 跟踪的可变数据关联（VARDAT）提供以下选择：直接可用的 2D 分配算法、放松的 3D 分配算法和 S – D 分配算法（$S > 3$），可用于太空监视、方向搜索和目标定位。

注：在更早的时候，我们就已经将以上介绍的软件（SW）工具的 DF 训练和其他 DF 应用到了各种实际环境中。想获得与这 5 款软件（D.1 ~ D.5）的更多信息，可以联系 Dr. Yaakov Bar – Shalom，Box U – 157，Storrs，CT 06269 – 2157；电话为 860 – 486 – 4823，传真为 860 – 486 – 5585，邮箱为 ybs@ee.uconn.edu。

D.6 融合结构

融合结构（FuseArch）的 MATLAB 代码针对的是红外搜索跟踪（Infra – Red Search and Track，IRST）和雷达测量的 3D 目标跟踪。提供了 7 种不同的结构来对 IRST 和雷达数据进行融合来对 3D 直角坐标系中的目标进行跟踪，其测量为极坐标，仿真数据验证了这些体制的性能。

D.7 基于 DTC 的图像融合

基于 DCT 的图像融合（DCTIMFUSE）的 MATLAB 代码针对的是多分辨离散余弦变换的图像融合，还提供了图像质量评估矩阵，范例中包含了待融合的图像和背景真实图像。

D.8 交互式多模型卡尔曼滤波

交互式多模型卡尔曼滤波（IMMKF）的 MATLAB 代码针对的是 IMMKF 的性

能评估，提供了不同的状态估计性能评估矩阵。

注：以上三种包（D.6 ~ D.8）的更多信息请联系：Dr. V. P. S. Naidu, multi sensor data fusion (MSDF) Lab, FMCD, CSIR - NAL, PB No. 1779, Bangalore - 560017, India；邮箱为 vpsnaidu@gmail.com。

D.9 模糊卡尔曼滤波

模糊卡尔曼滤波(FKF)的 MATLAB 代码针对非线性目标状态估计，提供了基于模糊的卡尔曼滤波，可和标准卡尔曼滤波的性能评估做对比。

D.10 模糊关系函数评价工具：ver 1.0

本工具利用最常见的推理准则，提供各种直观标准：使用推广的取式推理(Generalised Modus Ponens, GMP)和推广的拒取式推理(Generalised Modus Tolens, GMT)对模糊关系函数(FIF)进行评估。它是用户交互的，利用 MATLAB 和 Windows 平台上的图形来实现。最主要的优点在于通过图形可视化提供了 FIF 的快速评估。它使得用户能够推断所得的 FIF 是否满足任意的直观标准。该检验在 FIF 这一基于逻辑的模糊系统中是非常有必要的，它至少应该满足 GMP 和 GMT 的一个已有的直观标准，同时，它可以通过可视化 FIF 的叠加曲线和相应的直观标准寻找新的模糊关系函数。

D.11 MsmtDat：集成 MSST 和 MSMT 软件

MsmtDat 用于跟踪多个空中目标，如导弹、飞机、直升机等，使用的是来自多个跟踪传感器，如地基雷达和光电传感器(Electro - Optic Transducers, EOT)，包括惯性导航系统(Inertial Navigation System, INS)和全球定位系统(GPS)的数据。它具有基于图形用户交互(Graphical User Interface, GUI)的前端 - 后端面板，提供了人和机器的交互。基于前端面板的目录(用户进入)，会触发多传感器单目标(Multi - Sensor Single Target, MSST)(用于单目标跟踪)模式或者多传感器多目标(Multi Sensor Multi Target, MSMT)(用于多目标跟踪)模式。对于状态估计，用户可以选择上三角基于因式分解的卡尔曼滤波或者通过点击前端界面上的合适按钮选择 IMM 滤波。

D.12 空战中态势评估智能系统

空战模拟器中态势评估智能系统(ISSAAC)集成了平台模型、传感器模型、飞行员智力模型(利用 FUZZY - Bayesian 混合技术)和数据处理算法,应用于 Windows XP 平台的 MATLAB/SIMULINK 环境,目标是增强空战飞行员在前向视觉范围(Beyond Visual Range,BVR)场景中的环境感知。具有6个目标的空对空战斗场景仿真表明了 ISSAAC 的能力。ISSAAC 决定了在当前射程、情景几何以及目标威胁等级下应该采取的行动。

注:D.9 ~ D.12 的更多信息,请联系:Dr. S. K. Kashyap, MSDF Lab, FMCD, CSIR - NAL, PB No. 1779, Bangalore 560017, India;邮箱为 sudesh@ nal. res. in。

D.13 图像融合

基于 MATLAB 的图像标记和融合算法的连接地址为:http://www. imagefusion. org/software. html。下面列出利用主成分分析(第6章)的简单图像融合算法的 MATLAB 代码,名为 PCAimfuse _ dem. m。用于融合的飞机图像为 saras51. jpg 和 saras52. jpg。这是一个示范程序,在 MATLAB 命令窗口输入 PCAimfuse_dem 运行和产生图 6.4 和图 6.5 的结果。

```
% Image fusion by PCA - demo program
% PCAimfuse_dem. m
% Dr. VPS Naidu(MSDF Lab,CSIR - NAL,Bangalore)
close all;clear all;home;
% insert images
im1   =   double(imread('saras51. jpg'));
im2   =   double(imread('saras52. jpg'));
figure(1);subplot(121);imshow(im1,[]);
xlabel('Image Pair 1 - Fusion Candidate')
title('Aircraft Image - Top one blurred')
subplot(122);imshow(im2,[]);xlabel('Image Pair 2 - Fusion Candidate')
title('Aircraft Image - Bottom one blurred')
% compute PCA
C = cov([im1(:) im2(:)]);
[V,D] = eig(C);
```

```
if D(1,1)   >= D(2,2)
  pca   =   V(:,1)./sum(V(:,1));
else
  pca   =   V(:,2)./sum(V(:,2));
end
% Image fusion using appropriate PCA components as weights in the fusion rule
imf=pca(1)*im1+pca(2)*im2;
figure(2);imshow(imf,[]);
xlabel('Fused Image of Aircraft by PCA')
title('Blurirng is almost gone')
% END OF THE PROGAM
```

D.14 图像融合 DT CWT

基于双树复小波变换(Dual Tree Complex Wavelet Transform,DT CWT)的图像融合 MATLAB 代码的连接地址为:http://www.mathworks.in/matlabcentral/fleexchange/32086-dt-cwt-based-image-fusion。下面列出利用小波变换(WT)(第6章)的简单图像融合算法的 MATLAB 代码 vpnwtfuseL1demo。用于融合的飞行器图片是 saras91.jpg 和 saras92.jpg,真实图像是 saras9t.jpg。这是一个范例程序,将 vpnwtfuseL1demo 输入 MATLAB 命令窗口运行可以产生图6.6~图6.9的结果。

```
function[]  =  vpsnfuseL1demo()
% Dr. VPSN Naidu,FMCD,CSIR-NAL,Bangalore
close all;clear all;home;
% images to be fused
imt=double(imread('saras9t.jpg'));
im1=double(imread('saras91.jpg'));
im2=double(imread('saras92.jpg'));
figure(1);imshow(im1,[]);
figure(2);imshow(im2,[]);
[cA1,cH1,cV1,cD1]   =   dwt2(im1,'db1');
[cA2,cH2,cV2,cD2]   =   dwt2(im2,'db1');
% Fusion start here
% average approximation coefficients
```

```
cAf = 0.5*(cA1 + cA2);
% fusion of detail coefficients
D = (abs(cH1) - abs(cH2)) >= 0;
cHf = D.*cH1 + (~D).*cH2;
D = (abs(cV1) - abs(cV2)) >= 0;
cVf = D.*cV1 + (~D).*cV2;
D = (abs(cD1) - abs(cD2)) >= 0;
cDf = D.*cD1 + (~D).*cD2;
% fused image
imf = idwt2(cAf,cHf,cVf,cDf,'db1');
figure(3);imshow(imf,[]);
% generate the error image pair
imd = imt - imf;
figure(4);imshow(imd,[]);
RMSE = sqrt(mean(imd(:)))
% END of The Program
```

D.15 图像融合工具箱(ver 1.0)

图像融合的 MATLAB 工具箱(ver 1.0)包含了一系列 m - 文件函数,用于对空间配准灰度图像进行像素级的图像融合,其图形界面允许所有相关参数交互控制的图形界面,代码的连接地址为:http://www.metapix.de/toolbox.htm。

D.16 MDCT 用于图像分解(一级)的 MATLAB 代码(第 6 章)

```
function[I] = mrdct(im)
% multi - Resolution Discrete Cosine Transform
% Dr. VPS Naidu,MSDF Lab,CSIR - NAL,Bangalore
% input:im(input image to be decomposed)
% output:I(Decomposed image)
[m,n] = size(im);
mh = m/2;nh = n/2;
for i = 1:m
hdct(i,:) = dct(im(i,:));
```

```
end
for i = 1:m
hL(i,:) = idct(hdct(i,1:nh));
hH(i,:) = idct(hdct(i,nh + 1:n));
end
for i = 1:nh
vLdct(:,i) = dct(hL(:,i));
vHdct(:,i) = dct(hH(:,i));
end
for i = 1:nh
I.LL(:,i) = idct(vLdct(1:mh,i));
I.LH(:,i) = idct(vLdct(mh + 1:m,i));
I.HL(:,i) = idct(vHdct(1:mh,i));
I.HH(:,i) = idct(vHdct(mh + 1:m,i));
End
% END
```

D.17 IMDCT 用于图像重构的 MATLAB 代码(第6章)

```
function[im] = imrdct(I)
% Inverse Multi - Resolution Discrete Cosine Transform
% Dr. VPS Naidu,MSDF Lab,CSIR - NAL,Bangalore
% input:I(decomposed image)
% output:im(reconstructed image)
[m,n] = size(I.LL);
m2 = m*2;
n2 = n*2;
for i = 1:n
ivLdct(:,i) = [dct(I.LL(:,i));dct(I.LH(:,i))];
ivHdct(:,i) = [dct(I.HL(:,i));dct(I.HH(:,i))];
end
for i = 1:n
ihL(:,i) = idct(ivLdct(:,i));
ihH(:,i) = idct(ivHdct(:,i));
```

```
end
for i = 1:m2
hdct(i,:) = [dct(ihL(i,:)) dct(ihH(i,:))];
end
for i = 1:m2
im(i,:) = idct(hdct(i,:));
end
% END
```

D.18 图像融合的 MATLAB 代码(第 6 章)

```
function[imf] = mrdctimfus(im1,im2)
% Image fusion using MDCT
% Dr. VPS Naidu,MSDF Lab,CSIR - NAL,Bangalore
% input:im1 & im2(images to be fused)
% output:imf(fused image)
% multi - resolution image decomposition
X1 = mrdct(im1);
X2 = mrdct(im2);
% Fusion
X.LL = 0.5*(X1.LL + X2.LL);
D = bdm(X1.LH,X2.LH);
X.LH = D.*X1.LH + (~D).*X2.LH;
D = bdm(X1.HL,X2.HL);
X.HL = D.*X1.HL + (~D).*X2.HL;
D = bdm(X1.HH,X2.HH);
X.HH = D.*X1.HH + (~D).*X2.HH;
% fused image
imf = imrdct(X);
% END
```

D.19 动态状态估计

动态状态估计(DYNAmic state ESTimation,DYNAEST)的 MATLAB 代码是

一个交互的软件,它主要用于卡尔曼滤波设计和仿真,也用于其他的有趣想法,如多模型估计的设计。DYNAEST 是 Y. Bar - Shalom 和 X. Li 所著的书《估计和跟踪:原理、技术和软件》的配套软件。

http://vasc. ri. cmu. edu/old _ help/Software/Dynaest/dynaest. html, 13-03-2013.

D. 20 FastICA

FastICA 版本 2. 5(2005. 10. 19)是基于 GUI/MATLAB(7. x 和 6. x)的工具箱(Hugo Gävert、Jarmo Hurri、Jaakko Särelä 和 Aapo Hyvärinen 等提供)。用于信号混合器进行独立成分分析,有 18 个子模式,可在网站上免费下载。执行程序时,可在 MATLAB 命令空间按如下输入:fasticag 发起图形用户界面;然后给出如下命令[sig,mixedsig] = demosig;再用 GUI 下载数据,即点击 Load data,然后在白色的空白窗口(GUI 的窗口)输入 sig 以及点击 Load 并点击 DoICA 运行 ICA;选择 GUI 上的其他选项并 plot data。例如,用于逼近的 symmetry,非线性的 pow3 和稳定的 off;Plot whitened;Plot IC 等(见 6. 3 节的例子)。

D. 21 多传感器数据融合的广义软件设计

多传感器数据融合的广义软件(SW)设计[2]。MSDF 的 SW 包含以下模块:①数据收集;②数据集管理;③GIS;④目标演示;⑤报警。给出了基本函数、组件以及每个模块的实现方法的数据仿真。每个功能模块的数据交换通过以下实现:①进程间通信(Inter - Process Communication,IPC);②包含信息队列;③信号量;④共享记忆。每个功能模块都独立执行,减少模块之间的依赖性,它有助于 SW 编程和测试。SW 采用分层结构设计,每个模块都通过类结构压缩,避免 SW 冗余和增强可靠性。

参考文献

1. Kuo - Chu, C. and Yaakov Bar - Shalom. http://proceedings. spiedigitallibrary. org/proceeding. aspx? articleid = 966488, accessed February 2013. Proceedings of the SPIE 2235, Signal and Data Processing of Small Targets 1994, 497(6 July 1994); doi:10. 1117/12. 179074.

2. Zhang, Junliang and Zhao, Yuming. http://proceedings. spiedigitallibrary . org/proceeding. aspx? articleid = 989063, Proceedings of the SPIE 3719, Sensor Fusion: Architectures, Algorithms, and Applications III, 230(12 March 1999); doi:10. 1117/12. 341345, accessed February 2013.

附录 E　参考文献中传感器数据融合的定义

在数据融合(DF)参考文献[1,p.1]中给出几种常用的传感器数据融合的定义:

(1) JDL(1987 年)。数据融合是“对来自单个或多个信源的数据和信息进行关联、相关和组合过程,以获得准确的位置和一致的估计,全面及时地对态势、威胁和重要性做出评估。这个过程的特点是对估计和评估连续修正,对附加信源的需求评价或者对过程本身进行修正,以获得更好的结果。”

(2) Hugh Durrant - Whyte(1988 年)。“多传感系统的基本问题是将大量从不同传感器获得的观测序列集成为对环境状态的单个最优估计。”

(3) Llinas(1988 年)。“融合可以定义为:从多个信源集成信息以产生关于实体、活动或事件最具体和综合的统一数据的过程。本定义中有一些关键词:具体、综合和实体。从信息论的角度出发,融合具有有效的信息处理的功能,必须(至少理想情况下)提高我们对战场实体理解的准确性和综合性,否则,将没有实现这一功能的意义。”

(4) Richardson 和 Marsh(1988 年)。数据融合是“通过多种传感器的数据产生一个关于观测系统状态向量的最优估计的过程。”

(5) McKendall 和 Mintz(1988 年)。“传感器融合问题是将来自于多个传感器的多个测量值结合成一个关于感知到的目标或属性(参数)的问题。”

(6) Waltz 和 Llinas(1990 年)。“这一门技术的领域被近似地叫作数据融合,因为这个过程的目标是将来自多个不同信源的粗糙元素合并成一组有意义信息,这个信息比各组分之和的效益更大。作为一门技术,数据融合是对许多传统学科和新的工程领域的集成和应用,以实现对数据的融合。”

(7) Luo 和 Kay(1992 年)。“多传感器融合……指的是任何阶段都对不同信源感知信息进行合并(或融合)形成一个具有代表性形式的融合结果。”

(8) Abidi 和 Gonzalez(1992 年)。“数据融合处理的是信息的协同复合,可通过不同的知识源,如传感器,获得对给定场景的更好的理解。”

(9) Hall(1992 年)。“多传感器数据融合寻求的是从结合来自多个传感器的数据完成仅靠单个传感器无法实现的推理。”

(10) DSTO(1994 年)。数据融合是“一个多级、多层面的过程,处理的是来自单个和多个信源数据和信息的自动检测、关联、相关、估计和复合。”

(11) Malhotra(1995年)。“传感器融合过程包括收集感知数据、对它进行提取和解释、做出新的传感器分配决策。”

(12) Hall 和 Llinas(1997年)。“数据融合技术结合多个传感器的数据,关联来自相关数据库的信息,以实现比单个传感器更高的精度和更准确的推理。”

(13) Goodman、Mahler 和 Nguyen(1997年)。数据融合是“在不同种类证据的基础上,定位和识别多种不同类型的多个未知目标。这个证据是在多个具有不同能力的传感器持续获得信息的基础上收集的,对结果的分析要支持对场景重要性的局部和全局评定,且基于这些评定产生恰当的响应。”

(14) Paradis、Chalmers、Carling 和 Bergeron(1997年)。“数据融合从根本上讲是一个管理(如组织、合并和解释)数据和信息的过程,这些数据和信息获取自不同的信源,随时可能被操作员或指挥官所需要,以做出决策……数据融合是一个自适应信息过程,持续地将可用的数据和信息转换成丰富的信息,通过对关于真实世界事件的假设或推理的持续提炼,实现对目标运动和识别估计的改善(潜在优化),完成并及时地评估当前和潜在将来的态势和威胁(如上下文推理),以及它们在操作设置环境中的重要性。”

(15) Starr 和 Desforges(1998年)。“数据融合是结合来自不同信源的信息和知识,目的是最大化有用信息的内容,以提高其可信度或区分能力,同时最小化数据最终保留的质量。”

(16) Wald(1998年)。“数据融合是一个正式的框架,被解释为关联相同场景中不同信源产生数据的关联意义,并作为关联的工具。目的是获得更高质量的信息,关于更高质量的准确定义取决于应用。”

(17) Evans(1998年)。“结合来自不同的互补信源(通常是地理人口统计和生活方式或市场研究和生活方式)的数据以构建人们生活的画面。”

(18) Wald(1999年)。“数据融合是一个正式的框架,其被解释为不同信源产生数据的关联意义,并作为关联的工具。”

(19) Steinberg、Bowman 和 White(1999年)。“数据融合是合并数据来改善状态估计和预测的过程。”

(20) Gonsalves、Cunningham、Ton 和 Okon(2000年)。“数据融合的整体目标是合并来自多个信源的数据,合并后得到的信息比每一组成部分所产生的效益都要好。”

(21) Hannah、Ball 和 Starr(2000年)。“融合被定义为实质上是一个混合的过程,通常包括通过加热将组成要素融化在一起(OED)的应用,但是在数据处理中联合和混合的意义更抽象。‘加热’是通过一系列的算法应用,它取决于所使用的技术,或多或少地给出了各成分和最终输出之间的抽象关系。"

(22) Dasarathy(2001 年)。"信息融合是为了对多个信源(传感器、数据库、人工收集的信息等)获取的信息进行信息协同而构造并应用的理论、技术和工具,这样,推理决策和行动在某种程度上都要比单独地使用这些信源而没有协同开发得更好(质量和数量,就精度和鲁棒性等而言)。"

(23) Bloch 和 Hunter 等(2001 年)。"……融合由几个信源产生的信息连结或合并组成,开发是不同任务(如回答问题、做决策、数量估计等)中信息的连结或合并。"

(24) McGirr(2001 年)。"数据融合是将大量不相似的信息合并到一起得到更综合和更易于管理形式的过程。"

(25) Bell、Santos 和 Brown(2002 年)。"为了将收集的粗糙形式转换成集成、已知和完整形式,需要复杂信息的融合能力。信息融合可以发生在抽象的多层中。"

(26) Challa、Gulrez、Chaczko 和 Paranesha(2005 年)。多传感器数据融合是"所有组网感知系统的核心组成,它被用于:连结/结合传感器产生的互补信息从而获得更完整的画面或通过使用来自多个信源的传感器信息,减少管理不确定性。"

(27) Jalobeanu 和 Gutirrez(2006 年)。"数据融合问题可解释为在给定所有观测的情况下,计算未知的单个目标的后验概率密度。"

(28) Mastrogiovanni 等(2007 年)。"数据融合处理的目的是将各种信源获得有用信息进行最大化处理,从而从已观测到的环境中推断出相关态势和事件。"

(29) Wikipedia(2007 年)。"信息集成是一个领域,它众所周知的术语为信息融合、重叠、目标完善等。它是关于合并独立信源信息的技术研究,尽管这些信源有不同的概念、环境和拓扑表示。它被用于数据最小化和巩固半结构化或非结构化信源的数据。"

(30) Wikipedia(2007 年)。"传感器融合是结合感知数据或不同信源感知数据的派生数据,这样得到的信息在一定程度上比单个信源的信息更好。'更好'指的是更精确、更完整或更可靠,或者是关于结果出现的角度,如立体视野(通过结合视野具有细微差别的两个照相机的二维图像计算深度信息)。融合过程的数据源不具体到从特定传感器产生。可以对直接融合、间接融合以及前两个输出的融合做区分。直接融合是来自一系列异种或同种传感器数据、软传感器数据、传感器数据历史值的融合;间接融合使用的信源是关于环境的先验信息和人工输入。传感器融合也叫作(多传感器)数据融合,是信息融合的分支。"

(31) MSN Encarta(2007 年)。“数据集成:来自分散信源的数据和知识通过不同方法集成为一个一致、精确、有用的整体。”

(32) Raol,J. R. (2014 年)。数据融合是一个附加的、倍增的、可操作的和/或逻辑的动作,通过它可以:①通过融合/合并不同传感器或信源的数据,在 Fisher 信息矩阵意义上使大量信息得到加强;②同单个传感器数据或信源相比,预测的精度得到提高。

参考文献

1. Anon. Defnitions of sensor data fusion in the literature. The Institute of Computer Science Communications and Networked Systems, http://net. cs. uni - bonn. de/de/wg/sensor - data - and - information - fusion/what - is - it/sdf - defini - tions, accessed April 2013.

附录 F 数据融合的部分当前研究课题

以下给出高水平研究中数据融合领域的几个当前研究课题：

（1）自然生物系统的集成和它们的关联融合策略。

（2）利用平方根信息滤波对目标－图像进行跟踪和融合。

（3）在目标跟踪和动态数据融合中模糊逻辑增广的 H－∞ 滤波。

（4）目标跟踪和动态数据融合中的缺失和时延测量（滤波器中）协同。

（5）利用区间二型模糊逻辑（IT2FL）进行图像融合。

（6）在态势评估中利用 IT2FL 进行决策融合。

（7）在态势评估中利用 IT2FL 和 TSK 模型进行决策融合。

（8）非线性系统中用基于 H－∞ 的模型误差鲁棒估计进行数据融合。

（9）融合准则和策略推导中波动规模的研究。

（10）在数据和图像融合中使用矩阵因子分解方法。

（11）声音和图像数据的融合中应用基于（信号/图像）组成分析的数据融合方法。

（12）通过求逆的方法从融合的数据/图像中确定融合准则。

（13）在决策融合中对数据融合准则和策略集成和统一。

（14）在无线传感器网络的多模系统中对数据融合准则和策略集成和统一。

（15）基于可靠性模型的传感器和数据融合。

要想获得更多研究想法，可以参考以下文献：

1. Hall, D. L. and Robert, J. L. Survey of commercial software for mul－tisensory data fusion. Proceedings of the SPIE, 1956, Sensor Fusion and Aerospace Applications, 98, 3 September 1993.

2. Luo, Z. Q. and Tsitsiklis, J. N. Data fusion with minimal communica－tion. IEEE Transactions on Information Theory, 40(5), 1551－1563, 1994.

3. Chen, B. and Varshney, P. K. A Bayesian sampling approach to deci－sion fusion using hierarchical models. IEEE Transactions on Signal Processing, 50(8), 1809－1818, 2002.

4. Laurence, N. P., Roland C., Sebastien B., Sebastien, C. and Frederic, C. A

Bayesian multisensor fusion approach integrating correlated data applied to a real - time pedestrian detection system. IROS 2008, 2nd Workshop: Planning, Perception and Navigation for Intelligent Vehicles.

5. Twala, B. Modeling out - of - sequence measurements: A copulas - based approach. In Mobile Intelligent Autonomous Systems (Eds. Raol, J. R. and Gopal, A. K.). CRC Press, USA, Chapter 35, 765 - 770, 2012.

6. Nelsen, R. An Introduction to Copulas. Springer - Verlag, New York, USA, 1999.

7. Foo, P. H. and Ng, G. W. High-level information fusion: An over - view. Journal of Advances in Information Fusion, 8 (1), 33 - 72, June 2013. http://www.isif.org/node/170, accessed December 2014.

8. Madhavan, P. G. Instantaneous scale of fuctuation using Kalman - TFD and applications machine tool monitoring. Proc. SPIE 3162, Advanced Signal Processing: Algorithms, Architectures, and Implementations VII, 78, October 1997); Franklin T. Luk, San Diego, CA, USA, Vol. 3162, pp. 78 - 89, 1997.